普通高等教育“十二五”系列教材
机械类专业系列教材

数控技术与数控机床

主　编　陈光明
副主编　汪　彬　钱　进　庄曙东
编　写　徐汇音　沈春根　王志斌
主　审　周惠兴

中国电力出版社
CHINA ELECTRIC POWER PRESS

内 容 提 要

本书简要介绍了数控技术与数控机床的基本概念、数控编程基础，较详细地介绍了计算机数控系统、数控机床检测装置、数控机床伺服驱动系统、数控加工工艺设计技术、数控机床典型机械结构设计及其功能部件选型，重点叙述了数控车床、数控铣床、加工中心等各类不同数控机床的编程、操作；同时，介绍了数控加工自动编程过程及CAD/CAM自动编程软件，详细地叙述了UG软件在数控加工自动编程中的应用，以及UG软件数控加工模块自动编程方法；另外，还介绍了数控机床科学选用和管理方面的知识。

全书注重理论联系实际，通过大量编程实例，将手工编程与自动编程紧密结合，强调内容的完整性和实用性，是一本实用性强、适用面广的教材及专业技术参考书。

本书可作为高等院校本科机械设计制造及其自动化专业、材料成型及控制工程、机械电子工程、自动化等专业的教材，也可作为高职高专机电类专业教材，还可供从事数控加工技术人员参考使用。

图书在版编目（CIP）数据

数控技术与数控机床/陈光明主编. —北京：中国电力出版社，2013.8（2023.7 重印）

普通高等教育“十二五”规划教材

ISBN 978-7-5123-4563-8

Ⅰ. ①数…　Ⅱ. ①陈…　Ⅲ. ①数控机床-高等学校-教材
Ⅳ. ①TG659

中国版本图书馆 CIP 数据核字（2013）第 152624 号

中国电力出版社出版、发行
（北京市东城区北京站西街 19 号　100005　http://www.cepp.sgcc.com.cn）
北京天泽润科贸有限公司印刷
各地新华书店经售
*
2013 年 8 月第一版　2023 年 7 月北京第七次印刷
787 毫米×1092 毫米　16 开本　21.25 印张　517 千字
定价 38.00 元

前　言

本书是针对教育部“卓越工程师教育培养计划”、面向社会需求人才培养目标要求和应用型高校的教学特点进行编写的。在本书的编写过程中，编者力求从培养数控加工技术应用型人才角度出发，注重理论联系实际，通过大量在实践中已验证的实例，手工编程与自动编程紧密结合，强调内容的完整性和实用性，精选教学内容，多处关键内容是编者多年实践、教学的积累和研究成果的总结。

本书共分 **11** 章，主要内容包括数控技术与数控机床概述、计算机数控系统、数控机床检测装置、数控机床伺服驱动系统、数控机床的典型机械结构设计及其功能部件选型、数控加工工艺与数控编程基础、数控车削加工技术、数控铣削加工技术、加工中心加工技术、数控加工自动编程技术、数控机床的科学选用和管理技术。各章最后均有思考题与习题，以便学员学习和训练。

本书第 **1** 章由南京农业大学陈光明编写，第 **2**～**4** 章由南京农业大学钱进编写，第 **5**、**6** 章由河海大学庄曙东编写，第 **7** 章由苏州大学徐汇音编写；第 **8**、**9** 章由苏州大学汪彬编写；第 **10** 章由江苏大学沈春根编写；第 **11** 章由三江学院王志斌编写。本书由陈光明任主编，汪彬、钱进、庄曙东任副主编。

本书由中国农业大学周惠兴教授主审，他对本书提出了许多宝贵的修改意见，在此表示衷心的感谢！

由于编者的水平和经验所限，书中难免有欠妥和错误之处，敬请读者批评指正。

编　者

2013 年 5 月

目 录

1　数控技术与数控机床概述

1.1　数控技术与数控机床的基本概念

1.1.1　数控技术的基本概念

数控技术是综合了计算机、自动控制、电动机、测量、监控、机械制造等学科领域成果而形成的一门技术。

数控技术，简称数控（numerical control，NC），是利用数字化信息对机械运动及其加工过程进行自动控制的技术。用来实现数字化信息控制的硬件和软件的整体称为数控系统，数控系统的核心是数控装置。由于现代数控系统一般都采用了计算机进行控制，因此数控技术也称为计算机数控（computer numerical control，CNC）技术，它是采用计算机实现数字程序控制的技术。

数控技术首先在机床行业产生并得到广泛应用。数控机床诞生于美国。1948 年，美国帕森斯公司由于生产飞机复杂零件的需要，在研制加工直升机叶片轮廓检验用样板的机床时，提出了数控机床的初始设想，后受美国空军委托与麻省理工学院（MIT）合作研究，并于 1952 年试制了世界上第一台三坐标数控立式铣床，它是伺服系统与刚刚发展起来的数字计算机技术相结合而产生的，其数控系统采用电子管。60 多年来，随着电子工业与计算机技术的发展，数控系统的更新换代十分迅速。主要经历了以下几个阶段：

第一代数控系统（1952～1959 年）：采用电子管元件构成的硬件数控系统。

第二代数控系统（1959～1965 年）：采用晶体管电路为主的硬件数控系统。

第三代数控系统（1965 年开始）：采用中小规模集成电路的硬件数控系统。

第四代数控系统（1970 年开始）：采用大规模集成电路的小型通用电子计算机数控系统。

第五代数控系统（1974 年开始）：采用微处理机和微型计算机控制的数控系统。

第六代数控系统（1990 年开始）：采用工控 PC 机的通用 CNC 系统。

前三代为第一阶段，数控系统主要是由硬件连接构成，称为硬件数控；后三代称为计算机数控，其功能主要由软件完成。

随着数控系统的发展，其功能不断增多，可靠性不断提高，使用灵活性和方便程度不断提高，价格不断下降。与此同时，伺服系统和测量元件的性能不断改善，精度也有所提高。

1.1.2　数控机床的基本概念

1952 年，世界上第一台数控机床在美国问世，成为世界机械工业史上一件划时代的事件，推动了机床工业的发展。

数控机床是指采用了数控技术进行控制的机床。数控机床是一个装有程序控制系统的机床，该系统能够处理加工程序，控制机床自动完成各种加工运动和辅助运动。数控机床是数字控制机床（numerically controlled machine tool）的简称，也称 NC 机床或 CNC 机床，是为了满足单件、小批量、多品种自动化生产的需要而研制的一种灵活、高效、通用的柔性自动化机床。它综合应用了计算机、自动控制、伺服驱动、精密测量、新型机械结构等多方面的技术成果。数控机床与普通机床加工零件的区别就在于数控机床是按照“程序”自动加工零件，而普通机床要由人来操作。数控机床的水平代表了当前数控技术的性能、水平和发展方向。随着机床数控技术的发展，数控机床在机械制造业中的地位将越来越重要。

1.1.3　数控机床加工零件的基本工作过程

在数控机床上加工零件时，首先要由编程人员或操作者根据零件加工图样的要求进行工艺分析，确定合适的数控加工工艺（如确定零件加工路线、工艺参数、刀具数据等），再按数控机床编程手册规定的数控代码形式编制零件数控加工程序。然后，通过输入装置把数控加工程序输入到数控系统，在数控系统控制软件的支持下，经过处理与计算后，发出相应的控制指令，通过伺服系统使机床按预定的轨迹运动，从而进行零件的切削加工。数控机床加工零件的过程如图 1－1 所示。

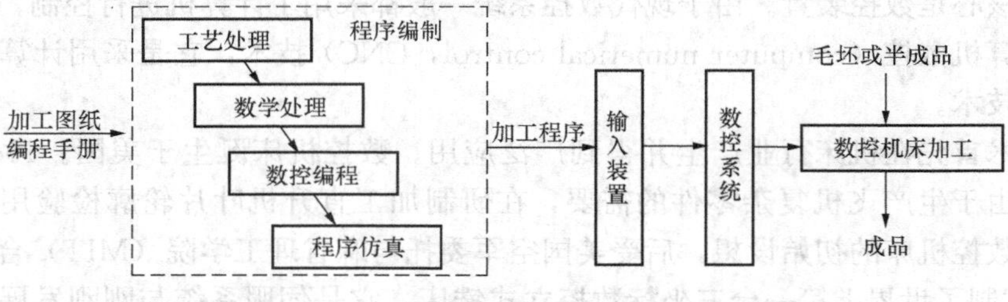

图 1－1　数控机床加工零件的过程

1.1.4　数控加工与数控加工程序

数控加工是根据被加工零件的图样和工艺要求，编制成以数码形式表示的程序，输入到机床的数控系统中，以控制刀具与工件的相对运动，从而加工出合格零件的方法。数控加工程序是数控机床自动加工零件的工作指令，是把零件的加工工艺路线、工艺参数、刀具的运动轨迹、位移量、切削参数（主轴转速、进给量、背吃刀量）、辅助功能（换刀、主轴转向、切削液开关）等，按照数控机床规定的指令代码及程序格式编写成程序。因此，为了使数控机床能根据零件加工的要求进行动作，必须将这些要求以机床数控系统能够识别的指令形式编成指令代码。这种把根据被加工零件的图样和工艺要求按规定格式编制成的数字化程序称为数控加工程序。从分析零件图纸开始，经过工艺分析、数学处理到获得数控机床所需的数控加工程序的全过程称为数控编程。

1.2　数控机床的基本组成和工作原理

1.2.1　数控机床的基本组成

数控机床主要由数控装置、伺服系统、测量装置和机床本体组成，其基本组成如图 1－2 所示。

(1) 数控装置。数控装置是数控机床的核心，它的功能是接受输入装置输入的加工信息，经过系统软件或逻辑电路进行译码、运算和逻辑处理后，发出相应的脉冲送给伺服系统，通过伺服系统控制机床的各个运动部件按规定要求动作。数控系统是一种程序控制系统，它能逻辑地处理输入到系统中的数控加工程序，控制数控机床运动并加工出零件。

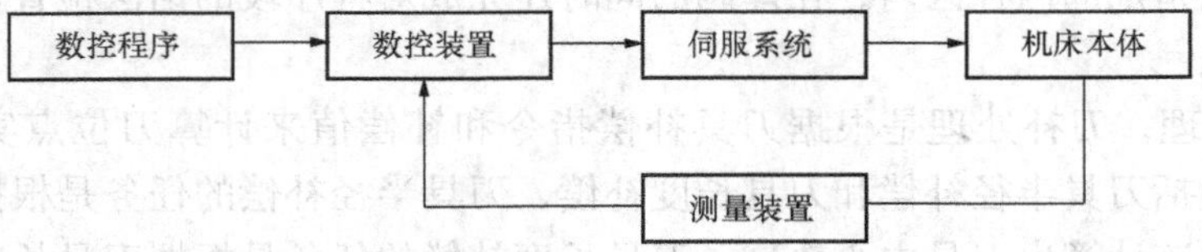

图 1－2　数控机床的结构组成

(2) 伺服系统。伺服系统由伺服驱动电动机和伺服驱动装置组成，它是数控系统的执行部分。由机床上的执行部件和机械传动部件组成数控机床的进给系统，它根据数控装置发来的速度和位移指令控制执行部件的进给速度、方向和位移量。每个进给运动的执行部件都配有一套伺服系统。根据控制方式的不同，伺服系统可分为开环、闭环和半闭环伺服系统。

(3) 测量装置。在闭环和半闭环伺服系统中配有位置测量装置，直接或间接测量执行部件的实际位移量。

(4) 机床本体。数控机床本体主要包括主运动部件，进给运动执行部件（如工作台、刀架及其传动部件和床身立柱等支撑部件），此外还有冷却、润滑、转位和夹紧装置。对于加工中心类的数控机床，还有存放刀具的刀库、更换刀具的机械手等部件。数控机床的本体和机械部件的结构设计方法基本同普通机床类似，只是在精度、刚度、抗振性等方面要求更高，尤其是要求相对运动表面的摩擦系数要小，传动部件之间的间隙要小，而且传动和变速系统要便于实现自动控制。

1.2.2　数控机床的工作原理

在数控机床上加工零件时，数控系统需要对用户输入的加工程序进行一系列数据转换，最后将控制指令输出到伺服驱动装置，驱动机床的执行元件完成零件的加工。数控程序的执行实际上是不断地向伺服系统发出运动指令。数控系统在执行数控程序的同时，还要实时地进行各种运算，来决定机床运动机构的运动规律和速度。伺服系统在接收到数控系统发来的运动指令后，经过信号放大和位置、速度比较，控制机床运动机构的驱动元件运动。机床运动机构的运动结果是刀具与工件产生相对运动，实现切削加工，最终加工出所需要的零件。数控机床的工作原理如图 1－3 所示。

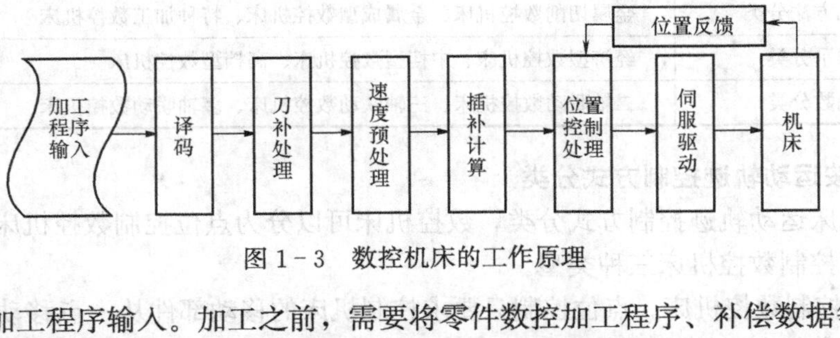

图 1－3　数控机床的工作原理

(1) 数控加工程序输入。加工之前，需要将零件数控加工程序、补偿数据等通过输入装置输入到机床的数控系统中。目前采用的输入方法主要有 USB 接口、RS232C 接口、MDI 手动输入、分布式数字控制 DNC 接口、网络接口等。

(2) 译码。数控系统通过译码程序来识别输入的内容。数控系统以一个程序段为单位，按照一定的语法规则把数控加工程序解释、翻译成计算机内部能够识别的信息，并以一定的数据格式存放在指定的内存区内。在译码的同时还完成对程序段的语法检查，一旦有错，立即给出报警信息。

(3) 刀补处理。刀补处理是根据刀具补偿指令和补偿值来计算刀位点实际应到达的位置。刀具补偿包括刀具半径补偿和刀具长度补偿。刀具半径补偿的任务是根据刀具半径补偿值和零件轮廓轨迹计算出刀具中心轨迹；刀具长度补偿的任务是根据刀具长度补偿值和程序值计算出刀具轴向实际移动值。

(4) 速度预处理。计算本程序段内刀具的总位移量以及每个插补周期内的合成进给量。

速度计算主要实现自动加减速处理，同时对机床允许的最低速度和最高速度的限制进行判别处理。

(5) 插补计算。根据给定的走刀轨迹类型（如直线、圆弧）及其特征参数，如直线的起点和终点、圆弧的起点、终点及半径，在起点和终点之间进行数据点的密化，并给相应坐标轴的伺服系统进行脉冲分配。插补的任务就是通过插补计算程序，根据程序规定的进给速度要求，完成在轮廓起点和终点之间的中间点的坐标值计算，即数据点的密化工作。

(6) 位置控制处理。对于闭环或半闭环控制系统，需要通过位置控制处理程序来计算理论指令坐标位置与实际坐标位置的偏差，通过偏差信号来对伺服驱动系统进行控制。

(7) 伺服控制与加工。伺服驱动系统由伺服驱动电动机和伺服驱动装置组成，它是数控机床的执行部分。伺服系统接受插补运算后的脉冲指令信号，经放大后驱动伺服电动机，带动机床的执行部件运动，从而加工出零件。

1.3 数 控 机 床 分 类

数控机床的品种规格繁多，分类方法不一。根据数控机床的功能、结构、组成不同，可从运动轨迹控制、伺服系统类型、加工工艺方法、功能水平等方面进行分类，见表 1-1。

表 1-1　数控机床的分类

分类方法	数控机床类型
按运动轨迹分类	点位控制数控机床、直线控制数控机床、轮廓控制数控机床
按伺服系统类型分类	开环控制数控机床、半闭环控制数控机床、闭环控制数控机床
按加工工艺方法分类	金属切削数控机床、金属成型数控机床、特种加工数控机床
按功能水平分类	经济型数控机床、中档型数控机床、高档型数控机床
按联动轴数分类	二轴联动数控机床、三轴联动数控机床、多轴联动数控机床

1.3.1 按运动轨迹控制方式分类

按数控机床运动轨迹控制方式分类，数控机床可以分为点位控制数控机床、直线控制数控机床和轮廓控制数控机床三种类型。

(1) 点位控制数控机床。点位控制只要求控制机床的移动部件从一点移动到另一点的精确定位，对于点与点之间运动轨迹的要求并不严格，在机床的运动部件的移动过程中，不进行切削加工，各坐标轴之间的运动是不相关的。为了实现既快又精确的定位，两点间位移的移动一般先快速移动，然后慢速趋近定位点，以保证定位精度。点位控制数控机床的运动轨迹如图 1-4 所示。具有点位控制功能的机床主要有数控钻床、数控冲床、数控点焊机等。

(2) 直线控制数控机床。直线控制数控机床的特点是除了控制点与点之间的准确定位外，还要控制两相关点之间的移动速度和路线（轨迹），但其运动路线只是与机床坐标轴平行移动，也就是说同时控制的坐标轴只有一个（即数控系统内不必有插补运算功能），在移位的过程中刀具能以指定的进给速度进行切削加工，一般只能加工矩形、台阶形零件。直线控制数控机床的运动轨迹如图 1－5 所示。具有直线控制功能的机床主要包括比较简单的数控车床、数控铣床、数控磨床等。这种机床的数控系统也称为直线控制数控系统。

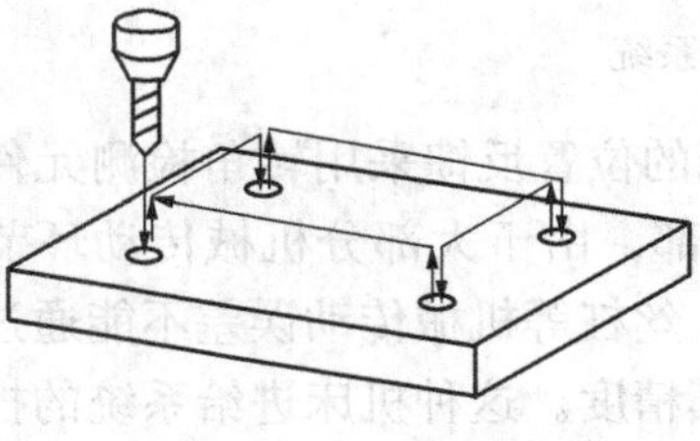

图 1－4 点位控制

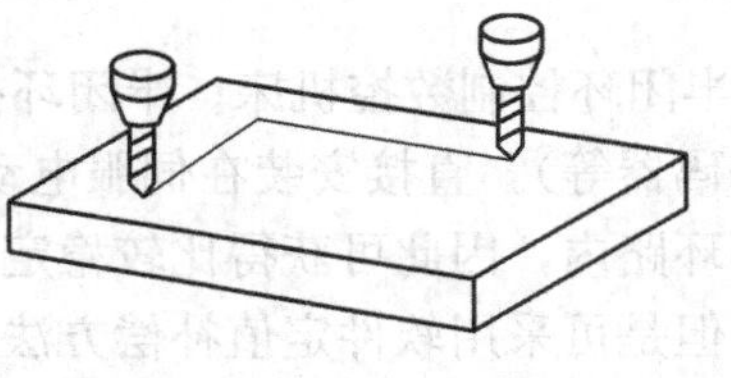

图 1－5 直线控制

(3) 轮廓控制数控机床。轮廓控制数控机床也称连续控制数控机床，其控制特点是能够对两个或两个以上运动坐标的位移和速度同时进行控制。为了满足刀具沿工件轮廓的相对运动轨迹符合工件加工轮廓的要求，必须将各坐标运动的位移控制和速度控制按照规定的比例关系精确地协调起来。因此在这类控制方式中，就要求数控装置具有插补运算功能。所谓插补就是根据程序输入的基本数据（如直线的终点坐标、圆弧的终点坐标和圆心坐标或半径），通过数控系统内插补运算器的数学处理，把直线或圆弧的形状描述出来。即一边计算，一边根据计算结果向各坐标轴控制器分配脉冲，从而控制各坐标轴的联动位移量与要求的轮廓相符合，在运动过程中刀具对工件表面进行连续切削加工，可以进行各种直线、圆弧、曲线的加工。轮廓控制的加工轨迹如图 1－6 所示。这类机床主要有数控车床、数控铣床、数控线切割机床、加工中心等，其相应的数控系统称为轮廓控制数控系统。

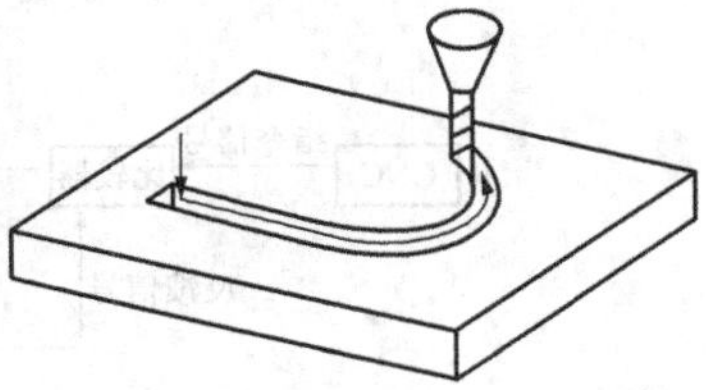

图 1－6 轮廓控制

1.3.2 **按伺服系统类型分类**

根据数控机床伺服驱动控制方式的不同，数控机床可分为开环控制数控机床、半闭环控制数控机床和闭环控制数控机床三种类型。

(1) 开环控制数控机床。开环控制数控机床的进给伺服驱动是开环的，即没有检测反馈装置，一般它的驱动电动机为步进电动机。数控系统输出的进给指令信号通过脉冲分配器来控制驱动电路，它以变换脉冲的个数来控制坐标位移量，以变换脉冲的频率来控制位移速度，以变换脉冲的分配顺序来控制位移的方向。因此，这种控制方式的最大特点是控制方便、结构简单、价格便宜。数控系统发出的指令信号流是单向的，所以不存在控制系统的稳定性问题，但由于机械传动的误差不经过反馈校正，故位移精度不高。进给系统的控制精度取决于步进电动机的步距精度及传动系统的传动精度。开环控制系统框图如图 1－7 所示。一般经济型数控系统和旧设备的数控改造多采用这种控制方式。另外，这种控制方式可以配置单片机或单板机作为数控装置，使得整个系统的价格降低。

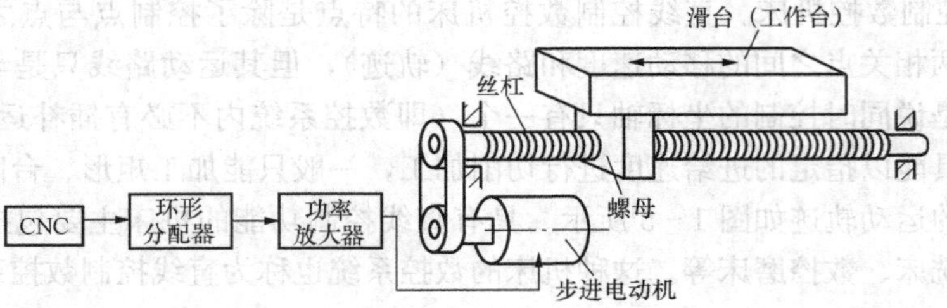

图 1－7　开环控制系统

(2) 半闭环控制数控机床。半闭环控制数控机床的位置反馈采用转角检测元件（目前主要采用编码器等），直接安装在伺服电动机或丝杠端部。由于大部分机械传动环节未包括在系统闭环环路内，因此可获得比较稳定的控制特性，丝杠等机械传动误差不能通过反馈来随时校正，但是可采用软件定值补偿方法来适当提高其精度。这种机床进给系统的控制精度取决于测量元件的精度和传动系统的传动精度。目前，大部分数控机床采用半闭环控制方式，其控制系统的框图如图 1－8 所示。

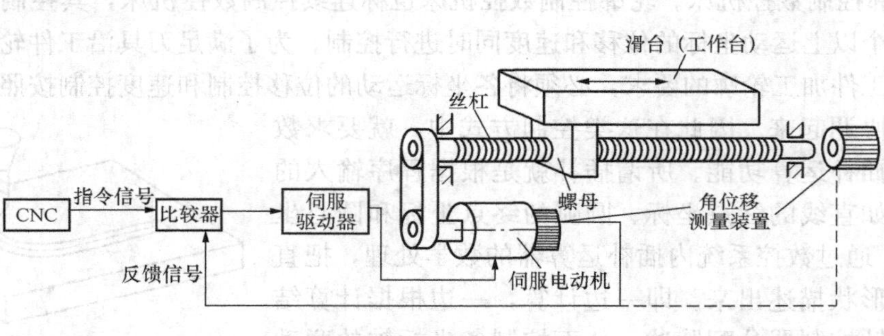

图 1－8　半闭环控制系统

(3) 闭环控制数控机床。闭环控制数控机床的位置反馈装置采用直线位移检测元件（目前一般采用光栅尺），安装在机床的床鞍部位，即直接检测机床坐标的直线位移量，通过反馈可以消除从电动机到机床床鞍的整个机械传动链中的传动误差，从而得到很高的机床静态定位精度。但是，由于在整个控制环内，许多机械传动环节的摩擦特性、刚性和间隙均为非线性，并且整个机械传动链的动态响应时间与电气响应时间相比又非常大。这为整个闭环系统的稳定性校正带来很大困难，系统的设计和调整也都相当复杂。这种机床进给系统的控制精度取决于测量元件的精度，其控制系统的框图如图 1－9 所示。

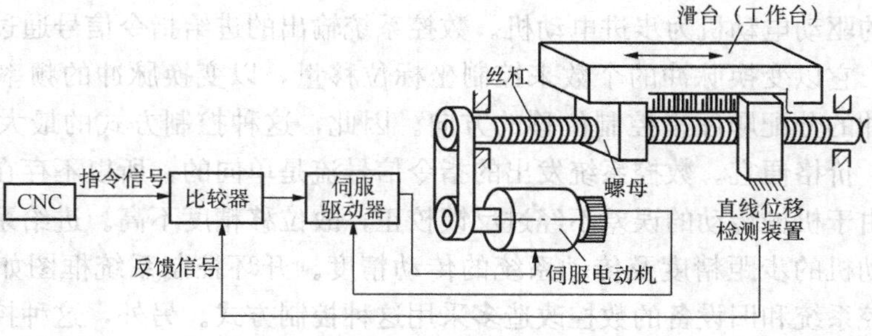

图 1－9　闭环控制系统

1.3.3 按加工工艺方法分类

按加工工艺用途分类，数控机床可分为金属切削数控机床、金属成型数控机床、特种加工数控机床等，也可分为普通数控机床（指加工用途、加工工艺单一的机床）和加工中心。

（1）金属切削加工数控机床。金属切削加工数控机床是指具有切削加工功能的数控机床，如数控车床、数控铣床、数控钻床、数控磨床、加工中心、数控齿轮加工机床等。

（2）金属成型加工数控机床。金属成型加工数控机床是指通过物理方法改变工件形状功能的数控机床，通常指使用挤、冲、压、拉等成形工艺的数控机床，如数控压力机、数控折弯机、数控弯管机等。

（3）特种加工数控机床。特种加工数控机床是具有特种加工功能的数控机床，如数控电火花加工机床、数控线切割机床、激光加工机床、数控火焰切割机床、数控超高压水射流切割机等。

（4）其他类型。还有一些广义上的数控装备，如数控装配机、数控测量机、机器人等。

1.3.4 按功能水平分类

按数控系统的功能水平，数控机床可以分为经济型、中档型和高档型三种类型。这种分类方法目前并无明确的定义和确切的分类界限，不同国家分类的含义不同，不同时期的含义也在不断发展变化。

（1）经济型数控机床。经济型数控机床的进给伺服驱动一般是由步进电动机实现的开环驱动，功能简单，价格低廉，精度中等，能满足加工形状比较简单的直线、圆弧及螺纹加工。一般控制轴数在 3 轴以下，脉冲当量（机床分辨率）多为 10μm，快速进给速度小于 10m/min。

（2）中档型数控机床。中档型数控机床也称为普及型数控机床，是采用交流或直流伺服电动机实现半闭环驱动，能实现 4 轴或 4 轴以下联动控制，脉冲当量为 1μm，进给速度为 15～24m/min，一般采用 16 位或 32 位处理器，具有 RS232C 通信接口、DNC 接口和内装 PLC，具有图形显示功能及面向用户的宏程序功能。

（3）高档型数控机床。高档型数控机床是指加工复杂形状的多轴联动数控机床或加工中心，功能强，工序集中，自动化程度高，柔性高。一般采用 32 位以上的微处理器，形成多 CPU 结构。采用数字化交流伺服电动机形成闭环驱动。目前开始采用的直线伺服电动机，能实现 5 轴以上联动，脉冲当量为 0.1～1μm，进给速度可达 100m/min 以上。高档型数控机床具有宜人的图形用户界面，有三维动画功能，能进行加工仿真检验；同时具有多功能智能监控系统和面向用户的宏程序功能；具有智能诊断和智能工艺数据库，能实现加工条件的自动设定；具有网络接口，能实现计算机联网和通信功能等。

1.4 数控机床的坐标系与工件坐标系

1.4.1 数控机床的坐标系及坐标轴方向的确定

在数控编程时，为了描述机床运动坐标轴的名称及运动的正负方向，简化程序的编制，并保证所编制的程序对同一类机床具有互换性，目前国际上数控机床的坐标轴和运动方向均已标准化。

1. 数控机床坐标系的确定

(1) 刀具与工件相对运动的规定。在数控机床上，不论实际加工中是刀具运动还是工件运动，在编制数控程序时，总是认为刀具运动、工件静止，即采用刀具运动工件静止的原则。这样编程人员在编制数控程序时就可以依据零件图样。确定机床的加工过程，而不需考虑工件与刀具的实际运动情况。

(2) 数控机床坐标系的规定。为了确定数控机床的运动方向和运动距离，需要在机床上建立一个坐标系，这个坐标系就称为机床坐标系。数控机床上的标准机床坐标系采用右手直角笛卡儿坐标系，如图 1-10 所示。伸出右手的大拇指、食指和中指，并相互垂直，则大拇指代表 X 坐标，其指向为 X 坐标正方向；食指代表 Y 坐标，其指向为 Y 坐标正方向；中指代表 Z 坐标，其指向为 Z 坐标正方向。围绕 X、Y、Z 坐标旋转的旋转坐标分别用 A、B、C 表示，根据右手螺旋法则，大拇指的指向为 X、Y、Z 坐标中任意轴的正方向，则其余四指的旋转方向即为旋转坐标 A、B、C 的正方向。

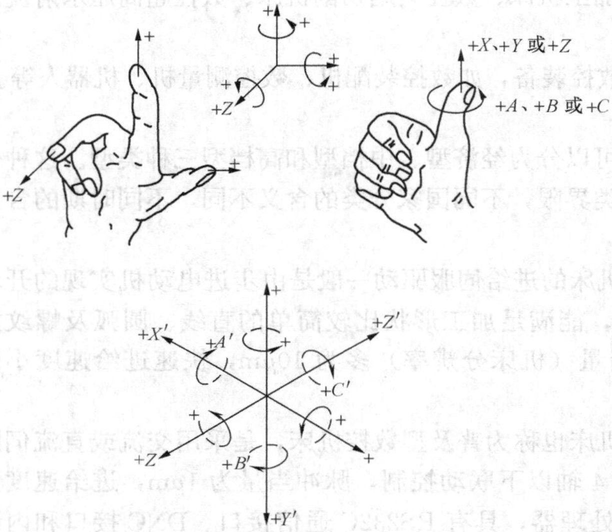

图 1-10　右手直角笛卡儿坐标系

2. 数控机床坐标轴方向的确定

(1) Z 坐标。Z 坐标的运动方向是由传递切削动力的主轴确定，与主轴轴线平行的坐标轴为 Z 坐标方向，其正方向为刀具离开工件的方向（见图 1-11～图 1-14）。如果机床上有几个主轴，则选一个垂直于工件装夹平面的主轴方向为 Z 坐标方向；如果主轴能够摆动，则选垂直于装夹平面的方向为 Z 坐标方向；如果机床无主轴（见图 1-12），则选垂直于工件装夹平面的方向为 Z 坐标方向。

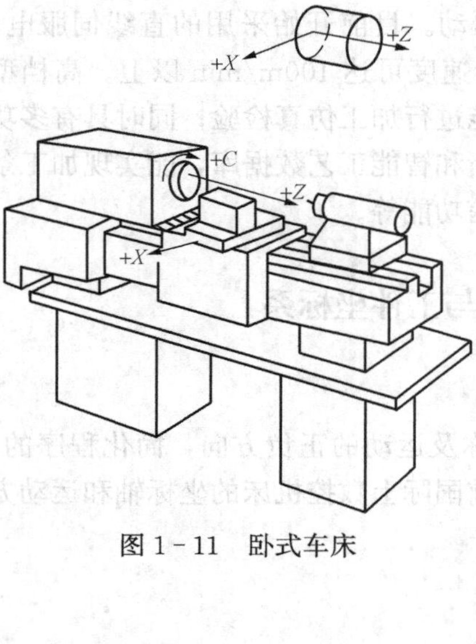

图 1-11　卧式车床

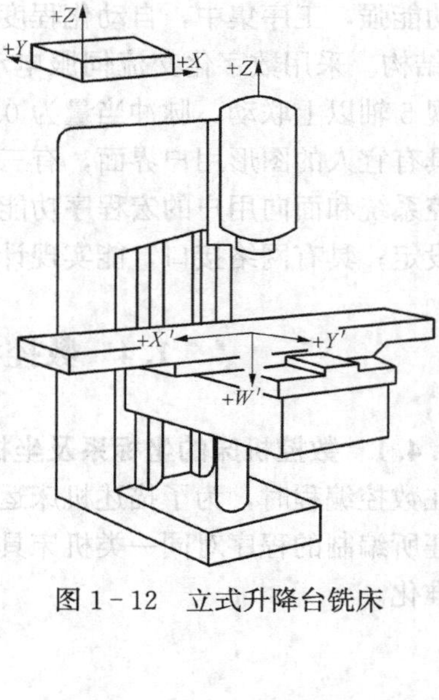

图 1-12　立式升降台铣床

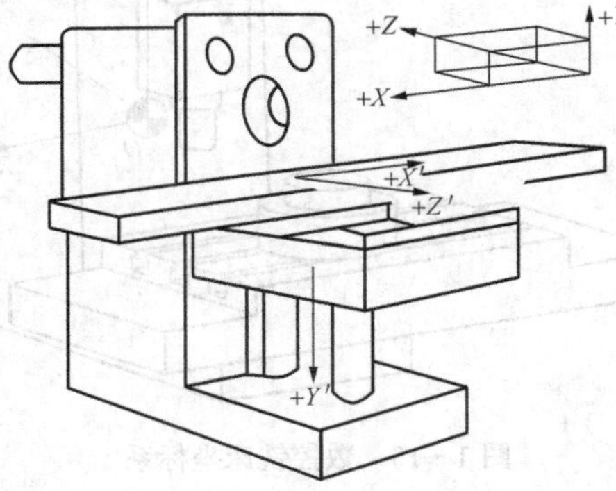

图 1-13 卧式升降台铣床

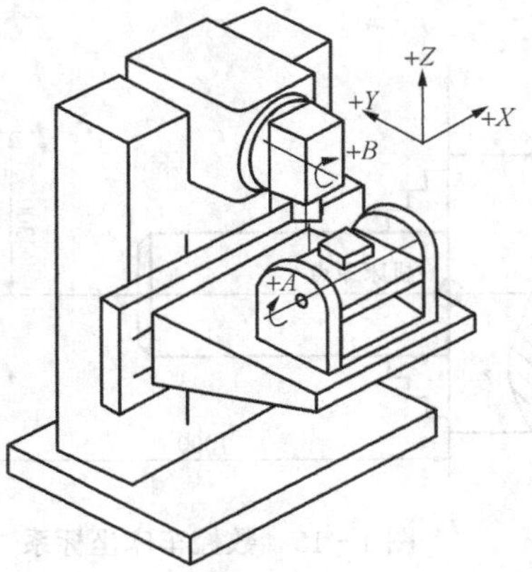

图 1-14 五轴联动数控铣床

(2) X 坐标。X 坐标一般位于水平面内，平行于工件的装夹平面。对于工件旋转的机床（如车床等），X 位于工件径向，且平行于横滑座，其正方向为刀具离开工件的方向，如图 1-11 所示。对于刀具旋转的机床（如镗铣床、钻床等），如果 Z 坐标水平，当从刀具主轴向工件看时，X 坐标的正方向指向右方；如果 Z 坐标垂直，当从刀具主轴向立柱看时，X 坐标的正方向指向右方。

(3) Y 坐标。在确定 X 坐标和 Z 坐标的正方向后，可以按照右手直角笛卡儿坐标系来判断 Y 坐标的正方向。Y 坐标垂直于 X 坐标和 Z 坐标。

(4) 旋转坐标。围绕坐标轴 X、Y、Z 旋转的运动，分别定义为坐标 A、B、C，它们的正方向按右手螺旋法则判定，如图 1-10 所示。

(5) 附加坐标系。为了便于编程和加工，有时还要设置附加坐标系。平行于 X、Y、Z 的坐标轴可分别指定为 U、V、W 或 P、Q、R。

(6) 工件运动时的相反方向。对于工件运动而刀具不运动的机床，表示工件相对于刀具运动的正方向用 $+X'$、$+Y'$、$+Z'$ 表示，与 $+X$、$+Y$、$+Z$ 的运动方向正好相反。编程人员只需考虑 $+X$、$+Y$、$+Z$ 的运动方向即可。

3. 机床原点及参考点

机床原点即机床坐标系原点，是数控机床上设置的一个固定点。在机床制造完成后，机床原点便已确定，它是数控机床加工运动时进行定位的基准点。对于数控车床，机床原点一般设置在卡盘端面与主轴中心线的交点处；对于数控铣床，机床原点一般设置在 X、Y、Z 坐标正方向的极限位置上。

机床参考点是机床上一个固定的点，用于对机床的运动进行检测和控制。机床参考点的位置是由机床制造厂家在每个进给轴上用限位开关精确调整好的，它在机床坐标系中的坐标值已输入数控系统中，因此参考点相对于机床原点的位置是一个已知数。参考点的位置可以通过调整限位开关位置的方法来改变。对于数控车床，参考点一般位于离开机床原点最远的极限位置，如图 1-15 所示；对于数控铣床，机床原点一般和参考点是重合的，如图 1-16 所示。

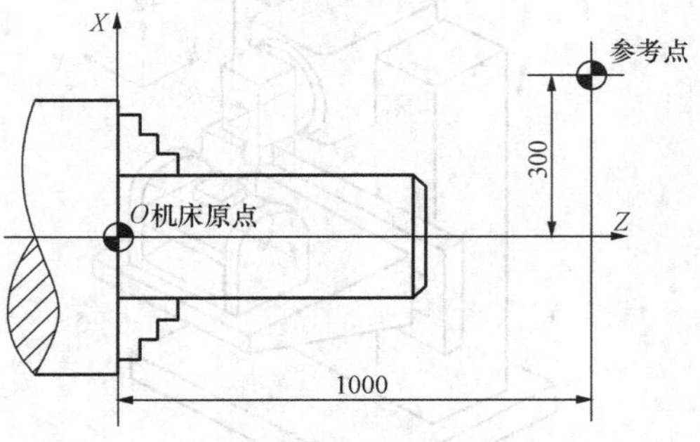

图 1-15 数控车床坐标系

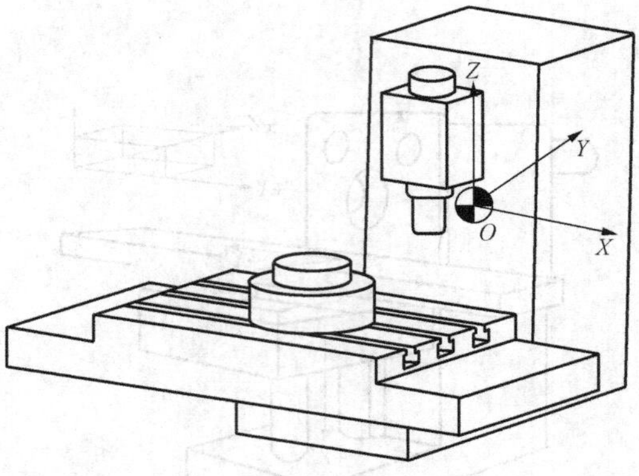

图 1-16 数控铣床坐标系

数控机床开机时，必须首先手动返回参考点，这样便确定了机床原点的位置，即建立了机床坐标系。只有确定了机床参考点，刀具（或工作台）移动才有基准。

1.4.2 工件坐标系

工件坐标系即为编程坐标系，是编程人员根据零件图样及加工工艺而建立的坐标系，用于确定零件几何图形上各几何要素（点、直线、圆弧等）。工件坐标系供编程时使用，因此建立工件坐标系时不必考虑工件毛坯在机床上的实际装夹位置。如图 1-17 和图 1-18 所示，$O_1X_1Y_1Z_1$ 即为工件坐标系。

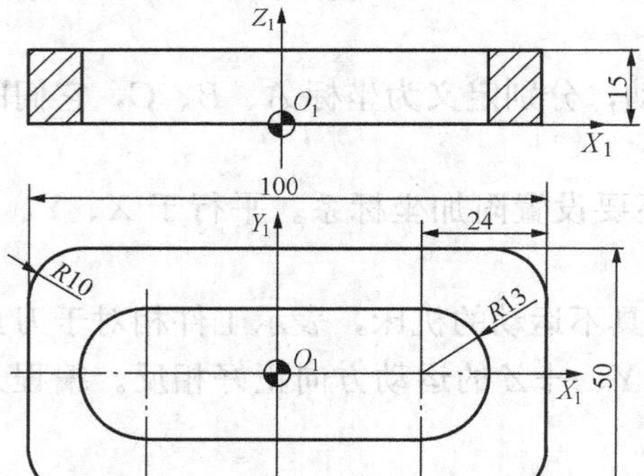

图 1-17 数控铣床工件坐标系

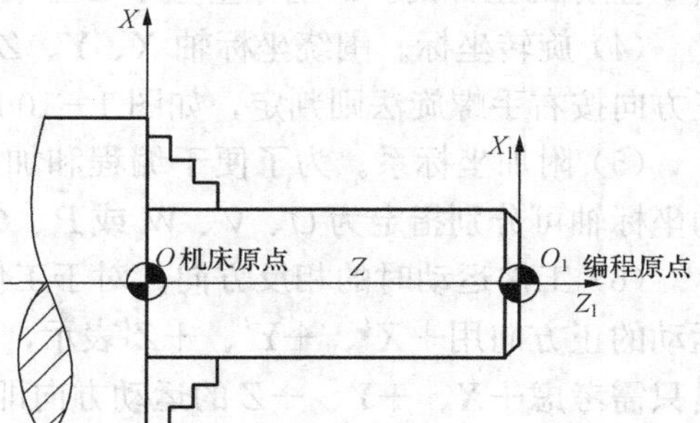

图 1-18 数控车床工件坐标系

编程原点（工件坐标系原点）是指根据零件图样及加工工艺要求选定编程坐标系原点。

选择编程原点时要注意以下几点：

(1) 编程原点应尽量选择在零件的设计基准或工艺基准上，以及尺寸精度高、粗糙度比较低的工件表面上。

(2) 对于形状对称的零件，编程原点应尽量选择在对称中心上。

(3) 对于车削编程时的回转体类零件，编程原点一般设置在零件的左端面或右端面上。

编程人员在编制程序时，只要按照零件图样就可以选定编程原点、建立编程坐标系、计算坐标值，而不必考虑工件毛坯装夹的实际位置。

1.5 数控机床的加工特点及应用范围

1.5.1 数控机床的加工特点

与普通机床加工相比，采用数控机床加工有以下几方面的特点：

(1) 适应性强，高柔性。适应性即所谓的柔性，是指数控机床随生产对象变化而变化的适应能力。在数控机床上改变加工零件时，只需输入新的程序后就能实现对新的零件的加工，而不需改变机械部分和控制部分的硬件，且生产过程是自动完成的。这就为复杂结构零件的单件、小批量生产以及试制新产品提供了极大的方便。适应性强是数控机床最突出的优点，也是数控机床得以迅速发展的主要原因。

(2) 高精度，加工质量稳定可靠。数控机床是按数字形式给出的指令进行加工的，一般情况下工作过程不需要人工干预，这就消除了操作者人为产生的误差。在设计制造数控机床时，采取了许多措施，使数控机床的机械部分达到了较高的精度和刚度。数控机床工作台的脉冲当量普遍达到了 0.0001～0.01mm，而且进给传动链的反向间隙、丝杠螺距误差等均可由数控装置进行补偿，高档数控机床采用光栅尺进行工作台移动的闭环控制。数控机床的加工精度由过去的±0.01mm 提高到±0.005mm，甚至更高。此外，数控机床的传动系统与机床结构都具有很高的刚度和热稳定性。通过补偿技术，数控机床可获得比本身精度更高的加工精度，尤其提高了同一批零件生产的一致性，产品合格率高，加工质量稳定可靠。

(3) 高生产率。零件加工所需的时间主要包括机动时间和辅助时间两部分。数控机床主轴的转速和进给量的变化范围比普通机床大，因此数控机床每一道工序都可选用最有利的切削用量。由于数控机床结构刚性好，允许进行大切削用量的强力切削，进而提高了数控机床的切削效率，节省了机动时间。数控机床的移动部件空行程运动速度快，工件装夹时间短，刀具可自动更换，辅助时间比一般机床大为减少。数控机床更换被加工零件时几乎不需要重新调整机床，节省了零件安装调整时间。数控机床加工质量稳定，一般只做首件检验和工序间关键尺寸的抽样检验，因此节省了停机检验时间。在加工中心机床上加工时，一台机床实现了多道工序的连续加工，生产效率的提高更为显著。

(4) 能实现复杂的运动，适合复杂异形零件的加工。普通机床难以实现或无法实现轨迹为三次以上的曲线或曲面的运动，如螺旋桨、汽轮机叶片之类的空间曲面，而数控机床则可实现几乎是任意轨迹的运动和加工任何形状的空间曲面，适合复杂异形零件的加工。

(5) 良好的经济效益。数控机床虽然设备昂贵，加工时分摊到每个零件上的设备折旧费较高。但在单件、小批量生产的情况下，使用数控机床加工可节省划线工时，减少调整、加工和检验时间，节省直接生产费用。数控机床加工零件一般不需制作专用夹具，节省了工艺装备费用；加工精度稳定，减少了废品率，使生产成本进一步下降。此外，数控机床可实现一机多用，节省厂房面积和建厂投资。因此，使用数控机床可获得良好的经济效益。

(6) 有利于生产管理的现代化。采用数控机床加工能方便、精确地计算零件的加工时间及生产、加工费用，有利于生产过程的科学管理和信息化管理。数控机床使用数字信息与标准代码处理、传递信息，特别是在数控机床上使用计算机控制，为计算机辅助设计、制造及管理一体化奠定了基础。数控机床是 DNC、FMS、CIMS 等先进制造系统的基础，便于制造系统的集成。

(7) 劳动强度低，劳动条件好。数控机床的操作者一般只需装卸零件、更换刀具、利用操作面板控制机床的自动加工，不需要进行繁杂的重复性手工操作，因此劳动强度大为减轻。此外，数控机床一般都具有较好的安全防护、自动排屑、自动冷却和自动润滑装置，操作者的劳动条件可得到很大改善。

(8) 投资大，使用费用高。与普通机床相比，数控机床的价格相对较高。所以在选用机床时，需要综合考虑各方面的因素选择使用普通机床还是数控机床。在选用数控机床时，也要根据加工精度、加工效率等要求，考虑选用经济型的数控机床，还是全功能型数控机床或者柔性制造单元等。

(9) 生产准备工作复杂。在数控机床上加工零件，需要分析零件的加工工艺、编制数控加工程序等，所以生产准备工作较复杂。

(10) 使用、维护技术要求高，维修较困难。数控机床是典型的机电一体化设备，除了机械本体部分外，还包括复杂的控制系统，所以发生故障的环节相对较多，而且一旦出现故障，不仅需要考虑机械方面的故障，还需要考虑控制系统的电气硬件故障以及软件故障。数控机床是综合多学科、新技术的产物，相应地，机床的操作和维护技术要求较高。因此，为保证数控机床加工的综合经济效益，要求机床的使用者和维修人员有较高的专业素质。

1.5.2 数控机床应用范围

从数控技术的特点可以看出，数控机床加工技术主要适合于加工以下零件：

(1) 几何形状复杂的零件，特别是形状复杂、加工精度要求高或用数学方法定义的复杂曲线、曲面轮廓。

(2) 多品种小批量生产的零件，批量小而又多次重复生产的零件。用通用机床加工时，要求设计制造复杂的专用工装或需要很长调整时间。

(3) 必须严格控制公差的零件，需要全部检验的零件。

(4) 贵重的、不允许报废的关键零件。

(5) 试制件零件。

1.6 常见数控机床简介

目前，数控机床的种类非常多，主要有钻铣镗床类、车削类、磨削类、电加工类、激光加工类和其他特殊用途的专用数控机床等。

1.6.1 数控车床简介

数控车床是目前使用最广泛的数控机床之一，其外形与普通车床相似，即由床身、主轴箱、刀架、进给系统、冷却和润滑系统等部分组成如图 1-19 和图 1-20 所示。数控车床的进给系统与普通车床有质的区别，传统普通车床有进给箱和交换齿轮架，而数控车床是直接用伺服电动机通过滚珠丝杠驱动溜板和刀架实现进给运动，因而进给系统的结构大为简化。

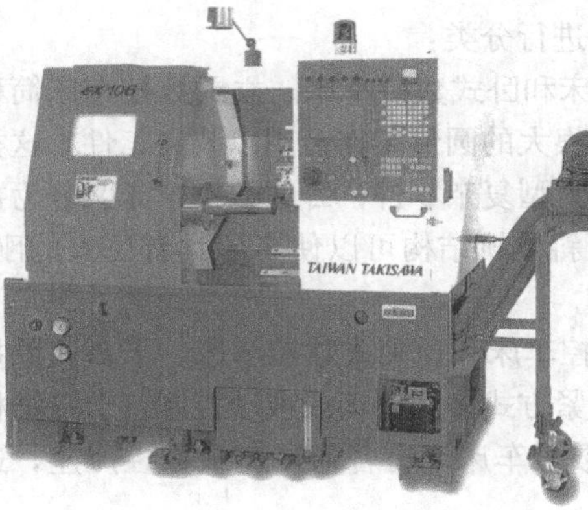

图 1-19 卧式全功能数控车床

图 1-20 立式数控车床

1. 数控车床主要用途

数控车床主要用于加工精度要求高、表面粗糙度值要求小，零件形状复杂，中、小批量生产的轴、套类、盘类等精密、复杂回转体表面零件的加工。通过数控加工程序的运行，可自动完成内外圆柱面、圆锥面、成形表面、端面等工序的切削加工，并能进行切槽加工、钻孔、扩孔、镗孔、铰孔等工作，还可以在内、外圆柱面和内、外圆锥面上加工各种螺距的螺纹。数控车削加工典型零件如图 1-21 所示。

图 1-21 数控车削加工典型零件

数控车削加工的主要对象如下：

(1) 轮廓形状特别复杂或难于控制尺寸的回转体零件。因车床数控装置都具有直线和圆弧插补功能，还有部分车床数控装置具有某些非圆曲线插补功能，故能车削由任意直线和平面曲线轮廓组成的形状复杂的回转体零件。

(2) 精度要求高的零件。零件的精度要求主要指尺寸、形状、位置、表面等精度要求，其中，表面精度主要指表面粗糙度。例如，尺寸精度高达 0.001mm 或更小的零件；圆柱度要求高的圆柱体零件；素线直线度、圆度和倾斜度均要求高的圆锥体零件；通过恒线速度切削功能，加工表面精度要求高的各种变径表面类零件等。

(3) 带特殊螺纹的回转体零件。这些零件是指特大螺距、等螺距与变螺距或圆柱与圆锥螺纹面之间作平滑过渡的螺纹零件等。

(4) 淬硬工件。在大型模具加工中，有不少尺寸大而形状复杂的零件。这些零件热处理后的变形量较大，磨削加工有困难，因此可以用陶瓷车刀在数控机床上对淬硬后的零件进行车削加工，以车代磨，提高加工效率。

2. 数控车床分类

数控车床品种繁多，规格不一，可按以下方法进行分类：

(1) 按主轴在空间的位置，可分为立式数控车床和卧式数控车床。立式数控车床简称为数控立车，其车床主轴垂直于水平面，有一个直径很大的圆形工作台用以装夹工件，这类机床主要用于加工径向尺寸大、轴向尺寸相对较小的大型复杂零件；卧式数控车床又分为数控水平导轨卧式车床和数控倾斜导轨卧式车床，其倾斜导轨结构可以使车床具有更大的刚性，并易于排除切屑。

(2) 按加工零件的基本类型，可分为卡盘式数控车床和顶尖式数控车床。卡盘式数控车床没有尾座，适合车削盘类（含短轴类）零件，夹紧方式多为电动或液动控制，卡盘结构多具有可调卡爪或不淬火卡爪（即软卡爪）；顶尖式数控车床配有普通尾座或数控尾座，适合车削较长的零件及直径不太大的盘类零件。

(3) 按刀架数量，可分为单刀架数控车床和双刀架数控车床。单刀架数控车床一般都配置有各种形式的单刀架，如四工位转位刀架或多工位转塔式自动转位刀架；双刀架数控车床的双刀架配置平行分布，也可以是相互垂直分布。

(4) 按机床的功能，可分为经济型数控车床、普通数控车床、车削加工中心和车铣复合中心。经济型数控车床采用步进电动机和单片机对普通车床的进给系统进行改造后形成的简易型数控车床，成本较低，但自动化程度和功能都比较差，车削加工精度也不高，适用于要求不高的回转类零件的车削加工。普通数控车床根据车削加工要求在结构上进行专门设计，并配备通用数控系统而形成的数控车床，数控系统功能强，自动化程度和加工精度也比较高，适用于一般回转类零件的车削加工。这种数控车床可同时控制两个坐标轴，即 X 轴和 Z 轴。车削加工中心在普通数控车床的基础上，增加了 C 轴和动力头，更高级的车削中心带有刀库，可控制 X、Z 和 C 三个坐标轴，联动控制轴可以是 X、Z，X、C 或 Z、C。由于增加了 C 轴和铣削动力头，这种数控车床的加工功能大大增强，除可以进行一般车削外还可以进行径向和轴向铣削、曲面铣削、中心线不在零件回转中心的孔和径向孔的钻削等加工。

(5) 其他分类方法。按数控系统的不同控制方式等指标，可分为直线控制数控车床、两主轴控制数控车床等；按特殊或专门工艺性能，可分为螺纹数控车床、活塞数控车床、曲轴数控车床等。

3. 数控车床的加工特点

(1) 适应性强，主要用于中、小批量生产的零件的加工。在普通车床上加工不同的零件，一般需要调整车床和附件，以使车床适应加工零件的要求。而数控车床加工不同形状的零件时只要重新编制或修改加工程序就可以迅速达到加工要求，大大缩短了生产准备时间。

(2) 加工精度高，加工出的零件互换性好。数控加工的尺寸精度通常为 0.005～0.1mm，不受零件复杂程度的影响。加工中消除了操作者的人为误差，提高了同批零件尺寸的一致性，使产品质量保持稳定，降低了废品率。

(3) 具有较高的生产率和较低的加工成本。机床的生产率主要是指加工一个零件所需要的时间，其中包括机动时间和辅助时间。数控车床的主轴转速和进给速度变化范围大，并可无级调速，加工时可选用最佳切削速度和进给速度，可实现恒转速和恒线速，以使切削参数最优，进而大幅度提高生产率，降低加工成本。

1.6.2　数控铣床简介

数控铣床主要由床身、铣头、进给工作台、升降台、液压控制系统、电气控制系统等部分组成。目前的数控铣床一般都具有直线、圆弧插补功能，还有刀具补偿、固定循环和用户宏程序等功能。

1. 数控铣床的类型

(1) 数控仿形铣床。数控仿形铣床通过数控装置将靠模移动量数字化后，可得到高的加工精度，可进行较高速度的仿形加工，进给速度仅受刀具和材料的影响，如图 1-22 所示。

(2) 数控摇臂铣床。数控摇臂铣床是在原摇臂铣床的基础上加装数控装置对机床进行控制，从而提高机床效率和加工精度，同时可以加工原摇臂铣床难以加工的一些复杂零件，如图 1-23 所示。

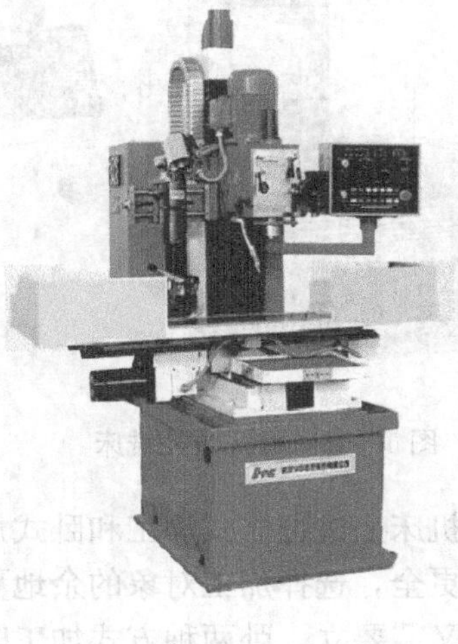

图 1-22　数控仿形铣床

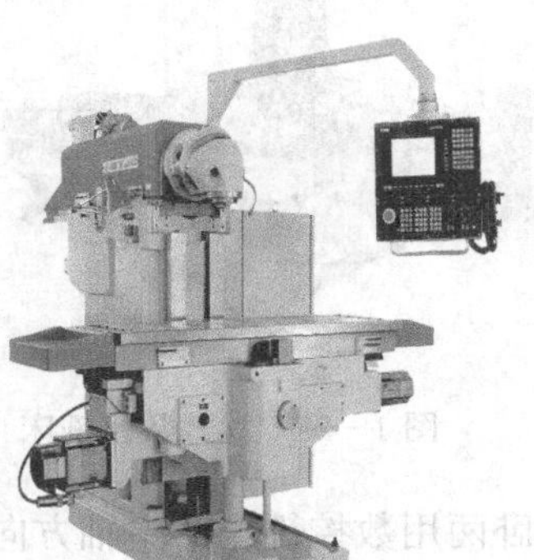

图 1-23　数控摇臂铣床

(3) 数控万能工具铣床。数控万能工具铣床采用了数控装置的万能工具铣床有钻、铣、铰、镗加工等功能，它具有操作方便，便于调试、维修等特点，如图 1-24 所示。

(4) 按主轴在空间的位置可分为立式数控铣床、卧式数控铣床和立卧两用数控铣床。

立式数控铣床主轴垂直于工作台面，如图 1-25 所示。立式数控铣床在数量上一直占据数控铣床的大多数，应用范围也最广。对立式数控铣床而言，若按 Z 轴方向运动的实现形式，又可分为工作台升降式和刀具升降式（固定工作台）。立式升降台数控铣床由于受工作台本身重量的影响，使得采用不能自锁的滚珠丝杠导轨有一定的技术难度，故一般多用于垂直工作行程较大的场合。当垂直工作行程较小时，则常用刀具升降的固定工作台式数控铣床，刀具主轴在小范围内运动，其刚性较容易保证。从机床数控系统控制的坐标数量

图 1-24　数控万能工具铣床

来看，目前 3 坐标数控立铣仍占大多数，一般可进行 3 坐标联动加工，但也有部分机床只能进行 3 个坐标中的任意两个坐标联动加工（常称为 2.5 坐标加工）。此外，还有机床主轴可以绕 X、Y、Z 坐标轴中的一个或两个轴做数控摆角运动的 4 坐标和 5 坐标数控立铣。

卧式数控铣床的主轴平行于工作台面，如图 1－26 所示。卧式数控铣床与通用卧式铣床相似，其主轴轴线平行于水平面。为了扩大加工范围和扩充功能，卧式数控铣床通常增加数控转盘或万能数控转盘来实现 4、5 坐标加工。这样，不但可以加工工件侧面上的连续回转轮廓，而且可以实现在一次安装中，通过转盘改变工位，进行四面加工。

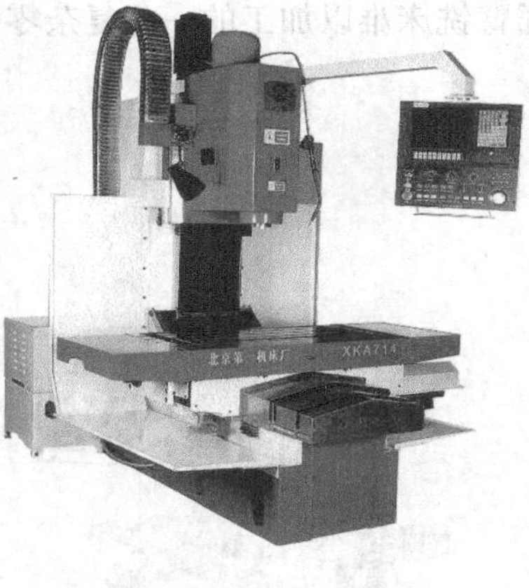

图 1－25 立式数控铣床

图 1－26 卧式数控铣床

立卧两用数控铣床的主轴方向可以更换，能在一台机床上进行立式加工和卧式加工，且同时具备上述两类机床的功能，其使用范围更广，功能更全，选择加工对象的余地更大，为用户带来极大的便利。特别是生产批量小，品种较多，又需要立、卧两种方式加工时，用户只需买一台这样的机床即可。

若按数控装置控制的轴数，可有两坐标联动和三坐标联动之分。若有特定要求，还可考虑加进一个回转的 A 坐标或 C 坐标，即增加一个数控分度头或数控回转工作台。这时，机床应相应地配制成四坐标控制或五坐标控制数控铣床。

(5) 按数控铣床的构造可分为工作台升降式数控铣床、主轴头升降式数控铣床和龙门式数控铣床。

工作台升降式数控铣床采用工作台移动、升降，而主轴不动的方式。小型数控铣床一般采用此种方式。

主轴头升降式数控铣床采用工作台纵向和横向移动，且主轴沿纵向溜板上下运动；主轴头升降式数控铣床在精度保持、承载重量、系统构成等方面具有很多优点，已成为数控铣床的主流。

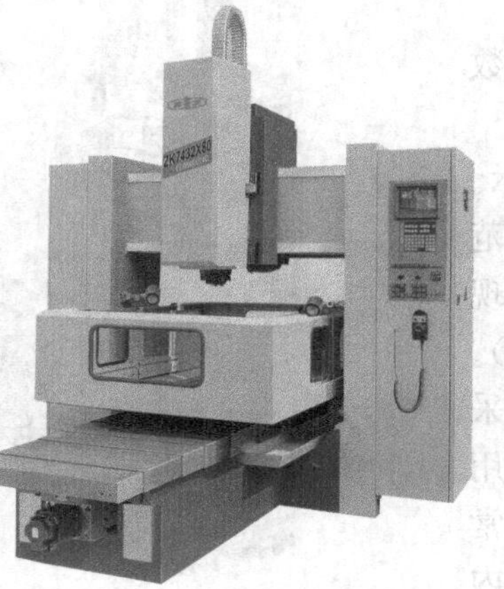

图 1－27 龙门式数控铣床

工作台宽度在 630mm 以上的数控铣床，多采用龙门式布局。如图 1－27 所示。其功能向加工中心靠近，适用于大工件、大平面的加工。龙门式数控铣床的主轴可以在龙门架的横向与纵向溜板上运动，而龙门架则沿床身做纵向运动。大型数控铣床，因要考虑到扩大行程、缩小占地面积及刚性等技术上的问题，往往采用龙门架移动式。

2. 数控铣床主要用途

数控铣床一般能完成铣削、镗削、钻削、攻螺纹等切削加工工作，适用于加工精密、复杂的平面类零件、槽类零件、变斜角类零件及曲面类零件（见图 1－28 和图 1－29）。数控铣床加工的典型零件如图 1－30 所示。

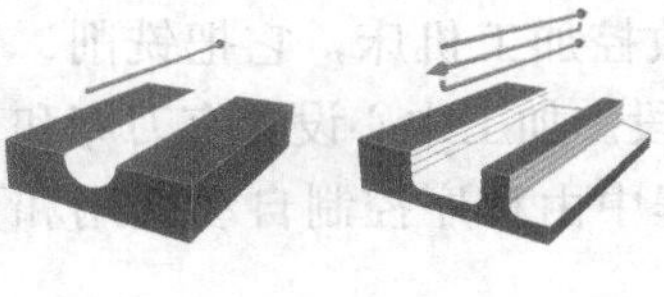

图 1－28 槽类零件

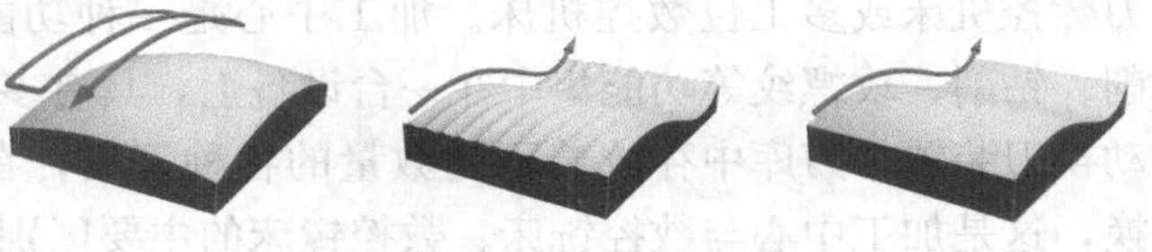

图 1－29 曲面类零件

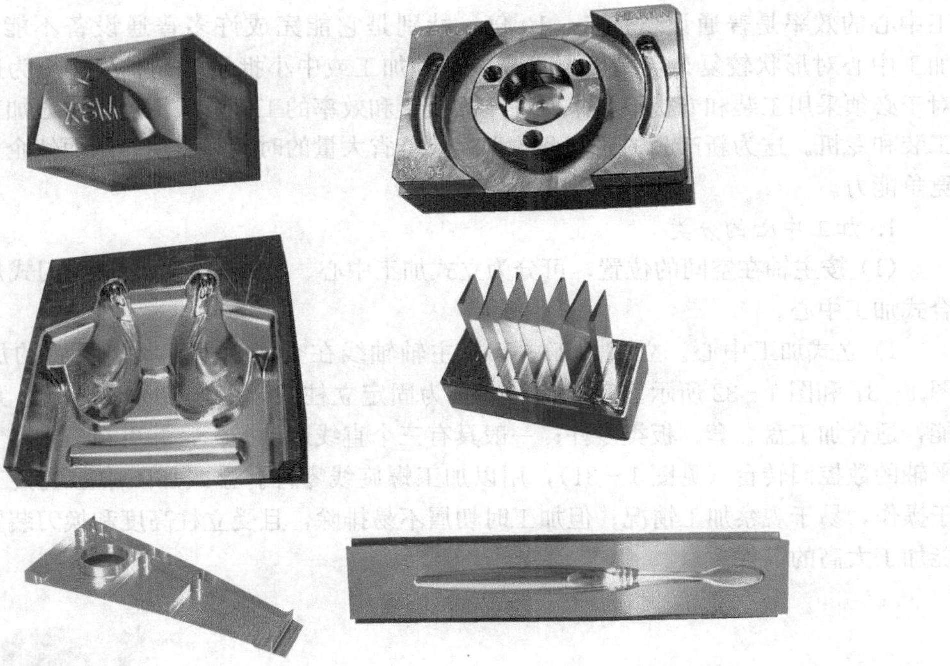

图 1－30 数控铣床加工的典型零件

3. 数控铣床的铣削加工特点

数控铣床除了能铣削各种零件表面外，还可以铣削普通铣床不能铣削的、需要 2～5 坐标轴联动的各种平面轮廓和立体轮廓。数控铣床加工的主要特点如下：

(1) 加工的适应性强、灵活性好，能加工轮廓形状特别复杂或难以控制尺寸的零件，如模具、壳体类零件等。

(2) 能加工普通机床无法加工或很难加工的零件，如用数学模型描述的复杂曲线零件及三维空间曲面类零件。

(3) 能加工一次装夹定位后，需进行多道工序加工的零件。

（4）加工精度高，加工质量稳定可靠。

（5）生产自动化程序高。

（6）生产效率高。

（7）铣削属于断续切削方式，对刀具的要求较高，因此数控铣床所用刀具要求具有良好的抗冲击性、韧性和耐磨性。在干式切削下，还要有红硬性。

1.6.3 加工中心简介

加工中心与数控铣床的主要区别是带有刀库和自动换刀装置，故加工中心又称为自动换刀数控机床或多工位数控机床。加工中心是一种功能较全的数控加工机床，它把铣削、镗削、钻削、攻螺纹等功能集中在一台设备上，具有多种工艺手段。加工中心设置有刀库和自动换刀装置，刀库中存放着不同数量的各种刀具，在加工过程中由程序控制自动选用和更换，这是加工中心与数控铣床、数控镗床的主要区别。

加工中心是一种综合加工能力较强的设备，工件一次装夹后能完成较多的加工步骤，加工精度较高。对于中等加工难度的批量工件，特别是加工孔系较多的箱体类零件，加工中心的效率是普通设备的 5～10 倍，特别是它能完成许多普通设备不能完成的加工。加工中心对形状较复杂，精度要求高的单件加工或中小批量多品种生产更为适用。特别是对于必须采用工装和专机设备来保证产品质量和效率的工件，采用加工中心加工，可以省去工装和专机。这为新产品的研制和改型换代节省大量的时间和费用，从而使企业具有较强的竞争能力。

1. 加工中心的分类

（1）按主轴在空间的位置，可分为立式加工中心、卧式加工中心、龙门式加工中心和复合式加工中心。

1）立式加工中心。立式加工中心指主轴轴线在空间为垂直状态设置的加工中心，如图 1－31 和图 1－32 所示。其结构形式多为固定立柱式，工作台为长方形，无分度回转功能，适合加工盘、套、板类零件；一般具有三个直线运动坐标，并可在工作台上安装一个水平轴的数控回转台（见图 1－31），用以加工螺旋线零件。立式加工中心装夹工件方便，便于操作，易于观察加工情况；但加工时切屑不易排除，且受立柱高度和换刀装置的限制，不能加工太高的零件。

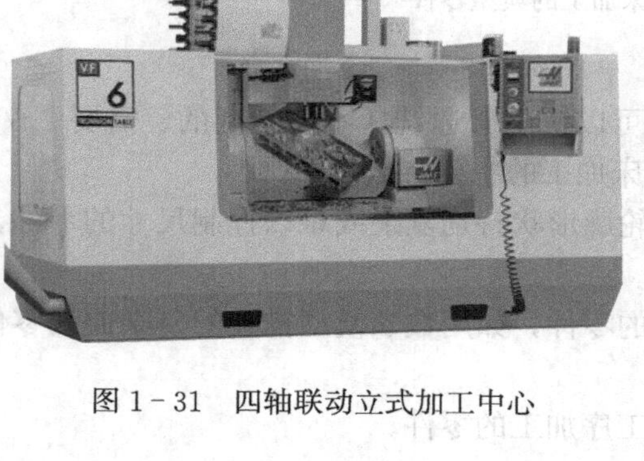

图 1－31 四轴联动立式加工中心

图 1－32 立式加工中心

2）卧式加工中心。卧式加工中心指主轴轴线在空间为水平状态设置的加工中心，如图 1－33 和图 1－34 所示。卧式加工中心一般具有分度转台或数控回转工作台，一般都具有 3～5 个运动坐标。常见的是三个直线运动坐标加一个回转运动坐标，它能够使工件在一次装夹后完成除安装面和顶面以外的其余四个面的加工，最适合加工箱体类零件。也可做多个坐标的联合运动，以便加工复杂的空间曲面。卧式加工中心调试程序及试切时不便观察，加工时也不便监视，零件装夹和测量不方便，但加工时排屑容易，对加工有利。与立式加工中心相比，卧式加工中心的结构复杂，占地面积大，价格也较高。

图 1－33　卧式加工中心Ⅰ

图 1－34　卧式加工中心Ⅱ

3）龙门式加工中心。龙门式加工中心的形状与龙门铣床相似，如图 1－35 和图 1－36 所示。主轴多为垂直设置（也有水平设置），除自动换刀装置外，还带有可更换的主轴附件，数控装置的功能也较齐全，能够一机多用，尤其适用于加工大型或形状复杂的零件，如飞机上的梁、框、壁板等。

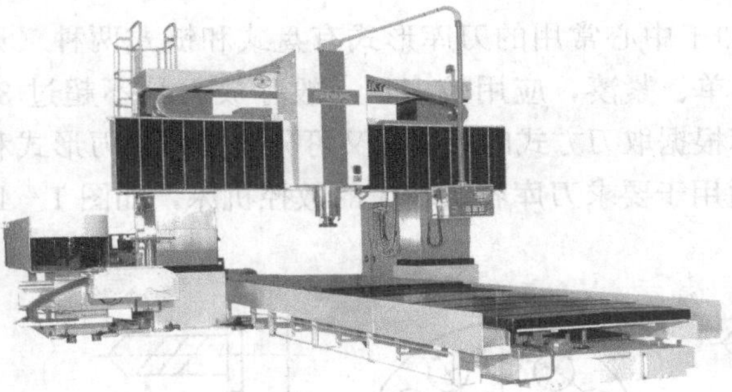

图 1－35　龙门式加工中心Ⅰ

图 1－36　龙门式加工中心Ⅱ

4）复合加工中心。主轴可做垂直和水平转换的，称为立卧式加工中心或五面加工中心，也称复合加工中心。复合加工中心兼有立式和卧式加工中心的功能，在一台机床上即可完成原本需要在两台机床上完成的加工任务工序更加集中。常见的复合加工中心有两种形式：一种是主轴可旋转 90°，进行立卧式加工；另一种是工作台带动工件旋转 90°，进行工件五个表面的加工。复合加工中心可以使工件的几何误差降到最低，省去了二次装夹的时间，提高了生产效率，如图 1－37 所示。

（2）按运动坐标轴和同时控制的坐标轴分类。按控制轴数和联动轴数，加工中心可分为三轴二联动、三轴联动、四轴三联动、五轴四联动、五轴联动、六轴五联动等。其中，三轴、四轴、五轴是指加工中心具有的运动坐标控制轴数，联动是指数控系统可以同时控制运动的坐标轴数，数控系统通过控制联动的坐标轴数，来实现刀具相对工件的位置和速度控制，从而加工出不同形状的零件。图 1－38 所示为五轴联动加工中心。

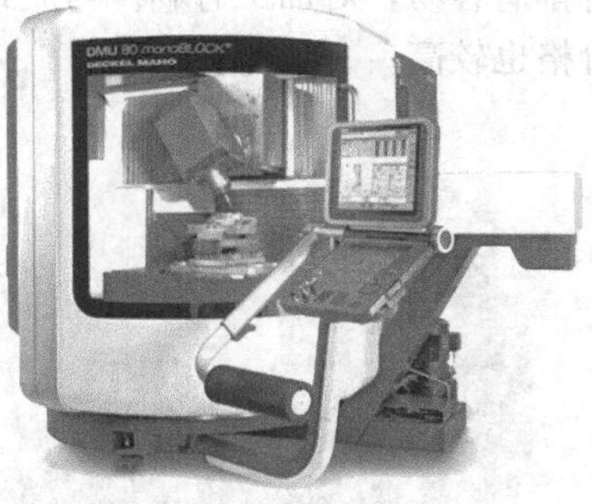

图 1－37　复合加工中心

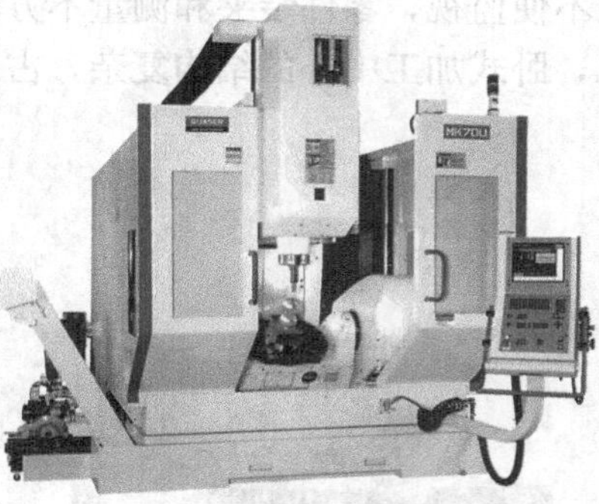

图 1－38　五轴联动加工中心

（3）按工作台的数量和功能，可分为单工作台加工中心、双工作台加工中心和多工作台加工中心。

（4）按加工精度，可分为普通加工中心和高精度加工中心。普通加工中心分辨率为 1μm，最大进给速度 15～25m/min，定位精度约为 10μm；高精度加工中心分辨率为 0.1μm，最大进给速度为 15～100m/min，定位精度约为 2μm。介于 2～10μm 的，以±5μm 较多，可称为精密级加工中心。

（5）按换刀形式，可分为带刀库和机械手的加工中心、带斗笠式刀库的加工中心和带转塔式刀库的加工中心。

加工中心带有刀库和自动换刀装置。加工中心常用的刀库形式有盘式和链式两种（见图 1－39 和图 1－40）。盘式刀库的结构简单、紧凑，应用较多，一般存放刀具不超过 32 把，如图 1－39 和图 1－41 所示。盘式刀库根据取刀方式的不同，又可分为径向取刀形式和轴向取刀形式。链式刀库多为轴向取刀，适用于要求刀库容量较大的数控机床，如图 1－40 和图 1－42 所示。

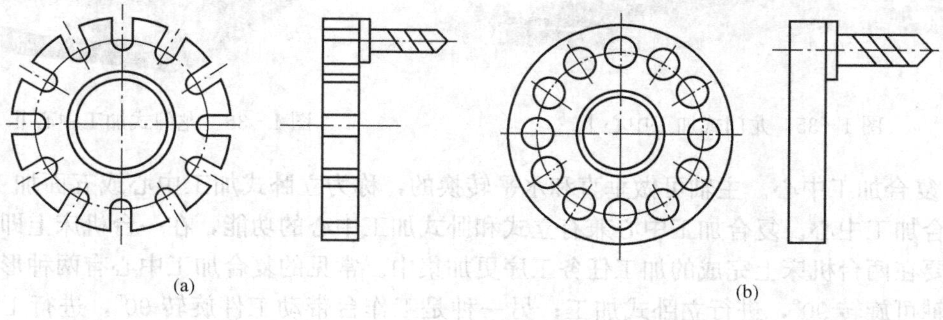

(a)　(b)

图 1－39　盘式刀库

(a) 径向取刀形式；(b) 轴向取刀形式

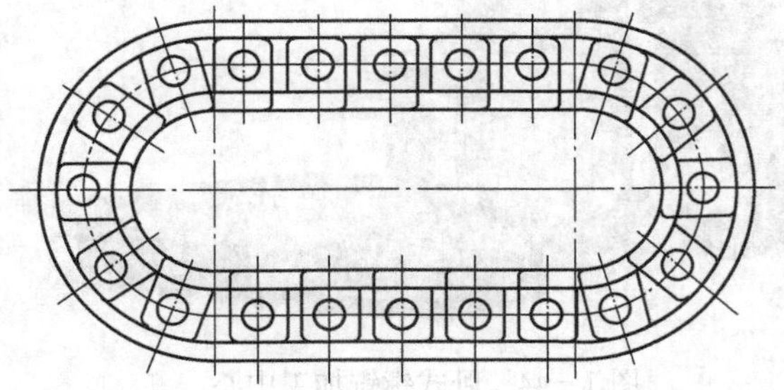

图 1 - 40 链式刀库

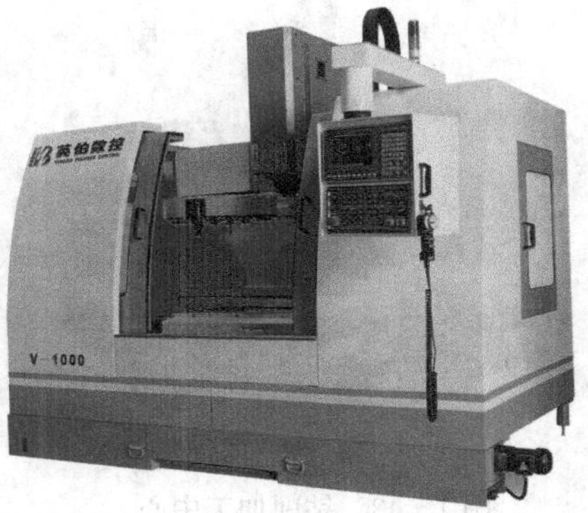

图 1 - 41 盘式刀库加工中心

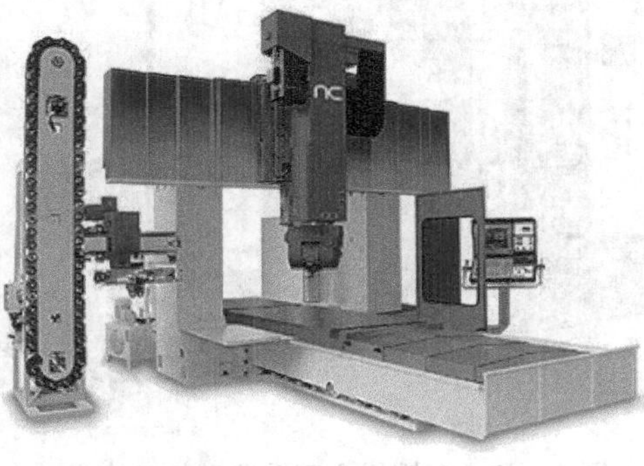

图 1 - 42 链式刀库龙门加工中心

加工中心的自动换刀装置在机床主轴与刀库之间交换刀具，常见的是机械手换刀装置，也有不带机械手而由主轴直接与刀库交换刀具的，称为无臂式换刀装置。

1）带刀库和机械手的加工中心。这种加工中心的换刀装置（ATC）主要由刀库和机械手组成，由机械手分别抓住刀库上所选的刀和机床主轴上需要换下的刀进行更换，完成换刀动作，换刀时间短，应用广泛。

2）带斗笠式刀库的加工中心。这种加工中心的换刀是通过刀库和主轴箱的配合动作来完成的，刀库外形酷似斗笠状。一般是采用把刀库放在主轴箱可以运动到的位置，或刀库可以移动到主轴箱的位置。当采用刀库移动时，换刀由刀库移动到主轴的正下方，由主轴的上升/下降进行刀具的取放，换完刀具后刀库离开主轴。一般应用于刀柄号为 40 号以下的小型加工中心。

3）带转塔式刀库的加工中心。用转塔实现换刀是最早实现的自动换刀方式。一般在孔加工的加工中心上采用转塔式刀库，换刀动作直接由转塔式刀库的转动完成。一般情况下，转塔式刀库所能更换的刀具数量较少，对主轴转塔头定位精度要求比较高。

(6) 按加工中心的功能，应分为钻削加工中心、镗铣加工中心、车铣复合五轴联动加工中心。

1）钻削加工中心。钻削加工中心一般以钻削为主，刀库为转塔形式，可进行中小零件的钻孔、扩孔、攻螺纹等孔加工，也可以进行小面积的端铣，如图 1 - 43 所示。

2）镗铣加工中心。镗铣加工中心主要以镗削、铣削为主，特别适用于加工箱体、壳体，以及各种形面复杂、工序集中的零件加工。常说的加工中心一般就是指镗铣加工中心，图 1 - 44 所示为卧式镗铣加工中心。

图 1-43 钻削加工中心

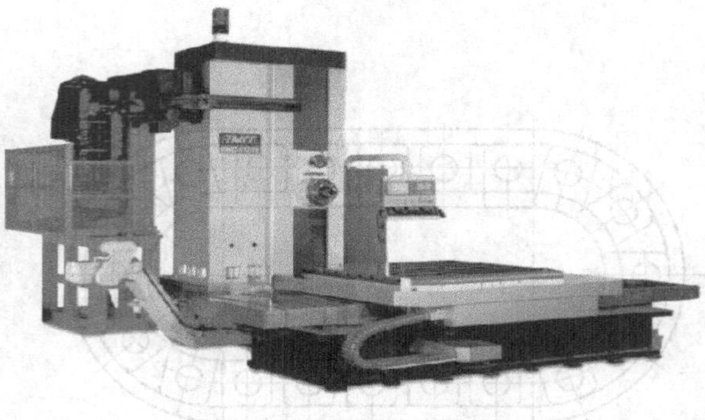

图 1-44 卧式镗铣加工中心

图 1-45 车铣复合五轴联动加工中心

3）车铣复合五轴联动加工中心。车铣复合五轴联动加工中心除可以加工轴类零件外，还可以铣（铣扁、铣方等）、钻（钻横向孔）等工序，如图 1-45 所示。

另外还可按主轴种类分为单轴、双轴、三轴及可换主轴箱的加工中心等。

和数控铣床相比，加工中心主要增加了刀库及换刀装置。当然，基于性价比等方面的考虑，加工中心机床多采用半闭环或闭环数控系统。

2. 加工中心的用途

加工中心主要适于精密、复杂，周期性重复投产，多工位、多工序集中，具有适当批量的零件加工，以及工序多、要求较高、需用多种类型的普通机床和众多刀具、夹具，且经多次装夹和调整才能完成加工的零件等。

加工中心主要加工对象包括箱体类零件，复杂曲面，异形件，盘、套、板类零件，特殊加工等。

（1）箱体类零件。箱体类零件一般是指具有一个以上孔系，内部有型腔，在长、宽、高方向有一定比例的零件，如图 1-46 和图 1-47 所示。这类零件在机床、汽车、飞机制造等行业应用较多。

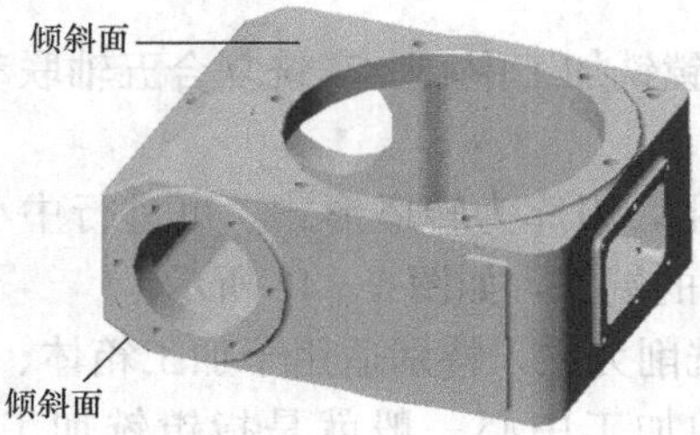

图 1-46 箱体类零件 Ⅰ

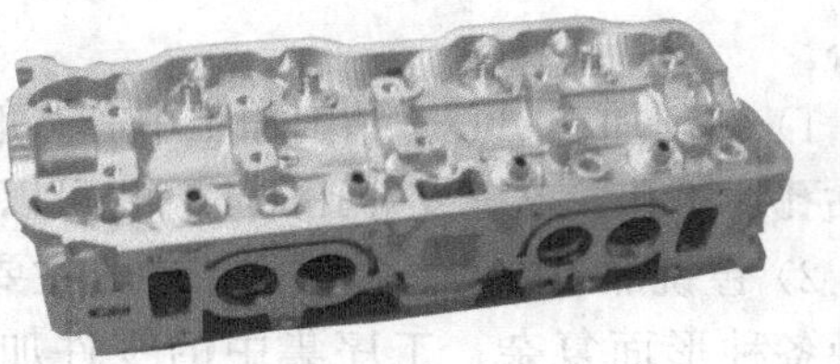

图 1-47 箱体类零件 Ⅱ

箱体类零件一般都需要进行多工位孔系及平面加工，公差要求较高，特别是几何公差要求较为严格，通常要经过铣、钻、扩、镗、铰、锪、攻螺纹等工序，需要刀具较多，在普通机床上加工难度大，工装套数多，费用高，加工周期长，需多次装夹、找正，手工测量次数多，加工时必须频繁地更换刀具，工艺难以制订，更重要的是精度难以保证。

加工箱体类零件的加工中心，当加工的工位较多时，需工作台多次旋转角度才能完成的零件，一般选卧式镗铣类加工中心；当加工的工位较少，且跨距不大时，可选立式加工中心，从一端进行加工。

(2) 复杂曲面。复杂曲面在机械制造业，特别是航天航空工业中占有特殊重要的地位。复杂曲面采用普通机加工方法是难以甚至无法完成的。在我国，传统的方法是采用精密铸造，可想而知其精度比较低。复杂曲面类零件包括各种叶轮（见图 1－48）、导风轮、球面、各种曲面成形模具、螺旋桨、水下航行器的推进器，以及一些其他形状的自由曲面。

这类零件均可用加工中心进行加工，铣刀作包络面来逼近球面。复杂曲面一般用多轴联动的加工中心进行加工，但编程工作量较大，大多数采用自动编程技术。

(3) 异形件。异形件是外形不规则的零件，大都需要点、线、面多工位混合加工，如图 1－49 所示。异形件的刚性一般较差，夹压变形难以控制，加工精度也难以保证，甚至某些零件的部分加工部位用普通机床难以完成。用加工中心加工时应采用合理的工艺措施，一次或二次装夹，利用加工中心多工位点、线、面混合加工的特点，完成多道工序或全部的工序内容。

图 1－48 叶轮

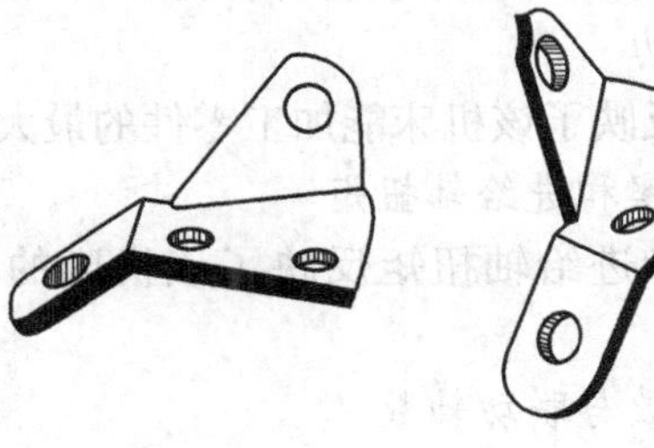
图 1－49 异形零件

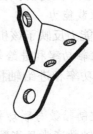

(4) 盘、套、板类零件。这类零件带有键槽，或径向孔，或端面有分布的孔系，曲面的盘套或轴类零件，如带法兰的轴套，带键槽或方头的轴类零件等，还有具有较多孔加工的板类零件（见图 1－50），如各种电动机盖等。端面有分布孔系、曲面的盘类零件宜选择立式加工中心，有径向孔的可选卧式加工中心。

3. 特殊加工

在熟练掌握了加工中心的功能之后，配合一定的工装和专用工具，利用加工中心可完成一些特殊的工艺工作，如在金属表面上刻字、刻线、刻图案，如图 1－51 所示；在加工中心的主轴上装上高频电火花电源，还可对金属表面进行线扫描表面淬火；用加工中心装上高速磨头，可实现小模数渐开线圆锥齿轮磨削及各种曲线、曲面的磨削等。

图 1-50　板类零件

图 1-51　雕刻图案类零件

1.7　数控机床的主要性能指标

1.7.1　数控机床的基本能力指标

1. 行程范围

行程范围是指坐标轴可控的运动区间，它反映了该机床允许的加工空间。一般工件轮廓尺寸应在加工空间的范围之内，个别情况下，工件轮廓也可大于机床的加工范围，但工件的加工区域必须小于加工范围。

2. 工作台面尺寸

工作台面尺寸反映了机床所安装工件大小的最大范围。通常应选择比最大加工工件稍大一点的面积，因为要预留夹具所需的空间。

3. 承载能力

承载能力反映了该机床能加工零件的最大质量。

4. 主轴功率和进给轴扭矩

主轴功率和进给轴扭矩反映了该机床的加工能力，同时也间接反映机床刚度和强度能力。

5. 控制轴数与联动轴数

控制轴数通常是指数控系统能够控制的进给轴数。数控系统可以控制的运动坐标轴总数称为控制轴数，是机床数控装置能够控制的按加工要求运动的坐标轴。有的生产厂家认为控制轴数应包括所有的运动轴，即进给轴、主轴、刀库轴等。数控机床控制轴数与数控装置的运算处理能力、运算速度、内存容量等有关。

联动轴数是指数控系统可同时控制的，按加工要求运动的坐标轴数量，它反映了数控机床的曲面加工能力。例如某数控机床，机床本身具有 X、Y、Z 三个方向运动坐标轴，但数控系统仅可同时控制两个坐标（X、Y、Y、Z 或 X、Z），则该机床的控制轴数为三轴，而联动轴数为两轴。

1.7.2　数控机床的精度指标

1. 几何精度

几何精度是综合反映机床的关键零部件和机床总体装配完成后的几何形状误差的指标。几何精度指标可分为两类：第一类是对机床的基础件和运动大件（如床身、立柱、工作台、主轴箱等）的直线度、平面度、垂直度的要求，如工作台的平面度、各坐标轴运动方向的直线度和相互垂直度、相关坐标轴运动时工作台面和T形槽侧面的平行度等；第二类是对机床执行切削运动的主要部件——主轴的运动要求，如主轴的轴向窜动、主轴的径向跳动、主轴箱移动导轨与主轴轴线的平行度、主轴轴线与工作台面的垂直度（立式）或平行度（卧式）等。

2. 位置精度

位置精度是综合反映机床各运动部件在数控系统的控制下空载所能达到的精度。根据各轴能达到的位置精度就能判断出加工时零件所能达到的精度。位置精度指标主要有以下几种：

(1) 定位精度。定位精度是指在给定的条件下，数控机床工作台等移动部件所达到的实际位置的精度。其中包括伺服系统、检测系统、进给系统等的误差，还包括移动部件导轨的几何误差等。定位误差直接影响零件加工的精度。

(2) 重复定位精度。重复定位精度是指在同一台数控机床上，应用相同程序加工一批零件，所得到结果的一致程度。重复定位精度受伺服系统特性、进给传动环节的间隙与刚度，以及摩擦特性等因素的影响。一般情况下，重复定位精度是呈正态分布的偶然性误差值，它影响一批零件加工的一致性，是一项非常重要的精度指标。

(3) 分度精度。分度精度是指分度工作台在分度时，给定回转的角度值和实际回转的角度值之间的差值。分度精度既影响零件加工部位在空间的角度位置，也影响孔系加工的同轴度等。

(4) 回零精度。回零精度是指数控机床各坐标轴达到指定零点的精度，其误差也称回零误差。同定位误差一样，回零误差包括整个进给伺服系统的误差，它将直接影响机床坐标系的建立精度。

1.7.3 数控机床的主要性能指标

(1) 最高主轴转速和最大加速度。最高主轴转速是指机床主轴所能达到的最高转速，它是影响零件表面加工质量、生产效率及刀具寿命的主要因素之一，尤其是在有色金属的精加工中。最大加速度是反映主轴加减速能力的性能指标，也是反映机床加工效率的重要指标。

(2) 最高快移速度和最高进给速度。最高快移速度是进给轴在非加工状态下的最高移动速度，最高进给速度是指进给轴在加工状态下的最高移动速度，它们是影响零件加工质量、生产效率及刀具寿命的主要因素。最高快移速度和最高进给速度受数控装置的运算速度、机床动特性、工艺系统刚度等因素的限制。

(3) 分辨率与脉冲当量。分辨率是指两个相邻细节可以识别的最小间隙。对测量系统而言，分辨率是可以测量的最小增量；对控制系统而言，分辨率是可以控制的最小位移增量，即数控装置每发出一个脉冲信号，反映到机床移动部件上的移动量，通常称为脉冲当量。脉冲当量是设计数控机床的原始数据之一，其数值的大小决定数控机床的加工精度和表面质量。脉冲当量越小，数控机床的加工精度和表面加工质量越高。

另外，换刀速度和工作台交换速度也是影响数控机床生产效率的性能指标。

1.8 数控技术与数控机床的发展趋势

为了满足市场和科学技术发展的需要，为了达到现代制造技术对数控加工技术提出的更高的要求，随着新材料和新工艺的出现，人们对数控机床的要求越来越高。目前，数控技术及其装备发展趋势主要体现在以下几个方面。

1.8.1 高速、高效、高精度、高可靠性

要提高加工效率，首先必须提高切削和进给速度，同时还要缩短加工时间；要确保加工质量，必须提高机床部件运动轨迹的精度，而可靠性则是上述目标的基本保证。为此，必须要有高性能的数控机床作保证。

1. 高速、高效

机床向高速化方向发展，可充分发挥现代刀具材料的性能，不但可以大幅度提高加工效率、降低加工成本，而且可以提高零件的表面加工质量和精度。超高速加工技术对制造业实现高效、优质、低成本生产有广泛的适用性。

依靠快速、准确的数字量传递技术对高性能的机床执行部件进行高精密度、高响应速度的实时处理，由于采用了新型刀具，车削和铣削的切削速度已达到 5000～8000m/min 以上；主轴转数在 30000r/min（有的高达 10 万 r/min）以上；工作台的移动速度（进给速度），在分辨率为 1μm 时，在 100m/min（有的到 200m/min）以上，在分辨率为 0.1μm 时，在 24m/min 以上；自动换刀速度在 1s 以内；小线段插补进给速度达到 12m/min。根据高效率、大批量生产需求和电子驱动技术的飞速发展，高速直线电动机的推广应用，开发出一批高速、高效、高速响应的数控机床以满足汽车、农机等行业的需求。

2. 高精度

从精密加工发展到超精密加工（特高精度加工），是世界各工业强国致力发展的方向。其精度从微米级到亚微米级，乃至纳米级（<10nm），应用范围日趋广泛。超精密加工主要包括超精密切削（车、铣）、超精密磨削、超精密研磨抛光及超精密特种加工（三束加工及微细电火花加工、微细电解加工和各种复合加工等）。现代科学技术的不断发展，对超精密加工技术提出了新的要求。新材料及新零件的出现，更高精度要求的提出等，都需要超精密加工工艺，发展新型超精密加工机床，完善现代超精密加工技术。数控车、铣、磨等机床的工作精度正以平均每年提升 8%～10%的幅度向纳米级精度迈进。

当前，机械加工高精度的要求如下：普通的加工精度提高了一倍，达到 5μm；精密加工精度提高了两个数量级，超精密加工精度进入纳米级（0.001μm），主轴回转精度要求达到 0.01～0.05μm，加工圆度为 0.1μm，加工表面粗糙度为 Ra0.003μm 等。

精密化是为了适应高新技术发展的需要，也是为了提高普通机电产品的性能、质量和可靠性，减少其装配时的工作量从而提高装配效率的需要。随着高新技术的发展和对机电产品性能与质量要求的提高，机床用户对机床加工精度的要求也越来越高。为了满足用户的需要，近 10 多年来，普通级数控机床的加工精度已由±10μm 提高到±5μm，精密级加工中心的加工精度则从±（3～5）μm 提高到±（1～1.5）μm，并且超精密加工精度已开始进入纳米级（1nm）。

3. 高可靠性

高可靠性是指数控系统的可靠性要高于被控设备的可靠性在一个数量级以上，但也不是可靠性越高越好，仍然是适度可靠，因为是商品，受性能价格比的约束。对于每天工作两班的无人工厂而言，如果要求在 16h 内连续正常工作，无故障率达到 99%以上的话，则数控机床的平均无故障运行时间（MTBF）就必须大于 3000h。MTBF 大于 3000h，对于由不同

数量的数控机床构成的无人化工厂差别很大，只对一台数控机床而言，如主机与数控系统的失效率之比为 10：1 的话（数控的可靠比主机高一个数量级），此时数控系统的 MTBF 就要大于 33 333.3h，而其中的数控装置、主轴及驱动等的 MTBF 就必须大于 10 万 h。当前国外数控装置的 MTBF 值已达 6000h 以上，驱动装置达 30 000h 以上。

1.8.2 模块化、智能化、柔性化、集成化和网络化

(1) 模块化、专门化与个性化。机床结构模块化，数控功能专门化，机床性能价格比显著提高并加快优化。为了适应数控机床多品种、小批量的特点，机床结构模块化，数控功能专门化，机床性能价格比显著提高并加快优化。个性化是近几年来特别明显的发展趋势。

(2) 智能化。数控机床智能化的内容包括在数控系统中的各个方面：为追求加工效率和加工质量方面的智能化，如自适应控制、工艺参数自动生成；为提高驱动性能及使用连接方便方面的智能化，如前馈控制、电动机参数的自适应运算、自动识别负载自动选定模型、自整定等；简化编程、简化操作方面的智能化，如智能化的自动编程、智能化的人—机界面等；智能诊断、智能监控方面的内容，方便系统的诊断及维修等。

(3) 柔性化。数控机床向柔性自动化系统发展的趋势：一方面，从点（数控单机、加工中心和数控复合加工机床）、线（FMC 柔性制造单元、FMS 柔性制造系统、FTL 柔性自动线），向面（DNC 分布式数控）、体（CIMS 现代集成制造系统、FA 自动化工厂）的方向发展；另一方面向注重应用性和经济性方向发展。柔性自动化技术是制造业适应动态市场需求及产品迅速更新的主要手段，是各国制造业发展的主流趋势，是先进制造领域的基础技术。其重点是以提高系统的可靠性、实用化为前提，以易于联网和集成为目标；注重加强单元技术的开拓、完善；CNC 单机向高精度、高速度和高柔性方向发展；数控机床及其构成柔性制造系统能方便地与 CAD、CAPP、CAM 连接，向信息集成方向发展；网络系统向开放、集成和智能化方向发展，以及面向 IM（智能制造）、VM（虚拟制造）、AM（敏捷制造）等先进制造模式方向发展。机床及其制造系统的柔性化将在可重组技术的支持下，通过对制造系统的快速重组实现敏捷和经济性以适应不确定市场对产品多变的要求。

(4) 功能集成化。随着数控机床向柔性化方向的发展，功能集成化更多地体现在工件自动装卸，工件自动定位，刀具自动对刀，工件自动测量与补偿，集钻、车、镗、铣、磨为一体的“万能加工”，集装卸、加工、测量为一体的“完整加工”等。在注重提高机床材料去除率的同时，大力推进以缩短加工过程链为目标的复合加工技术。

(5) 网络化。数控机床的网络化将极大地满足柔性生产线、柔性制造系统、制造企业对信息集成的需求，也是实现新的制造模式，如敏捷制造 AM、虚拟企业 VE、全球制造 GM 的基础单元。目前，先进的数控系统为用户提供了强大的联网能力，除了具有 RS232C 接口外，还带有远程缓冲功能的 DNC 接口，可以实现多台数控机床间的数据通信和直接对多台数控机床进行控制。有的已配备与工业局域网通信的功能及网络接口，促进了系统集成化和信息综合化，使远程在线编程、远程仿真、远程操作、远程监控及远程故障诊断成为可能。

(6) 绿色环保化。机床的绿色设计与制造以重视环保的净洁生产为重点，干切削或微量切削液的高效加工技术日趋成熟。

思考题与习题

1-1 解释数控技术、数控机床、数控加工技术的基本概念。

1-2 数控机床由哪几部分组成？各部分的功能如何？

1-3 简述数控机床加工零件的基本工作过程。

1-4 常见的数控机床有哪几种类型？各有什么特点？

1-5 简述数控机床的分类方法，并说明什么是开环控制、半闭环控制、闭环控制。

1-6 简述什么是点位控制、直线控制和轮廓控制。

1-7 数控加工有哪些主要特点？

1-8 简述数控机床应用范围。

1-9 简述数控机床工作原理。

1-10 简述何谓机床坐标系，其坐标轴如何确定。

1-11 简述什么是工件坐标系。

1-12 简述什么是机床原点，什么是工件原点。

1-13 简述数控技术与数控机床的发展趋势。

1-14 为什么说数控机床的网络化是实现新的制造模式（如 AM、VE、GM）的基础单元？

1-15 简述数控机床的主要性能指标有哪些。

1-16 简述数控加工技术在机械制造业中的地位及应用。

2 计算机数控系统

数控机床的核心部分是数控系统，按照美国电子工业协会（EIA）数控标准化委员会的定义，CNC系统是借助于计算机通过执行其存储器内的程序来完成数控要求的部分或全部功能，并配有接口电路、伺服驱动装置的一种专用计算机系统。

2.1 CNC系统的组成与工作过程

CNC系统是在传统硬件结构数控（NC）的基础上发展起来的。它主要由硬件和软件两大部分组成。通过系统控制软件和硬件的合理配合完成数据系统的输入、数据处理、插补运算和信息输出，控制数控机床的执行部件运动，实现所需零件的加工。此外，现代数控系统采用PLC取代了传统的机床电气逻辑控制装置（即继电器控制电路），利用PLC的逻辑运算功能实现诸如主轴的正、反转及停止，换刀，工件的夹紧、松开，切削液的开、关，润滑系统的运行等各种开关量的控制。

2.1.1 CNC系统的组成

数控系统是由操作面板、输入/输出设备、CNC装置、可编程控制器（PLC）、主轴伺服单元、进给伺服单元、主轴驱动装置和进给驱动装置（包括检测装置）等组成，有时也称为CNC系统。CNC系统框图见图2-1。CNC系统的核心是CNC装置。CNC装置由硬件和软件组成，CNC装置的软件在硬件的支持下，合理地组织、管理整个系统正常运行。随着计算机技术的发展，CNC装置性能越来越优，价格越来越低。

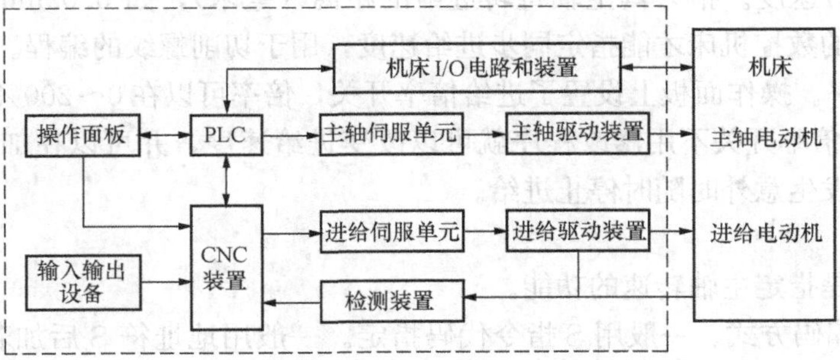

图2-1　CNC系统框图

2.1.2 CNC系统的功能

由于CNC系统现在普遍采用了微处理器，因此通过软件它可以实现很多功能。数控系统有多种系列，其功能各异。数控系统的功能通常包括基本功能和选择功能。基本功能是数控系统必备的功能，选择功能是供用户根据机床特点和用途进行选择的功能。CNC系统的功能主要反映在G功能（G指令代码）和M功能（M指令代码）上。根据数控机床的类型、用途、档次的不同，CNC系统的功能有很大差别，下面介绍其主要功能。

1. 控制功能

CNC系统能控制的轴数和能同时控制（联动）的轴数是其主要性能之一。控制轴有移动轴和回转轴。通过轴的联动可以完成轮廓轨迹的加工。一般情况下，数控车床只需二轴控制，二轴联动；数控铣床需要三轴控制、三轴联动或二轴半联动；而加工中心一般为多轴控制，三轴联动。控制轴数越多，特别是同时控制的轴数越多，要求CNC系统的功能就越强，同时CNC系统就越复杂，编制程序也越困难。

2. G功能

G功能也称G指令代码，它用来指定机床的运动方式，包括基本移动、平面选择、坐标设定、刀具补偿、固定循环等指令。对于点位式的数控机床，如数控钻床、数控冲床等，需要点位移动控制系统，对于轮廓控制的数控机床，如数控车床、数控铣床、加工中心等，需要控制系统有两个或两个以上的进给坐标具有联动功能。

3. 插补功能

CNC系统是通过软件插补来实现刀具运动轨迹控制的。由于轮廓控制的实时性很强，软件插补的计算速度难以满足数控机床对进给速度和分辨率的要求，同时由于CNC不断扩展其他方面的功能也要求减少插补计算所占用的CPU时间。因此，CNC的插补功能实际上被分为粗插补和精插补，插补软件每次插补一个轮廓步长的数据为粗插补，伺服系统根据粗插补的结果，将轮廓步长分成单个脉冲的输出称为精插补。有的数控机床采用硬件进行精插补。

4. 进给功能

根据加工工艺要求，CNC系统的进给功能用F指令代码直接指定数控机床加工的进给速度。

(1) 切削进给速度。指刀具每分进给的距离（毫米），如100mm/min。对于回转轴，以每分钟进给的角度指定刀具的进给速度。

(2) 同步进给速度。指刀具主轴每转进给的距离（毫米），如0.02mm/r。只有主轴上装有位置编码器的数控机床才能指定同步进给速度，用于切削螺纹的编程。

(3) 进给倍率。操作面板上设置了进给倍率开关，倍率可以在0～200%之间变化，每挡间隔10%。使用倍率开关不用修改程序就可以改变进给速度，并可以在加工工件时随时改变进给速度或在发生意外时随时停止进给。

5. 主轴功能

主轴功能就是指定主轴转速的功能。

(1) 转速的编码方式。一般用S指令代码指定。一般用地址符S后加若干位数字表示，单位分别为r/min和mm/min。

(2) 指定恒线速。该功能可以保证车床和磨床加工工件端面的质量和在加工不同直径外圆时具有相同的切削速度。

(3) 主轴定向准停。该功能使主轴在径向的某一位置准确停止，有自动换刀功能的机床必须选取有这一功能的CNC装置。

6. M功能

M功能用来指定主轴的启、停和转向，切削液的开和关，刀库的启和停等，属开关量的控制。它用M指令代码表示。现代数控机床一般用PLC控制。各种型号的数控装置具有的 M 功能差别很大，而且有许多是自定义的。

7. 刀具功能

刀具功能用来选择所需的刀具，刀具功能字以地址符 T 为首，后面跟两位或四位数字，代表刀具的编号。

8. 补偿功能

补偿功能通过输入到 CNC 系统存储器的补偿量，根据编程轨迹重新计算刀具的运动轨迹和坐标尺寸，从而加工出符合要求的工件。补偿功能主要有以下几种：

(1) 刀具的尺寸补偿。如刀具长度补偿、刀具半径补偿和刀尖圆弧半径补偿。这些功能可以补偿刀具磨损量，以便换刀时对准正确位置，简化编程。

(2) 丝杠的螺距误差补偿、反向间隙补偿和热变形补偿。通过事先检测出丝杠螺距误差和反向间隙，并输入到 CNC 系统中，在实际加工中进行补偿，从而提高数控机床的加工精度。

9. 字符、图形显示功能

CNC 控制器可以配置数码管（LED）显示器、单色或彩色阴极射线管（CRT）显示器或液晶（LCD）显示器，通过软件和硬件接口实现字符和图形的显示。通常可以显示程序、参数、各种补偿量、坐标位置、故障信息、人机对话编程菜单、零件图形及刀具实际运动轨迹的坐标等。

10. 自诊断功能

为了防止故障的发生，或在发生故障后可以迅速查明故障的类型和部位，以减少停机时间，CNC 系统中设置了各种诊断程序。不同的 CNC 系统设置的诊断程序是不同的，诊断的水平也不同。诊断程序一般可以包含在系统程序中，在系统运行过程中进行检查和诊断；也可以作为服务性程序，在系统运行前或故障停机后进行诊断，查找故障的部位。有的 CNC 系统可以进行远程通信诊断。

11. 通信功能

为了适应柔性制造系统（FMS）和计算机集成制造系统（CIMS）的需求，CNC 装置通常具有 RS232C 通信接口，有的还备有 DNC 接口。也有的 CNC 还可以通过制造自动化协议（MAP）接入工厂的通信网络。

12. 人机交互图形编程功能

为了进一步提高数控机床的编程效率，对于数控程序的编制，特别是较为复杂零件的数控程序都要通过计算机辅助编程，尤其是利用图形进行自动编程，以提高编程效率。因此，对于现代 CNC 系统一般要求具有人机交互图形编程功能。有这种功能的 CNC 系统可以根据零件图直接编制程序，即编程人员只需输入图样上简单表示的几何尺寸就能自动地计算出全部交点、切点和圆心坐标，生成加工程序。有的 CNC 系统可根据引导图和显示说明进行对话式编程，并具有自动工序选择、刀具和切削条件的自动选择等智能功能。有的 CNC 系统还备有用户宏程序功能（如日本 FANUC 系统）。这些功能有助于那些未受过 CNC 编程专门训练的机械工人能够很快地进行程序编制工作。

2.1.3 CNC 系统的一般工作过程

1. 输入

输入 CNC 控制器的通常有零件加工程序、机床参数和刀具补偿参数。机床参数一般在机床出厂时或在用户安装调试时已经设定好，所以输入 CNC 系统的主要是零件加工程序和刀具补偿参数。输入方式有纸带输入、键盘输入、磁盘输入，上级计算机 DNC 通信输入等。CNC 系统输入工作方式有存储方式和数控方式。存储方式是将整个零件程序一次全部输入到 CNC 系统内部存储器中，加工时再从存储器中把一个一个程序调出，该方式应用较多。数控方式是 CNC 系统一边输入一边加工的方式，即在前一程序段加工时，输入后一个程序段的内容。

2. 译码

译码以零件程序的一个程序段为单位进行处理，把其中零件的轮廓信息（起点、终点、直线或圆弧等），F、S、T、M 等信息按一定的语法规则解释（编译）成计算机能够识别的数据形式，并以一定的数据格式存放在指定的内存专用区域。编译过程中还要进行语法检查，发现错误立即报警。

3. 刀具补偿

刀具补偿包括刀具半径补偿和刀具长度补偿。为了方便编程人员编制零件加工程序，编程时零件程序是以零件轮廓轨迹来编程的，与刀具尺寸无关。程序输入和刀具参数输入分别进行。刀具补偿的作用是把零件轮廓轨迹按系统存储的刀具尺寸数据自动转换成刀具中心（刀位点）相对于工件的移动轨迹。刀具补偿包括 B 机能和 C 机能刀具补偿功能。在较高档次的 CNC 系统中一般应用 C 机能刀具补偿，C 机能刀具补偿能够实现程序段之间的自动转接和过切削判断等功能。

4. 进给速度处理

数控加工程序给定的刀具相对于工件的移动速度是在各个坐标合成运动方向上的速度，即 F 代码的指令值。速度处理首先要进行的工作是将各坐标合成运动方向上的速度分解成各进给运动坐标方向的分速度，为插补时计算各进给坐标的行程量做准备；另外，对于机床允许的最低和最高速度限制也在这里处理。有的数控机床的 CNC 系统软件的自动加速和减速也放在这里。

5. 插补

零件加工程序段中的指令行程信息是有限的。例如，对于加工直线的程序段，仅给定起、终点坐标；对于加工圆弧的程序段除了给定其起、终点坐标外，还给定其圆心坐标或圆弧半径。要进行轨迹加工，CNC 系统必须从一条已知起点和终点的曲线上自动进行“数据点密化”的工作，这就是插补。插补在每个规定的周期（插补周期）内进行一次，即在每个周期内，按指令进给速度计算出一个微小的直线数据段，通常经过若干个插补周期后，插补完一个程序段的加工，也就完成了从程序段起点到终点的“数据点密化”工作。

6. 位置控制

位置控制装置位于伺服系统的位置环上，如图 2-2 所示。它的主要工作是在每个采样周期内，将插补计算出的理论位置值与实际反馈位置值进行比较，用其差值控制进给电动

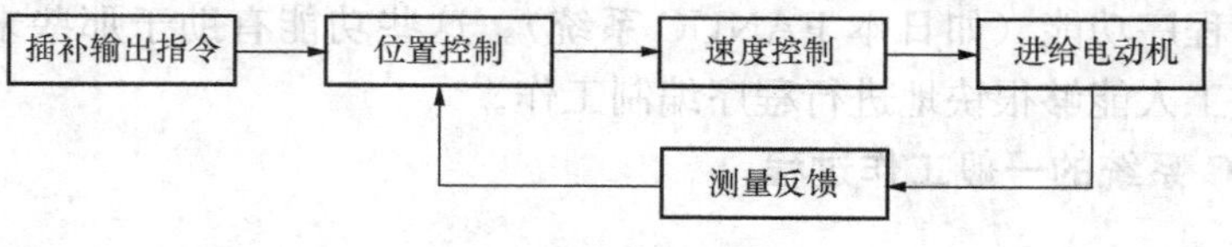

图 2-2 位置控制的原理

机。位置控制可由软件完成，也可由硬件完成。在位置控制中通常还要完成位置回路的增益调整、坐标方向的螺距误差补偿、反向间隙补偿等，以提高机床的定位精度。

7. I/O 处理

CNC 系统的 I/O 处理是 CNC 系统与机床之间的信息传递和变换的通道。其作用一方面是将机床运动过程中的有关参数输入到 CNC 系统中；另一方面是将 CNC 系统的输出命令（如换刀、主轴变速换挡、加切削液等）变为执行机构的控制信号，实现对机床的控制。

8. 显示

CNC 系统的显示主要是为操作者提供方便，显示装置有 LED 显示器、CRT 显示器和 LCD 显示器，一般位于机床的控制面板上。通常有零件程序的显示、参数的显示、刀具位置显示、机床状态显示、报警信息显示等。有的 CNC 装置中还有刀具加工轨迹的静态和动态模拟加工图形显示。上述 CNC 系统的工作流程如图 2-3 所示。

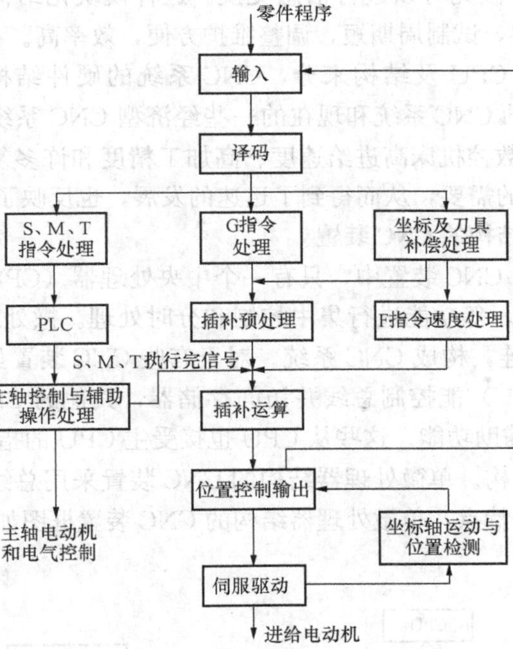

图 2-3 CNC 系统的工作流程

2.2 CNC 系统的硬件结构

随着大规模集成电路技术和表面安装技术的发展，CNC 系统硬件模块及安装方式不断改进。从 CNC 系统的总体安装结构看，有整体式结构和分体式结构两种。

整体式结构是把 CRT 和 MDI 面板、操作面板以及功能模块板组成的电路板等安装在同一个机箱内。这种方式的优点是结构紧凑，便于安装，但有时可能造成某些信号连线过长。分体式结构通常把 CRT 和 MDI 面板、操作面板等做成一个部件，而把功能模块组成的电路板安装在一个机箱内，两者之间用导线或光纤连接。许多 CNC 机床把操作面板也单独作为一个部件，这是由于所控制机床的要求不同，操作面板也应相应地改变，做成分体式有利于更换和安装。

CNC 系统操作面板在机床上的安装形式有吊挂式、床头式、控制柜式、控制台式等多种。

从组成 CNC 系统的电路板的结构特点来看，有两种常见的结构，即大板式结构和模块化结构。大板式结构的特点是，一个系统一般都有一块大板，称为主板。主板上装有主 CPU、各轴的位置控制电路等。其他相关的子板（完成一定功能的电路板），如 ROM 板、零件程序存储器板和 PLC 板都直接插在主板上面，组成 CNC 系统的核心部分。由此可见，大板式结构紧凑，体积小，可靠性高，价格低，有很高的性价比，也便于机床的一体化设计，大板结构虽有上述优点，但它的硬件功能不易变动，不利于组织生产。模块化结构的特点是将 CPU、存储器、输入/输出控制分别做成插件板（称为硬件模块），硬、软件模块形成一个特定的功能单元，称为功能模块。功能模块间有明确定义的接口，接口是固定的，成为工厂标准或工业标准，彼此可以进行信息交换。这种模块化结构的 CNC 系统设计简单，有良好的适应性和扩展性，试制周期短，调整维护方便，效率高。

从 CNC 系统使用的 CPU 及结构来分，CNC 系统的硬件结构一般分为单 CPU 和多 CPU 结构两大类。初期的 CNC 系统和现在的一些经济型 CNC 系统一般采用单 CPU 结构，而多 CPU 结构可以满足数控机床高进给速度、高加工精度和许多复杂功能的要求，适应于并入 FMS 和 CIMS 运行的需要，从而得到了迅速的发展，也反映了当今数控系统的新水平。

2.2.1 单微处理器结构的 CNC 装置

在单微处理器结构的 CNC 装置中，只有一个中央处理器（CPU），对存储、插补运算、输入/输出控制、CRT 显示等功能进行集中控制和分时处理。微处理器通过总线与存储器、输入/输出等各种接口相连，构成 CNC 系统。对于有些 CNC 装置虽然有两个以上的 CPU，但只有一个 CPU（主 CPU）能控制总线并访问存储器，其他的 CPU（从 CPU）只是完成键盘管理、CRT 显示等辅助功能。这些从 CPU 也接受主 CPU 的指令，它们组成主从结构，为主从结构单微处理器结构。单微处理器结构的 CNC 装置采用总线控制，模块化结构，具有结构简单，易于实现的特点。单微处理器结构的 CNC 装置框图如图 2-4 所示（虚线左边部分）。

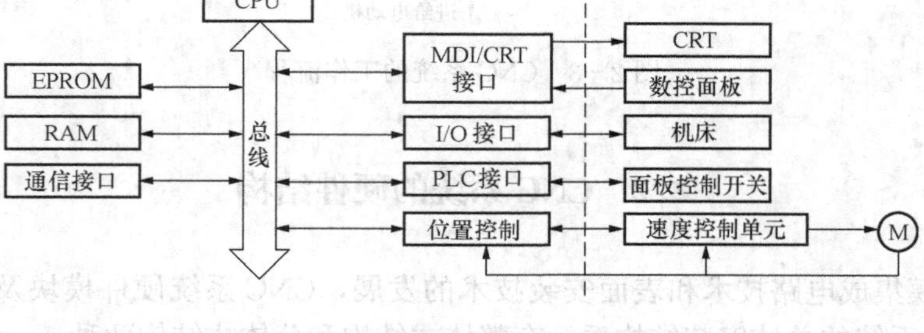

图 2-4 单微处理器结构的 CNC 装置框图

1. 微处理器

微处理器执行数控系统的运算和管理，它由控制器和运算器组成，是数控系统的核心。在 CNC 装置中，运算器是对数据进行算术运算和逻辑运算的部件，如零件加工程序的译码，刀补计算、插补计算、位置控制计算及其他数据的计算和逻辑运算。在运算过程中，运算器不断地得到由存储器提供的数据，并将运算结果送回存储器保存起来。控制器从程序储存器中依次取出程序指令，经过解释，向数控系统各部分按顺序发出执行操作的控制信号，使指令得以执行。而且又接收执行部件发回来的反馈信号，控制器根据程序中的指令信息及这些反馈信息，决定下一步的命令操作。控制器是统一指挥和控制数控系统各部件的中央机构。CNC 装置中常用 8 位、16 位、32 位或 64 位的微处理器，中、低档数控系统一般采用 8 位、16 位或 32 位的微处理器（如 M6800、Z80、MCS－51），高档数控系统一般采用 32 位以上的微处理器（如 Intel80386）。在实际使用时主要根据实时控制和处理速度考虑字长、寻址能力和运算速度，如日本的 FANUC－15/16 CNC 系统选用 Motorola 公司的 32 位微处理器 68020 作为其控制 CPU。

2. 总线

总线是将微处理器、存储器、输入/输出接口等相对独立的装置或功能部件联系起来，并传送信息的公共通道。它包括数据总线、地址总线和控制总线。数据总线为双向总线，地址总线和控制总线为单向总线。

3. 存储器

CNC 装置的存储器包括只读存储器（ROM）和随机存储器（RAM）两类。只读存储器存放系统程序和操作工具，在掉电情况下，存储器信息也不会丢失。随机存储器 RAM 用于存放中间运行结果，显示数据以及运算中的状态、标志信息等，掉电时，存储器信息将丢失。存储器容量的大小由系统的复杂程度和用户加工零件的程序长度决定。

4. I/O（输入/输出）接口

CNC 装置和机床之间的信息交换是通过输入（input）和输出（output）接口（I/O 接口，又称为“机床/数控接口”）电路实现的。接口电路的主要任务是：实现电气隔离，进行模拟量与数字量之间的转换和功率放大，防止干扰信号引起误动作。I/O 信号经接口电路送至系统寄存器，CPU 定时读取寄存器状态，经数据滤波后做相应处理。同时 CPU 定时向输出接口送出相应的控制信号。

5. MDI/CRT 接口

MDI 接口即手动数据输入接口，数据通过数控操作面板上的键盘输入。CRT 接口是在 CNC 软件配合下，在显示器上实现字符和图形显示。显示器有电子阴极射线管（CRT）和液晶显示器（LCD）两种，使用液晶显示器可缩小 CNC 装置的体积。

6. 位置控制器

位置控制器在 CNC 装置的指令下对数控机床的进给运动的坐标轴位置进行控制，如工作台前后左右移动、主轴的旋转运动等。每一进给轴对应一套位置控制器。轴控制是数控机床上要求最高的位置控制，不仅对单个轴的运动和位置的精度有严格要求，而且在多轴联动时，还要求各移动轴有很好的动态配合。对主轴的控制要求在很宽的范围内速度连续可调，并且每一种速度下均能提供足够的切削所需的功率和转矩。在某些高性能的 CNC 机床上还要求主轴位置可任意控制（即 C 轴位置控制）。

7. 可编程序控制器（PLC）

可编程序控制器是用来代替传统机床强电的继电器逻辑控制，利用 PLC 的逻辑运算功能实现各种开关量的控制。“内装型”PLC 从属于 CNC 装置，PLC 与 NC 之间的信号传送在 CNC 装置内部实现。PLC 与机床间则通过 CNC 输入/输出接口电路实现信号传输。数控机床中的 PLC 多采用内装式，它已成为 CNC 装置的一个部件。“独立型”PLC 又称“通用型”PLC，它不属于 CNC 装置，可以独立使用，具有完备的硬件和软件结构。

8. 通信接口

通信接口用来与外设进行信息传输，如与上级计算机或直接数字控制器 DNC 等进行数字通信，传输零件加工程序。一般采用 RS232C 串口。

单微处理器结构由于 CPU 通过总线与各个控制单元相连，完成信息交换，结构比较简单，但是由于只用一个微处理器来集中控制，CNC 的功能受到微处理器字长、寻址功能和运算速度等因素的限制。

2.2.2 多微处理器结构的 CNC 装置

在单微处理器结构的 CNC 装置中，一个 CPU 既要对键盘输入和 CRT 显示处理，又要进行译码、刀补计算及插补等实时控制处理，影响了系统的速度。多微处理器结构的 CNC 装置是由两个或两个以上微处理器组成，一般采用紧耦合结构形式或者松耦合结构形式。在前一种结构中，由各微处理器构成处理部件，处理部件之间采取紧耦合方式，有集中的操作系统，共享资源。在后一种结构中，由各微处理器构成功能模块，功能模块之间采取松耦合方式，有多重操作系统，可以有效地实行并行处理。克服了单微处理器结构的不足，使 CNC 装置的性能有较大提高。因此，多微处理器硬件结构的 CNC 装置得到迅速发展，许多数控装置都采用这种结构，它代表了当今数控系统的新水平。此外，多微处理器结构的 CNC 装置具有许多特点：采用模块化结构，扩展性好；运算速度快，性能价格比高；可供选择功能多，可靠性高；通信能力强，便于 FMS、CIMS 集成。

1. 多微处理器 CNC 装置的功能模块

多微处理器 CNC 装置的结构都采用模块化技术，设计和制造了许多功能组件电路或功能模块。CNC 装置中包括哪些模块，可根据具体情况合理安排。一般包括下面几种功能模块：

(1) CNC 管理模块。管理和组织整个 CNC 系统的工作，主要包括初始化、中断管理、总线裁决、系统出错识别和处理、软件硬件诊断等功能。

(2) CNC 插补模块。完成零件程序的译码、刀具半径补偿、坐标位移量的计算和进给速度处理等插补前的预处理。然后进行插补计算，为各坐标轴提供位置给定值。

(3) PLC 模块。零件程序中的开关功能和由机床来的信号在这个模块中作逻辑处理，实现各功能和操作方式之间的连锁，机床电气设备的启停、刀具交换、回转工作台分度、工件数量和运转时间的计数等。

(4) 位置控制模块。插补后的坐标位置给定值与位置检测装置测得的位置实际值进行比较，进行自动加减速、回基准点、伺服系统滞后量的监视和漂移补偿，最后得到速度控制的模拟电压，去驱动进给电动机。

(5) 存储器模块。为程序和数据的主存储器，或为各功能模块间进行数据传送的共享存储器。

(6) 操作面板监控和显示模块。零件程序、参数、各种操作命令和数据的输入/输出、显示所需要的各种接口电路。如果 CNC 装置需要扩展功能，则可再增加相应的模块。

2. 多微处理器 CNC 装置的两种典型结构

多微处理器 CNC 装置一般采用总线互联方式，来实现各模块之间的互联和通信，典型的结构有共享总线和共享存储器两种结构。

(1) 共享总线结构。以系统总线为中心的多微处理器 CNC 装置，把组成 CNC 装置的各个功能部件划分为主模块与从模块，带有 CPU 或 DMA 器件的各种模块称为主模块，不带 CPU、DMA 器件的各种 RAM/ROM 或 I/O 称为从模块。所有主、从模块都插在配有总线插座的机柜内，共享严格设计定义的标准系统总线。系统总线的作用是把各个模块有效地连接在一起，按照要求交换各种数据和控制信息，构成一个完整的系统，实现各种预定的功能。其装置框图如图 2-5 所示。

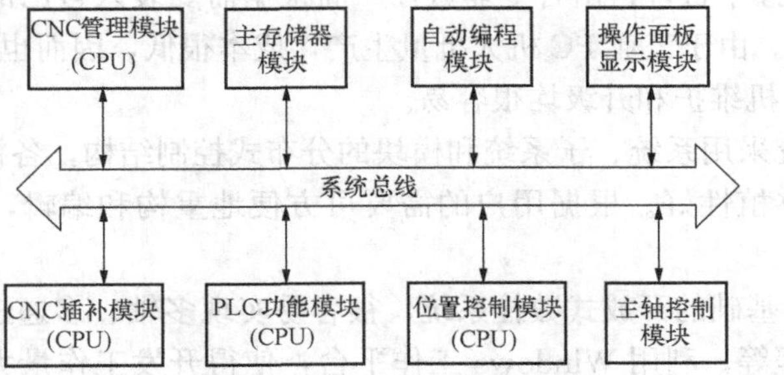

图 2-5　多微处理器结构的 CNC 装置框图

这种结构中只有主模块有权控制使用系统总线，由于某一时刻只能由一个主模块占有总线，当有多个主模块占有总线时，必须由仲裁电路来裁决。以判别出各模块优先权的高低。每个主模块按其担负的任务的重要程度已预先安排好优先级别的高低顺序。这种结构的优点是：结构简单、系统配置灵活、扩展模块容易，无源总线造价低。不足之处是会引起“竞争”，信息传输率较低，一旦总线出现故障，整个系统就会受影响。

(2) 共享存储器结构。这种结构的多微处理器，通常采用多端口存储器来实现各微处理器之间的连接与信息交换，由多端口控制逻辑电路解决访问冲突，其结构框图如图 2-6 所示。

图 2-7 所示为一个双端口存储器结构，它配有两套数据、地址与控制线，可供两个端口访问，访问优先权预先安排好。当两个端口同时访问时，由内部硬件电路裁决其中一个端口优先访问。但这种方式由于同一时刻只能有一个微处理器对多端口存储器读或写，所以功能复杂。当要求微处理器数量增多时，会因争用共享存储器而造成信息传输的阻塞，降低系统效率，因此扩展功能很困难。

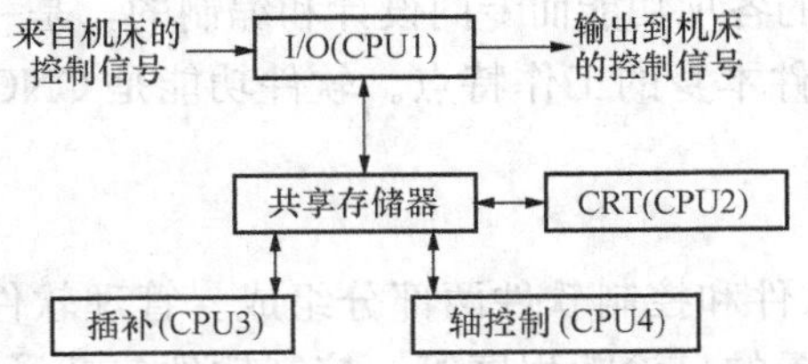

图 2-6　共享存储器结构

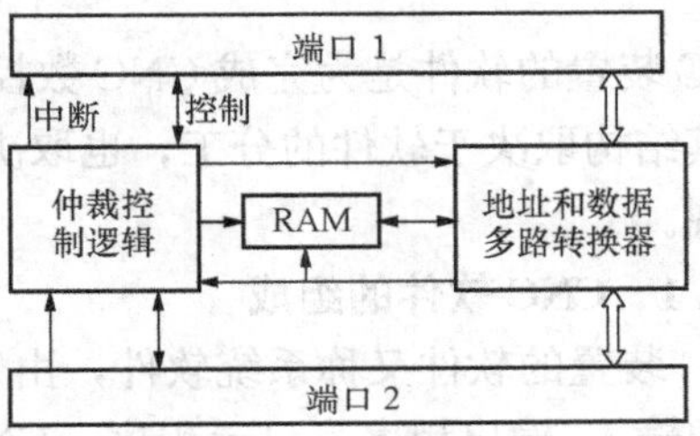

图 2-7　双端口存储器结构

2.2.3　开放式数控系统

前述的数控系统是由厂商专门设计和制造的，专用性强，布局合理，是一种专用的封闭系统；但是没有通用性，各个厂家的产品之间不能互换，与通用计算机不能兼容，并且维修、升级困难，费用较高。

虽然专用封闭式数控系统在很长时期内占领了国际市场，但是随着计算机技术的不断发展，人们对数控系统提出了新的要求，这种封闭式的专用系统严重制约着数控技术的发展。针对这种情况，开放式数控系统的概念应运而生，国内外正在大力研究开发开放式数控系统，有的已经进入实用阶段。

开放式数控系统是一种模块化的、可重构的、可扩充的通用数控系统，它以工业 PC 机作为 CNC 装置的支撑平台，再由各专业数控厂商根据需要装入自己的控制卡和数控软件构成相应的 CNC 装置。由于工业 PC 机大批量生产，成本很低，因而也就降低了 CNC 系统的成本，同时工业 PC 机维护和升级均很容易。

开放式数控系统采用系统、子系统和模块的分布式控制结构，各模块相互独立，各模块接口协议明确，可移植性好。根据用户的需要可方便地重构和编辑，实现一个系统的多种用途。

以工业 PC 机为基础的开放式数控系统，很容易实现多轴、多通道控制，实时三维实体图形显示和自动编程等，利用 Windows 工作平台，使得开发工作量大大减少，而且可以实现数控系统三种不同层次的开放：

(1) CNC 系统的开放。CNC 系统可以直接运行各种应用软件，如工厂管理软件、车间控制软件、图形交互编程软件、刀具轨迹校验软件、办公自动化软件、多媒体软件等，这大大改善了 CNC 的图形显示、动态仿真、编程和诊断功能。

(2) 用户操作界面的开放。用户操作界面的开放使 CNC 系统具有更加友好的用户接口，并具备一些特殊的诊断功能，如远程诊断。

(3) CNC 内核的深层次开放。通过执行用户自己用 C 或 C＋＋语言开发的程序，就可以把应用软件加到标准 CNC 的内核中，称为编译循环。CNC 内核系统提供已定义的出口点，机床制造厂商或用户把自己的软件连接到这些出口点，通过编译循环，将其知识、经验、诀窍等专用工艺集成到 CNC 系统中去，形成独具特色的个性化数控机床。

这样三个层次的全部开放，能满足机床制造厂商和最终用户的种种需求，这种控制技术的柔性，使用户能十分方便地把 CNC 应用到几乎所有应用场合。

2.3 CNC 系统的软件结构

CNC 装置的软件是为完成 CNC 数控机床的各项功能而专门设计和编制的，是一种专用软件，其结构取决于软件的分工，也取决于软件本身的工作特点。软件功能是 CNC 装置的功能体现。

2.3.1 CNC 软件的组成

CNC 装置的软件又称系统软件，由管理软件和控制软件两部分组成。管理软件包括零件程序的输入/输出程序、显示程序、CNC 装置的自诊断程序等；控制软件包括译码程序、刀具补偿计算程序、插补计算程序和位置控制程序等。CNC 装置的软件框图如图 2－8 所示。

(1) 输入程序。CNC 系统中的零件加工程序，一般都是通过键盘、磁盘、通信等方式输入的。在软件设计中，这些输入方式大都采用中断方式来完成，且每一种输入法均有一个相对应的中断服务程序，无论哪一种输入方法，其存储过程总是要经过零件程序的输入，然后将输入的零件程序存放到缓冲器中，再经缓冲器到达零件程序存储器。

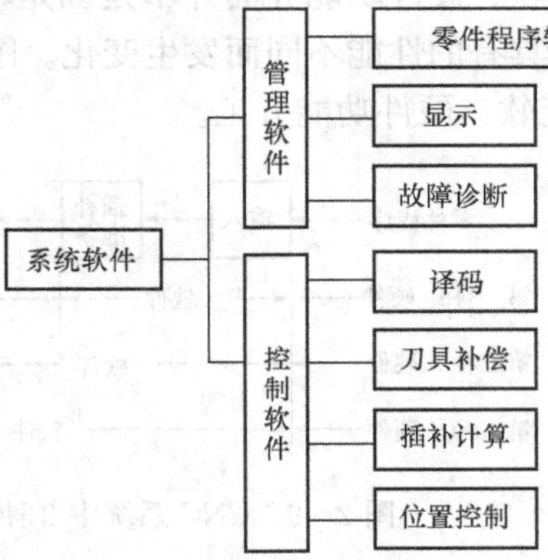

图 2-8 CNC 装置的软件构成

(2) 译码程序。译码程序对零件程序进行处理，把零件加工程序中的各种零件轮廓信息（如起点、终点、直线或圆弧等）、加工速度信息和其他辅助信息按照一定的语法规则解释成计算机能够识别的数据形式，并以一定的数据格式存放在指定的内存单元里。在译码过程中，还要完成对程序段的语法检查，若发现语法错误便立即报警。

(3) 数据处理和插补计算。数据处理即预计算，通常包括刀具长度补偿、刀具半径补偿、反向间隙补偿、丝杠螺距补偿、进给方向判断、进给速度换算、加减速控制、机床辅助功能处理等。数据处理是为了减轻插补工作的负担及速度控制程序的负担，提高系统的实时处理能力。

插补计算的任务是在一条给定起点、终点和形状的曲线上进行数据点的密化。根据规划的进给速度和曲线形状，计算一个插补周期中各坐标轴进给的长度。数控系统的插补精度直接影响工件的加工精度，而插补速度决定了工件的表面粗糙度和加工速度。所以插补是一项精度要求较高、实时性很强的运算。通常插补是由粗插补和精插补组成，精插补的插补周期，一般取伺服系统的采样周期，而粗插补插补周期是精插补插补周期的若干倍。

(4) 伺服（位置）控制。伺服（位置）控制的主要任务是在伺服系统的每个采样周期内，将精插补计算出的理论位置与实际反馈位置进行比较，其差值作为伺服调节的输入，经伺服驱动器控制伺服电动机。在位置控制中通常还要完成位置回路的增益调整、各坐标的螺距误差补偿和反向间隙补偿，以提高机床的定位精度。

(5) 管理与诊断程序。管理程序是实现计算机数控装置协调工作的主体软件。CNC 系统的管理软件主要包括 CPU 管理和外设管理，如前后台程序的合理安排与协调工作、中断服务程序之间的相互通信、控制面板与操作面板上各种信息的监控等。诊断程序可以防止故障的发生或扩大，而且在故障出现后，可以帮助用户迅速查明故障的类型和部位，减少故障停机时间。在设计诊断程序时，诊断程序可以包括在系统运行过程中进行检查与诊断，也可以作为服务程序在系统运行前或故障发生停机后进行诊断。

2.3.2 CNC 软件与硬件的关系

在 CNC 系统中，软件和硬件在逻辑上是等价的，即由硬件完成的工作原则上也可以由软件来完成。但是它们各有特点：硬件处理速度快，造价相对较高，适应性差；软件设计灵活、适应性强，但是处理速度慢。因此，CNC 系统中软、硬件的分配比例是由性价比决定的。这也在很大程度上涉及软、硬件的发展水平。一般说来，软件结构首先要受到硬件的限制，软件结构也有独立性。对于相同的硬件结构，可以配备不同的软件结构。实际上，现代

CNC 系统中软、硬件功能界面并不是固定不变的，而是随着软、硬件的水平和成本，以及 CNC 系统所具有的性能不同而发生变化。图 2-9 所示为不同时期和不同产品中的 3 种典型的 CNC 系统软、硬件功能分工。

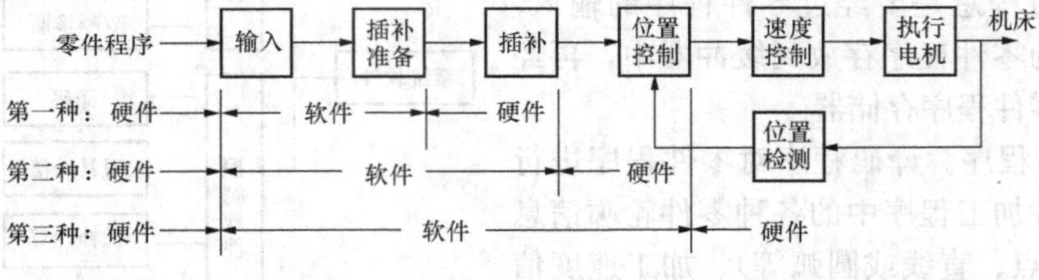

图 2-9　CNC 系统中 3 种典型的软、硬件功能分工关系图

2.3.3　CNC 系统的软件结构特点

CNC 系统是一个专用的实时多任务系统，在其控制软件设计中，采用了许多现今计算机软件设计的先进思想和技术，其中，多任务并行处理、前后台型软件结构和中断型软件结构三个特点最为突出。

1. 多任务并行处理

CNC 系统软件一般包含管理软件和控制软件，数控加工时，多数情况下 CNC 装置要同时进行管理和控制许多任务。例如，CNC 装置控制加工的同时，还要向操作人员显示其工作状态，因此，管理软件中的显示模块，必须与控制软件的插补、位置控制等任务同时处理，即并行处理。并行处理是指计算机在同一时刻或同一时间间隔内完成两种或两种以上性质相同或不相同的工作。并行处理分为时间重叠并行处理方法和资源共享并行处理方法。资源共享是根据“分时共享”的原则，使多个用户按时间顺序使用同一套设备。时间重叠是根据流水线处理技术，使多个处理过程在时间上相互错开，轮流使用同一套设备的几个部分。并行处理的显著特点是运行速度高。图 2-10 所示为多任务的并行处理，图中双箭头表示两个模块之间存在并行处理关系。

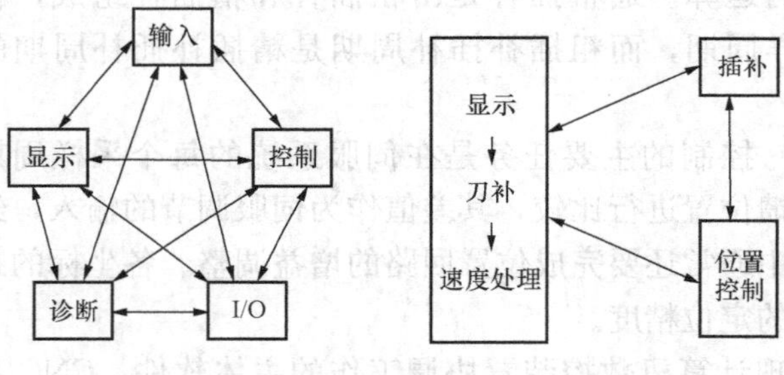

图 2-10　多任务的并行处理

2. 前后台型软件结构

前后台型软件结构适合于采用集中控制的单微处理器 CNC 装置。在这种软件结构中，前台程序是一个实时中断服务程序，承担了几乎全部的实时功能，实现与机床动作直接相关的功能，如插补、位置控制和监控等。后台程序是一个循环执行程序，一些适时性要求不高的功能，如显示、系统的输入/输出、插补预处理（译码、刀补处理、速度预处理）和零件加工程序的编辑管理程序等均由后台程序承担，又称背景程序。

在背景程序循环运行的过程中，前台的实时中断程序不断定时插入，二者密切配合，共同完成零件加工任务。如图 2-11 所示，程序一经启动，经过一段初始化程序后便进入后台程序循环。同时开放定时中断，每隔一定时间间隔发生一次中断，执行一次实时中断服务程序，执行完毕后返回后台程序，如此循环往复，共同完成数控的全部功能。

3. 中断型软件结构

中断型软件结构（见图 2-12）没有前、后台之分，整个软件是一个大的中断系统。在执行完初始化程序之后，整个系统软件的各种任务模块分别安排在不同级别的中断程序中，系统通过响应不同的中断来执行相应的中断处理程序，完成数控加工的各种功能。其管理功能主要通过各级中断服务程序之间的相互通信来解决，各级中断服务程序之间的信息交换是通过缓冲区进行的。

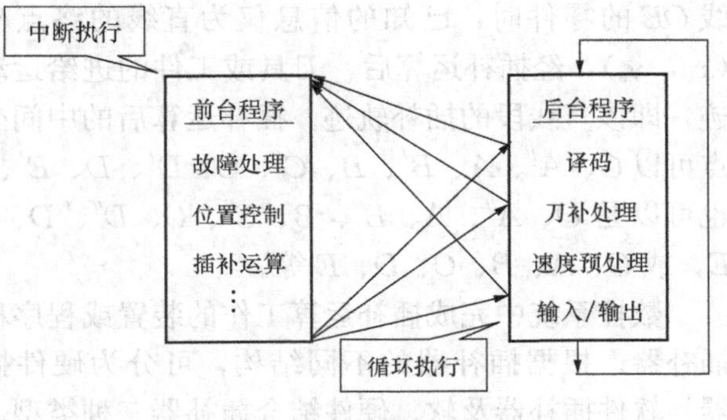

图 2-11　前后台型软件结构

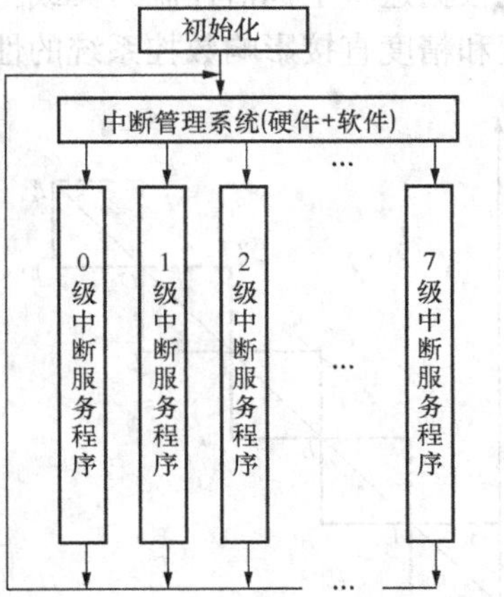

图 2-12　中断型软件结构

表 2-1 将控制程序分成为 8 级中断，其中，7 级中断级别最高，0 级中断级别最低。位置控制被安排在级别较高的中断程序中，其原因是刀具运动的实时性要求最高，CNC 装置必须提供及时的服务。CRT 显示级别最低，在不发生其他中断的情况下才进行显示。

表 2-1　控制程序中断级别

中断级别	主要功能	中断源
0	控制 CRT 显示	硬件
1	译码、刀具中心轨迹计算、显示处理	软件，16ms 定时
2	键盘监控、I/O 信号处理、穿孔机控制	软件，16ms 定时
3	外部操作面板、电传打字机处理	硬件
4	插补计算、终点判别及转段处理	软件，8ms 定时
5	阅读机中断	硬件
6	位置控制	4ms 硬件时钟
7	测试	硬件

2.4　CNC 系统的插补原理

2.4.1　插补的基本概念

插补技术是数控系统的核心技术。在数控加工过程中，数控系统要解决控制刀具或工件运动轨迹的问题。在数控机床中，刀具或工件能够移动的最小位移量称为机床的脉冲当量或最小分辨率。刀具或工件是一步一步移动的，移动轨迹是由一个个小线段构成的折线，而不是光滑的曲线。也就是说，刀具不能严格地按照所加工的零件廓形（如直线、圆弧或椭圆、抛物线等其他类型曲线）运动，而只能用折线逼近所需加工的零件轮廓线型。

根据零件轮廓线型上的已知点，如直线的起点、终点，圆弧的起点、终点和圆心等，数控系统按进给速度、刀具参数、进给方向的要求等，计算出轮廓线上中间点位置坐标值的过程称为插补（interpolation）。插补的实质就是根据有限的信息完成数据点的密化工作。数控系统根据这些坐标值控制刀具或工件的运动，实现数控加工。插补运算具有实时性，其运算速度和精度直接影响数控系统的性能指标。

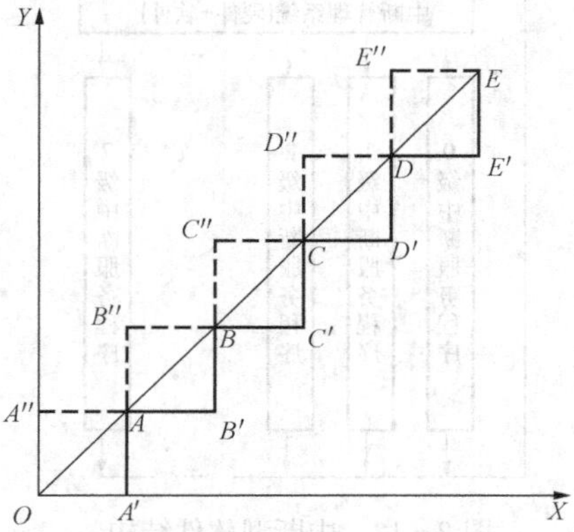

图 2-13　插补轨迹

例如，如图 2-13 所示，数控机床加工廓形是直线 OE 的零件时，已知的信息仅为直线的终点坐标 (x_e, y_e)，经插补运算后，刀具或工件的进给运动轨迹，即该直线段的插补轨迹。插补运算后的中间坐标点可以 O、A'、A、B'、B、C'、C、D'、D、E'、E，也可以是 O、A''、A、B''、B、C''、C、D''、D、E''、E，或 O、A、B、C、D、E 等。

数控系统中完成插补运算工作的装置或程序称为插补器。根据插补器的不同结构，可分为硬件插补器、软件插补器及软、硬件结合插补器三种类型。早期的 NC 数控系统使用硬件插补器，它由逻辑电路组成，特点是运算速度快，但灵活性差，结构复杂，成本较高。CNC 数控系统多采用软件插补器，它主要由微处理器组成，通过计算机程序来完成各种插补功能，特点是结构简单，灵活易变，但速度较慢。随着微处理器运算速度和存储容量的不断提高，为了满足日益增长的插补速度和精度要求，现代 CNC 数控系统大多采用软件插补或软、硬件插补相结合的方法。由软件完成粗插补，硬件完成精插补。粗插补采用软件方法先将加工轨迹分割为线段，精插补采用硬件插补器将粗插补分割的线段进一步密化数据点。粗、精插补相结合的方法对数控系统运算速度要求不高，并可节省存储空间，且响应速度和分辨率都比较高。

由于直线和圆弧是构成零件轮廓的基本线型，因此，CNC 系统一般都具有直线插补和圆弧插补两种基本功能。在三坐标以上联动的 CNC 系统中，一般还具有螺旋线插补。在一些高档 CNC 系统中，已经出现了抛物线插补、渐开线插补、正弦线插补、样条曲线插补、球面螺旋线插补等功能。

插补的方法和原理很多，根据数控系统输出到伺服驱动装置的信号的不同，插补方法可归纳为基准脉冲插补和数据采样插补两种类型。

1. 基准脉冲插补

基准脉冲插补又称脉冲增量插补或行程标量插补，其特点是数控装置在每次插补结束时向各个运动坐标轴输出一个基准脉冲序列，驱动各坐标轴进给电动机的运动。每个脉冲代表了刀具或工件的最小位移，脉冲的数量代表了刀具或工件移动的位移量，脉冲序列的频率代表了刀具或工件运动的速度。

基准脉冲插补的插补运算简单，容易用硬件电路实现，运算速度很快。早期的 NC 系统都是采用这类方法，在目前的CNC系统中也可用软件来实现，但仅适用于一些由步进电动机驱动的中等精度或中等速度要求的开环数控系统。有的数控系统将其用于数据采样插补中的精插补。

基准脉冲插补的方法很多，如逐点比较法、数字积分法、比较积分法、数字脉冲乘法器法、最小偏差法、矢量判别法、单步追踪法、直接函数法等，其中，应用较多的是逐点比较法和数字积分法。

2. 数据采样插补

数据采样插补又称为数据增量插补、时间分割法或时间标量插补。这类插补方法的特点是数控装置产生的不是单个脉冲，而是标准二进制字。插补运算分两步完成。第一步为粗插补，采用时间分割思想，把加工一段直线或圆弧的整段时间细分为许多相等的时间间隔，称为插补周期。在每个插补周期内，根据插补周期 T 和编程的进给速度 F 计算轮廓步长 $l=FT$，将轮廓曲线分割为若干条长度为轮廓步长 l 的微小直线段。第二步为精插补，数控系统通过位移检测装置定时对插补的实际位移进行采样，根据位移检测采样周期的大小，采用直线的基准脉冲插补，在轮廓步长内再插入若干点，即在粗插补算出的每一微小直线段的基础上再做数据点的密化工作。一般将粗插补运算称为插补，由软件完成，而精插补可由软件实现，也可由硬件实现。

计算机除了完成插补运算外，还要执行显示、监控、位置采样、控制等实时任务，所以插补周期应大于插补运算时间与完成其他实时任务所需的时间之和。插补周期与采样周期可以相同，也可以不同，一般取插补周期为采样周期的整数倍，该倍数应等于对轮廓步长 l 实时精插补时的插补点数。例如，美国 A－B 公司的 7300 系列中，插补周期与位置反馈采样周期相同；日本 FANUC 公司的 7M 系统中，插补周期 T 为 8ms，位移反馈采样周期为 4ms，即插补周期为采样周期的两倍，此时，插补程序每 8ms 被调用一次，计算出下一个周期各坐标轴应该行进的增量长度，而位移反馈采样程序每 4ms 被调用一次，将插补程序算好的坐标增量除以 2 后再进行直线段的进一步密化（即精插补）。现代数控系统的插补周期已缩短到 2～4ms，有的已经达到零点几毫秒。

以直流或交流电动机为驱动装置的闭环或半闭环系统都采用数据采样插补方法，粗插补在每一个插补周期内计算出坐标实际位置增量值，而精插补则在每一个采样周期反馈实际位置增量值及插补程序输出的指令位置增量值。然后算出各坐标轴相应的插补指令位置和实际反馈位置的偏差，即跟随误差，根据跟随误差算出相应坐标轴的进给速度，输出给驱动装置。数据采样插补的方法也很多，有直线函数法、扩展数字积分法、二阶递归扩展数字积分法、双数字积分插补法等，其中，应用较多的是直线函数法、扩展数字积分法。

2.4.2 逐点比较插补法

逐点比较法又称代数运算法或醉步法，是早期数控机床开环系统中广泛采用的一种插补方法，可实现直线插补、圆弧插补，也可用于其他非圆二次曲线（如椭圆、抛物线、双曲线等）的插补，其特点是运算直观，最大插补误差不大于一个脉冲当量，脉冲输出均匀，调节方便。

逐点比较法的基本原理是每次仅向一个坐标轴输出一个进给脉冲，每走一步都要将加工点的瞬时坐标与理论的加工轨迹相比较，判断实际加工点与理论加工轨迹的偏移位置，通过偏差函数计算二者之间的偏差，从而决定下一步的进给方向。每进给一步都要完成偏差判别、坐标进给、新偏差计算和终点判别四个工作节拍。下面分别介绍逐点比较法直线插补和圆弧插补的原理。

1. 逐点比较法直线插补

设在 X—Y 平面的第一象限有一加工直线，如图 2－14 所示，起点为坐标原点 O，终点坐标为 $A(x_e, y_e)$，则其方程可表示为

$$\frac{y_j}{x_i} - \frac{y_e}{x_e} = 0, \text{即 } x_e y_j - y_e x_i = 0$$

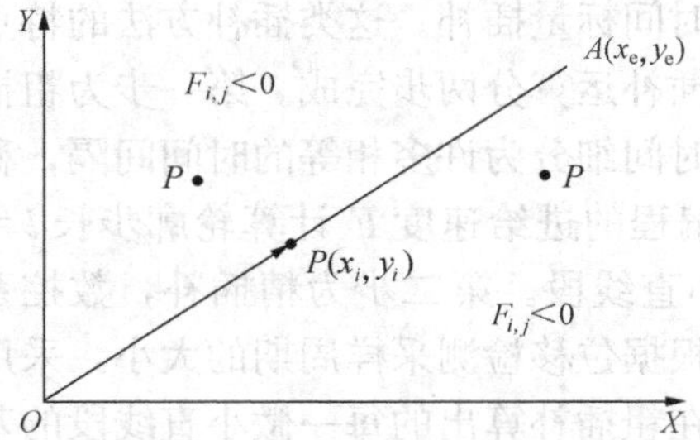

图 2－14　逐点比较法第一象限直线插补

若加工时的动点为 $P(x_i, y_j)$，则存在三种情况：

1）加工点 P 在直线上，有 $x_e y_j - y_e x_i = 0$；

2）加工点 P 在直线上方，有 $x_e y_j - y_e x_i > 0$；

3）加工点 P 在直线下方，有 $x_e y_j - y_e x_i < 0$。

令 $F_{i,j} = x_e y_j - y_e x_i$ 为偏差判别函数，则有：

1）当 $F_{i,j} = 0$ 时，加工点 P 在直线上；

2）当 $F_{i,j} > 0$ 时，加工点 P 在直线上方；

3）当 $F_{i,j} < 0$ 时，加工点 P 在直线下方。

从图 2－14 可以看出，当点 P 在直线上方时，应该向 $+X$ 方向进给一个脉冲当量，以趋向该直线；当点 P 在直线下方时，应该向 $+Y$ 方向进给一个脉冲当量，以趋向该直线；当点 P 在直线上时，即可向 $+X$ 方向也可向 $+Y$ 方向进给一个脉冲当量，通常，将点 P 在直线上的情况同点 P 在直线上方归于一类。则有：

1）当 $F_{i,j} \geqslant 0$ 时，加工点向 $+X$ 方向进给一个脉冲当量，到达新的加工点 $P_{i+1,j}$，此时 $x_{i+1} = x_i + 1$，则新加工点 $P_{i+1,j}$ 的偏差判别函数 $F_{i+1,j}$ 为

$$\begin{aligned} f_{i+1,j} &= x_e y_j - y_e x_{i+1} \\ &= x_e y_j - y_e(x_i + 1) \\ &= F_{i,j} - y_e \end{aligned} \quad (2-1)$$

2）当 $F_{i,j} < 0$ 时，加工点向 $+Y$ 方向进给一个脉冲当量，到达新的加工点 $P_{i,j+1}$，此时 $y_{j+1} = y_j + 1$，则新加工点 $P_{i,j+1}$ 的偏差判别函数 $F_{i,j+1}$ 为

$$\begin{aligned} F_{i,j+1} &= x_e y_{j+1} - y_e x_i \\ &= x_e(y_j + 1) - y_e x_i \\ &= F_{i,j} + x_e \end{aligned} \quad (2-2)$$

由此可见，新加工点的偏差 $F_{i+1,j}$ 或 $F_{i,j+1}$ 是由前一个加工点的偏差 $F_{i,j}$ 和终点的坐标值递推出来的，如果按式（2－1）和式（2－2）计算偏差，则计算大为简化。

用逐点比较法插补直线时，每一步进给后，都要判别当前加工点是否到达终点，一般可采用以下三种方法判别：

1）设置一个终点减法计数器，存入各坐标轴插补或进给的总步数，在插补过程中每进给一步，就从总步数中减去 1，直至计数器中的存数被减为零，表示到达终点。

2）各坐标轴分别设置一个进给步数的减法计数器，当某一坐标方向有进给时，就从其相应的计数器中减去 1，直至各计数器中的存数均被减为零，表示到达终点。

3）设置一个终点减法计数器，存入进给步数最多的坐标轴的进给步数，在插补过程中每当该坐标轴方向有进给时，就从计数器中减去 1，直至计数器中的存数被减为零，表示到

达终点。

综上所述，逐点比较法的直线插补过程为每进给一步都要完成以下四个节拍（步骤）：

1）偏差判别。根据偏差值判别当前加工点位置是在直线的上方（或直线上），还是在直线的下方。起始时，加工点在直线上，偏差值为 $F_{i,j}=0$。

2）坐标进给。根据判别的结果，控制向某一坐标方向进给一步。

3）偏差计算。根据递推公式（2-1）和式（2-2）计算出进给一步到新加工点的偏差，提供下一步作为判别的依据。

4）终点判别。在计算新偏差的同时，还要进行一次终点判别，以确定是否到达了终点，若已经到达，就停止插补。

逐点比较法插补第一象限直线的软件流程图如图 2-15 所示。

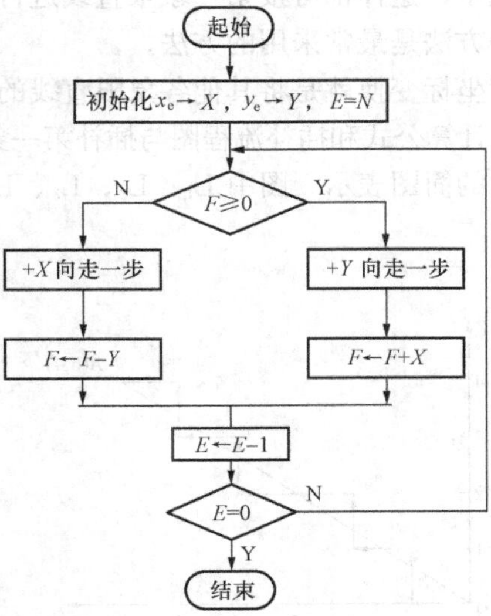

图 2-15 逐点比较法第一象限直线插补流程图

【例 2-1】 设加工第一象限直线 $\overline{OA}$，起点为坐标原点 O（0，0），终点为 A（6，4），试用逐点比较法对其进行插补，并画出插补轨迹。

插补从直线的起点开始，故 $F_{0,0}=0$；终点判别寄存器 E 存入 X 和 Y 两个坐标方向的总步数，即 $E=6+4=10$，每进给一步减 1，$E=0$ 时停止插补。插补运算过程见表 2-2，插补轨迹如图 2-16 所示。

表 2-2 逐点比较法第一象限直线插补运算举例

步数	偏差判别	坐标进给	偏差计算	终点判断
起点			$F_{0,0}=0$	$E=10$
1	$F_{0,0}=0$	$+X$	$F_{1,0}=F_{0,0}-y_e=0-4=-4$	$E=10-1=9$
2	$F_{1,0}<0$	$+Y$	$F_{1,1}=F_{1,0}+x_e=-4+6=2$	$E=9-1=8$
3	$F_{1,1}>0$	$+X$	$F_{2,1}=F_{1,1}-y_e=2-4=-2$	$E=8-1=7$
4	$F_{2,1}<0$	$+Y$	$F_{2,2}=F_{2,1}+x_e=-2+6=4$	$E=7-1=6$
5	$F_{2,2}>0$	$+X$	$F_{3,2}=F_{2,2}-y_e=4-4=0$	$E=6-1=5$
6	$F_{3,2}=0$	$+X$	$F_{4,2}=F_{3,2}-y_e=0-4=-4$	$E=5-1=4$
7	$F_{4,2}<0$	$+Y$	$F_{4,3}=F_{4,2}+x_e=-4+6=2$	$E=4-1=3$
8	$F_{4,3}>0$	$+X$	$F_{5,3}=F_{4,3}-y_e=2-4=-2$	$E=3-1=2$
9	$F_{5,3}<0$	$+Y$	$F_{5,4}=F_{5,3}+x_e=-2+6=4$	$E=2-1=1$
10	$F_{5,4}>0$	$+X$	$F_{6,4}=F_{5,4}-y_e=4-4=0$	$E=1-1=0$

以上仅讨论了逐点比较法插补第一象限直线的原理和计算公式，插补其他象限的直线时，其插补计算公式和脉冲进给方向是不同的，通常有两种方法解决：

1）分别处理法。可根据上面插补第一象限直线的分析方法，分别建立其他三个象限的偏差函数的计算公式。这样对于四个象限的直线插补，会有 4 组计算公式；脉冲进给的方向也由实际象限决定。

2）坐标变换法。通过坐标变换将其他三个象限直线的插补计算公式统一于第一象限的公式中，这样都可按第一象限直线进行插补计算；而进给脉冲的方向则仍由实际象限决定。该种方法是最常采用的方法。

坐标变换就是将其他各象限直线的终点坐标和加工点的坐标均取绝对值，这样，它们的插补计算公式和插补流程图与插补第一象限直线时一样，偏差符号和进给方向可用如图 2－17 所示的简图表示，图中 L_1、L_2、L_3、L_4 分别表示第一、二、三、四象限的直线。

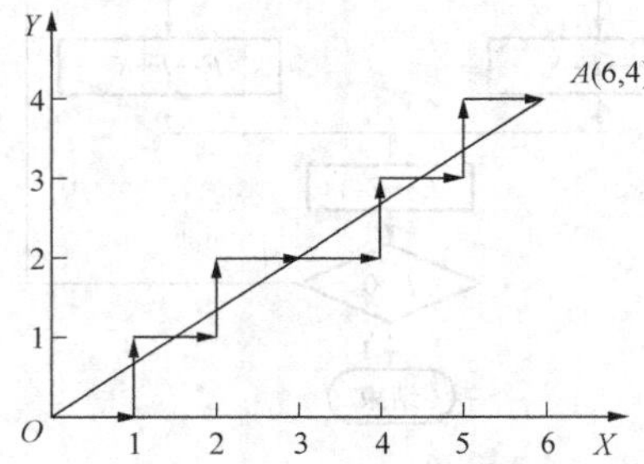

图 2－16 逐点比较法第一象限直线插补轨迹

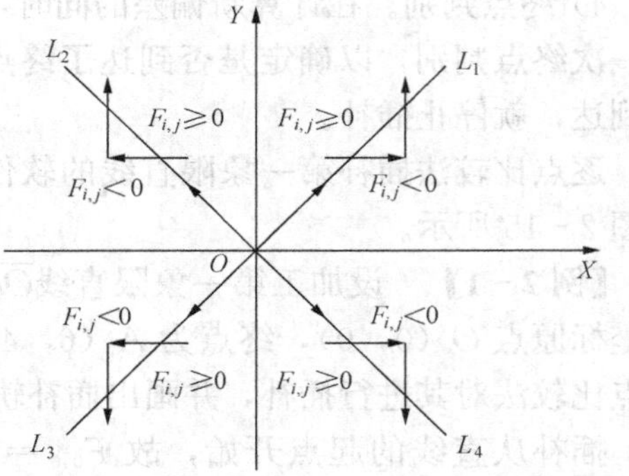

图 2－17 逐点比较法插补不同象限直线的偏差符号和进给方向

2. 逐点比较法圆弧插补

逐点比较法圆弧插补过程与直线插补过程类似，每进给一步也都要完成四个工作节拍：偏差判别、坐标进给、偏差计算、终点判别。但是，逐点比较法圆弧插补以加工点距圆心的距离大于还是小于圆弧半径来作为偏差判别的依据。如图 2－18 所示的圆弧 $\overset{\frown}{AB}$，其圆心位于原点 O(0，0)，半径为 R，令加工点的坐标为 $P(x_i, y_j)$，则逐点比较法圆弧插补的偏差判别函数为

$$F_{i,j} = x_i^2 + y_j^2 - R^2 \tag{2-3}$$

当 F＝0 时，加工点在圆弧上；当 F＞0 时，加工点在圆弧外；当 F＜0 时，加工点在圆弧内。同插补直线时一样，将 $F_{i,j}=0$ 同 $F_{i,j}>0$ 归于一类。

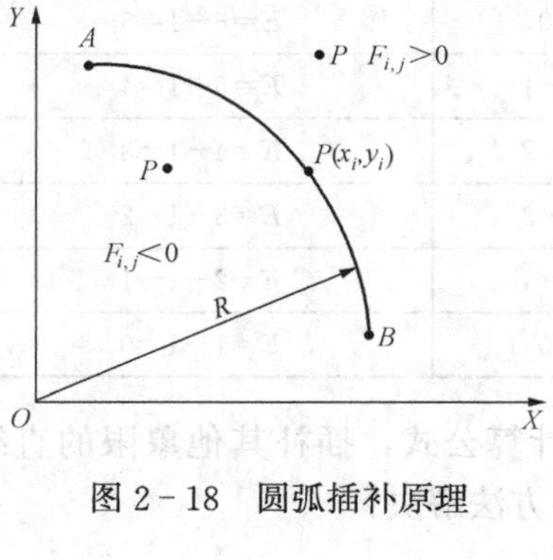

图 2－18 圆弧插补原理

下面以第一象限圆弧为例，分别介绍顺时针圆弧和逆时针圆弧插补时的偏差计算和坐标进给情况。

（1）插补第一象限逆圆弧。

1）当 $F_{i,j} \geqslant 0$ 时，加工点 $P(x_i, y_j)$ 在圆弧上或圆弧外，－X 方向进给一个脉冲当量，即向趋近圆弧的圆内方向进给，到达新的加工点 $P_{i-1,j}$，此时 $x_{i-1}=x_i-1$，则新加工点 $P_{i-1,j}$ 的偏差判别函数 $F_{i-1,j}$ 为

$$\begin{aligned} F_{i-1,j} &= x_{i-1}^2 + y_j^2 - R^2 \\ &= (x_i - 1)^2 + y_j^2 - R^2 \end{aligned}$$

$$= (x_i^2 + y_j^2 - R^2) - 2x_i + 1$$
$$= F_{i,j} - 2x_i + 1 \qquad (2-4)$$

2）当 $F_{i,j}<0$ 时，加工点 $P(x_i, y_j)$ 在圆弧内，$+Y$ 方向进给一个脉冲当量，即向趋近圆弧的圆外方向进给，到达新的加工点 $P_{i,j+1}$，此时 $y_{j+1}=y_j+1$，则新加工点 $P_{i,j+1}$ 的偏差判别函数 $F_{i,j+1}$ 为

$$\begin{aligned} F_{i,j+1} &= x_i^2 + y_{j+1}^2 - R^2 \\ &= x_i^2 + (y_j+1)^2 - R^2 \\ &= (x_i^2 + y_j^2 - R^2) + 2y_i + 1 \\ &= F_{i,j} + 2y_i + 1 \end{aligned} \qquad (2-5)$$

（2）插补第一象限顺圆弧。

1）当 $F_{i,j}\geqslant 0$ 时，加工点 $P(x_i, y_j)$ 在圆弧上或圆弧外，$-Y$ 方向进给一个脉冲当量，即向趋近圆弧的圆内方向进给，到达新的加工点 $P_{i,j-1}$，此时 $y_{j-1}=y_j-1$，则新加工点 $P_{i,j-1}$ 的偏差判别函数 $F_{i,j-1}$ 为

$$\begin{aligned} F_{i,j-1} &= x_i^2 + y_{j-1}^2 - R^2 \\ &= x_i^2 + (y_j-1)^2 - R^2 \\ &= (x_i^2 + y_j^2 - R^2) - 2y_i + 1 \\ &= F_{i,j} - 2y_i + 1 \end{aligned} \qquad (2-6)$$

2）当 $F_{i,j}<0$ 时，加工点 $P(x_i, y_j)$ 在圆弧内，$+X$ 方向进给一个脉冲当量，即向趋近圆弧的圆外方向进给，到达新的加工点 $P_{i+1,j}$，此时 $x_{i+1}=x_i+1$，则新加工点 $P_{i+1,j}$ 的偏差判别函数 $F_{i+1,j}$ 为

$$\begin{aligned} F_{i+1,j} &= x_{i+1}^2 + y_j^2 - R^2 \\ &= (x_i+1)^2 + y_j^2 - R^2 \\ &= (x_i^2 + y_j^2 - R^2) + 2x_i + 1 \\ &= F_{i,j} + 2x_i + 1 \end{aligned} \qquad (2-7)$$

由以上分析可知，新加工点的偏差是由前一个加工点的偏差 $F_{i,j}$ 及前一点的坐标值 x_i、y_j 递推出来的，如果按式（2-4）～式（2-7）计算偏差，则计算大为简化。需要注意的是 x_i、y_j 的值在插补过程中是变化的，这一点与直线插补不同。

与直线插补一样，除偏差计算外，还要进行终点判别。圆弧插补的终点判别可采用与直线插补相同的方法，通常，通过判别插补或进给的总步数及分别判别各坐标轴的进给步数来实现。

插补第一象限逆圆弧的插补流程图如图 2-19 所示。

【例 2-2】 设加工第一象限逆圆弧 $\overset{\frown}{AB}$，起点 $A(6, 0)$，终点 $B(0, 6)$。试用逐点比较法对其进行插补并画出插补轨迹图。

插补从圆弧的起点开始，故 $F_{0,0}=0$；终点判别寄存器 E 存入 X 和 Y 两个坐标方向的总步数，即 $E=6+6=12$，每进给一步减1，$E=0$ 时停止插补。应用第一象限逆圆弧插补计算公式，其插补运算过程见表 2-3，插补轨迹如图 2-20 所示。

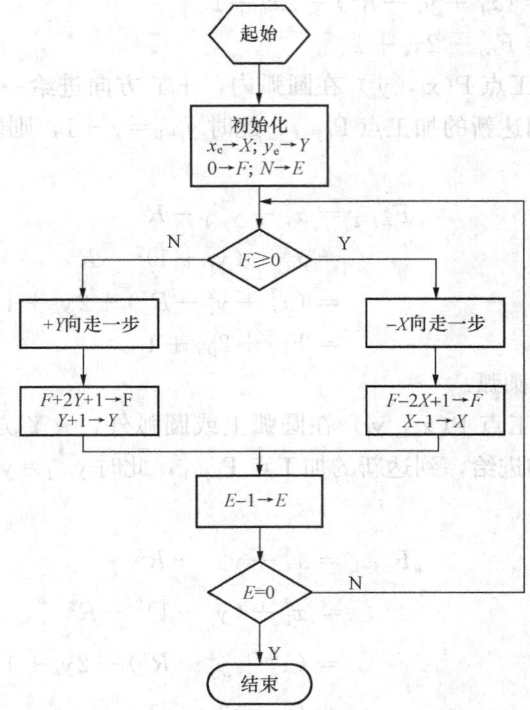

图 2-19 逐点比较法第一象限逆圆弧插补流程图

表 2-3 逐点比较法第一象限逆圆弧插补运算举例

步数	偏差判别	坐标进给	偏差计算	坐标计算	终点判断
起点			$F_{0,0}=0$	$x_0=6$，$y_0=0$	$E=12$
1	$F_{0,0}=0$	$-X$	$F_{1,0}=F_{0,0}-2x_0+1=0-12+1=-11$	$x_1=6-1=5$，$y_1=0$	$E=12-1=11$
2	$F_{1,0}<0$	$+Y$	$F_{1,1}=F_{1,0}+2y_1+1=-11+0+1=-10$	$x_2=5$，$y_2=0+1=1$	$E=11-1=10$
3	$F_{1,1}<0$	$+Y$	$F_{1,2}=F_{1,1}+2y_2+1=-10+2+1=-7$	$x_3=5$，$y_3=1+1=2$	$E=10-1=9$
4	$F_{1,2}<0$	$+Y$	$F_{1,3}=F_{1,2}+2y_3+1=-7+4+1=-2$	$x_4=5$，$y_4=2+1=3$	$E=9-1=8$
5	$F_{1,3}<0$	$+Y$	$F_{1,4}=F_{1,3}+2y_4+1=-2+6+1=5$	$x_5=5$，$y_5=3+1=4$	$E=8-1=7$
6	$F_{1,4}>0$	$-X$	$F_{2,4}=F_{1,4}-2x_5+1=5-10+1=-4$	$x_6=5-1=4$，$y_6=4$	$E=7-1=6$
7	$F_{2,4}<0$	$+Y$	$F_{2,5}=F_{2,4}+2y_6+1=-4+8+1=5$	$x_7=4$，$y_7=4+1=5$	$E=6-1=5$
8	$F_{2,5}>0$	$-X$	$F_{3,5}=F_{2,5}-2x_7+1=5-8+1=-2$	$x_8=4-1=3$，$y_8=5$	$E=5-1=4$
9	$F_{3,5}<0$	$+Y$	$F_{3,6}=F_{3,5}+2y_8+1=-2+10+1=9$	$x_9=3$，$y_9=5+1=6$	$E=4-1=3$
10	$F_{3,6}>0$	$-X$	$F_{4,6}=F_{3,6}-2x_9+1=9-6+1=4$	$x_{10}=3-1=2$，$y_{10}=6$	$E=3-1=2$
11	$F_{4,6}>0$	$-X$	$F_{5,6}=F_{4,6}-2x_{10}+1=4-4+1=1$	$x_{11}=2-1=1$，$y_{11}=6$	$E=2-1=1$
12	$F_{5,6}>0$	$-X$	$F_{6,6}=F_{5,6}-2x_{11}+1=1-2+1=0$	$x_{12}=1-1=0$，$y_{12}=6$	$E=1-1=0$

(3) 圆弧插补的象限处理。上面仅讨论了第一象限的逆圆弧插补，实际上圆弧所在的象限不同，顺逆不同，则插补公式和进给方向均不同。圆弧插补有八种情况，如图 2-21 所示。

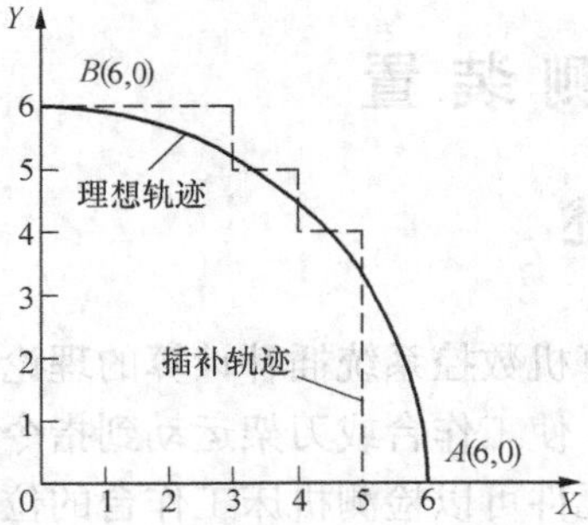

图 2-20 逐点比较法第一象限逆圆弧插补轨迹

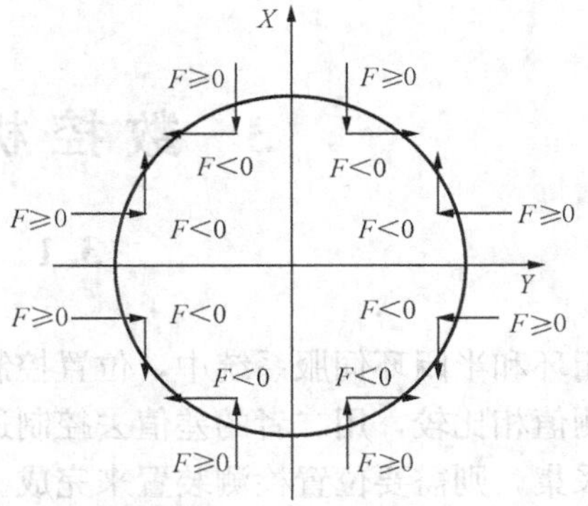

图 2-21 圆弧插补在四个象限中的进给方向

现将圆弧插补八种情况的偏差计算及进给方向列于表 2-4 中，其中用 R 表示圆弧，S 表示顺时针，N 表示逆时针，四个象限分别用数字 1、2、3、4 标注。例如，SR1 表示第一象限顺圆，NR3 表示第三象限逆圆。

表 2-4 X—Y 平面内圆弧插补的进给方向与偏差计算

线型	偏差	偏差计算	进给方向与坐标
SR2，NR3	$F\geqslant 0$	$F\leftarrow F+2x+1$ $x\leftarrow x+1$	$+\Delta x$
SR1，NR4	$F<0$		
NR1，SR4	$F\geqslant 0$	$F\leftarrow F-2x+1$ $x\leftarrow x-1$	$-\Delta x$
NR2，SR3	$F<0$		
NR4，SR3	$F\geqslant 0$	$F\leftarrow F+2y+1$ $y\leftarrow y+1$	$+\Delta y$
NR1，SR2	$F<0$		
SR1，NR2	$F\geqslant 0$	$F\leftarrow F-2y+1$ $y\leftarrow y-1$	$-\Delta y$
NR3，SR4	$F<0$		

思考题与习题

2-1 计算机数控装置一般能实现哪些基本功能？

2-2 单微处理器计算机数控装置的硬件结构由哪几部分组成？

2-3 多微处理器 CNC 装置的两种典型结构是什么？各有什么特点？

2-4 CNC 系统软件一般由哪些模块组成？简述各模块的工作过程。

2-5 CNC 系统软件的结构特点有哪些？举例说明。

2-6 何谓插补？有哪两类插补算法？

2-7 若加工第一象限直线 $\overline{OE}$，起点为坐标原点 $O(0，0)$，终点为 $E(7，5)$，试用逐点比较法进行插补计算，并画出插补轨迹。

2-8 设加工第二象限直线 $\overline{OA}$，起点为坐标原点 $O(0，0)$，终点为 $A(-6，4)$，试用逐点比较法对其进行插补，并画出插补轨迹。

2-9 用逐点比较法插补第二象限的逆圆弧 $\widehat{PQ}$，起点为 $P(0，7)$，终点为 $Q(-7，0)$，圆心在原点 $O(0，0)$，写出插补计算过程并画出插补轨迹。

3 数控机床检测装置

3.1 概 述

在闭环和半闭环伺服系统中，位置控制是指将计算机数控系统插补计算的理论值与实际值的检测值相比较，用二者的差值去控制进给电动机，使工作台或刀架运动到指令位置。实际值的采集，则需要位置检测装置来完成。位置检测元件可以检测机床工作台的位移、伺服电动机转子的角位移和速度。实际应用中，位置检测和速度检测可以采用各自独立的检测元件，例如速度检测采用测速发电动机，位置检测采用光电编码器，也可以共用一个检测元件，例如都用光电编码器。

3.1.1 数控机床对检测装置的主要要求

大量事实证明，对于设计完善的高精度数控机床，它的加工精度和定位精度将主要取决于检测装置。因此，精密检测装置是高精度数控机床的重要保证。一般来说，数控机床上使用的检测装置应该满足以下要求：①工作可靠，抗干扰性强；②能满足精度和速度的要求；③使用维护方便，适合机床的工作环境；④成本低。

3.1.2 位置检测装置的分类

根据测量原理和测量方式的不同，数控机床中的检测方式可分为以下几类：

1. 直接测量和间接测量

在数控机床中，位置检测的对象有工作台的直线位移及旋转工作台的角位移，检测装置有直线式和旋转式。典型的直线式测量装置有光栅、磁栅、感应同步器等。旋转式测量装置有光电编码器、旋转变压器等。

若位置检测装置测量的对象就是被测量本身，即直线式测量直线位移，旋转式测量角位移，该测量方式称为直接测量。直接测量组成位置闭环伺服系统，其测量精度由测量元件和安装精度决定，不受传动精度的直接影响。但检测装置要和行程等长，这对大型机床是一个限制。

若位置检测装置测量出的数值通过转换才能得到被测量，如用旋转式检测装置测量工作台的直线位移，要通过角位移与直线位移之间的线性转换求出工作台的直线位移。这种测量方式称为间接测量。间接测量组成位置半闭环伺服系统，其测量精度取决于测量元件和机床传动链二者的精度。因此，为了提高定位精度，常常需要对机床的传动误差进行补偿。间接测量的优点是测量方便可靠，且无长度限制。

2. 增量式测量和绝对式测量

增量式测量装置只测量位移增量，即工作台每移动一个基本长度单位，检测装置便发出一个检测信号，此信号通常是脉冲形式。增量式检测装置均有零点标志，作为基准起点。数控机床采用增量式检测装置时，在每次接通电源后要回参考点操作，以保证测量位置的正确。绝对式测量是指被测的任一点位置都从一个固定的零点算起，每一个测点都有一个对应的编码，常以二进制数据形式表示。

3. 数字式测量和模拟式测量

数字式测量是以量化后的数字形式表示被测量。得到的测量信号为脉冲形式，以计数后得到的脉冲个数表示位移量。其特点如下：便于显示、处理；测量精度取决于测量单位，与量程基本无关；抗干扰能力强。模拟式测量是将被测量用连续的变量来表示，模拟式测量的信号处理电路较复杂，易受干扰，数控机床中常用于小量程测量。

对于不同类型的数控机床，因工作条件和检测要求不同，可采用不同的检测方式。表3-1是目前在数控机床上常用的检测装置，本章就其中常用的几种加以介绍。

表3-1　　位置检测装置分类

类型	数字式		模拟式	
	增量式	绝对式	增量式	绝对式
回转型	增量式脉冲编码器，圆光栅	绝对式脉冲编码器	旋转变压器，圆感应同步器，圆形磁栅	多极旋转变压器
直线型	长光栅，激光干涉仪	编码尺	直线感应同步器，磁栅，容栅	绝对值式磁尺

3.2 编　码　器

编码器又称编码盘，是一种常用的旋转式测量元件，通常装在被测轴上，随被测轴一起转动，可将被测轴的角位移转换成增量脉冲形式或绝对式的代码形式。根据使用的计数制不同，可分为二进制编码、二进制循环码（格雷码）、余三码、二一十进制码等编码器；根据输出信号的形式的不同，可分为绝对值式编码器和脉冲增量式编码器；根据内部结构和检测方式，可分为接触式、光电式和电磁感应式三种。脉冲编码器除了用在角度测量外，还可用做速度检测。

编码器在数控机床中有两种安装方式：一是和伺服电动机同轴连接在一起，称为内装式编码器，伺服电动机再和滚珠丝杠连接，编码器在进给传动链的前端；二是编码器连接在滚珠丝杠末端，称为外装式编码器。外装式包含的传动链误差比内装式多，因此位置控制精度较高，但内装式安装方便。

3.2.1 增量式光电脉冲编码器

光电脉冲编码器是一种旋转式脉冲发生器，它把机械转角变成电脉冲，是数控机床上常用的一种角位移检测元件，也可用于角速度检测。增量式光电编码器按每转发出的脉冲数的多少来分有多种型号，数控机床最常用的几种见表3-2，根据数控机床丝杠螺距来选用。

表3-2　　光电脉冲编码器

脉冲编码器	每转脉冲移动量（mm）
2000 脉冲/r	2，3，4，6，8
2500 脉冲/r	5，10
3000 脉冲/r	3，6，12

如图3-1所示，光电编码器由光源、聚光镜、光栏板、光电码盘、光电元件及信号处

理电路组成。其中，光电码盘是在一块玻璃圆盘上用真空镀膜的方法镀上一层不透光的金属薄膜，再涂上一层均匀的感光材料，然后用精密照相腐蚀工艺，制成沿圆周等距的透光和不透光部分相间的辐射状线纹，一个相邻的透光或不透光线纹构成一个节距 P。在光电码盘里圈的不透光圆环上还刻有一条透光条纹 C 作为参考标记，用来产生“一转脉冲”信号，即码盘转一周时发出一个脉冲，通常称其为“零点脉冲”，该脉冲以差动形式 C、$\overline{C}$输出，用做测量标准。光栏板固定在底座上，与光电码盘保持一个小的间距，其上制有两段线纹组 A、$\overline{A}$（A 的反相）和 B、$\overline{B}$（B 的反相），每一组的线纹间的节距与光电码盘相同，而 A 组与 B 组的线纹彼此错开 1/4 节距。两组条纹相对应的光电元件所产生的信号彼此相差 90°相位，用于辨向。当光电码盘与工作轴一起旋转时，光线通过光栏板和光电码盘产生明暗相间的变化，由光电元件接受。通过信号处理电路将光信号转换成电脉冲信号，通过计量脉冲的数目，即可测出转轴的转角；通过计量脉冲的频率，即可测出转轴的速度；通过测量 A 组与 B 组信号相位的超前或滞后的关系确定被测轴的旋转方向。如图 3-2 所示，如果 A 组超前 B 组对应电动机正转，那么 B 组超前 A 组则对应电动机反转。

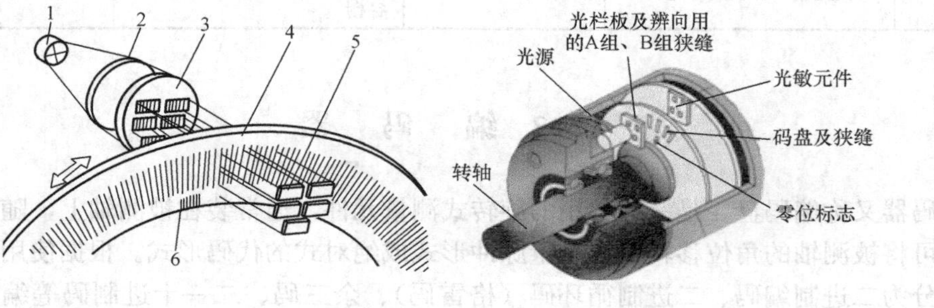

图 3-1 增量式光电脉冲编码器结构示意

1—光源；2—透镜；3—光栏板；4—光电码盘；5—光电元件；6—参考标记

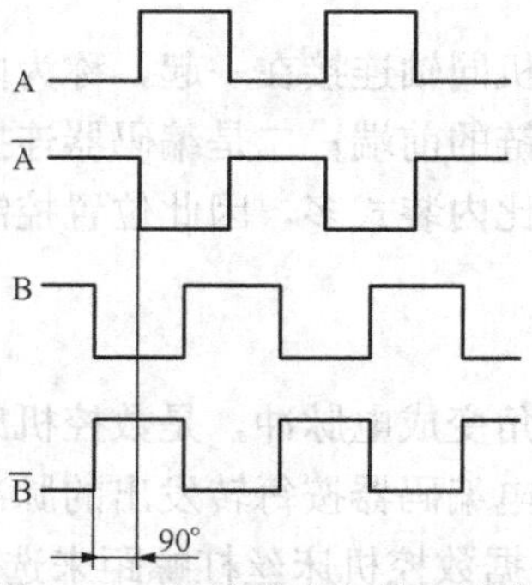

图 3-2 增量式光电脉冲编码器辨向波形图

光电编码器的测量精度取决于它所能分辨的最小角度，而这与码盘圆周的条纹数有关，即分辨角 α = 360°/狭缝数。如纹数为 1024，则分辨角 α = 360°/1024 = 0.352°。光电编码器的输出信号 A、$\overline{A}$和 B、$\overline{B}$为差动信号。差动信号大大提高了传输的抗干扰能力。在数控系统中，常对上述信号进行倍频处理，以进一步提高分辨力。例如，配置 2000 脉冲/r 光电编码器的伺服电动机直接驱动 8mm 螺距的滚珠丝杠，经数控系统 4 倍频处理后，相当于 8000 脉冲/r 的角度分辨力，对应工作台的直线分辨力由倍频前的 0.004mm 提高到 0.001mm。

3.2.2 接触式绝对脉冲编码器

接触式绝对脉冲编码器也称为触式码盘，是一种绝对值式的检测装置，可直接把被测转角用数字代码表示出来，且每一个角度位置均有表示该位置的唯一对应的代码，因此这种测量方式即使断电或切断电源，也能读出转动角度。

图 3-3 所示为 4 位二进制码盘。它在一个不导电基体上做成许多同心圆形码道和周向

等分扇区，其中涂黑部分为导电区，用“1”表示；其他部分为绝缘区，用“0”表示。这样，在每一个扇区，都有由“1”、“0”组成的二进制代码，即每个扇区都可由 4 位二进制码表示。最里一圈是公共圈，它和各码道的所有导电部分连在一起，经电刷和电阻接电源正极。除公用圈以外，4 位二进制码盘的四圈码道上也都装有电刷，电刷经电阻接地。由于码盘是与被测转轴连在一起的，而电刷位置是固定的，当码盘随被测轴一起转动时，电刷和码盘的位置发生相对变化，若电刷接触的是导电区域，则经电刷、码盘、电阻和电源形成回路，该回路中的电阻上有电流流过，为“1”；反之，若电刷接触的是绝缘区域，则不能形成回路，电阻上无电流流过，为“0”，由此可根据电刷的位置得到由“1”、“0”组成的 4 位二进制码。通过图 3-3 可看出电刷位置与输出二进制代码的对应关系。

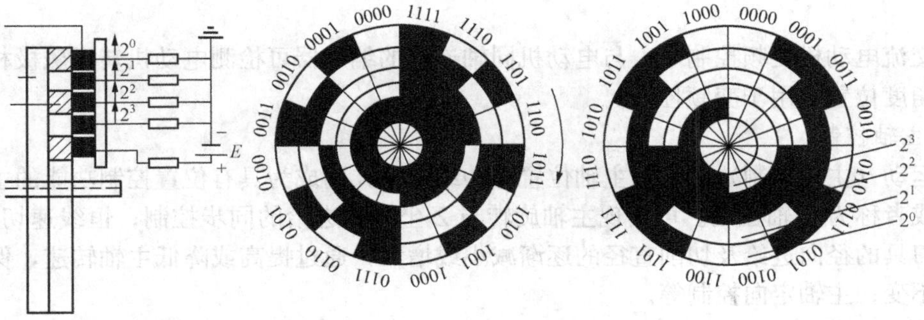

(a)　　(b)　　(c)

图 3-3　绝对式编码盘结构示意

(a) 结构简图；(b) 4 位二进制码盘；(c) 4 位格雷码盘

不难看出，码道的圈数就是二进制的位数，且高位在内，低位在外。由此可以推断出，若是 n 位二进制码盘，就有 n 圈码道，且圆周均分 $2n$ 等分，即共有 $2n$ 个数据来分别表示其不同位置，所能分辨的最小角度 $\alpha = 360°/2^n$。

因此，位数 n 越大，所能分辨的角度越小，测量精度就越高。所以，若要提高分辨力，就必须提高码道数，即二进制位数。目前接触式码盘一般可以做到 8～14 位二进制。若要求位数更多，则采用组合码盘，一个粗计码盘，一个作为精计码盘。精计码盘转一圈，粗计码盘依次转一格。如果一个组合码盘是由两个 8 位二进制码盘组合而成的，那么便可得到相当于 16 位的二进制码盘，这样就使测量精度大大提高，但结构却相当复杂。

在实际应用中对码盘制作和电刷安装要求十分严格，否则就会产生非单值性误差。若电刷恰好位于两位码的中间或电刷接触不良，则电刷的检测读数可能会是任意的数字，例如，当电刷由位置（0111）向位置（1000）过渡时，可能会出现 8 到 15 之间的任一个十进制数。这种误差称为非单值误差。为了消除这种误差一般采用循环码，即雷格码。图 3-3（c）所示为一个 4 位格雷码盘，与图 3-3（b）所示码盘的不同之处在于，它的各码道的数码并不同时改变，任何两个相邻数码间只有一位是变化的，所以每次只切换一位数，把误差控制在最小单位内。

接触式绝对值编码器优点是简单、体积小、输出信号强；缺点是电刷磨损造成寿命降低，转速不能太高（每分钟几十转），精度受外圈（最低位）码道宽度限制，因此使用范围有限。

3.2.3 脉冲编码器在数控机床中的应用

1. 位移测量

由于增量式光电编码器每转过一个分辨角就发出一个脉冲信号，因此，根据脉冲的数量、传动比及滚珠丝杠螺距即可得出移动部件的线位移。例如，某带光电编码器的伺服电动机与滚珠丝杠直连（传动比 1∶1），光电编码器 1024 脉冲/r，丝杠螺距 8mm，在数控系统伺服中断时间内计脉冲数 1024 个脉冲，则在该时间段里，工作台移动的距离为

$$\frac{1\mathrm{r}}{1024\text{脉冲}} \times 1024\text{脉冲} \times 8\mathrm{mm} = 8\mathrm{mm}$$

在数控回转工作台中，通过在回转轴末端安装编码器，可直接测量回转工作台的角位移。

在交流电动机变频控制中，与电动机同轴连接的编码器可检测电动机转子磁极相对定子绕组的角度位置，用于变频控制。

2. 主轴控制

主运动（主轴控制）中采用主轴位置脉冲编码器，则成为具有位置控制功能的主轴控制系统，或者称为 C 轴控制。可实现主轴旋转与 Z 坐标轴进给的同步控制；恒线速切削控制，即随着刀具的径向进给及切削直径的逐渐减小或增大，通过提高或降低主轴转速，保持切削线速度不变；主轴定向控制等。

3. 转速测量

由光电编码器发出脉冲的频率或周期可测量转速。利用脉冲频率测量转速是在给定的时间内对编码器发出的脉冲计数，计算出该时间内光电编码器的平均速度。利用脉冲周期测量转速，是在编码器的一个脉冲间隔内采集标准时钟脉冲的个数来计算转速。

光电编码器可代替测速发电动机的模拟测速而成为数字测速装置。当利用光电编码器的脉冲信号进行速度反馈时，若伺服驱动装置为模拟式的，则脉冲信号需转换成电压信号；若伺服驱动装置为数字式的，可直接进行数字测速反馈。

4. 用于交流伺服电动机控制

编码器应用于交流伺服电动机控制中，用于转子位置检测；提供速度反馈信号；提供位置反馈信号。

5. 零点脉冲信号用于回参考点控制

当数控机床采用增量式的位置检测装置时，数控机床在接通电源后要做回到参考点的操作。这是因为机床断电后，系统就失去了对各坐标轴位置的记忆，所以在接通电源后，必须让各坐标轴回到机床某一固定点上，这一固定点就是机床坐标系的原点或零点，也称机床参考点，使机床回到这一固定点的操作称为回参考点或回零操作。参考点位置是否正确与检测装置中的零点脉冲信号有关。在回参考点时，数控机床坐标轴先以快速向参考点方向运动，当碰到减速挡块后，坐标轴再以慢速趋近，当编码器产生零点脉冲信号后，坐标轴再移动一设定的距离而停止于参考点。

3.3 光　　栅

光栅的种类可分为物理光栅和计量光栅、透射光栅和反馈光栅、圆光栅和长光栅等，这

里所讨论的光栅是指计量光栅。光栅一般作为高精度数控机床的位置检测装置，是将机械位移或模拟量转变为数字脉冲，反馈给数控装置，实现闭环位置控制。目前光栅制作精度可通过激光技术达到微米级，再通过细分电路可以做到 0.1μm，甚至更高分辨率。但光栅怕振动和油污，高精度的制作成本较高，价格较贵。长光栅和圆光栅的工作原理基本相似，实际中长光栅应用较多。现以玻璃透射式光栅为例，来说明其用于闭环控制的数控机床检测系统中的工作原理。

3.3.1 光栅的构造

光栅主要由标尺光栅和光栅读数头两部分组成，如图 3-4 所示。通常，标尺光栅固定在机床的活动部件上（如工作台或丝杠），光栅读数头安装在机床的固定部件上（如机床底座），两者随着工作台的移动而相对移动。

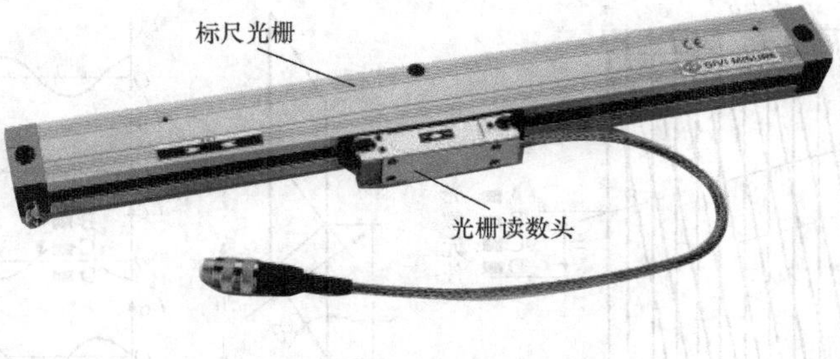

图 3-4 光栅的外观图

在光栅读数头中，安装着一个指示光栅，当光栅读数头相对于标尺光栅移动时，指示光栅便在标尺光栅上移动，标尺光栅和指示光栅构成了光栅尺。当安装光栅时，要严格保证标尺光栅和指示光栅的平行度，以及两者之间的间隙（一般取 0.05mm 或 0.1mm）要求。

标尺光栅和光栅读数头中的指示光栅是用真空镀膜的方法光刻上均匀密集线纹的透明玻璃片或长条形金属镜面。对于长光栅，这些线纹相互平行，各线纹之间距离相等，我们称此距离为栅距。栅距是决定光栅光学性质的基本参数。常见的长光栅的线纹密度为 25、50、100、125、250 条/mm。同一个光栅元件，其标尺光栅和指示光栅的线纹密度必须相同。

光栅读数头又称光电转换器，它由光源、透镜、指示光栅、光敏元件和驱动线路组成。光栅读数头的结构形式很多，按光路分，常见的有分光读数头、垂直入射读数头、反射读数头和镜像读数头。垂直入射读数头结构示意如图 3-5 所示。

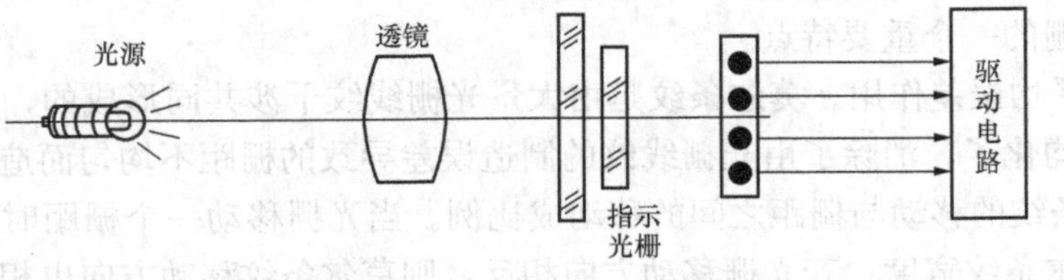

图 3-5 光栅读数头光路图

读数头的光源一般采用白炽灯泡。白炽灯泡发出的辐射光线，经过透镜后变成平行光束，照射在光栅尺上。光敏元件是一种将光强信号转换为电信号的光电转换元件，它接收透过光栅尺的光强信号，并将其转换成与之成比例的电压信号。由于光敏元件产生的电压信号一般比较微弱，在长距离传递时很容易被各种干扰信号所淹没、覆盖，造成传送失真。为了保证光敏元件输出的信号在传送中不失真，应首先将该电压信号进行功率和电压放大，然后再进行传送。驱动线路就是实现对光敏元件输出信号进行功率和电压放大的线路。

3.3.2　光栅的工作原理

如图 3－6 所示，对于栅距 d 相等的指示光栅和标尺光栅，当两光栅尺沿线纹方向保持一个很小的夹角 θ、刻划面相对平行且有一个很小的间隙（一般取 0.05mm，0.1mm）放置时，在光源的照射下，由于光的衍射或遮光效应，在与两光栅线纹角 θ 的平分线相垂直的方向上，形成明暗相间的条纹，这种条纹称为莫尔条纹。由于 θ 角很小，所以莫尔条纹近似垂直于光栅的线纹，故有时称莫尔条纹为横向莫尔条纹。莫尔条纹中两条亮纹或两条暗纹之间的距离称为莫尔条纹的宽度，以 W 表示。

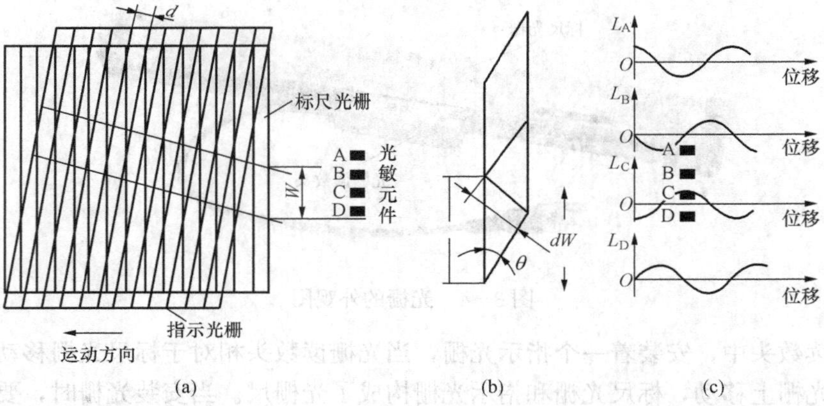

图 3－6　光栅工作原理

莫尔条纹具有以下特性：

（1）起放大作用。不难证明，在倾斜角 θ 很小时，莫尔条纹宽度 d 与栅距 W 之间有如下关系：

$$W=\frac{d}{\sin\theta}\approx\frac{d}{\theta} \tag{3-1}$$

由式（3－1）可见，θ 越小，则 W 越大。等于把栅距 d 扩大了 $1/\theta$ 倍。若取 $d=0.01\text{mm}$，$\theta=0.01\text{rad}$，则由式（3－1）可得 $W=1\text{mm}$。这说明，无需复杂的光学系统和电子系统，利用光的干涉现象，就能把光栅的栅距转换成放大 100 倍的莫尔条纹的宽度。这种放大作用是光栅的一个重要特点。

（2）实现平均误差作用。莫尔条纹是由大量光栅线纹干涉共同形成的，使得栅距之间的相邻误差被平均化了，消除了由光栅线纹的制造误差导致的栅距不均匀而造成的测量误差。

（3）莫尔条纹的移动与栅距之间的移动成比例。当光栅移动一个栅距时，莫尔条纹也相应移动一个莫尔条纹宽度；若光栅移动方向相反，则莫尔条纹移动方向也相反。莫尔条纹移动方向与两光栅夹角 θ 移动方向垂直。这样，测量光栅水平方向移动的微小距离就可用检测莫尔条纹的变化代替。

3.3.3　光栅测量系统

当用平行光束照射光栅时，莫尔条纹由亮带到暗带，再由暗带到亮带，相互交替出现，透过莫尔条纹的光强度分布近似于余弦函数。假如在莫尔条纹移动的方向上开4个观察窗口A、B、C、D，且使这4个窗口两两相距1/4莫尔条纹宽度，即$W/4$。由上述讨论可知，当两光栅尺相对移动时，莫尔条纹随之移动，从4个观察窗口A、B、C、D可以得到4个在相位上依次超前或滞后（取决于两光栅尺相对移动的方向）1/4周期（即$\pi/2$）的近似于余弦函数的光强度变化过程，用L_A、L_B、L_C、L_D表示。若采用光敏元件P1、P2、P3、P4来检测，见图3-7，光敏元件把透过观察窗口的光强度变化L_A、L_B、L_C、L_D转换成相应的电压信号，设为V_A、V_B、V_C、V_D。根据这4个电压信号，可以检测出光栅尺的相对移动。

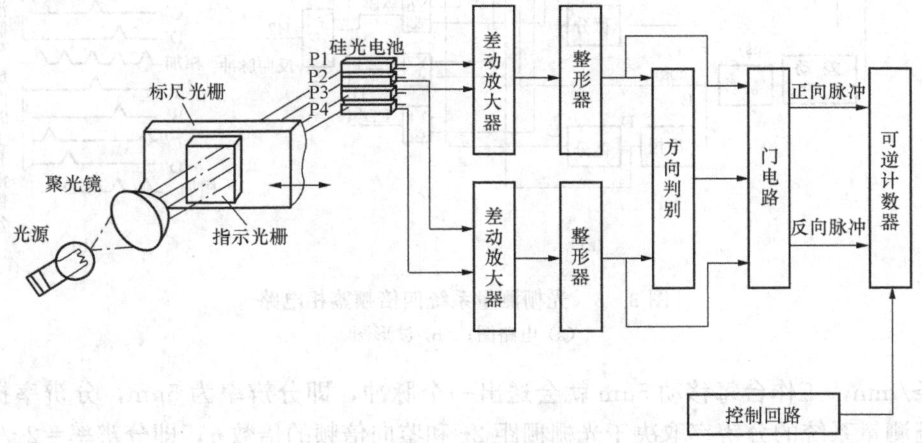

图3-7　光栅测量系统

这四路电压信号的变化频率代表了两光栅尺相对移动的速度；它们每变化一个周期，表示两光栅尺相对移动了一个栅距；四路信号的超前滞后关系反映了两光栅尺的相对移动方向。但在实际应用中，常常需要将两光栅尺的相对位移表达成易于辨识和应用的数字脉冲量，因此，光栅读数头输出的四路电压信号还必须经过进一步的信息处理，转换成所需的数字脉冲形式。现介绍一种广泛使用的四倍频鉴向电路工作原理。

图3-8（a）、（b）所示分别为四倍频电路的逻辑图和波形图。当指示光栅和标尺光栅相对移动时，4个硅光电池P1、P2、P3、P4产生四路相差90°相位的正弦信号。将两组相差180°的两个正余弦信号1、3和2、4分别送入两个差动放大器，输出经放大整形后，得两路相差90°的方波信号A和B。A和B两路方波一方面直接进微分电路微分后，得到前沿的两路尖脉冲A′和B′；另一方面经反向器，得到分别与A和B相差180°的两路等宽脉冲C和D；C和D再经微分电路微分后，得两路尖脉冲C′和D′。四路尖脉冲按相位关系经与门和A、B、C、D信号相与，再输出给或门，输出正反向信号，其中，A′B、AD′、C′D、B′C分别通过Y1、Y2、Y3、Y4输出给或门H1，得正向脉冲，而BC′、AB′、A′D、CD′通过Y5、Y6、Y7、Y8输出给或门H2，得反向脉冲。当正向运动时，H1有脉冲信号输出，H2则保持低电平；而反向运动时，H2有脉冲信号输出，H1则保持低电平。

鉴相倍频电路不仅可以起到辨别方向的作用，它还可以起到细分的作用，以提高光栅的分辨率。从上面的分析可知，从莫尔条纹原来的一个脉冲信号变为在0°、90°、180°、270°都有脉冲输出，即在一个周期内送出了4个脉冲。这样，分辨率提高了4倍。例如，光栅线纹密度为50条/mm，即栅距为1/50mm（20μm），经四倍频处理后，相当于将线纹密度提高

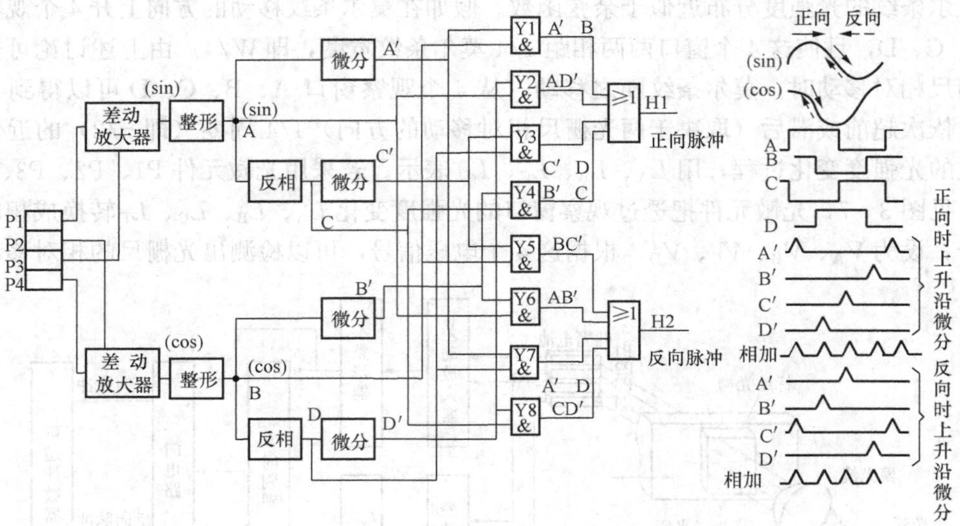

(a) (b)

图 3-8 光栅测量系统四倍频鉴相电路

(a) 电路图；(b) 波形图

到 200 条/mm，工作台每移动 5μm 就会送出一个脉冲，即分辨率为 5μm，分辨率提高了 4 倍。光栅测量系统的分辨率取决于光栅栅距 2τ 和鉴向倍频的倍数 n，即分辨率$=2\tau/n$。

光栅输出信号有两种：正弦波信号和方波信号。正弦波信号有电流型和电压型。对连续变化的正弦波信号，需经过如上所述的差动放大、整形及倍频处理后得到脉冲信号。也可采用相位跟踪细分，进一步提高分辨率，其原理是将输出信号与相对相位基准信号比较，当相位差超过一定门槛时，移相脉冲门输出移相脉冲，同时使相对相位基准信号跟踪测量信号变化。这样每一移相脉冲使相对相位基准移相 $360°/n$，即可实现 n 倍细分，有八倍频、十倍频、二十倍频或更高。对方波信号，可进行二倍频和四倍频处理以提高分辨精度。

3.4 旋转变压器

旋转变压器（resolver）是一种电磁式传感器，又称同步分解器。它是一种测量角度用的小型交流电动机，用来测量旋转物体的转轴角位移和角速度，由定子和转子组成。其中，定子绕组作为变压器的一次侧，接受励磁电压，励磁频率通常用 400、3000、5000Hz 等。转子绕组作为变压器的二次侧，通过电磁耦合得到感应电压。旋转变压器的工作原理和普通变压器基本相似，区别在于普通变压器的一次、二次绕组是相对固定的，所以输出电压和输入电压之比是常数，而旋转变压器的一次、二次绕组则随转子的角位移发生相对位置的改变，因而其输出电压的大小随转子角位移而发生变化，输出绕组的电压幅值与转子转角成正弦、余弦函数关系，或保持某一比例关系，或在一定转角范围内与转角成线性关系。旋转变压器在同步随动系统及数字随动系统中，可用于传递转角或电信号；在解算装置中，可作为函数的解算之用，故也称为解算器。

3.4.1 旋转变压器的结构

旋转变压器分为有刷和无刷两种。有刷旋转变压器定子与转子上两相绕组轴线分别相互垂直，转子绕组的引线（端点）经滑环引出，并通过电刷送到外面来。无刷旋转变压器无电刷与滑环，由分解器和变压器组成，如图 3－9 所示，左边是分解器，右边是变压器，变压器的作用就是不通过电刷与滑环把信号传递出来。分解器结构与有刷旋转变压器基本相同。变压器的一次绕组（定子绕组）5 与分解器转子 8 上的绕组相连，并绕在与分解器转子 8 固定在一起的线轴 6 上，与转子轴 1 一起转动；变压器的二次绕组 7 绕在与线轴 6 同心的定子 4 的线轴上。分解器定子的线圈外接激磁电压，常用的激磁频率为 400、500、1000、2000、5000Hz，如果激磁频率较高，则旋转变压器的尺寸可以显著减小，特别是转子的转动惯量可以做得很小，适用于加、减速比较大或高精度的齿轮、齿条组合使用的场合；分解器转子线圈输出信号接到变压器的一次绕组 5，从变压器的二次绕组（转子绕组）7 引出最后的输出信号。无刷旋转变压器具有输出信号大、可靠性高、寿命长、不用维修等优点，所以数控机床主要使用无刷旋转变压器。

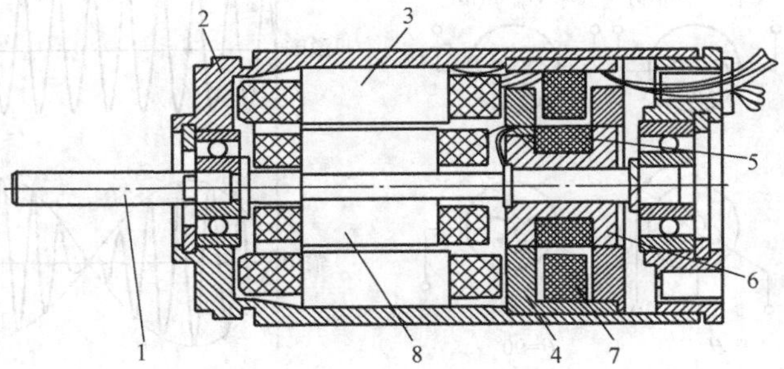

图 3－9 旋转变压器结构示意

1—转子轴；2—壳体；3—分解器定子；4—变压器定子；5—变压器一次线圈；
6—变压器转子线轴；7—变压器二次线圈；8—分解器转子

旋转变压器又分为单极对和多极对。通常应用的旋转变压器为单极对旋转变压器和双极对旋转变压器，单极对旋转变压器的定子和转子上都各有一对磁极。多极对旋转变压器，就是增加定子或转子的极对数，使电气转角为机械转角的倍数，用于高精度绝对式检测系统。双极对旋转变压器的定子和转子上都各有两对相互垂直的磁极，其检测精度较高，在数控机床中应用普遍。

旋转变压器工作时，通过将其转子轴与电动机轴或丝杠连接在一起来实现电动机轴或丝杠转角的测量。对于单极对旋转变压器，其转子通常不直接与电动机轴相连，而是经过精密齿轮升速后再与电动机轴相连，此时，需要根据丝杠的导程选用齿轮的升速比，以保证机床的脉冲当量与输入设定的单位相同，升速比通常为 1∶2、1∶3、1∶4、2∶3、1∶5、2∶5。多极对旋转变压器不用升速，可与电动机直接相连，因此，精度更高。也可以把一个极对数少的和一个极对数多的两种旋转变压器做在一个机壳内，构成“粗测”和“精测”电气变速双通道检测装置，用于高精度检测系统和同步系统。此时，粗、精机可以各有各自的铁芯，为磁路式；也可以是粗、精机绕组放在同一个铁芯内，为共磁路式。

3.4.2 旋转变压器的工作原理

旋转变压器根据互感原理工作，定子与转子之间气隙磁通分布呈正/余弦规律。当定子加上一定频率的激磁电压时，通过电磁耦合，转子绕组产生感应电动势，其输出电压的大小取决于定子和转子两个绕组轴线在空间的相对位置。

为便于理解旋转变压器的工作原理，先讨论单极对旋转变压器的工作情况。如图 3-10 所示，由变压器原理，设一次绕组匝数为 N_1，二次绕组匝数为 N_2，$n=N_1/N_2$ 为变压比，当一次侧输入交变电压

$$U_1 = U_m \sin\omega t \tag{3-2}$$

二次侧产生感应电动势

$$U_2 = nU_1 = nU_m \sin\omega t \sin\theta \tag{3-3}$$

式中 U_2——转子绕组感应电动势；

U_1——定子的激磁电压；

U_m——激磁电压幅值；

θ——转子偏转角。

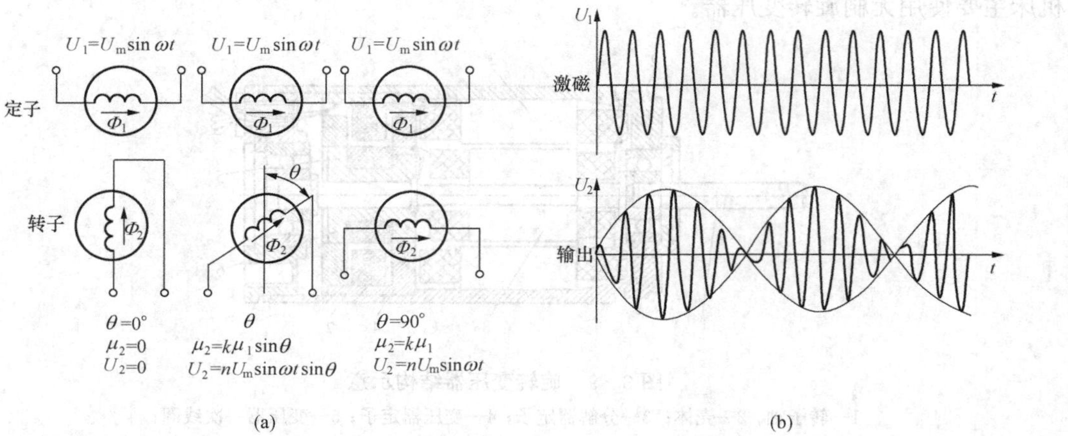

图 3-10 旋转变压器工作原理

(a) 典型位置的感应电动势；(b) 定子激磁电压和转子感应电动势的变化波形图

旋转变压器是一台小型交流电动机，二次绕组跟着转子一起旋转，由式（3-3）可知其输出电动势随着转子的角向位置呈正弦规律变化，当转子绕组磁轴与定子绕组磁轴垂直时，$\theta=0°$，不产生感应电动势，$U_2=0$；当两磁轴平行时，$\theta=90°$，感应电动势 U_2 为最大，为

$$U_2 = nU_m \sin\omega t \tag{3-4}$$

因此，只要测量出转子绕组中的感应电动势的幅值，便可间接地得到转子相对于定子的位置，即 θ 角的大小。

以上是两极绕组式旋转变压器的基本工作原理，在实际应用中，考虑到使用的方便性、检测精度等因素，常采用四极绕组式旋转变压器（即正弦余弦旋转变压器）。如图 3-11 所示，正弦余弦旋转变压器定子和转子绕组中各有互相垂直的两个绕组，定子上的两个绕组分别为正弦绕组（激磁电压为 U_{1s}）和余弦绕组（激磁电压为 U_{1c}），转子绕组中的一个绕组输出电压 U_2，另一个绕组接高阻抗用来补偿转子对定子的电枢反应。

这种结构形式的旋转变压器当定子绕组通入不同的激磁电压，可得到两种不同的工作方式：鉴相工作方式和鉴幅工作方式。

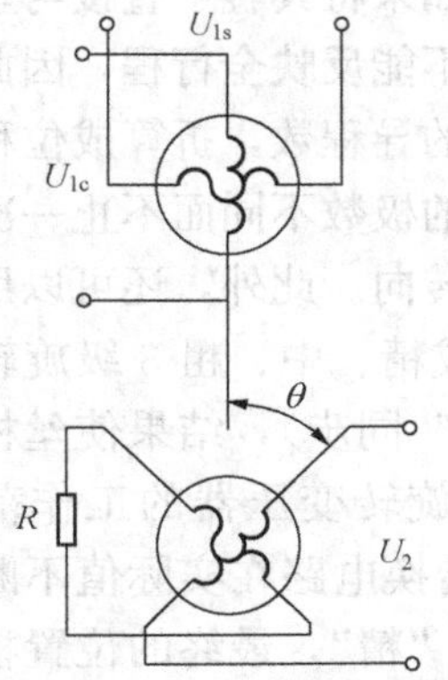

图 3-11 正、余弦旋转变压器工作原理

(1) 鉴相工作方式。给定子的两个绕组通以相同幅值、相同频率，但相位差 π/2 的交流激磁电压，则有

$$U_{1s} = U_m \sin\omega t$$

$$U_{1c} = U_m(\sin\omega t + \pi/2) = U_m \cos\omega t$$

当转子正转时，这两个激磁电压在转子绕组中产生的感应电压，经叠加，转子的感应电压 U_2 为

$$U_2 = kU_m \sin\omega t \sin\theta + kU_m \cos\omega t \cos\theta = kU_m \cos(\omega t - \theta) \tag{3-5}$$

式中 U_m——激磁电压幅值；

k——电磁耦合系数，$k<1$；

θ——相位角，即转子偏转角。

当转子反转时，同样可得到

$$U_2 = kU_m \cos(\omega t + \theta) \tag{3-6}$$

可见，转子输出电压的相位角和转子的偏转角 θ 之间有严格的对应关系，只要检测出转子输出电压的相位角，就可以求得转子的偏转角，也就可得到被测轴的角位移。实际应用时，把定子余弦绕组激磁电压的相位作为基准相位，与转子绕组的输出电压的相位做比较，来确定转子偏转角 θ 的大小。

(2) 鉴幅工作方式。在定子的正、余弦绕组上分别通以频率相同，但幅值分别为 U_{sm} 和 U_{cm} 的交流激磁电压，则有

$$U_{1s} = U_{sm} \sin\omega t$$

$$U_{1c} = U_{cm} \sin\omega t$$

当给定电气角为 α 时，交流激磁电压的幅值分别为

$$U_{sm} = U_m \sin\alpha$$

$$U_{cm} = U_m \cos\alpha$$

当转子正转时，U_{1s}、U_{1c} 经叠加，转子的感应电压 U_2 为

$$U_2 = kU_m \sin\alpha \sin\omega t \sin\theta + kU_m \cos\alpha \sin\omega t \cos\theta = kU_m \cos(\alpha - \theta) \sin\omega t \tag{3-7}$$

当转子反转时，同理有

$$U_2 = kU_m \cos(\alpha + \theta) \sin\omega t \tag{3-8}$$

式 (3-6) 和式 (3-7) 中，$kU_m\cos(\alpha-\theta)$、$kU_m\cos(\alpha+\theta)$ 为感应电压的幅值。可见，转子感应电压的幅值随转子的偏转角 θ 而变化，测量出幅值即可求得偏转角 θ，被测轴的角位移也就可求得了。实际应用时，不断地修改定子激磁电压的幅值（即不断地修改 α 角），让它跟踪 θ 的变化，实时地让转子的感应电压 U_2 总为 0，由式 (3-7) 和式 (3-8) 可知，此时 $\alpha=\theta$。通过定子激磁电压的幅值计算出电气角 α，从而得出 θ 的大小。

无论是鉴相工作方式，还是鉴幅工作方式，在转子绕组中得到的感应电压都是关于转子的偏转角 θ 的正弦和余弦函数，所以称之为正弦余弦旋转变压器。

根据以上分析可知，测量旋转变压器二次绕组的感应电动势 U_2 的幅值或相位的变化，可知转子偏转角 θ 的变化。如果将旋转变压器安装在数控机床的丝杠上，当 θ 角从 0°变化到 360°时，表示丝杠上的螺母走了一个导程，这样就间接地测量了丝杠的直线位移（导程）的

大小。当测全长时，由于普通旋转变压器属于增量式测量装置，如果将其转子直接与丝杠相连，转子转动一周，仅相当于工作台1个丝杠导程的直线位移，不能反映全行程，因此，要检测工作台的绝对位置，需要加一台绝对位置计数器，累计所走的导程数，折算成位移总长度。另外，在转子每转1周时，转子的输出电压将随旋转变压器的极数不同而不止一次地通过零点，必须在线路中加相敏检波器来辨别转换点和区别不同的转向。此外，还可以用3个旋转变压器按1：1、10：1和100：1的比例相互配合串接，组成精、中、粗3级旋转变压器测量装置。这样，如果转子以半周期直接与丝杠耦合（即“精”同步），结果使丝杠位移10mm，则“中”测旋转变压器工作范围为100mm，“粗”测旋转变压器的工作范围为1000mm。为了使机床工作台按指令值到达一定位置，需用电气转换电路在实际值不断接近指令值的过程中，使旋转变压器从“粗”转换到“中”再转换到“精”，最终的位置检测精度由“精”旋转变压器决定。

3.5 感应同步器

感应同步器是一种电磁式位置检测元件，按其结构特点一般分为直线式和旋转式（或圆盘式）两种。直线式感应同步器由定尺和滑尺组成；旋转式感应同步器由转子和定子组成。前者用于直线位移测量，用于全闭环伺服系统；后者用于角位移测量，用于半闭环伺服系统。它们的工作原理都与旋转变压器相似。感应同步器具有检测精度比较高、抗干扰性强、寿命长、维护方便、成本低、工艺性好等优点，广泛应用于数控机床及各类机床数显改造。本节仅以直线式感应同步器为例，对其结构特点和工作原理进行叙述。

3.5.1 感应同步器的结构

感应同步器的构造见图3-12，其定尺和滑尺基板是由与机床热膨胀系数相近的钢板做成，钢板上用绝缘黏结剂贴以钢箔，并利用照相腐蚀的办法做成图示的印刷绕组。感应同步器定尺和滑尺绕组的节距相等，均为2τ，这是衡量感应同步器精度的主要参数，工艺上要保证其节距的精度。一块标准型感应同步器定尺长度为250mm，2τ为2mm，其绝对精度可达2.5μm，分辨率可达0.25μm。

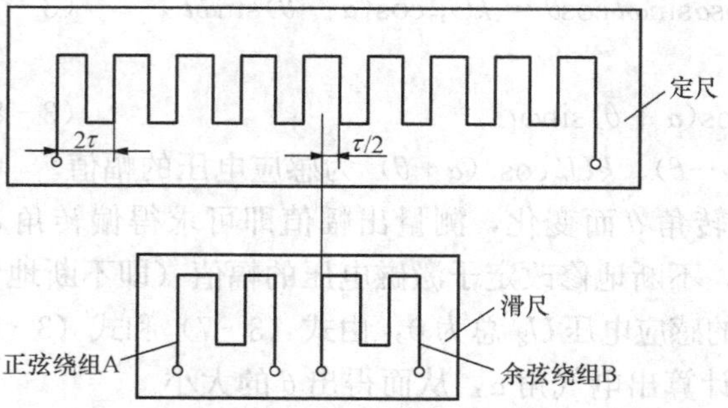

图3-12 直线感应同步器定尺与滑尺绕组

从图3-12可以看出，如果把定尺绕组和滑尺绕组B对准，那么滑尺绕组正好和定尺绕组相差1/4节距。也就是说，A绕组和B绕组在空间上相差1/4节距。

感应同步器的定尺和滑尺尺座分别安装在机床上两个相对移动的部件上（如工作台和床身），当工作台移动时，滑尺在定尺移动。滑尺和定尺要用防护罩罩住，以防止铁屑、油污、切削液等东西落到器件上，从而影响正常工作。由于感应同步器的检测精度比较高，故对安装有一定的要求，如在安装时要保证定尺安装面与机床导轨面的平行度要求，如这两个面不平行，将引起定、滑尺之间的间隙变化，从而影响检测灵敏度和检测精度。

3.5.2 感应同步器的工作原理及应用

1. 工作原理

从图 3－13 可以看出，滑尺的两个绕组中的任一绕组通以交变激磁电压时，由于电磁效应，定尺绕组上必然产生相应的感应电动势。感应电动势的大小取决于滑尺相对于定尺的位置。图 3－13 给出了滑尺绕组（滑尺）相对于定尺绕组（定尺）处于不同的位置时，定尺绕组中感应电动势的变化情况。图 3－13 中，a 点表示滑尺绕组与定尺绕组重合，这时定尺绕组中的感应电动势最大；如果滑尺相对于定尺从 a 点逐渐向左（或右）平行移动，感应电动势就随之逐渐减小，在两绕组刚好错开 1/4 节距的位置 b 点，感应电动势减为零；若再继续移动，移到 1/2 节距的 c 点，感应电动势相应地变为与 a 位置相同，但极性相反，到达 3/4 节距的 d 点时，感应电势再一次变为零；其后，移动了一个节距到达 e 点，情况就又与 a 点相同了，相当于又回到了 a 点。这样，滑尺在移动一个节距的过程中，感应同步器定尺绕组的感应电势近似于余弦函数变化了一个周期。

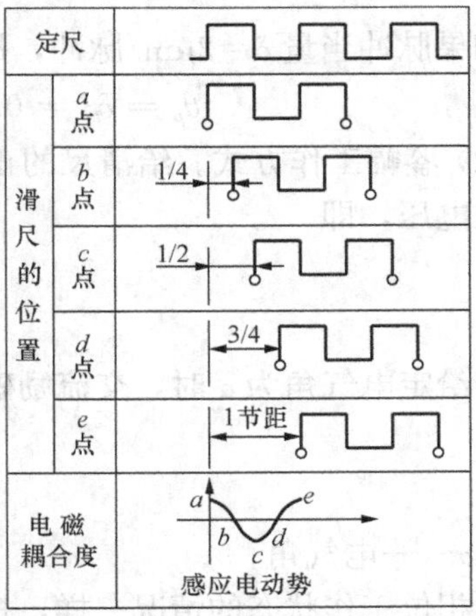

图 3－13 定尺绕组产生感应电动势原理图

与旋转变压器类似，根据不同的励磁供电方式，感应同步器也有两种不同的工作方式：鉴相工作方式和鉴幅工作方式。

(1) 鉴相工作方式。给滑尺的正弦绕组和余弦绕组分别通以同频率、同幅值，但相位相差 $\pi/2$ 的交流励磁电压，即

$$U_s = U_m \sin\omega t$$

$$U_c = U_m(\sin\omega t + \pi/2) = U_m \cos\omega t$$

若起始时滑尺的正弦绕组与定尺的感应绕组重合，当滑尺移动时，滑尺的正弦绕组与定尺感应绕组不重合，当滑尺移动 x 距离时，则定尺上的感应电压为

$$U_{d1} = kU_s\cos\theta = kU_m \sin\omega t \cos\theta$$

式中 k——电磁耦合系数；

U_m——励磁电压幅值；

θ——滑尺绕组相对于定尺绕组的空间电气相位角。

θ 的大小为

$$\theta = \frac{x}{2\tau}2\pi = \frac{\pi x}{\tau} \tag{3-9}$$

滑尺的正弦绕组与定尺的感应绕组重合时，滑尺的余弦绕组和定尺感应绕组相差 1/4 节距，定尺上的感应电压为

$$U_{d2} = kU_c\cos(\theta + \pi/2) = -kU_m \sin\theta \cos\omega t$$

由于定尺和滑尺交变磁通经气隙而耦合，磁动势基本上都降落在气隙上，可认为是线性系统，所以可应用叠加原理得出定尺绕组中的感应电压为

$$U_d = U_{d1} + U_{d2} = kU_m \sin(\omega t - \theta) \tag{3-10}$$

可见，定尺的感应电压 U_d 与滑尺的位移量 x 有严格的对应关系，通过测量定尺感应电压的相位，即可测得滑尺的位移量 x。

通常又将 $\beta=\theta/x=\pi/\tau$ 称为相移—位移转换系数。例如，设感应同步器的节距为 2mm，即 $\tau=1$mm，则

$$\beta=\frac{\theta}{x}=\frac{\pi}{\tau}=\frac{\pi}{1}=180°/\text{mm}$$

如果脉冲当量 $\delta=2\mu$m/脉冲，那么其相移系数 θ_ρ 为

$$\theta_\rho=\delta\beta=0.002\times180°/\text{脉冲}=0.36°/\text{脉冲}$$

(2) 鉴幅工作方式。给滑尺的正弦绕组和余弦绕组分别通以同相位、同频率但幅值不同的励磁电压，即

$$U_s=U_{sm}\sin\omega t$$
$$U_c=U_{cm}\sin\omega t$$

当给定电气角为 α 时，交流励磁电压 U_s、U_c 的幅值分别为

$$U_{sm}=U_m\sin\alpha$$
$$U_{cm}=U_m\cos\alpha$$

式中　α——电气角。

与相位工作状态的情况一样，根据叠加原理，可以得到定尺绕组的感应电压为

$$U_d=U_s\cos\theta-U_c\sin\theta=U_m\sin(\alpha-\theta)\sin\omega t \tag{3-11}$$

由式（3-11）可见，定尺绕组中的感应电压 U_d 的幅值为 $U_m\sin(\alpha-\theta)$，若电气角 α 已知，则只要测量出 U_d 的幅值，便可间接地求出 θ 值，从而求出被测位移 x 的大小。特别是当定尺绕组中的感应电压 $U_d=0$ 时，$\alpha=\theta$，因此，只要逐渐改变 α 值，使 $U_d=0$，便可求出 θ 值，从而求出被测位移 x。

令 $\Delta\theta=\alpha-\theta$，当 $\Delta\theta$ 很小时，$\sin(\alpha-\theta)=\sin\Delta\theta\approx\Delta\theta$，式（3-11）可近似表示为

$$U_d\approx U_m\Delta\theta\sin\omega t \tag{3-12}$$

将式（3-9）代入式（3-12）得

$$U_d\approx U_m\Delta x\frac{\pi}{t}\sin\omega t$$

由此可见，当位移量 Δx 很小时，感应电压 U_d 的幅值与 Δx 成正比，因此可以通过测量 U_d 的幅值来测定位移量 Δx 的大小。据此，可以实现对位移增量的高精度细分。每当改变一个 Δx 的位移增量时，就有电压 U_d，可以预先设定某一门槛电平，当 U_d 值达到该门槛电平时，就产生一个脉冲信号，用该脉冲信号去控制修改励磁电压线路，使其产生合适的 U_s、U_c，从而使 U_d 重新降低到门槛电平以下，这样就把位移量转化为数字量——脉冲，实现了对位移的测量。

2. 应用

在感应同步器的应用过程中，直线式感应同步器还常常会遇到有关接长的问题。例如，当感应同步器用于检测机床工作台的位移时，一般地，由于行程较长，一块感应同步器常常难以满足检测长度的要求，需要将两块或多块感应同步器的定尺拼接起来，即感应同步器接长。

接长的原理是：滑尺沿着定尺由一块向另一块移动经过接缝时，由感应同步器定尺绕组

输出的感应电动势信号，它所表示的位移应与用更高精度的位移检测器（如激光干涉仪）所检测出的位移相互之间要满足一定的误差要求，否则，应重新调整接缝，直到满足这种误差要求为止。

3.6 激光干涉仪

激光干涉仪是一种以激光波长为已知长度、利用迈克耳逊干涉系统测量位移的通用长度测量工具。激光干涉仪有单频的和双频的两种。单频激光干涉仪是在20世纪60年代中期出现的，最初用于检定基准线纹尺，后又用于在计量室中精密测长；双频激光干涉仪是1970年出现的，它适宜在车间中使用。激光干涉仪在极接近标准状态（温度为20℃、大气压力为101 325帕、相对湿度59%、CO_2含量0.03%）下的测量精确度很高，可达1×10^{-7}。

3.6.1 激光干涉法测距原理

根据光的干涉原理，两列具有固定相位差，而且有相同频率、相同的振动方向或振动方向之间夹角很小的光相互交叠，将会产生干涉现象，如图3-14所示。由激光器发射的激光经分光镜A分成反射光束S_1和透射光束S_2。两光束分别由固定反射镜M_1和可动反射镜M_2反射回来，两者在分光镜处汇合成相干光束。若两列光S_1和S_2的路程差为$N\lambda$（λ为波长，N为零或正整数），实际合成光的振幅是两个分振幅之和，光强最大。当S_1和S_2的路程差为$\lambda/2$（或半波长的奇数倍）时，合成光的振幅和为零，此时光强最小。

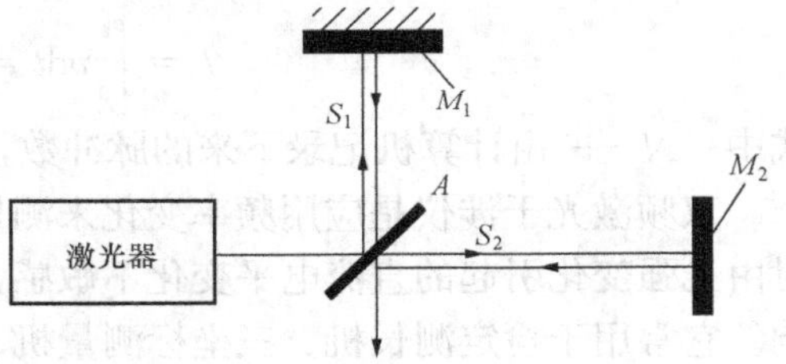

图3-14 光的干涉现象

激光干涉仪就是利用这一原理使激光束产生明暗相间的干涉条纹，由光电转换元件接收并转换为电信号，经处理后由计数器计数，从而实现对位移量的检测。由于激光的波长极短，特别是激光的单色性好，其波长值很准确。所以利用干涉法测距的分辨率至少为$\lambda/2$，利用现代电子技术还可测定0.01个光干涉条纹。因此，用激光干涉法测距的精度极高。

3.6.2 双频激光干涉仪

激光干涉仪由激光管、稳频器、光学干涉部分、光电接受元件、计数器和数字显示器组成。目前应用较多的有双频激光干涉仪，图3-15所示为双频激光干涉仪原理图。

双频激光干涉仪是一种新型激光干涉仪，基本原理与单频激光干涉仪不同。如图3-15所示，它是利用光的干涉原理和多普勒效应（此处指由于振源相对运动而发生的频率变化的现象）产生频差的原理来进行位移测量的。

激光器放在轴向磁场内，发出的激光为方向相反的右旋圆偏振光和左旋圆偏振光，其振幅相同，但频率不同，分别表示为f_1和f_2。经分光镜M_1，一部分反射光经检偏器射入光电元件D_1作为基准频率$f_{基}$（$f_{基}=f_1-f_2$）。另一部分通过分光镜M_1的折射光到达分光镜M_2的a处。频率为f_2的光束完全反射，经滤光器变为线偏振光f_2，投射到固定棱镜M_3并反射到分光镜M_2的b处。频率为f_1的光束折射经滤光器变为线偏振光f_1，投

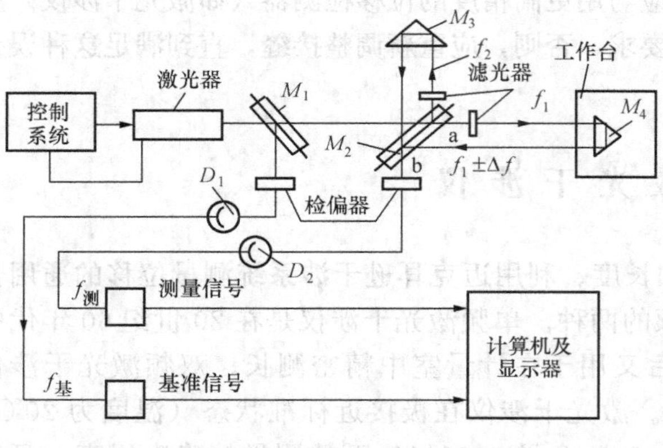

图 3-15 双频激光干涉仪原理图

射到可动棱镜 M_4 后也反射到分光镜 M_2 的 b 处，两者产生相干光束。若 M_4 移动，则反射光的频率发生变化而产生“多普勒效应”，其频差为多普勒频差 Δf。

频率为 $f' = f_1 \pm \Delta f$ 的反射光与频率为 f_2 的反射光在 b 处汇合后，经检偏器射入光电元件 D_2，得到频率为测量频率 $f_测 = f_2 - (f_1 \pm \Delta f)$ 的光电流，这路光电流与经光电元件 D_1 后得到频率为 $f_基$ 的光电流同时经放大器进入计算机，经减法器和计数器，即可算出差值 $\pm\Delta f$，并按式（3-13）计算出可动棱镜 M_4 的移动速度 v 和移动距离 l：

$$v = \frac{\lambda}{2}\Delta f \tag{3-13}$$

$$l = \int_0^t v\mathrm{d}t = \frac{\lambda}{2}\int_0^t \Delta f \mathrm{d}t = \frac{\lambda}{2}N$$

式中　N——由计算机记录下来的脉冲数，N 乘以半波长就得到所测的位移。

双频激光干涉仪是应用频率变化来测量位移的，这种位移信息载于 f_1 和 f_2 的频差上，对由光强变化引起的直流电平变化不敏感，所以抗干扰能力强，测量精度不受空气湍流的影响。它常用于检定测长机、三坐标测量机、光刻机、加工中心等的坐标精度，也可用做测长机、高精度三坐标测量机等的测量系统。利用相应附件，还可进行高精度直线度测量、平面度测量和小角度测量。

思考题与习题

3-1　数控机床对位置检测装置的要求有哪些？

3-2　何谓绝对式测量和增量式测量、间接测量和直接测量、数字式测量方式与模拟式测量方式？

3-3　简述编码器与数控机床的连接方式以及编码器在数控机床中的应用。

3-4　试说明光栅传感器中摩尔条纹的形成及作用？

3-5　旋转变压器和感应同步器各由哪些部件组成？它们可分别安装在数控机床的哪些部位？它们的工作方式有几种？

3-6　试说明双频激光干涉仪的测量原理及应用场合。

4 数控机床伺服驱动系统

4.1 数控机床伺服驱动系统概述

数控机床伺服系统是以机床移动部件的位置和速度为控制量的自动控制系统，也称随动系统、拖动系统或伺服机构。在数控机床上，伺服驱动系统接收来自 CNC 装置（插补装置或插补软件）的进给指令脉冲，经过一定的信号变换及电压、功率放大，再驱动各加工坐标轴按指令脉冲运动，这些轴有的带动工作台，有的带动刀架，通过几个坐标轴的综合联动，使刀具相对于工件产生各种复杂的机械运动，加工出所要求的复杂形状工件。

进给伺服系统是数控装置和机床机械传动部件间的联系环节，是数控机床的重要组成部分。它包含机械、电子、电动机（早期产品还包含液压）等各种部件，并涉及强电与弱电控制，是一个比较复杂的控制系统，要使它成为一个既能使各部件互相配合协调工作，又能满足相当高的技术性能指标的控制系统，是一个相当复杂的任务。在现有技术条件下，CNC 装置的性能已相当优异，并迅速向更高水平发展，而数控机床的最高运动速度、跟踪及定位精度、加工表面质量、生产率及工作可靠性等技术指标，往往又主要取决于伺服系统的动态和静态性能，数控机床的故障也主要出现在伺服系统上。由此可见，提高伺服系统的技术性能和可靠性，对于数控机床具有重大意义，研究与开发高性能的伺服系统一直是现代数控机床的关键技术之一。

数控机床运动中，主轴运动和伺服进给运动是机床的基本成形运动。主轴驱动控制一般只要满足主轴调速及正、反转即可，但当要求机床有螺纹加工、准停、恒线速加工等功能时，就对主轴提出了相应的位置控制要求。此时，主轴驱动控制系统可称为主轴伺服系统，控制相对较为简单。

4.1.1 对伺服系统的基本要求

数控机床对进给伺服系统的要求有以下几点：

1. 精度高

数控机床伺服系统的精度是指机床工作的实际位置复现插补器指令信号的精确程度。在数控加工过程中，对机床的定位精度和轮廓加工精度要求都比较高，一般定位精度要达到 0.01～0.001mm，有的要求达到 0.1μm；而轮廓加工与速度控制和联动坐标的协调控制有关，这种协调控制对速度调节系统的抗负载干扰能力和静动态性能指标都有较高的要求。

2. 稳定性好

伺服系统的稳定性是指系统在突变的指令信号或外界扰动的作用下，能够以最大的速度达到新的或恢复到原有平衡位置的能力。稳定性是直接影响数控加工精度和表面粗糙度的重要指标。较强的抗干扰能力是获得均匀进给速度的重要保证。

3. 快速性好

快速响应是伺服系统动态品质的一项重要指标，它反映了系统快速响应的能力。在加工过程中，为了保证轮廓的加工精度，降低表面粗糙度，要求系统跟踪指令信号的速度要快，过渡时间尽可能短，而且无超调，一般应在 200ms 以内，甚至几十毫秒。这两项指标往往相互矛盾，实际应用时应采取一定的措施，按工艺要求加以选择。

4. 可靠性高

对环境（如温度、湿度、粉尘、油污、振动、电磁干扰等）的适应性强，性能稳定，使用寿命长，平均无故障时间间隔长。

可见，上述准、稳、快及高可靠性是控制系统和伺服系统最基本的要求，是静、动态性能的高速概括。

对主轴伺服系统，除上述要求外，还应满足以下要求：

(1) 主轴与进给驱动的同步控制。为使数控机床具有螺纹和螺旋槽加工的能力，要求主轴驱动与进给驱动实现同步控制。

(2) 准停控制。在加工中心上，为了实现自动换刀，要求主轴能进行高精确位置的停止。

(3) 角度分度控制。角度分度控制有两种类型：一是固定的等分角度控制；二是连续的任意角度控制。任意角度控制是带有角位移反馈的位置伺服系统，这种主轴坐标具有进给坐标的功能，称为C轴控制。C轴控制可以用一般主轴控制与C控制切换的方法实现，也可以用大功率的进给伺服系统代替主轴系统。

4.1.2 伺服系统的分类

数控机床伺服系统按其用途和功能分为主轴伺服系统和进给伺服系统；按其位置检测原理和有无位置反馈环节分为开环伺服系统、闭环伺服系统和半闭环伺服系统；按驱动执行元件的工作原理分为电液伺服系统和电气伺服系统，电气伺服系统按所采用电动机的不同又分为步进伺服系统、直流伺服系统、交流伺服系统和直线式伺服系统。在闭环或半闭环伺服系统中，按反馈与比较方式不同分为脉冲伺服系统、相位伺服系统、幅值伺服系统和全数字伺服系统。下面仅介绍开环、半闭环和闭环控制系统。

1. 开环伺服系统

开环伺服系统即没有位置反馈的系统，如图4-1所示。在数控机床上，开环伺服系统由步进电动机、功率步进电动机或电液脉冲马达驱动。数控系统发出的指令脉冲信号经驱动电路控制和功率放大后，使步进电动机转动，通过变速齿轮和滚珠丝杠螺母副驱动执行件（工作台或刀架）移动。数控系统发出一个指令脉冲，机床执行件所移动的距离，称为脉冲当量。开环伺服系统的位移精度主要取决于步进电动机的角位移精度和齿轮、丝杠等传动件的螺距精度，以及系统的摩擦阻尼特性。开环伺服系统的位移精度一般较低，其定位精度一般可达±0.02mm，当采用螺距误差补偿和传动间隙补偿后，定位精度可提高到±0.01mm。由于步进电动机性能的限制，开环伺服系统的进给速度也受到限制，当脉冲当量为0.01时，一般可达5m/min。

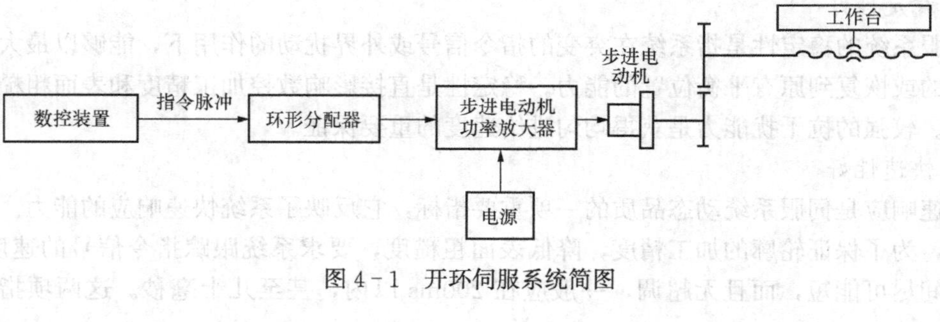

图4-1 开环伺服系统简图

开环伺服系统一般包括脉冲频率变换、脉冲分配、功率放大、步进电动机、变速齿轮、滚珠丝杠螺母副、导轨副等组成环节。结构较简单，调试、维修都很方便，工作可靠，成本低廉。但精度较低，低速时不够平稳，高速时扭矩小，且容易丢步，故一般多用在精度要求不高的机床或技术改造上。

2. 闭环伺服系统

闭环控制系统是一种包含功率放大和反馈，从而使得输出变量的值紧密地响应输入量的值的自动控制系统。在数控机床上由于反馈信号所取的位置不同，而分为全闭环系统和半闭环系统。全闭环系统的反馈信号取自机床工作台（或刀架）的实际位置（见图 4-2），所以以系统传动链的误差、环内各元件的误差及运动中造成的误差都可以得到补偿，从而大大提高了跟随精度和定位精度。目前，全闭环系统的定位精度可达±（0.001～0.005）mm，而先进的全闭环系统定位精度可达±0.1μm。全闭环系统除电气方面的误差外，还有很多机械传动误差，如丝杠螺母副、导轨副等都包括在反馈回路内，它们的刚性、传动间隙、摩擦阻尼特性都是变化的，有些还是非线性的，所以全闭环系统的设计和调整都有较大的技术难度，价格也较昂贵。因此，只在大型、精密数控机床上采用。

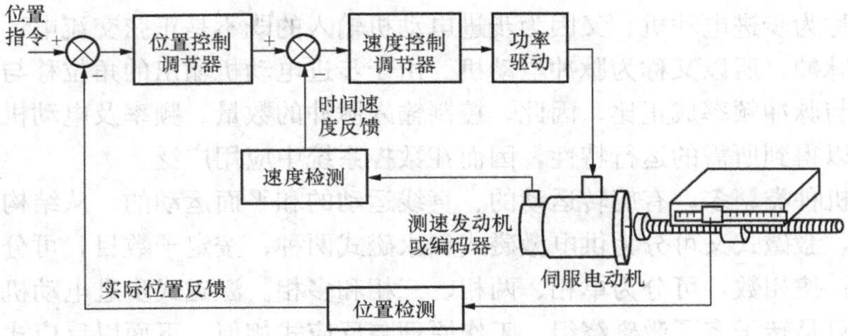

图 4-2　全闭环伺服系统简图

3. 半闭环伺服系统

半闭环伺服系统同样也是一种闭环伺服系统。只不过在数控机床这种具体应用场合下，它的反馈信号取自系统的中间部位（如驱动伺服电动机的轴上），如图 4-3 所示。这样，系统由电动机输出轴至最末端件（工作台或刀架）之间的误差（如联轴器误差、丝杠的弹性变形及螺距误差、导轨副的摩擦阻尼等）没有得到系统的补偿，因此，在数控机床上，半闭环系统只反馈补偿了进给传动系统的部分误差，所以其精度比全闭环系统要低一些；但由于这种系统舍弃了传动系统的刚性和非线性的摩擦阻尼等，故系统调试较容易，稳定性也较好。由于采用高分辨率的测量元件，可以获得比较满意的精度和速度，特别是制造伺服电动机时，都将测速发电动机、旋转变压器（或者脉冲编码器）直接装在伺服电动机轴的尾部，减少机床制造时的安装调试麻烦，结构也比较简单，故这种系统广泛应用于中小型数控机床上。

数控机床进给伺服系统包含位置控制和速度控制两个重要环节。位置控制如前所述是根据计算机插补运算得到的位置指令，与位置检测装置反馈来的机床坐标轴的实际位置相比较，形成位置偏差，经变换得到速度给定电压。速度控制单元根据位置控制输出的速度电压信号和速度检测装置反馈的实际转速对伺服电动机进行控制，以驱动机床传动部件。因为速度控制单元是伺服系统中的功率放大部分，所以也称速度控制单元为驱动装置或伺服放大

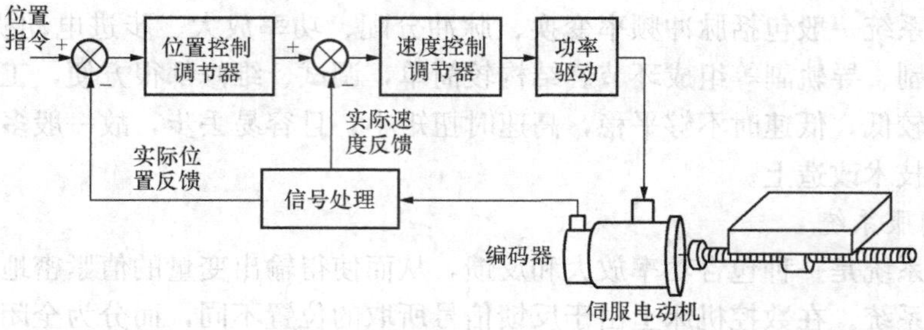

图 4-3 半闭环伺服系统简图

器。本章先结合伺服系统的执行元件介绍速度控制系统，再介绍几种常见的位置控制系统。

4.2 步进电动机及其驱动控制系统

步进电动机是一种将电脉冲信号变换成相应的角位移或直线位移的机电执行元件。每当输入一个电脉冲，电动机就转动一个角度前进一步。脉冲一个一个地输入，电动机便一步一步地转动，故称为步进电动机。又因为步进电动机输入的既不是正弦交流电，又不是恒定直流电，而是电脉冲，所以又称为脉冲电动机。由于步进电动机输出的角位移与输入的脉冲数成正比，转速与脉冲频率成正比，因此，控制输入脉冲的数量、频率及电动机各相绕组的通电顺序，就可以得到所需的运行特性，因而在数控系统中应用广泛。

步进电动机种类繁多，有旋转运动的、直线运动的和平面运动的。从结构看，它分为反应式与激磁式，激磁式又可分为供电激磁式和永磁式两种；按定子数目，可分为单段定子式与多段定子式；按相数，可分为单相、两相、三相和多相。激磁式步进电动机与反应式步进电动机相比，只是转子多了激磁绕组，工作原理与反应式相似。下面以反应式步进电动机为例，介绍步进电动机的一般工作原理。

4.2.1 步进电动机的工作原理

反应式步进电动机的定子上有磁极，每个磁极上有激磁绕组，转子无绕组，有周向均布的齿，依靠磁极对齿的吸合工作。如图 4-4 所示的三相步进电动机，定子上有三对磁极，分成 A、B、C 三相。为简化分析，假设转子只有 4 个齿。

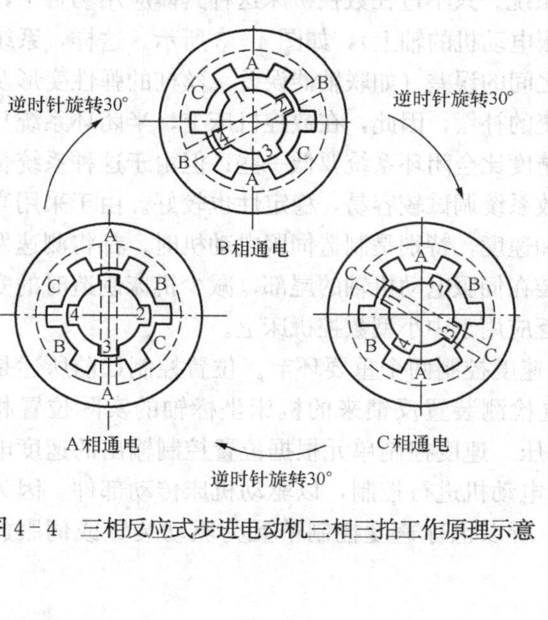

图 4-4 三相反应式步进电动机三相三拍工作原理示意

1. 三相三拍工作方式

在图 4-4 中，设 A 相通电，A 相绕组的磁力线为保持磁阻最小，给转子施加电磁力矩，使磁极 A 与相邻的转子的 1、3 齿对齐；接下来若 B 相通电，A 相断电，磁极 B 又将距它最近的 2、4 齿吸引过来与之对齐，使转子按逆时针方向旋转 30°；下一步 C 相通电，B 相断电，磁极 C 又将吸引转子的 1、3 齿与之对齐，使转子又按逆时针旋转 30°，依此类推。若定子绕组按 A→B→C→A→…的顺序通电，转子就一步步地按逆时针转动，每步 30°。若定子绕组按 A→C→B→A→…的顺序通电，则转子就一步步地按顺时针转动，每步仍然 30°。这种控制方式称为三相三拍方式，又称三相单三拍方式。

2. 三相六拍工作方式

如果按 A→AB→B→BC→C→CA→A→…（逆时针转动）或 A→AC→C→BC→B→CA→A→…（顺时针转动）的顺序通电，步进电动机就工作在三相六拍工作方式，每步转过 15°，步距角是三相三拍工作方式步距角的一半，如图 4-5 所示。因为电动机运转中始终有一相定子绕组通电，所示运转比较平稳。

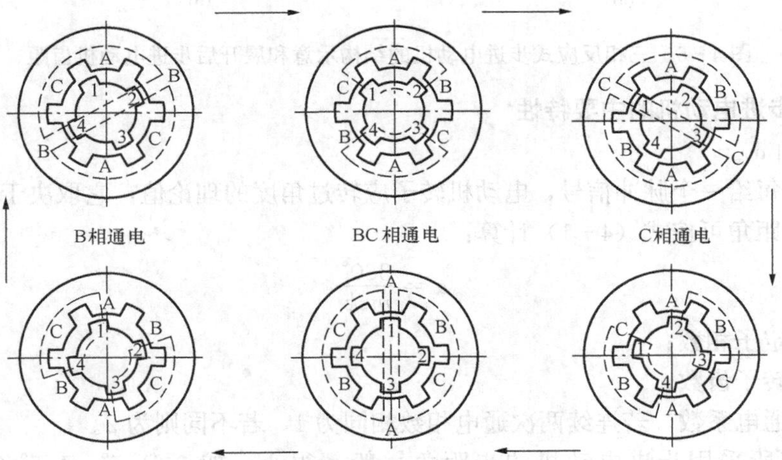

图 4-5　三相反应式步进电动机三相六拍工作原理示意

3. 双三拍工作方式

由于前述的单三拍通电方式每次定子绕组只有一相通电，且在切换瞬间失去自锁转矩，容易产生失步，而且，只有一相绕组产生力矩吸引转子，在平衡位置易产生振荡，故在实际工作过程中多采用双三拍工作方式，即定子绕组的通电顺序为 AB→BC→CA→AB→…或 AC→BC→CA→…，前一种通电顺序转子按逆时针旋转，后一种通电顺序转子按顺时针旋转，此时有两对磁极同时对转子的两对齿进行吸引，每步仍然旋转 30°。由于在步进电动机工作过程中始终保持有一相定子绕组通电，所以工作比较平稳。

实际上步进电动机的转子的齿数很多，因为齿数越多步距角越小。为了改善运行性能，定子磁极上也有齿，这些齿的齿距与转子的齿距相同，但各极的齿依次与转子的齿错开齿距的 $1/m$（m 为电动机相数）。这样，每次定子绕组通电状态改变时，转子只转过齿距的 $1/m$（如三相三拍）或 $1/2m$（如三相六拍）即达到新的平衡位置。如图 4-6 所示，转子有 40 个齿，故齿距为 360°/40=9°，若通电为三相三拍，当转子齿与 A 相定子齿对齐时，转子齿与 B 相定子齿相差 1/3 齿距，即 3°，与 C 相定子齿相差 2/3 齿距，即 6°。

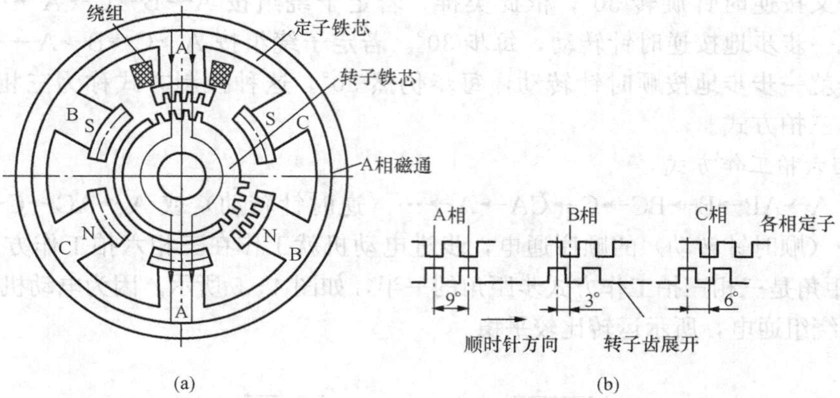

图 4-6　三相反应式步进电动机的结构示意和展开后步进电动机齿距

4.2.2　步进电动机的主要特性

1．步距角 α

步距角指每给一个脉冲信号，电动机转子应转过角度的理论值，它取决于电动机结构和控制方式。步距角可按式（4-1）计算：

$$\alpha = \frac{360^{\circ}}{mzk} \tag{4-1}$$

式中　m——定子相数；

z——转子齿数；

k——通电系数，若连续两次通电相数相同为 1，若不同则为 2。

数控机床所采用步进电动机的步距角一般都很小，如 3°/1.5°，1.5°/0.75°，0.72°/0.36°等，是步进电动机的重要指标。步进电动机空载且单脉冲输入时，其实际步距角与理论步距角之差称为静态步距角误差，一般控制在±（10′～30′）的范围内。

2．矩角特性、最大静态转矩 M_{jmax} 和启动转矩 M_q

当步进电动机处于通电状态时，转子处在不动状态，即静态。如果在电动机轴上施加一个负载转矩 M，转子会在载荷方向上转过一个角度 θ，转子因而受到一个电磁转矩 M_j 的作用与负载平衡，该电磁转矩 M_j 称为静态转矩，该角度 θ 称为失调角。步进电动机单相通电的静态转矩 M_j 随失调角 θ 的变化曲线称为矩角特性，如图 4-4 所示，画出了三相步进电动机按 A→B→C→A→…方式通电时 A、B、C 各相的矩角特性。各相矩角特性差异不大，否则会影响步距精度及引起低频振荡。当外加转矩取消后，转子在电磁转矩作用下，仍能回到稳定平衡点 $\theta=0°$。矩角特性曲线上的电磁转矩的最大值称为最大静转矩 M_{jmax}，M_{jmax} 是代表电动机承载能力的重要指标，M_{jmax} 越大，电动机带负载的能力越强，运行的快速性和稳定性越好。

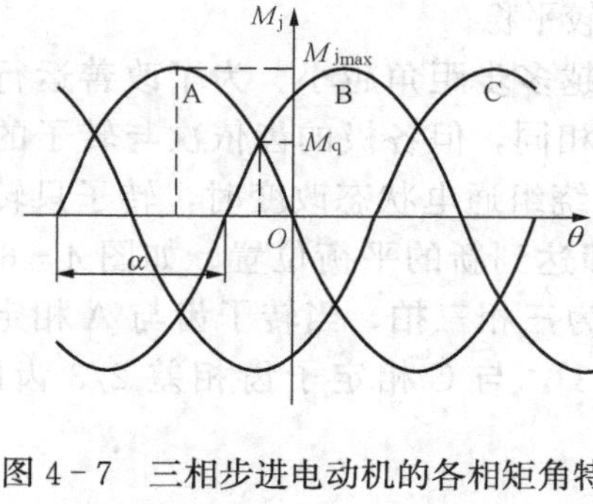

图 4-7　三相步进电动机的各相矩角特性

由图 4-7 可见，相邻两条曲线的交点所对应的静态转矩是电动机运行状态的最大启动转矩 M_q，当负载力矩小于 M_q 时，步进电动机才能正常启动运行，否则将会造成失步。一般地，电动机相数的增加会使矩角特性曲线变密，相邻两条曲线的交点上移，会使 M_q 增加；采用多相通电方式，即变 m 相 m 拍通电方式为 m 相 $2m$ 拍通电方式，会使启动转矩 M_q 增加。

3. 启动频率 f_q 和启动时的惯频特性

空载时，步进电动机由静止突然启动、并进入不丢步的正常运行状态所允许的最高频率，称为启动频率或突跳频率 f_q，是反映步进电动机快速性能的重要指标。空载启动时，步进电动机定子绕组通电状态变化的频率不能高于该启动频率。原因是频率越高，电动机绕组的感抗（$x_L=2\pi fL$）越大，使绕组中的电流脉冲变尖，幅值下降，从而使电动机输出力矩下降。

启动时的惯频特性是指电动机带动纯惯性负载时启动频率和负载转动惯量之间的关系。一般来说，随着负载惯量的增加，启动频率会下降。如果除了惯性负载外还有转矩负载，则启动频率将进一步下降。

4. 运行矩频特性

步进电动机启动后，其运行速度能跟踪指令脉冲频率连续上升而不丢步的最高工作频率，称为连续运行频率，其值远大于启动频率。运行矩频特性是描述步进电动机在连续运行时，输出转矩与连续运行频率之间的关系，它是衡量步进电动机运转时承载能力的动态指标，如图 4-8 所示。图中每一频率所对应的转矩称为动态转矩。从图 4-8 可以看出，随着运行频率的上升，输出转矩下降，承载能力下降。当运行频率超过最高频率时，步进电动机便无法工作。

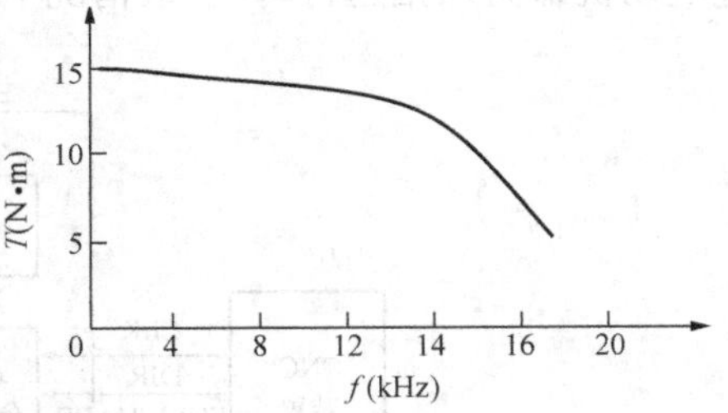

图 4-8　步进电动机的运行矩频特性

5. 加、减速特性

步进电动机的加减速特性是描述步进电动机由静止到工作频率和由工作频率到静止的加、减速过程中，定子绕组通电状态的变化频率与时间的关系。当要求步进电动机启动到大于启动频率的工作频率时，变化速度必须逐渐上升；同样，从最高工作频率或高于启动频率的工作频率停止时，变化速度必须逐渐下降。逐渐上升和逐渐下降的加速时间、减速时间不能过小，否则会出现失步或超步。目前，主要通过软件实现步进电动机的加减速控制。常用的加减速控制实现方法有指数规律和直线规律加减速控制，指数规律加减速控制一般适用跟踪响应要求较高的切削加工中；直线规律加减速控制一般适用速度变化范围较大的快速定位方式中。

4.2.3　步进电动机的驱动控制

步进电动机的驱动控制由环形分配器和功率放大器组成。环形分配器的主要功能是将数控装置送来的一串指令脉冲，按步进电动机所要求的通电顺序分配给步进电动机的驱动电源的各相输入端，以控制励磁绕组的通断，实现步进电动机的运行及换向。而功率放大电路的作用就是对从环形分配器输出的信号进行功率放大并送至步进电动机的各绕组。

当步进电动机在一个方向上连续运行时，其各相通、断的脉冲分配是一个循环，因此称为环形分配器。环形分配器的输出不仅是周期性的，又是可逆的。

1. 环形分配器

环形分配的功能可由硬件或软件的方法来实现，分别称为硬件环形分配器和软件环形分配器。

(1) 硬件环形分配器。硬件环形分配器的种类很多，它可由D触发器或JK触发器构成，也可采用专用集成芯片或通用可编程逻辑器件。目前市场上有许多专用的集成电路环形分配器出售，集成度高，可靠性好，有的还有可编程功能。例如，国产的PM系列步进电动机专用集成电路有PM03、PM04、PM05和PM06分别用于三相、四相、五相和六相步进电动机的控制。再如，进口的步进电动机专用集成芯片PMM8713、PM8714可分别用于四相(或三相)、五相步进电动机的控制；而进口的PPM101B则是可编程的专用步进电动机控制芯片，通过编程可用于三相、四相、五相步进电动机的控制。

以三相步进电动机为例，硬件环形分配驱动与数控装置的连接如图4-9所示。环形分配器的输入、输出信号一般均为TTL电平；输出信号A、B、C信号变为高电平则表示相应的绕组通电，低电平则表示相应的绕组失电；CLK为数控装置所发脉冲信号，每一个脉冲信号的上升或下降沿到来时，输出则改变一次绕组的通电状态；DIR为数控装置所发方向信号，其电平的高低即对应电动机绕组通电顺序的改变，即步进电动机的正、反转，FULL/HALF电平用于控制电动机的整步（对三相步进电动机即为三拍运行）或半步（对三相步进电动机即为六拍运行），一般情况下，根据需要将其接在固定的电平上即可。

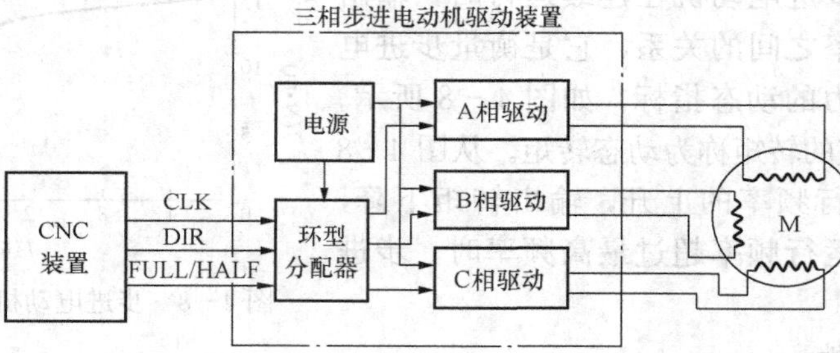

图4-9 硬件环形分配驱动与数控装置的连接

CH250是国产的三相反应式步进电动机环形分配器的专用集成电路芯片，通过其控制端的不同接法可以组成三相双三拍和三相六拍的不同工作方式，其外形和三相六拍接线图如图4-10所示。

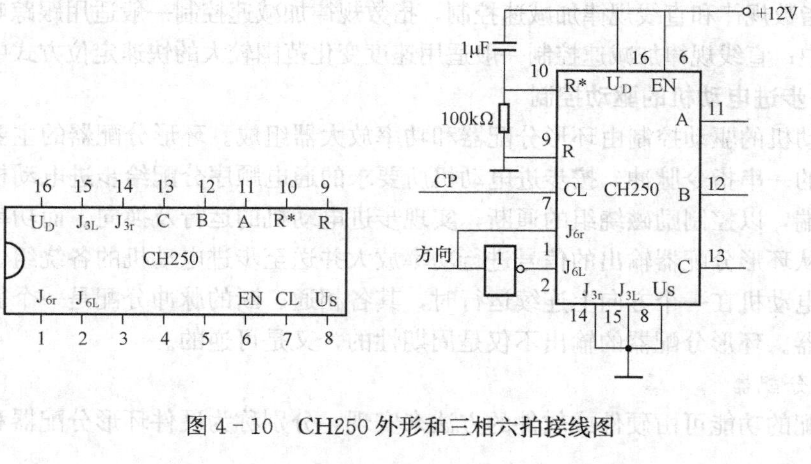

图4-10 CH250外形和三相六拍接线图

CH250 主要管脚的作用如下：

A、B、C——环形分配器三个输出端，经功率放大后接到电动机的三相绕组上。

R、R^*——复位端，R 为三相双三拍复位端，R^* 为三相六拍复位端，先将对应的复位端接入高电平，使其进入工作状态，若为 10，则为三相双三拍工作方式；若为 01，则为三相六拍工作方式。

CL、EN——进给脉冲输入端和允许端；进给脉冲由 CL 输入，只有 EN＝1，脉冲上升沿使环形分配器工作；CH250 也允许以 EN 端作脉冲输入端，此时，只有 CL＝0，脉冲下降沿使环形分配器工作。不符合上述规定则为环形分配器状态锁定（保持）。

J_{3r}、J_{3L}、J_{6r}、J_{6L}——分别为三相双三拍、三相六拍工作方式时步进电动机正、反转的控制端。

U_D、U_S——电源端。

（2）软件环形分配器。软件环形分配是指由数控装置中的计算机软件完成环形分配的任务，直接驱动步进电动机各绕组的通、断电。用软件环形分配器只需编制不同的环形分配程序，将其存入数控装置的 EPROM 中即可。用软件环形分配器可以使线路简化，成本下降，并可灵活地改变步进电动机的控制方案。

软件环形分配器的设计方法有多种，如查表法、比较法、移位寄存器法等，最常用的是查表法。下面以三相反应式步进电动机的环形分配器为例，说明查表法软件环形分配器的工作原理。

图 4－11 所示为两坐标步进电动机伺服进给系统框图。X 向和 Z 向的三相定子绕组分别为 A、B、C 相和 a、b、c 相，分别经各自的放大器、光电耦合器与计算机的 PIO（并行输入/输出接口）的 PA0～PA5 相连。首先结合驱动电源线路，根据 PIO 接口的接线方式，按步进电动机运转时绕组励磁状态转换方式得出环形分配器输出状态表，见表 4－1，将表示步进电动机各个绕组励磁状态的二进制数存入存储单元地址 2A00H～2A05H（存储单元地址由用户设定）中。然后编写 X 向和 Z 向正、反方向进给的子程序，步进电动机运行时，都要调用该子程序。根据步进电动机的运转方向按表地址的正向或反向顺序依次取出存储单元地址的内容并输出，即依次输出表示步进电动机各个绕组励磁状态的二进制数，则电动机就正转或反转运行。

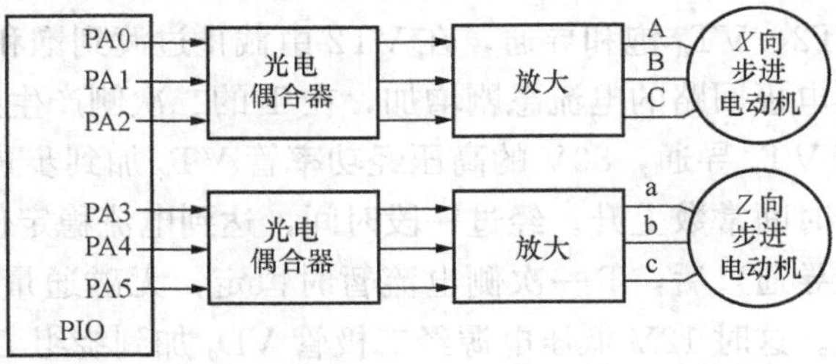

图 4－11　两坐标步进电动机伺服进给系统框图

2. 功率放大器

从环形分配器输出的进给控制信号的电流只有几毫安，而步进电动机的定子绕组需要几安培的电流，因此功率放大器的作用就是对从环形分配器输出的信号进行功率放大并送至步进电动机的各绕组。功率放大电路的控制方式很多，最早采用单电压驱动电路，后来出现了高低电压切换驱动电路、恒流斩波电路、调频调压、细分电路等。所采用的功率半导体元件可以是大功率晶体管 GTR，也可以是功率场效应晶体管 MOSFET 或可关断晶闸管 GTO。

表 4-1　　两坐标步进电动机环形分配器的输出状态表

X 向步进电动机							Z 向步进电动机						
节拍	C	B	A	存储单元		方向	节拍	c	b	a	存储单元		方向
	PA2	PA1	PA0	地址	内容			PA5	PA4	PA3	地址	内容	
1	0	0	1	2A00H	01H		1	0	0	1	2A10H	08H	
2	0	1	1	2A01H	03H	正转	2	0	1	1	2A11H	18H	正转
3	0	1	0	2A02H	02H	↓	3	0	1	0	2A12H	10H	↓
4	1	1	0	2A03H	06H	反转	4	1	1	0	2A13H	30H	反转
5	1	0	0	2A04H	04H	↑	5	1	0	0	2A14H	20H	↑
6	1	0	1	2A05H	05H		6	1	0	1	2A15H	28H	

(1) 高低电压切换驱动电路。高低电压驱动电路的特点是给步进电动机绕组的供电有高、低两种电压，高压充电、低压供电，高压充电以保证电流以较快的速度上升，低压供电维持绕组中的电流为额定值。高压由电动机参数和晶体管的特性决定，一般在 80V 至更高范围；低压即步进电动机的额定电压，一般为几伏，不超过 20V。

图 4-12 所示为高低电压切换驱动电路的工作原理图及波形。图 4-12 中，由脉冲变压器 T 组成了高压控制电路。当输入脉冲信号为低电平时，VT1、VT2、VT_g、VT_d 均截止，电动机绕组 L_a 中无电流通过，步进电动机不转动。当输入脉冲信号为高电平时，VT1、VT2、VT_d 饱和导通，在 VT2 由截止过渡到饱和导通期间，与 T 一次侧串联在一起的 VT2 集电极回路的电流急剧增加，在 T 的二次侧产生感应电压，加到高压功率管 VT_g 的基极上，使 VT_g 导通，80V 的高压经功率管 VT_g 加到步进电动机绕组 L_a 上，使电流按 $L_a/(R_d+r)$ 的时间常数上升。经过一段时间，达到电流稳定值 $U_g/(R_d+r)$。当 VT2 进入稳定状态（饱和导通）后，T 一次侧电流暂时恒定，无磁通量变化，T 二次侧的感应电压为零，VT_g 截止。这时 12V 低压电源经二极管 VD_d 加到绕组 L_a 上，维持 L_a 中的额定电流不变。当输入的脉冲结束后，VT1、VT2、VT_g、VT_d 又都截止，储存在 L_a 中的能量通过 R_g、VD_g 及 U_g、U_d 构成回路放电，R_g 使放电时回路时间常数减小，改善电流波形的后沿。放电电流的稳态值为 $(U_g-U_d)/(R_g+R_d+r)$。

该电路由于采用高压驱动，电流增长加快，绕组上脉冲电流的前沿变陡，使电动机的转矩和启动及运行频率都得到提高。又由于额定电流由低电压维持，故只需较小的限流电阻，功耗较小。

该电路只供步进电动机的一相绕组工作，若为三相步进电动机则需三组电路供电，即步进电动机有几相就需要几组高低电压切换驱动电路。

高低压切换也可通过定时来控制。在每一个步进脉冲到来时，高压脉宽由定时电路控制，故称为高压定时控制驱动电源。

(2) 恒流斩波电路。斩波驱动电源也称定电流驱动电源，或称波顶补偿控制驱动电源。这种驱动电源的控制原理是随时检测绕组的电流值，当绕组电流值降到下限设定值时，便使高压功率管导通，使绕组电流上升，上升到上限设定值时，便关断高压管。这样，在一个步进周期内，高压管多次通断，使绕组电流在上、下限之间波动，接近恒定值，提高了绕组电

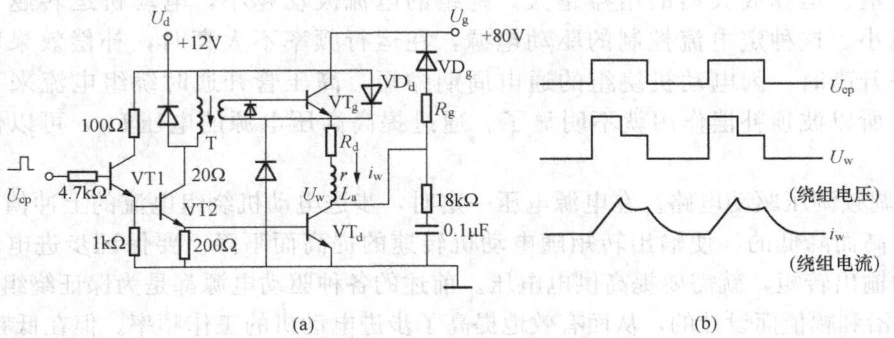

图 4－12　高低压供电切换电路

(a) 电路图；(b) 波形图

流的平均值，有效地抑制了电动机输出转矩的降低。图 4－13 所示为恒流斩波放大电路原理图及波形。

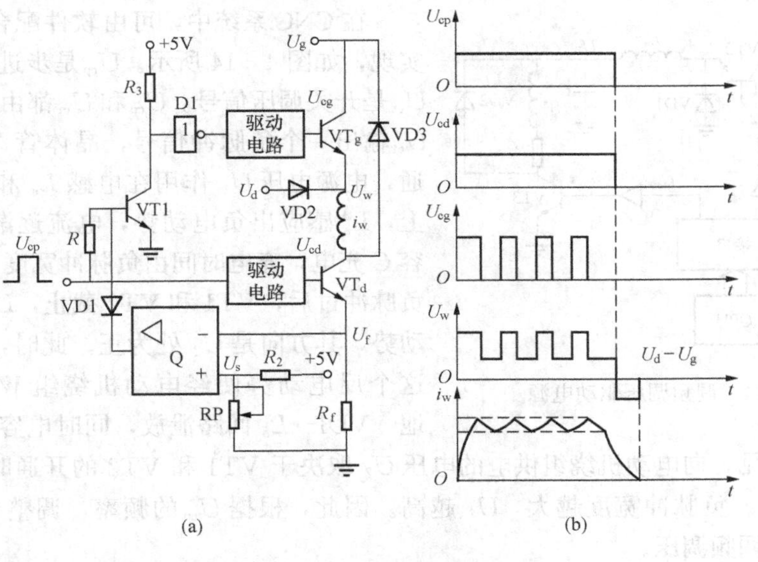

图 4－13　恒流斩波电路

(a) 电路图；(b) 波形图

高压功率管 VT_g 的通断同时受到步进脉冲信号 U_{cp} 和运算放大器 Q 的控制。在步进脉冲信号 U_{cp} 到来时，一路经驱动电路驱动低压管 VT_d 导通，另一路通过 VT1 和反相器 D1 及驱动电路驱动高压管 VT_g 导通，这时绕组由高压电源 U_g 供电。随着绕组电流的增加，反馈电阻 R_f 上的电压 U_f 不断升高，当升高到比 Q 同相输入电压 U_s 高时，Q 输出低电平，使晶体管 VT1 的基极通过二极管 VD1 接低电平。VT1 截止，门 D1 输出低电平，这样，高压管 VT_g 关断了高压，绕组继续由低压 U_d 供电。当绕组电流下降时，U_f 下降，当 $U_f<U_s$ 时，运算放大器 Q 又输出高电平使二极管 VD1 截止，VT1 又导通，再次开通高压管 VT_g。这个过程在步进脉冲有效期内不断重复，使电动机绕组中电流的波顶的波动呈锯齿形变化，并限制在给定值上下波动。调节电位器 RP，可改变运算放大器 Q 的翻转电压，即改变绕组中电

流的限定值。运算放大器的增益越大，绕组的电流波动越小，电动机运转越平稳，电噪声也越小。这种定电流控制的驱动电源，在运行频率不太高时，补偿效果明显。但运行频率升高时，因电动机绕组的通电周期缩短，高压管开通时绕组电流来不及升到整定值，所以波顶补偿作用就不明显了。通过提高高压电源的电压 U_g，可以使补偿频段提高。

(3) 调频调压驱动电路。在电源电压一定时，步进电动机绕组电流的上冲值是随工作频率的升高而降低的，使输出转矩随电动机转速的提高而下降。要保证步进电动机高频运行时的输出转矩，就需要提高供电电压。前述的各种驱动电源都是为保证绕组电流有较好的上升沿和幅值而设计的，从而有效地提高了步进电动机的工作频率。但在低频运行时，会给绕组中注入过多的能量而引起电动机的低频振荡和噪声。调频调压驱动电路可以解决这个问题。

调频调压电路的基本原理是：当步进电动机在低频运行时，供电电压降低，当运行在高频段时，供电电压也升高。即供电电压随着步进电动机转速的增加而升高。这样，既解决了低频振荡问题，也保证了高频运行时的输出转矩。

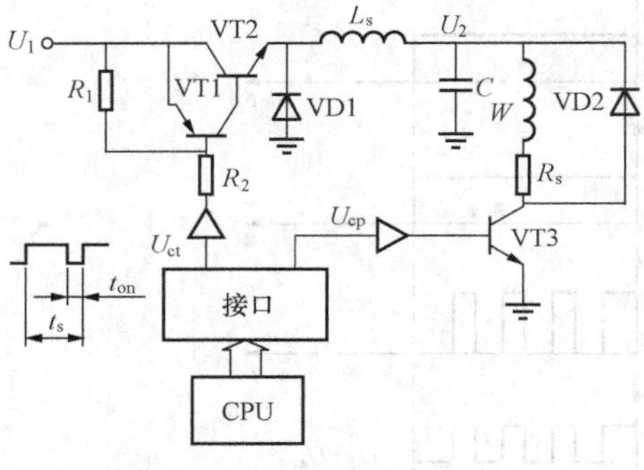

图 4-14 调频调压驱动电源

在 CNC 系统中，可由软件配合适当硬件电路实现，如图 4-14 所示。U_{cp}是步进控制脉冲信号，U_{ct}是开关调压信号。U_{cp}和 U_{ct}都由 CPU 输出。当 U_{ct}输出一个负脉冲信号，晶体管 VT1 和 VT2 导通，电源电压 U_1 作用在电感 L_s 和电动机绕组 W 上，L_s 感应出负电动势，电流逐渐增大，并对电容 C 充电，充电时间由负脉冲宽度 t_{on}决定。在 U_{ct}负脉冲过后，VT1 和 VT2 截止，L_s 又产生感应电动势，其方向是 U_2 处为正。此时，若 VT3 导通，这个反电动势便经电动机绕组 $W \rightarrow R_s \rightarrow VT_3 \rightarrow$ 地$\rightarrow$VD1$\rightarrow L_s$ 回路泄放，同时电容 C 也向绕组 W 放电。由此可见，向电动机绕组供电的电压 U_2 取决于 VT1 和 VT2 的开通时间，即取决于负脉冲宽度 t_{on}。负脉冲宽度越大，U_2 越高。因此，根据 U_{cp}的频率，调整 U_{ct}的负脉冲宽度，便可实现调频调压。

(4) 细分驱动电路。前述的各种驱动电源，都是按电动机工作方式轮流给各相绕组供电，每换一次相，电动机就转动一步，即每拍电动机转动一个步距角。如果在一拍中，通电相的电流不是一次达到最大值，而是分成多次，每次使绕组电流增加一些。每次增加，都使转子转过一小步。同样，绕组电流的下降也是分多次完成。即通过控制电动机各相绕组中电流的大小和比例，从而使步距角减少到原来的几分之一至几十分之一（一般不小于十分之一），因此，细分驱动也称微步驱动，它可以提高了步进电动机的分辨率，减弱甚至消除了振荡，会大大提高电动机运行的精度和平稳性。要实现细分，需将绕组中的矩形电流波变成阶梯形电流波。阶梯波控制信号可由很多方法产生，图 4-15 所示为一种恒频脉宽调制细分驱动电源。可由计算机提供 D/A 转换器的数字信号，该信号是与步进电动机各相电流相对应的值，D 触发器的触发脉冲信号 U_m 也可由计算机提供。当 D/A 转换器接收到数字信号后，即转换成相应的模拟信号电压 U_s 加在运算放大器 Q 的同相输入端，因这时绕组中电流还没跟上，故$U_f<U_s$，运算放大器Q输出高电平，D触发器在高频触发脉冲U_m的控制下，H端输出高电平，使功率晶体管VT1和VT2导通，电动机绕组中的电流迅速上升。当绕组电流上升到一定值时，$U_f>U_s$，运算放大器Q输出低电平，D触发器清零，VT1和VT2截止。以后当U_s不变时，由于运算放大器Q和触发器D构成的斩波控制电路的作用，使绕组电流稳定在一定值上下波动，即绕组电流稳定在一个新台阶上。当稳定一段时间后，再给D/A输入一个增加的电流数字信号，并启动D/A转换器，这样U_s上升一个台阶，和前述过程一样，绕组电流也跟着上一个阶梯。当减小D/A的输入数字信号，U_s下降一个阶梯，绕组电流也跟着下降一个阶梯。由此，这种细分驱动电源，既实现了细分，又能保证每一个阶梯电流的恒定。

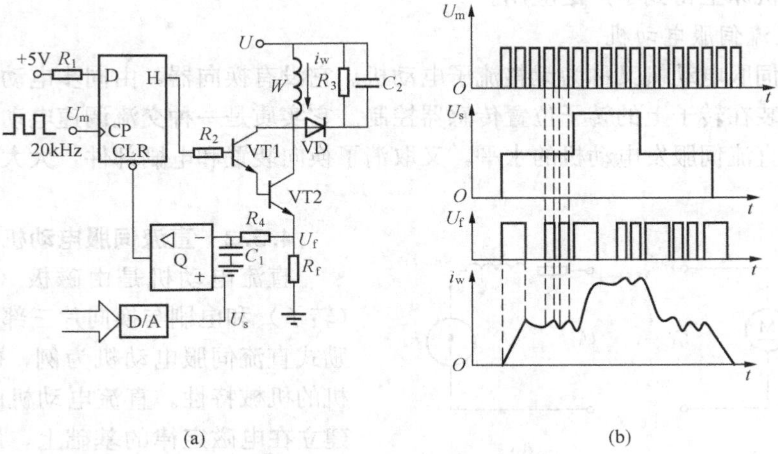

图4-15　恒频脉宽调制细分驱动电源

(a) 电路图；(b) 波形图

4.3　直流伺服电动机及其速度控制

以直流电动机作为驱动元件的伺服系统称为直流伺服系统。因为直流伺服电动机实现无级调速较容易，为一般交流电动机所不及，尤其是他励永磁直流伺服电动机，其机械特性比较硬，所以自20世纪70年代以来，直流电动机在数控机床上得到了广泛的应用。

4.3.1　直流伺服电动机的结构与分类

直流伺服电动机的品种很多，根据磁场产生的方式，直流电动机可分为他励式、永磁式、并励式、串励式和复励式五种。永磁式用氧化体、铝镍钴、稀土钴等软磁性材料建立激磁磁场。在结构上，直流伺服电动机有一般电枢式、无槽电枢式、印刷电枢式、绕线盘式、空心杯电枢式等。为避免电刷换向器的接触，还有无刷直流伺服电动机。根据控制方式，直流伺服电动机可分为磁场控制方式和电枢控制方式。永磁直流伺服电动机只能采用电枢控制方式，一般电磁式直流伺服电动机大多也用电枢控制方式。

在数控机床中，进给系统常用的直流伺服电动机主要有以下几种：

1. 小惯性直流伺服电动机

小惯性直流伺服电动机因转动惯量小而得名。这类电动机一般为永磁式，电枢绕组有无槽电枢式、印刷电枢式和空心杯电枢式三种。因为小惯量直流电动机最大限度地减小电枢的转动惯量，所以能获得最快的响应速度。在早期的数控机床上，这类伺服电动机应用得比较多。

2. 大惯量宽调速直流伺服电动机

大惯量宽调速直流伺服电动机又称直流力矩电动机。一方面，由于它的转子直径较大，线圈绕组匝数增加，力矩大，转动惯量比其他类型电动机大，且能够在较大过载转矩时长时间地工作，因此可以直接与丝杠相连，不需要中间传动装置。另一方面，由于它没有励磁回路的损耗，它的外形尺寸比类似的其他直流伺服电动机小。它还有一个突出的特点，是能够在较低转速下实现平稳运行，最低转速可以达到 1r/min，甚至 0.1r/min。因此，这种伺服电动机在数控机床上得到了广泛应用。

3. 无刷直流伺服电动机

无刷直流伺服电动机又称为无整流子电动机。它没有换向器，由同步电动机和逆变器组成，逆变器由装在转子上的转子位置传感器控制。它实质是一种交流调速电动机，由于其调速性能可达到直流伺服发电动机的水平，又取消了换向装置和电刷部件，大大地提高了电动机的使用寿命。

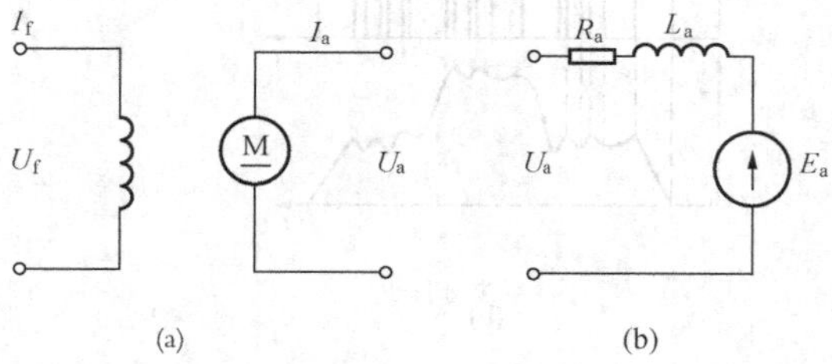

图 4-16 他励直流电动机工作原理图
(a) 工作原理；(b) 等效电路

4.3.2 直流伺服电动机的调速原理

直流电动机是由磁极（定子）、电枢（转子）和电刷与换向片三部分组成。以他励式直流伺服电动机为例，研究直流电动机的机械特性。直流电动机的工作原理是建立在电磁定律的基础上，即电流切割磁力线，产生电磁转矩，如图 4-16 所示。电磁电枢回路的电压平衡方程式为

$$U_a = E_a + I_a R_a \tag{4-2}$$

式中 R_a——电动机电枢回路的总电阻；
U_a——电动机电枢的端电压；
I_a——电动机电枢的电流；
E_a——电枢绕组的感应电动势。

当励磁磁通 Φ 恒定时，电枢绕组的感应电动势与转速成正比，则

$$E_a = C_E \Phi n \tag{4-3}$$

式中 C_E——电动势常数，表示单位转速时所产生的电动势；
n——电动机转速。

电动机的电磁转矩为

$$T_m = C_T \Phi I_a \tag{4-4}$$

式中 T_m——电动机电磁转矩；
C_T——转矩常数，表示单位电流所产生的转矩。

将式（4-2）～式（4-4）联立求解，即可得出他励式直流伺服电动机的转速公式

$$n = \frac{U_a}{C_E\Phi} - \frac{R_a}{C_E C_T \Phi^2} = T_m = n_0 - \frac{R_a}{C_E C_T \Phi^2} T_m \tag{4-5}$$

其中

$$n_0 = \frac{U_a}{C_E\Phi} \tag{4-6}$$

式中 n_0——电动机理想空载转速。

直流电动机的转速与转矩的关系称为机械特性，机械特性是电动机的静态特性，是稳定运行时带动负载的性能，此时，电磁转矩与外负载相等。当电动机带动负载时，电动机转速与理想转速产生转速差 Δn，它反映了电动机机械特性的硬度，Δn 越小，表明机械特性越硬。

由直流伺服电动机的转速公式（4-5）可知，直流电动机的基本调速方式有三种，即调节电阻 R_a、调节电枢电压 U_a 和调节磁通 Φ 的值。但电枢电阻调速不经济，而且调速范围有限，很少采用。在调节电枢电压时，若保持电枢电流 I_a 不变，则磁场磁通 Φ 保持不变，由式（4-4）可知，电动机电磁转矩 T_m 保持不变，为恒定值，因此称调压调速为恒转矩调速。调磁调速时，通常保持电枢电压 U_a 为额定电压，由于励磁回路的电流不能超过额定值，因此励磁电流总是向减小的趋势调整，使磁通下降，称为弱磁调速，此时转矩 T_m 也下降，则转速上升。调速过程中，电枢电压 U_a 不变，若保持电枢电流 I_a 也不变，则输出功率维持不变，故调磁调速又称为恒功率调速。

直流电动机在调节电枢电压和调节磁通调速方式的机械特性曲线如图 4-17 所示。图中，n_N 为额定转矩 T_N 时的额定转速，Δn_N 为额定转速差。由图 4-17（a）可见，当调节电枢电压时，直流电动机的机械特性为一组平行线，即机械特性曲线的斜率不变，而只改变电动机的理想转速，保持了原有较硬的机械特性，所以数控机床伺服进给动系统的调速采用调节电枢电压调速方式。由图 4-17（b）可见，调磁调速不但改变了电动机的理想转速，而且使直流电动机机械特性变软，所以调磁调速主要用于机床主轴电动机调速。

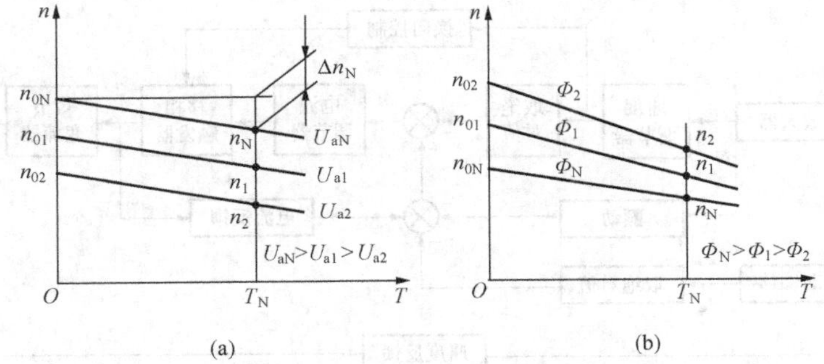

图 4-17 直流电动机的机械特性

（a）改变电枢电压时的机械特性；（b）改变磁通时的机械特性

Δn 的大小与电动机的调速范围密切相关。如果 Δn 值比较大，不可能实现宽范围的调速。而永磁式直流伺服电动机的机械特性的 Δn 值比较小，满足于这一要求，因此，进给系统常采用永磁式直流电动机。

4.3.3 直流伺服电动机速度控制单元的调速控制方式

直流伺服电动机速度控制单元的作用是将转速指令信号转换成电枢的电压值，达到速度调节的目的。现代直流电动机速度控制单元常采用的调速方法有晶闸管（可控硅 semiconductor control rectifier，SCR）调速系统和晶体管脉宽调制（pulse width modulation，PWM）调速系统。

1. 晶闸管调速系统

在大功率及要求不很高的直流伺服电动机调速控制中，晶闸管调速控制方式仍占主流。图 4－18 所示为晶闸管直流调速基本原理框图。由晶闸管组成的主电路在交流电源电压不变的情况下，通过控制电路可方便地改变直流输出电压的大小，该电压作为直流电动机的电枢电压 U_d，即可成为直流电动机的调压调速方式。图 4－18 中，改变速度控制电压 U_n^* 即可改变电枢电压 U_d，从而得到速度控制电压所要求的电动机转速。由测速发电动机获得的电动机实际转速电压 U_n 作为速度反馈与速度控制电压 U_n^* 进行比较，形成速度环，目的是改善电动机运行的机械特性。

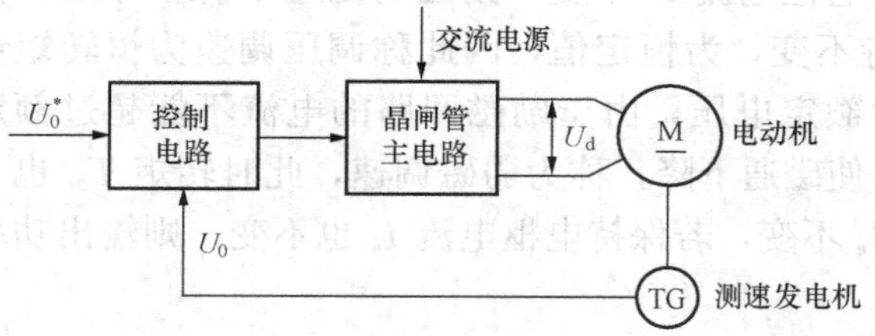

图 4－18 晶闸管直流调速原理框图

晶闸管调速系统采用的是大功率晶闸管，它的作用有两个：一是用做整流，将电网交流电源变为直流，将调节回路的控制功率放大，得到较高电压与较大电流以驱动电动机；二是在可逆控制电路中，电动机制动时，把电动机运转的惯性能转变为电能，并回馈给交流电网，实现逆变。为了对晶闸管进行控制，必须设有触发脉冲发生器，以产生合适的触发脉冲。该脉冲必须与供电电源频率及相位同步，保证晶闸管的正确触发。

图 4－19 所示为数控机床中较常见的一种晶闸管直流双环调速系统图。该系统是典型的串级控制系统，内环为电流环，外环为速度环，驱动控制电源为晶闸管变流器。

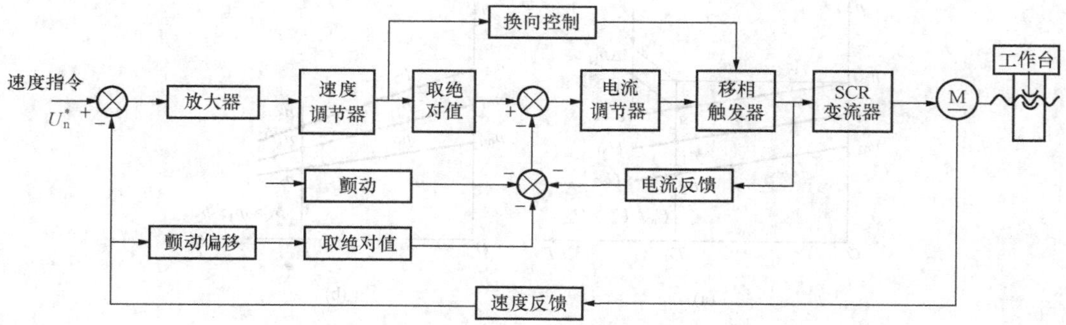

图 4－19 直流双环调速系统

速度调节器的作用是使电动机转速 n 跟随给定电压 U_n^* 变化，保证转速稳态无静差；对负载变化起抗干扰作用；速度调节器输出限幅值决定电枢主回路的最大允许电流值 I_{dm}。电流调节器的作用是对电网电压波动起及时抗干扰的作用；启动时保证获得允许的最大电流 I_{dm}；在转速调节过程中，使电枢电流跟随其给定电压值变化；当电动机过载甚至堵转时，即有很大的负载干扰时，可以限制电枢电流的最大值，从而起到快速的过电流安全保护作用，如果故障消失，系统能自动恢复正常工作。

下面简要介绍直流可控硅调速系统的工作原理。

(1) 当速度指令信号增大时，速度调节器输入端的偏差信号加大，速度调节器的放大器输出随之增加，电流调节器输入和输出同时增加，因此使触发器的输出脉冲前移（即减小晶闸管触发角 α 的值），SCR 变流器输出电压增高，电动机转速上升。同时速度检测信号值增加，当达到给定的速度值时，偏差信号为 0，系统达到新的平衡状态，电动机按指令速度运行。当电动机受到外负载干扰，如外负载增加时，转速下降，速度调节器输入偏差增大，与前面产生同样的调节效果。

(2) 当电网电压产生波动时，如电压减小，主回路电流随之减小。这时，电动机由于转动惯量速度尚未发生改变，但电流调节器的输入偏差信号增加，输出增加，使触发器脉冲前移，SCR 变流器输出电压增加，使电流恢复到指定值，从而抑制主回路电流的变化，起到维持主回路电流的作用。

(3) 当速度给定信号为一个阶跃信号时，电流调节器输入一个很大的值，但其输出值已达到整定的饱和值。此时电动机以系统控制作用的最大极限电流运行（一般为额定值的 2～4 倍），从而使电动机在加速过程中始终保持最大转矩和最大加速度状态，以缩短启动、制动过程。

双环调速系统具有良好的动、静态指标，其启、制动过程快，可以最大限度地利用电动机的过载能力，使电动机运行在极限转矩的最佳过渡过程。其缺点是在低速轻载时，电枢电流出现断续现象，机械特性变软，总放大倍数降低，动态品质恶化。为此可采取电枢电流自适应调节方案，也可以增加一个电压调节器内环，组成三环系统来解决。

2. PWM 调速控制系统

与晶闸管相比，功率晶体管控制电路简单，不需要附加关断电路，开关特性好。目前，功率晶体管的耐压性能及制造工艺都已得到大幅提高，因此，在中小功率直流伺服系统中，PWM 方式驱动系统已得到了广泛的应用。

所谓脉宽调制，就是使功率晶体管工作于开关状态，开关频率保持恒定，用改变开关导通时间的方法来调整晶体管的输出，使电动机两端得到宽度随时间变化的电压脉冲。当开关在每一周期内的导通时间随时间发生连续地变化时，电动机电枢得到的电压平均值也随时间连续地发生变化，而由于内部的续流电路和电枢电感的滤波作用，电枢上的电流则连续地改变，从而达到调节电动机转速的目的。

脉宽调制基本原理如图 4-20 所示，若脉冲的周期固定为 T，在一个周期内高电平持续的时间（导通时间）为 T_{on}，高电平持续的时间与脉冲周期的比值称为占空比 λ，则图中直流电动机电压的平均值为

$$\overline{U}_a = \frac{1}{T}\int_0^T E_a = \frac{T_{on}}{T}E_a = \lambda E \tag{4-7}$$

式中 E——电源电压；

λ——占空比，$\lambda=\frac{T_{on}}{T}$，$0<\lambda<1$。

当电路中开关功率晶体管关断时，由二极管 VD 续流，电动机便可以得到连续电流。实际的 PWM 系统先产生微电压脉宽调制信号，再由该脉冲信号去控制功率晶体管的导通与关断。

(1) 晶体管脉宽调制系统的组成原理。图 4-21 为脉宽调制系统组成原理图。该系统由

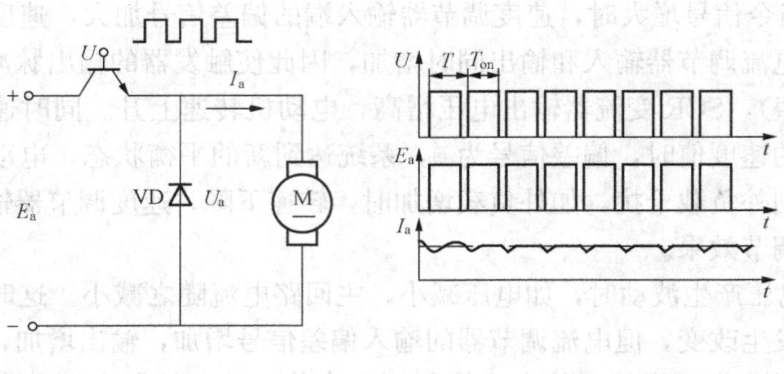

图 4-20　PWM 脉宽调制原理图

(a) 原理图；(b) 控制电压、电枢电压和电流的波形

控制部分、功率晶体管放大器和全波整流器三部分组成。控制部分包括速度调节器、电流调节器、固定频率振荡器、三角波发生器、脉宽调制器和基极驱动电路。其中速度调节器和电流调节器与晶闸管调速系统相同，控制方法仍然是采用双环控制。不同部分是脉宽调制器、基极驱动电路和功率放大。

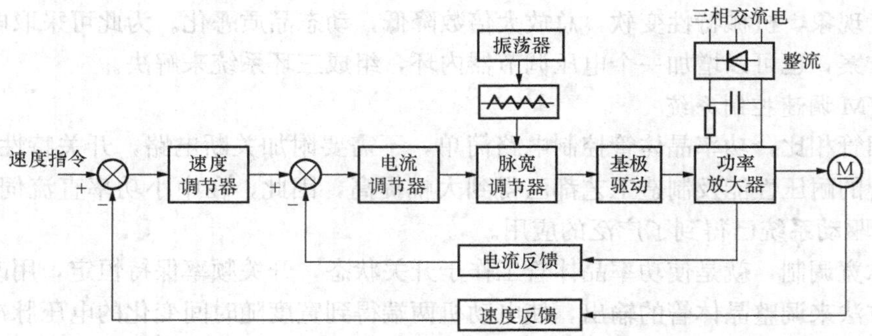

图 4-21　脉宽调制系统原理

与可控硅调速系统相比，晶体管脉宽调制系统有以下特点：

1) 频带宽。晶体管的结电容小，截止频率高，比可控硅高一个数量级，因此 PWM 系统的开关工作频率一般为 2kHz，有的高达 5kHz，使电流的脉动频率远远超过机械系统的固有频率，避免机械系统由于机电耦合产生共振。另外，可控硅调速系统开关频率依赖于电源的供电频率，无法提高系统的开关工作频率。因此，系统的响应速度受到限制。而 PWM 系统在与小惯量电动机相匹配时，可充分发挥系统的性能，获得很宽的频带，使整体系统的响应速度增高，能实现极快的定位速度和很高的定位精度，适合于启动频繁的工作场合。

2) 电流脉动小。电动机为感性负载，电路的电感值与频率成正比，因而电流的脉动幅值随开关频率的升高而降低。PWM 系统的电流脉动系数接近于 1，电动机内部发热小，输出转矩平稳，有利于电动机低速运行。

3) 电源功率因数高。在可控硅调速系统中，随开关导通角的变化，电源电流发生畸变，在工作过程中，电流为非正弦波，从而降低了功率因数，且给电网造成污染。这种情况，导通角越小越严重。而 PWM 系统的直流电源，相当于可控制硅导通角最大时的工作状态，功率因数可达 90%。

4）动态硬度好。PWM 系统的频带宽，校正伺服系统负载瞬时扰动的能力强，提高了系统的动态硬度，且具有良好的线性，尤其是接近零点处的线性好。

（2）脉宽调制器。脉宽调制器的作用是将电压量转换成可由控制信号调节的矩形脉冲，即为功率晶体管的基极提供一个宽度可由速度指令信号调节且与之成比例的脉宽电压。在 PWM 调速系统中，电压量为电流调节器输出的直流电压量，该电压量是由数控装置插补器输出的速度指令转化而来。经过脉宽调制器变为周期固定、脉宽可变的脉冲信号，脉冲宽度的变化随着速度指令而变化。由于脉冲周期不变，脉冲宽度的改变将使脉冲平均电压改变。

脉宽调制器种类很多，但从结构上看，都是由调制信号发生器和比较放大器两部分组成。调制信号发生器有三角波和锯齿波两种。下面以三角波发生器为例介绍脉宽调制的原理，结构如图 4－22 所示，这种结构适合于双极性可逆式开关功率放大器。

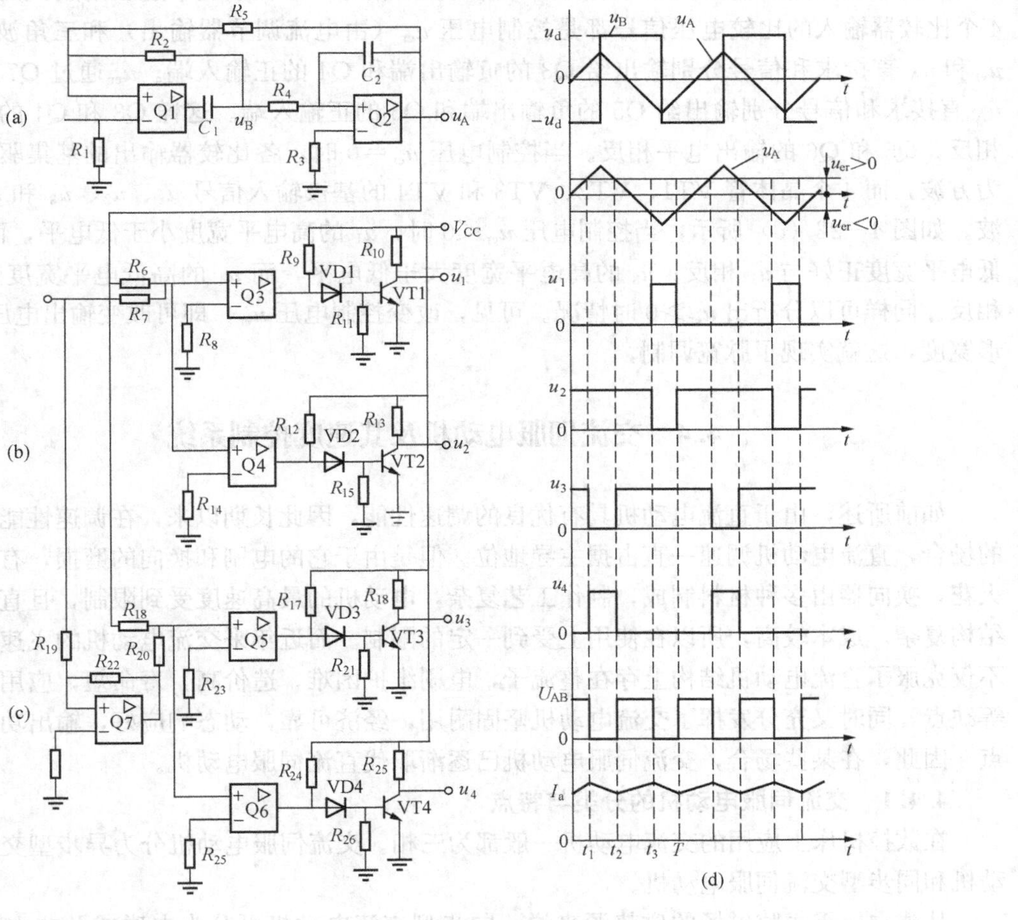

图 4－22　脉冲调制器

（a）三角波发生器；（b）、（c）比较放大器；（d）电压波形和电枢的电流波形

图 4－22（a）所示为三角波发生器，三角波发生器由二级运算放大器组成。第一级运算放大器 Q1 是频率确定的自激方波发生器，其输出端输出方波给前一级的积分器 Q2（由

运算放大器 Q2 构成)，形成三角波。它的工作过程如下：设在电源接通瞬间，放大器Q1的输出电压 u_B 为其负电源电压$-u_d$，被送到 Q2 的反向输入端。Q2 组成积分器，输出电压 u_A 按线性比例关系逐渐上升。同时 u_A 又通过 R_5 反馈到 Q1 的输入端，形成正反馈，与 u_B（通过 R_2 反馈到 Q1 的输入端）进行比较，当比较结果大于零时，Q1 立即翻转。由于正反馈的作用，其输出 u_B 瞬时达到最大值$+u_d$，即 Q1 的正电压值。此时，$t=t_1$，$u_A=(R_5/R_2)u_d$。在 $t_1<t<T$ 时间区间内，由于 Q2 的输入端为$+u_d$，所以积分器 Q2 的输出 u_A 线性下降。当 $t=T$ 时，u_A 与 u_B 的比较结果略小于零，Q1 再次翻转回原来的状态$-u_d$，即 $u_B=-u_d$，而 $u_A=-(R_5/R_2)u_d$。如此反复，形成自激振荡，于是 Q2 的输出端便得到一串的三角波电压信号 u_A。

图 4-22（b)、(c）所示为比较放大电路，这部分电路实现了如图所示的 u_1、u_2、u_3 和 u_4 的电压波形。晶体管 VT1、VT2、VT3 和 VT4 的基极输入分别与比较器 Q3、Q4、Q5 和 Q6 的输出相连，输出波形与放大器的输出波形相对应，在系统中起驱动放大的作用。这 4 个比较器输入的比较电压信号都是控制电压 u_{er}（由电流调节器输出）和三角波信号 u_A。u_{er}和 u_A 直接求和信号分别输出给 Q3 的负输出端和 Q4 的正输入端。u_{er}通过 Q7 求反后和 u_A 直接求和信号分别输出给 Q5 的负输出端和 Q6 的正输入端。这样 Q3 和 Q4 的输出电平相反，Q5 和 Q6 的输出电平相反。当控制电压 $u_{er}=0$ 时，各比较器输出的基集驱动信号皆为方波，而 4 个晶体管 VT1、VT2、VT3 和 VT4 的基极输入信号 u_1、u_2、u_3 和 u_4 也是方波。如图 4-22（d）所示，当控制电压 $u_{er}<0$ 时，u_1 的高电平宽度小于低电平，而 u_2 的高低电平宽度正好与 u_1 相反；u_3 的高电平宽度大于低电平，而 u_4 的高低电平宽度正好与 u_3 相反。同样可以分析出 $u_{er}>0$ 时情况。可见，改变控制电压 u_{er}，即可改变输出电压 u_{AB}的波形宽度，这就实现了脉宽调制。

4.4　交流伺服电动机及其速度控制系统

如前所述，由于直流电动机具有优良的调速性能，因此长期以来，在调速性能要求较高的场合，直流电动机调速一直占据主导地位。但是由于它的电刷和换向的磨损，有时会产生火花，换向器由多种材料制成，制作工艺复杂，电动机的最高速度受到限制，且直流电动机结构复杂，成本较高，所以在使用上受到一定的限制。而近年来交流电动机的飞速发展，它不仅克服了直流电动机结构上存在整流子，电刷维护困难，造价高，寿命短，应用环境受限等缺点，同时又充分发挥了交流电动机坚固耐用，经济可靠，动态响应好，输出功率大等优点。因此，在某些场合，交流伺服电动机已逐渐取代直流伺服电动机。

4.4.1　交流伺服电动机的分类与特点

在数控机床上应用的交流电动机一般都为三相。交流伺服电动机分为异步型交流伺服电动机和同步型交流伺服电动机。

从建立所需气隙磁场的磁势源来说，同步型交流电动机可分为电磁式及非电磁式两大类。在后一类中又有磁滞式、永磁式和反应式多种。其中，磁滞式和反应式同步电动机存在效率低、功率因数差、制造容量不大等缺点。永磁式同步电动机与电磁式同步电动机相比，其优点是结构简单，运行可靠效率高；缺点是体积大，启动特性欠佳。但采用高剩磁感应、高矫顽力的稀土类磁铁材料后，电动机在外形尺寸、重量及转子惯量方面都比直流电动机大幅度减小。与异步交流伺服电动机相比，由于采用永磁铁励磁消除了励磁损耗，所以效率高，其体积也比异步交流伺服电动机小。所以在数控机床进给驱动系统中多数采用永磁式同步电动机。

异步型交流伺服电动机相当于交流感应异步电动机，它与同容量的直流电动机相比，重量轻，价格便宜；它的缺点是其转速受负载的变化影响较大，不能经济地实现范围较广的平滑调速，必须从电网吸收滞后的励磁电流，因而会使电网功率因数变坏。所以进给运动一般不用异步型交流伺服电动机，而用在主轴驱动系统中。

1. 永磁式交流同步电动机

永磁式交流同步电动机由定子、转子和检测元件三部分组成，其工作原理与电磁式同步电动机的工作原理相同，即定子三相绕组产生的空间旋转磁场和转子磁场相互作用，带动转子一起旋转；所不同的是转子磁极不是由转子的三相绕组产生的，而由永久磁铁产生，其工作过程如图 4-23 所示。当定子三相绕组通以交流电后，产生一旋转磁场，这个旋转磁场以同步转速 n_s 旋转。根据磁极的同性相斥、异性相吸的原理，定子旋转磁场与转子永久磁场磁极相互吸引，并带动转子一起旋转，因此转子也将以同步转速 n_s 旋转。当转子轴加上外负载转矩时，转子磁极的轴线将与定子磁极的轴线相差一个 θ 角，负载增大，θ 也随之增大。只要外负载不超过一定限度，转子就会与定子旋转磁场一起旋转。若设其转速为 n_r，则

$$n_r = n_s = 60f_1/p \tag{4-8}$$

式中　f_1——交流供电电源频率（定子供电频率），Hz；

p——定子和转子的极对数。

永磁式交流同步伺服电动机的转速—转矩曲线如图 4-24 所示。曲线分为连续工作区和断续工作区两部分。在连续工作区内，速度与转矩的任何组合，都可以连续工作。连续工作区的划分有两个条件：一是供给电动机的电流是理想的正弦波；二是电动机工作在某一特定的温度下。断续工作区的极限，一般受到电动机的供电限制。交流电动机的机械特性一般要比直流电动机硬。另外，断续工作区较大时，有利于提高电动机的加、减速能力，尤其是在高速区。

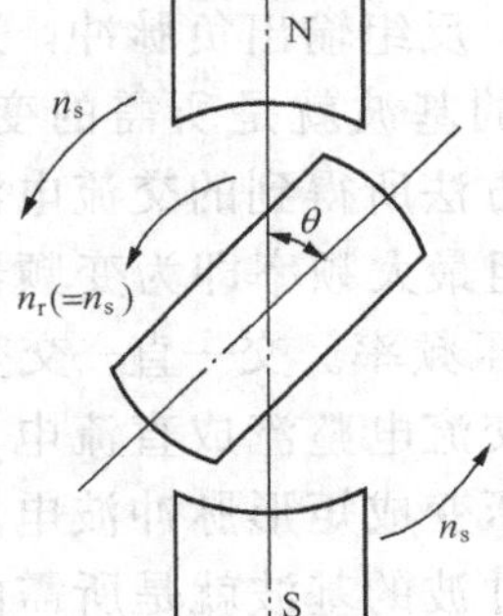

图 4-23　永磁式交流同步电动机的工作原理

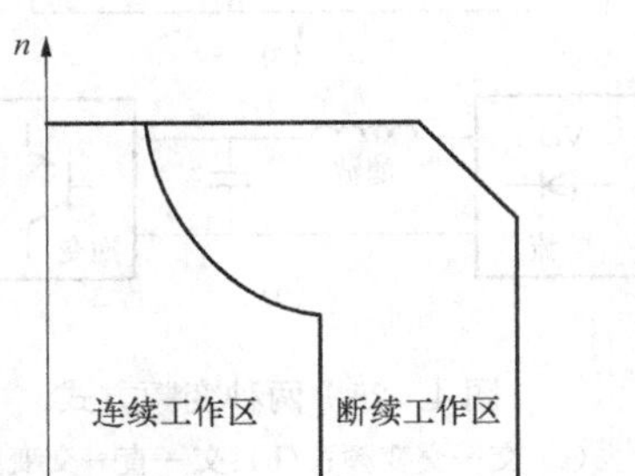

图 4-24　永磁式交流同步电动机工作特性曲线

永磁式交流同步电动机的缺点是启动难。这是由于转子本身的惯量、定子与转子之间的转速差过大，使转子在启动时所受的电磁转矩平均值为零所致，因此电动机难以启动。解决

的办法是在设计时设法减小电动机的转动惯量，或在速度控制单元中采取先低速后高速的控制方法。

2. 交流主轴电动机

交流主轴电动机是基于感应电动机的结构而专门设计的。通常为增加输出功率、缩小电动机体积，采用定子铁芯在空气中直接冷却的方法，没有机壳，且在定子铁芯上做有通风孔。因此电动机外形多呈多边形、而不是常见的圆形。转子结构与普通感应电动机相同。在电动机轴尾部安装检测用的码盘。为了满足数控机床切削加工的特殊要求，也出现了一些新型主轴电动机，如液体冷却主轴电动机、内装主轴电动机等。

交流主轴电动机与普通感应式伺服电动机的工作原理相同。由电工学原理可知，在电动机定子的三相绕组通以三相交流电时，就会产生旋转磁场，这个磁场切割转子中的导体，导体感应电流与定子磁场相作用产生电磁转矩，从而推动转子转动，其转速 n_r 为

$$n_r = n_s(1-s) = \frac{60f_1}{p}(1-s) \tag{4-9}$$

式中 n_s——同步转速，r/min；

f_1——交流供电电源频率（定子供电频率），Hz；

s——转差率，$s=n_s-n_r/n_s$；

p——极对数。

同感应式伺服电动机一样，交流主轴电动机需要转速差才能产生电磁转矩，所以电动机的转速低于同步转速，转速差随外负载的增大而增大。

4.4.2 交流伺服电动机的变频调速

由式（4-8）和式（4-9）可见，只要改变交流伺服电动机的供电频率，即可改变交流伺服电动机的转速，所以交流伺服电动机调速应用最多的是变频调速。

变频调速的主要环节是为电动机提供频率可变电源的变频器。变频器可分为交—交变频和交—直—交变频两种，如图 4-25 所示。交—交变频，利用可控硅整流器直接将工频交流电（频率 50Hz）变成频率较低的脉动交流电，正组输出正脉冲，反组输出负脉冲，这个脉动交流电的基波就是所需的变频电压。但这种方法所得到的交流电波动比较大，而且最大频率即为变频器输入的工频电压频率。交—直—交变频方式是先将交流电整流成直流电，然后将直流电压变成矩形脉冲波电压，这个矩形脉冲波的基波就是所需的变频电压。这种调频方式所得交流电的波动小，调频范围比较宽，调节线性度好。数控机床上常采用交—直—交变频调速。在交—直—交变频中，根据中间直流电压是否可调，可分为中间直流电压可调 PWM 逆变器和中间直流电压固定的 PWM 逆变器；根据中间直流电路上的储能元件是大电容还是大电感，可分为电

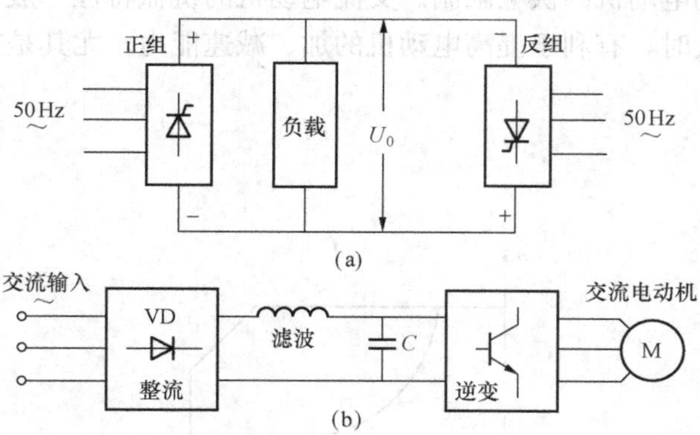

图 4-25 两种变频方式

（a）交—交变频；（b）交—直—交变频

压型逆变器和电流型逆变器。

SPWM 变频器是目前应用最广、最基本的一种交—直—交型电压型变频器，也称为正弦波 PWM 变频器，具有输入功率因数高、输出波形好等优点，不仅适用于永磁式交流同步电动机，也适用于交流感应异步电动机，在交流调速系统中获得广泛应用。

SPWM 逆变器是用来产生正弦脉宽调制波，如图 4-26 所示，正弦波的形成原理是把一个正弦半波分成 N 等分，然后把每一等分的正弦曲线与横坐标所包围的面积都用一个与此面积相等的高矩形脉冲来代替，这样可得到 N 个等高而不等宽的脉冲。这 N 个脉冲对应着一个正弦波的半周。对正弦波的负半周也采取同样处理，得到相应的 $2N$ 个脉冲，这就是与正弦波等效的正弦脉宽调制波，即 SPWM 波。

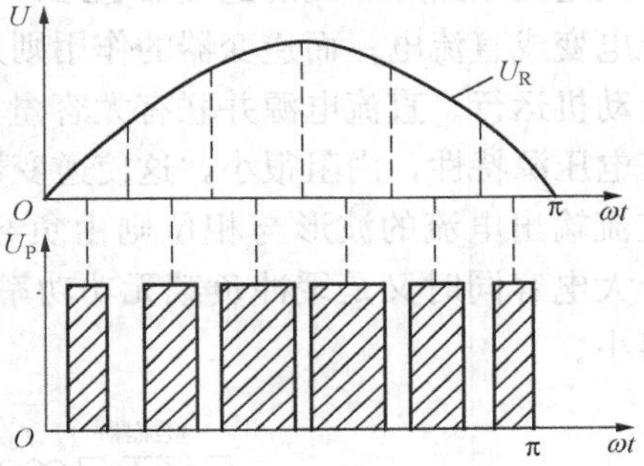

图 4-26 与正弦波等效的矩形脉冲波

SPWM 波形可采用模拟电路、以“调制”方法实现。SPWM 调制是用脉冲宽度不等的一系列矩形脉冲去逼近一个所需要的电压信号，它是利用三角波电压与正弦参考电压相比较，以确定各分段矩形脉冲的宽度。图 4-27 所示为三角波调制法原理图，在电压比较器 Q 的两输入端分别输入正弦波参考电压 U_R 和频率与幅值固定不变的三角波电压 $U_\triangle$，在 Q 的输出端便得到 PWM 调制电压脉冲。PWM 脉冲宽度确定可由图 4-27（b）看出，当 $U_\triangle < U_R$ 时，Q 输出端为高电平；当 $U_\triangle > U_R$ 时，Q 输出端为低电平。U_R 与 $U_\triangle$ 的交点之间的距离随正弦波的大小而变化，而交点之间的距离决定了比较器 Q 输出脉冲的宽度，因而可以得到幅值相等而宽度不等的 PWM 脉冲调制信号 U_P，且该信号的频率与三角波电压 $U_\triangle$ 相同。

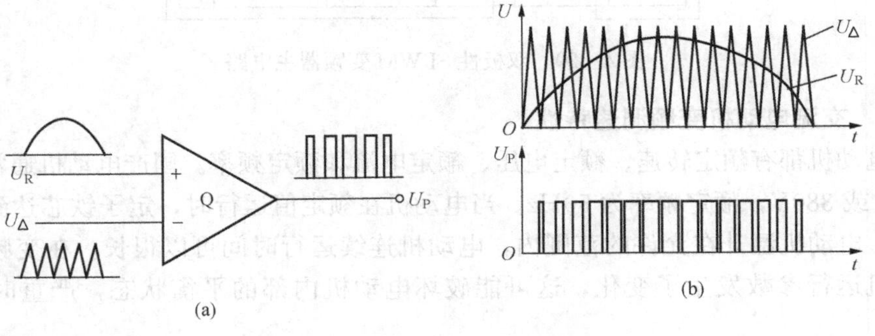

图 4-27 三角波调制法原理

(a) 电路原理图；(b) PWM 脉冲的形成

要获得三相 SPWM 脉宽调制波形，则需要三个互呈 120°的控制电压 U_A、U_B、U_C 分别与同一三角波比较，获得三路互呈 120°SPWM 脉宽调制波 U_{0A}、U_{0B}、U_{0C}，三相 SPWM 波的调制原理见图 4-28，而三相控制电压 U_A、U_B、U_C 的幅值和频率都是可调的。三角波频率为正弦波频率 3 倍的整数倍，所以保证了三路脉冲调制波形 U_{0A}、U_{0B}、U_{0C} 和时间轴所组成的面积随时间的变化互呈 120°相位角。

三相电压型 SPWM 变频器的主回路如图 4-29 所示。该回路由两部分组成，即左侧的

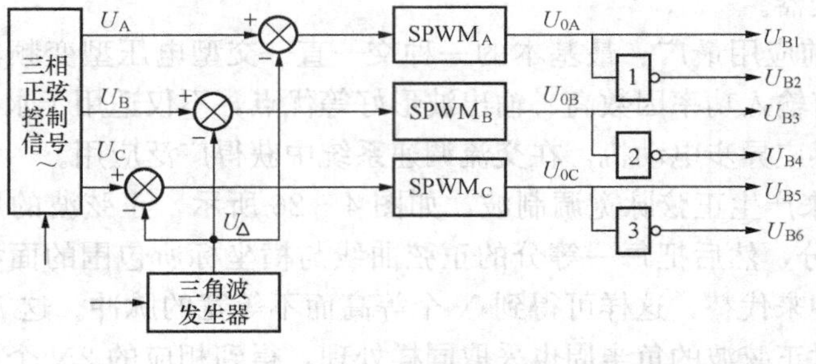

图 4-28 三相 SPWM 控制电路框图

桥式整流电路和右侧的逆变器电路，逆变器是其核心。桥式整流电路的作用是将三相工频交流电变成直流电；而逆变器的作用则是将整流电路输出的直流电压逆变成三相交流电，驱动电动机运行。直流电源并联有大容量电容器件 C_d，由于存在这个大电容，直流输出电压具有电压源特性，内阻很小，这使逆变器的交流输出电压被钳位为矩形波，与负载性质无关，交流输出电流的波形与相位则由负载功率因数决定。在异步电动机变频调速系统中，这个大电容同时又是缓冲负载无功功率的储能元件。直流回路电感 L_d 起限流作用，电感量很小。

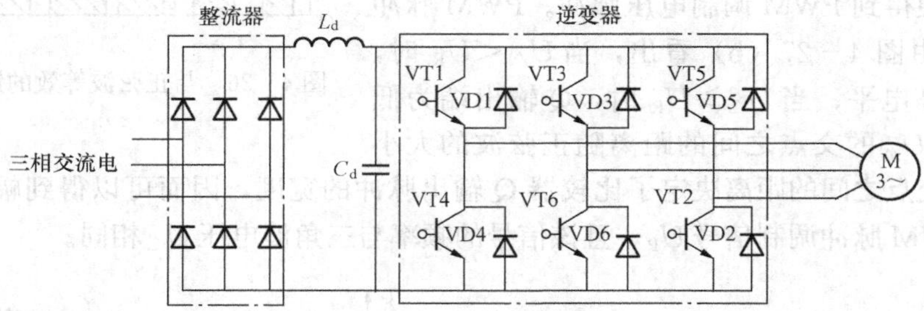

图 4-29 双极性 SPWM 变频器主电路

4.4.3 交流电动机变频调速特性

每台电动机都有额定转速、额定电压、额定电流和额定频率。国产电动机通常的额定电压是 220V 或 380V，额定频率为 50Hz。当电动机在额定值运行时，定子铁芯达到或接近磁饱和状态，电动机温升在允许的范围内，电动机连续运行时间可以很长。在变频调速过程中，电动机运行参数发生了变化，这可能破坏电动机内部的平衡状态，严重时会损坏电动机。

由电工学原理可知：

$$U_1 \approx E_1 = 4.44 f_1 N_1 K_1 \Phi_m \tag{4-10}$$

$$\Phi_m \approx \frac{1}{4.44 N_1 K_1} \frac{U_1}{f_1} \tag{4-11}$$

$$T_m = C_M \Phi_m I_2 \cos\varphi_2 \tag{4-12}$$

式中 f_1——定子供电电压频率；

N_1——定子每相绕组匝数；

K_1——定子每相绕组等效匝数系数；

U_1——定子每相相电压；

E_1——定子每相绕组感应电动势；

Φ_m——每极气隙磁通量；

T_m——电动机电磁转矩；

I_2——转子电枢电流；

φ_2——转子电枢电流的相位角。

由于 N_1、K_1 为常数，Φ_m 与 U_1/f_1 成正比。当电动机在额定参数下运行时，Φ_m 达到临界饱和值，即 Φ_m 达到额定值 Φ_{mN}。而在电动机工作过程中，要求 Φ_m 必须在额定值以内，所以 Φ_m 的额定值为界限，供电频率低于额定值 f_{1N}时，称为基频以下调速，高于额定值 f_{1N} 时，称为基频以上调速。

1. 基频以下调速

由式（4－11）可知，当 Φ_m 处在临界饱和值不变时，降低 f_1，必须按比例降低 U_1，以保持 U_1/f_1 为常数。若 U_1 不变，则使定子铁芯处于过饱和供电状态，不但不能增加 Φ_m，而且会烧坏电动机。

当在基频以下调速时，Φ_m 保持不变，即保持定子绕组电流不变，电动机的电磁转矩 T_m 为常数，称为恒转矩调速，满足数控机床主轴恒转矩调速运行的要求。

2. 基频以上调速

在基频以上调速时，频率高于额定值 f_{1N}，受电动机耐压的限制，相电压 U_1 不能升高，只能保持额定值 Φ_{mN}不变。在电动机内部，由于供电频率的升高，使感抗增加，相电流降低，使 Φ_m 减小，由式（4－12）可知输出转矩 T_m 减小，但因转速提高，使输出功率不变，因此称为恒功率调速，满足数控机床主轴恒功率调速运行的要求。当频率很低时，定子阻抗压降已不能忽略，必须人为地提高定子电压 U_1，用以补偿定子阻抗压降。交流电动机变频调速的特性曲线，如图 4－30 所示。

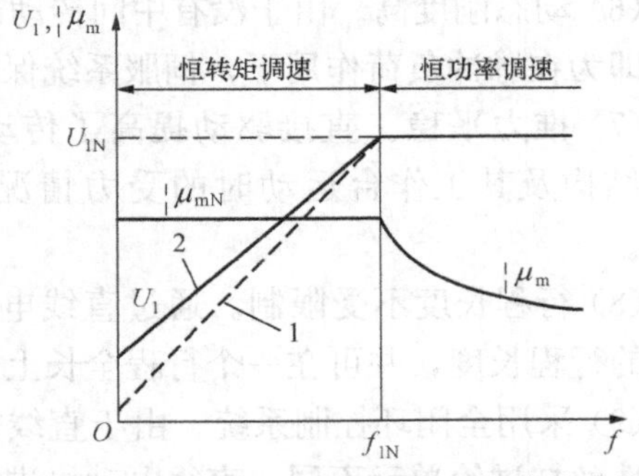

图 4－30　交流电动机变频调速的特性曲线

1—不带定子阻抗压降补偿；2—带定子阻抗压降补偿

4.5 直线电动机及其在数控机床中的应用

随着以高效率、高精度为基本特征的高速加工技术的发展，要求高速加工机床除必须具有适宜高速加工的主轴部件，动、静、热刚度好的机床支撑部件，高刚度、高精度的刀柄和快速换刀装置，高压大流量的喷射冷却系统和安全装置等之外，对高速机床的进给系统也在进给速度、加速度及精度方面提出了更高的要求。由旋转伺服电动机＋滚珠丝杠构成的传统直线运动进给方式已很难适应，因此，一种崭新的传动方式应运而生，这就是直线电动机直接驱动系统。

4.5.1 直线电动机的特点

机床进给系统采用直线电动机直接驱动，与原旋转电动机传动方式的最大区别是取消了从电动机到工作台（拖板）之间的机械中间传动环节，即把机床进给传动链的长度缩短为零，故这种传动方式称为直接驱动，也称零传动。直接驱动避免了丝杠传动中的反向间隙、惯性、摩擦力和刚性不足等缺点。直线电动机系统的开发应用，引起机床行业的传统进给机械结构发生突变；通过先进的电气控制，不仅简化了进给机械结构，更重要的是使机床的性能指标得到很大提高。主要表现在以下几个方面：

(1) 高速响应性。一般来讲，电气元器件比机械传动件的动态响应时间要小几个数量级。由于系统中取消了响应时间较大的机械传动件（如丝杠等），使整个闭环伺服系统动态响应性能大幅提高。

(2) 高精度性。由于取消了丝杠等机械传动机构，因而减少了插补时因传动系统滞后所带来的跟随误差。通过高精度（如<μ 级）的直线位移检测元件进行位置检测反馈控制，即可大幅提高机床的定位精度。

(3) 速度快、加减速过程短。机床直线电动机进给系统，能够满足 60～100m/min 或更高的超高速切削进给速度。由于具有零传动的高速响应性，其加减速过程大大缩短，加速度一般可达到 2～10g。

(4) 运行时噪声低。取消了传动丝杠等部件的机械摩擦，导轨副可采用滚动导轨或磁悬浮导轨（无机械接触），使运动噪声大大下降。

(5) 效率高。由于无中间传动环节，也就取消了其机械摩擦时的能量损耗。

(6) 动态刚度高。由于没有中间传动部件，传动效率高，可获得很好的动态刚度（动态刚度即为在脉冲负荷作用下，伺服系统保持其位置的能力）。

(7) 推力平稳。直接驱动提高了传动刚度，直线电动机的布局，可根据机床导轨的形面结构及其工作台运动时的受力情况来布置，通常设计成均布对称，使其运动推力平稳。

(8) 行程长度不受限制。通过直线电动机的动子（初级）的铺设可无限延长定子（次级）的行程长度，并可在一个行程全长上安装使用多个工作台。

(9) 采用全闭环控制系统。由于直线电动机的动子已和机床的工作台合二为一，因此，与滚珠丝杠进给单元不同，直线电动机进给单元只能采用全闭环控制系统。

直线电动机在机床上的应用也存在以下问题：

(1) 由于没有机械连接或啮合，因此垂直轴需要外加一个平衡块或制动器。

(2) 当负荷变化大时，需要重新整定系统。目前，大多数现代控制装置具有自动整定功能，因此能快速调机。

(3) 磁铁（或线圈）对电动机部件的吸力很大，因此应注意选择导轨和设计滑架结构，并注意解决磁铁吸引金属颗粒的问题。

4.5.2 直线电动机的工作原理和分类

1. 直线电动机的结构及工作原理

直线电动机是旋转电动机在结构上的一种演变，它可以看做是将旋转电动机在径向剖开，然后将电动机沿着圆周展开成直线，形成了扁平型直线电动机，如图 4-31 所示。除了扁平型直线电动机的结构形式外，将扁平型直线电动机沿着和直线运动相垂直的方向卷成圆柱状（或管状），就形成了管型直线电动机，如图 4-32 所示。由定子演变而来的一侧称为初级，由转子演变而来的一侧称为次级。

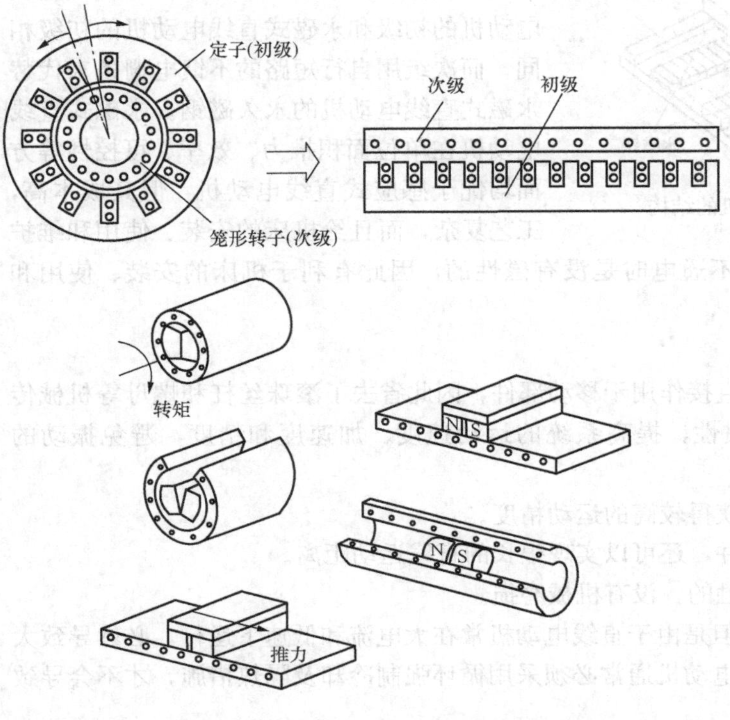

图 4-31 由旋转电动机演变为直线电动机的过程

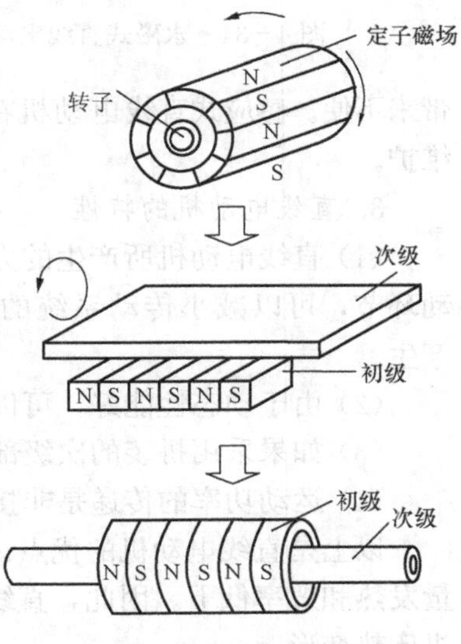

图 4-32 旋转电动机演变为圆筒型直线电动机的过程

直线电动机的工作原理也与旋转电动机相似。图 4-33 所示为一永磁式直线电动机的工作原理示意。在直线电动机初级的三相绕组中通入三相对称正弦电流后，会产生气隙磁场。当忽略由于铁芯两端开断而引起的纵向边端效应时，这个气隙磁场的分布情况与旋转电动机相似，即可看成沿展开的直线方向呈正弦形分布。当三相电流随时间变化时，气隙磁场将按 A、B、C 的相序沿直线移动。这个原理与旋转电动机的相似，但两者的差别是：直线电动机的磁场是沿直线方向平移的，而不是旋转的，因此称为行波磁场。显然，行波磁场的移动速度与旋转磁场在定子内圆表面上的线速度 v_s（即同步速度）是一样的。次级的励磁磁场与行波磁场相互作用产生电磁推力，在这个电磁推力的作用下，次级就顺着行波磁场运动的方向作速度为 v 的直线运动。

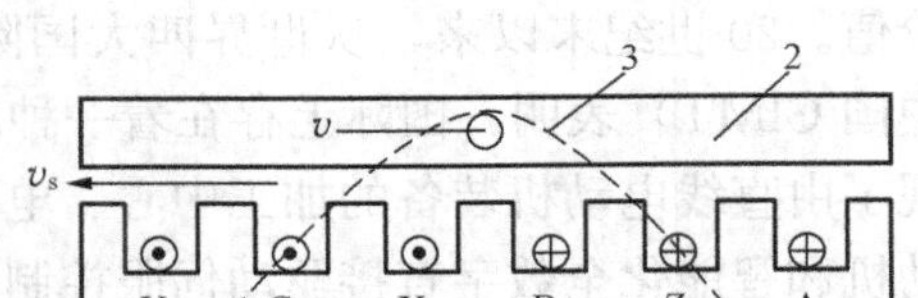

图 4-33 直线电动机的基本工作原理
1—初级；2—次级；3—行波磁场

2. 直线电动机的分类

直线电动机按原理可分为直线直流电动机、直线交流电动机、直线步进电动机、混合式直线电动机、微特直线电动机等。在励磁方式上，直线交流电动机可以分为永磁式（同步）

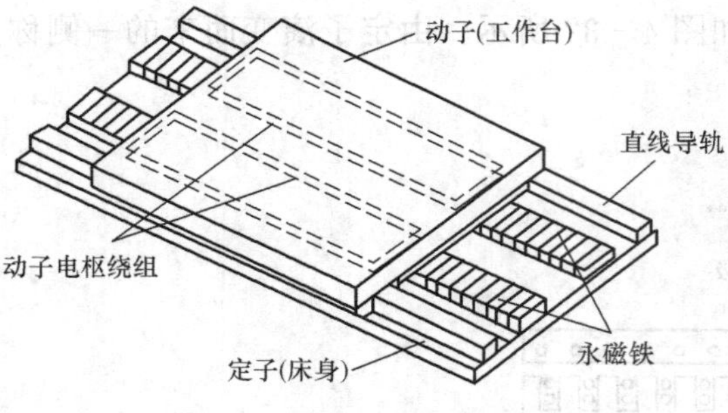

图 4-34 永磁式直线电动机的结构

和感应式（异步）两种。永磁式直线电动机的次级由多块永久磁钢铺设，其初级是含铁芯的三相绕组如图 4-34 所示。感应式直线电动机的初级和永磁式直线电动机的初级相同，而次级用自行短路的不馈电栅条来代替永磁式直线电动机的永久磁钢。永磁式直线电动机在单位面积推力、效率、可控性等方面均优于感应式直线电动机，但其成本高，工艺复杂，而且给机床的安装、使用和维护带来不便。感应式直线电动机在不通电时是没有磁性的，因此有利于机床的安装、使用和维护。

3. 直线电动机的特性

(1) 直线电动机所产生的力直接作用于移动部件，因此省去了滚珠丝杠和螺母等机械传动环节，可以减小传动系统的惯性，提高系统的运动速度、加速度和精度，避免振动的产生。

(2) 由于动态性能好，可以获得较高的运动精度。

(3) 如果采用拼装的次级部件，还可以实现很长的直线运动距离。

(4) 运动功率的传递是非接触的，没有机械磨损。

以上是直线电动机的优点。但是由于直线电动机常在大电流和低速下运行，必然导致大量发热和效率低下。因此，直线电动机通常必须采用循环强制冷却及隔热措施，才不会导致机床热变形。

4.5.3 直线电动机在机床上的应用

直线电动机驱动系统具有很多的优点，对于促进机床的高速化有十分重要的意义和应用价值。20 世纪末以来，从世界四大国际机床展（欧洲 EMO、美国 IMTS、日本 JIMTOF、中国 CIMT）表明，国际上存在着一种趋势，直线电动机直接驱动开始应用于数控机床，出现了由直线电动机装备的加工中心、电加工机床、压力机及大型机床。目前，以采用直线电动机和智能化全数字直接驱动伺服控制系统为特征的高速加工中心，已成为国际上各大著名机床制造商竞相研究和开发的关键技术和产品，并在汽车工业、航空工业等领域中取得了初步的应用和成效。

世界上第一台在展览会上展出的、采用直线电动机直接驱动的高速加工中心是德国 Ex-Cell-O 公司 1993 年 9 月在德国汉诺威欧洲机床博览会上展出的 XHC240 型加工中心，采用了德国 Indrmat 公司的感应式直线电动机，各轴的快速移动速度为 80m/min，加速度高达 $1g$(g=9.8m/s^2)，定位精度达 0.005mm，重复定位精度达 0.0025mm。最早开发使用进给直线电动机的美国 Ingersoll 公司所研制的 HVM8 加工中心，X、Y、Z 轴上使用永磁直线同步电动机，进给最高速度达 76.2m/min，加速度达 1～1.5g。意大利 Vigolzone 公司生产的高速卧式加工中心，进给速度三轴均达到 70m/min，加速度达 $1g$。在日本 JIMTOF’2000 机床展中，直线电动机应用十分普遍，松浦机械所 XL-1 型立式加工中心四轴联动，主轴转速为 100 000r/min，进给采用直线电动机，快速移动速度为 90m/min，最大加速度为 1.5g；丰田工机、OKUMA 等公司采用直线电动机进给驱动最大加速

度达 $2g$，快速移动速度达 100～120m/min。在 2000 年上海国际模具加工机床展览会上，日本 SODICK 公司展出了永磁直线电动机伺服系统电火花成型机床，对电加工机床驱动进行了一次革命性的变革，大幅度提高了电加工机床的加工速度和精度，AQ35L 三轴直线电动机驱动电火花成型机快速行程为 36m/min。在美国国际制造技术展览会（IMTS2000）上，直线电动机品种很多，而且发展速度很快。Cincinnati 公司最新的用直线电动机驱动的加工中心样机解决了发热、防磁等难题，这项技术是机床高速驱动的发展趋势。目前，在机床上使用的直线电动机及其系统的研究开发趋势主要有以下几个方面：

(1) 床进给系统用永磁直线伺服电动机，将以永磁式为主导。

(2) 更加注重直线电动机本体的优化设计，包括材料、结构和工艺。

(3) 各种新的驱动电源技术和控制技术被应用到整个系统中。

(4) 电动机、编码器、导轨、电缆等集成，减小电动机尺寸，便于安装和使用。

(5) 将各功能部件（导轨、编码器、轴承、接线器等）模块化。

(6) 注重相关技术的发展，如位置反馈元件，这是提高直线电动机性能的基础。

由于直线电动机直接驱动数控机床处于初级应用阶段，生产批量不大，1997 年采用直线电动机的机床销售量为 300 台，因而成本很高。但可以预见，作为一种崭新的传动方式，直线电动机必然在机床工业中得到越来越广泛的应用，并显现巨大的生命力。

思考题与习题

4-1 试简述机床伺服系统的基本要求和工作原理。

4-2 试述开环系统、闭环系统、半闭环系统的组成及特点。

4-3 什么是步距角？步距角的大小与哪些参数有关？

4-4 步进电动机的转向和转速是如何控制的？

4-5 某步进电动机转子有 80 个齿，采用三相六拍驱动方式，与滚珠丝杠直连，工作台做直线运动。丝杠导程为 5mm，工作台最大移动速度为 6mm/s，求：

(1) 步进电动机的步距角 θ 为多少？

(2) 系统的脉冲当量 δ 为多少？

(3) 步进电动机的最高工作频率 f_{max} 为多少？

4-6 设某数控系统脉冲当量为 0.005mm，步进电动机步距角为 0.75°，滚珠丝杠基本导程为 4mm，试求减速箱的传动比为多少？

4-7 用 MCS-51 单片机控制某机床 X 坐标工作台运动的步进开环控制系统如图 4-35 所示。

已知：步进电动机通电方式为单双相轮流通电的三相六拍；设步进电动机 P1 口的输出线 P1.x 为“1”时，步进电动机相应的绕组通电，P1.x 为“0”时，则相应绕组失电。（P1 口的高 4 位值为 0）

求：(1) 列出 X 向步进电动机绕组通电顺序表？

(2) 设计 X 反向走步软件环形分配程序？

4-8 比较直流电动机晶闸管（SCR）调速和脉宽调制（PWM）的异同点？

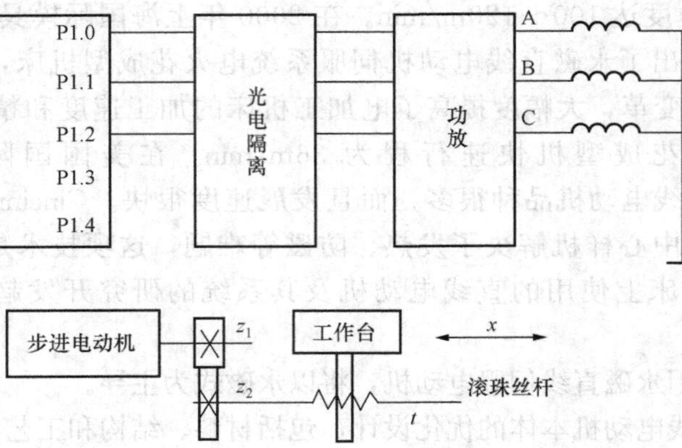

图 4-35 题 4-7 图

4-9 SPWM 指的是什么？调制信号正弦波与载波信号三角波经 SPWM 后，输出的信号波形是何种形式？

4-10 交流伺服电动机（三相交流永磁同步电动机）有哪些变频控制方式？变频控制方式是怎样定义的？

4-11 交（直）流伺服电动机是否可以作为开环进给伺服系统的伺服驱动装置？为什么？

4-12 试比较步进电动机、直流伺服电动机、交流伺服电动机和直线电动机的主要特点。

5 数控机床的典型机械结构设计及其功能部件选型

5.1 数控机床的机械结构概述

数控机床是通过数字信息对零件加工过程中的顺序动作、运动的坐标位置及辅助功能进行自动控制，加工时操作者一般无法像在普通机床上加工零件那样随时干预。数控机床通常比普通机床效率高、精度也高，所以，在机械结构上，数控机床几乎在任何方面均要比普通机床设计得更为可靠，制造得更为精密。应该说，数控机床是在普通机床的基础上发展而来的，但是随着数控技术的进一步发展，在数控机床上出现了普通机床上完全没有的新颖结构件，如电主轴、静压导轨、直线电动机等。与普通机床相比，数控机床的机械结构已逐步形成自己的特点。

5.1.1 数控机床机械结构的特点

1. 高可靠性

数控机床在数字信息自动控制下工作，所以要求机床具有高的可靠性。这种高可靠性要求数字信息能准确反映加工零件的各项要求，数字信息实现的程序能实现加工过程中刀具的准确交换、准确定位、准确运动、准确切削等，而且这些准确性还必须在长期工作中得到保持。

2. 高刚度

机床的刚度反映了机床结构抵抗变形的能力。数控机床加工的高效率常常使得机床要在高速和重负荷条件下工作，因此，数控机床的床身、立柱、主轴、工作台、刀架等主要部件，均需具有较高的刚度，否则，高速和重负荷将使机床产生变形和振动，这些变形和振动所产生的误差，通常很难通过调整和补偿的办法予以彻底解决，这必将影响机床零件加工的高精度。提高数控机床刚度的措施有很多，例如，在数控车床的床身采用整体铸件的结构代替普通车床床头箱与床身分离的结构；在一些立式数控铣床上采用双立柱结构，增加其抗弯刚度、抗扭刚度等。

3. 良好的抗振性

数控机床在加工时，高速转动零件常常会产生动态不平衡力，同时强力切削和切削时的谐振也会使机床产生振动，而振动就难以保证加工零件的高精度和高的表面质量。因此，数控机床必须具有良好的抗振性。

4. 较高的运动精度与良好的低速稳定性

利用伺服系统代替普通机床的进给系统是数控机床的主要特点，同时数控机床导轨部件通常用滚动导轨、塑料导轨、静压导轨等，以减小摩擦力，使其在低速运动时无爬行现象。工作台、刀架等部件的移动，由交流或直流伺服电动机驱动，经滚珠丝杠传动，减小了进给系统所需要的驱动扭矩，提高了定位精度和运动平稳性，使机床具有了较高的运动精度。

5. 良好的热稳定性

引起机床热变形的主要原因是机床内部热源发热、机床的主轴、工作台、刀架等运动部件在运动中会产生热量，以及切削产生的发热等，机床的热变形是影响数控机床加工精度的主要因素之一，为保证部件的运动精度，要求各运动部件的发热量要少，以防产生过大的热变形。为此，数控机床结构根据热对称的原则设计，并改善主轴轴承、丝杠螺母副、高速运动导轨副的摩擦特性。如数控车床导轨采用静压导轨等结构，其摩擦系数仅为0.005；对于产生大量切屑的数控机床标配有自动排屑装置，加工时自动排屑带走大量的切削热等。

6. 良好的操作、安全防护性

在大部分数控机床上都是封闭或半封闭结构，在程序编制和调试后，刀具交换、定位、切削均有机床自动完成，加工时，操作者隐蔽在机床的封闭结构外，通过机床按钮操作，无需与刀具、工件接触。同时大部分数控机床还在机床程序中编有安全模块，当机床出现故障时，出现报警信息，甚至自动切断电源。

7. 广泛采用新技术

数控机床发展迅速，得益于广泛采用革命性的技术，如主轴调速普通机床上采用齿轮换挡实现，而数控机床通常采用步进电动机或伺服电动机来实现，高速数控机床采用电主轴技术实现；加工时数控机床广泛采用适应无人化、柔性化加工的特殊部件，实现工艺复合化加工等。

5.1.2 数控机床机械结构的组成

由于数控机床是在普通机床发展而来，早期的数控机床，包括目前部分改造、改装的数控机床，大都是在普通机床的基础上，通过对增加数控系统，改进主传动系统和进给系统而实现的。因此，典型的数控机床机械结构在组成上也与普通机床具有相通性。当然，随着现代制造业对生产高效率、加工高精度、安全环保等方面的要求，以及数控技术（包括伺服驱动、主轴驱动）的迅猛发展，数控机床的机械结构也已逐步形成了自己独特的结构。特别是随着电主轴、直线电动机等技术的推广应用，数控机床的机械结构更加简化，特点更加明显。而虚拟轴机床概念的出现，也使数控机床的机械结构由机构的串联向并联方向发展，这是一种对传统的机床机械结构革命性的挑战。一般来说，典型的数控机床机械结构也有机床基础支承系统、主传动系统、进给传动系统、辅助系统等组成。

1. 机床基础支承系统

与普通机床一样，数控机床机床基础支承系统的作用也主要是起到支承机床各部件的作用，但它们也有区别。例如，数控机床常采用整体式的铸造结构，主轴等重要部件直接与床身相连，从而可以保证数控机床达到高精度加工的各项指标。

2. 主传动系统

主传动系统的功用是实现主切削运动。其主要包括动力的来源、主轴及一系列传动件。动力的来源一般由交流调速电动机、直流调速电动机等担当，这与普通机床的交流异步电动机不同，这类电动机可以在数控程序的控制下，方便地实现宽范围的无级变速；包括主轴，这是主传动系统最末端的执行机构，主切削运动由此实现；在动力的来源和主轴间，由一系列的传动件构成。

3. 进给传动系统

进给传动系统主要是将伺服驱动装置的运动和动力传给执行件，实现执行件按数控程序的要求，到达准确的位置，实现进给运动。其主要包括动力的来源（一般有步进电动机、交流伺服电动机、直流伺服电动机等），一系列精密的传动件（如滚珠丝杠、直线滚动导轨副等)，其末端的执行机构（有工作台、刀架等)。

4. 辅助系统

辅助系统与数控机床档次有关，一般数控机床的辅助系统包括带刀库的自动换刀装置、液压或气动系统、冷却润滑装置、自动排屑装置、安全防护装置等部件，高档的数控机床还装有自动送料机构、机械手、刀具或工件自动检测设备等辅助单元。

5.2　数控机床的总体布局设计

选择机床的总体布局是机床设计的重要步骤，它直接影响到机床的结构和性能。合理选择机床布局，不但可以使机床满足数控化的要求，而且能使机械结构更简单、合理、经济。随着数控技术的发展，特别是近年来，高速加工机床的出现，使数控机床的总体结构形式灵活多样，变化较大，出现了许多独特的结构。

5.2.1　数控车床的常用布局形式

典型数控车床的机械结构系统组成，包括主轴传动机构、进给传动机构、刀架、床身、辅助装置（刀具自动交换机构、润滑与切削液装置、排屑、数控机床过载限位）等部分。数控车床的主轴、尾座等部件相对床身的布局形式与卧式车床一样，但刀架和导轨的布局形式有很大变化，而且其布局形式直接影响数控车床的使用性能及机床的外观和结构。刀架和导轨的布局应考虑机床和刀具的调整、工件的装卸、机床操作的方便性、机床的加工精度以及排屑性和抗振性。

1. 布局常见形式

数控车床的床身和导轨的布局主要有平床身式布局、斜床身式布局、立床身式布局等类型。

2. 布局形式的特点与适用范围

平床身式数控车床（见图 5－1）的工艺性好，导轨面容易加工；平床身配上水平刀架，由平床身机床工件重量所产生的变形方向垂直向下，它与刀具运动方向垂直，对加工精度影响较小；数控机床平床身由于刀架水平布置，不受刀架、溜板箱自重的影响，容易提高定位精度；但平床身排屑困难，需要三面封闭，刀架水平放置也加大了机床宽度方向结构尺寸。

斜床身式数控车床（见图 5－2）的观察角度好，工件调整方便，自动换刀装置和防护罩的布置较为简单，排屑性能较好。但由于刀架后置，与平床身布局相比，刀具装卸较困难，大型工件装卸也不方便。一般斜床身导轨倾斜角有 30°、45°、60°、75°等，小型数控车床倾斜角度常用 30°、45°；中型数控车床多用 60°，大型数控车床多用 75°。

立床身式数控车床实际为斜床身式数控车床的特例（见图 5－3)，其床身导轨倾斜角有 90°，因此这种布局具有斜床身式的特点，而且其排屑性能更好，切削热对工件精度影响最小。但是立床身数控机床机床工件重量所产生的变形方向正好沿着垂直运动方向，这种变形对精度影响最大，并且立床身结构的机床受结构限制，布置也比较困难。

根据数控机床机械结构的特点比较，数控车床三种布局方式也各具特点：

(1) 热稳定性。当主轴箱因发热使主轴轴线产生热变形时，斜床身的影响最小；斜床身、立式床身因排屑性能好，受切屑产生的热量影响也小。

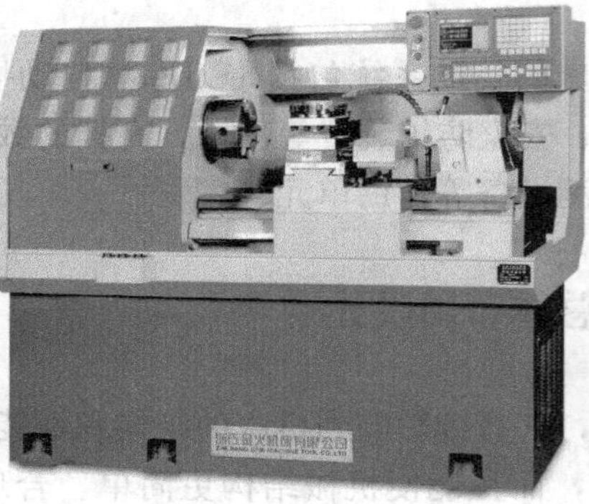

图 5-1 平床身式数控车床

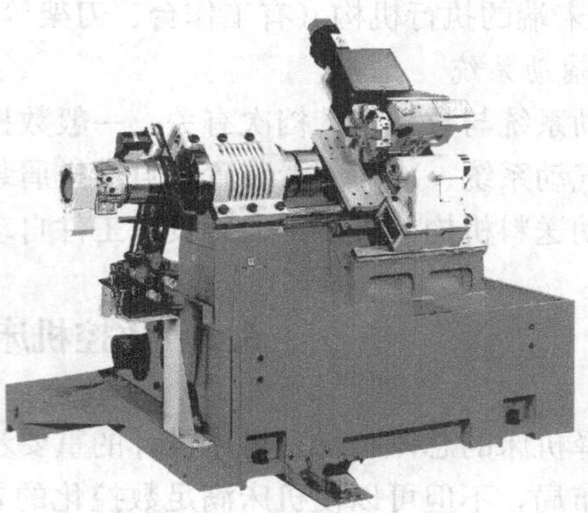

图 5-2 斜床身式数控车床（光机）

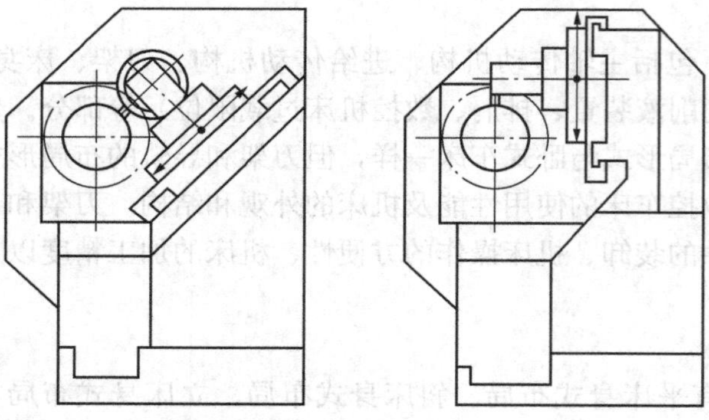

(a) (b)

图 5-3 立床身式布局与斜床身式布局数控车床比较
(a) 斜床身式；(b) 立床身式

(2) 运动精度。平床身布局由于刀架水平布置，不受刀架、滑板自重的影响，容易提高定位精度；立式床身受自重的影响最大，有时需要加平衡机构消除；斜床身介于两者之间。

(3) 加工制造。平床身的加工工艺性较好，部件精度较容易保证。另外，平床身机床工件重量产生的变形方向竖直向下，它和刀具运动方向垂直，对加工精度的影响较小；立式床身产生的变形方向正好沿着运动方向，对精度影响最大；斜床身介于两者之间。

(4) 操作、防护、排屑性能。斜床身的观察角度最好、工件的调整比较方便，平床身有刀架的影响，加上滑板突出前方，观察、调整较困难。但是，在大型工件和刀具的装卸方面，平床身因其敞开面宽，起吊容易，装卸比较方便。立式床身因切屑可以自由落下，排屑性能最好，导轨防护也较容易。在防护罩的设计上，斜床身和立式床身结构较简单，安装防护罩也比较方便；而平床身则需要三面封闭，结构较复杂，制造成本较高。

一般来说，经济型、普及型数控车床以及数控化改造的车床，大都采用平床身；性能要求较高的中小规格数控车床采用斜床身布局；大型数控车床或精密数控车床采用立式床身。当然这三种布局也不是绝对的，例如近年来数控机床生产厂家就在水平床身式的数控车床配上斜滑板，并配置倾斜式导轨防护罩来改造数控机床，这种布局形式一方面具有水平床身工艺性好的特点；另一方面，与水平配置滑板相比，其机床宽度方向尺寸小，且排屑方便。

3. 数控车床布局的其他形式

除了以上三种基本形式以外，为适应生产的需要，根据分类法的不同，数控车床还发展了其他布局形式，如适合大直径的盘类零件生产的数控立式车床（见图 5-4），或特殊的结构形式，如适合高精度高效率多工序的双主轴、双刀塔的数控车床（见图 5-5），甚至双主轴、三刀塔的数控车床（见图 5-6）。

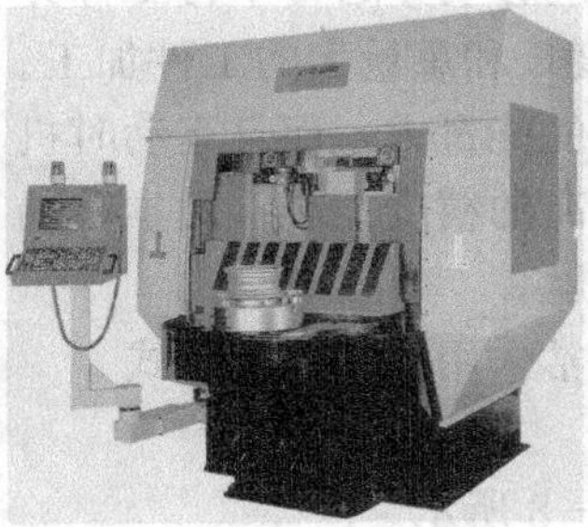

图 5-4 数控立式车床

图 5-5 双主轴双刀塔数控车床

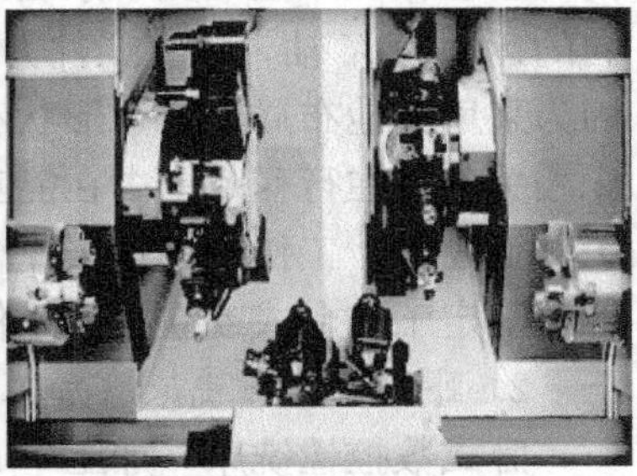

图 5-6 双主轴三刀塔数控车床

5.2.2 加工中心的常用布局形式

为很好地体现数控机床一次装夹就可对工件进行多工序加工的特点，相对应普通铣床，数控铣床通常带有刀库并能自动更换刀具的以加工中心形式出现，当然有时考虑机床价格与企业加工零件的复杂化程度的情况，不带刀库仅能实现快换刀具的数控铣床也有很多企业选用，所以除了刀库和自动换刀机构的不同外，数控铣床和加工中心的常用布局形式是一致的。以加工中心为例，按照形态可分为卧式、立式、龙门式和五面体加工中心。

1. 立式数控镗铣床（加工中心）常用布局形式

立式数控镗铣床（加工中心）通常采用立柱式，主轴箱吊在立柱一侧，立柱中空，平衡重锤放置在立柱中，主轴箱沿立柱导轨运动实现 Z 坐标移动。

按照加工工件形状和工件重量的不同，立式数控镗铣床（加工中心）通常有三种不同的布局形式，如图 5-7 所示。

(1) 固定立柱式，如图 5-7 (a) 所示，立柱固定不动，主轴箱沿立柱导轨运动实现 Z 坐标移动。工作台为十字滑台，可以实现 X、Y 两个坐标轴的移动，通常工作台左右运动为 X 轴，工作台前后运动为 Y 轴。这种结构适合形状和重量均较小的工件加工。

(2) 立柱与工作台均可动式，如图 5-7 (b) 所示，主轴箱仍沿立柱导轨运动实现 Z 坐标移动，同时立柱在机床基础支承系统的导轨上前后移动实现 Y 轴运动，工作台左、右运动实现 X 轴运动。

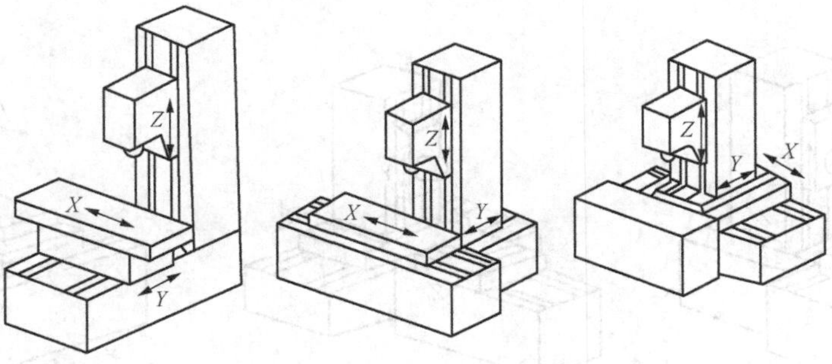

图 5-7 立式数控镗铣床（加工中心）布局形式

（3）固定工作台式，如图 5-7（c）所示，主轴箱仍沿立柱导轨运动实现 Z 坐标移动，同时立柱在机床基础支承系统的十字导轨上实现 X、Y 两个坐标轴的移动，通常平行工件方向的运动为 X 轴，垂直工件方向的运动为 Y 轴。这种结构适合长度长和重量大的工件加工。因为采用其他布局形式，形状和重量大的工件实现其移动，所耗费的能量大，而且运动时机床相关部件在行程范围内在能克服工件重量的前提下，还要保持较高的精度很难；而本布局工作台固定，工件装夹在工作台上，就避免了大质量工件移动的问题。

固定工作台式或立柱与工作台均可动式的立式数控机床有时还常采用双工作台形式。

2. 卧式数控镗铣床（加工中心）常用布局形式

卧式数控镗铣床（加工中心）主轴轴线平行于水平面，如图 5-8 所示。

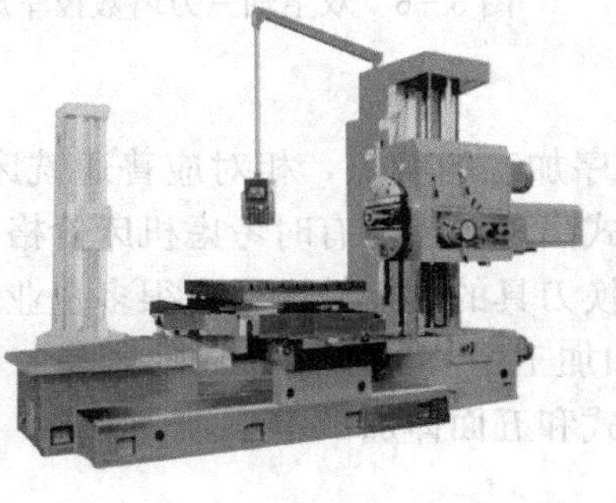

图 5-8 卧式数控镗铣床

根据立柱的结构形式和 X、Z 坐标轴的移动方式（Y 轴移动方式无区别）的不同，卧式数控镗铣床（加工中心）的布局也有多种形式：卧式数控镗铣床（加工中心）的立柱有单立柱和框架结构双立柱两种基本形式；X 轴的移动方式有工作台移动和立柱移动两种形式；Z 轴的移动方式有工作台移动、立柱移动和主轴移动三种形式。这些基本移动形式通过组合可以组成 12 种基本布局形式。图 5-9 所示为通过 X、Z 坐标轴的移动方式组合而成的卧式数控镗铣床（加工中心）布局形式。

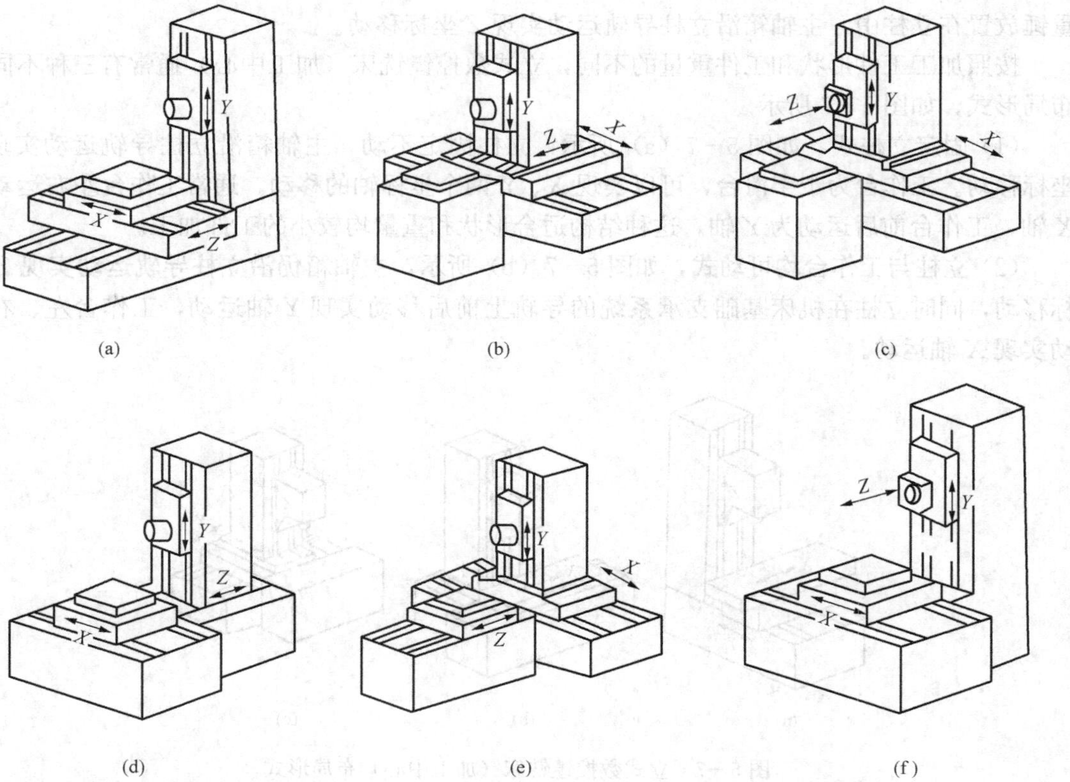

图 5-9 卧式数控镗铣床（加工中心）布局形式

一般说来，卧式加工中心通常采用T形床身、框架结构双立柱、立柱移动式（Z轴）布局。在这种布局中，T形床身布局可以使工作台沿床身做X方向移动时，在全行程范围内，工作台和工件完全支承在床身上，因此，机床刚性好，工作台承载能力强，加工精度容易得到保证。而且，这种结构可以很方便地增加X轴行程，便于机床品种的系列化、零部件的通用化和标准化。框架结构双立柱形式则采用对称结构，使主轴箱在两立柱中间上、下运动，与传统的主轴箱侧挂式结构相比，大大提高了结构刚度。另外，主轴箱是从左、右两导轨的内侧进行定位，热变形产生的主轴轴线变位被限制在垂直方向上，因此，可以通过对Y轴的补偿，减小热变形的影响。而立柱移动式结构形式减少了机床的结构层次，使床身上只有回转工作台、工作台三层结构，它比传统的四层十字工作台，更容易保证大件结构刚性；同时又降低了工件的装卸高度，提高了操作性能。同时，Z轴的移动在后床身上进行，进给力与轴向切削力在同一平面内，承受的扭曲力小，镗孔和铣削精度高。此外，由于Z轴的导轨的承重是固定不变的，它不随工件重量改变而改变，因此有利于提高Z轴的定位精度和精度的稳定性。当然这种布局也使得Z轴承载较重，对提高Z轴的快速性不利，这是其不足之处。

3. 龙门式数控镗铣床（加工中心）常用布局形式

龙门式数控镗铣床（加工中心）常用布局一般有定梁动（工作）台式、动梁龙门移动式、动梁动（工作）台式等基本形式。图5－10（a）所示为定梁动（工作）台式龙门数控镗铣床，其机构特点为龙门框架和横梁固定，工作台前后移动，刀架在横梁上上下左右移动，适合加工大型零件中偏小些的零件。图5－10（b）所示为动梁龙门移动式龙门数控镗铣床，其机构特点为工作台固定，龙门框架前后移动，横梁在龙门框架上上下移动，刀架在横梁上左右移动，适合加工大型零件中偏大偏重型零件。图5－10（c）所示为动梁动（工作）台式龙门数控镗铣床，其机构特点为龙门框架固定，工作台前后移动，横梁在龙门框架上上下移动，刀架在动梁上左右移动，适合加工大型零件中偏小但需大余量切削的零件。一般在龙门式数控镗铣床上既可以实现立铣式加工，也可以实现卧铣式生产。

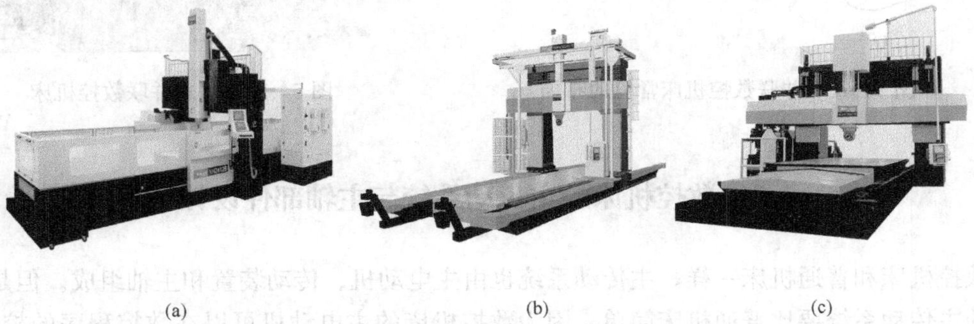

(a)　(b)　(c)

图5－10　龙门数控镗铣床（加工中心）常用布局形式

(a) 定梁动（工作）台式；(b) 动梁龙门移动式；(c) 动梁动（工作）台式

4. 并联数控机床布局形式

并联数控机床（也称虚拟轴机床）是最近出现的一种全新概念的机床，它和传统的机床相比，在机床的机构、本质上有了巨大的飞跃，它的出现被认为是机床发展史上的一次重大变革。该类机床的基座与主轴平台间是由六根杆并联地连接的，称为并联结构，如图5－11

所示，X、Y、Z 三个坐标轴的运动由 6 根杆同时相互耦合地做伸缩运动来实现。更新的设计是有 5 根电滚珠丝杠加 1 个电主轴组成的并联数控机构，如图 5－12 所示。

图 5－11　并联数控机床的并联结构

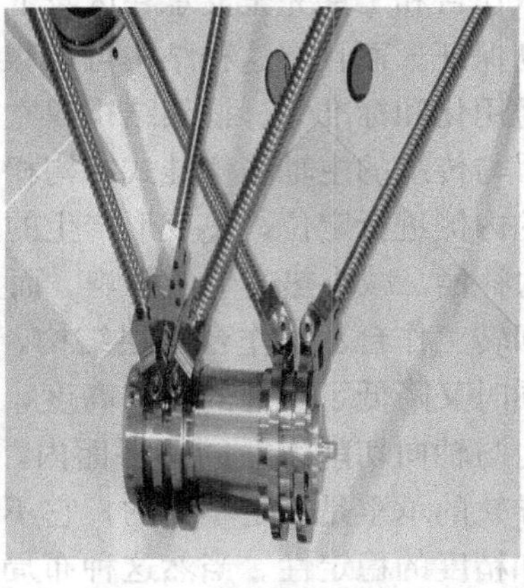

图 5－12　5＋1 并联数控机床机构

并联数控机床常见的布局有立式和卧式两种，如图 5－13 所示。图 5－14 所示为一台已能进行加工的立式并联数控机床。

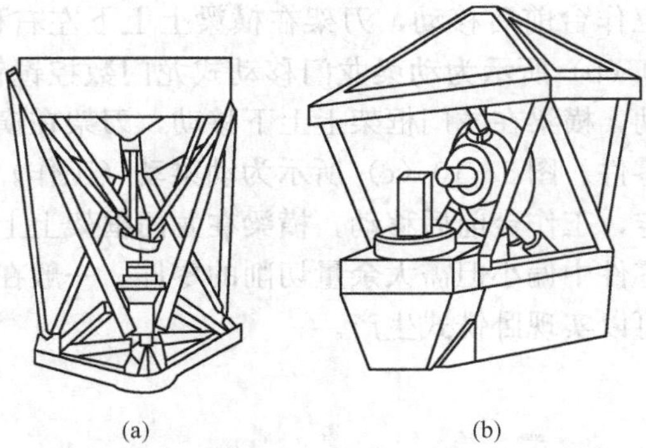

(a)　(b)

图 5－13　并联数控机床常见的布局

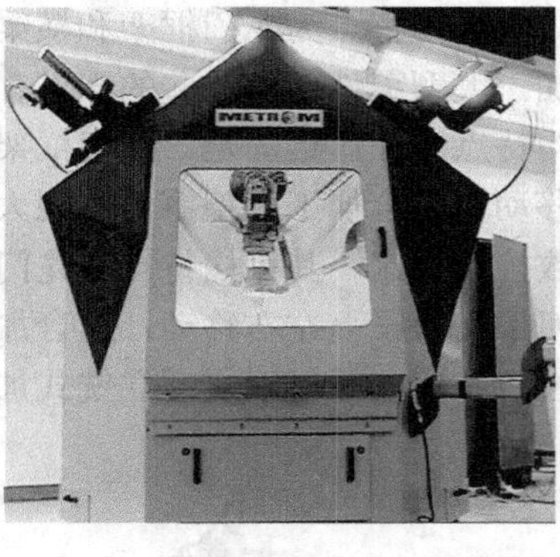

图 5－14　立式并联数控机床

5.3　数控机床的主传动系统与主轴部件设计

数控机床和普通机床一样，主传动系统也由主电动机、传动装置和主轴组成。但是数控机床的主传动系统要比普通机床简单，因为数控机床的主电动机可以在数控程序的控制下，方便地实现宽范围的无级变速，而无需像普通机床要通过齿轮箱的齿轮变速机构来调速，当然，有些数控机床也保留一些齿轮变速机构，这是希望扩大电动机的无级变速范围而已。显然这样的无级变速使得主轴获得了在不同的加工要求下的不同速度，并且，在变速的同时，还获得了一定的功率和足够的转矩，满足了切削的需要。

5.3.1　数控机床对主传动系统的基本要求

随着数控技术的不断发展，现代数控机床对主轴伺服系统提出了越来越高的要求：

(1) 要有较高精度和刚度的简化结构。高精度的结构件和尽量少的传动件，能降低噪声、减轻发热、传动平稳，从而提高加工精度。

(2) 要有较宽的调速范围。数控机床以保证加工时选用合理的切削用量，从而获得最佳的生产率、加工精度和表面质量。特别对于多道工序自动换刀的数控机床和数控加工中心，为了适应各种刀具、工序和各种材料的要求，对主轴的调速范围要求更高。

(3) 要能实现无级调速。数控机床主轴的变速是依指令自动进行的，要求能在较宽的转速范围内进行无级调速，并减少中间传递环节。目前，主轴驱动装置的调速范围已经达到1∶100，这对中小型数控机床已经够用了。但对于中型以上的数控机床，如果要求调速范围超过1∶100，加工中心则需通过电子齿轮换挡的方法解决。

(4) 恒功率范围要宽。要求主轴在整个速度范围内均能提供切削所需功率数控机床，并尽可能提供主轴电动机的最大功率。由于主轴电动机与驱动的限制，其在低速段均为恒转矩输出，为满足数控机床低速强力切削的需要常采用分段无级变速的方法，即在低速段采用机械减速装置，以提高输出转矩。

(5) 良好的抗振性和热稳定性。数控机床在加工时，可能由于断续切削、加工余量不均匀、运动部件不平衡、切削过程中的自振等原因引起的冲击力或交变力的干扰，使主轴产生振动，影响加工精度和表面粗糙度，严重时可能破坏刀具或主传动系统中的零件，使其无法工作。主传动系统的发热使其中所有零部件产生热变形，降低传动效率，破坏零部件之间的相对位置精度和运动精度，造成加工误差。为此，主轴组件要有较高的固有频率，实现动平衡，保持合适的配合间隙并进行循环润滑等。

(6) 要求主轴在正、反向转动时均可进行自动加减速控制，并且加减速时间短。

(7) 为满足自动换刀（ATC），要求主轴具有刀具自动装卸、主轴定向停止和主轴孔内的切屑清除装置。

为满足上述要求，从20世纪80年代开始，数控机床采用笼型感应交流电动机主轴伺服系统，这是因为数控机床主轴驱动系统不必像进给驱动系统那样，需要较高的动态性能和调速范围。而笼型感应异步电动机结构简单，价格便宜，运行可靠，配上矢量变换控制的主轴驱动装置则完全可以满足数控机床主轴的要求。因此，主轴电动机大多采用笼型感应异步电动机。

5.3.2 数控机床主传动系统的调速

数控机床采用笼型感应交流电动机配置矢量变频调速系统进行无级变速，很好地符合了数控机床对主传动系统的要求，数控机床在实际生产中，并不需要在整个变速范围内均为恒功率。一般要求在中、高速段为恒功率传动，在低速段为恒转矩传动。为了确保数控机床主轴低速时有较大的转矩和主轴的变速范围尽可能大，有的数控机床在交流或直流电动机无级变速的基础上配以齿轮变速，使之成为分段无级变速。一般这种调速方式有四种基本形式：

(1) 带有变速齿轮的主传动，见图5-15（a）。这是大中型数控机床较常采用的配置方式，通过少数几对齿轮传动，扩大变速范围，由于电动机在额定转速以上的恒功率调速范围为2～5。数控机床常用变速齿轮的办法来扩大调速范围，滑移齿轮的移位大都采用液压拨叉或直接由液压缸带动齿轮来实现。

(2) 通过带传动的主传动，见图 5-15（b）。这种传动通常选用同步齿形带（见

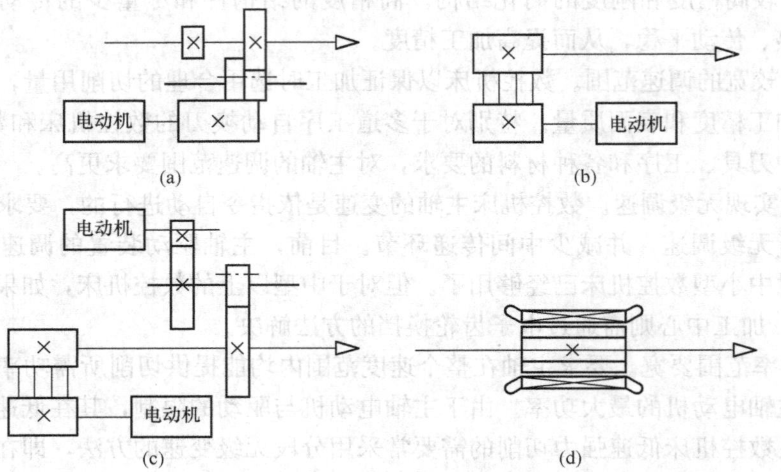

图 5-15 数控机床主传动系统调速的基本形式

图 5-16）或多楔带传动，这种传动方式多见于数控车床，它可避免齿轮传动时引起的振动和噪声，适用于高速、低转矩特性的主轴。

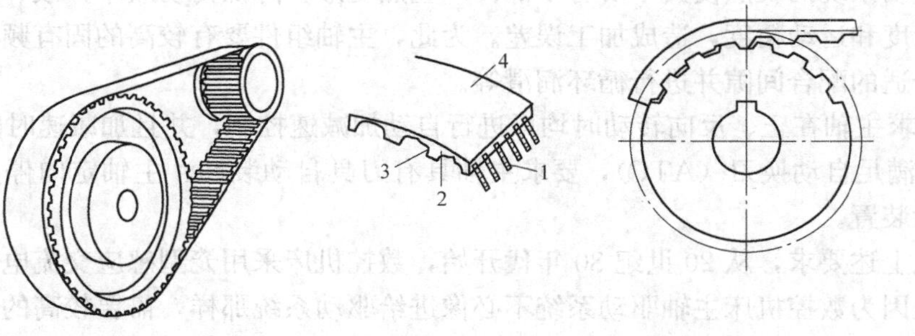

图 5-16 同步齿形带
1—强力层；2—带齿；3—包布带；4—带背

(3) 用双电动机分别驱动主轴的主传动，见图 5-15（c）。这种传动复合了齿轮传动和带传动的优点，即高速时由一个电动机通过带传动，低速时，由另一个电动机通过齿轮传动，这样的主传动方式就使恒功率区增大，扩大了变速范围，避免了低速时转矩不够且电动机功率不能充分利用的问题。这种传动的缺点是两个电动机不能同时工作，电动机能量有点浪费。

(4) 内置调速电动机直接驱动的主传动，见图 5-15（d）。这种主传动方式是电主轴调速方式，即主轴与电动机转子合为一体（见图 5-17），主轴组件结构紧凑，质量轻，惯量小，可提高启动、停止的响应特性，并且由于没有传动件，能实现零传动，使得主轴的转速大大提高。目前，电主轴的转速一般已达 30 000～80 000r/min，电主轴最高的转速已达 250 000r/min，这种主传动调速方式已广泛应用于各类高速机床的加工了。当然这种方式也不是没有缺点，事实上利用电主轴切削的机理、电主轴加工使用的刀具、电主轴相关的生产技术等都是当前的研究热点。

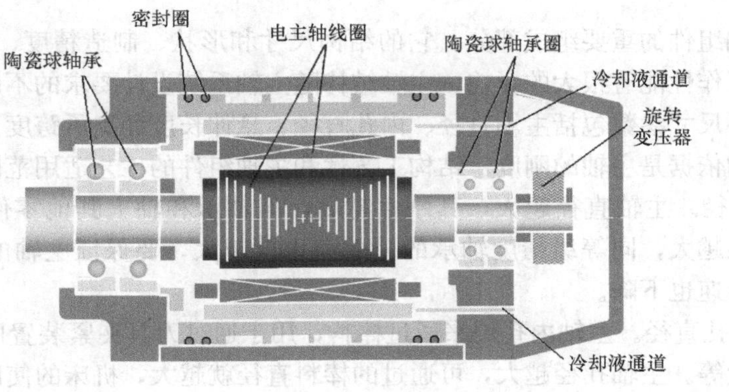

图 5-17 电主轴结构图

5.3.3 数控机床的主轴部件

数控机床主轴部件是影响机床加工精度的主要部件，它的回转精度影响工件的加工精度，它的功率大小与回转速度影响加工效率。它的自动变速、准停、换刀等影响机床的自动化程度。因此，要求主轴部件具有与本机床工作性能相适应的高的回转精度、刚度、抗振性、耐磨性和低的温升；在结构上，必须很好地解决刀具或工件的装夹、轴承的配置、轴承间隙调整、润滑密封等问题。

一般数控机床的主轴部件主要有主轴箱、主轴、主轴组件等。主轴组件包括主轴轴承、主轴内刀具的自动夹紧和切屑清除装置、主轴准停装置等。

1. 主轴箱

对于一般数控机床和自动换刀数控机床（加工中心），由于采用了电动机无级变速，减少了机械变速装置，因此，主轴箱的结构较普通机床简化，但主轴箱材料要求较高，一般用HT250或HT300，制造与装配精度也较普通机床要高。

在设计主轴箱结构通常有两种方案，即滑枕式和主轴箱移动式。

(1) 滑枕式。滑枕式有圆形滑枕、方形或矩形滑枕、棱形或八角形滑枕等形式。

1) 圆形滑枕。圆形滑枕又称套筒式滑枕，这种圆形断面的滑枕和主轴箱孔的制造工艺简便，使用中便于接近工件加工部位。但其断面面积小，抗扭惯性矩较小，且很难安装附件，磨损后修复调整困难，因而现已很少采用。

2) 矩形或方形滑枕。滑枕断面形状为矩形，其移动的导轨面是其外表面的四个直角面，这种形式的滑枕，有比较好的接近工件性能，其滑枕行程可做得较长，端面有附件安装部位，工艺适应性较强，磨损后易于调整。抗扭断面惯性矩比同样规格的圆形滑枕大。这种滑枕国内外均有采用，尤以长方形滑枕采用较多。

3) 棱形、八角形滑枕。棱形、八角形滑枕的断面工艺性较差。与矩形或方形滑枕比较，在同等断面面积的情况下，虽然高度较大，但宽度较窄，这对安装附件不利；而且在滑枕表面使用静压导轨时，静压面小，主轴在工作过程中抗振能力较差，受力后主轴中心位移大。

(2) 主轴箱移动式。主轴箱箱体作为移动体，其断面尺寸远比同规格滑枕式铣镗床大得多，这种主轴箱端面可以安装各种大型附件，使其工艺适应性增加，扩大了功能。缺点是接近工件性能差，箱体移动时对平衡补偿系统的要求高，主轴箱热变形后产生的主轴中心偏移大。

2. 主轴

主轴是主轴组件的重要组成部分。它的结构尺寸和形状、制造精度、材料、热处理等，对主轴组件的工作性能有很大的影响。主轴结构随主轴系统设计要求的不同而有多种形式。

主轴的主要尺寸参数包括主轴直径、内孔直径、悬伸长度和支承跨度。评价和考虑主轴主要尺寸参数的依据是主轴的刚度、结构工艺性和主轴组件的工艺适用范围。

(1) 主轴直径。主轴直径越大，其刚性越高，但轴承和轴上其他零件的尺寸也相应增大。轴承的直径越大，同等级精度轴承的公差值也就越大，要保证主轴的旋转精度就越困难，同时极限转速也下降。

(2) 主轴内孔直径。主轴内孔用来通过棒料，用于通过刀具夹紧装置固定刀具以及传动气动或液压卡盘等。主轴孔径越大，可通过的棒料直径就越大，机床的使用范围就越宽，同时主轴部件也越轻。主轴孔径大小主要受主轴刚度的制约。当主轴的孔径与主轴直径之比小于0.3时，空心主轴的刚度几乎与实心主轴的刚度相当；直径比为0.5时，空心主轴的刚度为实心主轴刚度的90%；直径比大于0.7时，空心主轴的刚度急剧下降。

(3) 悬伸长度。主轴的悬伸长度与主轴前端结构的形状尺寸、前轴承的类型和组合方式以及轴承的润滑与密封有关。主轴的悬伸长度对主轴的刚度影响很大，主轴悬伸长度越短，其刚度越好。

(4) 主轴的支承跨距。主轴组件的支承跨距对主轴本身的刚度都有很大的影响。

(5) 主轴的轴端。主轴的轴端用于安装夹具和刀具，要求夹具和刀具在轴端定位精度高，定位刚度好，装卸方便，同时使主轴的悬伸长度短。

3. 主轴轴承

主轴轴承也是主轴组件的重要组成部分，应根据数控机床的规格、精度采用不同的主轴轴承。一般中小规格的数控机床（如车床、铣床、钻镗床、加工中心、磨床等）的主轴部件多采用成组高精度滚动轴承，重型数控机床采用液体静压轴承，高精度数控机床（如坐标磨床）采用气体静压轴承，转速达（2～20）×10 000r/min 的主轴可采用磁力轴承或氮化硅材料的陶瓷滚珠轴承。

目前主轴轴承的配置形式主要有四种，如图5-18所示。

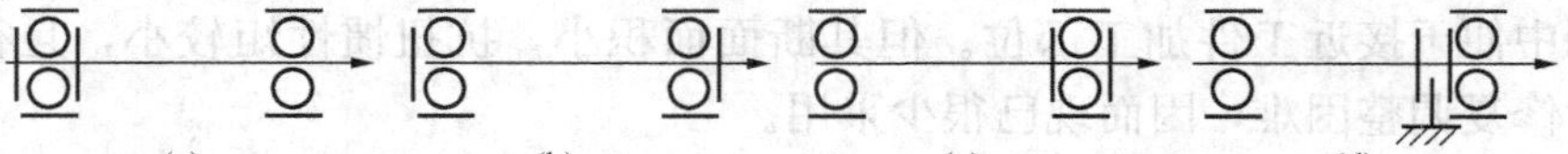

图5-18 主轴轴承的配置形式

图5-18（a）所示为采用后端定位，推力轴承布置在后支承的两侧，轴向载荷由后支承承受。

图5-18（b）所示为采用前、后两端定位，推力轴承布置在前、后支承的两外侧，轴向载荷由前支承承受，轴向间隙由后端调整。

图5-18（c）和图5-18（d）所示为采用前端定位，推力轴承布置在前支承，轴向载荷由前支承承受。这两种形式的共同优点是结构刚度较高，主轴受热时的伸长，不会影响加工精度。如图5-18（c）所示的推力轴承安装在前支承两侧，会增加主轴的悬伸长度，对提高刚度不利。如图5-18（d）所示的两只推力轴承均布置在前支承内侧，主轴的悬伸长度小，刚度大，但前支承结构较复杂，一般用于高速精密数控机床。

4. 主轴内刀具的自动夹紧和切屑清除装置

在带有刀库的自动换刀数控机床中，为实现刀具在主轴上的自动装卸，其主轴必须设计有刀具的自动夹紧机构。自动换刀立式铣镗床主轴的刀具夹紧机构如图 5-19 所示。刀夹 1 以锥度为 7∶24 的锥柄在主轴 3 前端的锥孔中定位，并通过拧紧在锥柄尾部的拉钉 2 拉紧在锥孔中。夹紧刀夹时，液压缸上腔接通回油，弹簧 11 推活塞 6 上移，处于图示位置，拉杆 4 在碟形弹簧 5 作用下向上移动。由于此时装在拉杆前端径向孔中的钢球 12，进入主轴孔中直径较小的 d_2 处，如图 5-19（b）所示，被迫径向收拢而卡进拉钉 2 的环形凹槽内，因而刀杆被拉杆拉紧，依靠摩擦力紧固在主轴上。切削扭矩则由端面键 13 传递。换刀前需将刀夹松开时，压力油进入液压缸上腔，活塞 6 推动拉杆 4 向下移动，碟形弹簧被压缩。当钢球 12 随拉杆一起下移至进入主轴孔直径较大的 d_1 处时，它就不再能约束拉钉的头部，紧接着拉杆前端内孔的台肩端面 a 碰到拉钉，把刀夹顶松。此时行程开关 10 发出信号，换刀机械手随即将刀夹取下。与此同时，压缩空气由管接头 9 经活塞和拉杆的中心通孔吹入主轴装刀孔内，把切屑或脏物清除干净，以保证刀具的安装精度。机械手把新刀装上主轴后，液压缸 7 接通回油，碟形弹簧又拉紧刀夹。刀夹拉紧后，行程开关 8 发出信号。

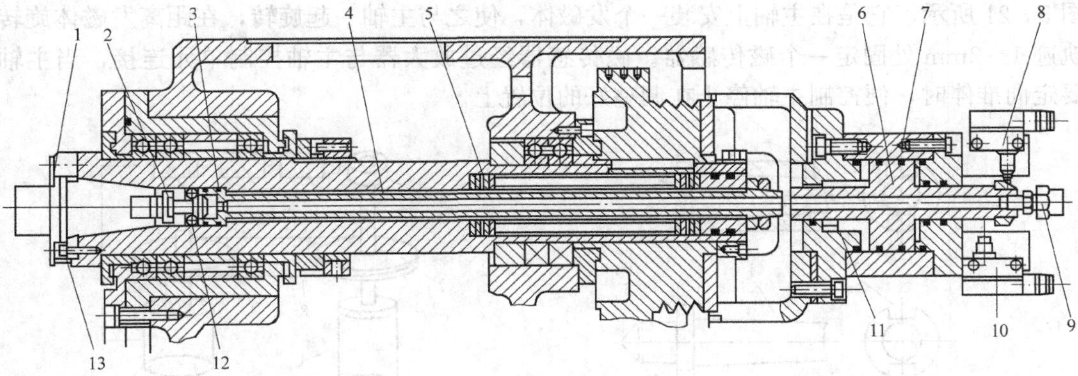

(a)

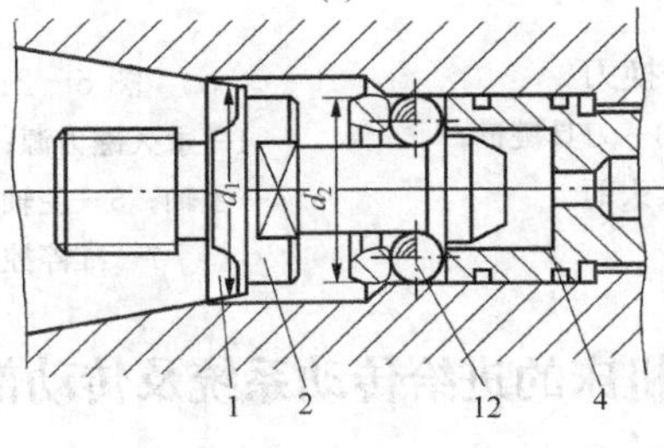

(b)

图 5-19 自动换刀数控立式铣镗床主轴部件

1—刀夹；2—拉钉；3—主轴；4—拉杆；5—碟形弹簧；6—活塞；7—液压缸；8、10—行程开关；9—压缩空气管接头；11—弹簧；12—钢球；13—端面键

自动清除主轴孔中切屑和灰尘是换刀操作中的一个不容忽视的问题。如果在主轴锥孔中掉进了切屑或其他污物，在拉紧刀杆时，主轴锥孔表面和刀杆的锥柄就会被划伤，甚至使刀杆发生偏斜，破坏刀具的正确定位，影响加工零件的精度，甚至使零件报废。为了保持主

轴锥孔的清洁，常用压缩空气进行吹屑。如图 5－19 所示的活塞 6 的中心钻有压缩空气通道，当活塞向左移动时，压缩空气经拉杆 4 吹出，将主轴锥孔清理干净。喷气头中的喷气小孔要有合理的喷射角度，并均匀分布，以提高其吹屑效果。

5. 主轴的准停

主轴准停功能就是每次主轴停止时都能准确停于某一固定位置（通常为主轴端面键中心线与 X 轴平行），这一功能在机床自动换刀时很重要。在自动换刀数控铣镗床上，切削扭矩通常是通过刀杆的端面键来传递的，如图 5－20 所示。因此，在每一次自动装卸刀杆时，都必须使刀柄上的键槽对准主轴上的端面键。如机床没有主轴准停功能，就不能确保每次使刀柄上的键槽对准主轴上的端面键，自动换刀就将失败，因此主轴准停功能是必需的功能。

主轴准停可分为机械准停和电气准停。

机械准停采用机械凸轮等机构和光电盘方式进行初定位，然后由定位销（液压或气动）插入主轴上的销孔或销槽完成定位，换刀后定位销退出，主轴才可旋转。采用此方法定向比较可靠、准确，但结构复杂。

电气准停有磁传感器准停、编码器型准停和数控系统准停。常用的磁传感器准停装置如图 5－21 所示，它是在主轴上安装一个发磁体，使之与主轴一起旋转，在距离发磁体旋转外轨迹 1～2mm 处固定一个磁传感器。磁传感器经过放大器与主轴控制单元连接，当主轴需要定向准停时，便控制主轴停止在调整好的位置上。

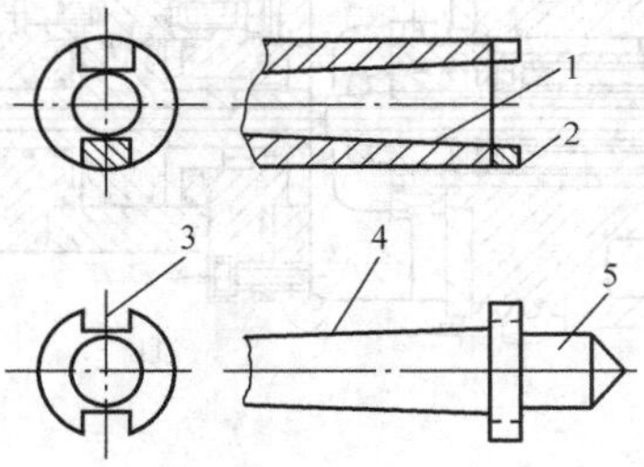

图 5－20 主轴准停换刀

1—主轴孔；2—主轴端面键；3—刀具键槽；4—刀具锥柄；5—刀具头部

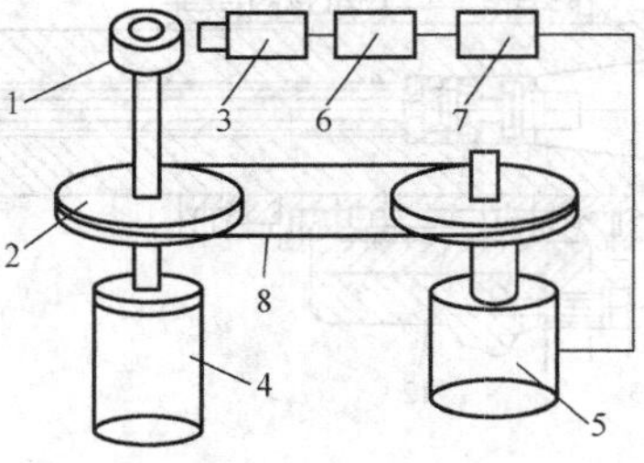

图 5－21 磁传感器准停

1—永久磁力源；2—带轮；3—磁感应器；4—主轴；5—主轴电动机；6—信号放大电路；7—准停控制电路；8—同步带

5.4 数控机床的进给传动系统及传动部件设计

数控机床的进给传动系统在功用上与普通机床的进给传动系统是一样的，也是将电动机驱动的运动转化为工作台或刀架的直线进给运动，不过方式有所不同，普通机床的进给传动系统通常把主电动机的旋转运动通过齿轮传动副传递给丝杠螺母副机构，再由丝杠螺母副机构带动工作台或刀架的进给，也就是普通机床的主传动系统与进给传动系统共用一个电动机。而数控机床的进给传动系统的电动机与主电动机通常是分开的，进给传动系统的每一个轴就有一个独立的电动机带动，而且这些电动机可能是旋转运动（如步进电动机、直流伺服电动机、交流伺服电动机），丝杠螺母副机构转化为直线进给运动，带动工作台或刀架的进给；也可能是直接就是直线运动（如直线电动机），直接带动工作台或刀架的进给。正是有这些不同点，才使得数控机床的进给传动系统保证了足够的定位精度和良好的静态、动态特性。

5.4.1 数控机床进给传动系统设计的基本要求

1. 采用高精度与高刚度的部件

零件的加工精度是数控机床性能的最主要指标，也直接决定着数控机床的价格，而零件的加工精度通常由数控机床进给传动装置的传动精度、定位精度和其刚性等因素决定。设计中，通过在进给传动链中加入减速齿轮，以减小脉冲当量，预紧传动滚珠丝杠，消除齿轮、蜗轮等传动件的间隙等办法，可达到提高传动精度、定位精度和刚性的目的，具体措施如采用大扭矩宽调速的直流电动机与丝杠直接相连，应用预加负载的滚动导轨和滚动丝杠副，丝杠支承设计成两端轴向固定的并可预拉伸的结构等办法来提高传动系统的刚度。

2. 采用低摩擦的传动副

采用低摩擦的传动副，提高快速响应特性。所谓快速响应特性是指进给系统对指令输入信号的响应速度及瞬态过程结束的迅速程度，即跟踪指令信号的响应要快；定位速度和轮廓切削进给速度要满足要求；工作台应能在规定的速度范围内灵敏而精确地跟踪指令，进行单步或连续移动，在运行时不出现丢步或多步现象。进给系统响应速度的大小不仅影响机床的加工效率，而且影响加工精度。设计中应使机床工作台及其传动机构的刚度、间隙、摩擦及转动惯量尽可能达到最佳值，如采用静压导轨、滚动导轨、滚珠丝杠等，以减小摩擦力，提高进给系统的快速响应特性。

3. 采用消隙传动机构

进给系统的传动间隙一般指反向间隙，即反向死区误差，它存在于整个传动链的各传动副中，直接影响数控机床的加工精度；因此，应尽量消除传动间隙，减小反向死区误差。设计中可采用消除间隙的联轴节（如用加锥销固定的联轴套、用键加顶丝紧固的联轴套、用无扭转间隙的挠性联轴器等），采用有消除间隙措施的传动副等。

4. 采用稳定可靠的零件

稳定性是伺服进给系统能够正常工作的最基本的条件，特别是在低速进给情况下不产生爬行，并能适应外加负载的变化而不发生共振。稳定性与系统的惯性、刚性、阻尼、增益等都有关系，适当选择各项参数，并能达到最佳的工作性能，是伺服系统设计的目标。所谓进给系统的寿命，主要指其保持数控机床传动精度和定位精度的时间长短及各传动部件保持其原来制造精度的能力。设计中各传动部件应选择合适的材料及合理的加工工艺与热处理方法，对于滚珠丝杠和传动齿轮，必须具有一定的耐磨性和适宜的润滑方式，以延长其寿命。

5. 采用宽幅调速和多轴联动控制系统

伺服进给系统在承担全部工作负载的条件下，应具有很宽的调速范围，调速范围 r_n 是指进给电动机提供的最低转速 n_{min} 和最高转速 n_{max} 之比，即 $r_n = n_{min}/n_{max}$。在各种数控机床中，由于加工用刀具、被加工材料、主轴转速及零件加工工艺要求的不同，为保证在任何情况下都能得到最佳切削条件，就要求进给驱动系统必须具有足够宽的无级调速范围（通常大于1∶10 000）。尤其在低速（如<0.1r/min）时，为保证精密定位，要仍能平滑运动而无爬行现象；而为缩短辅助时间，提高加工效率，一般的数控机床快速移动速度应高达24m/min。在多坐标联动的数控机床上，合成速度维持常数，是保证表面粗糙度要求的重要条件；为保证较高的轮廓精度，各坐标方向的运动速度也要配合适当。这是对数控系统和伺服进给系统提出的共同要求。

5.4.2 滚珠丝杠螺母副机构

现在常见的数控机床进给传动系统结构一般由伺服电动机、滚珠丝杠螺母副、导轨、联轴器及相关支承部件组成，如图 5-22 所示。从结构上看，滚珠丝杠螺母副的性能直接决定了进给传动系统性能，如最高移动速度、轮廓跟随精度、定位精度等。

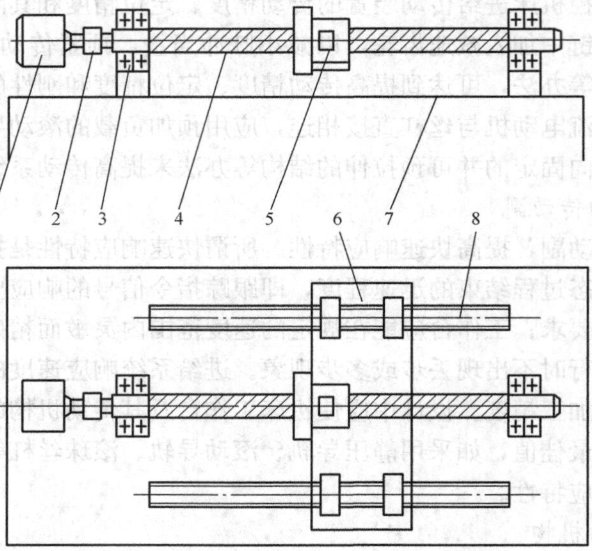

图 5-22 数控机床的进给传动系统结构示意

1—伺服电动机；2—联轴器；3—支承轴承；4—滚珠丝杠；5—滚珠螺母；6—工作台；7—床身；8—直线导轨

1. 滚珠丝杠螺母副的特点及工作原理

滚珠丝杠螺母副传动是在丝杠和螺母滚道之间放入适量的滚珠，使螺纹间产生滚动摩擦。丝杠转动时，带动滚珠沿螺纹滚道滚动。螺母上设有换向器，与螺纹滚道构成滚珠的循环通道。为了在滚珠与滚道之间形成无间隙甚至有过盈配合，可设置预紧装置。为延长工作寿命，可设置润滑件和密封件。

滚珠螺旋传动与滑动螺旋传动或其他直线运动副相比，有下列特点：

(1) 传动效率高，摩擦损失小。滚珠丝杠副的传动效率 $\eta=0.92\sim0.96$，比常规的丝杠螺母副提高 3～4 倍。因此，功率消耗只相当于常规的丝杠螺母副的 1/4～1/3。

(2) 运动平稳，无爬行现象，传动精度高。滚动摩擦系数接近常数，启动与工作摩擦力矩差别很小。启动时无冲击，预紧后可消除间隙产生过盈，提高接触刚度和传动精度。

(3) 磨损小，工作寿命长。滚珠丝杠螺母副的摩擦表面为高硬度（HRC58～62）、高精度，具有较长的工作寿命和精度保持性。寿命约为滑动丝杆副的 4～10 倍以上。

(4) 定位精度和重复定位精度高。由于滚珠丝杆副摩擦小、温升小、无爬行、无间隙，通过预紧进行预拉伸以补偿热膨胀。因此，可达到较高的定位精度和重复定位精度。

(5) 同步性好。用几套相同的滚珠丝杆副同时传动几个相同的运动部件，可得到较好的同步运动。

(6) 运动具有可逆性，可以从旋转运动转换为直线运动，也可以从直线运动转换为旋转运动，即丝杠和螺母都可以作为主动件。

（7）可靠性高。润滑密封装置结构简单，维修方便。

（8）不能自锁。用于垂直传动时，必须在系统中附加自锁或制动装置。

（9）制造工艺复杂。滚珠丝杆、螺母等零件加工精度、表面粗糙度要求高，故制造成本较高。

滚珠丝杠螺母副工作原理与结构如图 5－23 所示，丝杠和螺母的螺纹滚道间装有承载滚珠，当丝杠或螺母转动时，滚珠沿螺纹滚道滚动，则丝杠与螺母之间相对运动时产生滚动摩擦，为防止滚珠从滚道中滚出，在螺母的螺旋槽两端设有换向引导装置，它们与螺纹滚道形成循环回路，使滚珠在螺母滚道内循环。

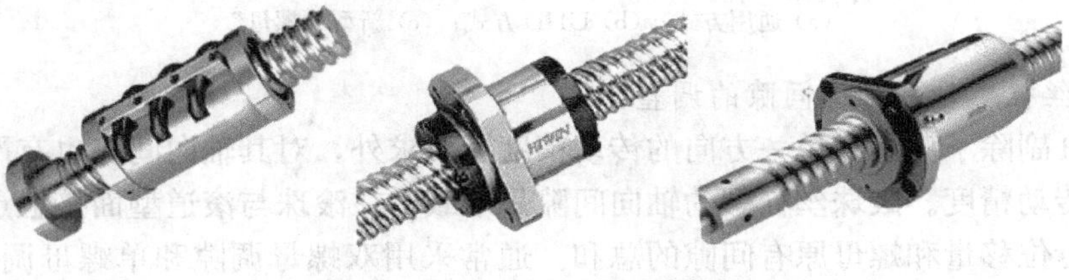

图 5－23　滚珠丝杆螺母副结构

滚珠丝杠螺母副中滚珠的循环方式有内循环和外循环两种。

内循环方式的滚珠在循环过程中始终与丝杆表面保持接触，在螺母的侧面孔内装有接通相邻滚道的换向器，利用换向器引导滚珠越过丝杆的螺纹顶部进入相邻滚道，形成一个循环回路。一般在同一螺母上装有 2～4 个滚珠用换向器，并沿螺母圆周均匀分布。内循环方式的优点是滚珠循环的回路短、流畅性好、效率高、螺母的径向尺寸也较小。其不足之处是换向器加工困难、装配调整也不方便。

外循环方式的滚珠在循环反向时，离开丝杠螺纹滚道，在螺母体内或体外做循环运动。从结构上看，外循环有以下三种形式：螺旋槽式、插管式和端盖式。图 5－24 所示为端盖式循环和插管循环原理图。由于滚珠丝杠副的应用越来越广，对其研究也更深入，为了提高其承载能力，开发出了新型的滚珠循环方式（UHD），如图 5－25（b）所示，为了提高回转精度，一种无螺母的丝杠副被研制成功，如图 5－25（c）所示。

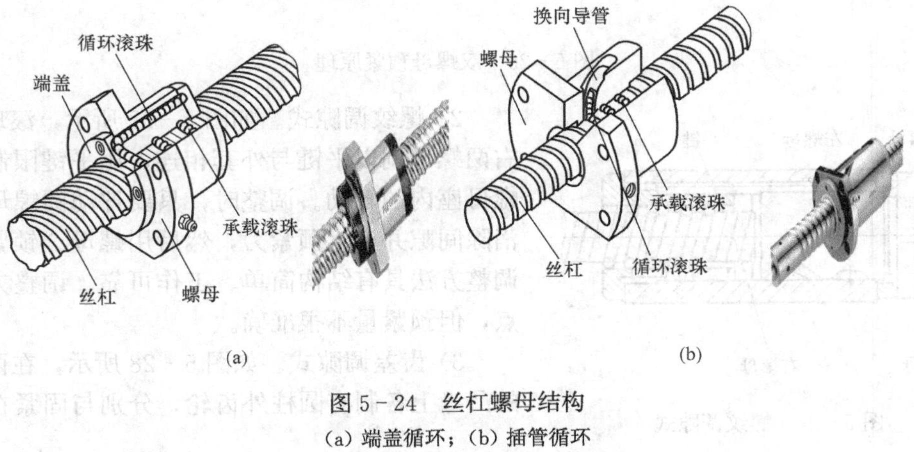

(a)　(b)

图 5－24　丝杠螺母结构

(a) 端盖循环；(b) 插管循环

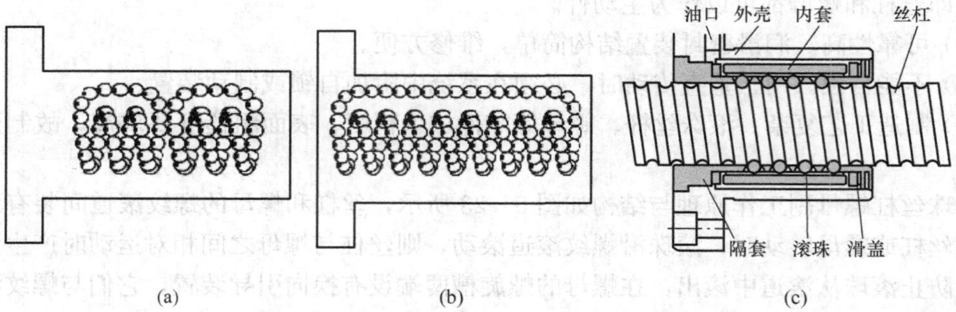

图 5-25 滚珠的排列方式和新型丝杠螺母结构

(a) 通用方式；(b) UHD 方式；(c) 新型“螺母”

2. 滚珠丝杠螺母副轴向间隙的调整方法

滚珠丝杠副除了对本身单一方向的传动精度有要求外，对其轴向间隙也有严格要求，以保证其换向传动精度。滚珠丝杠副的轴向间隙是承载时在滚珠与滚道型面接触点的弹性变形所引起的螺母位移量和螺母原有间隙的总和。通常采用双螺母调隙和单螺母调隙两类方法，把弹性变形控制在最小限度内，以减小或消除轴向间隙，并可以提高滚珠丝杠副的刚度。

(1) 双螺母调隙。常用的双螺母丝杠消除间隙方法有垫片调隙式、齿差调隙式和螺纹调隙式。

1) 垫片调隙式。如图 5-26 所示，是在两个螺母之间加垫片来消除丝杠和螺母之间的间隙。根据垫片厚度不同分成两种形式，当垫片厚度较厚时即产生预拉应力，而当垫片厚度较薄时即产生预压应力以消除轴向间隙。这种结构的特点是构造简单，可靠性好，刚度高，装卸方便；但调整费时，并且在工作中不能随意调整，除非更换厚度不同的垫片。

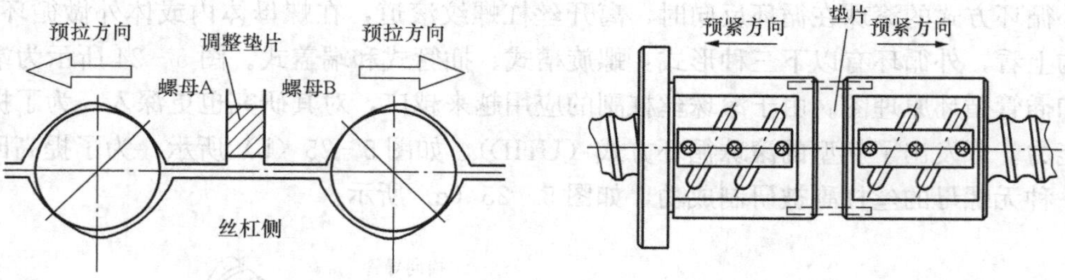

图 5-26 双螺母预紧原理

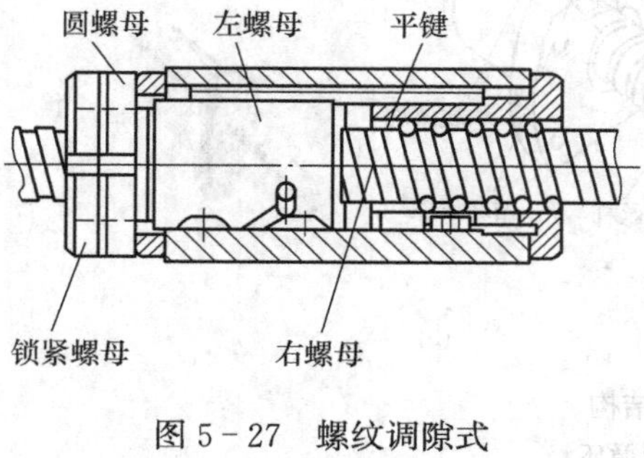

图 5-27 螺纹调隙式

2) 螺纹调隙式。如图 5-27 所示，滚珠丝杠左右两螺母副以平键与外套相连，用平键限制螺母在螺母座内的转动。调整时，只要拧动圆螺母 1 即可消除间隙并产生预紧力，然后用螺母 2 锁紧。这种调整方法具有结构简单、工作可靠、调整方便的优点，但预紧量不很准确。

3) 齿差调隙式。如图 5-28 所示，在两个螺母的凸缘上各制有圆柱外齿轮，分别与固紧在套筒两端的内齿圈相啮合，其齿数分别为 Z_1 和 Z_2，并相差一个齿。调整时，先取下内齿圈，让两个螺母相对于套筒同方向都转动一个齿，然后再插入内齿圈，则两个螺母便产生相对角位移，其轴向位移量 $s=(1/Z_1-1/Z_2)t$。例如，$Z_1=81$，$Z_2=80$，滚珠丝杠的导程为 $t=6$mm 时，$s=6/6480\approx0.001$mm。这种调整方法能精确调整预紧量，调整方便、可靠，但结构尺寸较大，多用于高精度的传动。

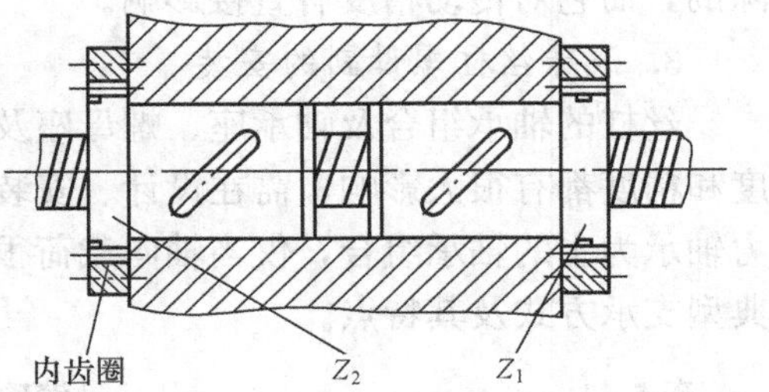

图 5－28　齿差调隙式

(2) 单螺母调隙。单螺母调隙有单螺母变导程自预紧调隙及单螺母钢球过盈预紧调隙两种方式。

1）单螺母钢球过盈预紧（增大滚珠直径法）调隙。单螺母钢球过盈预紧调隙原理如图 5－29 所示，为了补偿滚道的间隙，设计时将滚珠的尺寸适当增大，使其 4 点接触，产生预紧力，为了提高工作性能，可以在承载滚珠之间加入间隔钢球。

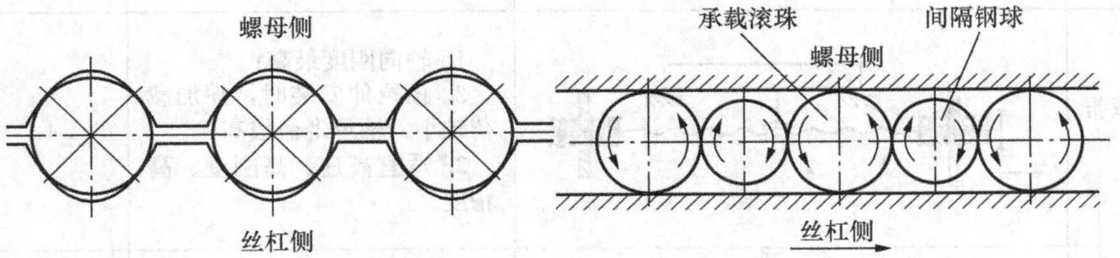

图 5－29　单螺母钢球过盈预紧调隙原理（增大滚珠直径法）

2）单螺母变导程自预紧（偏置导程法）调隙。单螺母变导程自预紧调隙原理如图 5－30 所示，仅仅是在螺母中部将其导程增加一个预压量 Δ，以达到预紧的目的。

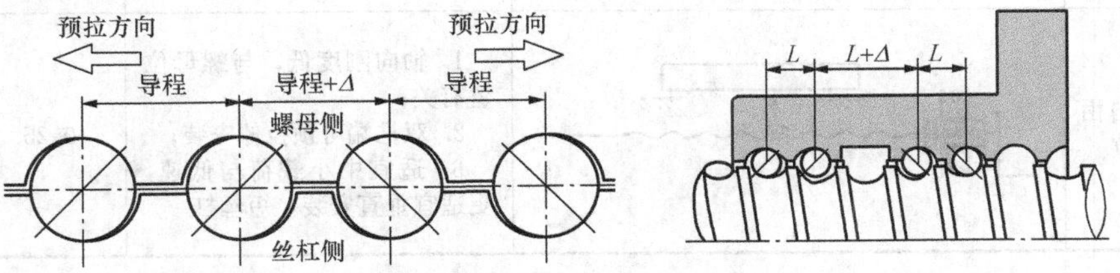

图 5－30　单螺母变导程自预紧调隙原理（偏置导程法）

(3) 消除轴向间隙注意点。滚珠丝杠副除了对本身单一方向的进给运动精度有要求外，对其轴向间隙也有严格的要求，以保证反向传动精度。滚珠丝杠副的轴向间隙，是负载在滚珠与滚道型面接触点的弹性变形所引起的螺母位移量和螺母原有间隙的总和。因此，要把轴向间隙完全消除相当困难。通常采用双螺母预紧的方法，把弹性变形量控制在最小限度内。目前制造的外循环单螺母的轴向间隙达 0.05mm，而双螺母经加预紧力后基本上能消除轴向间隙。应用这一方法来消除轴向间隙时需注意以下两点：

1）预紧力大小必须合适，过小不能保证无隙传动；过大将使驱动力矩增大，效率降低，寿命缩短。预紧力应不超过最大轴向负载的 1/3。

2）要特别注意减小丝杠安装部分和驱动部分的间隙，这些间隙用预紧的方法是无法消除的，而它对传动精度有直接影响。

3. 滚珠丝杠螺母副的安装

丝杠的轴承组合及轴承座、螺母座及其他零件的连接刚性，对滚珠丝杠副传动系统的刚度和精度都有很大影响，需在设计、安装时认真考虑。为了提高轴向刚度，丝杠支承常用推力轴承为主的轴承组合，仅当轴向载荷很小时，才用向心推力轴承。表 5－1 中列出了四种典型支承方式及其特点。

表 5－1　　滚珠丝杠副支承形式

序号	支承方式	简图	特点	支承系数	
				压杆稳定 f_k	临界转速 f_c
1	单推—单推 J—J	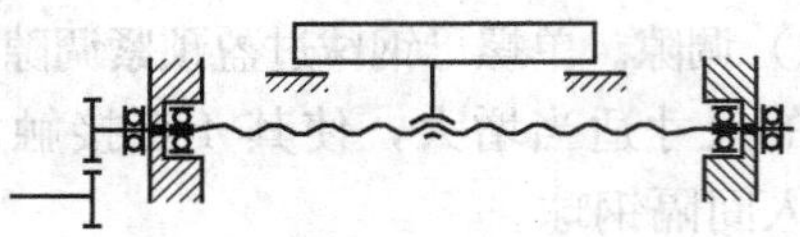	1. 轴向刚度较高； 2. 预拉伸安装时，须加载荷较大，轴承寿命比方案 2 低； 3. 适宜中速、精度高，并可用双推—单推组合	1	3.142
2	双推—双推 F—F	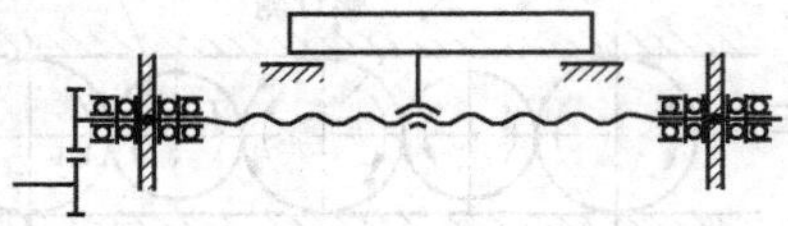	1. 轴向刚度最高； 2. 预拉伸安装时，须加载荷较小，轴承寿命较高； 3. 适宜高速、高刚度、高精度	4	4.730
3	双推—简支 F—S	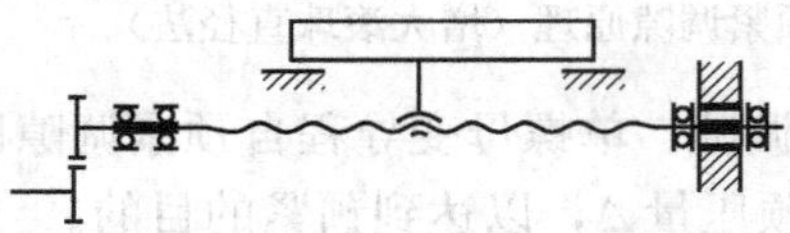	1. 轴向刚度不高，与螺母位置有关； 2. 双推端可预拉伸安装； 3. 适宜中速、精度较高的长丝杠	2	3.927
4	双推—自由 F—O	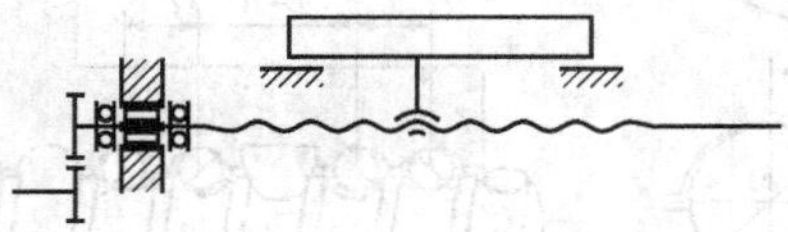	1. 轴向刚度低，与螺母位置有关； 2. 双推端可预拉伸安装； 3. 适宜中小载荷与低速，更适宜垂直安装，短丝杠	0.25	1.875

除表中所列特点外，当滚珠丝杠副工作时，因受热（摩擦及其他热源）而伸长，它对第一种支承方式的预紧轴承将会引起卸载，甚至产生轴向间隙，此时与第三、四种支承方式类似，但对第二种支承方式，其卸载结果可能在两端支承中造成预紧力的不对称，且只能允许在某个范围内，即要严格限制其温升，故这种高刚度、高精度的支承方式更适宜于精密丝杠传动系统。普通机械常用第三、四种方案，其费用比较低廉，前者用于长丝杠，后者用于短丝杠。

4. 滚珠丝杠螺母副的润滑与密封

滚珠丝杠副也可用润滑剂来提高耐磨性及传动效率。润滑剂可分为润滑油及润滑脂两大类。润滑油为一般机油或 90～180 号透平油或 140 号主轴油。润滑脂可采用锂基油脂。润滑脂加在螺纹滚道和安装螺母的壳体空间内，而润滑油则经过壳体上的油孔注入螺母的空间内。

滚珠丝杠副常用防尘密封圈和防护罩。

(1) 密封圈。密封圈装在滚珠螺母的两端。接触式的弹性密封圈系用耐油橡皮或尼龙等材料制成，其内孔制成与丝杠螺纹滚道相配合的形状。接触式密封圈的防尘效果好，但因有接触压力，使摩擦力矩略有增加。

非接触式的密封圈系用聚氯乙烯等塑料制成，其内孔形状与丝杠螺纹滚道相反，并略有间隙，非接触式密封圈又称迷宫式密封圈。

(2) 防护罩。防护罩能防止尘土及硬性杂质等进入滚珠丝杠。防护罩的形式有锥形套管、伸缩套管、折叠式（手风琴式）的塑料或人造革防护罩，也有用螺旋式弹簧钢带制成的防护罩连接在滚珠丝杠的支承座及滚珠螺母的端部，防护罩的材料必须具有防腐蚀及耐油的性能。

5.5 数控机床的导轨与床身设计

数控机床的导轨副主要是用来支承和约束执行件的正确运动轨迹，并保证执行件的运动特性。导轨副包括运动导轨和支承导轨两部分，支承导轨用以支承和约束运动导轨，运动导轨在支承导轨上按功能要求做直线或旋转运动。

5.5.1　导轨副设计的基本要求

(1) 导向精度的要求。导向精度主要是指动导轨沿支承导轨运动的直线度或圆度。影响它的因素有导轨的几何精度、接触精度、结构形式、刚度、热变形、装配质量，以及液体动压和静压导轨的油膜厚度、油膜刚度等。

(2) 耐磨性的要求。耐磨性是指导轨在长期使用过程中能否保持一定的导向精度。因导轨在工作过程中难免有所磨损，所以应力求减小磨损量，并在磨损后能自动补偿或便于调整。

(3) 疲劳和压溃的要求。导轨面由于过载或接触应力不均匀而使导轨表面产生弹性变形，反复运行多次后就会形成疲劳点，呈塑性变形，表面形成龟裂、剥落而出现凹坑，这种现象就是压溃。疲劳和压溃是滚动导轨失效的主要原因，为此应控制滚动导轨承受的最大载荷和受载的均匀性。

(4) 刚度的要求。导轨受力变形会影响导轨的导向精度及部件之间的相对位置，因此要求导轨应有足够的刚度。为减轻或平衡外力的影响，可采用加大导轨尺寸或添加辅助导轨的方法提高刚度。

(5) 低速运动平稳性的要求。低速运动时，作为运动部件的动导轨易产生爬行现象。低速运动的平稳性与导轨的结构和润滑，动、静摩擦系数的差值，以及导轨的刚度等有关。

(6) 结构工艺性的要求。设计导轨时，要注意制造、调整和维修的方便，力求结构简单，工艺性及经济性好。

5.5.2　导轨副的种类

1. 按导轨副运动导轨的轨迹分类

(1) 直线运动导轨副。支承导轨约束了运动导轨的五个自由度，仅保留沿给定方向的直线移动自由度。

(2) 旋转运动导轨副。支承导轨约束了运动导轨的五个自由度，仅保留绕给定轴线的旋转运动自由度。

2. 按导轨副导轨面间的摩擦性质分类

按导轨副导轨面间的摩擦性质，可分为滚动导轨、滑动导轨、静压导轨。

3. 按导轨副结构分类

(1) 开式导轨。开式导轨必须借助运动件的自重或外载荷，才能保证在一定的空间位置和受力状态下，运动导轨和支承导轨的工作面保持可靠的接触，从而保证运动导轨的规定运动。开式导轨一般受温度变化的影响较小。

(2) 闭式导轨。闭式导轨是借助导轨副本身的封闭式结构，保证在变化的空间位置和受力状态下，运动导轨和支承导轨的工作面都能保持可靠的接触，从而保证运动导轨的规定运动。闭式导轨一般受温度变化的影响较小。

4. 按直线运动导轨副的基本截面形状分类（见表 5－2）

(1) 矩形导轨。矩形导轨的导轨面上的支反力与外载荷相等，承载能力较大。承载面（项面）和导向面（侧面）分开，精度保持性较好。加工维修较方便。矩形导轨分为凸矩形和凹矩形。凹矩形易存润滑油，但也易积灰尘污物，必须进行防护。

(2) 三角形导轨。三角形导轨的导轨面上的支反力大于载荷，使摩擦力增大，承载面与导向面重合，磨损量能自动补偿，导向精度较高。顶角在 90°±30°范围内变化。顶角越小，导向精度越高，但摩擦力也越大。故小顶角用于轻载精密机械，大顶角用于大型机械。凹形与凸形的作用同前，凹形也称 V 形导轨。

(3) 燕尾形导轨。燕尾形导轨在承受颠覆力矩的条件下高度较小，用于多坐标多层工作台，使总高度减小，加工维修较困难。凹形与凸形的作用同前。

以上三种导轨形状均由直线组成，称为棱柱面导轨。

表 5－2　　导轨的截面形状

	矩形	对称三角形	不对称三角形	燕尾槽	圆形
凸形	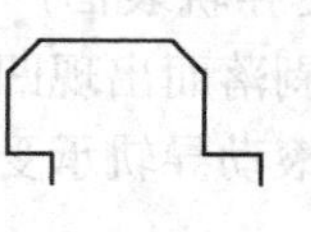	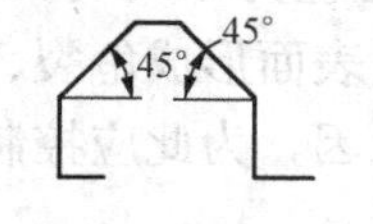	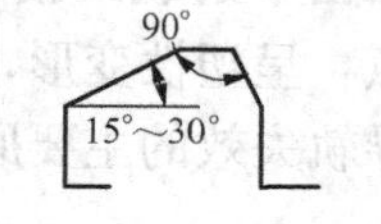	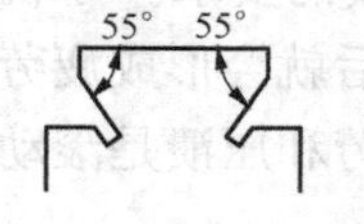	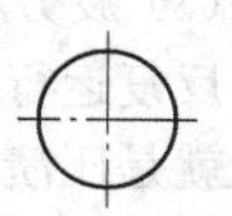
凹形	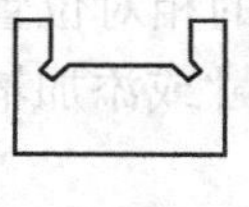	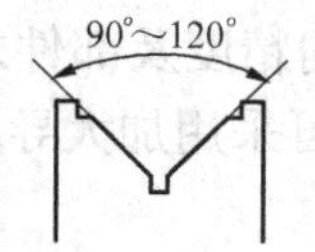	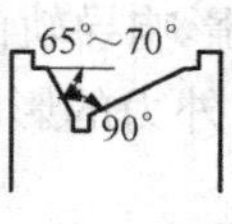	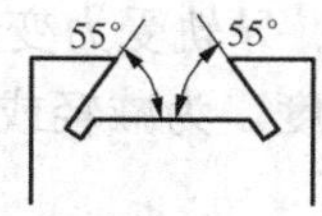	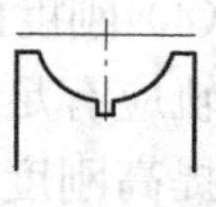

(4) 圆形导轨。圆形导轨制造方便，外圆采用磨削，内孔经过珩磨，可达到精密配合，但磨损后很难调整和补偿间隙，圆柱形导轨有两个自由度，适用于同时做直线运动和转动的地方。若要限制转动，可在圆柱表面开键槽或加工出平面，但不能承受大的扭矩，也可采用双圆柱导轨。圆柱导轨用于承受轴向载荷的场合。

5. 导轨副的组合形式

(1) 双矩形组合。如图 5－31 (a)、(b) 所示，各种机械执行件的导轨一般由两条导轨组合，高精度或重载下才考虑两条以上的导轨组合。两条矩形导轨的组合突出了矩形导轨的优缺点。侧面导向有以下两种组合：宽式组合，两导向侧面间的距离大，承受力矩时产生的摩擦力矩较小，为考虑热变形，导向面间隙较大，影响导向精度；窄式组合，两导向侧面间的距离小，导向面间隙较小，承受力矩时产生的摩擦力矩较大，可能产生自锁。

(2) 双三角形组合。如图 5-31 (c) 所示，两条三角形导轨的组合突出了三角形导轨的优缺点，但工艺性差。用于高精度机械。

(3) 三角形—矩形组合。如图 5-31 (d) 所示，导向性优于双矩形组合，承载能力优于双三角组合，工艺性介于两者之间，应用广泛。但要注意，若两条导轨上的载荷相等，则摩擦力不等使磨损量不同，破坏了两导轨的等高性。结构设计时应注意，一方面要在二导轨面上摩擦力相等的前提下使载荷非对称布置，一方面要使牵引力通过二导轨面上摩擦力合力的作用线。若因结构布置等原因不能做到，则应使牵引力与摩擦合力形成的力偶尽量减小。

(4) 三角形—平面导轨组合。这种组合形式的导轨具有三角形和矩形组合导轨的基本特点，但由于没有闭合导轨装置，因此只能用于受力向下的场合。

对于三角形—矩形、三角形—平面组合导轨，由于三角形和矩形（或平面）导轨的摩擦阻力不相等，因此在布置牵引力的位置时，应使导轨的摩擦阻力的合力与牵引力在同一直线上，否则就会产生力矩，使三角形导轨对角接触，影响运动件的导向精度和运动的灵活性。

(5) 燕尾形导轨及其组合。如图 5-31 (e) ～ (g) 所示，燕尾形组合导轨的特点是制造、调试方便；燕尾与矩形组合时，兼有调整方便和能承受较大力矩的优点，多用于横梁、立柱、摇臂等导轨。

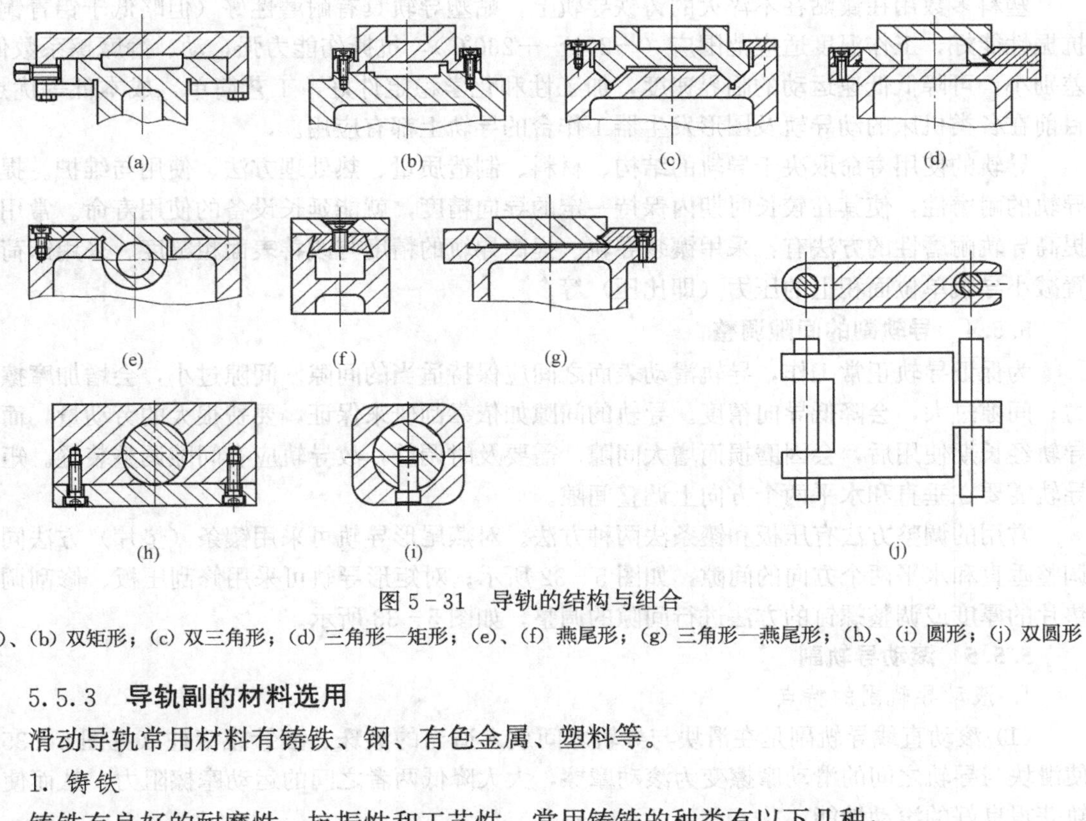

图 5-31　导轨的结构与组合

(a)、(b) 双矩形；(c) 双三角形；(d) 三角形—矩形；(e)、(f) 燕尾形；(g) 三角形—燕尾形；(h)、(i) 圆形；(j) 双圆形

5.5.3　导轨副的材料选用

滑动导轨常用材料有铸铁、钢、有色金属、塑料等。

1. 铸铁

铸铁有良好的耐磨性、抗振性和工艺性。常用铸铁的种类有以下几种：

（1）灰口铸铁。一般选择 HT200，用于手工刮研、中等精度和运动速度较低的导轨，硬度在 HB180 以上。

（2）孕育铸铁。孕育铸铁是把硅铝孕育剂加入铁水而得，耐磨性高于灰口铸铁。

（3）合金铸铁。合金铸铁包括：含磷量高于 0.3%的高磷铸铁，耐磨性高于孕育铸铁一倍以上；磷铜钛铸铁和钒钛铸铁，耐磨性高于孕育铸铁两倍以上；各种稀土合金铸铁，有很高的耐磨性和机械性能。

铸铁导轨的热处理方法，通常有接触电阻淬火和中高频感应淬火。接触电阻淬火，淬硬层为 0.15～0.2mm，硬度可达 HRC55。中高频感应淬火，淬硬层为 2～3mm，硬度可达 HRC48～55，耐磨性可提高两倍，但在导轨全长上依次淬火易产生变形，全长上同时淬火需要相应的设备。

2. 钢

镶钢导轨的耐磨性较铸铁可提高五倍以上。常用的钢有 9Mn2V、CrWMn、GCr15、T8A、45、40Cr 等采用表面淬火或整体淬硬处理，硬度为 52～58HRC；20Cr、20CrMnTi、15 等渗碳淬火，渗碳淬硬至 56～62HRC；38CrMoAlA 等采用氮化处理。

3. 有色金属

常用的有色金属有黄铜 HPb59－1，锡青铜 ZCuSn6Pb3Zn6，铝青铜 ZQAl9－2 和锌合金 ZZn－Al10－5，超硬铝 LC4、铸铝 ZL106 等，其中以铝青铜较好。

4. 塑料

塑料多数用在镶贴在不淬火的铸铁导轨上，贴塑导轨具有耐磨性好（但略低于铝青铜），抗振性能好，工作温度适应范围广（－200～＋260℃），抗撕伤能力强，动、静摩擦系数低、差别小，可降低低速运动的临界速度，加工性和化学稳定件好，工艺简单，成本低等优点，目前在各类机床的动导轨及图形发生器工作台的导轨上都有应用。

导轨的使用寿命取决于导轨的结构、材料、制造质量、热处理方法、使用与维护。提高导轨的耐磨性，使其在较长时期内保持一定的导向精度，就能延长设备的使用寿命。常用的提高导轨耐磨性的方法有：采用镶装导轨、提高导轨的精度与改善表面粗糙度、采用卸荷装置减小导轨单位面积上的压力（即比压）等。

5.5.4 导轨副的间隙调整

为保证导轨正常工作，导轨滑动表面之间应保持适当的间隙。间隙过小，会增加摩擦阻力；间隙过大，会降低导向精度。导轨的间隙如依靠刮研来保证，要费很大的劳动量，而且导轨经长期使用后，会因磨损而增大间隙，需要及时调整，故导轨应有间隙调整装置。矩形导轨需要在垂直和水平两个方向上调整间隙。

常用的调整方法有压板和镶条法两种方法。对燕尾形导轨可采用镶条（垫片）方法同时调整垂直和水平两个方向的间隙，如图 5－32 所示；对矩形导轨可采用修刮压板、修刮调整垫片的厚度或调整螺钉的方法进行间隙的调整，如图 5－33 所示。

5.5.5 滚动导轨副

1. 滚动导轨副的特点

（1）滚动直线导轨副是在滑块与导轨之间放入适当的滚珠、滚针或滚柱（见图 5－35），使滑块与导轨之间的滑动摩擦变为滚动摩擦，大大降低两者之间的运动摩擦阻力，从而使导轨获得良好的滚动性能：

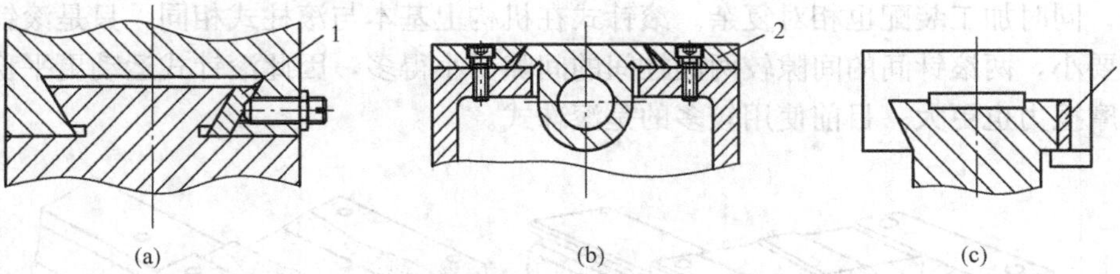

图 5-32　燕尾导轨及其组合的间隙调整

1—斜镶条；2—压板；3—直镶条

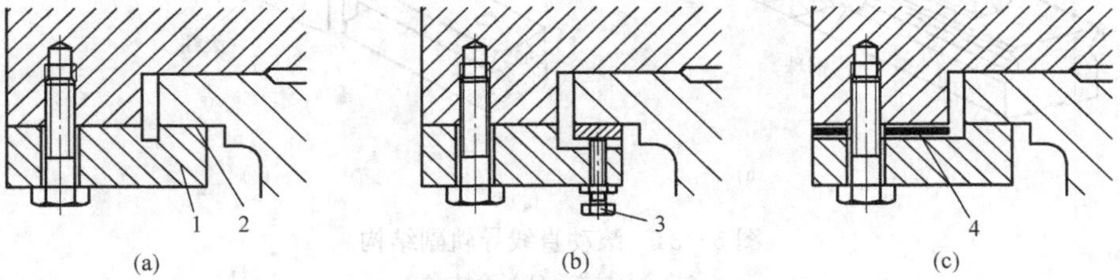

图 5-33　矩形导轨垂直方向间隙的调整

1—压板；2—接合面；3—调整螺钉；4—调整垫片

1）动、静摩擦力之差很小，随动性极好，即驱动信号与机械动作滞后的时间间隔极短，有益于提高数控系统的响应速度和灵敏度。

2）驱动功率大幅度下降，只相当于普通机械的 1/10。

3）与 V 形十字交叉滚子导轨相比，摩擦阻力可下降约 40 倍。

4）适应高速直线运动，其瞬时速度比滑动导轨提高约 10 倍。

5）能实现高定位精度和重复定位精度。

6）能实现无间隙运动，提高机械系统的运动刚度。

（2）承载能力大。其滚道采用圆弧形式，增大了滚动体与圆弧滚道接触面积，从而大大提高了导轨的承载能力，可达到平面滚道形式的 13 倍。采用合理比值的圆弧沟槽，接触应力小，承接能力及刚度比平面与钢球点接触时大大提高，滚动摩擦力比双圆弧滚道有明显降低。

（3）刚性强。在该导轨制作时，常需要预加载荷，这使导轨系统刚度得以提高，所以滚动直线导轨在工作时能承受较大的冲击和振动。

（4）寿命长。由于是纯滚动，摩擦系数为滑动导轨的 1/50 左右，磨损小，因而寿命长，功耗低，便于机械小型化。

（5）成对使用导轨副时，具有误差均化效应，从而降低基础件（导轨安装面）的加工精度要求，降低基础件的机械制造成本与难度。

（6）传动平稳可靠。由于摩接力小，动作轻便，因而定位精度高，微量移动灵活准确。

（7）具有结构自调整能力。装配调整容易，因此降低了对配件加工精度要求。

（8）导轨采用表面硬化处理，使导轨具有良好的耐磨性；心部保持良好的机械性能。

（9）简化了机械结构的设计和制造。

2. 滚动直线导轨副的分类

（1）按滚动体的形状分类。有滚珠式、滚针式和滚柱式三种，图 5-34（a）所示为滚珠式，图 5-34（b）所示为滚柱式。滚柱式由于为线接触，故其有较高的承载能力，但摩擦力也较大，同时加工装配也相对复杂。滚针式在机构上基本与滚柱式相同，只是滚针在直径上比滚柱要小，两滚针间的间隙较两滚柱间的间隙要小得多，因此滚针式运动更平稳、结构更紧凑，摩擦力也更大。目前使用较多的是滚珠式。

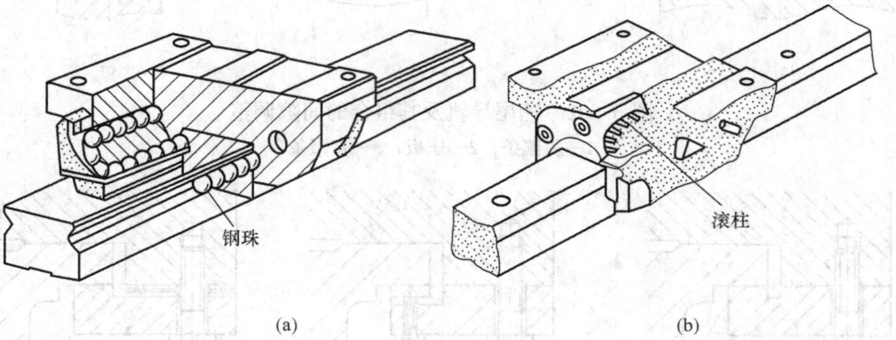

图 5－34　滚动直线导轨副结构
(a) 滚珠式；(b) 滚柱式

(2) 按导轨截面形状分类，有矩形和梯形两种，如图 5－35 所示。图 5－35 (a) 所示为四方向等载荷式，导轨截面为矩形，承载时各方向受力大小相等；图 5－35 (b) 所示为梯形截面，导轨能承受较大的垂直载荷，而其他方向的承载能力较低，但对于安装基准的误差调节能力较强。

(3) 按滚道沟槽形状分类，有单圆弧和双圆弧两种，如图 5－36 所示。单圆弧沟槽为两点接触，如图 5－36 (a) 所示；双圆弧沟槽为四点接触，如图 5－36 (b) 所示。前者运动摩擦和安装基准平均作用比后者要小，但其静刚度比后者稍差。

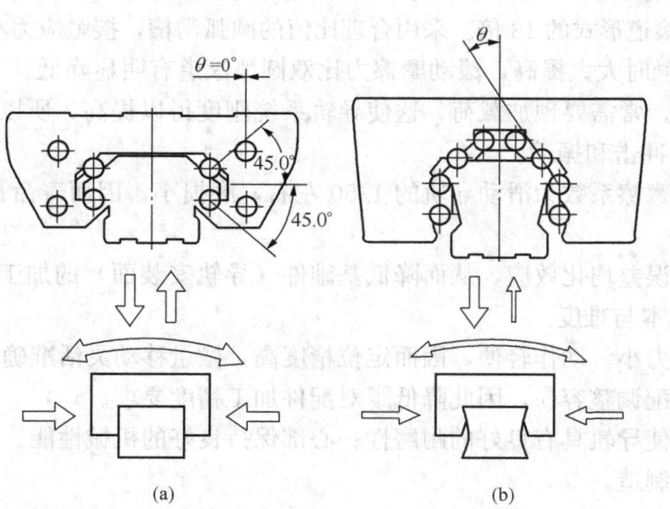

图 5－35　滚动直线导轨副的截面形状
(a) 矩形导轨；(b) 梯形导轨

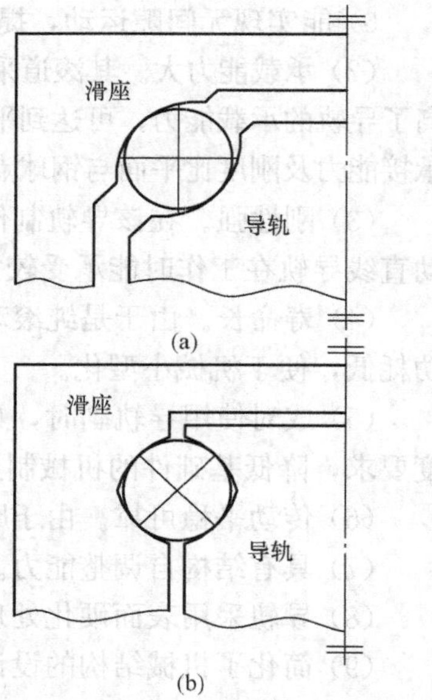

图 5－36　滚动直线导轨副截面形式
(a) 单圆弧沟槽；(b) 双圆弧沟槽

常用的滚动直线导轨副如图 5 - 37 所示。

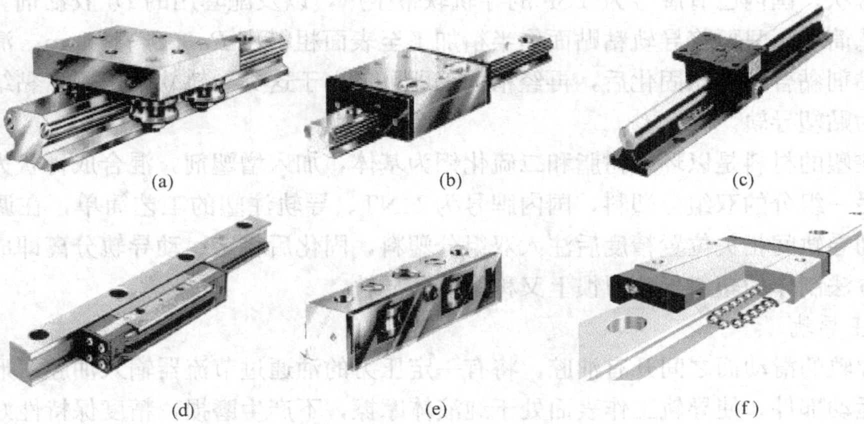

图 5 - 37　滚动直线导轨副结构形式

(a)、(b) 滚轮式；(c) 圆柱导轨；(d) 侧面导轨；(e) 滚轮轴承单元；(f) 滚珠式

GGB 系列直线滚动导轨副型号编制规则如下：

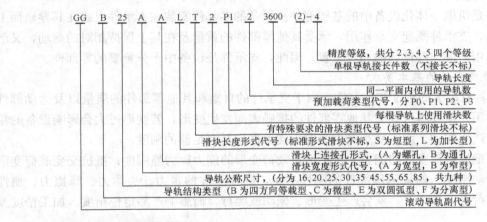

GG　B　25　A　A　L　T　2　P1　2　3600　(2)-4

- (2)-4：精度等级，共分 2、3、4、5 四个等级
- (2)：单根导轨接长件数（不接长不标）
- 3600：导轨长度
- 2：同一平面内使用的导轨数
- P1：预加载荷类型代号，分 P0、P1、P2、P3
- 2：每根导轨上使用滑块数
- T：有特殊要求的滑块类型代号（标准系列滑块不标）
- L：滑块长度形式代号（标准形式滑块不标，S 为短型，L 为加长型）
- A：滑块上连接孔形式，（A 为螺孔，B 为通孔）
- A：滑块宽度形式代号，（A 为宽型，B 为窄型）
- 25：导轨公称尺寸，（分为 16、20、25、30、35 45、55、65、85，共九种）
- B：导轨结构类型（B 为四方向等载型、C 为微型、E 为双圆弧型、F 为分离型）
- GG：滚动导轨副代号

5.5.6　滑动导轨和静压导轨

1. 滑动导轨

为了进一步减小导轨的磨损，提高运动性能，数控机床的滑动导轨常采用贴塑滑动导轨，即在与床身导轨相配的滑动导轨上黏结上静、动摩擦系数基本相同，耐磨、吸振的塑料软带，或者在定、动导轨之间采用注塑的方法制成塑料导轨。这种塑料导轨具有良好的摩擦特性、耐磨性及吸振性。贴塑滑动导轨的结构如图 5 - 38 所示。

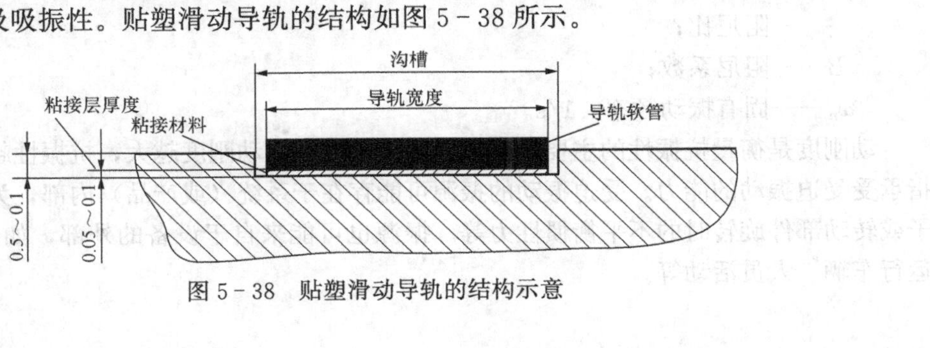

图 5 - 38　贴塑滑动导轨的结构示意

塑料软带材料是以聚四氟乙烯为基体，加入青铜粉、二硫化钼、石墨等填充剂混合烧结并做成软带状，国内已有牌号为 TSF 的导轨软带生产，以及配套用的 DJ 胶黏剂。导轨软带使用的工艺简单，只要将导轨粘贴面作半精加工至表面粗糙度 $Ra3.2 \sim 1.6\mu m$，清洗粘贴面后，用胶黏剂黏合，加压固化后，再经精加工即可。由于这类导轨软带采用了黏结方法，故习惯上称为贴塑导轨。

导轨注塑的材料是以环氧树脂和二硫化钼为基体，加入增塑剂，混合成膏状为一组分和固化剂为另一组分的双组分塑料，国内牌号为 HNT。导轨注塑的工艺简单，在调整好固定导轨和运动导轨间相关位置精度后注入双组分塑料，固化后将定、动导轨分离即成塑料导轨副。这种方法制作的塑料导轨习惯上又称为注塑导轨。

2. 静压导轨

静压导轨的滑动面之间开有油腔，将有一定压力的油通过节流器输入油腔，形成压力油膜，浮起运动部件，使导轨工作表面处于纯液体摩擦，不产生磨损，精度保持性好。同时摩擦系数也极低（0.0005），使驱动功率大为降低。其运动不受速度和负载的限制，低速无爬行，承载能力大，刚度好，油液有吸振作用，抗振性好，导轨摩擦发热也小。静压的缺点是结构复杂，要有供油系统，油的清洁度要求高。此导轨多用于重型机床。

5.5.7 支承件

支承件是机电一体化设备中的基础部件。设备的零部件安装在支承件上或在其导轨面上运动。所以，支承件既起支承作用，承受其他零部件的重量及在其上保持相对的运动，又起基准定位作用，确保部件间的相对位置。因此，支承件是设备中十分重要的零部件。

1. 支承件设计的基本要求

（1）应具有足够的刚度和抗振性。由于支承件的自重和其他零部件的质量以及运动部件惯性力的作用，使其本身或与其他零部件的接触表面发生变形。若变形过大会影响设备的精度或工作时产生振动。为了减小受力变形，支承件应具有足够的刚度。

刚度是抵抗载荷变形的能力。抵抗恒定载荷变形的能力称为静刚度；抵抗交变载荷变形的能力称为动刚度。如果基础部件的刚性不足，则在工件的重力、夹紧力、摩擦力、惯性力、工作载荷等的作用下，就会产生变形、振动或爬行，而影响产品定位精度、加工精度及其他性能。

机座或机架的静刚度，主要是指它们的结构刚度和接触刚度。动刚度与静刚度、材料阻尼及固有振动频率有关。在共振条件下的动刚度 K_ω 可用式（5-1）表示：

$$K_\omega = 2K\xi = 2K\frac{B}{\omega_n} \tag{5-1}$$

式中 K——静刚度，N/m；

ξ——阻尼比；

B——阻尼系数；

ω_n——固有振动频率，1/s。

动刚度是衡量抗振性的主要指标，在一般情况下，动刚度越大，抗振性越好。抗振性是指承受受迫振动的能力。受迫振动的振源可能存在于系统（或产品）内部，为驱动电动机转子或转动部件旋转时的不平衡惯性力等。振源也可能来自于设备的外部，如邻近机器设备、运行车辆、人员活动等。

抗振性包括两个方面的含义：①抵抗受迫振动的能力，即能限制受迫振动的振幅不超过允许值的能力；②抵抗自激振动的能力。例如机床在进行切削过程中，由于切削力的变化或外界的激振，使机床产生不允许的振动，影响其加工质量，严重时甚至不能进行工作。设备的刚度与抗振性有一定的关系，如果刚度不足，则容易产生振动。

(2) 应具有较小的热变形和热应力。设备在工作时由于传动系统中的齿轮、轴承，以及导轨等因摩擦而发热，电动机、强光灯、加热器等热源散发出的热量，都将传到支承件上，由于热量分布，散发的不均匀，支承件各处温度不同，由此产生热变形、影响系统原有精度。对于数控机床及其他精密机床，热变形对机床的加工精度有极其重要的影响。在设计这类设备时，应予以足够的重视。

(3) 耐磨性。为了使设备能持久地保持其精度，支承件上的导轨应具有良好的耐磨性。因此，对导轨的材料、结构和形状，热处理及保护和润滑等应做周密的考虑。

(4) 结构工艺性及其他要求。设计支承件时，还应考虑毛坯制造、机械加工和装配的结构工艺性。正确地进行结构设计和必要的计算以保证用最少的材料达到最佳的性能指标，并达到缩短生产周期，降低造价，操作方便，搬运装吊安全等要求。

2. 支承件的材料选择

支承件的材料，除应满足上述要求外，还应保证足够的强度、冲击韧性、耐磨性等。目前常用的材料有铸铁、钢板和型钢、天然和人造花岗岩、预应力钢筋混凝土等。

(1) 铸铁。铸造可以铸出形状复杂的支承件，存在在铸铁中的片状或球状石墨在振动时形成阻尼，抗振性比钢高3倍。但生产铸铁支承件需要制作木模、芯盒等，制造周期长，成本高，故适宜于成批生产。

常用铸铁的种类有以下几种：

1) 一级灰口铸铁HT200。抗拉、弯性能好，可用做带导轨的支承件，但流动性稍差，不宜制作结构太复杂的支承件。

2) 二级灰口铸铁HT150。铸造性能好，但机械性能稍差，用于制作形状复杂但受载不大的支承件。

3) 合金铸铁。需要支承件带导轨时耐磨性好，多采用高磷铸铁、磷铜钛铸铁、钒钛做铁、铬钼铸铁等。耐磨性比灰口铸铁高2～3倍，但成本较高。

铸造支承件不可避免有内应力，引起蠕变，必须进行时效处理，目前常用的处理方法有以下几种：

1) 自然时效处理。自然时效处理是将铸件毛坯或经粗加工后的半成品置放在露天场地，经过数月、数年甚至数十年（精密机械支承件）的风吹日晒雨淋，使内应力通过变形逐渐消除，形状趋于稳定后再加工，或者加工与时效反复轮流进行。自然时效的时间取决于支承件的尺寸大小、结构形状、铸造条件、机械精度要求等因素。自然时效方法简单，效果好，但占地面积大，周期长，影响资金周转。

2) 人工时效处理。人工时效处理是将铸件平放在烘炉内的烘板上，以便整体受热均匀，根据铸件的要求和实际条件选择温度的高低和温度变化的速度。一般最高温度为530～550℃，温度过高会降低硬度，过低则内应力消除很慢。高精度机械的支承件加工与时效应轮流反复多次。

3) 振动时效处理。振动时效处理是以接近铸件固有频率的频率对铸件进行激振或振动，使之逐渐消除内应力。

(2) 钢板与型钢。用钢板与型钢焊接成支承件，生产周期比铸造快 1.7～3.5 倍，钢的弹性模量约为铸铁的 2 倍，承受同样载荷，壁厚可做得比铸件薄，重量也轻。但是，钢的阻尼比只为铸铁的约 1/3，抗振性差，结构和焊缝上要采取抗振措施。

(3) 天然和人造花岗岩。天然花岗岩的优点很多：性能稳定，精度保持性好。由于经历长期的自然时效，残余应力极小，内部组织稳定；抗振性好，阻尼比钢大 15 倍；耐磨性比铸铁高 5～10 倍；导热系数和线膨胀系数小，热稳定性好；抗氧化性强；不导电；抗磁；与金属不粘合，加工方便，通过研磨和抛光容易得到很高的精度和表面粗糙度。目前用于三坐标测量机和印刷板数控钻床等，用做气浮导轨的基底很理想。主要缺点是结晶颗粒粗于钢铁的晶粒，抗冲击性能差，脆性较大，油、水等液体易渗入晶界中，使岩石局部变形胀大，难于制作形状复杂的零件。

(4) 预应力钢筋混凝土。主要用于制造不常移动的大型机械的机身、底座、立柱等支承件。预应力钢筋混凝土支承件的刚度和阻尼比较之铸铁大 5 倍，抗振性好，成本较低。但钢筋的配置对支承件影响较大，应按弹性理论或有限元法所得的主应力方向进行钢筋的配置。制作时混凝土的保养方法也影响性能，混凝土耐腐蚀性差，油渗导致疏松，表面应喷漆或喷涂塑料，脆性也较大。使用条件较为严格方能保持工作寿命。

3. 支承件的结构设计

(1) 选取有利的截面形状。为了保证支承件的刚度和强度，减轻重量和节省材料，必须根据设备的受力情况，选择合理的截面形状。支承件承受载荷的情况虽然复杂，但不外乎拉、压、弯、扭四种形式及其组合。当受弯曲和扭转载荷时，支承件的变形不但与截面面积大小有关，而且与截面形状，即与截面的惯性矩有很大的关系。截面积近似地皆为 10 000mm² 的十种不同截面形状的抗弯和抗扭惯性矩的比较见表 5-3。

表 5-3　各种截面形状的抗弯和抗扭惯性矩（截面积为 10 000mm²）

截面形状	惯性矩计算值（cm⁴） 惯性矩相对值 抗弯	惯性矩计算值（cm⁴） 惯性矩相对值 抗扭	截面形状	惯性矩计算值（cm⁴） 惯性矩相对值 抗弯	惯性矩计算值（cm⁴） 惯性矩相对值 抗扭
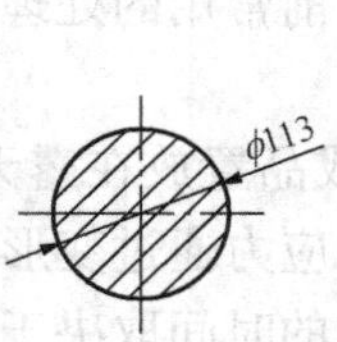	800/1.0	1600/1.0	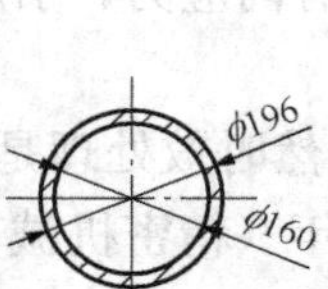	4030/5.04	80600/5.04
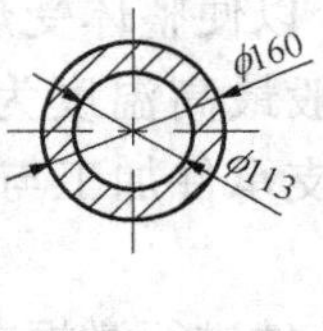	2420/3.02	4840/3.02	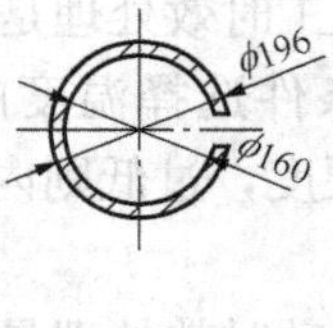		108/0.07

续表

截面形状	惯性矩计算值（cm⁴）/ 惯性矩相对值 抗弯	抗扭	截面形状	惯性矩计算值（cm⁴）/ 惯性矩相对值 抗弯	抗扭
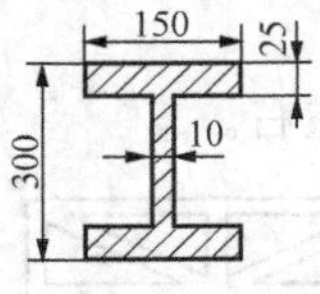	$\frac{15517}{19.4}$	$\frac{1600}{1.0}$	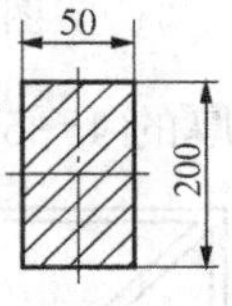	$\frac{3333}{4.17}$	$\frac{680}{0.43}$
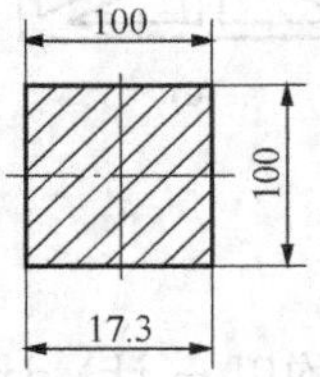	$\frac{833}{1.04}$	$\frac{1400}{0.88}$	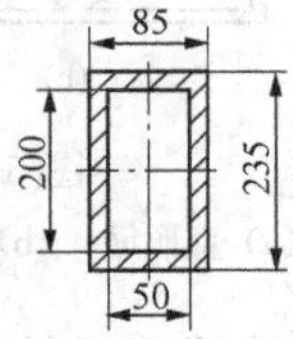	$\frac{5867}{7.35}$	$\frac{1316}{0.82}$
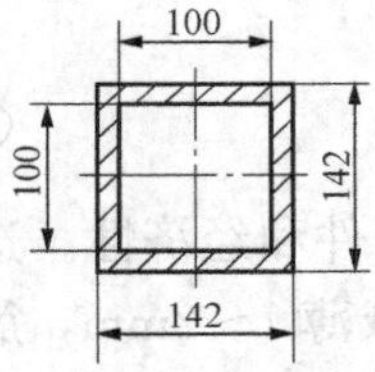	$\frac{2563}{3.21}$	$\frac{2040}{1.27}$	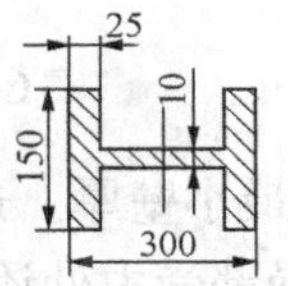	$\frac{2720}{3.4}$	

注　分母上的值为相对于圆截面的比值。

从表 5－3 可以看出：

1）空心结构的刚度要比实心结构的刚度大。因此，用加大横截面的轮廓尺寸．并减小壁厚的方法可以提高刚度。

2）采用圆形空心截面，对于提高抗弯和抗扭刚度的效果都很好。对于正方形空心截面，提高抗弯刚度效果很好，但提高抗扭刚度效果较差。长方形空心截面，对提高长边方向的抗弯刚度非常显著，但抗扭刚度则减小了。

3）对于不封闭的截面，它的抗扭刚度极差，从提高刚度的角度出发，大的支承件应做成封闭的截面。但是有些支承件的内部往往需要安装传动机构、电器设备、润滑冷却设备等，必须在大件的壁上开孔，而无法保持其横截面为封闭式。

（2）设置隔板和加强筋。设置隔板和加强筋是提高刚度的有效方法。特别是当截面无法封闭时，必须用隔板（指连接支承件四周外壁的内板）或加强筋来提高刚度。加强筋的作用与隔板有所不同，隔板主要用于提高机座的自身刚度，而加强筋则主要用于提高局部刚度。

图 5－39 所示为加强筋和隔板布置实例。图 5－39（a）所示为带中间隔板的支承件；图 5－39（b）所示为带加强筋、双层壁结构的支承件；图 5－39（c）所示为带加强筋的圆形截面支承件。

加强筋常见的有直形筋、V 字筋、十字筋和米字筋四种形式，如图 5－40 所示。直形筋的铸造工艺最简单，但刚度最小；米字筋的刚度最大，但铸造工艺最复杂。一般负载较小的设备，多采用直形筋。

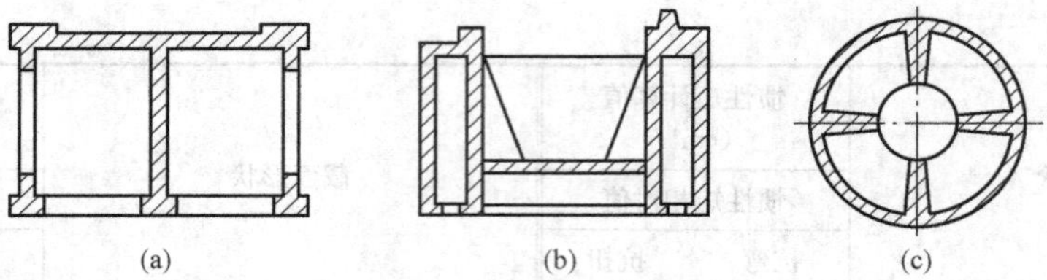

图 5-39 隔板和加强筋

加强筋的高度可取为壁厚的 4～5 倍，其厚度可取为壁厚的 0.8 倍左右。

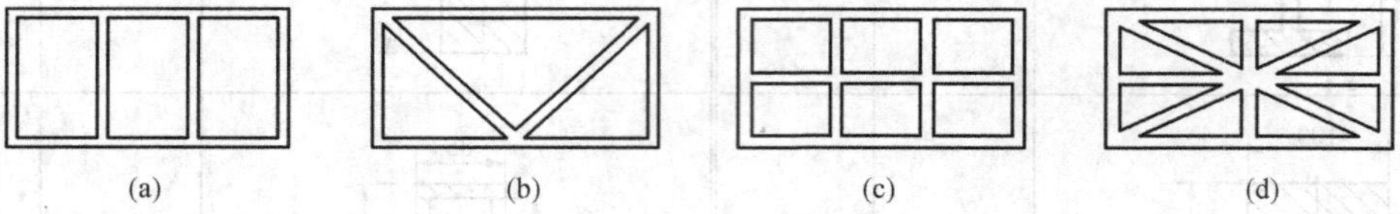

图 5-40 加强筋的形状

(a) 直形筋；(b) V 字筋；(c) 十字筋；(d) 米字筋

(3) 选择合理的壁厚。铸造支承件按其长度 L、宽度 B、高度 H（均以 m 计）计算当量尺寸 C 为

$$C=\frac{2L+B+H}{4} \tag{5-2}$$

然后根据表 5-4 选择最小壁厚。选择的壁厚还应考虑具体工艺条件和经济性。选择出的最小壁厚是基本尺寸，局部受力处还可适当加厚，隔板比基本壁厚减薄 1～2mm，筋板可比基本壁厚减薄 2～4mm。焊接支承件的壁厚可取铸件的 60%～80%。

表 5-4 根据当量壁厚选择铸铁支承件的最小壁厚

当量尺寸 C (m)	0.75	1.0	1.5	1.8	2.0	2.5	3	3.5	4.5
外壁厚（mm）	8	10	12	14	16	18	20	22	25
隔板或筋厚（mm）	6	8	10	12	12	14	16	18	20

(4) 选择合理的结构以提高连接处的局部刚度和接触刚度。在两个平面接触处，由于微观的不平度，实际接触的只是凸起部分。当受外力作用时，接触点的压力增大，产生一定的变形，这种变形称为接触变形。为了提高连接处的接触刚度，固定接触面的表面粗糙度应小于 $Ra2.5$，以便增加实际接触面积；固定螺钉应在接触面上造成一个预压力，压强一般为 2MPa，并据此设计固定螺钉的直径和数量，以及拧紧螺母的扭矩。图 5-41 所示均为提高连接刚度的结构。

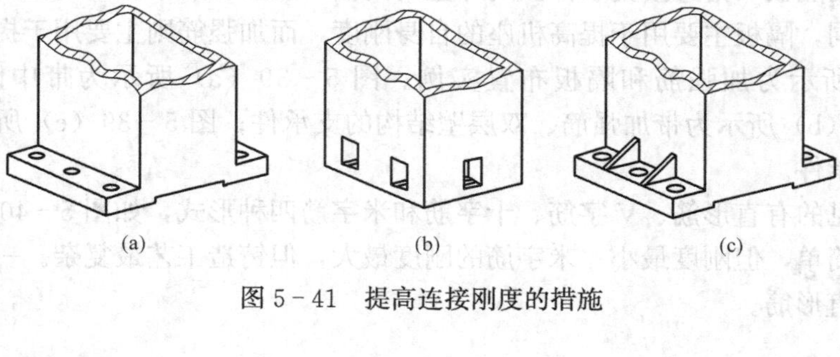

图 5-41 提高连接刚度的措施

(5) 提高阻尼比。提高抗振性的途径，除提高静刚度、减轻重量及采取消振、隔振措施外，还可提高阻尼比。在铸件中保留砂芯，在焊接支承件中填砂或混凝土，都可达到提高阻尼比的目的。

(6) 用模拟刚度试验类比法设计支承。设计支承件的尺寸和隔板、加强筋的布置时，常用模拟刚度试验和实测方法进行类比分析确定。

(7) 支承件的结构工艺性。机座一般体积较大、结构复杂、成本高，尤其要注意其结构工艺性，以便于制造和降低成本。在保证刚度的条件下，应力求铸件形状简单，拔模容易，型芯要少，便于支撑和制造。机座壁厚应尽量均匀，力求避免截面的急剧变化，凸起过大、壁厚过薄、过长的分型线和金属的局部堆积等。铸件要便于清砂，为此，必须开有足够大的清砂口，或开几个清砂口。在同一侧面的加工表面，应处于同一个平面上，以便一起刨出或铣出。另外，机座必须有可靠的加工工艺基准面，若因结构原因没有工艺基准，可设计工艺基准，以便于制造。

5.6　数控机床的自动换刀装置

高效率的数控机床与传统机床一个明显的特点就是非切削时间短，这主要得益于现代数控机床都有快速更换刀具的装置，甚至很多机床具有自动换刀装置，以满足一次装夹工件完成多道工序时，需要使用多种刀具的生产需求。同时自动换刀装置还需满足换刀时间短、刀具重复定位精度高、刀具存储量足够、结构紧凑、安全可靠等要求。目前，数控机床使用的自动换刀装置有转塔式自动换刀装置和刀库式自动换刀装置两类。

5.6.1　转塔式自动换刀装置

转塔式自动换刀装置分为回转刀架式和转塔头式两种。回转刀架式换刀装置是一种最简单的自动换刀装置，用于各种数控车床和车削中心机床，转塔头式换刀装置多用于数控钻床、数控镗床、数控铣床等。

1. 回转刀架式换刀装置

根据不同的加工对象，回转刀架式换刀装置可以设计成四方刀架、六角刀架等多种形式。回转刀架上分别安装着四把、六把或更多的刀具，并按数控装置的指令换刀。回转刀架又有立式和卧式两种，立式回转刀架的回转轴与机床主轴成垂直布置，结构比较简单，经济型数控车床常采用这种刀架；卧式回转刀架的回转轴平行于机床主轴，高精度的后置刀架数控车床或车削中心常采用标准配置为 12 刀位的卧式回转刀架，如图 5 - 42 所示。

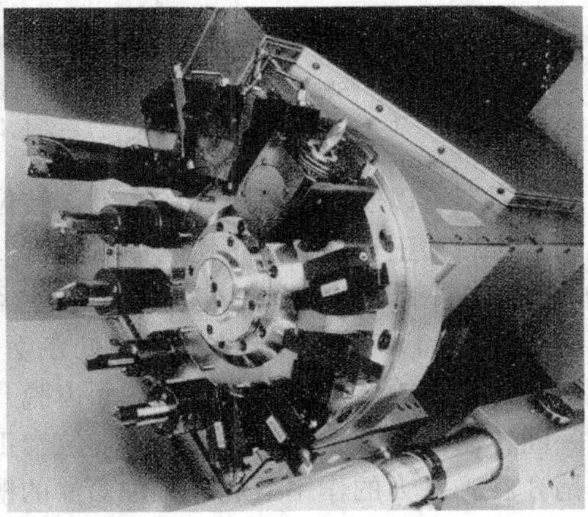

图 5 - 42　12 刀位的卧式回转刀架

回转刀架在结构上应具有良好的强度和刚性，以承受粗加工时的切削抗力。由于车削加工精度在很大程度上取决于刀尖位置，对于数控车床来说，加工过程中刀尖位置不进行人工调整，因此更有必要选择可靠的定位方案和合理的定位结构，以保证回转刀架在每一次转位之后，具有尽可能高的重复定位精度（一般为 0.001～0.005）。

数控车床回转刀架动作的要求是：刀架抬起、刀架转位、刀架定位和夹紧刀架。为完成上述动作要求，要有相应的机构来实现。图 5-43 所示为 WZD4 型四方刀架的具体结构图。

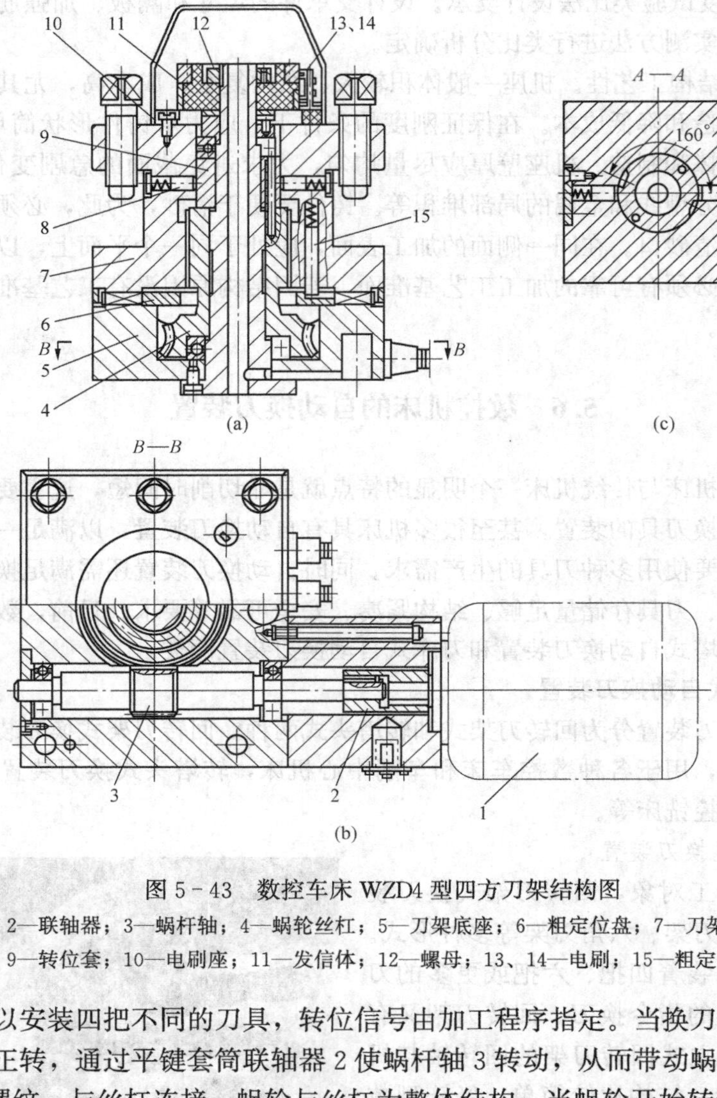

图 5-43 数控车床 WZD4 型四方刀架结构图

1—电动机；2—联轴器；3—蜗杆轴；4—蜗轮丝杠；5—刀架底座；6—粗定位盘；7—刀架体；8—球头销；9—转位套；10—电刷座；11—发信体；12—螺母；13、14—电刷；15—粗定位销

该刀架可以安装四把不同的刀具，转位信号由加工程序指定。当换刀指令发出后，小型电动机 1 启动正转，通过平键套筒联轴器 2 使蜗杆轴 3 转动，从而带动蜗轮 4 转动。刀架体 7 内孔加工有螺纹，与丝杠连接，蜗轮与丝杠为整体结构。当蜗轮开始转动时，由于加工在刀架底座 5 和刀架体 7 上的端面齿处在啮合状态，且蜗轮丝杠轴向固定，这时刀架体 7 抬起。当刀架体抬至一定距离后，端面齿脱开。转位套 9 用销钉与蜗轮丝杠 4 连接，随蜗轮丝杠一同转动，当端面齿完全脱开，转位套正好转过 160°（如图 5-43 所示的 *A*—*A* 剖），球头销 8 在弹簧力的作用下进入转位套 9 的槽中，带动刀架体转位。刀架体 7 转动时带着电刷座 10 转动，当转到程序指定的刀号时，定位销 15 在弹簧的作用下进入粗定位盘 6 的槽中进行粗定位，同时电刷 13 接触导体使电动机 1 反转，由于粗定位槽的限制，刀架体 7 不能转动，使其在该位置垂直落下，刀架体 7 和刀架底座 5 上的端面齿啮合实现精确定位。电动机继续反转，此时蜗轮停止转动，蜗杆轴 3 自身转动，当两端面齿增加到一定夹紧力时，电动

机1停止转动。

译码装置由发信体11、电刷13和14组成，电刷13负责发信，电刷14负责位置判断。当刀架定位出现过位或不到位时，可松开螺母12调好发信体11与电刷14的相对位置。

这种刀架在经济型数控车床及卧式车床的数控化改造中得到广泛的应用。回转刀架一般采用液压缸驱动转位和定位销定位，也有采用电动机—马氏机构转位和鼠盘定位，以及其他转位和定位机构。

2. 转塔头式换刀装置

一般数控机床常采用转塔头式换刀装置，如数控车床的转塔刀架、数控钻镗床的多轴转塔头等。在转塔的各个主轴头上，预先安装有各工序所需要的旋转刀具，当发出换刀指令时，各种主轴头依次地转到加工位置，并接通主运动，使相应的主轴带动刀具旋转，而其他处于不同加工位置的主轴都与主运动脱开。转塔头式换刀方式的主要优点在于省去了自动松夹、卸刀、装刀、夹紧、刀具搬运等一系列复杂的操作，缩短了换刀时间，提高了换刀可靠性，它适用于工序较少，精度要求不高的数控机床。

图5-44所示为卧式八轴转塔头。转塔头上径向分布着八根结构完全相同的主轴1，主轴的回转运动由齿轮15输入。当数控装置发出换刀指令时，通过液压拨叉（图中未示出）将移动齿轮6与齿轮15脱离啮合，同时在中心液压缸13的上腔通压力油。由于活塞杆和活塞口固定在底座上，因此中心液压缸13带着有两个止推轴承9和11支承的转塔刀架10抬起，鼠齿盘7和8脱离啮合。然后压力油进入转位液压缸，推动活塞齿条，再经过中间齿轮使大齿轮5与转塔刀架体10一起回转45°，将下一工序的主轴转到工作位置。转位结束后，压力油进入中心液压缸13的下腔使转塔头下降，鼠齿盘7和8重新啮合，实现了精确的定位。在压力油的作用下，转塔头被压紧，转位液压缸退回原位。最后通过液压拨叉拨动移动齿轮6，使它与新换上的主轴齿轮15啮合。

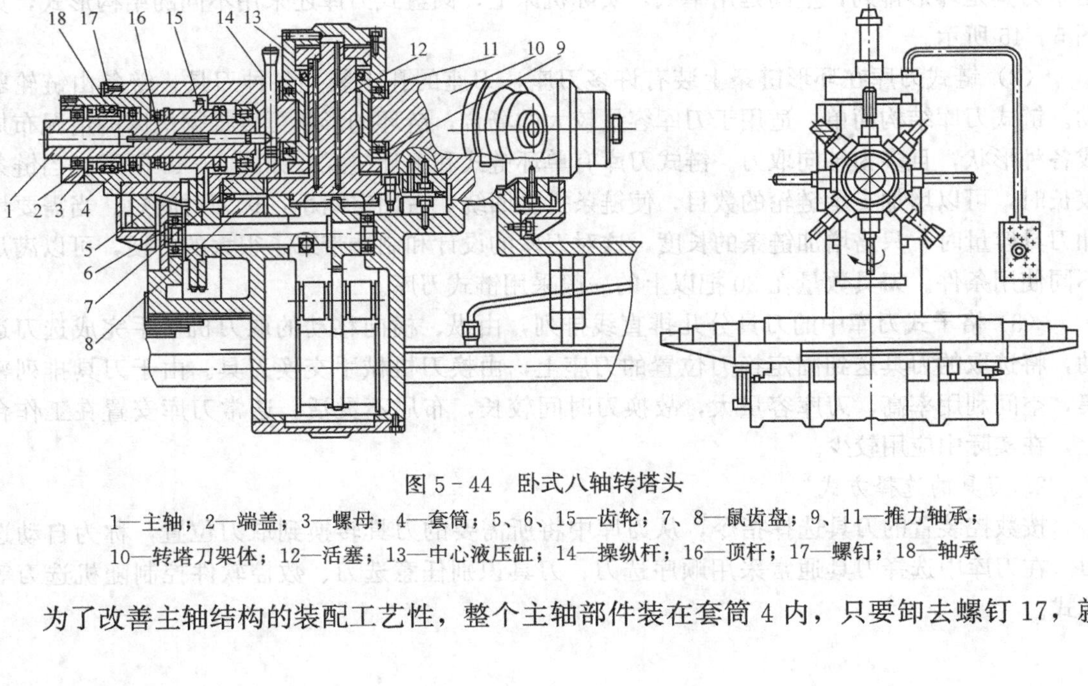

图5-44　卧式八轴转塔头

1—主轴；2—端盖；3—螺母；4—套筒；5、6、15—齿轮；7、8—鼠齿盘；9、11—推力轴承；10—转塔刀架体；12—活塞；13—中心液压缸；14—操纵杆；16—顶杆；17—螺钉；18—轴承

为了改善主轴结构的装配工艺性，整个主轴部件装在套筒4内，只要卸去螺钉17，就

可以将整个部件抽出。主轴前轴承 18 采用锥孔双列圆柱滚子轴承，调整时先卸下端盖 2，然后拧动螺母 3，使内环做轴向移动，以便消除轴承的径向间隙。

为了便于卸出主轴锥孔内的刀具，每根主轴都有操纵杆 14，只要按压操纵杆，就能通过斜面推动顶出刀具。

转塔主轴头的转位，定位和压紧方式与鼠齿盘式分度工作台极为相似。但因为在转塔上分布着许多回转主轴部件，使结构更为复杂。由于空间位置的限制，主轴部件的结构不可能设计得十分坚固，因而影响了主轴系统的刚度。为了保证主轴的刚度，主轴的数目必须加以限制，否则将会使尺寸大为增加。

5.6.2 带刀库的自动换刀系统

由于回转刀架、转塔头式换刀装置容纳的刀具数量不能太多，满足不了复杂零件的加工需要。自动换刀数控机床多采用刀库式自动换刀装置。带刀库的自动换刀系统由刀库和刀具交换机构组成，它是多工序数控机床上应用最广泛的换刀方法。整个换刀过程较为复杂，首先把加工过程中需要使用的全部刀具分别安装在标准的刀柄上，在机外进行尺寸预调整之后，按一定的方式放入刀库，换刀时先在刀库中进行选刀，并由刀具交换装置从刀库和主轴上取出刀具。在进行刀具交换之后，将新刀具装入主轴，把旧刀具放入刀库。存放刀具的刀库具有较大的容量，它既可安装在主轴箱的侧面或上方，也可作为单独部件安装到机床以外。

1. 常见的刀库形式

刀库是加工中心自动换刀装置中的主要部件之一。其容量、布局及具体结构对数控机床的总体设计有很大影响。根据刀库存放刀具的数目和取刀方式，刀库可设计成不同形式。常见的刀库形式有三种：圆盘形刀库、链式刀库、格子箱刀库。其中，盘式刀库应用最为普遍，其次为链式刀库。

(1) 圆盘式刀库结构简单紧凑，在钻削中心上应用较多，一般存放刀具不超过 32 把。由于刀具是环形排列，空间延用率低，实际机床上，圆盘式刀库还采用不同的结构形式，如图 5-45 所示。

(2) 链式刀库在环形链条上装有许多刀座，刀座的孔中装夹各种刀具，链条由链轮驱动。链式刀库结构简单，适用于刀库容量较大的场合，链环的形状可以根据机床的情况布局成各种形状，且多为轴向取刀。链式刀库有单环链式和多环链式，如图 5-46 所示。当链条较长时，可以增加支承链轮的数目，使链条折叠回绕，占用空间小，选刀时间短。当需要增加刀具容量时，只需增加链条的长度，这对刀库的设计和制造带来了很大的方便，可以满足不同使用条件。刀具数量在 30 把以上的一般采用链式刀库。

(3) 格子式刀库中的刀具分几排直线排列，由纵、横向移动的取刀机械手完成选刀运动，将选取的刀具送到固定换刀位置的刀座上，由换刀机械手交换刀具。由于刀具排列密集，空间利用率高，刀库容量大，故换刀时间较长，布局不灵活。通常刀库安置在工作台上，在实际中应用较少。

2. 刀具的选择方式

按数控装置的刀具选择指令，从刀库中将所需要的刀具转换到取刀位置，称为自动选刀。在刀库中选择刀具通常采用顺序选刀、刀具识别任意选刀、数控软件控制随机选刀等方式。

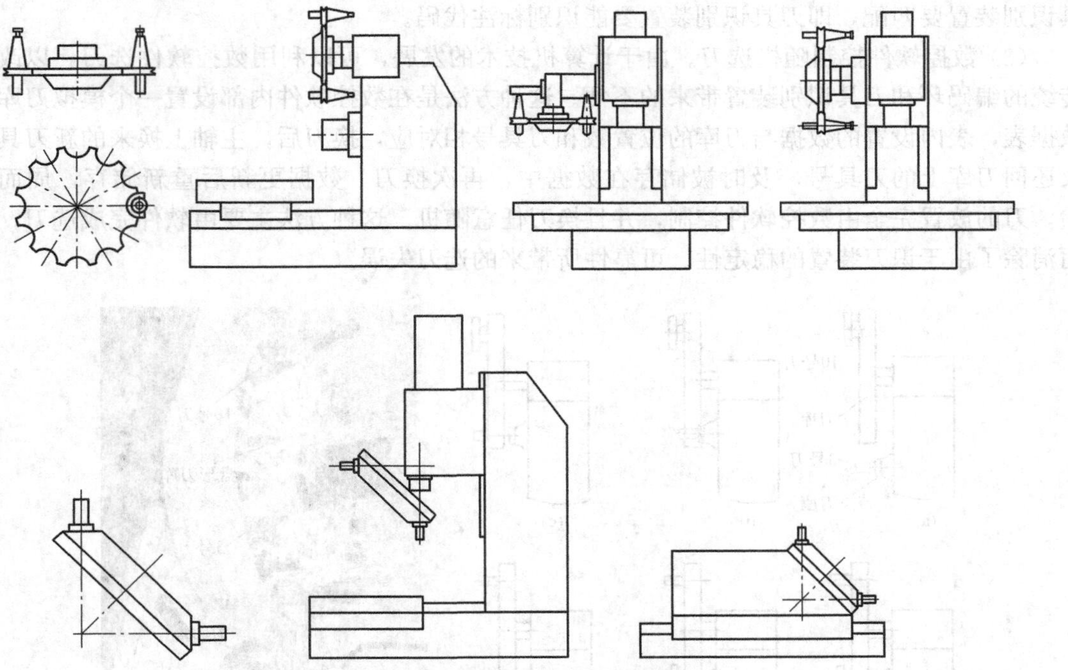

图 5-45　圆盘式刀库的结构形式

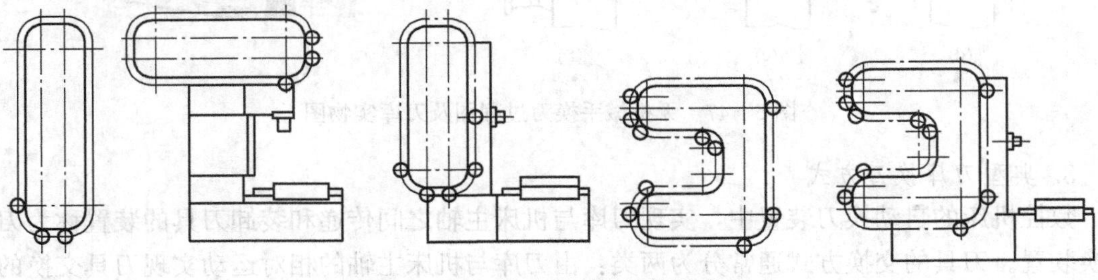

图 5-46　链式刀库的结构形式

(1) 顺序选刀。顺序选刀即刀具按预定工序的先后顺序插入刀库的刀座中，使用时按顺序转到取刀位置。用过的刀具放回原来的刀座内，也可以按加工顺序放入下一个刀座内。该方式不需要刀具识别装置，但加工顺序很重要，装刀时必须十分谨慎，如果刀具不按顺序装在刀库中，将会产生严重的后果。使用时，刀库中每一把刀具在不同的工序中不能重复使用，为了满足加工需要，加工中心只有增加刀具的数量和刀库的容量，这就降低了刀具和刀库的利用率。

(2) 刀具识别任意选刀。为克服顺序选刀的缺点，可采用刀具识别的方式来换刀，这种方法是每把刀具（或刀座）都编上代码，自动换刀时，刀库旋转，每把刀具（或刀座）都经过刀具识别装置接受识别。当某把刀具的代码与数控指令的代码相符合时，该把刀具被选中，等待机械手来抓取。这种方法根据程序指令的要求任意选择所需要的刀具，刀具在刀库中不必按照工件的加工顺序排列，可以随意存放。任意选择刀具法的优点是刀库中刀具的排列顺序与工件加工顺序无关，相同的刀具可重复使用。因此，刀具数量比顺序选择法的刀具可少一些，刀库也相应地小一些。缺点是刀具（或刀座）必须标注标识代码，而且代码与刀具识别装置要匹配，即刀具识别装置要能识别标注代码。

（3）数控软件控制随机选刀。由于计算机技术的发展，可以利用数控软件选刀，以改善传统的编码环和刀具识别装置带来的不便。这种方法是在数控软件内部设置一个模拟刀库的数据表，表内设置的数据与刀库的位置数和刀具号相对应，换刀后，主轴上换来的新刀具号及还回刀库上的刀具号，及时被储存在数据中，再次换刀，数据更新后重新储存，周而复始，刀的放置完全由数控软件控制，并且换刀任意随机。这种方法主要由软件完成选刀，从而消除了由于识刀装置的稳定性、可靠性所带来的选刀失误。

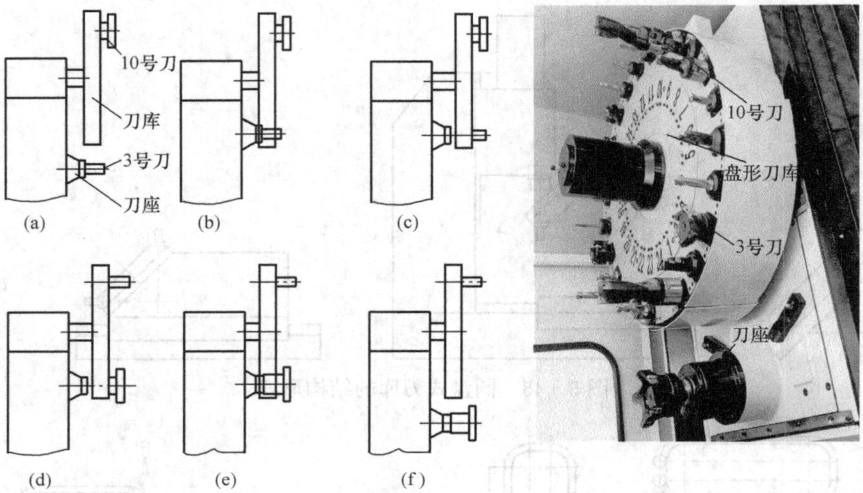

图 5-47　无机械手换刀过程图及刀库实物图

3. 典型刀库换刀方式

数控机床的自动换刀装置中，实现刀库与机床主轴之间传递和装卸刀具的装置称为刀具交换装置。刀具的交换方式通常分为两类：由刀库与机床主轴的相对运动实现刀具交换的无机械手换刀方式和采用机械手交换刀具。

（1）利用刀库与机床主轴的相对运动实现刀具交换的无机械手换刀方式。此装置在换刀时必须首先将用过的刀具送回刀库，然后再从刀库中取出新刀具，这两个动作不可能同时进行，因此换刀时间较长。图 5-47 所示无机械手换刀过程图。

1）如图 5-47（a）所示，上一工序中 3 号刀使用结束，执行换刀指令 M06　T10，主轴准停，盘形刀库从 1 号位旋转，使没有刀具的 3 号位正好处于刀座上方位置，准备把 3 号刀放入 3 号位置。

2）如图 5-47（b）所示，主轴箱做上升运动，盘形刀库装夹刀具的卡爪打开，主轴箱到达换刀位置，被更换的 3 号刀具进入刀库 3 号刀位，刀库夹紧 3 号刀。

3）如图 5-47（c）所示，主轴刀座松开，盘形刀库前伸，从主轴锥孔中将 3 号刀拔出。

4）如图 5-47（d）所示，盘形刀库旋转，使 10 号刀对准主轴刀座，同时主轴刀座吹气装置进行吹气清洗，使刀座锥孔保持清洁。

5）如图 5-47（e）所示，盘形刀库后退，将 10 号刀插入主轴锥孔，主轴内刀具夹紧装置将刀杆拉紧。

6）如图 5－47（f）所示，盘形刀库装夹刀具的卡爪打开，主轴箱下降至加工位，盘形刀库前伸，盘形刀库旋转至 1 号位，盘形刀库后退并锁紧。

无机械手换刀装置的优点是：结构简单、紧凑，换刀可靠，由于交换刀具时机床不工作，不会影响加工精度；缺点是刀库容量不大，换刀时间长，影响机床的生产率。该装置适合于中、小型加工中心采用。

（2）刀库—机械手的刀具交换装置。采用机械手进行刀具交换的方式应用的最为广泛，这是因为机械手换刀有很大的灵活性，而且可以减少换刀时间。刀库—机械手换刀过程如图 5－48 所示。

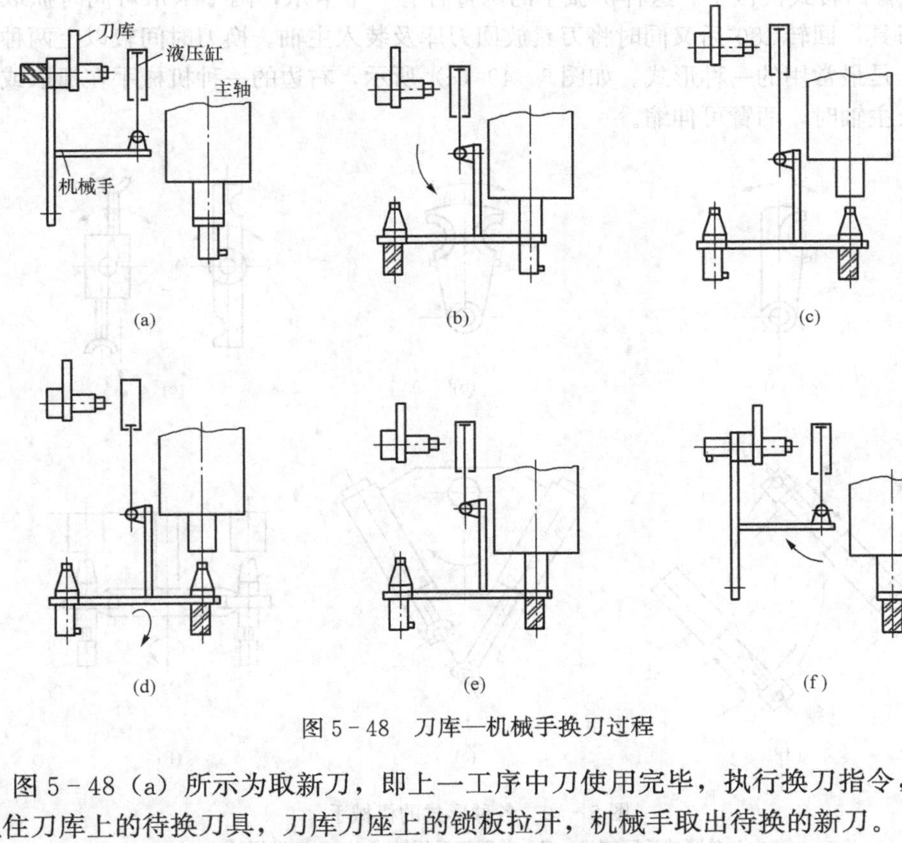

图 5－48　刀库—机械手换刀过程

1）图 5－48（a）所示为取新刀，即上一工序中刀使用完毕，执行换刀指令，机械手伸出，抓住刀库上的待换刀具，刀库刀座上的锁板拉开，机械手取出待换的新刀。

2）图 5－48（b）所示为垂直旋转 90°，即机械手带着待换的新刀具，绕竖直轴逆时针转 90°，与主轴轴线平行。

3）图 5－48（c）所示为取旧刀，即主轴准停，机械手另一端前伸，抓住主轴上的刀具，主轴刀座松开刀杆，机械手从主轴锥孔内拔出待换的旧刀。

4）图 5－48（d）所示为水平旋转 180°，即机械手两端更换，使待换的新刀对准主轴刀座，同时主轴刀座吹气装置进行吹气清洗，使刀座锥孔保持清洁。

5）图 5－48（e）所示为换新刀，即机械手上行，将待换的新刀插入主轴锥孔，主轴内刀具夹紧装置将刀杆拉紧，同时刀库旋转至旧刀安放位置。

6）图 5－48（f）所示为机械手打开，松开新刀，下行，垂直旋转 90°，把旧刀返回刀库，机械手退回，主轴准停松开，准备加工。

4. 常见的机械手形式

在自动换刀数控机床中，机械手的形式也是多种多样的，如图 5-49 所示。

(1) 单臂单爪回转式机械手。这种机械手的手臂可以回转不同的角度，进行自动换刀，手臂上只有一个卡爪，不论在刀库上或是在主轴上，均靠这一个卡爪来装刀及卸刀，因此换刀时间较长，如图 5-49 (a) 所示。

(2) 单臂双爪回转式机械手。这种机械手的手臂上有两个卡爪，两个卡爪有所分工，一个卡爪只执行从主轴上取下旧刀送回刀库的任务；另一个卡爪则执行由刀库取出新刀送到主轴的任务，其换刀时间较上述单爪回转式机械手要少，如图 5-49 (b) 所示。

(3) 双臂回转式机械手。这种机械手的两臂各有一个卡爪，两个卡爪可同时抓取刀库及主轴上的刀具，回转 180°后又同时将刀具放回刀库及装入主轴。换刀时间较以上两种单臂机械手均短，是最常用的一种形式。如图 5-49 (c) 所示，右边的一种机械手在抓取或将刀具送入刀库及主轴时，两臂可伸缩。

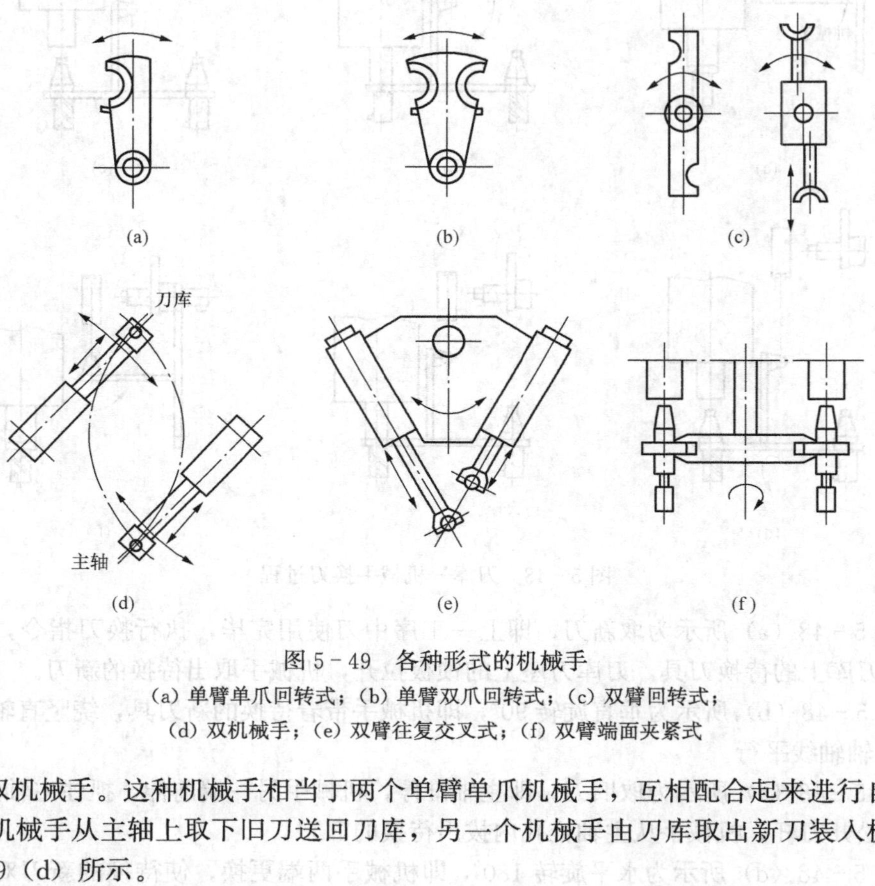

图 5-49 各种形式的机械手

(a) 单臂单爪回转式；(b) 单臂双爪回转式；(c) 双臂回转式；
(d) 双机械手；(e) 双臂往复交叉式；(f) 双臂端面夹紧式

(4) 双机械手。这种机械手相当于两个单臂单爪机械手，互相配合起来进行自动换刀。其中一个机械手从主轴上取下旧刀送回刀库，另一个机械手由刀库取出新刀装入机床主轴，如图 5-49 (d) 所示。

(5) 双臂往复交叉式机械手。这种机械手的两手臂可以往复运动，并交叉成一定角度。一个手臂从主轴上取下旧刀送回刀库，另一个手臂由刀库取出新刀装入机床主轴。整个机械手可沿某导轨直线移动或绕某个转轴回转，以实现刀库与主轴间的运刀工作，如图 5-49 (e) 所示。

(6) 双臂端面夹紧式机械手。这种机械手只是在夹紧部位上与前几种不同。前几种机械手均靠夹紧刀柄的外圆表面以抓取刀具，这种机械手则夹紧刀柄的两个端面，如图 5-49 (f) 所示。

5. 典型的机械手结构

在各种类型的机械手中，双臂机械手使用最为广泛，双臂机械手中最常用的几种结构如图 5-50 所示，它们分别是钩手、抱手、伸缩手和叉手。这几种机械手能够完成抓刀、拔刀、回转、插刀、返回等全部动作。为了防止刀具掉落，各机械手的活动爪都必须带有自锁机构。由于双臂回转机械手的动作比较简单，而且能够同时抓取和装卸机床主轴和刀库中的刀具，因此换刀时间可以进一步缩短。

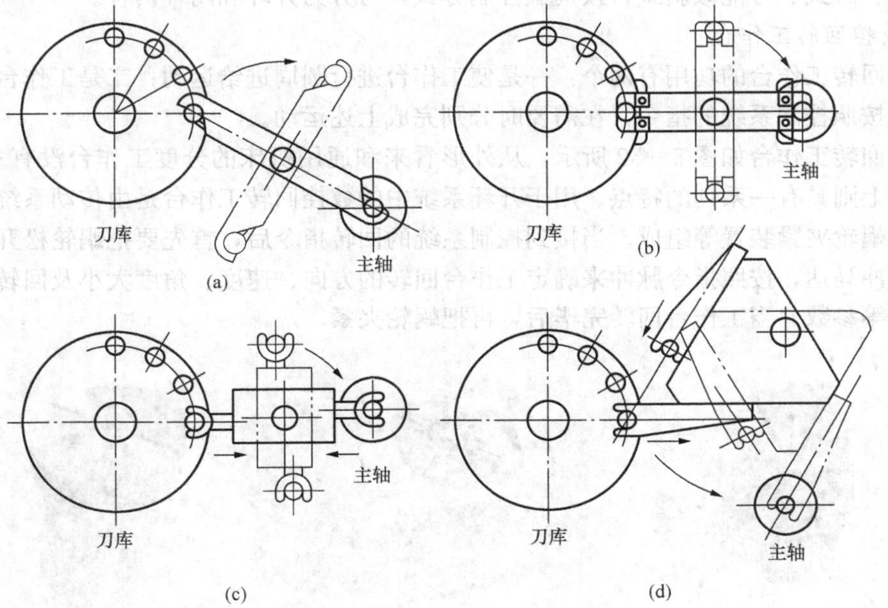

图 5-50　双臂机械手常用机构

(a) 钩手；(b) 抱手；(c) 伸缩手；(d) 叉手

在刀库远离机床主轴的换刀装置中，除了机械手以外，还带有中间搬运装置。图 5-51 所示为双刀库机械手换刀装置，其特点是用两个刀库和两个单臂机械手进行工作，因而机械手的工作行程大为缩短，有效地节省了换刀时间。另外，由于刀库分设两处使布局较为合理。

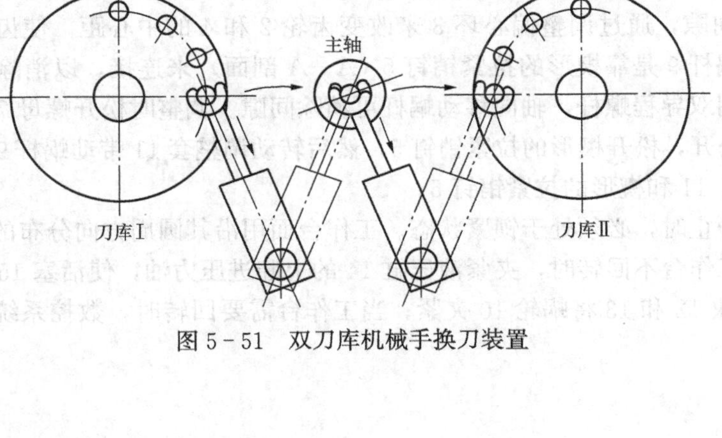

图 5-51　双刀库机械手换刀装置

5.7 数控机床的主要辅助装置

5.7.1 数控机床的回转工作台

为了扩大工艺范围，提高生产率，数控机床除具有沿 X、Y、Z 三个坐标轴的直线进给运动功能外，还具有绕 X、Y、Z 坐标轴的圆周进给运动和分度运动，数控机床实现回转运动和分度运动主要由数控回转工作台和分度工作台来完成。数控回转工作台和分度工作台按其台面直径，可分为 160、200、250、320、400、500、630、800mm 等；按安装方式，可分为立式、卧式、万能倾斜式；按伺服控制方式，可分为开环和闭环两种。

1. 数控回转工作台

数控回转工作台的功用有两个：一是使工作台进行圆周进给运动；二是工作台进行分度运动。它按照控制系统的指令，在需要时分别完成上述运动。

数控回转工作台如图 5－52 所示，从外形看来和通用机床的分度工作台没有多大差别，但在结构上则具有一系列的特点。用于开环系统中的数控回转工作台是由传动系统、间隙消除装置、蜗轮夹紧装置等组成。当接到控制系统的回转指令后，首先要把蜗轮松开，然后开动电液脉冲马达，按照指令脉冲来确定工作台回转的方向、速度、角度大小及回转过程中速度的变化等参数。当工作台回转完毕后，再把蜗轮夹紧。

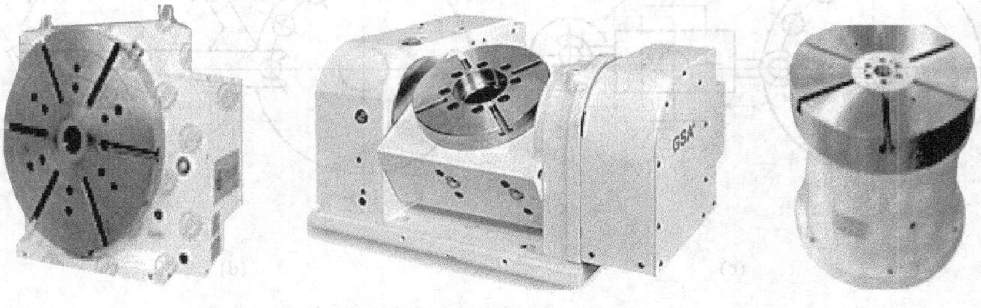

图 5－52 数控回转工作台

数控回转工作台的定位精度完全由控制系统决定。因此，对于开环系统的数控回转工作台，要求它的传动系统中没有间隙，否则在反向回转时会产生传动误差，影响定位精度。图 5－53 所示为某一数控回转工作台的结构图。

数控回转工作台由传动系统、间隙消除装置、蜗轮夹紧装置等组成。回转工作台由电液脉冲马达 1 驱动，经齿轮 2 和 4 带动蜗杆 9 转动，通过蜗轮 10 使工作台回转。为了消除反向间隙和传动间隙，通过调整偏心环 3 来改变齿轮 2 和 4 的中心距，使齿轮总是无侧隙啮合。齿轮 4 和蜗杆 9 是靠楔形的拉紧销钉 5（A—A 剖面）来连接，以消除轴与套的配合间隙。蜗杆 9 采用双导程螺杆，轴向移动蜗杆可消除间隙。调整时松开螺母 7 的锁紧螺钉使压块 6 与调整套松开，松开楔形的拉紧销钉 5，然后转动调整套 11 带动蜗杆 9 做轴向移动。调整后锁紧调整套 11 和楔形的拉紧销钉 5。

当工作台静止时，必须处于锁紧状态。工作台面用沿其圆周方向分布的八个夹紧液压缸进行夹紧。当工作台不回转时，夹紧液压缸 14 的上腔进压力油，使活塞 15 向下运动，通过钢球 17、夹紧块 12 和 13 将蜗轮 10 夹紧；当工作台需要回转时，数控系统发出指令，使夹紧液压缸 14 上腔的油流回油箱。在弹簧 16 的作用下，钢球 17 抬起，夹紧块 12 和 13 松开蜗轮 10，然后由电液脉冲马达 1 通过传动装置，使蜗轮和回转工作台按照控制系统的指令做回转运动。

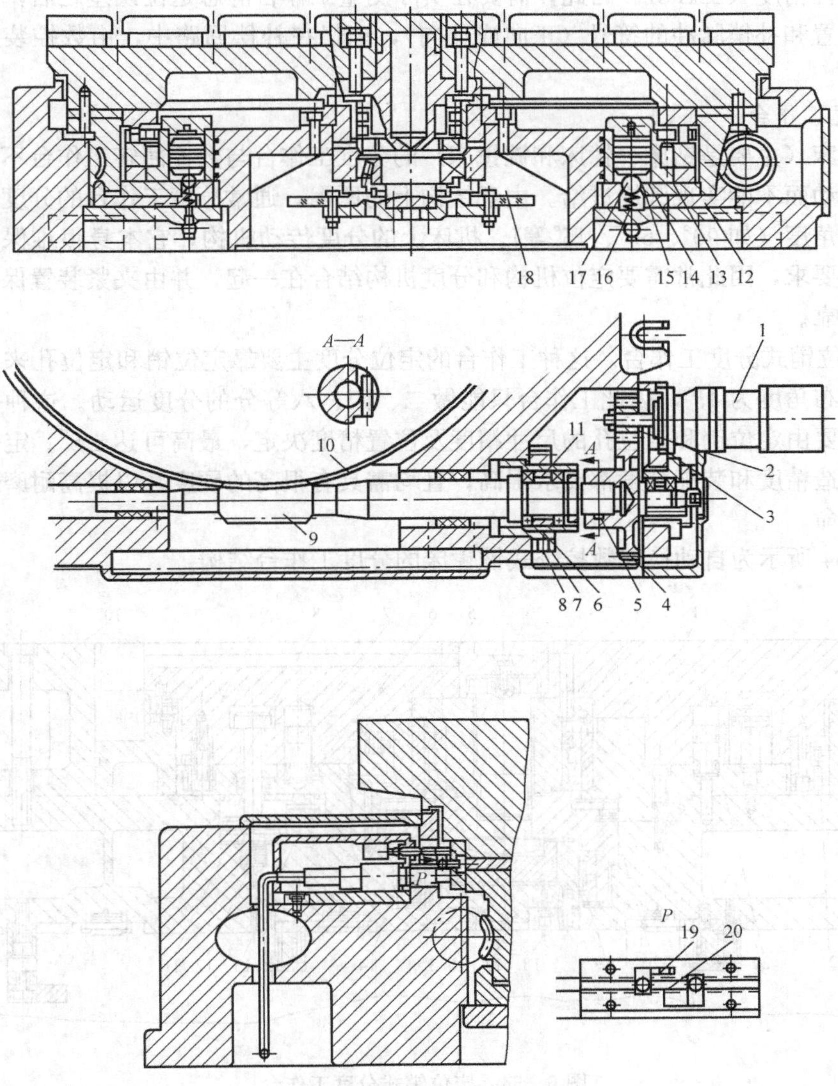

图 5-53　数控回转工作台

1—电液脉冲马达；2、4—齿轮；3—偏心环；5—楔形圆柱销；6—压块；7—螺母；8—锁紧螺钉；9—蜗杆；10—蜗轮；11—调整套；12、13—夹紧块；14—夹紧液压缸；15—活塞；16—弹簧；17—钢球；18—光栅；19—撞块；20—限位开关

数控回转工作台设有零点，当它做返零控制时，先用撞块 19 碰撞限位开关 20，使工作台由快速变为慢速回转，然后在限位开关 20 和无触点开关的作用下，使工作台准确的停在零位。数控回转工作台可可以利用光栅 18 做任意角度的回转或分度，由光栅 18 进行读数控制。光栅 18 沿其圆周上有 21600 条刻线，通过 6 倍频线路，刻度的分辨能力

为10s。

这种数控回转工作台的驱动系统采用开环系统，其定位精度主要取决于蜗杆蜗轮副的运动精度，虽然采用高精度的五级蜗杆蜗轮副，并用双螺距蜗杆实现无间隙传动，但还不能满足机床的定位精度（±10s）。因此，需要在实际测量工作台静态定位误差之后，确定需要补偿的角度位置和补偿脉冲的符号（正向或反向），记忆在补偿回路中，由数控装置进行误差补偿。

2. 分度工作台

数控机床（主要是钻床、镗床和铣镗床）的分度工作台与数控回转工作台不同，它只能完成分度运动而不能实现圆周进给。由于结构上的原因，通常分度工作台的分度运动只限于某些规定的角度（如90°、60°、45°等）。机床上的分度传动机构，它本身很难保证工作台分度的高精度要求，因此常需要定位机构和分度机构结合在一起，并由夹紧装置保证机床工作时的安全可靠。

(1) 定位销式分度工作台。这种工作台的定位分度主要靠定位销和定位孔来实现。定位销之间的分布角度为45°，因此工作台只能做二、四、八等分的分度运动。这种分度方式的分度精度主要由定位销和定位孔的尺寸精度及位置精度决定，最高可达±5″。定位销和定位孔衬套的制造精度和装配精度都要求很高，且均需具有很高的硬度，以提高耐磨性，保证足够的使用寿命。

图5-54所示为自动换刀数控卧式铣镗床的分度工作台结构。

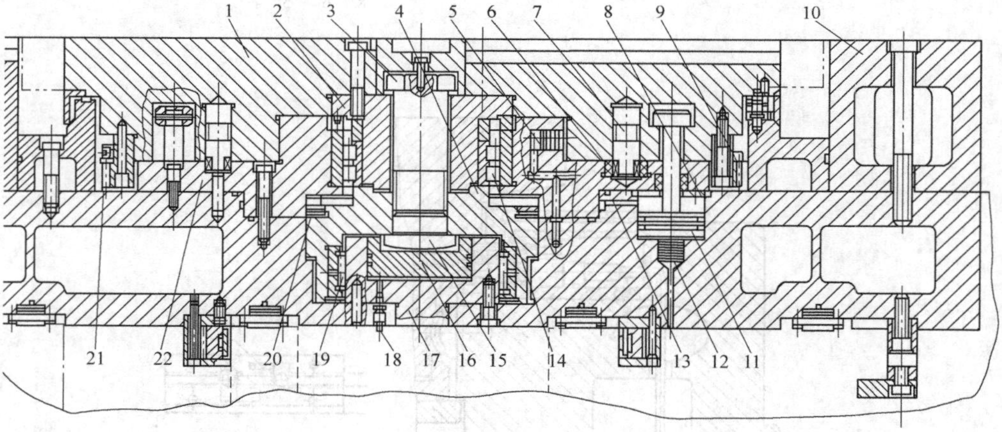

图5-54 定位销式分度工作台

1—分度工作台；2—锥套；3—螺钉；4—支座；5—消隙液压缸；6—定位孔衬套；7—定位销；8—锁紧液压缸；9—大齿轮；10—长工作台；11—锁紧缸活塞；12—弹簧；13—下底座；14、19、20—轴承；15—螺栓；16—活塞；17—中央液压缸；18—油管；21—挡块；22—上底座

(2) 齿盘式分度工作台。齿盘式分度工作台是数控机床和其他加工设备中应用很广的一种分度装置。它既可以作为机床的标准附件，用T形螺钉紧固在机床工作台上使用，也可以和数控机床的工作台设计成一个整体。齿盘分度机构的向心多齿啮合，应用了误差平均原理，因而能够获得较高的分度精度和定心精度，分度精度为±（0.5″～3″）。

齿盘式分度工作台主要由工作台、底座、压紧液压缸、分度液压缸、一对齿盘等零件组成。齿盘是保证分度精度的关键零件，每个齿盘的端面均加工有数目相同的三角形齿（z=120或180），两个齿盘啮合时，能自动确定周向和径向的相对位置。

齿盘式分度工作台（见图5-55）分度运动时，其工作过程分为四个步骤：

1）分度工作台上升，齿盘脱离啮合。机床需要进行分度工作时，数控装置就发出指令，这时，二位三通电磁换向阀A的电磁铁通电，使压力油经孔23进入到工作台7中央的差动式夹紧液压缸下腔10推动活塞6向上移动，经推力轴5和13将工作台7抬起，上、下两个鼠齿盘4和3脱离啮合。与此同时，在工作台7向上移动过程中带动内齿轮12向上套入齿轮11，完成分度前的准备工作。

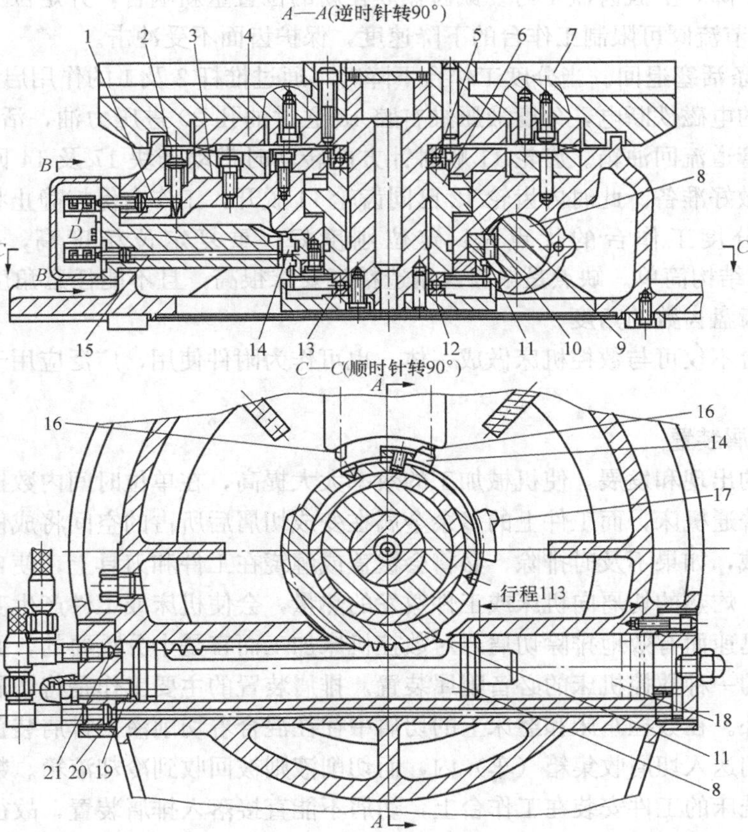

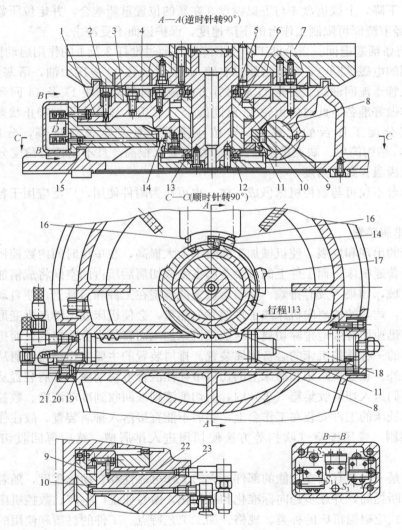

图5-55　齿盘式分度工作台

1、2—推杆；3、4—齿盘；5、13—推力轴承；6—活塞；7—工作台；8—活塞齿条；9—液压缸上腔；10—液压缸下腔；11—外齿轮；12—内齿轮；14、17—挡块；15—推杆；16—触头；18—液压缸右腔；19—液压缸左腔；20、21、22、23—油孔

2）工作台回转分度。当工作台7上升时，推杆2在弹簧力的作用下向上移动，使推杆1能在弹簧作用下向右移动，离开微动开关S2，使S2复位，控制二位四通电磁阀使压力油经油孔21进入分度油缸左腔19，推动活塞齿条8向右移动，带动与齿条相啮合的齿轮11做逆时针方向转动。由于齿轮11已经与内齿轮12相啮合，分度台也将随着转过相应的角度。分度运动的速度，可由回油管道中的节流阀控制。回转角度的近似值将由微动开关和挡块17控制。开始回转时，挡块14离开推杆15使微动开关S1复位，通过电路互锁，始终保持工作台处于上升位置。

3）分度工作台下降，并定位压紧。当工作台回转90°到预定位置附近，挡块17通过16使微动开关S3工作。控制电磁阀开启使压力油经油孔22进入到压紧液压缸上腔9。活塞3带动工作台7下降，上鼠齿盘4与下鼠齿盘3在新的位置重新啮合，并定位压紧。液压缸下腔10的回油经节流阀可限制工作台的下降速度，保护齿面不受冲击。

4）分度齿条活塞退回。当分度工作台下降时，通过推杆2及1的作用启动微动开关S2，使电磁换向阀的电磁铁断电，分度液压缸右腔18通过油孔20进压力油，活塞齿条8退回，左腔的油液从管道流回油箱。齿轮11顺时针方向转动时带动挡块17及14回到原处，为下一次分度工作做好准备。此时内齿轮12已同齿轮11脱开，工作台保持静止状态。

鼠齿盘式分度工作台的优点是：定位刚度好，重复定位精度高，分度精度可达±(0.5″～3″)，结构简单。缺点是鼠齿盘制造精度要求很高，且不能任意角度分度，它只能分度能除尽鼠齿盘齿数的角度。

这种工作台不仅可与数控机床做成一体，也可作为附件使用，广泛应用于各种加工和测量装置中。

5.7.2 排屑装置

数控机床的出现和发展，使机械加工的效率大大提高，在单位时间内数控机床的金属切削量大大高于普通机床，而工件上的多余金属在变成切屑后所占的空间将成倍加大。这些切屑堆占加工区域，如果不及时排除，必将会覆盖或缠绕在工件和刀具上，使自动加工无法继续进行。此外，灼热的切屑向机床或工件散发的热量，会使机床或工件产生变形，影响加工精度。因此，迅速而有效地排除切屑，对数控机床加工而言是十分重要的，而排屑装置正是完成这项工作的一种数控机床的必备附属装置。排屑装置的主要工作是将切屑从加工区域排出数控机床之外。在数控车床和磨床上的切屑中往往混合着切削液，排屑装置从其中分离出切屑，并将它们送入切屑收集箱（车）内，而切削液则被回收到冷却液箱。数控铣床、加工中心和数控镗铣床的工件安装在工作台上，切屑不能直接落入排屑装置，故往往需要采用大流量冷却液冲刷，或压缩空气吹扫等方法使切屑进入排屑槽，然后再回收切削液并排出切屑。

排屑装置是一种具有独立功能的部件，它的工作可靠性和自动化程度，随着数控机床技术的发展而不断提高，并逐步趋向标准化和系列化，由专业工厂生产。数控机床排屑装置的结构和工作形式应根据机床的种类、规格、加工工艺特点、工件的材质和使用的冷却液种类等来选择。

（1）平板链式排屑装置。该装置以滚动链轮牵引钢制平板链带在封闭箱中运转，加工中的切屑落到链带上，经过提升将废屑中的切削液分离出来，切屑排出机床，落入存屑箱。这种装置主要用于收集和输送各种卷状、团状、条状、块状切屑，广泛应用于各类数控机床、加工中心、柔性生产线等自动化程度高的机床，摇臂钻床也可作为冲压、冷墩机床小型零件的输送机，也是组合机床冷却液处理系统的主要排屑功能部件。数控机床适应性强，在车床上使用时多与机床切削液箱合为一体，以简化机床结构。

(2) 刮板式排屑装置。该装置传动原理与平板链式的基本相同，只是链板不同，它带有刮板。刮板两边装有特制滚轮链条，刮屑板的高度及间距可随机设计，有效排屑宽度多样化，因而传动平稳，结构紧凑，强度好，工作效率高。这种装置常用于输送各种材料的短小切屑，尤其是在处理磨削加工中的砂粒、磨粒以及汽车行业中的铝屑效果比较好，排屑能力较强，可用于数控机床、加工中心、磨床和自动线，应用广泛。

(3) 螺旋式排屑装置。该装置是采用电动机经减速装置驱动安装在沟槽中的一根长螺旋杆进行驱动的。数控机床螺旋杆转动时，沟槽中的切屑即由螺旋杆推动连续向前运动，最终排入切屑收集箱。螺旋杆有两种形式，一种是用扁型钢条卷成螺旋弹簧状，另一种是在轴上焊上螺旋形钢板。它主要用于输送金属、非金属材料的粉末状、颗粒状和较短的切屑。这种装置占据空间小，安装使用方便，传动环节少，故障率极低，尤其适于排屑空隙狭小的场合。螺旋式排屑装置结构简单，排屑性能良好，但只适合沿水平或小角度倾斜直线方向排屑摇臂钻床，不能用于大角度倾斜、提升或转向排屑。

(4) 磁性板式排屑装置。本装置是利用永磁材料的强磁场的磁力吸引铁磁材料的切屑，在不锈钢板上滑动达到收集和输送切屑的目的（不适用大于 100mm 长卷切屑和团状切屑），数控机床广泛应用在加工铁磁材料的各种机械加工工序的机床和自动线，也是水冷却和油冷却加工机床切削液处理系统中分离铁磁材料切屑的重要排屑装置，尤其以处理铸铁碎屑、铁屑及齿轮机床落屑效果最佳。

(5) 磁性辊式排屑装置。磁性辊式排屑机是利用磁辊的转动，摇臂钻床将切屑逐级在每个磁辊间传动，以达到输送切屑的目的。该排屑装置是在磁性排屑器的基础上研制的。它弥补了磁性排屑器在某些使用方面性能和结构上的不足，适用于湿式加工中粉状切屑的输送，数控机床更适用于切屑和切削液中含有较多油污状态下的排屑。

5.7.3　防护装置

1. 机床防护门

在数控加工中，为防止切屑飞出伤人及意外事故的发生，数控机床一般配置机床防护门，防护门多种多样。数控机床在加工时，应关闭机床防护门。

2. 防护罩

(1) 柔性风琴式导轨防护罩。风琴式防护罩用尼龙革、塑料织物或合成橡胶折叠，或缝制热压而成。防护罩内有 PVC 板材支撑，可耐热、耐油、耐冷却液，最大接触温度可达 400℃，最大行程速度可达 100m/min。不怕脚踩，硬物冲撞不变形；寿命长；密封和运行轻便。折叠罩内无任何金属零件，不用担心护罩工作时会出现零件松动而给机器造成损坏。这是折叠罩中最先进的一种形式。根据用户要求，数控机床风琴式防罩除生产平面风箱式以外，上面可带不锈钢片，还可生产成圆形、六角形、八角形等。

(2) 钢板机床导轨防护罩。钢板机床导轨防护罩每层钢板端部装有弹性密封垫，可在运动时清洁钢板表面，伸缩板式防护罩可水平和垂直使用，最大运行速度可达 60m/min，可生产成平板形、拱形、圆形、八角形等。

(3) 盔甲式机床防护罩。盔甲式不锈钢机床防护罩的每折叠层能经受强烈的振动而不变形，摇臂钻床也可以应用在风箱上，在900℃的高温时仍保持原有的状态。它们之间彼此支持，起着阻碍小碎片渗透的作用。

(4) 卷帘式防护罩。卷帘式防护罩由外壳、数控机床弹簧轴、纤维布等组成。外壳是用不锈钢或冷轧板材制成的自动伸缩式防护带，并经表面防腐处理，内部结构是由经过热处理的钢带组装而成。此产品结构紧凑、合理、无噪声，适合空间小、行程大且运动快的机床设备使用。

(5) 防护帘及防尘折布。防护帘及防尘折布用高强度聚酯织物制成，两侧涂有PVC以增加强度，在卷帘表面有钢条或铝条。它耐热、耐油、耐切削液，特别适合于安装位置小、切屑又较多的垂直或平面导轨。

3. 拖链系列

各种拖链可有效地保护电线、电缆、液压与气动的软管，可延长被保护管的寿命，降低消耗，并改善管路分布零乱状况，增强机床整体艺术造型效果。

(1) 桥式工程塑料拖链。它是由玻璃纤维强尼龙注塑而成。数控机床它移动速度快，允许温度－40～＋130℃，具有耐磨、耐高温、低噪声、装拆灵活、寿命长的特点，适用于距离和承载轻的场合。

(2) 全封闭式工程塑料拖链。其材料与性能均与桥式工程塑料拖链相同，不过是在外形上做成了全封闭式。

(3) DGT导管防护套。它是用不锈钢及工程塑料制成，摇臂钻床全封闭型的外壳极为美观，适用于短的移动行程和较低的往返速度，能完美地保护电线、电缆、软管、气管。

(4) JR－2型矩形金属软管。该管采用金属结构，数控机床适用于各类切削机床及切割机床，用来防止高热铁屑对供电、水、气等线路的损伤。

(5) 加重型工程塑料拖链、S型工程塑料拖链。加重型工程塑料拖链由玻璃纤维强尼龙注塑而成，强度较大，主要用于运动距离较长、较重的管线。S型拖链主要用于机床设备中多维运动的线路。

(6) 钢制拖链。它是由碳钢侧板和铝合金隔板组装而成，摇臂钻床主要用于重型、大型机械设备管线的保护。

思考题与习题

5－1 数控机床机械结构的特点是什么？

5－2 数控车床采用斜床身结构的优点是什么？

5－3 数控机床对主传动系统有哪些要求？

5－4 主传动变速有几种方式？各有何特点？各应用于何种场合？

5－5 主轴为何需要“准停”？如何实现“准停”？

5－6 数控机床对进给传动系统有哪些要求？

5－7 滚珠丝杠螺母副的特点是什么？

5－8 试述滚珠丝杠螺母副轴向间隙调整和预紧的基本原理，常用哪几种结构形式？

5－9 滚珠丝杠螺母副在机床上的支承方式有几种？各有何优缺点？

5－10 滚珠丝杠副中滚珠的循环方式有几种？各有何优缺点？

5-11 试述滚珠丝杠副的精度等级及标注方法。
5-12 数控机床的导轨副设计的基本要求是什么?
5-13 如何调整导轨副的间隙?
5-14 如何设计数控机床的支承件的结构?
5-15 转塔头式换刀装置有何特点? 简述其换刀过程。
5-16 常见的刀具选择方式有哪些?
5-17 无机械手换刀过程是什么?
5-18 机械手换刀过程是什么?
5-19 常用的刀具交换装置有哪几种? 各有何特点?
5-20 常见的机械手有几种型式? 各有何特点?
5-21 数控回转工作台的功用如何? 试述其工作原理。
5-22 分度工作台的功用如何? 试述其工作原理?
5-23 数控机床为何需专设排屑装置? 目的何在?
5-24 常见排屑装置有几种? 各应用于何种场合?
5-25 常见防护排屑装置有几种? 各应用于何种场合?

6 数控加工工艺与数控编程基础

6.1 数控加工编程概述

6.1.1 数控编程的基本概念

为了使数控机床能根据零件加工的要求进行动作，必须将这些要求以机床数控系统能识别的指令形式告知数控系统，这种数控系统可以识别的指令称为程序，制作程序的过程称为数控编程。

数控编程的过程不仅仅指编写数控加工指令代码的过程，它还包括从零件分析到编写加工指令代码，再到制成控制介质及程序校核的全过程。在编程前首先要进行零件的加工工艺分析，确定加工艺路线、工艺参数、刀具的运动轨迹、位移量、切削参数（切削速度、进给量、背吃刀量）以及各项辅助功能（换刀、主轴正反转、切削液开关等）；接着根据数控机床规定的指令代码及程序格式编写加工程序单；再把这一程序单中的内容记录在控制介质上（如软盘、移动存储器、硬盘等），检查正确无误后采用手工输入方式或计算机传输方式输入数控机床的数控装置中，从而指挥机床加工零件。

6.1.2 数控编程的内容和步骤

数控编程步骤如图 6－1 所示，主要有以下几个方面的内容：

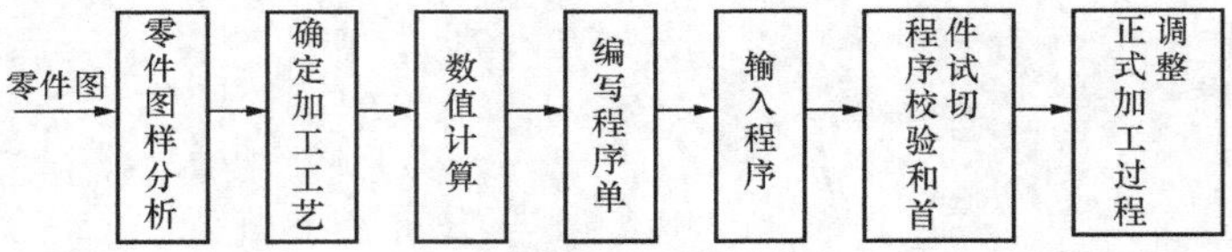

图 6－1　数控编程步骤

1. 零件图样分析

在数控机床上加工零件时，编程人员拿到的原始资料是零件图。根据零件图，可以对零件的形状、尺寸精度、表面粗糙度、工件材料、毛坯种类、热处理状况等进行分析。

2. 确定加工工艺

根据图样的分析，选择机床和刀具、确定定位与夹紧方式、加工方法、加工顺序及切削用量的大小、选择对刀点、换刀点等。在确定工艺过程中，应充分考虑所用机床的性能，充分发挥其功能，做到加工路线合理、走刀次数少、加工工时短等。

3. 数值计算

选择编程原点，对零件图形各基点进行正确的数学计算，为编写程序单做好准备。

4. 编写程序单

根据数控机床规定的指令代码及程序格式或编程软件的特点，编写加工程序单。

5. 输入程序

将加工程序输入数控机床的方式有光电阅读机、键盘、磁盘、磁带、存储卡、RS232 接口及网络等。目前常用的方法包括：通过键盘输入程序；通过计算机与数控系统的通信接口将加工程序传送到数控机床的程序存储器中，现在一些新型数控机床已经配置大容量存储卡存储加工程序，作为数控机床程序存储器使用，因此数控程序可以事先存入存储卡中；还可以一边由计算机给机床传输程序，一边加工，这种方式一般称为DNC，程序并不保存在机床存储器中。

6. 程序检验和首件试切

数控程序必须经过检验和试切才能正式加工，其过程一般包括三个步骤：

(1) 程序的检查。主要是程序编写员在编写完程序后对程序的格式和内容进行一般检查。

(2) 仿真或空运行检验。程序的检查后，由于人工可能还存在疏漏，可以利用数控软件的仿真模块再进行校验，即数控仿真软件上进行模拟加工，以判断是否存在撞刀、少切、多切等情况；也可以在有图形模拟功能的数控机床上进行图形模拟加工，检查刀具轨迹的正确性。若以上两种方法都无法实现，则只能直接在加工的数控机床上进行空运行检验。也就是在完成机床和刀具的对刀后，利用零点偏置，使加工坐标系远离一个安全距离，以单步执行程序，机床、工件、刀具的所有动作都按程序进行，但由于加工坐标系远离了一个安全距离，所以刀具并不切削工件。显然这种方法和数控仿真软件、图形模拟功能相同，也可以检验出程序能否运行，刀具运动轨迹是否正确。

(3) 首件试切。通过仿真或空运行检验，能检验刀具运动轨迹，但不能查出刀具及对刀误差，而实际上会存在由于刀具调整不当、对刀也会存在误差或某些计算误差引起的加工误差，所以要进行首件试切。这一步骤很重要，通过首件试切、检测，可以发现有些尺寸会超出图纸要求。此时，应分析误差产生的原因，并通过修改加工程序、采取刀具尺寸补偿等措施加以调整，直到加工出的首件工件合乎图纸要求为止。

7. 正式加工过程调整

一般完成首件试切削后，就可以正式加工了，但一般数控机床都是加工批量零件，所以有经验的编程者，通常在正式加工过程前期也注意程序的调整，调整的目的是程序和工艺参数达到最优，即在照顾效率的同时，兼顾机床与刀具损耗等因素。

6.1.3 数控编程的方法

数控编程可分为手工编程和自动编程两种。

1. 手工编程

手工编程是指所有编制加工程序的全过程，即图样分析、工艺处理、数值计算、编写程序单、制作控制介质、程序校验都是由手工来完成。

手工编程不需要计算机、编程器、编程软件等辅助设备，只需要有合格的编程人员即可完成。手工编程具有编程快速及时的优点，其缺点是不能进行复杂曲面的编程。手工编程比较适合批量较大、形状简单、计算方便、轮廓由直线或圆弧组成的零件的加工。对于形状复杂的零件，特别是具有非圆曲线、列表曲线及曲面的零件，采用手工编程则比较困难，最好采用自动编程的方法进行编程。

2. 自动编程

自动编程是指用计算机自动编程软件编制数控加工程序的过程。自动编程的优点是效率高，正确性好。自动编程由计算机代替人完成复杂的坐标计算和书写程序单的工作，它可以解决许多手工编制无法完成的复杂零件编程难题，但其缺点是必须具备自动编程系统或自动编程软件。自动编程较适合形状复杂零件的加工程序编制，如模具加工、多轴联动加工等场合。

实现自动编程的方法主要有语言式自动编程（如APT语言）、图形交互式自动编程（如CAD/CAM软件）和实物模型式自动编程等。语言式自动编程通过高级语言的形式表示出全部加工内容；计算机运行时采用批处理方式，一次性处理、输出加工程序。图形交互式自动编程

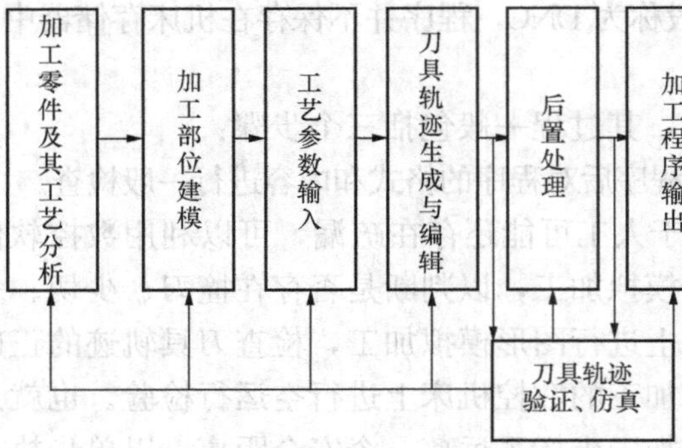

图 6-2 自动编程基本步骤

采用人机对话的处理方式，利用 CAD/CAM 功能生成加工程序。实物模型式自动编程是通过实物模型的检测，由检测数据利用 CAD/CAM 功能直接生成加工程序。

自动编程加工过程如下：加工零件图样分析及工艺分析，加工部位建模，工艺参数的输入，生成加工刀具轨迹；后置处理生成加工程序，刀具轨迹验证与仿真（程序校验），程序传输并进行加工。自动编程基本步骤如图 6-2 所示。

6.2 数控加工程序结构组成与格式

每一种数控系统，根据系统本身的特点与编程的需要，都有一定的程序格式。对于不同的机床，其程序格式也不同，因此，编程人员必须严格按照机床说明书的格式进行编程。但程序的常规组成与格式却是相同的。

6.2.1 程序的组成

一个完整的程序由程序号、程序内容（若干程序段组成）和程序结束三部分组成：

```
O2233                          程序号
N10 G90 G80 G40 G49 G17;  ┐
N20 G00 G54 X0 Y0 Z100;   │
N30 S1500 M03;            ├程序内容
…                         │
N290 M05                  ┘
N300 M30;                      程序结束
```

1. 程序号

数控机床的数控系统常常可以存储多个程序，为相互区分，每一个储存在零件存储器中的程序都需要指定一个程序号来加以区别，这种用于区别零件加工程序代号称为程序号，同一机床的程序号不能重复。

程序号在不同的数控系统有不同的表示方法。例如，FANUC 系统、KND 系统、广数系统用 O×××× （字母 O 加四个数字）表示；SIEMENS 系统用 AB×××××× （程序开始两个字符必须是字母）表示；华中系统用 O×××××× （字母 O 加若干个字母或数字）表示；还有一些系统则用%×××××× （%加若干位数字）表示。

程序号常写在程序的最前面，单独占用一行。

2. 程序内容

程序内容是程序的主干部分，有若干程序段组成，每个程序段由一个或多个指令构成，它用来描述数控机床的某一加工过程及全部动作。

3. 程序结束

程序结束通过 M 代码来实现，写在程序的最后。可以作为程序结束标记的 M 代码有

M02 和 M30，它们代表零件加工主程序的结束。为了保证最后程序段的正常执行，通常 M02（M30）也单独占一行。

此外，子程序结束有专用的结束标记，FANUC 系统中用 M99 来表示子程序结束。

6.2.2　程序段的组成

1. 程序段基本格式

程序段是程序的基本组成部分，每个程序段由段号、程序字和结束符“;”（西门子系统程序段结束符为“LF”）组成。图 6-3 所示为程序段的组成。程序段基本格式如下：

```
N100  G01 X30 Y30 Z30 F100 S800 TO1 M03;
```

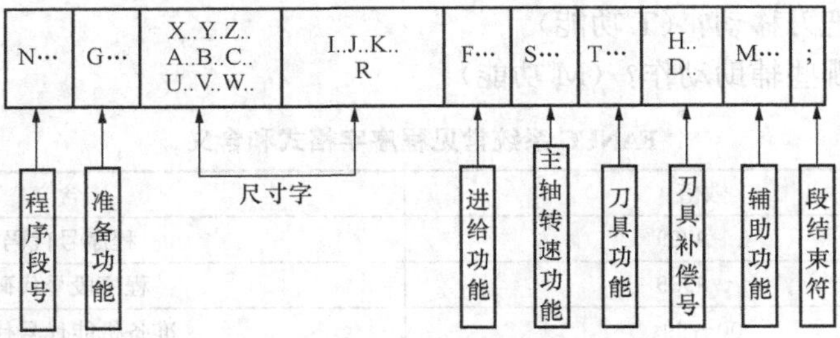

图 6-3　程序段的组成

2. 程序段号

程序段号由地址 N 和后面的若干位数字表示。

程序段号使用规则：

(1) 段号可以省略不写并不影响程序的执行。在大部分系统中，程序段号仅作为“跳转”或“程序检索”的目标位置指示，当程序段号省略时，该程序段将不能作为“跳转”或“程序检索”的目标程序段。

(2) 段号大小顺序可以颠倒。程序段在存储器内以输入的先后顺序排列，而程序的执行是严格按信息在存储器内的先后顺序一段一段地执行，也就是说系统在执行程序时，是按照程序段的先后顺序依次执行，而不是按照段号的大小顺序执行的。

(3) 程序段号也可以由数控系统自动生成，程序段号的递增量可以通过“机床参数”进行设置，一般可设定增量值为 10。

(4) 程序段的斜杠跳跃。在程序段的前面有“/”符号，该符号称为斜杠跳跃符号，该程序段称为可跳跃程序段。例如：

```
/N10  G00 X100;
```

这样的程序段，可以由操作者对程序段和执行情况进行控制。若操作机床使系统的“跳过程序段”信号生效，程序执行时将跳过这些程序段；若“跳过程序段”信号无效，程序段照常执行，该程序段和不加“/”符号的程序段相同。

3. 程序段结束

程序段结束标记，常用符号“;”（西门子系统程序段结束符为“LF”），一般在编程的时候不用专门输入，按 Enter 键可自动生成。

4. 程序字

程序段的中间部分是程序段的内容，由程序字构成，程序字由地址符和数字组成，主要包括准备功能字、尺寸功能字、进给功能字、主轴功能字、刀具功能字、辅助功能字等，FANUC系统中常见程序字格式和含义见表6-1。

6.2.3 程序段的编写规则

1. 程序段内容组成的六要素

一般一个完整的程序段内容包含六个要素，数控程序控制的机床才能运动：

(1) 移动的目标是哪里？(终点坐标值)

(2) 沿什么样的轨迹移动？(G功能)

(3) 移动速度要多快？(F功能)

(4) 刀具的切削速度是多少？(S功能)

(5) 选择哪一把刀移动？(T功能)

(6) 机床还需哪些辅助动作？(M功能)

表6-1 FANUC系统常见程序字格式和含义

地址	数值	含义
O	1～9999	程序号代码字
N	1～9999	程序段号代码字
G	00～99	准备机能代号代码字
XYZ	−99 999.999～+99 999.999	*XYZ*移动绝对坐标值尺寸字
UVW	−99 999.999～+99 999.999	*XYZ*移动相对坐标值尺寸字
ABC	−99 999.999～+99 999.999	*XYZ*轴回转角度值尺寸字
IJK	−9999.999～+9999.999	插补参数尺寸字
XPU	0～99 999.999	暂停时间尺寸字
F	1～100 000	进给速度代码字
S	0～100 000	主轴转速功能代码字
T	0～9999	刀具功能代码字
M	0～999	辅助功能代码字
P	1～9 999 999	循环次数＋子程序号代码字
R	−9999.999～+9999.999	*Z*轴快速运动尺寸字

2. 模态代码（续效代码）与非模态代码（单段有效）

根据程序段六要素，在实际编程中，必将出现大量的重复指令，为了避免冗长，在数控系统中规定了两类代码：模态代码和非模态代码。

模态代码在某一程序段中使用之后，一直有效，直到撤销。而仅在编入的程序段生效的代码指令，称为非模态（单段有效）代码。

模态代码和非模态代码的具体规定，一般在数控系统生产厂家提供的编程说明书均有说明，通常“0”组别代码为非模态代码，其他组别代码为模态代码。

3. 代码分组

利用模态代码可以大大简化加工程序，但是，由于它的连续有效性，使得其撤销必须由相应的指令进行，代码分组的主要作用就是为了撤销模态代码。

代码分组将系统不可能同时执行的代码指令归为一组，并予以编号区别。如G00、G01、G02、G03为同一组，G40、G41、G42为另一组。

同一组的代码有相互取代的作用，由此来撤销模态代码，如在 G40、G41、G42 组中，当前一程序段中用上 G41（刀具半径左补偿功能后），由于 G41 是模态代码，所以其后的程序刀具将执行刀具半径左补偿功能；若后面程序不需执行刀具半径左补偿功能，则该段程序需要输入 G40（取消刀具半径补偿功能）；若后面程序需要执行刀具半径右补偿功能，则该段程序输入 G42（刀具半径右补偿功能）。

同一组的代码在一个程序段中只能有一个生效，一般也只能编写同一组的代码的一个，当编入两个以上时，一般以最后输入的代码为准，但不同组的代码可以在同一程序段中编入多个，如 G00 G40 Z1.0 是正确的。

4. 开机默认代码

为了避免编程人员在程序编制中出现的指令代码遗漏，像计算机一样，数控系统中也对每一组的代码指令，都取其中的一个作为开机默认代码，此代码在开机或系统复位时可以自动生效。这些代码一般在数控系统生产厂家提供的编程说明书也有说明，常用的开机默认代码有 G00、G40、M05 等，有时数控车床与加工中心在同一组别代码中开机默认代码不一定一样，如数控车床以 G18 为开机默认代码，立式加工中心以 G17 为开机默认代码。

对于开机默认的模态代码，若机床在开机或复位状态下执行该程序，程序中允许不进行编写，当然也可以编写。

5. 程序段注释

为了方便检查、阅读数控程序，在许多数控系统中允许对程序进行注释，注释可以作为对操作者的提示显示在屏幕上，注释对机床动作没有丝毫影响。程序的注释应放在程序的最后，并用“（ ）”括起来，不允许将注释插在地址和数字之间。如下程序段所示：

```
O1010;(TUHAO20101225)
G50 S3000;
N1 M8(ROUGHING ID);
```

6.3 数控系统指令代码

数控系统常用的系统功能有准备功能、辅助功能、进给功能、主轴功能、刀具功能等，这些功能有相应的字组成功能指令，这些功能指令是编制数控程序的基础，由这些功能指令描述工艺过程中各种操作和运动的特征。

6.3.1 准备功能 G 代码

准备功能也称为 G 功能或 G 代码，是用于数控机床做好某些操作准备动作的指令。它由地址 G 和后面的两位数字组成，从 G00～G99 共 100 种，如 G01、G41 等。目前，随着数控系统功能的不断提高，有的系统已采用三位数的功能代码，如 SIEMENS 系统中的 G450、G451 等。

虽然从 G00 到 G99 共有 100 种 G 代码，但并不是每种代码都有实际意义，实际上有些代码在国际标准（ISO）或各种数控系统中并没有指定其功能。这些代码可由机床设计者根据需要来定义其功能，当然由厂家来定义的功能将会在机床的说明书中说明，所以在各机床厂家使用不同的数控系统、相同数控系统的不同型号，G 代码功能就不一定相同，甚至相同数控系统的相同型号，由于机床厂家定义的不同，也可能 G 代码功能不同。数控车床常用

G代码的功能见表6-2，数控镗铣床（加工中心）常用G代码及功能见表6-3。

表6-2 数控车床常用G代码的功能

G指令	组号	功能	G指令	组号	功能
G00	01	快速点定位	G70	00	精车循环
G01		直线插补	G71	00	内外圆粗车复合循环
G02		顺时针圆弧插补	G72	00	端面粗车复合循环
G03		逆时针圆弧插补	G73	00	固定形状复合循环
G04	00	暂停	G74	00	端面切槽、钻孔循环
G20	02	英制尺寸	G75	00	外圆切槽、钻孔循环
G21		米制尺寸	G76	00	螺纹切削复合循环
G28	00	返回参考点	G90	00	内外圆切削循环
G30	00	返回第2、3、4参考点	G92	01	螺纹切削循环
G32	01	螺纹切削	G94		端面切削循环
G40	07	取消刀具半径补偿	G96	02	恒速切削控制
G41		刀尖圆弧半径左补偿	G97		恒速切削控制取消
G42		刀尖圆弧半径右补偿	G98	05	每分进给
G50	00	设定坐标系，限制最高转速	G99		每转进给
G54～G59	14	工件坐标系选择			

表6-3 数控镗铣床（加工中心）常用G代码及功能

G代码	组别	功能	G代码	组别	功能
G00	01	快速定位	G52	00	局部坐标系设定
G01		直线插补	G54	14	第一工作坐标系
G02		顺（时针）圆弧插补	G55		第二工作坐标系
G03		逆（时针）圆弧插补	G56		第三工作坐标系
G04	00	暂停	G57		第四工作坐标系
G17	02	$X-Y$平面设定	G58		第五工作坐标系
G18		$X—Z$平面设定	G59		第六工作坐标系
G19		$Y—Z$平面设定	G73	09	分级进给钻削循环
G20	06	英制单位输入	G74		反攻螺纹循环
G21		公制单位输入	G80		固定循环注销
G28	00	经参考点返回机床原点	G81～G89		钻、攻螺纹、镗孔固定循环
G29		由参考点返回			
G40	07	刀具半径补偿取消	G90	03	绝对值编程
G41		刀具半径左补偿	G91		增量值编程
G42		刀具半径右补偿	G92	00	工件坐标系设定
G43	08	正向长度补偿	G98	10	固定循环退回起始点
G44		负向长度补偿	G99		固定循环退回R点
G49		长度补偿取消			

6.3.2 辅助功能 M 代码

辅助功能也称为 M 功能或 M 代码。它由地址 M 和后面的两位数字组成，从 M00～M99 共 100 种。辅助功能是主要控制机床或系统的开、关等辅助动作的功能指令，如开、停冷却泵，控制主轴正反转，控制程序的结束等。

表 6－4 常用 M 代码的功能表

M 代码	模态	功能	M 代码	模态	功能
M00	非模态	程序暂停	M11	模态	卡爪反爪夹紧
M01	非模态	程序计划暂停	M13	模态	主轴正转，切削液开
M02	非模态	程序结束	M14	模态	主轴反转，切削液开
M03	模态	主轴正转	M19	非模态	主轴定向停止
M04	模态	主轴反转	M30	非模态	纸带结束（程序结束＋复位）
M05	模态	主轴停止			
M06	非模态	换刀	M40	模态	主轴低速运转
M07	模态	高速切削液开	M41	模态	主轴中速运转
M08	模态	切削液开	M42	模态	主轴高速运转
M09	模态	切削液关	M98	非模态	子程序调用
M10	模态	卡爪正爪夹紧	M99	非模态	子程序结束

同样的，由于数控系统及机床生产厂家的不同，其 M 代码的功能也不尽相同，甚至有些 M 代码与 ISO 标准代码的含义也不相同。使用者要仔细研究机床编程说明书，按照机床说明书的规定进行数控编程。

M 功能有非模态 M 功能和模态 M 功能两种形式，也有开机有效代码功能（如：M05、M09）。但在同一程序段中，既有 M 代码又有其他指令代码时，M 代码与其他代码执行的先后次序由机床系统参数设定。因此，为保证程序以正确的次序执行，有很多 M 代码，如 M30、M02、M98 等最好以单独的程序段进行编程。

常用 M 代码的功能见表 6－4。

6.3.3 F、S、T 代码

1. F 功能（进给速度）

F 功能用于控制刀具移动时的进给速度，由 F 和数字组成。数字的单位取决于每个系统所采用的进给速度的指定方法，通常进给功能单位有每分钟进给量 mm/min 和每转进给量 mm/r 两种。

（1）每分钟进给量（mm/min）。在数控车时，通常用 G98 F××来表示车削的进给速度为每分钟进给××mm，此时 G98 为模态代码，但不是开机默认代码。例如：

G98 G01 X30. F200；　　表示车削的进给速度为每分钟进给 200mm

在数控镗铣床或加工中心时，通常用 G94 F××来表示切削的进给速度为每分钟进给××mm，此时 G94 为模态代码，也是开机默认代码，所以数控铣削程序开始 G94 是可以省略的。例如：

G94 G01 X20. F200；　　表示切削的进给速度为 200mm/min

（2）每转进给量（mm/r）。在数控车时，通常用 G99 F××来表示车削的进给速度为每转进给××mm，此时G99为模态代码，也是开机默认代码，所以数控车程序中没有G99和G98时，程序默认G99。例如：

G99 G01 X30. F0.2； 表示车削的进给速度为每转进给0.2mm

在数控镗铣床或加工中心时，通常用G95 F××来表示切削的进给速度为主轴每转进给××mm，此时G95为模态代码，但不是开机默认代码，所以数控铣削程序中没有G94和G95时，程序默认G94。例如：

G95 G01 X20 F0.2； 表示进给速度为0.2mm/r

(3) F的模态性。当工作在G01、G02或G03方式下，编程的F一直有效，直到被新的F值所取代，而工作在G00、G60方式下，快速定位的速度是各轴的最高速度，与所编F无关。

借助操作面板上的倍率按键，F可在一定范围内进行倍率修调。但在加工螺纹（攻螺纹循环G84、螺纹切削G32）、镗孔过程中常使用每转进给量（mm/r）来指定进给速度，同时倍率开关失效，进给倍率固定在100%。

编程时，第一次遇到G01/G02/G03指令时，必须编写F××；如没有，则程序默认F0。

编程时，进给速度不允许用负值来表示。

2. S功能（主轴功能）

S指令表示机床主轴的转速。由S和其后的若干数字组成，其表示方法有以下3种：

(1) 主轴转速，单位为r/min，由G97 S××表示，如G97 S1000 M3；表示主轴正转转速为1000r/min，G97为模态代码，也是开机默认代码。

(2) 恒线速状态下，S表示切削点的线速度，单位为m/min，由G96 S××表示，如G96 S180表示切削点的线速度恒定为180m/min。

(3) 代码，S后面的数字不直接表示转速或线速的数值，而只是主轴转速的代号，如某机床用S00～S63表示主轴64种转速，如S40表示主轴转速1440r/min。

S是模态指令，S功能只有在主轴速度可调节时有效。借助操作面板上的倍率按键，S可在一定范围内进行倍率修调。

3. T功能（刀具功能）

T功能是指系统进行换刀或选刀的功能指令，由T和其后的若干数字组成，其表示方法有以下3种：

(1) T××××，数字前两位用来指定刀具号，后两位用来指定刀具补偿号。如T0101，表示选择01号刀，1号偏置值。

(2) T××，数字第一位用来指定刀具号，第二位用来指定刀具补偿号。如T11，表示选择1号刀，1号偏置值。

(3) T××D××，T后面的数字用来指定刀具号，D后面的数字用来指定刀具补偿号。如T01D01，表示选择1号刀，1号偏置值。在本格式中，要求先定义T，后定义D，T××D××可以在一起编写，可以分开编写，也可以单独编写，如T01D01，表示选择1号刀，1号偏置值加工。继续编写D02，表示仍选择1号刀加工，但偏置值是2号。这种方法在加工中心粗铣程序中经常使用。

T指令也具有模态指令特性，其调用的刀具和刀补值一直有效，直到再次换刀调入新的刀补值或者不换刀但调入新的刀补值才做改变。

6.4　数控加工编程工艺基础

6.4.1　数控加工工艺的特点与内容

1. 数控加工工艺主要内容

数控加工与普通机床加工虽然在零件加工的内容上是相通的，但普通机床的工艺规程对零件的加工过程不必规定得很详细，一部分内容可由操作人员自行决定，如工步的安排、走刀路线、刀具形状、切削用量等；而数控加工是通过编写带有一定信息的数字来控制机床进行切削加工，因此对零件加工中所有的要求都要体现在加工中，加工顺序、加工路线、切削用量、加工余量、刀具的尺寸，以及是否需要切削液等都要预先确定好并编入程序中。因此，数控加工工艺要比普通机床的工艺复杂得多。一般地，数控加工工艺主要有以下内容：

(1) 通过零件图分析选择并确定进行数控加工部位、数控加工设备及加工内容。

(2) 结合加工内容和数控设备的功能，进行数控加工零件的工艺分析和工艺设计。

(3) 对零件图形进行数学处理和计算或把零件加工部位的图形输入编程软件。

(4) 根据设计的工艺和相关数学结果，进行加工程序的编写或由编程软件后置处理自动生成加工程序。

(5) 程序输入数控机床。

(6) 仿真或空运行，检查、修改加工程序；首件试加工，根据数据，进一步修改并调试程序。

(7) 编制数控加工工艺技术文件，如数控加工工序卡、刀具卡、程序说明卡、走刀路线图等。

2. 数控加工的工艺特点

由数控加工工艺内容比普通机床的工艺来得复杂，因此数控加工工艺也有其特点：

(1) 工艺内容细微而严密。由于数控机床是按照程序来工作的，自动化程度高，数控加工工艺性分析是数控编程前的重要工艺准备工作之一，因此工艺内容必须细微而严密，应考虑到加工顺序、加工路线的安排，切削用量、加工余量的大小，刀具是否有干涉，进刀退刀路线是否合适，数学处理和计算是否正确及是否需要切削液等。

(2) 数控工艺中切削用量通常比普通机床的工艺大很多。因为数控加工中机床防护性好，机床刚度高，机床主轴转速高，因此通常数控工艺中切削用量通常比普通机床的工艺大很多。特别是高速数控机床的出现，刀具的转速突破了普通机床中速度越高刀具磨损越大的瓶颈。

(3) 数控工艺中工序集中、工步复合很普遍。由于数控机床普遍具有刀库、自动换刀机构及多坐标联动的功能，所以在普通机床上需要多台机床多个工步完成的零件，在数控工艺中只需工序集中和工步复合，一台机床一次装夹就可完成。

(4) 数控工艺要考虑加工的性价比。由于数控机床种类多，自动化程度高，因此一个零件可以采用多种数控工艺来完成，但是数控机床相较普通机床价格昂贵，所以需要考虑加工的性价比，正确选择加工方法和加工机床，才能发挥出数控加工的优点。

6.4.2　加工设备与加工方案的确定

在确定加工设备与加工方案上，首先应根据零件的加工数量要求（主要指产品批次及每批次的数量）、零件加工的复杂程度及其他技术经济指标来确定使用那类型的机床。选择原则见图 6－4。

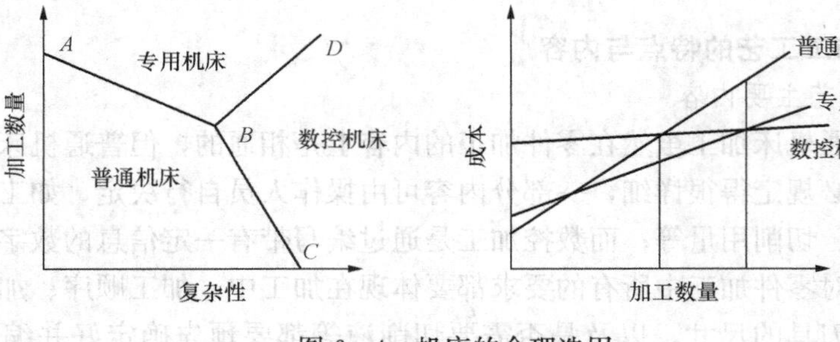

图 6－4　机床的合理选用

一般数控机床很适合以下种类的零件：

1）形状复杂，加工精度要求高，用通用机床无法加工或虽能加工，但难以保证加工质量的零件；

2）用数字模型描述的复杂曲面或非圆曲线与列表曲线等轮廓零件；

3）难测量、难控制进给、难控制尺寸的不开敞内腔的壳体或盒形零件；

4）在一次装夹中合并完成，如铣、镗、锪、铰、攻螺纹等多工序零件。

一般数控机床也适合以下种类的零件：

1）在通用机床加工时易受人为因素干扰，零件公差小，一旦质量失控损失巨大的零件；

2）需多次更改设计，才能定型的零件；

3）通用机床上需长时间调整的零件；

4）通用机床加工生产率低或体力劳动强度很大的零件。

但数控机床不太适合以下种类的零件：

1）生产批量大的零件（不排除其中个别工序用数控机床加工）；

2）装夹困难或完全靠找正定位来保证加工精度的零件；

3）加工余量很不稳定，且数控机床上无在线检测系统可自动调整零件坐标的零件；

4）必须用特定的工种协调加工的零件。

然后，根据零件的加工形状选用合适的机床，如数控车床适合加工轴类、盘类等回转类零件，完成内外圆柱面、圆锥面、成形表面、螺纹、端面等工序的切削加工，并能进行车槽、钻孔、扩孔、铰孔等工作；车削中心可在一次装夹中完成比数控车床更多的加工工序，特别适合于加工精度、表面粗糙度要求较高，轮廓形状复杂或难于控制尺寸，带特殊螺纹的回转类零件的加工。立式数控铣床和立式加工中心适于加工箱体、箱盖、平面凸轮、样板、形状复杂的平面或立体零件，以及模具的内、外型腔等；卧式数控铣床和卧式加工中心适于加工复杂的箱体类零件、泵体、阀体、壳体等；多坐标联动的卧式加工中心还可以用于加工各种复杂的曲线、曲面、叶轮、模具等。

6.4.3　零件的工艺分析和工艺设计

1. 数控加工工序（工步）设计

在数控机床上加工零件，工序十分集中，许多零件只需在一次装夹中就能完成普通机床需要多个工序才能实现的加工内容（此时按严格意义，普通机床的多个工序变成了数控机床中的多个工步，从加工的实用出发，本书不特别细分工序与工步的差别）。但是零件的粗加工，特别是铸、锻毛坯零件的基准平面、定位面等的加工，最好在普通机床上完成粗加工后，再装夹到数控机床上进行加工。这样可以发挥数控机床的特点，保持数控机床的精度，延长数控机床的使用寿命，降低数控机床的使用成本。在数控机床上加工零件其工序划分的原则有以下几点：

（1）多工序集中原则。多工序集中是体现数控机床与普通机床、专用机床最明显的特征。在数控机床上，通常一次装夹就能完成零件多道甚至全部工序。这一原则既体现了数控机床的效率，也提高了数控机床的加工精度。例如，某回转类的工件要求端面与外圆、内孔垂直度的要求，外圆与内孔有同轴度的要求，在数控车床上一次装夹，完成车端面、车外圆、镗内孔的工作，就能由机床的精度来可靠保证垂直度和同轴度的要求了。

（2）刀具集中原则。即按所用刀具划分工序，用同一把刀加工完零件上所有可以完成的部位，在用第二把刀、第三把刀完成它们可以完成的其他部位。这种工序划分法可以减少换刀次数，压缩空程时间，减少不必要的定位误差。

（3）工位集中原则。即相同工位集中加工，应尽量按就近位置加工，以缩短刀具移动距离，减少空运行时间。

（4）工件集中原则。当加工工件批量较大，工件不大或工序不多，在数控车床卡盘一次装夹能加工几个工件或在加工中心工作台上一次装夹多个工件，适宜用工件集中原则，一次同时加工多个工件，以减少换刀次数，提高工效。

（5）高精度同组加工内容集中原则。由于机床常常存在着重复定位误差，因此对于一些精度要求高的加工内容，需要采用本原则，如对同轴度要求很高的一组孔系，应该在一次定位后，通过顺序换刀，加工完该同轴孔系的全部孔，其他坐标位置孔的加工可安排在该加工之前或之后。

（6）加工部位先后原则。即先加工平面、定位面，再加工孔；先加工简单的几何形状，再加工复杂的几何形状；先加工精度比较低的部位，再加工精度要求较高的部位。

（7）粗、精加工分开原则。这种方法是根据零件的形状、尺寸精度等因素，按照粗、精加工分开的原则划分工序，即同一加工表面按粗加工、半精加工、精加工次序完成，或全部加工表面按先粗加工，然后半精加工、精加工分开进行。粗精加工之间，最好隔一段时间，以使粗加工后零件的变形得到充分恢复，再进行精加工，以提高零件的加工精度。

根据以上原则，在具体加工零件时要具体分析，许多工序的安排是综合了上述各原则进行的。

2. 对刀点与换刀点的确定

对于数控机床来说，在加工开始时，确定刀具与工件的相对位置是很重要的，它是通过对刀点来实现的。对刀点是指通过对刀确定刀具与工件相对位置的基准点。在程序编制时，不管实际上是刀具相对工件移动，还是工件相对刀具移动，都把工件看做静止，而刀具在运动。对刀点往往也是零件的加工原点。选择对刀点的原则是：

1）方便数学处理和简化程序编制；

2）在机床上容易找正，便于确定零件的加工原点的位置；

3）加工过程中便于检查；

4）尽量选在尺寸精度较高、表面粗糙度 Ra 值较小的工件表面上，减小加工误差；

5）对于有对称几何形状的零件，对刀点最好选在对称中心点上。

对刀点可以设在零件、夹具或机床上，但必须与零件的定位基准有已知的准确关系。当对刀精度要求较高时，对刀点应尽量选在零件的设计基准或工艺基准上。对于以孔定位的零件，可以取孔的中心作为对刀点。

一般数控车床的对刀点在主轴中心线上，多定在工件的左端面或右端面；数控铣床或加工中心的对刀点，一般在工件外轮廓的某一个角上或工件对称中心或轴心线处，进刀深度方向上的对刀点，大多取在工件表面。

对刀时应使对刀点与刀位点重合。所谓刀位点，是指确定刀具位置的基准点，也就是在数控编程时把刀具的运动轨迹简化为刀位点的运动轨迹，这样使得数控加工转化为数控系统控制刀位点运动轨迹的加工。常见刀具的刀位点如下：外圆车刀的刀位点一般为刀尖，平头立铣刀的刀位点一般为端面中心，球头铣刀的刀位点取为球心，钻头为钻尖。

为一次装夹能完成多道工序，数控机床常配有刀库或换刀机构，至少也能实现手动快换刀具的功能，为了方便换刀或防止换刀时刀具碰伤工件，常常需要考虑换刀点的设定，其设定一般考虑以下因素：

1）为了方便换刀或防止换刀时刀具碰伤工件，换刀点往往设在距离零件较远的地方；

2）刀具退回换刀点后，能方便测量和装夹工件；

3）在满足上面条件后，换刀点能尽量接近工件，因为换刀完成后，继续加工工件，刀具离开工件越远，单件加工时间越长，而数控加工是大批量加工，这将很不经济。

6.4.4 数控加工走刀路线设计

走刀路线是数控加工过程中刀具相对于被加工件的运动轨迹和方向。走刀路线的确定非常重要，因为它与零件的加工精度和表面质量密切相关。确定走刀路线的一般应注意以下几点：

（1）在相同情况下，采用能最优保证零件的加工精度和表面粗糙度的走刀路线。如在数控镗铣加工中，可采用顺铣和逆铣方式。顺铣时，铣刀的走刀方向与在切削点的切削速度方向相同，切削力 F 的水平分力 F_X 的方向与进给运动 v_f 的方向相同，其特点是铣削厚度由最大减到零；逆铣反之。图 6－5（a）所示为采用顺铣切削方式精铣外轮廓，图 6－5（b）所示为采用逆铣切削方式精铣型腔轮廓，图 6－5（c）所示为顺、逆铣时的切削区域。

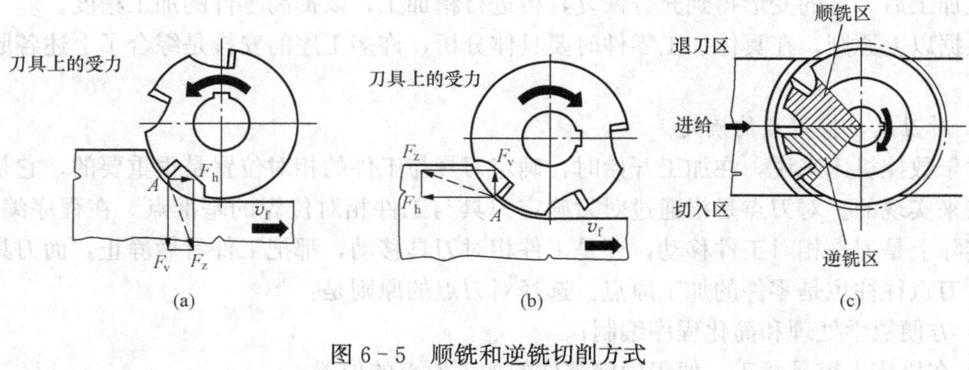

图 6－5 顺铣和逆铣切削方式

（a）顺铣；（b）逆铣；（c）切入和退刀区

顺铣时铣削方式的选择应视零件图样的加工要求，工件材料的性质、特点及机床、刀具等条件综合考虑。通常，由于数控机床传动采用滚珠丝杠结构，其进给传动间隙很小，顺铣的工艺性就优于逆铣。同时，为了降低表面粗糙度值，提高刀具耐用度，对于铝镁合金、钛合金、耐热合金等材料，尽量采用顺铣加工。但如果零件毛坯为黑色金属锻件或铸件，表皮硬而且余量一般较大，这时采用逆铣较为合理。

(2) 在保证零件的加工精度和表面粗糙度的前提下，尽量缩短走刀路线，减少进退刀时间和其他辅助时间。例如在数控车床粗车外圆时，可以使用内、外圆粗车复合循环指令 G71，也可以使用单一形状固定循环指令 G90，显然从缩短走刀路线，减少进退刀时间上考虑，指令 G71 的走刀路线优于指令 G90 的走刀路线。又如加工如图 6-6 (a) 所示的孔系，图 6-6 (b) 所示的走刀路线为先加工完外圈孔后，再加工内圈孔，若改用如图 6-6 (c) 所示的走刀路线，可减少空刀时间，则可节省定位时间，提高加工效率。

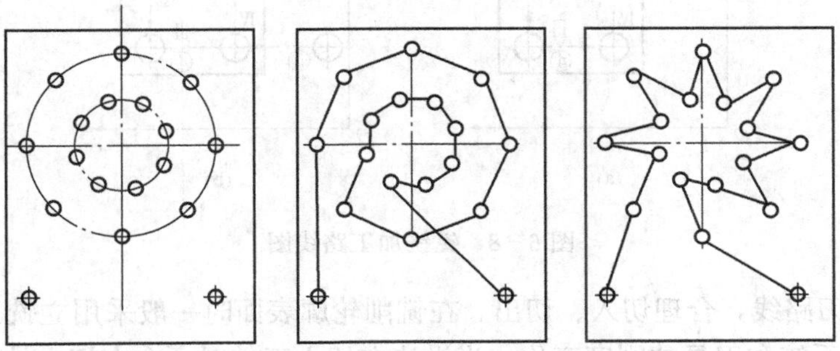

(a) (b) (c)

图 6-6 最短走刀路线的设计

(a) 钻削示例件；(b) 常规进给路线；(c) 最短进给路线

(3) 走刀路线应方便数值计算，合理使用固定循环功能、子程序功能等，简化程序和编程工作。如图 6-7 所示，加工一个曲面时可能采取的三种走刀路线。图 6-7 (a) 沿参数曲面的 X 向行切、沿 Y 向行切和环切，优点是便于在加工后检验型面的准确度。图 6-7 (b) 每次沿直线走刀，刀位点计算简单，程序段少，而且加工过程符合直纹面的形成规律，可以准确保证母线的直线度。实际生产中两种方案均有使用。图 6-7 (c) 所示的环切方案计算复杂，编程麻烦，只用在一些特殊场合，如加工螺旋桨叶片时，由于工件刚度小，只能采用从里到外的环切，才能减小工件在加工过程中的变形。

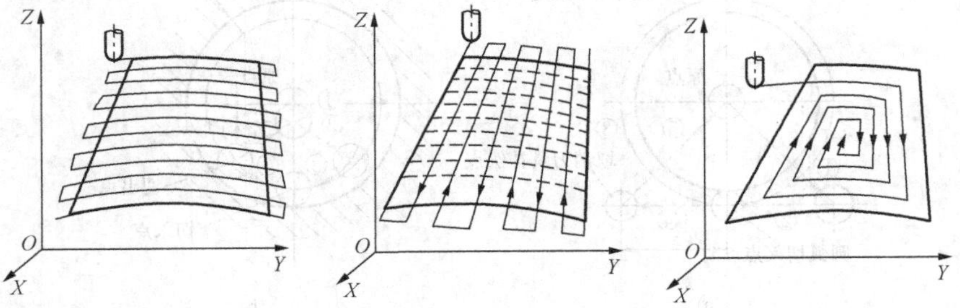

(a) (b) (c)

图 6-7 立体轮廓的加工

(4) 走刀路线合理，避免引入反向间隙误差。数控机床在反向运动时会出现反向间隙，如果在走刀路线中将反向间隙带入，就会影响刀具的定位精度，增加工件的定位误差。例如，按如图 6-8 (a) 所示的方案精镗四孔，由于Ⅳ孔与Ⅰ、Ⅱ、Ⅲ孔的定位方向相反，X 向的反向间隙会使定位误差增加，而影响Ⅳ孔的位置精度；按如图 6-8 (b) 所示的方案精镗四孔，当加工完Ⅲ孔后并没有直接在Ⅳ孔处定位，而是多运动了一段距离，然后折回来在Ⅳ孔处定位。这样Ⅰ、Ⅱ、Ⅲ孔与Ⅳ孔的定位方向是一致的，就可以避免引入反向间隙的误差，从而提高了Ⅳ孔与各孔之间的孔距精度。

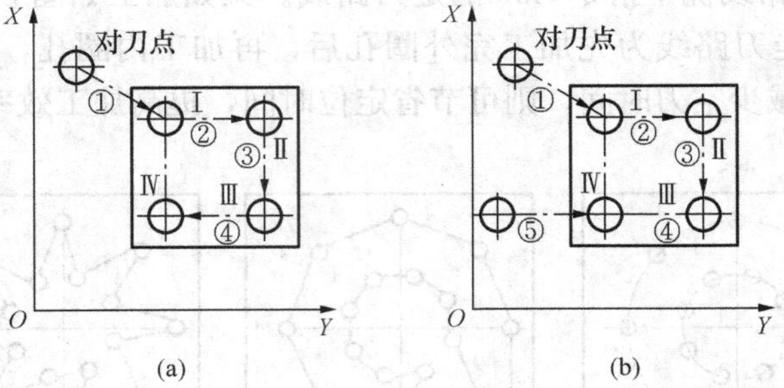

图 6-8 镗铣加工路线图

(5) 调整走刀路线，合理切入、切出。在铣削轮廓表面时一般采用立铣刀侧面刃口进行切削，由于主轴系统和刀具的刚度变化，当沿法向切入工件时，会在切入处产生刀痕，所以应尽量避免沿法向切入工件。

当铣切外表面轮廓形状时，应安排刀具沿零件轮廓曲线的切向、切入工件，并且在其延长线上加入一段外延距离，以保证零件轮廓的光滑过渡。同样，在切出零件轮廓时也应从工件曲线的切向延长线上切出，如图 6-9 (a) 所示。

当铣切内表面轮廓形状时，也应该尽量遵循从切向切入的方法，但此时切入无法外延，最好安排从圆弧过渡到圆弧的加工路线；切出时也应多安排一段过渡圆弧再退刀，如图 6-9 (b) 所示。当实在无法沿零件曲线的切向切入、切出时，铣刀只有沿法线方向切入和切出，在这种情况下，切入、切出点应选在零件轮廓两几何要素的交点上，而且进给过程中要避免停顿。

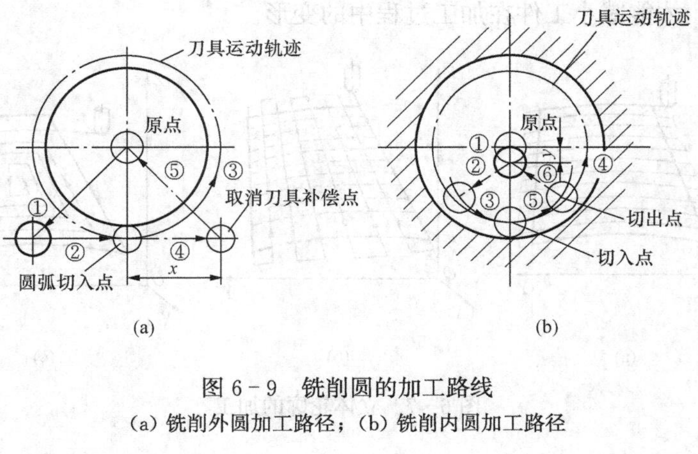

图 6-9 铣削圆的加工路线

(a) 铣削外圆加工路径；(b) 铣削内圆加工路径

6.4.5 数控加工专用技术文件的编写

为使工艺过程和操作方法能符合企业的生产条件，而且合理可靠，一般企业会按规定的格式把工艺过程和操作方法书写成文件，经审批后用来指导生产。这种文件通常就称为工艺规程。数控加工工艺规程是根据工厂具体的数控加工生产条件确定合理的工艺过程和操作方法，并按规定的格式书写成文件，经审批后用来指导生产。

1. 制订数控加工工艺规程的主要作用

(1) 数控加工工艺规程是指导数控加工的主要技术文件。它是依据数控工艺的相关理论和必要的数控加工实践所得的优化数据而制订的，按照其生产效率较高，加工质量也好。

(2) 数控加工工艺规程是组织和管理数控加工的基本依据。在数控加工中，从材料的供应，数控机床和数控刀具的选用，专用的工装夹具研制与使用、工艺路线与加工过程的实施、数控加工成本与效益的控制等都按数控加工工艺规程来执行。

(3) 数控加工工艺规程是数控生产准备和相关技术准备的基本依据。根据规程通常能规划出数控机床场地的布置、工人的配备、材料与成品件安放与检测等最优化的方案。

因此，当数控加工工艺规程经企业高层级工艺管理机构审定后，就成为企业生产中的法规，有关人员必须严格执行，不得随意变更。

2. 制订工艺规程的步骤

(1) 收集和熟悉制订工艺规程的有关资料图纸，进行零件的结构工艺性分析。

(2) 确定毛坯的类型及制造方法。

(3) 选择定位基准。

(4) 拟订工艺路线。

(5) 确定各工序的工序余量，工序尺寸及其公差。

(6) 确定各工序的设备、刀、夹、量具和辅助工具。

(7) 确定各工序的切削用量及时间定额。

(8) 确定工序的技术要求及检验方法。

(9) 进行技术经济分析，选最佳方案。

(10) 填写工艺文件。

3. 制订工艺文件

根据以上步骤，数控加工工艺规程的技术文件主要包括数控加工工艺分析卡、数控加工工序卡、数控加工工步卡、数控机床调整单、数控刀具调整单、数控加工程序单、数控走刀路线图等。这些文件尚无统一的标准，各企业可根据本单位的特点制订上述工艺文件。

(1) 数控加工工序卡。数控加工工序卡与普通加工工序卡有许多相似之处，但不同的是该卡中应反映使用的辅具、刀具切削参数、切削液等，它是操作人员配合数控程序进行数控加工的主要指导性工艺资料。工序卡应按已确定的工步顺序填写。若在数控机床上只加工零件的一个工步时，也可不填写工序卡。在工序加工内容不十分复杂时，可把零件草图反应在工序卡上，并注明编程原点、对刀点等。其常见格式见表 6-5 所示。

(2) 数控机床调整单。机床调整单是机床操作人员在加工前调整机床的依据。数控机床它主要包括机床控制面板开关调整单和数控加工零件安装、零点设定卡片两部分。机床控制面板开关调整单，主要记有机床控制面板上有关“开关”的位置，如进给速度调整旋钮位置或超调（倍率）旋钮位置、刀具半径补偿旋钮位置或刀具补偿拨码开关组数值表、垂直校验开关及冷却方式等内容。

表 6-5　　数控加工工序卡

车间：　　　　　　编制：　　　审核：　　　批准：　　　第　　页 共　　页

零件图号			机床型号		
零件名称			机床编号		
刀具表		量具表		工具表	
工步号	工艺内容	切削用量			备注
		S（r/min）	F（mm/r）	a_p（mm）	

(3) 数控刀具调整单。数控刀具调整单主要包括数控刀具卡片（简称刀具卡）和数控刀具明细表（简称刀具表）两部分。数控加工时，对刀具的要求十分严格，加工中心一般要在机外对刀仪上，事先调整好刀具直径和长度。刀具卡主要反映刀具编号、刀具结构、尾柄规格、组合件名称代号、刀片型号和材料等，它是组装刀具和调整刀具的依据。数控刀具明细表是操作人员调整刀具输入的主要依据。

(4) 数控加工程序单。数控加工程序单是编程员根据工艺分析情况，经过数值计算，按照机床特点的指令代码编制的。它是记录数控加工工艺过程、加工中心工艺参数、数控机床位移数据的清单以及手动数据输入和实现数控加工的主要依据。

6.4.6　典型零件的数控加工工艺实例

图 6-10 所示为盒型模具的凹模零件图，该盒型模具为单件生产，零件材料为 T8A，分析其数控加工工艺。

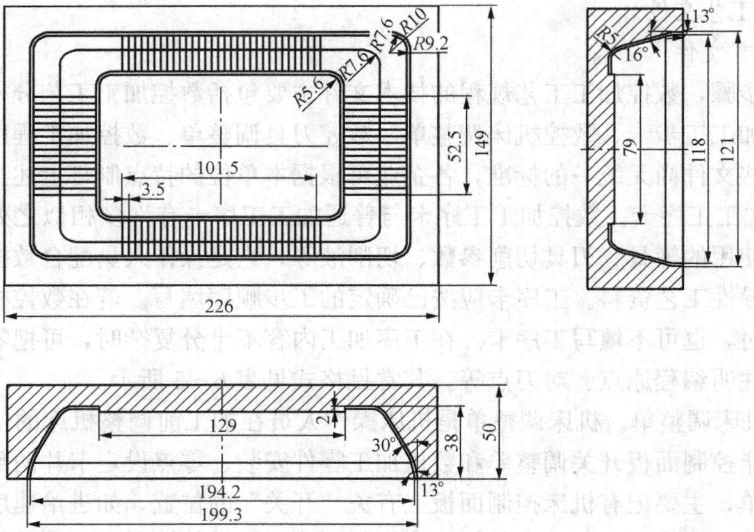

图 6-10　盒型模具

（1）零件图工艺性分析。该盒型模具为单件生产，零件材料为 T8A，外形为一个六面体，内腔型面复杂。主要结构是由多个曲面组成的凹型型腔，型腔四周的斜平面之间采用半径为 7.6mm 的圆弧面过渡，斜平面与底平面之间采用半径为 *R*5 的圆弧面过渡，在模具的底平面上有一个四周也为斜平面的锥台。模具的外部结构较为简单，是一个标准的长方体。因此，零件的加工以凹型型腔为重点。

（2）选择设备。根据被加工零件的外形、材料等条件，选用 VP1050 立式镗铣床加工中心。

（3）确定零件的定位基准和装夹方式。零件直接安装在机床工作台面上，用两块压板压紧。

（4）确定加工顺序及进给路线。

1）粗加工整个型腔，去除大部分加工余量。

2）半精加工和精加工上型腔。

3）半精加工和精加工下型腔。

4）对底平面上的锥台四周表面进行精加工。

（5）刀具选择（见表 6－6）。

表 6－6　　**数控加工刀具卡片**

车间：　　编制：　　审核：　　批准：　　第　页 共　页

产品名称			零件名称	盒型	零件图号	
序号	刀具号	刀具规格名称（mm）	数量	加工表面	刀长（mm）	备注
1	T01	ϕ20 平底立铣刀	1	粗铣整个型腔	实测	
2	T02	ϕ12 球头铣刀	1	半精铣上、下型腔	实测	
3	T03	ϕ6 平底立铣刀	1	精铣上型腔、精铣底平面上锥台四周表面	实测	
4	T04	ϕ6 球头铣刀	1	精铣下型腔	实测	以球心对刀

（6）确定切削用量（略）。

（7）数控加工工艺卡片拟订（见表 6－7）。

表 6－7　　**盒型零件数控加工工艺卡片**

车间：　　编制：　　审核：　　批准：　　第　页 共　页

名称		产品名称或代号		零件名称		零件图号	
				盒型			
工序	程序编号	夹具名称		使用设备		车间	
		压板		VP1050 立式加工中心		数控中心	
工步号	工步内容	刀具号	刀具规格（mm）	主轴转速（r/min）	进给速度（mm/min）	背吃刀量（mm）	备注
1	粗铣整个型腔	T01	ϕ20 平底立铣刀	600	60		
2	半精铣上型腔	T02	ϕ12 球头铣刀	700	40		
3	精铣上型腔	T03	ϕ6 平底立铣刀	1000	30		
4	半精铣下型腔	T02	ϕ12 球头铣刀	700	40		
5	精铣下型腔	T04	ϕ6 球头铣刀	1000	30		
6	精铣底平面上锥台四周表面	T03	ϕ6 平底立铣刀	1000	30		

6.5 数控编程中的数值计算

根据程序编制时，一个完整的程序段内容包含六个要素，数控程序控制的机床才能运动，其第一要素是移动的目标是哪里，即程序所控制的终点坐标为何值，因此在编程前，首先应对零件加工轨迹的坐标进行数值计算。

数值计算的方法很多，对一些简单的数值计算可采用常规的数学方法得到，对一些复杂的数值计算可通过计算机软件解决，目前许多先进的CAD/CAM自动编程技术，很好地解决了烦琐的计算，特别是一些需要通过曲线逼近和曲线拟合的节点坐标的计算。

6.5.1 数值计算的内容

为保证零件的正确切削，数值计算通常为计算零件轮廓基点和节点的坐标，或刀具中心轨迹基点和节点的坐标等内容。

1. 基点和节点的坐标计算

基点就是构成零件轮廓不同几何素线元素的交点或切点。如直线与直线的交点，直线段和圆弧段的交点、切点及圆弧与圆弧的交点、切点等。

节点是逼近直线和圆弧小段与轮廓曲线的交点或切点。由于在数控机床上可以用代码来直接控制直线和圆弧的加工，对于非圆弧曲线的加工的数值计算较为复杂，一般用曲线拟合或曲线逼近的方法来实现，曲线拟合或曲线逼近时，逼近直线和圆弧小段与轮廓曲线的交点或切点就称为节点。一般由节点产生的加工误差控制在零件公差的20%以内。

2. 刀位点轨迹的坐标计算

一般在编程时，数控程序控制的是刀位点的轨迹运动，但实际加工是刀触点（刀具与零件的接触点）处发生切削，理想的刀位点与实际的刀触点总存在一定的差距，数控系统中一般具备一些补偿与过渡功能的指令，计算和编程时可以选用，充分利用数控系统强大的运算功能来简化刀位点轨迹的坐标计算。

3. 辅助计算

除了基点、节点的计算外，一些计算也很必要，如车螺纹时，为避免因车刀升、降速而影响螺距的稳定，通常要计算升速段 L_1 和降速段 L_2 的值。

6.5.2 数值计算的类型

1. 由直线和圆弧组成零件轮廓的基点坐标的计算

数控机床一般都具有直线和圆弧插补功能，因此，对于由直线和圆弧组成的平面轮廓，编程时主要是计算各基点的坐标。由直线和圆弧组成零件轮廓，一般由直线与直线相交，直线与圆弧相交或相切，圆弧与圆弧相交或相切，一直线与两圆弧相交或相切等情况，其计算方式可以通过三角、几何关系或建立直线方程的方法来实现。

2. 非圆方程 $y=f(x)$ 组成的轮廓曲线的节点坐标计算

对于平面轮廓是非圆方程 $y=f(x)$ 组成的曲线，如渐开线、阿基米德螺线等，可以用直线和圆弧逼近该曲线，即将轮廓曲线按编程允许的误差分割成许多小段，用直线和圆弧逼近这些小段，逼近的直线段和圆弧段与轮廓曲线的交点或切点称为节点，非圆方程 $y=$

$f(x)$ 组成的曲线可通过节点坐标的计算在编程时得到描述，并在误差范围内得以加工。通常直线段逼近非圆方程 $y=f(x)$ 组成的曲线的计算方法有等间距法、等弦长法、等误差法直线段逼近三种，圆弧段逼近非圆方程 $y=f(x)$ 组成的曲线的计算方法有曲率圆法、三点圆法和相切圆法。

(1) 等间距法直线段逼近。等间距法是在一个坐标轴方向，将需逼近的轮廓进行等分，再对其设定节点，然后进行坐标值计算。其特点是使每个程序段的某一坐标增量相等，然后根据曲线的表达式求出另一坐标值，即可得到节点坐标。在直角坐标系中，可使相邻节点间的 x 或 y 坐标增量相等；计算方法如图 6－11 所示。

这种方法的关键是确定间距值，该值应保证曲线 $y=f(x)$ 相邻两节点间的法向距离小于允许的程序编制误差，即 $\delta \leqslant \delta_{允}$，$\delta_{允}$ 一般为零件公差的 1/5～1/10。

(2) 等弦长法直线段逼近。等弦长法是设定相邻两点间的弧长相等，再对该轮廓曲线进行节点坐标值计算。这种方法是使所有逼近线段的弦长相等，如图 6－12 所示。由于轮廓曲线 $y=f/(x)$ 各处的曲率不等，因而各程序段的插补误差 δ 不等。所以编程时必须使产生的最大插补误差小于允许的插补误差，以满足加工精度的要求。在用直线逼近曲线时，一般认为误差的方向是在曲线的法线方向，同时误差的最大值产生在曲线的曲率半径最小处。

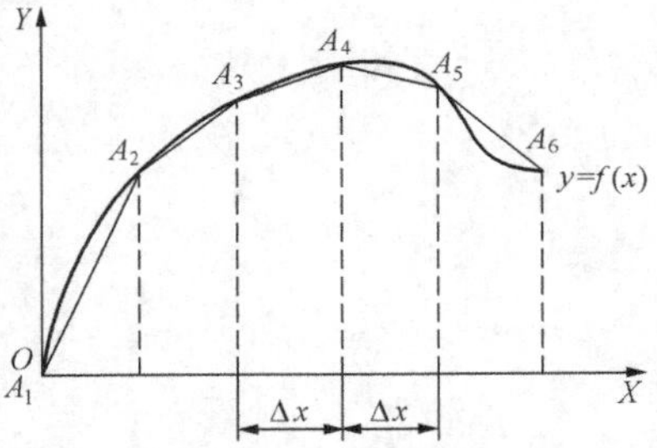

图 6－11　等间距法直线段逼近

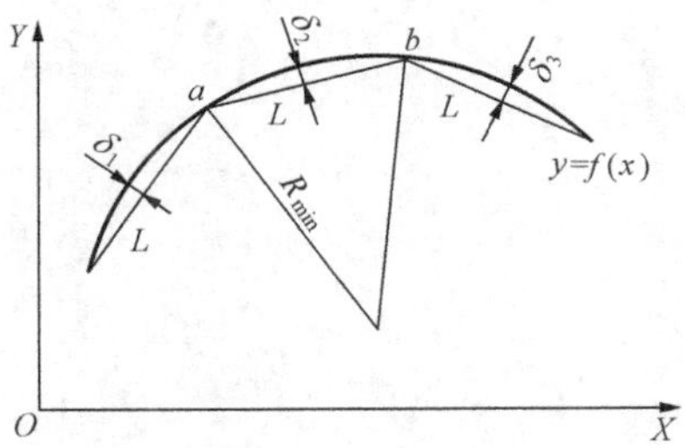

图 6－12　等弦长法直线段逼近

(3) 等误差法直线段逼近。等误差法的特点是使零件轮廓曲线上各逼近线段的插补误差 δ 相等，并小于或等于 $\delta_{允}$，如图 6－13 所示。用这种方法确定的各逼近线段的长度不等，程序段数目最少，但相对来说其计算比较烦琐。

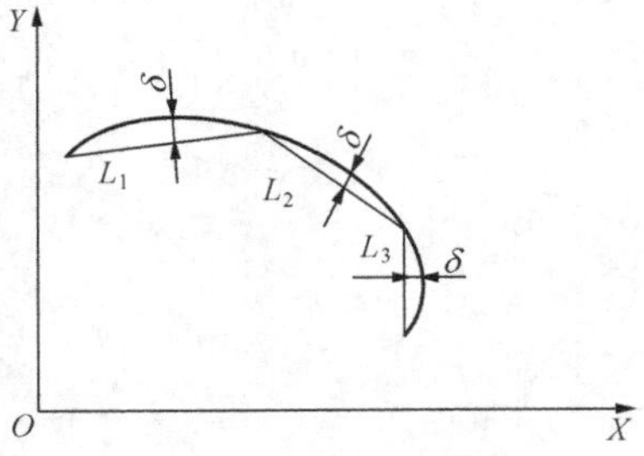

图 6－13　等误差法直线段逼近

3. 无轮廓曲线方程描述的曲线的节点坐标计算

无轮廓曲线方程描述的曲线通常用实验或经验数据点表示，如果给出的数据点比较密集，则可以用这些点作为节点，用直线或圆弧连接起来逼近轮廓形状。如果数据点较稀疏，则必须先用插值法将节点加密，再进行曲线拟合，常用的方法有牛顿插值法、样条曲线拟合法、圆弧样条拟合法、双圆弧样条拟合法等。

一般对于无轮廓曲线方程描述的曲线的节点坐标计算通常运用计算机进行数学处理，此时要经过插值、拟合与修整三个步骤。

思考题与习题

6-1 什么是数控编程？试述数控编程的主要步骤。

6-2 如何确定数控加工的工艺过程？

6-3 试述数控加工程序及程序段的构成。

6-4 为什么要建立工件坐标系？建立工件坐标系的方法有几种？怎样建立工件坐标系？

6-5 写出 G27、G28、G29 的使用格式及具体执行动作。

6-6 简述指令 M00、M01、M02、M30 等各自的功能及使用方法。

6-7 什么是开机有效代码？什么是模态指令？

6-8 数控加工的工艺特点是什么？

6-9 数控机床上加工零件其工序划分的原则是什么？

6-10 制订工艺规程的步骤是什么？

6-11 一般企业数控加工工艺规程的技术文件主要包括哪些内容？

6-12 非圆方程 $y=f(x)$ 组成的轮廓曲线的节点坐标计算方法有哪些？

7 数控车削加工技术

7.1 典型数控车床结构组成

数控车床是一种高精度、高效率的自动化机床，也是目前使用数量最多的数控机床，大约占数控机床总数的25%。本节以配置FANUC 0*i* Mate－TD数控系统的CY－K500数控车床为例介绍数控车床的结构组成。

CY－K500数控车床是云南CY集团公司K系列数控产品之一，如图7－1所示，其全部结构均按数控机床的要求开发、设计、制造，具整机精度稳定性好，刚性强，独立主轴单元热变形小，热稳定性佳，精度保持性好，免维护的优良特性。本机床是两坐标（纵向*Z*、横向*X*）连续控制卧式数控车床，能自动完成内外圆表面、圆锥面、圆弧面、端面、多种螺纹（公英制螺纹、锥螺纹、端面螺纹），以及钻、铰、镗孔等车削加工。

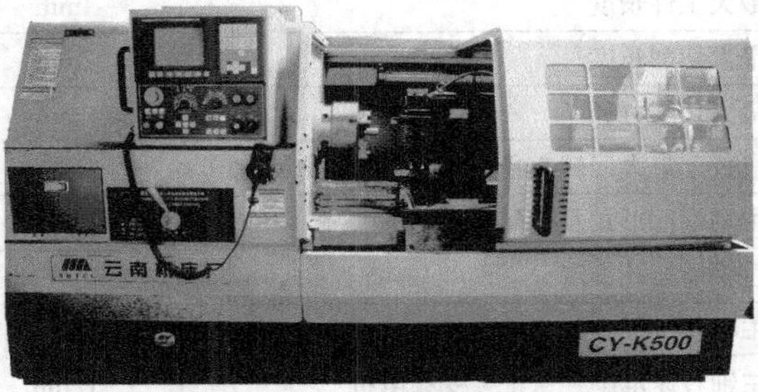

图7－1 CY－K500数控车床

机床选配FANUC 0*i* Mate－TD数控系统，具有可靠的控制。主轴传动配11kW电动机，3挡变频调速；也可选配伺服主轴实现无级变速，均可实现恒线速切削；机床配有自动润滑系统，能有效减小热变形的影响，保证加工精度。

CY－K500数控车床主要由机床床体，主轴装置，刀塔，尾座，*X*、*Z*轴进给装置，冷却液系统，中心润滑系统，以及CNC系统等组成。CNC系统主要由微型计算机、进给伺服系统、主轴驱动系统、辅助控制装置、I/O接口电路等组成。

CY－K500数控车床的传动系统分主传动系统和进给传动系统两部分。主传动系统由主轴电动机、传动元件（齿轮、皮带）和主轴构成。在现代数控机床中常采用直流或交流调速电动机作为主运动的动力源，主要由电动机实现主运动的变速；进给传动系统是由滚珠丝杠螺母副或齿联轴器所组成。近年来，由于伺服电动机及其控制单元性能的提高，许多数控机床的进给传动系统去掉了降速齿轮副，直接将伺服电动机与滚珠丝杠连接。

数控车床大都采用45°和30°两种斜床身，以使达到足够的刚性和热稳定性。

7.1.1 技术参数

CY－K500数控车床技术参数见表7－1。

床身上最大回转直径：	ϕ500
下刀架上最大回转直径：	290mm
最大加工长度：	750、1000、1500、2000mm
主轴通孔直径：	ϕ82
刀架形式：	四工位电动刀架（可选排刀、六工位刀架）
刀具截面规格：	25mm×25mm

加工精度： IT6～IT7
加工工件表面粗糙度： Ra1.0～1.6
X/Z 轴定位精定： 0.016/0.025mm
X/Z 轴重复定位精定： 0.007/0.01mm
主轴驱动方式： 无级变速（机械三挡＋变频器：35～2500r/min）
数控系统： 法那克系统（FANUC 0i Mate－TD）

表 7－1 **CY－K500 数控车床技术参数**

项目		单位	规格
床身上最大回转直径		mm	500
床身的跨距		mm	390
最大工件长度		mm	750/1000/1500/2000
最大切削长度		mm	600/880/1380/1880
最大切削直径		mm	500
滑板上最大回转直径		mm	290
主轴端部形式及代号			D8
主轴前端孔锥度			1：20
主轴孔直径		mm	82
主轴转速范围	变频电机	r/min	35～2500，三挡无级
主电机	变频电机	kW	11
标准卡盘	卡盘直径	mm	ϕ250
X 轴快移速度		m/min	4
Z 轴快移速度		m/min	8
X 轴行程		mm	250
Z 轴行程		mm	600/880/1380/1880
尾座套筒直径		mm	75
尾座套筒行程		mm	150
尾座主轴锥孔锥度		莫氏	5#
刀架形式			立式四、六工位
刀方尺寸			25×25
刀架转位时间：（每工位）/180		s	3.5/4.5
刀架转位复重定位精度		mm	0.008
加工精度			IT6～IT7
加工工件表面粗糙度			Ra1.6μm

7.1.2 床身结构

床身主截面为梯形结构，床身床脚采用树脂砂铸造并进行时效处理，导轨采用高频淬火。机床在刚性和防水防油方面做了较全面考虑。

7.1.3 主传动系统结构

机床采用独立主轴系统，采用高精度主轴轴承及进口润滑脂润滑，精确计算优化轴承的安装形式，主轴传动平稳可靠，免维护；分离式变速箱能提供3、6、9挡机械变速，适应用户高、中、低转速和扭矩要求，专为变频变速设计的高速直联结构具有传动比大、噪声低的优越性能。

机床主传动系统的变速为用户提供三种选择方式：

(1) 机械变速，通过双速电动机和分离式变速箱提供3挡6级机械变速，最高转速1600r/min。

(2) 变频器变速，能满足各类零件加工的转速和扭矩要求，配合电气系统可实现恒线速切削，最高转速2500r/min。

(3) 交流伺服电动机无级变速，最高转速3000r/min。

主轴系统的结构组成：主传动系统是由交流主轴驱动电动机通过一组多联皮带直接传递到主轴，来实现交流电动机的无级调速。主轴通过一对1∶1的同步齿形皮带轮和皮带传递给主轴脉冲发生器（又称编码器），来实现车削公、英制螺纹的功能。主传动的多联皮带和编码器的同步齿形皮带都可通过螺钉来调节松紧。

主轴的后端安装了一组（两个）角接触轴承，以增强主轴的刚性。这组轴承的轴向间隙和径向间隙用背帽的预紧力来调整；主轴的前端装有一组（两个）三列向心推力球轴承，轴承的轴向间隙和径向间隙也是靠背帽的预紧力来调整的。主轴前端通过法兰盘实现了防水功能，主轴的皮带轮用胀紧套锁紧，最大程度地减少了主轴组的转动不平衡，从而保持主轴在高速旋转时的平稳。

CY-K500数控车床的主轴组采用这种结构，不仅提高了传动效率和机械性能，而且也大大简化了主轴组的结构，从而实现了高速化和恒速切削，提高了工作效率，降低了加工零件表面粗糙度的值，同时机床的噪声要比主轴组有齿轮传动的低很多。

7.1.4 进给传动结构

X、Z两轴传动均采用伺服电动机、精密滚珠丝杆及滚珠丝杆专用轴承，定位精确、传动效率高。机床选配了卧式六工位电动刀架。机床在功能部件的模块化设计，以及适应用户多种需求方面做了较全面的考虑，操作方便灵活。机床运动部件的全面自动润滑，有利于提高机床传动效率，减小零件的磨损量，方便用户，增加使用寿命。

(1) 卡盘装置的结构特点。动力卡盘在MDI方式下，配合脚踏开关进行操作，靠液压力进行夹紧。液压卡盘装在主轴的前端，卡盘楔形套与拉杆相连，拉杆与油缸的活塞杆连接。通过液压控制，液压油缸的活塞向后运动，带动拉杆轴向移动，这样卡盘内的楔形套在拉杆带动下也进行轴向位移，达到卡爪径向向主轴的中心线位移，实现了对工件的夹紧；反之，液压油缸朝相反的方向运动，就实现了对工件的放松。

如图7-2所示，当数控装置发出夹紧和松开指令时，直接由电磁阀控制压力油进入缸体的左腔或右腔，使活塞向左或向右移动，并由拉杆2通过主轴通孔拉动主轴前端卡盘上的滑体3，滑体3又与三个可在盘体上T形槽内做径向移动的卡爪滑座4以斜楔连接。

(2) 转塔刀架的结构特点。下面以某型号数控车床的转塔刀架为例，如图7-3所示，分析其结构特点。该转塔刀架为12工位，由二进制绝对值编码器识别。刀架定位与锁紧均由无触点开关做回答信号，无触点开关、编码器直接与数控系统连机，端齿盘作为分度定位元件，刀盘转位时不需要抬起，并可双向转位就近选刀，并且分度电动机内部含有制动机构。因此，这个转塔刀夹的定位精度较高，动作迅速，稳定可靠，结构紧凑，刚性较好。

自动回转刀架的结构如图7-4所示，其转位过程如下：

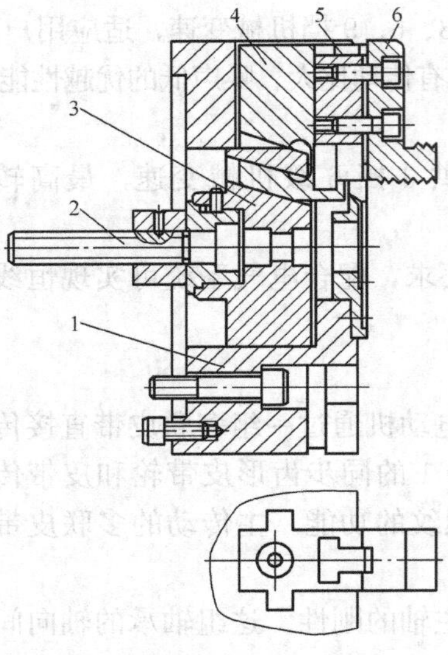

图 7-2　动力卡盘

1—扭体；2—拉杆；3—滑体；4—卡爪滑座；
5—T 形滑块；6—卡爪

图 7-3　数控车床转塔刀架

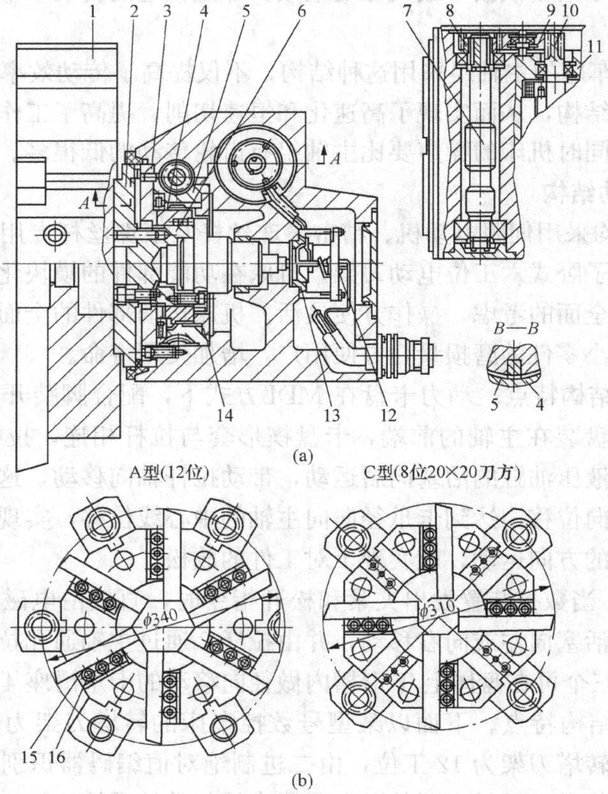

图 7-4　自动回转刀架的结构

(a) 剖面图；(b) 截面图

1—刀架；2、3—端面齿盘；4—滑块；5—蜗轮；6—轴；7—蜗杆；8、9、10—传动齿轮；
11—电动机；12—微动开关；13—小轴；14—圆环；15—压板；16—锲铁

1）回转刀架的松开。转位开始时，电磁制动器断电，电动机 11 通电转动，通过传动齿轮 10、9、8 带动蜗杆 7 旋转，使蜗轮 5 转动。蜗轮内孔有螺纹，与轴 6 上的螺纹相配合。端面齿盘 3 被固定在刀架箱体上，轴 6 和端面齿盘 2 固定连接，并使端面齿盘 2、3 处于啮合状态，因此，当蜗轮 5 转动时，轴 6 不能转动，只能和端面齿盘 2、刀架体 1 同时向左移动，直到端面齿盘 2、3 脱离啮合。

2）转位。轴 6 外圆柱面上有两个对称槽，内装滑块 4。当端面齿盘 2、3 脱离啮合后，当蜗轮 5 转动到一定角度时，与蜗轮 5 固定在一起圆环 14，其左侧端面的凸块便碰到滑块 4，使得蜗轮继续转动，通过圆环 14 上的凸块带动滑块连同轴 6、刀架体 1 一起进行转位。

3）回转刀架的定位。到达要求位置后，电刷选择器发出信号，使电动机 11 反转，这时蜗轮 5 与圆环 14 反向旋转，凸块与滑块 4 脱离，不再带动轴 6 转动。同时，蜗轮 5 与轴 6 上的咬合螺纹使轴 6 右移，使得端面齿盘 2、3 啮合并定位。当齿盘压紧时，轴 6 右端的小轴 13 压下微动开关，发出转位结束信号，电动机断电，电磁制动器通电，维持电动机轴上的反转力矩，以保持端面齿盘之间有一定的压紧力。

刀具在刀盘上由压板 15 及调节楔铁 16 来夹紧，更换刀具和对刀都十分方便。刀位选择由刷型选择器进行，松开、夹紧位置检测由微动开关 12 控制。整个刀架控制是一个纯电气系统，具有结构简单的优点。

（3）尾座的结构特点。数控车床的尾座一般都采用液压控制结构，其结构如图 7－5 所示。尾座套筒的轴向运动也是在 MDI 方式下，配合脚踏开关进行操作的。

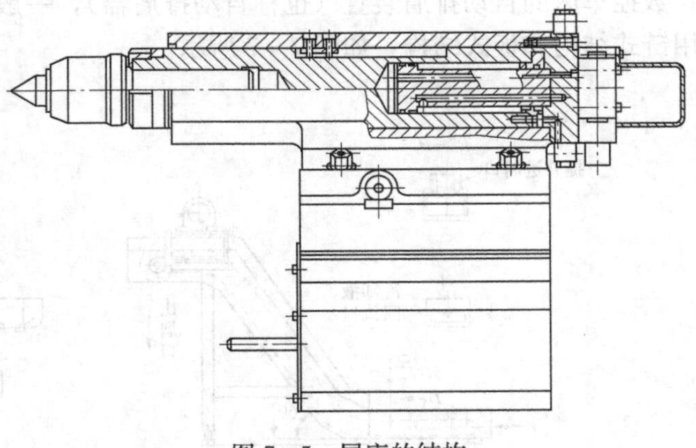

图 7－5 尾座的结构

尾座安装在床身导轨上，它可以根据工件的长短调整位置，用拉杆进行夹紧定位。顶尖装在套筒的锥孔中。尾座套筒安装在尾座体的圆孔中，并用平键导向，所以套筒只能轴向移动。在尾座套筒尾部的孔中装有一活塞杆，与尾座套筒一起构成一个液压缸。当套尾液压缸左腔进压力油时，右腔回油，套筒向前伸出；当液压缸右腔中进压力油时，左腔回油，套筒向后回缩。尾座预紧力的大小则由调整液压系统的单位压力来控制。

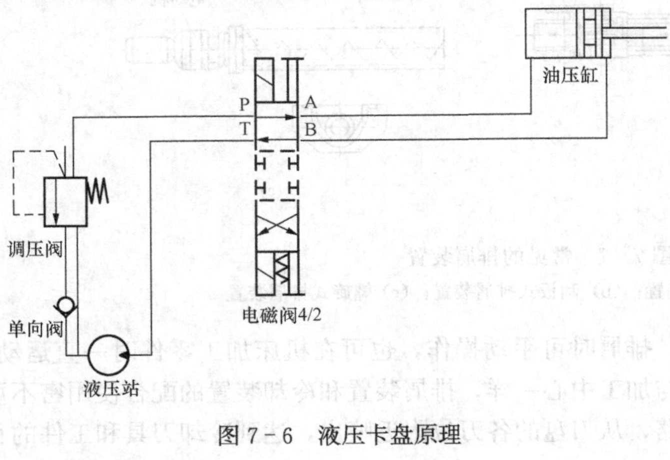

图 7－6 液压卡盘原理

7.1.5 液压系统的原理特点

图 7－6 所示为某数控车床主轴卡盘夹紧、放松的液压原

理图。

主轴卡盘夹紧、放松液压油路由一个三位四通电磁换向阀来控制油压缸，以达到主轴卡盘的夹紧和放松。当液压油通过可调节 5～40bar 压力的调压阀后，经过三位四通电磁换向阀（上部吸合工作），液压油进入油缸的左腔，推动活塞向左移动，使卡盘松开工件；当液压油经过三位四通电磁换向阀（下部吸合工作）时，液压油进入油缸的右腔，推动活塞向左移动，从而使卡盘夹紧工件。单向阀的作用是当机床突然断电时产生背压，对油路起保护作用。

7.1.6　中心润滑系统的原理特点

数控车床的中心润滑系统比较简单，当中心润滑装置的电动机、油泵经定时启动后，主要对 X 坐标轴和 Z 坐标轴的滑动导轨或滚动导轨进行润滑，同时还要对这两个坐标轴的滚珠丝杠螺母及支承点的轴承进行润滑。转塔刀架、尾座的各运动部位也由中心润滑系统供油进行润滑。

在主轴具有高低速齿轮变挡的数控车床，齿轮和传动轴承也是通过中心润滑系统由压缩空气加压进行喷雾润滑。而有些具有这种主轴传动的结构，则是单独由主轴箱内的润滑油进行喷淋式润滑。

7.1.7　自动排屑装置及冷却液系统的原理特点

数控车床的自动排屑装置（也称自动排屑器），一般都是落地安装在机床的正面，常常选用链式结构和板式结构，如图 7－7 所示。

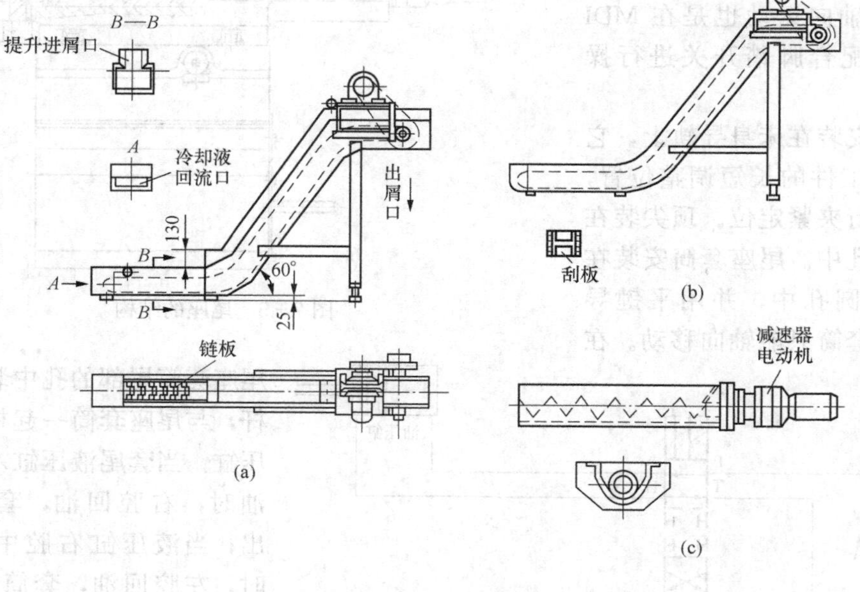

图 7－7　常见的排屑装置

(a) 平板链式排屑装置；(b) 刮板式排屑装置；(c) 螺旋式排屑装置

自动排屑装置具有正反转功能，排屑时可手动操作，也可在机床加工零件时一直运动，以达到及时排屑的目的。数控车床与加工中心一样，排屑装置和冷却装置的配合使用密不可分。冷却系统将冷却液打入刀塔管路，从刀盘的各刀位附近喷出，达到冷却刀具和工件的目的，同时也可提高被加工件的表面质量和切削效率。可通过 MDI 方式手动进行冷却液的开启，也可通过加工程序来设定冷却液的自动开启。

7.2 数控车削加工工艺

7.2.1 数控车削加工工艺的制订

制订数控车削加工工艺包括：选择并确定数控加工的内容，对零件图样进行数控加工工艺分析，零件图形的数学处理及编程尺寸设定值的确定，数控车削加工工艺过程的拟订，加工余量、工序尺寸及公差的确定，切削用量的选择，制订数控车削加工工艺文件。

1. 零件图的工艺分析

(1) 分析构成零件轮廓的几何条件。

1) 分析零件图上是否漏掉某尺寸，使其几何条件不充分，影响零件轮廓的构成。

2) 查看零件图上的图线位置是否模糊或尺寸标注不清，无法进行编程。

3) 分析零件图上给定的几何条件是否合理，是否增加数学处理的难度。

4) 分析零件图上尺寸标注方法是否适应数控车床加工的特点，是否以同一基准标注尺寸或直接给出坐标尺寸。

(2) 尺寸精度要求。在利用数控车床车削零件时，常常对零件尺寸取最大和最小极限尺寸的平均值，作为编程尺寸的依据。

(3) 形状和位置精度的要求。零件图样上给定的形状和位置公差是保证零件精度的重要依据。

(4) 表面粗糙度要求。表面粗糙度是保证零件表面微观精度的重要要求，也是合理选择数控车床、刀具及确定切削用量的依据。

(5) 材料与热处理要求。零件图样上给定的材料与热处理要求，是选择刀具、数控车床型号、确定切削用量的依据。

注意：需要分析本工序的数控车削精度能否达到图样要求，若达不到，需采取其他措施（如磨削）弥补的话，则应给后续工序留有余量；有位置精度要求的表面应在一次安装下完成；表面粗糙度要求较高的表面，应确定用恒线速切削。

2. 加工方案的确定

一般根据零件的加工精度、表面粗糙度、材料、结构形状、尺寸及生产类型来确定零件表面的数控车削加工方法及加工方案。数控车削内回转表面加工方案的确定如下：

(1) 加工精度为 IT8～IT9 级、$Ra1.6 \sim 3.2\mu m$，除淬火钢以外的常用金属，可采用普通型数控车床，按粗车—半精车—精车的方案加工。

(2) 加工精度为 IT6～IT7 级、$Ra0.2 \sim 0.63\mu m$，除淬火钢以外的常用金属，可采用精密型数控车床，按粗车—半精车—精车—细车的方案加工。

(3) 加工精度为 IT5 级、$Ra < 0.2\mu m$，除淬火钢以外的常用金属，可采用高档精密型数控车床，按粗车—半精车—精车—精密车的方案加工。

3. 工序的划分

(1) 数控车削加工工序的划分。对于需要多台不同数控机床、多道工序才能完成加工的零件，工序划分自然以机床为单位来进行。而对于需要很少数控机床就能加工完成零件全部内容的情况，数控加工工序的划分一般可按下列方法进行：

1）以一次安装所进行的加工作为一道工序。将位置精度要求较高的表面安排在一次安装下完成，以免多次安装所产生的安装误差影响位置精度，同时也可以提高加工效率。

2）以一个完整数控程序连续加工的内容为一道工序。有些零件虽然能在一次安装中加工出很多待加工面，但考虑到程序太长，会受到某些限制。

3）以工件上的结构内容组合，用一把刀具加工为一道工序。有些零件结构较复杂，既有回转表面也有非回转表面，既有外圆、平面，也有内腔、曲面。对于加工内容较多的零件，按零件结构特点将加工内容组合分成若干部分，每一部分用一把典型刀具加工，这时可以将组合在一起的所有部位作为一道工序。

4）以粗、精加工划分工序。对于容易发生加工变形的零件，通常粗加工后需要进行矫形，这时粗加工和精加工作为两道工序，可以采用不同的刀具或不同的数控车床加工。对毛坯余量较大和加工精度要求较高的零件，应将粗车和精车分开，划分成两道或更多的工序。

下面以车削如图 7-8 所示的手柄零件为例，说明工序的划分。

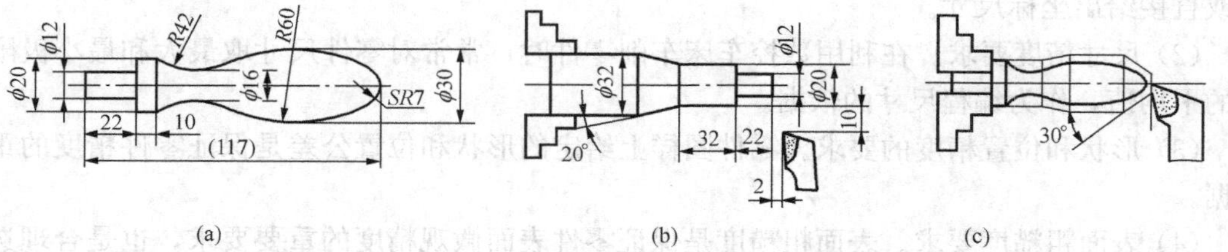

图 7-8 手柄加工示意

(a) 零件图；(b) 粗加工图；(c) 细加工图

该加工零件所用坯料为 $\phi32$ 棒料，批量生产加工时可用一台数控车床完成，其工序划分如下：

第一道工序，如图 7-8（b）所示，将一批工件全部车出，包括切断，装夹棒料外圆柱面，工序内容有首先车削加工出 $\phi12$ 和 $\phi20$ 两圆柱面，以及圆锥面（粗车掉 $R42$ 圆弧的部分余量），转刀后按总长要求留下加工余量切断。

第二道工序，如图 7-8（c）所示，用 $\phi12$ 外圆及 $\phi20$ 端面装夹，工序内容有首先车削包络 $SR7$ 球面的 30°圆锥面，然后对全部圆弧表面半精车（留少量的精车余量），最后换精车刀将全部圆弧表面一刀精车成形。

综上所述，在数控加工划分工序时，一定要视零件的结构与工艺性、零件的批量、机床的功能、零件数控加工内容的多少、程序的大小、安装次数及本单位生产组织状况来灵活掌握。

（2）回转类零件非数控车削加工工序的安排。

1）零件上有不适合数控车削加工的表面，如渐开线齿形、键槽、花键表面等，必须安排相应的非数控车削加工工序。

2）零件表面硬度及精度要求均高，热处理需安排在数控车削加工之后，则热处理之后一般安排磨削加工。

3）零件要求特殊，不能用数控车削加工完成全部的加工要求，则必须安排其他非数控车削加工工序，如喷丸、滚压加工、抛光等。

4）零件上有些表面根据工厂条件采用非数控车削加工更合理，这时可适当安排这些非数控车削加工工序，如铣端面打中心孔等。

4. 工步顺序和进给路线的确定

（1）工步顺序安排的一般原则。

1）先粗后精。对粗精加工在一道工序内进行的，应首先对各表面进行粗加工，全部粗加工结束后再进行半精加工和精加工，逐步提高加工精度。此工步顺序安排的原则要求：粗车在较短的时间内将工件各表面上的大部分加工余量切除，一方面提高金属切除率，另一方面满足精车余量均匀性的要求。若粗车后所留余量的均匀性满足不了精加工的要求时，则要安排半精车，以此为精车做准备。为保证加工精度，精车要一刀切出图样要求的零件轮廓。此原则实质是在一个工序内分阶段加工，这样有利于保证零件的加工精度，适用于精度要求高的场合，但可能增加换刀的次数和加工路线的长度。

2）先近后远。这里所说的远与近，是按加工部位相对于对刀点（起刀点）的距离而言的。在一般情况下，离对刀点远的部位后加工，以便缩短刀具移动距离，减少空行程时间。

3）内外交叉。对既有内表面（内型腔），又有外表面需加工的零件，安排加工顺序时，通常应先进行内、外表面粗加工，然后进行内、外表面精加工。切不可将零件的一部分表面加工完再加工其他表面。

4）基面先行原则。用作精基准的表面应优先加工出来，因为定位基准的表面越精确，装夹误差就越小，加工误差也越小。

（2）进给路线的确定。进给路线是刀具在整个加工工序中相对于工件的运动轨迹，它不但包括工步的内容，也反映了工步的顺序。进给路线泛指刀具从对刀点（或机床固定原点）开始运动起，直至返回该点并结束加工程序所经过的路径，包括切削加工的路径及刀具切入、切出等非切削空行程。

确定进给路线的工作重点主要在于确定粗加工及空行程的进给路线，因为精加工切削过程的进给路线基本上都是沿其零件轮廓顺序进行的。

在保证加工质量的前提下，使加工程序具有最短的进给路线，不仅可以节省整个加工过程的执行时间，还能减少一些不必要的刀具消耗，以及机床进给机构滑动部件的磨损等。实现最短的进给路线，除了依靠大量的实践经验外，还应善于分析，必要时可借助一些简单计算。

完工轮廓的连续切削进给路线：在安排可以一刀或多刀进行的精加工工序时，其零件的完工轮廓应由最后一刀连续加工而成，这时，加工刀具的进、退刀位置要考虑妥当，尽量不要在连续的轮廓中安排切入、切出或换刀、停顿，以免因切削力突然变化而造成弹性变形，致使光滑连接轮廓上产生表面划伤、形状突变、滞留刀痕等缺陷。

1）加工路线与加工余量的关系。

a. 对大余量毛坯进行阶梯切削时的加工路线如图 7－9、图 7－10 所示。

b. 分层切削时刀具的终止位置。从第二刀开始就要注意防止走刀到终点时切削深度的猛增，如图 7－11 所示。

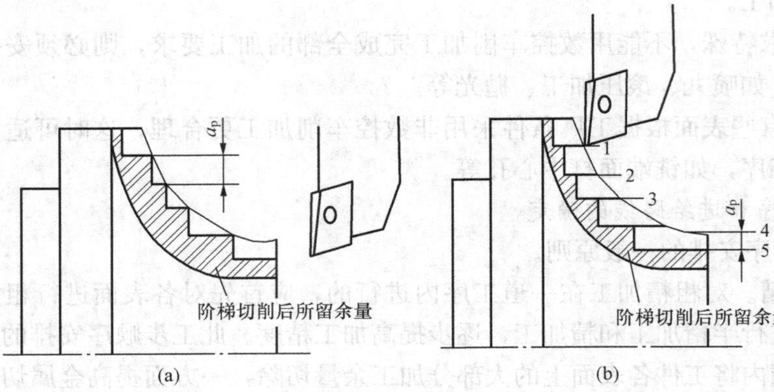

图 7-9　从轴向和径向进刀、沿工件毛坯轮廓进刀的路线

(a) 错误；(b) 正确

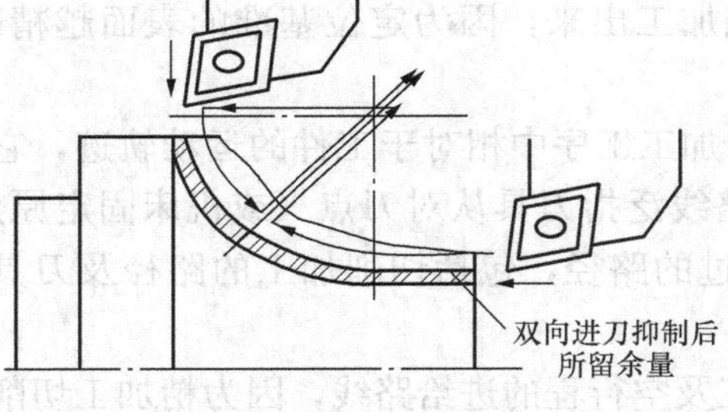

图 7-10　双向进刀走刀路线

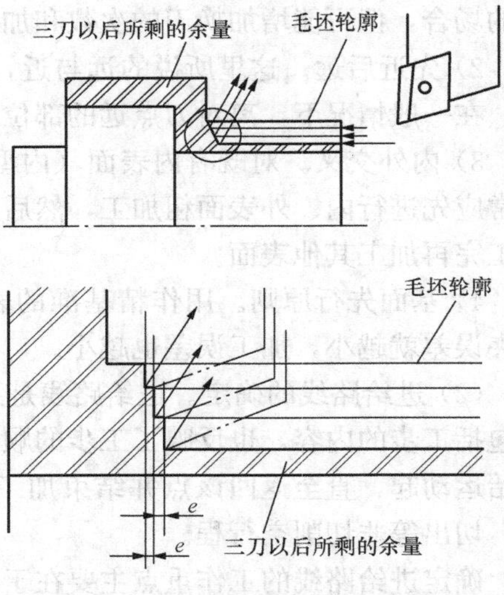

图 7-11　分层切削时刀具的终止位置

2) 刀具的切入、切出。在数控机床上进行加工时，要安排好刀具的切入、切出路线，尽量使刀具沿轮廓的切线方向切入、切出。

车削螺纹时，必须设置升速段 δ_1 和降速段 δ_2，如图 7-12 所示，这样可避免因车刀升降速度而影响螺距加工的稳定。车削螺纹时，刀具沿螺纹方向的进给应与工件主轴旋转速度保持严格的比例关系。考虑到刀具从停止状态到达指定的进给速度或从指定的进给速度降至零，驱动系统必有一个过渡过程，沿轴向进给的加工路线长度，除保证加工螺纹长度外，还应增加刀具引入距离 δ_1（2～5mm）和刀具切出距离 δ_2（1～2mm）。这样可保证切削螺纹时，在升速完成后使刀具接触工件，刀具离开工件后再降速。

3) 确定最短的空行程路线。实践中的部分设计方法或思路：①巧用对刀点；②巧设换刀点；③合理安排“回零”路线 。

如图 7-13 (a) 所示，采用矩形循环方式进行粗车，其按三刀粗车的走刀路线安排如下：

第一刀为 $A \to B \to C \to D \to A$；

第二刀为 $A \to E \to F \to G \to A$；

第三刀为 $A \to H \to I \to J \to A$。

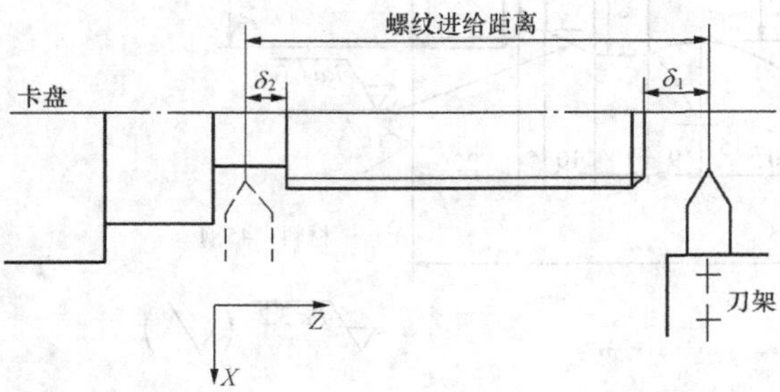

图 7-12 车削螺纹时的引入距离和超越距离

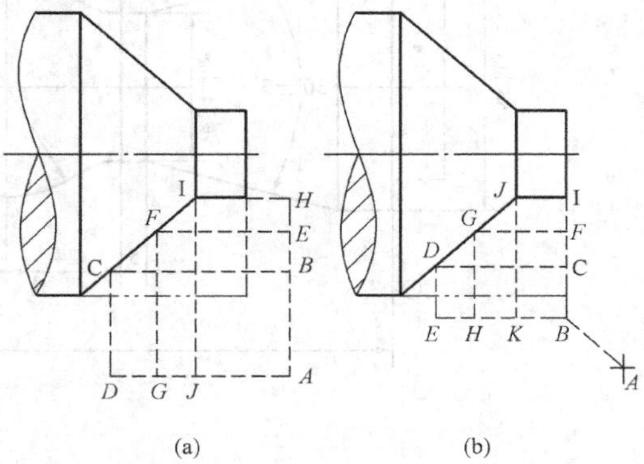

图 7-13 采用最短的空行程路线的实例

(a) 起刀点对刀点重合；(b) 起刀点对刀点分离

如图 7-13（b）所示，将起刀点与对刀点分离，起刀点与对刀点分离的空行程为 $A \to B$；其按三刀粗车的走刀路线安排如下：

第一刀为 $B \to C \to D \to E \to B$；

第二刀为 $B \to F \to G \to H \to B$；

第三刀为 $B \to I \to J \to K \to B$。

4）确定最短的切削进给路线。缩短切削进给路线，可有效地提高生产效率，降低刀具损耗等。

在安排粗加工或半精加工的切削进给路线时，应同时兼顾被加工零件的刚性，以及加工零件的工艺性等要求，不要顾此失彼。

图 7-14 所示为三种不同的切削进给路线实例。由图 7-14 可得出结论：矩形循环进给路线的走刀长度总和为最短，即在同等条件下，其切削所需时间（不含空行程）为最短，刀具的损耗小。

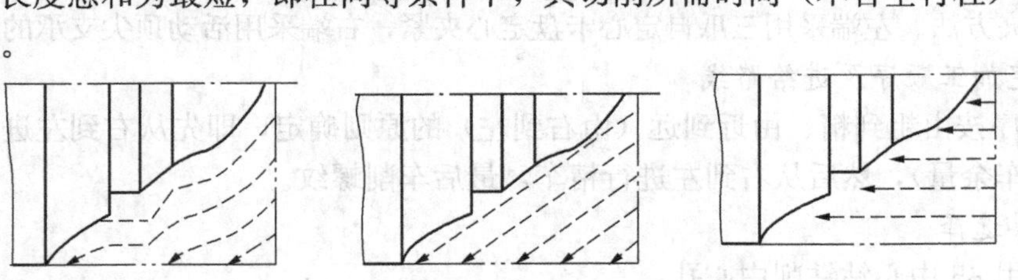

图 7-14 三种不同的切削进给路线实例

(a) 沿工件轮廓走刀；(b) 三角形走刀；(c) 矩形走刀

7.2.2 典型轴类零件的数控车削加工工艺分析

典型轴类零件如图 7-15 所示，零件材料为 45 钢，无热处理和硬度要求，试对该零件进行数控车削加工工艺分析。分析步骤如下：①零件图工艺分析；②选择设备；③确定零件的定位基准和装夹方式；④确定加工顺序及进给路线；⑤刀具选择；⑥切削用量选择。

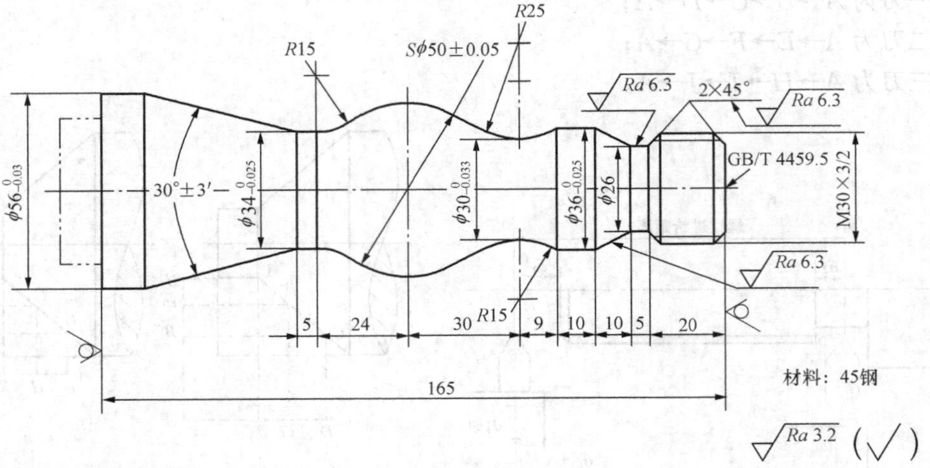

图 7-15　典型轴

1. 零件图工艺分析

可采用以下几点工艺措施：

(1) 对图样上几个给定精度要求较高的尺寸，因其公差数值较小，故编程时不必取其平均值，而全部取其基本尺寸即可。

(2) 在轮廓曲线上，有三处为圆弧，其中两处为既过象限又改变进给方向的轮廓曲线，因此在加工时应进行机械间隙补偿，以保证轮廓曲线的准确性。

(3) 为便于装夹，坯件左端应预先车出夹持部分（双点画线部分），右端面也应先进行粗车并钻好中心孔。毛坯选 ϕ60 棒料。

2. 选择设备

根据被加工零件的外形、材料等条件，选用 TND360 数控车床。

3. 确定零件的定位基准和装夹方式

(1) 定位基准。确定坯料轴线和左端大端面（设计基准）为定位基准。

(2) 装夹方法。左端采用三爪自定心卡盘定心夹紧，右端采用活动顶尖支承的装夹方式。

4. 确定加工顺序及进给路线

加工顺序按由粗到精、由近到远（由右到左）的原则确定，即先从右到左进行粗车（留 0.25mm 精车余量），然后从右到左进行精车，最后车削螺纹。

5. 刀具选择

(1) 选用 ϕ5 中心钻钻削中心孔。

(2) 粗车、平端面选用 90°硬质合金右偏刀，副偏角不宜太小，选副偏角为 35°。

(3) 精车选用 90°硬质合金右偏刀，车削螺纹选用硬质合金 60°外螺纹车刀，刀尖圆弧半径应小于轮廓最小圆角半径，取 r_ε=0.15～0.2mm。

6. 切削用量选择

(1) 背吃刀量的选择。轮廓粗车循环时选 a_p=3mm，精车 a_p=0.25mm；螺纹粗车时选 a_p=0.4mm，逐刀减少，精车 a_p=0.1mm。

(2) 主轴转速的选择。直线和圆弧时，查表选择粗车切削速度 v_c=90mm/min，精车切

削速度 $v_c=120$mm/min，然后利用公式 $v_c=\pi dn/1000$ 计算主轴转速 n（粗车直径 $D=60$mm，精车工件直径取平均值）得，粗车 500r/min、精车 1200r/min。车削螺纹时，参照式 $n\leqslant(1200/P)-k$ 计算主轴转速 $n=320$r/min。

(3) 进给速度的选择。粗车每转进给量为 0.4mm/r，精车每转进给量为 0.15mm/r，最后根据公式 $v_f=nf$ 计算粗车、精车进给速度分别为 200mm/min 和 180mm/min。

7.3 数控车床基本指令编程方法

7.3.1 数控车床的编程特点

数控车床的主要编程特点如下：

(1) 数控车床加工坐标系应与机床坐标系的坐标方向一致，X 轴对应径向，Z 轴对应轴向，C 轴（主轴）的运动方向则以从机床尾架向主轴看，逆时针为 $+C$ 向，顺时针为 $-C$ 向，如图 7-16 所示。加工坐标系的原点选在便于测量或对刀的基准位置，一般在工件的右端面或左端面上。

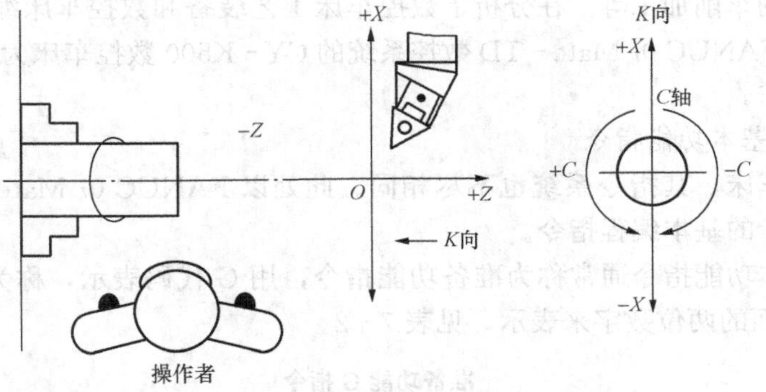

图 7-16 数控车床加工坐标系

(2) 在一个程序段中，可以采用绝对值编程（用 X、Z 表示）、增量值编程（用 U、W 表示）或者二者混合编程。

(3) 在车削加工的数控程序中，直径方向（X 方向）用绝对值编程时，X 以直径值表示；用增量值编程时，以径向实际位移量的二倍值表示，并附方向符号（正向可以省略）。系统默认为直径编程，也可以采用半径编程，但必须更改系统设定。如图 7-17 所示，图中 A 点的坐标值为（30，80），B 点的坐标值为（40，60）。采用直径尺寸编程与零件图样中的尺寸标注一致，这样可避免尺寸换算过程中可能造成的错误，给编程带来很大方便。

(4) 直径方向（X 向）的脉冲当量应取轴向（Z 向）的一半。

(5) 车削加工毛坯余量较大时，为简化编程，数控装置常备有不同形式的固定循环，可以进行多次重复循环切削。

(6) 车削加工时，进刀一般采用快速进给接近工件切削起点附近的某个点，再改用切削进给，以减少空行程的时间，提高加工效率。切削起点的确定与工件毛坯余量大小有关，应以刀具快速走到该点时刀尖不与工件发生碰撞为原则，如图 7-18 所示。

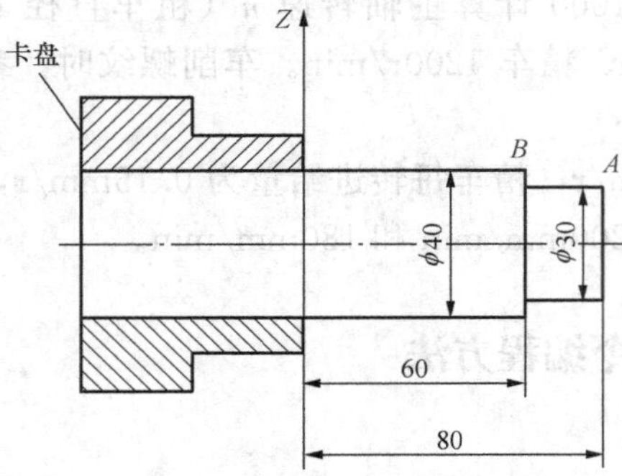

图 7－17　直径编程

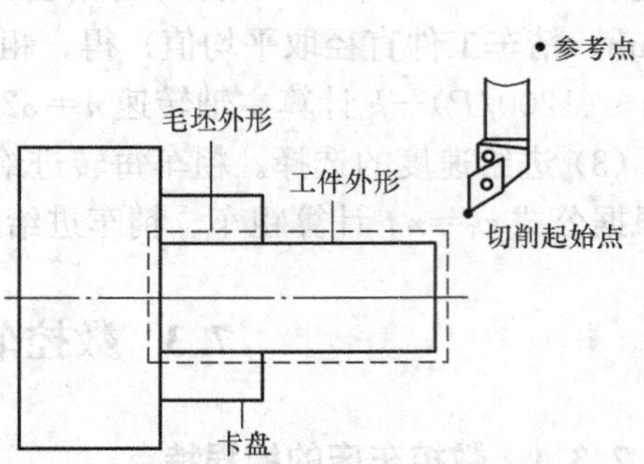

图 7－18　切削起始点的确定

（7）车削编程时，常认为车刀刀尖是一个点，而实际上为了提高刀具寿命和工件表面质量，车刀刀尖常被磨成一个圆弧。因此，当编制加工程序时，需要考虑对刀尖圆弧进行半径补偿。

7.3.2　数控车床的基本编程方法

数控车削加工包括内外圆柱面的车削加工、端面车削加工、钻孔加工、螺纹加工、复杂外形轮廓回转面的车削加工等。在分析了数控车床工艺装备和数控车床编程特点的基础上，下面将结合配置 FANUC 0*i* Mate－TD 数控系统的 CY－K500 数控车床为重点，讨论数控车床的基本编程方法。

1. 数控车床基本功能指令

不同的数控车床，其指令系统也不尽相同。此处以 FANUC 0*i* Mate－TD 数控系统为例，介绍数控车床的基本编程指令。

数控车床基本功能指令通常称为准备功能指令，用 G 代码表示，称为 G 码编程，它是用地址字 G 和后面的两位数字来表示，见表 7－2。

表 7－2　　准备功能 G 指令

代码	组号	意义	代码	组号	意义
G00 G01 G02 G03	01	快速定位 直线插补 圆弧插补（顺时针） 圆弧插补（逆时针）	G57 G58 G59	11	零点偏置
G04	00	暂停延时	G65	00	宏指令简单调用
G20 G21	08	英制输入 公制输入	G66 G67	12	宏指令模态调用 宏指令模态调用取消
G27 G28 G29	00	参考点返回检查 返回到参考点 由参考点返回	G71 G72 G73 G76	06	内、外径车削复合固定循环 端面车削复合固定循环 封闭轮廓车削复合固定循环 螺纹车削复合固定循环
G32	01	螺纹切削	G80 G81 G82	01	内、外径车削单一固定循环 端面车削单一固定循环 螺纹车削单一固定循环
G40 G41 G42	09	刀具半径补偿取消 刀具半径左补偿 刀具半径右补偿	G90 G91	13	绝对值编程 增量值编程
G52	00	局部坐标系设定	G92	00	坐标系设定
G54 G55 G56	11	零点偏置	G94 G95	14	每分进给 每转进给

（1）数控车床坐标系建立指令。

1）坐标系设定指令 G50。用 G50 指定设定工件坐标系时，其编程格式如下：

```
G50 X_  Z_;
```

其中，X、Z 为起刀点相对于加工原点的位置。

G50 使用方法与 G92 类似。

如图 7-19 所示，P 点是开始加工时刀尖的起始点。

欲设定 XOZ 为工件坐标系，则程序段如下：

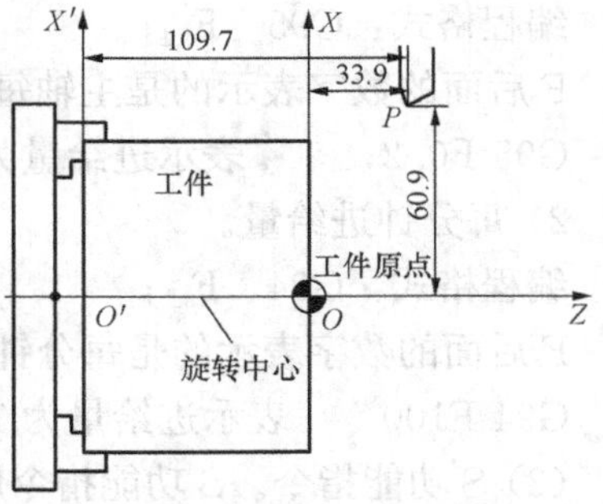

图 7-19 数控车床工件坐标系的设定

```
G50  X121.8  Z33.9;
```

设定 X'O'Z 为工件坐标系，则程序段如下：

```
G50 X121.8  Z109.7;
```

在这里一定要注意，X 方向的尺寸是坐标值的 2 倍，这种编程方法称为直径编程。另外，G50 是模态指令，设定后一直有效。实际加工时，当数控系统执行 G50 指令时，刀具并不产生运动，G50 指令只是起预置寄存作用，用来存储工件原点在机床坐标系中的位置坐标。

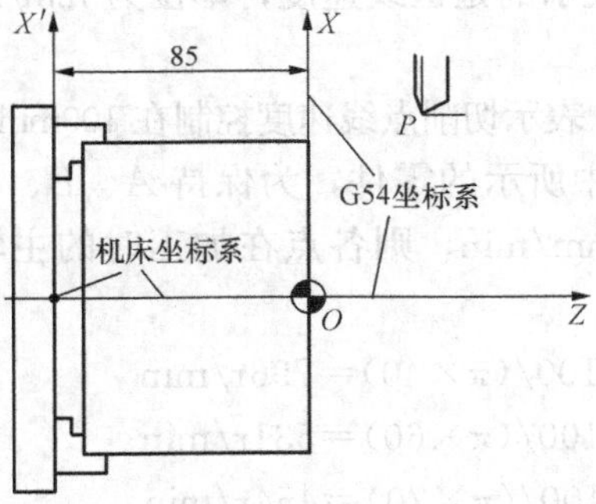

图 7-20 用 G54 指令设定工件坐标系

2）工件坐标系的选择指令 G54～G59。使用 G54～G59 指令，可以在机床行程范围内设置 6 个不同的工件坐标系。这些指令和 G50 指令相比，在使用时有很大区别。用 G50 指令设定工件坐标系，是在程序中用程序段中的坐标值直接进行设置；而用 G54～G59 指令设置工件坐标系时，首先必须将 G54～G59 的坐标值设置在原点偏置寄存器中，编程时再分别用 G54～G59 指令调用，在程序中只写 G54～G59 指令中的一个指令。

例如，用 G54 指令设定如图 7-20 所示的工件坐标系。

首先设置 G54 原点偏置寄存器：

```
G54  X0  Z85.0;
```

然后再在程序中调用：

```
N010  G54;
```

显然，对于多工件原点设置，采用 G54～G59 原点偏置寄存器存储所有工件原点与机床原点的偏置量，然后在程序中直接调用 G54～G59 指令进行原点偏置是很方便的。因为一次对刀就能加工完成一批工件，刀具每加工完一件后可回到任意一点，且不需再对刀，避免了每件加工都对刀的操作，所以大批量生产主要采用此种方式。

（2）F 功能指令。F 功能指令用于控制切削进给量。在程序中，有两种使用方法。

1）每转进给量。

编程格式：G95 F_；

F后面的数字表示的是主轴每转进给量，单位为mm/r。例如：

G95 F0.2； 表示进给量为0.2 mm/r

2）每分钟进给量。

编程格式：G94 F_；

F后面的数字表示的是每分钟进给量，单位为mm/min。例如：

G94 F100 表示进给量为100mm/min

（3）S功能指令。S功能指令用于控制主轴转速。

编程格式：S_；

S后面的数字表示主轴转速，单位为r/min。在具有恒线速功能的机床上，S功能指令还有如下作用：

1）最高转速限制。

编程格式：G50 S_；

S后面的数字表示的是最高转速（r/min）。例如：

G50 S2000； 表示主轴最高转速限制为2000r/min

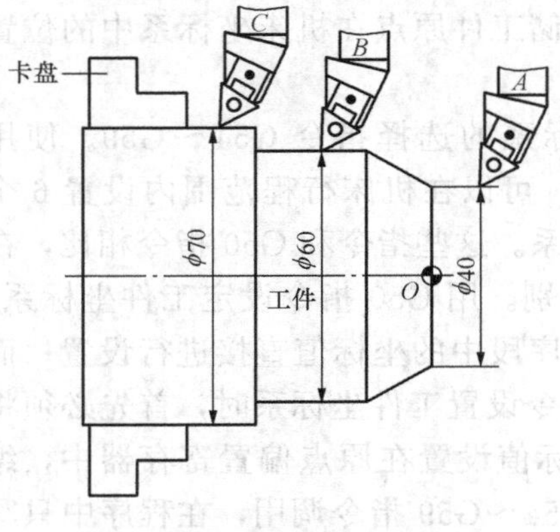

图7-21 恒线速切削方式

2）恒线速控制。

编程格式：G96 S_；

S后面的数字表示的是恒线速度，单位为mm/min。例如：

G96 S100； 表示切削点线速度控制在100mm/min

对如图7-21中所示的零件，为保持A、B、C各点的线速度在100mm/min，则各点在加工时的主轴转速分别为

A $n=1000\times100/(\pi\times40)=796$r/min

B $n=1000\times100/(\pi\times60)=531$r/min

C $n=1000\times100/(\pi\times70)=454$r/min

3）恒线速取消。

编程格式：G97 S_；

G97表示取消恒线速控制，S后数值表示主轴转速。例如：

G97 S2000； 表示恒线速控制取消主轴转速2000r/min

若S未指定，将保留G96的最终值。

（4）T功能指令。T功能指令用于选择加工所用刀具。

编程格式：T_；

在FANUC 0i系统中，T功能指令指定有两种方式，一种是2位数指令，另一种是4位数指令。

2位数指令是指T指令后面跟两位数字，第一位数字表示刀号，第二位数字表示刀具磨损和刀具几何偏置号。例如，T24表示调用第2号刀，调用第4组刀具磨损和刀具几何偏置。还有一种方法是把几何偏置和磨损偏置分开放置，用第一位数字表示刀号和刀具几何偏置号，第二位数字表示刀具磨损偏置号。例如，T22表示调用第2号刀，调用第1组刀具几

何偏置，调用第 2 组刀具磨损偏置。

4 位数指令是指 T 指令后面跟四位数字，前两位数字表示刀号，后两位数字表示刀具磨损和刀具几何偏置号。例如，T0101 表示调用第 1 号刀，调用第 1 组刀具磨损和刀具几何偏置。同样的，4 位数指令也可以把几何偏置和磨损偏置分开放置，用前两位数字表示刀号和刀具几何偏置号，后两位数字表示刀具磨损偏置号。例如，T0101 表示调用第 1 号刀，调用第 1 组刀具几何偏置，调用第 1 组刀具磨损偏置。

偏置号的指定是由指定偏置号的参数设定。例如，对 2 位数指令而言，当参数 5002 号第 0 位 LD1 设定为 1 时，用 T 指令末位指定刀具磨损偏置号；对于 4 位数指令而言，当参数 5002 号 0 位 LD1 设定为 0 时，用 T 指令末两位指定刀具磨损偏置号。

刀具偏置号有两种意义，既可用来开始偏置功能，又可用来指定与该号对应的偏置距离。当刀具偏置号后一位（2 位数指令）为 0 时或者最后两位（4 位数指令）为 00 时，则表明取消刀具偏置值。例如，T0303 表示选用 3 号刀，以及 3 号刀具长度补偿值和刀尖圆弧半径补偿值，而 T0300 表示取消刀具补偿。

一般情况下，常用 4 位数指令指定刀具偏置。

（5）M 功能指令。M 功能指令为辅助功能指令，用于数控车床的主轴启动、主轴停止、程序结束等辅助功能。

编程格式：M_；

通常一个程序段中只有一个 M 功能指令有效，但一个程序段中最多可以指定 3 个 M 指令。

M00：程序暂停，可用数控系统中的循环启动命令（CYCLE START）使程序继续运行。

M01：自动运行停止，与 M00 作用相似，在运行包含 M01 的程序段时自动停止，但 M01 指令只有当数控车床上的选择停止按钮压下时才有效。

M02：程序结束，但不返回程序起始位置。

M03：主轴顺时针旋转。

M04：主轴逆时针旋转。

M05：主轴旋转停止。

M08：冷却液开。

M09：冷却液关。

M30：程序停止，程序复位到起始位置。

2. 基本指令 G00、G01、G02、G03、G04、G27、G28

数控车床编程时，可以采用绝对值编程、增量编程或混合编程。但必须注意，绝对值编程时，X、Z 后面跟的是绝对尺寸；增量编程时，U、W 后面跟的是增量尺寸。由于加工零件的径向尺寸在标注和测量时，都是以直径值表示的，因此绝对值编程时，X 坐标以直径值表示；增量编程时，U 坐标值以径向实际位移量的 2 倍值表示，并带上方向符号。

X、Z 后所有输入的坐标值全部以编程原点为基准，U、W 后所有输入的坐标值全部以刀具前一个坐标位置作为起始点来计算。

（1）快速点位移动指令 G00。

编程格式：G00 X（U）_ Z（W）_；

其中，X（U）、Z（W）为目标点坐标值。

说明：

1）执行该指令时，刀具以机床规定的进给速度，从所在点以点位控制方式移动到目标点。它只是快速定位，无切削加工过程。它的移动速度不能由程序中的F指令设定，它的速度已由生产厂家预先设定。

2）G00指令一般用于加工前的点定位或加工完后的快速退刀。

3）X、Z后面跟的是绝对坐标值，U、W后面跟的是增量坐标值。

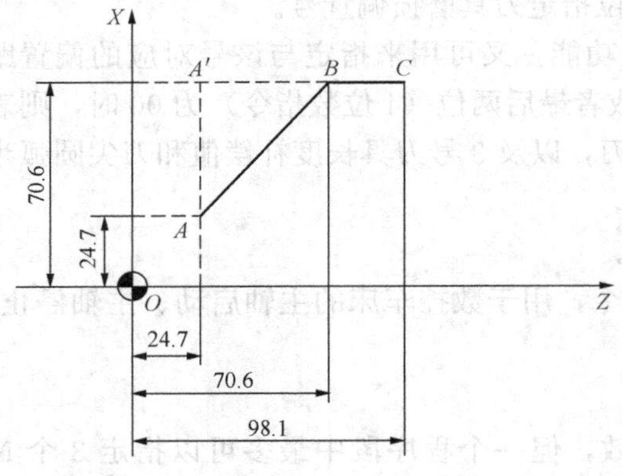

图7-22 快速点定位

4）X、U后面的数值应乘以2，即以直径方式输入，且有正、负号之分。

5）在执行G00指令时，由于X、Z轴都以各自的速度移动，不能保证它们同时达到目标点，因而X、Z轴联动后的轨迹不一定为直线，因此操作时一定要小心，防止刀具与工件发生碰撞。常见的做法是先将某个坐标轴先移动到安全位置，再执行G00指令。

6）G00为模态指令，只有遇到同组指令，如G01、G02、G03时才会被取消。如图7-22所示，要实现从起A点快速移动到目标C点。

其绝对值编程方式为　　G00　X141.2　Z98.1；

其增量值编程方式为　　G00　U91.8　W73.4；

执行上述程序段时，刀具实际的运动路线不是一条直线，而是一条折线。首先刀具从A点以快速进给速度运动到B点，然后再运动到C点。因此，在使用G00指令时要注意刀具是否和工件、夹具发生干涉，对不适合联动的场合，两轴可单动。如果忽略这一点，就容易发生碰撞，而在快速运行状态下的碰撞更加危险。

如图7-22所示，从A点到C点单动绝对值编程方式如下：

G00　X141.2；

　　Z98.1；

从A点到C点单动增量值编程如下：

G00　U91.8；

　　W73.4；

此时刀具先从A点到A′点，然后从A′点到达C点。

（2）直线插补指令G01。

编程格式：G01　X（U）_　Z（W）_　F_；

其中，X（U）、Z（W）为目标点坐标；F为进给速度。直线插补以直线方式和指令给定的移动速率，从当前位置移动到指令位置。X、Z为要求移动到位置的绝对坐标值；U、W为要求移动到位置的增量坐标值。

说明：

1）G01 指令是模态指令，可加工任意斜率的直线。机床执行 G01 指令时，G01 和 F 都是模态指令。

2）G01 指令后面的坐标值取绝对尺寸还是取增量尺寸，由尺寸地址决定。

3）G01 指令的进给速度由模态指令 F 决定。如果在 G01 程序段之前的程序段中没有 F 指令，并且当前的 G01 程序段中也没有 F 指令，则机床不运动；机床倍率开关在 0%位置时机床也不运动。因此，为保险起见，G01 程序段中必须含有 F 指令。

4）G01 指令前若出现 G00 指令，而该句程序段中未出现 F 指令，则 G01 指令的移动速度按照 G00 指令的速度执行。

［例 7-1］ 加工如图 7-23 所示的零件，选取右端面 O 点为编程原点。

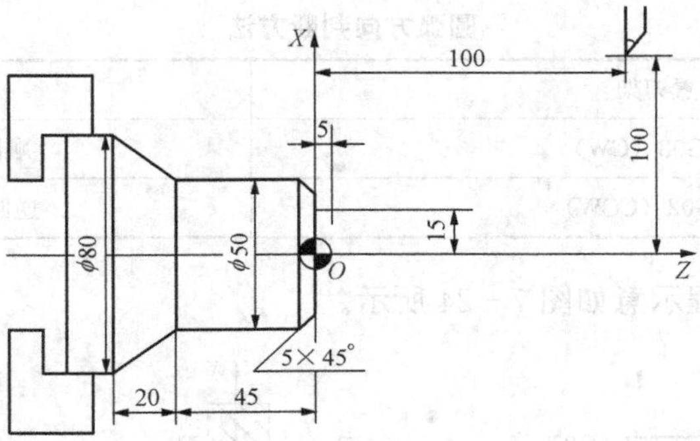

图 7-23 直线插补

绝对值编程，程序如下：

```
O7001
N10  G50 X200.0 Z100.0;
N20  G00 X30.0 Z5.0 S600 T0101 M03;
N30  G01 X50.0 Z-5.0 F1.5;
N40  Z-45.0;
N50  X80.0 Z-65.0;
N60  G00 X200.0 Z100.0 T0100;
N70  M05;
N80  M30;
```

增量值编程，程序如下：

```
O7002
N10  G00 U-170.0 W-95.0 S600 T0101 M03;
N20  G01 U20.0 W-10.0 F1.5;
N30  W-40.0;
N40  U30.0 W-20.0;
N50  G00 U120.0 W165.0 T0100;
N60  M05;
N70  M30;
```

（3）圆弧插补指令 G02、G03。圆弧插补指令使刀具在指定平面内，按给定的进给速度做圆弧运动，切削出母线为圆弧曲线的回转体。顺时针圆弧插补用 G02 指令，逆时针圆弧插补用 G03 指令。

编程格式：G02（G03）X(U)_ Z(W)_ I_ K_ F_；

G02（G03）X（U)_ Z(W)_ R_ F_；

数控车床是两坐标的数控机床，只有 X 轴和 Z 轴，所以零件加工都在 XOZ 平面进行，因此编程时不需专门设定编程平面。在判断圆弧的逆、顺时，应按右手定则将 Y 轴也加上去考虑。观察者让 Y 轴的正向指向自己，即可判断圆弧的逆、顺方向，同时应该注意前置刀架与后置刀架的区别。

圆弧方向根据坐标系的不同而改变，判断方法见表 7-3。

表 7-3 圆弧方向判断方法

前置刀架	后置刀架
顺圆 G03（CW）	顺圆 G02（CW）
逆圆 G02（CCW）	逆圆 G03（CCW）

前、后置刀架的编程示意如图 7-24 所示。

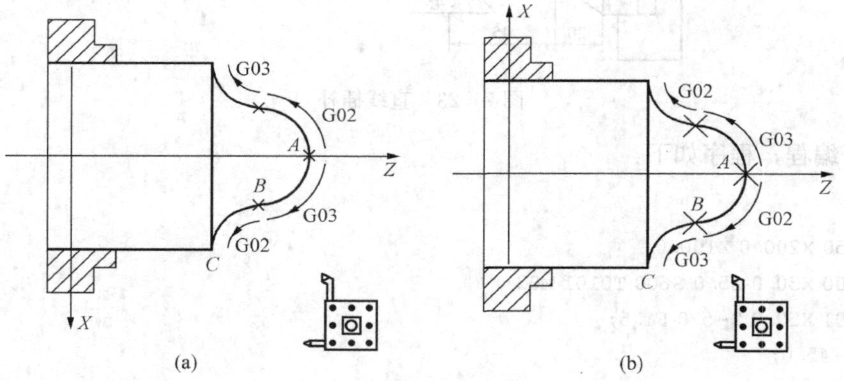

图 7-24 前、后置刀架编程示意

(a) 前刀座坐标系；(b) 后刀座坐标系

加工圆弧时，经常有两种方法，一种是采用圆弧的半径和终点坐标来编程，另一种是采用分矢量和终点坐标来编程。

1) 用圆弧半径 R 和终点坐标进行圆弧插补。

编程格式：G02（G03） X（U)_ Z(W)_ R_ F_；

其中，X（U）和 Z（W）为圆弧的终点坐标值，绝对值编程方式下用 X 和 Z，增量值编程方式下用 U 和 W，如图 7-25 所示。

R 为圆弧半径，由于在同一半径的情况下，从圆弧的起点 A 到终点 B 有两个可能性，为区分两者，规定圆弧对应的圆心角小于等于 180°时，用＋R 表示；反之，用－R 表示。如图 7-26 所示，其中圆弧 1，所对应的圆心角为 120°，所以圆弧半径用＋20 表示；圆弧 2，所对应的圆心角为 240°，所以圆弧半径用－20 表示。

F 为加工圆弧时的进给量。

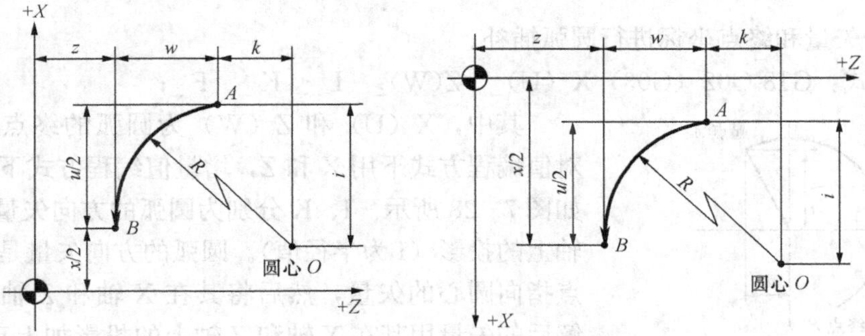

图 7-25 圆弧插补编程图

[例 7-2] 加工如图 7-27 所示的零件，试编制加工程序。

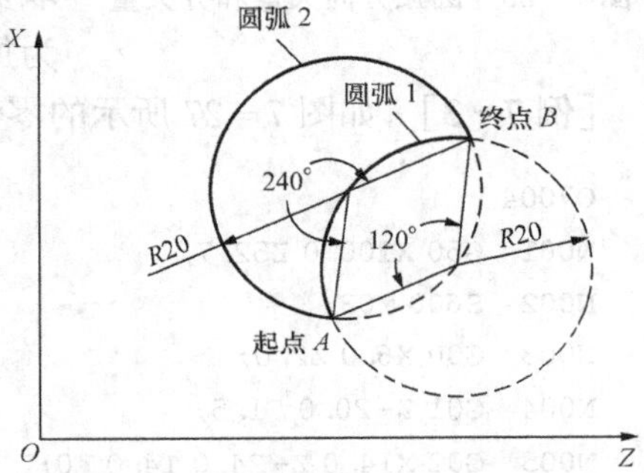

图 7-26 圆弧插补时的半径处理

程序如下：

```
O7003
N10  G50 X100.0 Z52.7;
N20  S600 M03;
N30  G00 X6.0 Z2.0;
N40  G01 Z-20.0 F1.5;
N50  G02 X14.0 Z-24.0 R4.0;
N60  G01 W-8.0;
N70  G03 X20.0 W-3.0 R3.0;
```

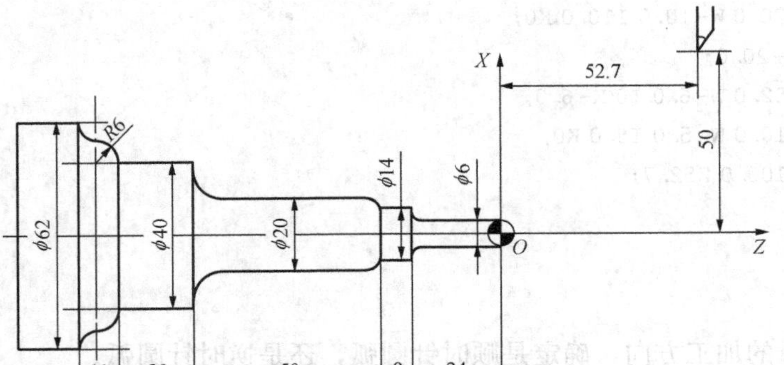

图 7-27 圆弧插补

```
N80  G01 W-37.0;
N90  G02 U20.0 W-10.0 R10.0;
N100 G01 W-20.0;
N110 G03 X52.0 W-6.0 R6.0;
N120 G02 U10.0 W-5.0 R5.0;
N130 G00 X100.0 Z52.7;
N140 M05;
```

```
N150 M30;
```

2）用分矢量和终点坐标进行圆弧插补。

编程格式：G18 G02（G03）X（U）_ Z(W)_ I_ K_ F_；

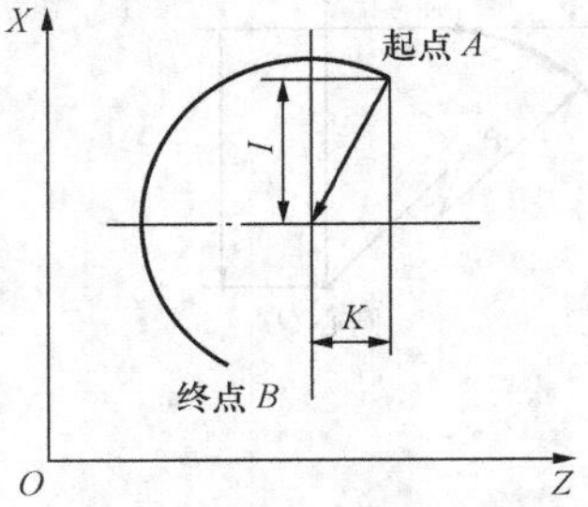

图 7-28 圆弧方向矢量和分矢量

其中，X（U）和 Z（W）为圆弧的终点坐标值，绝对值编程方式下用 X 和 Z，增量值编程方式下用 U 和 W，如图 7-28 所示。I、K 分别为圆弧的方向矢量在 X 轴和 Z 轴上的投影（I 为半径值）。圆弧的方向矢量是指从圆弧起点指向圆心的矢量，然后将其在 X 轴和 Z 轴上分解，分解后的矢量用其在 X 轴和 Z 轴上的投影加上正负号表示，当分矢量的方向与坐标轴的方向一致时取正号，不一致时取负号，如图 7-28 所示，图中所示 I 和 K 均为负值。F 为加工圆弧时的进给量。

［例 7-3］ 如图 7-27 所示的零件，用分矢量加工圆弧所编制的程序如下：

```
O7004
N001  G50 X100.0 Z52.7;
N002  S600 M03;
N003  G00 X6.0 Z2.0;
N004  G01 Z-20.0 F1.5;
N005  G02 X14.0 Z-24.0 I4.0 K0;
N006  G01 W-8.0;
N007  G03 X20.0 W-3.0 I0 K-3.0;
N008  G01 W-37.0;
N009  G02 U20.0 W-10.0 I10.0 K0;
N010  G01 W-20.0;
N011  G03 X52.0 W-6.0 I0 K-6.0;
N012  G02 U10.0 W-5.0 I5.0 K0;
N013  G00 X100.0 Z52.7;
N014  M05;
N015  M30;
```

注意：

a. 分清圆弧的加工方向，确定是顺时针圆弧，还是逆时针圆弧。

b. 顺时针圆弧用 G02 加工，逆时针圆弧用 G03 加工。

c. X、Z 后跟绝对尺寸，表示圆弧终点的坐标值；U、W 后跟增量尺寸，表示圆弧终点相对于圆弧起点的增量值。

d. 用分矢量和终点坐标来加工圆弧时，如图 7-28 所示应注意 I 虽然处于 X 方向，但是采用半径编程，即 I 的实际值不用乘以 2。

e. 当 I 和 K 的值为零时，可以省略不写。

整圆编程时常用分矢量和终点坐标来加工，如果用圆弧半径 R 和终点坐标来进行编程，则整圆必须至少被打断成两段圆弧才能进行。可见，加工整圆用分矢量和终点坐标编程较为简单。

(4) 暂停指令 G04。利用暂停指令可以推迟下个程序段的执行，具体推迟时间为指令的时间。

编程格式：G04 X（P）_；

其中，X（P）为暂停时间。X 后用小数表示，单位为 s；P 后用整数表示，单位为 ms。指令范围从 0.001～99 999.999s。例如：

G04 X2.0；　　表示暂停 2s

G04 P1000；　　表示暂停 1000ms

G04 指令常用于车削槽、镗平面、孔底光整，以及车削台阶轴清根等场合，可使刀具做短时间的无进给光整加工，以提高表面加工质量。执行该程序段后暂停一段时间，当暂停时间过后，继续执行下一段程序。G04 指令为非模态指令，只在本程序段有效。

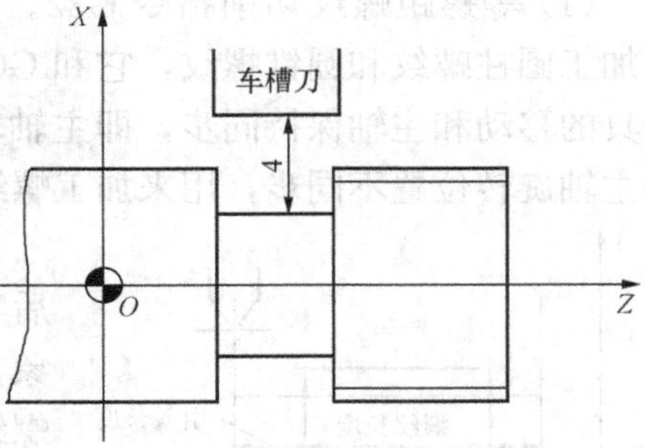

图 7-29　G04 指令的应用

如图 7-29 所示的车削槽加工，采用 G04 指令时主轴不停止转动，刀具停止进给 4s，程序如下：

```
G01 U-8.0 F0.8;
G04 X4.0;
G00 U8.0;
```

(5) 返回参考点指令 G27、G28。

1) 返回参考点检查指令 G27。返回参考点检查是这样一种功能，它检查刀具是否能正确地返回参考点。如果刀具能正确地沿着指定的轴返回到参考点，则该轴参考点返回灯亮。但是，如果刀具到达的位置不是参考点，则机床报警。

编程格式：G27 X _　Z _；

其中，X、Z 为参考点坐标值。

G27 指令是以快速移动速度定位刀具。当机床锁住接通时，即使刀具已经自动返回到参考点，返回完成时指示灯也不亮。在这种情况下，即使指定了 G27 命令，也不检查刀具是否已经返回到参考点。必须注意的是，执行 G27 指令的前提是机床在通电后刀具返回过一次参考点（手动返回或者用 G28 指令返回）。此外，使用该指令时，必须预先取消刀具补偿的量。执行 G27 指令之后，如欲使机床停止，必须加入一辅助功能指令 M00，否则，机床将继续执行下一个程序段。

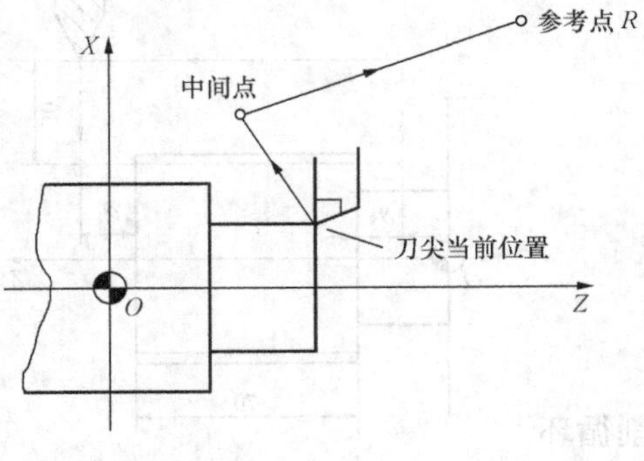

图 7-30　自动返回参考点

2) 自动返回参考点指令 G28。G28 指令可以使刀具从任何位置，以快速点定位方式经过中间点返回参考点。

编程格式：G28 X _　Z _；

其中，X、Z 为中间点的坐标值。

执行该指令时，刀具先快速移动到指令值所指定的中间点，然后自动返回参考点，相应坐标轴指示灯亮。和 G27 指令相同，执行 G28 指令前，应取消刀具补偿功能。

G28 指令的执行过程如图 7-30 所示。

3. 螺纹加工指令 *G32*、*G92*

（1）等螺距螺纹切削指令 G32。G32 指令可以加工圆柱螺纹和圆锥螺纹，它和 G01 指令的根本区别是它能使刀具直线移动的同时，使刀具的移动和主轴保持同步，即主轴转一周，刀具移动一个导程；而 G01 指令的刀具移动和主轴旋转位置不同步，用来加工螺纹时会产生乱牙现象。

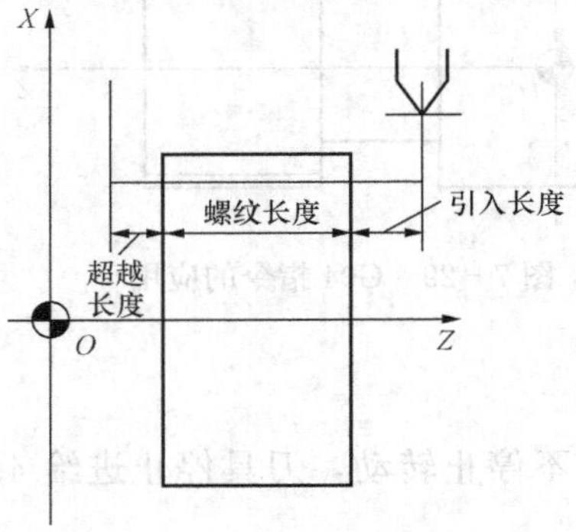

图 7－31　螺纹加工

用 G32 加工螺纹时，由于机床伺服系统本身具有滞后特性，会在起始段和停止段发生螺纹的螺距不规则现象，故应考虑刀具的引入长度和超越长度，即整个被加工螺纹的长度应该是引入长度、超越长度和螺纹长度之和，如图 7－31 所示。

编程格式：G32　X(U)_ Z(W)_ F(E)；

其中，X（U）、Z（W）为螺纹切削的终点坐标值；F 为公制螺纹导程；E 为英制螺纹导程。起点和终点的 X 坐标值相同（不输入 X 或 U）时，进行直螺纹切削切削。X 省略时为圆柱螺纹切削，Z 省略时为端面螺纹切削；X、Z 均不省略时为锥螺纹切削。

螺纹加工应注意的事项有以下几点：

1）通常同样的刀具轨迹从粗切到精切重复进行。因为螺纹切削是从位于主轴上的位置编码器输出一信号时开始，所以螺纹切削是从固定点开始，且刀具在工件上的轨迹不变而重复切削螺纹。注意主轴转速从粗切到精切必须保持恒定，否则螺纹导程不准确。

2）如果不停止主轴而停止螺纹切削，则刀具进给是非常危险的，这将会突然增加切削深度。因此，在螺纹切削时进给暂停功能无效。

3）在加工大导程螺纹时，主轴转速不宜太高，一般推荐主轴转速（r/min）≤1200/导程。

4）加工螺纹时应在 *Z* 轴方向有足够的空切削长度，一般推荐的数据如下：切入空刀量≥2 倍导程；切出空刀量≥0.5 倍导程，螺纹切削应注意在两端设置足够的升速进刀段 δ_1 和降速退刀段 δ_2。

［例 7－4］　试编写如图 7－32 所示的螺纹加工的程序（螺纹导程 4mm，升速进刀段 δ_1 = 3mm，降速退刀段 δ_2 =1.5mm，螺纹深度 2.165mm）。

程序如下：

```
G00 U-62;
G32 W-74.5 F4;
G00 U62 W74.5;
G00 U-64.330;
G32 W-74.5;
G00 U64.330;
W74.5;
```

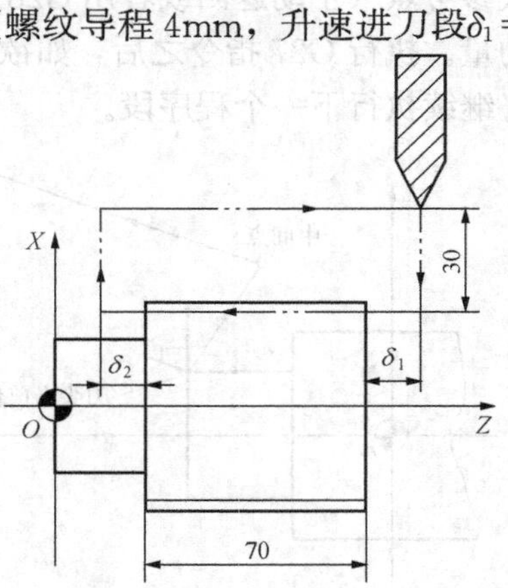

图 7－32　圆柱螺纹加工

（2）简单螺纹切削循环指令 G92。简单螺纹切削循环指令 G92 可以用来加工圆柱螺纹和圆锥螺纹，该指令的循环路线与前述的 G90 指令基本相同，只是将 F 后面的进给量改为螺纹导程，如图 7-33 和图 7-34 所示。

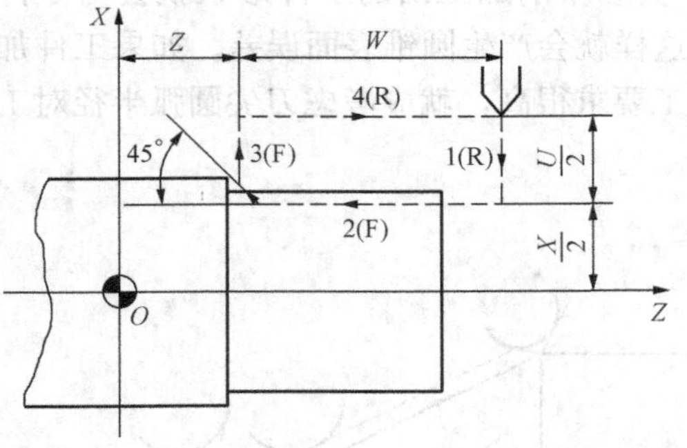

图 7-33 用 G92 进行圆柱螺纹加工

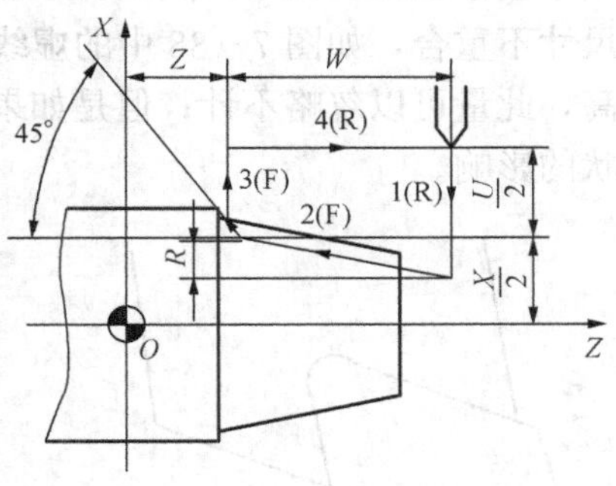

图 7-34 用 G92 进行圆锥螺纹加工

编程格式：G92 X(U)_ Z(W)_ R_ F_；

其中，X、Z 为螺纹终点坐标值；U、W 为螺纹起点坐标到终点坐标的增量值；R 为锥螺纹大端和小端的半径差。若工件锥面起点坐标大于终点坐标时，R 后的数值符号取正，反之取负，该值在此处采用半径编程。如果加工圆柱螺纹，则 R=0，此时可以省略。切削螺纹完成后退刀，按照 45°退出。

4. 数控车床刀具补偿功能指令

(1) 刀具偏置补偿指令 T。机床的原点和工件的原点是不重合的，也不可能重合。加工前应首先安装刀具，然后回机床参考点，这时车刀的关键点（刀尖或刀尖圆弧中心）处于一个位置，随后将刀具的关键点移动到工件原点上，这个过程称为对刀。刀具偏置补偿是用来补偿以上两种位置之间的距离差异，有时也称为刀具几何偏置补偿，如图 7-35 所示。

刀具偏置补偿分为两类：刀具几何偏置补偿和刀具磨损偏置补偿。刀具磨损偏置补偿用于补偿刀尖的磨损量，如图 7-36 所示。

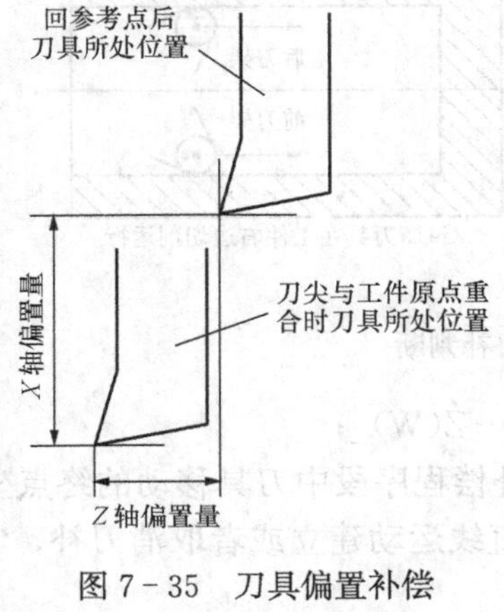

图 7-35 刀具偏置补偿

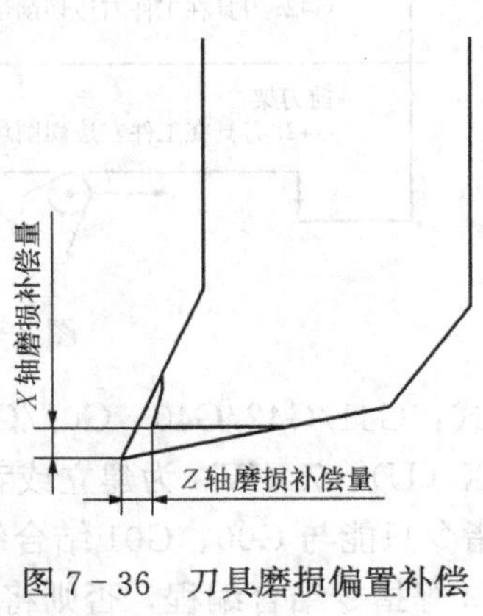

图 7-36 刀具磨损偏置补偿

刀具偏置通常由 T 功能令确定。T 功能指令具体定义见前面介绍。

(2) 车刀刀尖半径补偿指令 G41、G42、G40。数控车床是以刀尖对刀的，加工时所选用车刀的刀尖不可能绝对尖，总有一个小圆弧，如图 7-37 所示。对刀时，刀尖位置是一个

假想刀尖 A，编程时按照 A 点的轨迹进行程序编制，即工件轮廓与假想刀尖 A 重合。车削时，实际起作用的切削刀刃是圆弧与共建轮廓表面的切点。

当车削锥面时，由于刀尖圆弧 R 的存在，实际车削加工出的工件形状就会与零件图样上的尺寸不重合，如图 7-38 中的虚线所示，这样就会产生圆锥表面误差。如果工件加工要求不高，此量可以忽略不计；但是如果工件加工要求很高，就应考虑刀尖圆弧半径对工件表面形状的影响。

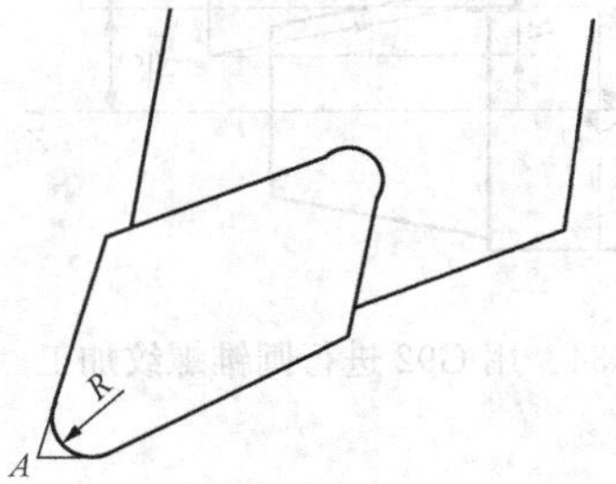

图 7-37 假想刀尖形状

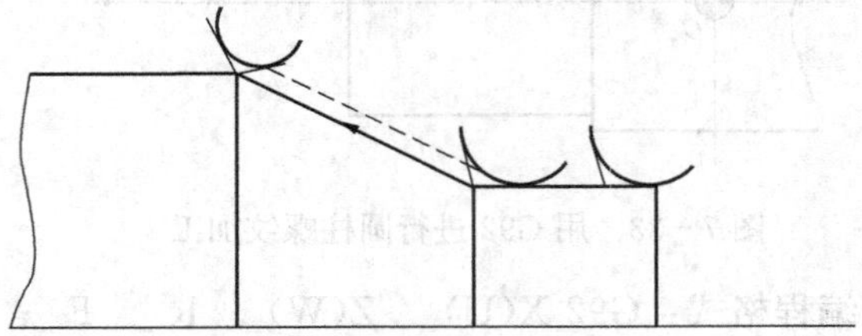

图 7-38 车削锥面时产生的误差

当编制零件加工程序时，如果按照刀具中心轨迹编制程序，应先计算出刀心的轨迹，即和轮廓线相距一个刀具半径的等距线，然后再对刀心轨迹进行编程。尽管用刀心轨迹编程比较直观，但是计算量会非常大，给编程带来不便。实际编程时，一般不需要计算刀具中心轨迹，只需按照零件轮廓编程，然后使用刀具半径补偿指令，数控系统就能自动地计算刀具中心轨迹，从而准确地加工所需要的工件轮廓。

刀具半径补偿指令用 G41 和 G42 来实现，它们都是模态指令，用 G40 来取消。从刀具沿着工件表面运动方向看，判断刀具在被加工工件的左边或右边，若在左边则用 G41 指令，因此 G41 也称为左补偿；反之则用 G42 指令，因此 G42 也称为右补偿，如图 7-39 所示。

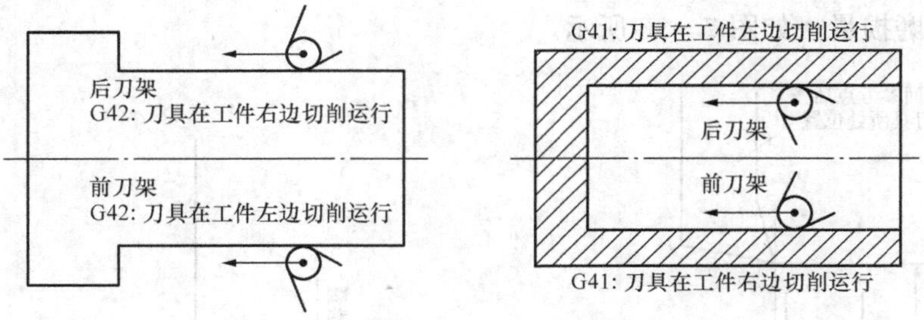

图 7-39 左、右刀补判断

编程格式：G41/G42/G40 G01/G00 X(U)_ Z(W)_；

其中，X（U）、Z（W）为建立或者取消刀具补偿程序段中刀具移动的终点坐标。G41、G42、G40 指令只能与 G00、G01 结合编程，通过直线运动建立或者取消刀补，它们不允许与 G02、G03 等指令结合编程，否则将会报警。

通常在有参考点的机床上，可以把转塔中心这样的基准位置放置在起始位置上，把从基准位置到假想刀尖的距离设定为刀具的偏置值。分别将测量出来的 X 轴刀具偏置和 Z 轴刀具偏置存入 T 指令的后两位地址中。另外，假想刀尖的方位也应同这两个偏置值一起提前设定。假想刀尖的方位是由切削时刀具的方向所决定的，FANUC 0*i* Mate - TD 用 0～9 来确定假想刀尖的方位，如图 7 - 40 所示。

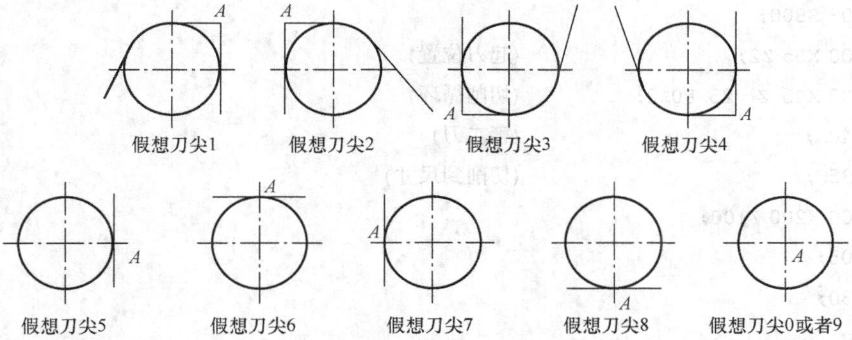

图 7 - 40 假想刀尖方位

一般来说，如果既要考虑车刀位置补偿，又要考虑圆弧半径补偿，则可在对应刀具代码 T 中补偿号的存储单元中存放一组数据：*X* 轴、*Z* 轴的位置补偿值，圆弧半径补偿值和假想刀尖方位（0～9）。操作时，可以将每一把刀具的四个数据分别设定到刀具补偿号所对应的存储单元中，即可实现自动补偿。

5. 单一固定循环加工指令

单一固定循环可以将一系列连续加工动作，如切入—切削—退刀—返回，用一个循环指令完成，从而简化程序。

(1) 外径、内径切削循环指令 G90。G90 指令可实现车削内、外圆柱面和圆锥面的自动固定循环。

编程格式：G90 X(U)_ Z(W) _ F_;

其中，X、Z 为圆柱面切削的终点坐标值；U、W 为圆柱面切削的终点相对于循环起点的坐标增量值。

切削过程如图 7 - 41 所示，图中 R 表示快速移动，F 表示进给运动，加工顺序按 1、2、3、4 进行。在增量编程中，地址 U 和 W 后面数值的符号取决于轨迹 1 和轨迹 2 的方向。如图 7 - 41 所示，U 和 W 后的数值取负号。

［例 7 - 5］ 应用 G90 指令加工如图 7 - 42 所示的圆柱表面。

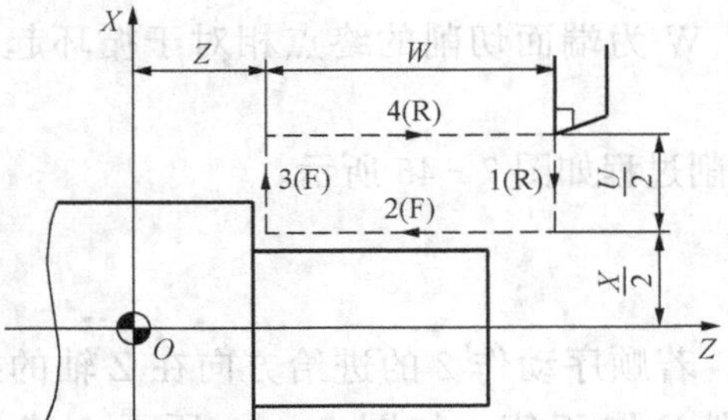

图 7 - 41 G90 车削圆柱表面固定循环

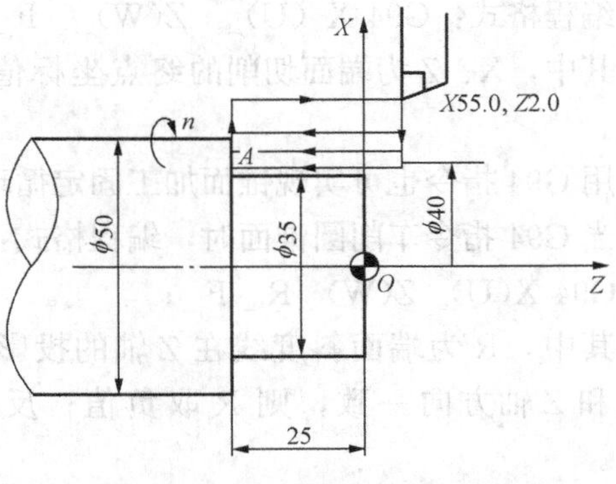

图 7 - 42 G90 车削圆柱表面固定循环实例

程序如下：

```
N10  T0101;
N20  M03 S800;
N30  G00 X55 Z2;              (起刀位置)
N40  G90 X45. Z-25. F0.2;     (切削循环)
N50  X40.;                    (第二刀)
N60  X35.;                    (切削到尺寸)
N70  G00 X200 Z100;
N80  M05;
N90  M30;
```

当G90指令车削圆锥面时，编程格式：

G90 X（U）_ Z(W)_ R _ F _；

其中，R为锥体大端和小端的半径差。若工件锥面起点坐标大于终点坐标时，I后的数值符号取正，反之取负，该值在此处采用半径编程，如图7-43所示。

(2) 端面车循环指令G94。G94指令可实现端面加工固定循环，切削过程如图7-44所示。图中R表示快速移动，F表示进给运动，加工顺序按1、2、3、4进行。

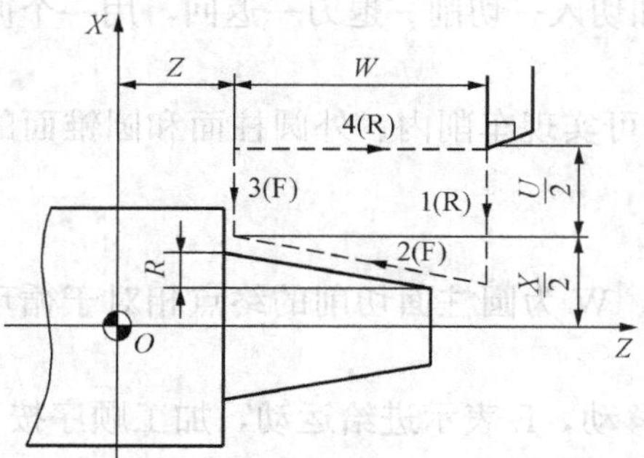

图7-43 G90车削圆锥表面固定循环

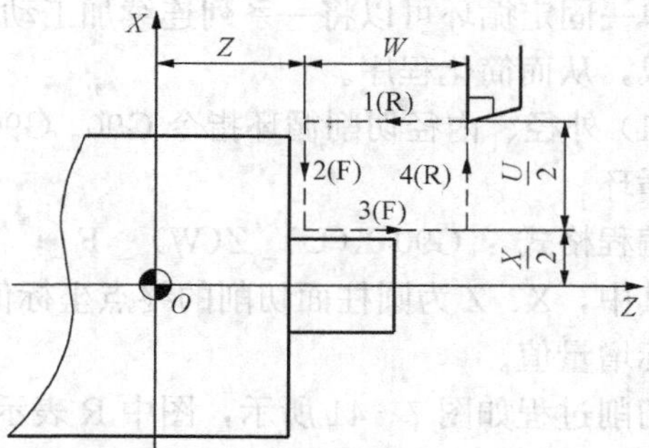

图7-44 G94车削端面固定循环

编程格式：G94 X（U）_ Z(W)_ F_；

其中，X、Z为端面切削的终点坐标值；U、W为端面切削的终点相对于循环起点的坐标。

用G94指令也可实现锥面加工固定循环，切削过程如图7-45所示。

当G94指令车削圆锥面时，编程格式：

G94 X(U)_ Z(W)_ R _ F _；

其中，R为端面斜度线在Z轴的投影距离。若顺序动作2的进给方向在Z轴的投影方向和Z轴方向一致，则R取负值；反之，则R取正值。如图7-45所示，其R取负值。

应用端面切削循环功能加工如图7-46所示零件。

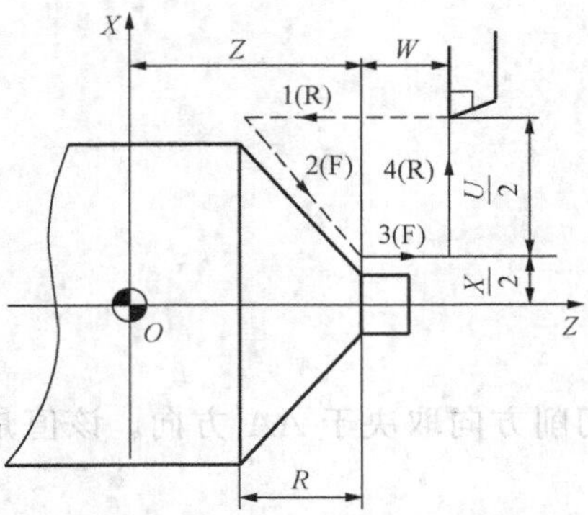

图 7-45 G94 车削锥面固定循环

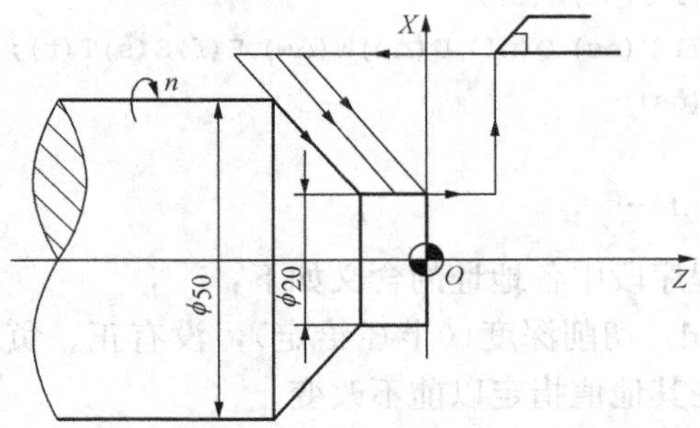

图 7-46 G94 的用法（锥面）

程序如下：

```
N10  T0201;
N20  M03 S600;
N30  G94 X20 Z0 K-5 F0.2;
N40  Z-5;
N50  Z-10;
N60  M05;
N70  M30;
```

6. 复合循环指令 *G71*、*G72*、*G73*、*G70*

在数控车床上加工圆棒料时，加工余量较大，故加工时首先要进行粗加工，然后进行精加工。进行粗加工时，需要多次重复切削，才能加工到规定尺寸。因此，编制程序非常复杂。应用复合循环指令，只需指定精加工路线和粗加工的切削深度，数控系统就会自动计算出粗加工路线和加工次数，因此可大大简化编程过程。在复合固定循环中，对零件的轮廓定义之后，即可完成从粗加工到精加工的全过程，使程序得到进一步简化。

(1) 粗车循环指令 G71。粗车循环指令 G71 适用于圆柱毛坯料粗车外径和圆筒毛坯料粗车内径。

G71 的循环过程如图 7-47 所示，图中 C 为粗加工循环的起点，A 是毛坯外径与端面轮廓的交点。只要给出 $AA'B$ 之间的精加工形状及径向精车余量 $\Delta u/2$、轴向精车余量 Δw 及切削深度 Δd 就可以完成 $AA'BA$ 区域的粗车工序。

注意，在从 A 到 A' 的程序段，不能指定 Z 轴的运动指令。

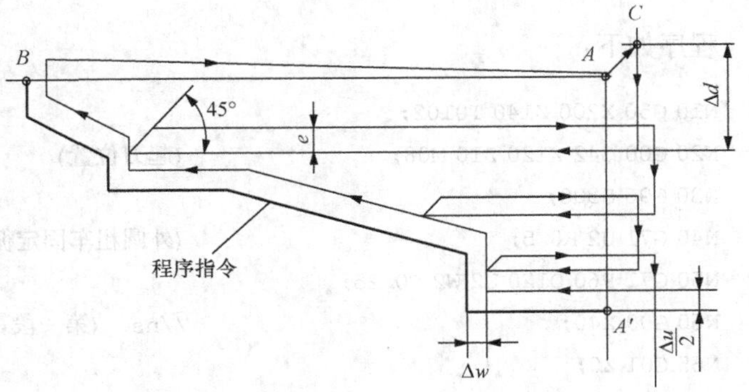

图 7-47 G71 粗车循环过程

编程格式：

```
G71 U(Dd)R(e);
G71 P(ns) Q(nf) U(Δu)W(Δw) F(f)S(s)T(t);
N(ns)…
…
N(nf)…
```

程序段中各地址的含义如下：

Δd：切削深度（半径给定），没有正、负号。切削方向取决于 AA' 方向。该值是模态的，在其他值指定以前不改变。

e：退刀量，由参数设定。该值是模态的，在其他值指定以前不改变。

ns：精加工程序中的第一个程序段的顺序号。

nf：精加工程序中的最后一个程序段的顺序号。

Δu：X 轴方向的精车余量，直径编程。

Δw：Z 轴方向的精车余量。

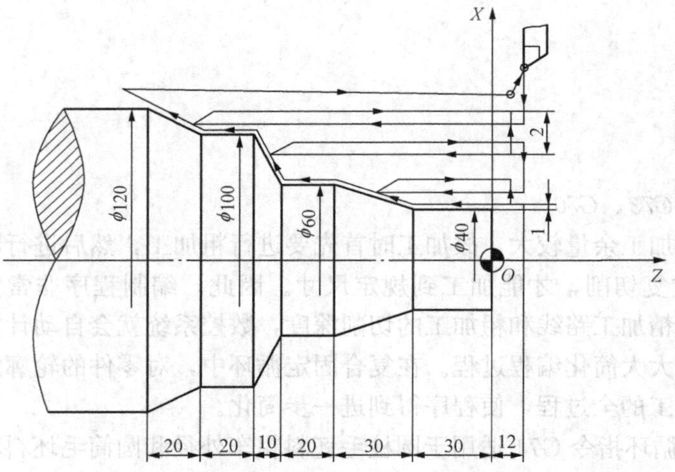

图 7－48　G71 应用实例

f、s、t：仅在粗车循环程序段中有效，在顺序号 ns～nf 程序段中无效。

G71 一般用于加工轴向尺寸较长的零件，即所谓的轴类零件。在切削循环过程中，刀具是沿 X 方向进刀，平行于 Z 轴切削。G71 指令的粗车是以多次 Z 轴方向走刀以切除工件余量，为后面的精车创造条件，适用于毛坯是圆形的工件。

［例 7－6］　按如图 7－48 所示尺寸编写外圆粗车循环加工程序。

程序如下：

```
N10 G50 X200 Z140 T0102;
N20 G00 G42 X120 Z10 M08;                  (起刀位置)
N30 G96 S300;
N40 G71 U2 R0.5;                           (外圆粗车固定循环)
N50 G71 P60 Q120 U2 W2 F0.25;
N60 G00 X40;                               //ns  (第一段,此段不允许有Z 方向的定位)
N65 G01 Z0;
N70 G01 Z－30 F0.15;
N80 X60 Z－60;
N90 Z－80;
```

```
N100 X100 Z-90;
N110 Z-110;
N120 X120 Z-130;                              //nf  (最后一段)
N130 G00 X125;
N140 X200 Z140;
N150 M05;                                     (主轴停)
N160 M30
```

(2) 端面粗车循环指令G72。端面粗车循环指令G72是一种复合固定循环，它适于Z向余量小，X向余量大的棒料粗加工。一般用于加工端面尺寸较大的零件，即所谓的盘类零件，在切削循环过程中，刀具是沿Z方向进刀，平行于X轴切削。

编程格式：

```
G72 W(Δd)R(e);
G72 P(ns) Q(nf) U(Δu)W(Δw) F(f)S(s)T(t);
N(ns)…
…
N(nf)…
```

其中，Δd为背吃刀量；e为退刀量；ns为精加工轮廓程序段中开始程序段的段号；nf为精加工轮廓程序段中结束程序段的段号；Δu为X轴向精加工余量；Δw为Z轴向精加工余量。

程序段中各地址的含义和G71相同。

G72的端面粗车循环过程如图7-49所示，图中C为粗加工循环的起点，A是毛坯外径与端面轮廓的交点。只要给出$AA'B$之间的精加工形状、径向精车余量$\Delta u/2$、轴向精车余量Δw、切削深度Δd就可以完成$AA'BA$区域的粗车工序。

注意：(1) 在从A到A'的程序段，不能指定X轴的运动指令。

(2) ns~nf程序段中的F、S、T功能，即使被指定边对粗车循环无效。

(3) 零件轮廓必须符合X轴、Z轴方向同时单调增大或单调减少。

[例7-7] 按如图7-50所示尺寸编写端面粗切循加工程序。

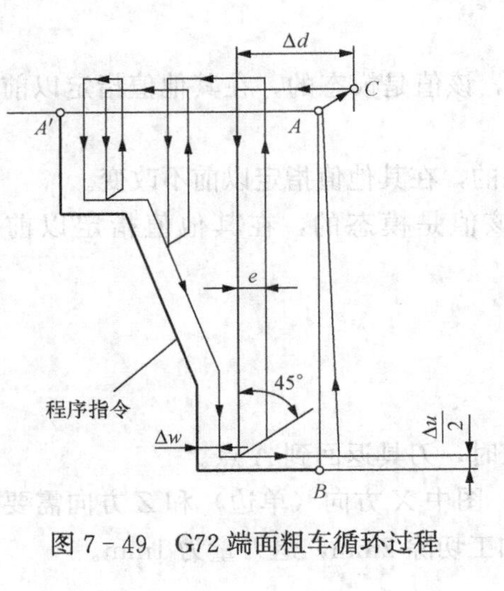

图7-49 G72端面粗车循环过程

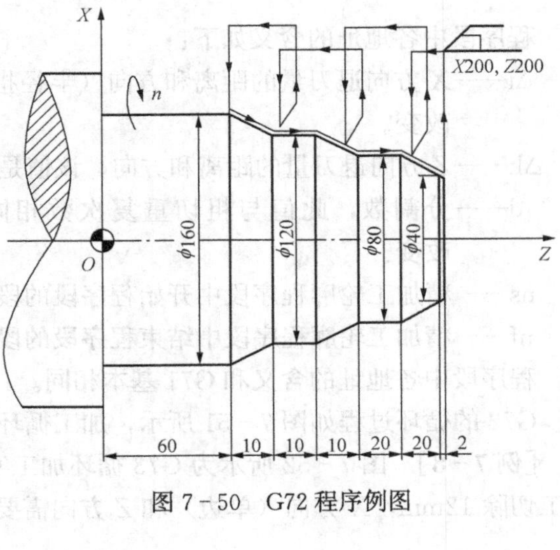

图7-50 G72程序例图

程序如下：

```
N10 G50 X200 Z200 T0101;
N20 M03 S500;
N30 G90 G00 G41 X176 Z2 M08;
N40 G96 S200;
N50 G72 W3 R0.5;
N60 G72 P70 Q120 U2 W0.5 F0.2;
N70 G00 X160 Z60;                //ns
N80 G01 X120 Z70 F0.15;
N90 Z80;
N100 X80 Z90;
N110 Z110;
N120 X36 Z132;                   //nf
N130 G00 G40 X200 Z200;
N140 M05;
N140 M30;
```

(3) 固定形状粗车（成形车削固定）循环指令 G73。固定形状粗车循环指令 G73 指令可以切削固定的图形，适合切削铸造成形、锻造成形或者已粗车成形的工件，对零件轮廓的单调性则没有要求。当毛坯轮廓形状与零件轮廓形状基本接近时，用该指令比较方便，编程格式：

```
G73 U(Δi) W(Δk)R(d);
G73 P(ns) Q(nf) U(Δu)W(Δw) F(f)S(s)T(t);
N(ns)…
…
N(nf)…
```

程序段中各地址的含义如下：

Δi——X 方向退刀量的距离和方向（半径指定），该值是模态的，在其他值指定以前不改变。

Δk——Z 方向退刀量的距离和方向，该值是模态的，在其他值指定以前不改变。

d——分割数，此值与粗切重复次数相同，该值是模态的，在其他值指定以前不改变。

ns——精加工轮廓程序段中开始程序段的段号；

nf——精加工轮廓程序段中结束程序段的段号；

程序段中各地址的含义和 G71 基本相同。

G72 的循环过程如图 7-51 所示，加工循环结束时，刀具返回到 A 点。

[例 7-8] 图 7-52 所示为 G73 循环加工实例，图中 X 方向（单边）和 Z 方向需要粗加工切除 12mm，X 方向（单边）和 Z 方向需要精加工切除 2mm，退刀量为 1mm。

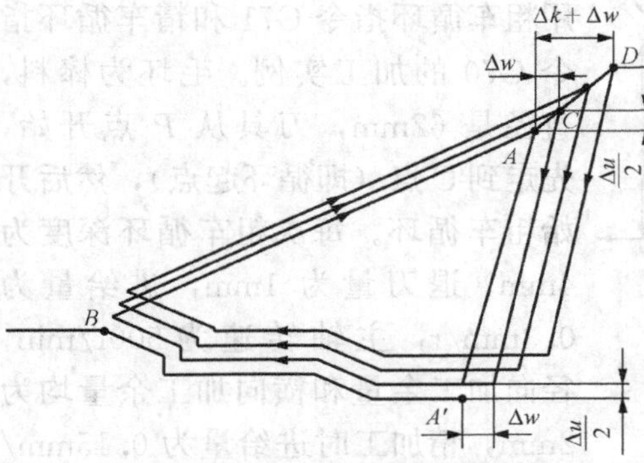

图 7-51 G73 粗车循环过程

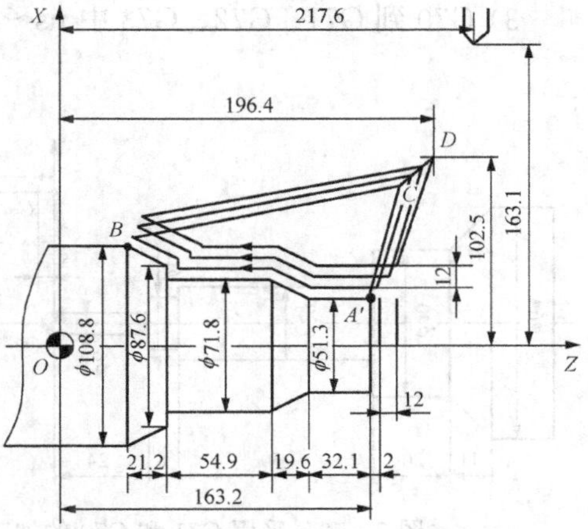

图 7-52 G73 加工例图

程序如下：

```
O0307
N010 G50 X326.2 Z217.6;
N020 G00 X205.0 Z196.4 S800 M03;
N030 G73 U12.0 W12.0 R3;
N040 G73 P050 Q100 U4.0 W2.0 F0.3 S500;
N050 G00 X51.3 Z163.2;
N060 G01 W-32.1F0.15 S700;
N070 X71.8 W-19.6;
N080 W-54.9;
N090 X87.6;
N100 X108.8 W-21.2;
N110 G70 P050 Q100;
N120 G28 X280.0 Z200.0;
N130 M05;
N140 M30;
```

(4) 精车循环指令 G70。由 G71、G72、G73 完成粗加工后，可以用 G70 进行精加工。精加工时，G71、G72、G73 程序段中的 F、S、T 指令无效，只有在 ns～nf 程序段中的 F、S、T 才有效。精车时的加工量是粗车循环时留下的精车余量，加工轨迹是工件的轮廓线。

编程格式：G70 P（ns） Q（nf）;

其中，ns 为精加工轮廓程序段中开始程序段的段号；nf 为精加工轮廓程序段中结束程序段的段号。

注意：

1）在 G71、G72、G73 程序段中规定的 F、S、T 虽然对于 G70 无效，但在执行 G70 时顺序号 ns～nf 程序段之间的 F、S、T 有效；当 G70 循环加工结束时，刀具返回到起点并读下一个程序段。

2）在 G71、G72、G73 程序应用中的 nf 程序段后再加上 G70 Pns Qnf 程序段，并在 ns～nf 程序段中加上精加工适用的 F、S、T，就可以完成从粗加工到精加工的全过程。

3) G70 到 G71、G72、G73 中 ns～nf 程序段不能调用子程序。

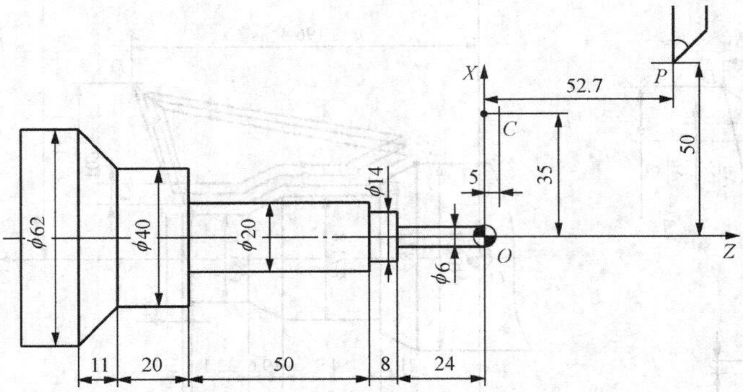

图 7 - 53　采用 G71 和 G70 的加工实例

[例 7 - 9]　图 7 - 53 所示为采用粗车循环指令 G71 和精车循环指令 G70 的加工实例。毛坯为棒料，直径是 62mm，刀具从 P 点开始，先走到 C 点（即循环起点），然后开始粗车循环。每次粗车循环深度为 4mm，退刀量为 1mm，进给量为 0.3mm/r，主轴转速为 500r/min，径向加工余量和横向加工余量均为 2mm，精加工时进给量为 0.15mm/r，主轴转速为 800r/min。

程序如下：

```
N010 G50 X100.0 Z52.7;
N011 G00 X70.0 Z5.0 M03 S900;
N012 G71 U4.0R1.0;
N013 G71 P014 Q022 U4.0 W2.0 F0.3 S500;
N014 G00 X6.0 S600;
N015 G01 Z-24.0 F0.15;
N016 X14.0;
N017 W-8.0;
N018 X20.0;
N019 W-50.0;
N020 X40.0;
N021 W-20.0;
N022 X62.0 W-11.0;
N023 G70 P014 Q022;
N024 G00 X100.0 Z52.7;
N025 M05;
N026 M30;
```

[例 7 - 10]　图 7 - 54 所示为 G72、G70 应用实例。

程序如下：

```
O0306;
N010 G50 X220.0 Z190.0;
N011 G00 X176.0 Z132.0 M03 S800;
N012 G72 W7.0R1.0;
N013 G72 P014 Q018 U4.0 W2.0 F0.3 S550;
N014 G00 Z56.0 S700;
N015 G01 X120.0 Z70.0 F0.15;
```

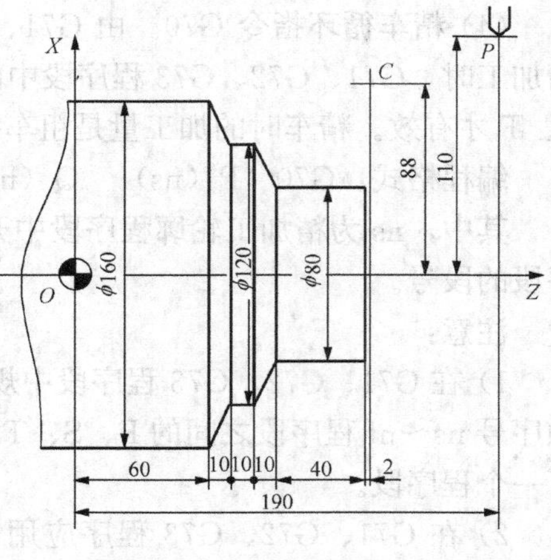

图 7 - 54　采用 G72 和 G70 的加工实例

```
N016 W10.0;
N017 X80.0 W10.0;
N018 W42.0;
N019 G70 P014 Q018;
N020 G00 X220.0 Z190.0;
N021 M05;
N022 M30;
```

7. 切槽（钻孔）复合循环指令 *G74*、*G75*

（1）深孔钻削循环 G74。深孔钻削循环功能适用于深孔钻削加工。

编程格式：

G74 R（e）；

G74 Z（W）Q（Δk）F（f）；

其中，e 为退刀量；Z（W）为钻削深度；Δk 为每次钻削长度（不加符号）。

［例 7－11］ 采用深孔钻削循环功能加工如图 7－55 所示深孔，试编写加工程序。其中，$e=1$，$\Delta k=20$，$F=0.1$。

程序如下：

```
N10 G50 X200 Z100 T0202;
N20 M03 S600;
N30 G00 X0 Z1;
N40 G74 R1;
N50 G74 Z-80 Q20 F0.1;
N60 G00 X200 Z100;
N70 M05;
M80 M30;
```

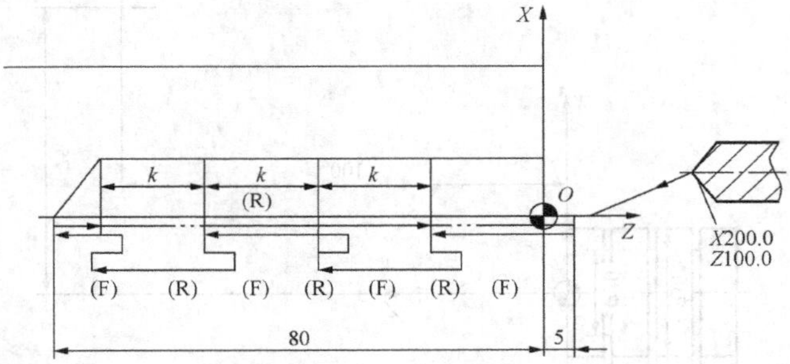

图 7－55 深孔钻削循环

（2）外径切槽循环 G75。外径切削循环功能适合于在外圆面上切削沟槽或切断加工。

编程格式：G75 R（e）；

G75 X（U）P（Δi）F（f）

其中，e 为退刀量；X（U）为槽深；Δi 为每次循环切削量。

［例 7－12］ 试编写进行如图 7－56 所示零件切断加工的程序。

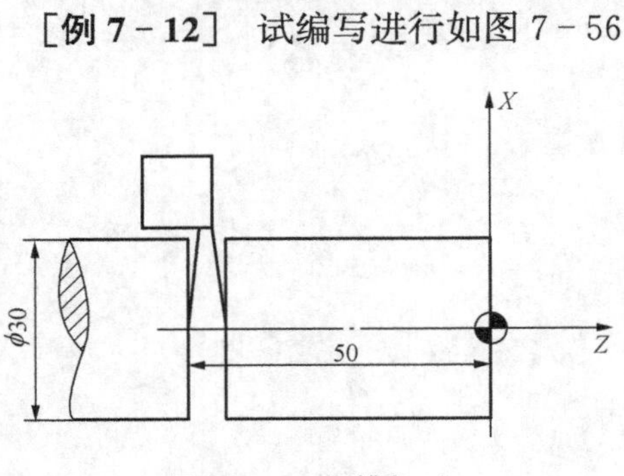

图 7－56 切槽加工

程序如下：

```
N10  G50 X200 Z100 T0202;
N20  M03 S600;
N30  G00 X35 Z-50;
N40  G75 R1;
N50  G75 X-1 P5 F0.1;
N60  G00 X200 Z100;
N70  M05;
N80  M30;
```

8. 螺纹切削循环指令 G76

编程格式：G76　X_　Z_　I_　K_　D_　F_　A_　P_；

其中，X 为螺纹加工终点处的 *X* 轴坐标值；Z 为螺纹加工终点处的 *Z* 轴坐标值；I 为螺纹加工起点和终点的差值，若为 0，则加工圆柱螺纹；K 为螺纹牙型高度，按半径值编程；D 为第一次循环时的切削深度；F 为螺纹导程；A 为螺纹牙型顶角角度，可在 0°～120°任意选择；P 为指定切削方式，一般省略或写成 P1，表示等切削量单边切削。

[例 7-13]　圆柱螺纹加工终点处的坐标为 *X*=55.564mm，*Z*=25.0mm，螺纹牙型高度为 3.68mm，第一次循环时切削深度为 1.8mm，螺纹导程为 6.0mm，牙型顶角为 60°，执行等切削量单边切削，则加工程序为

G76 X55.564 Z25.0 K3.68 D1.8 F6.0 A60；

7.3.3　子程序调用功能

在编制加工程序时，有时会遇到一组程序段在一个程序中多次出现，或者在几个程序中都要使用它，这组程序段称为子程序。使用子程序可以简化编程。不但主程序可以调用子程序，一个子程序也可以调用下一级的子程序，其作用相当于一个固定循环。

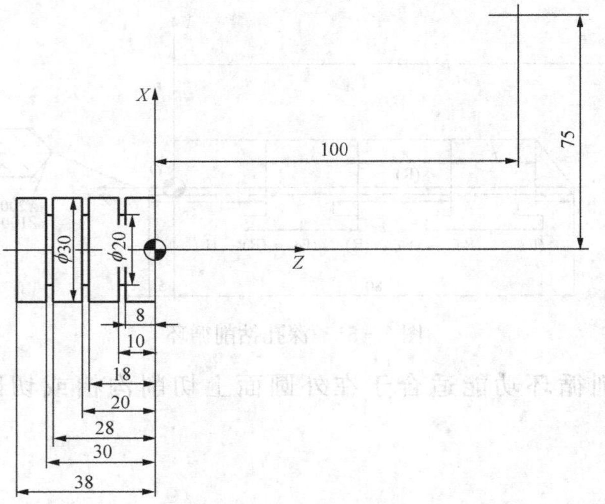

图 7-57　子程序应用

子程序的调用格式：

M98 P_L_；

其中，M98 为子程序调用字；P 为子程序号；L 为子程序重复调用次数。

子程序调用完毕返回主程序，使用指令 M99。

子程序调用下一级子程序，称为子程序嵌套。在 FANUC 0*i* Mate-TD 系统中，只能有四次嵌套。

[例 7-14]　利用子程序编程加工如图 7-57 所示工件，已知毛坯直径为 ϕ32，长度为 50mm，1 号刀为外圆车刀，3 号刀为切断刀，其宽度为 2mm。

程序如下：

```
O0309;                    (主程序)
N100 G50 X150.0 Z100.0;
N110 M03 S500;
N120 M08;
N125 T0101;
N130 G00 X35.0 Z0
N140 G01 X0 F0.3;
N150 G00 Z2.0;
N160      X30.0;
N170 G01 Z-40.0 F0.3;
N180      X35.0;
N190 G00 X150.0 Z100.0T0100;
```

```
N195 T0303;
N200     X32.0 Z0;
N210 M98 P0319 L3;
N220 G00 W-10.0;
N230 G01 X0 F0.12;
N240 G04 X2.0;
N250 G00 X150.0 Z100.0T0300;
N260 M09;
N270 M05;
N280 M30;
O0319;            (子程序)
N300 G00 W-10.0F0.15;
N310 G01 U-12.0 F0.15;
N320 G04 X1.0;
N330 G01 U12.0;
N340 M99;
```

7.4 数控车削加工实例（以 FANUC 0*i* Mate-TD 为例）

［例 7-15］ 加工如图 7-58 所示的零件，分析制订加工工艺和编制加工程序。

1. 工艺分析及处理

(1) 零件图的分析。如图 7-58 所示，这是一个由球头面、圆弧面、外圆锥面、外圆柱面、螺纹构成，外形较复杂的轴类零件。$\phi25$ 外圆柱面直径处不加工，$\phi15$ 和 $\phi21$ 外圆柱面直径处加工精度较高，材料为 45 钢，选择毛坯尺寸为 $\phi25\times L90$。

(2) 加工方案及加工路线的确定。以零件右端面中心 *O* 作为坐标系原点，设定工件坐标系。根据零件尺寸精度及技术要求，本例将粗、精加工分开来考虑，确定的加工工艺路线为车削右端面→粗车外圆柱面为 $\phi21.5$→$\phi18.5$，$\phi15.5$→粗车圆弧面为 15.5→粗车圆弧面为 *R*8.25→外圆锥面→精车 $\phi15$ 圆弧面→精车外圆锥面→精车 $\phi20$ 外圆柱面倒角→1×45°→精车螺纹大径→精车 $\phi21$ 外圆柱面→切槽→循环车削 M18×1.5 的螺纹。

(3) 零件的装夹及夹具的选择。采用该机床本身的标准卡盘，零件伸出三爪卡盘外 60mm 左右，并找正夹紧。

(4) 刀具和切削用量的选择。

1) 刀具的选择：选择 1 号刀具为 90°硬质合金机加偏刀，用于粗、精车削加工，其副偏角应较大，否则加工凹曲面时易发生干涉现象；选择 2 号刀具为硬质合金机夹切断刀，其刀片宽度为 4mm，用于切槽、切断等车削加工。选择 3 号刀具为 60°硬质合金机夹螺纹刀，用于螺纹车削加工。

2) 切削用量的选择：选取切削用量主要考虑加工精度要求并兼顾提高刀具耐用度、机床寿命等因素。确定主轴转速 $n=650\text{r/min}$，进给速度粗车为 $f=0.2\text{mm/r}$，精车为 $f=0.1\text{mm/r}$ 。

2. 尺寸计算

(1) 坐标尺寸的计算。

A 点　　$X=13$，$Z=-(7.5+3.74)=-11.24$（mm）

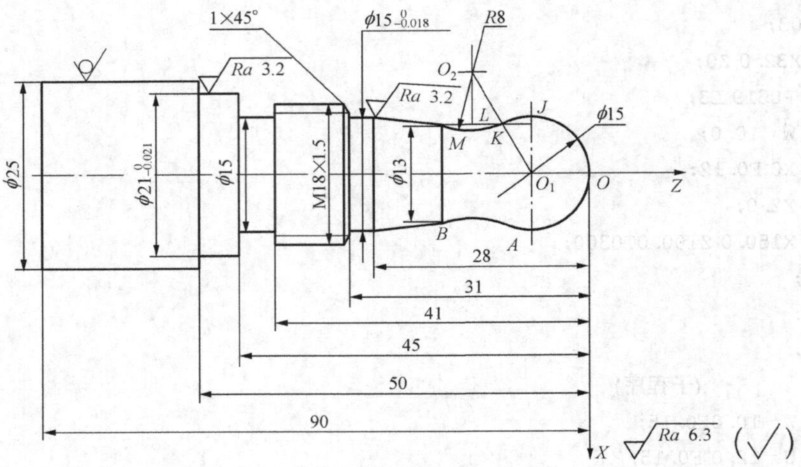

图 7-58　典型零件图

B 点　　　　　　　$X=13$，$Z=-$（11.24+2×3.99）$=-19.22$（mm）

$\overset{\frown}{AB}$ 弧的圆心　　　$X=13+2\times2.93=-26.86$（mm）

$Z=-$（11.24+3.99）$=-15.23$（mm）

(2) 螺纹尺寸的计算。

螺纹牙型深度　　$t=0.65P=0.65\times1.5=0.975$（mm）

$D_{大}=D_{公称}-0.1P=18-0.1\times1.5=17.85$（mm）

$D_{小}=D_{公称}-1.3P=18-1.3\times1.5=16.05$（mm）

螺纹加工分为 4 刀进给切削加工，加工的螺纹直径依次为第 1 刀 17.00mm，第 2 刀 16.50mm，第 3 刀 16.20mm，第 4 刀 16.05mm。

3. 参考程序

```
O7401
N10  G50  X100.0  Z100.0;                 (工件坐标系的设定)
N20  S650  M03  T0101;                    (主轴正转 n= 650r/min,调用 1 号刀,刀具补偿号为 1)
N30  G00  X26.0  Z0.0;                    (快速点定位)
N40  G01  X0.0  F0.2;                     (车削右端面)
N50  G00  Z1.0;                           (快速点定位)
N60  X21.5;
N70  G01  Z-50.0;                         (粗车外圆柱面为 φ21.5)
N80  X25.0;                               (车削台阶)
N90  G00  Z1.0;                           (快速点定位)
N100  X18.5;
N110  G01  Z-45.0;                        (粗车外圆柱面为 φ18.5)
N120  X21.5;                              (车削台阶)
N130  G00  Z1.0;                          (快速点定位)
N140  X15.5;
N150  G01  Z-31.0;                        (粗车外圆柱面为 φ15.5)
N160  X18.5;
```

```
N170  G00  Z0.25;                                (快速点定位)
N180  X0.0;
N190  G03  X13.43  Z-11.37  R7.75;               (粗车圆弧面为φ15.5)
N200  G02  Z-19.1  R7.75;                        (粗车圆弧面为R7.75)
N210  G01  X15.5  Z-28.0;                        (粗车外圆锥面)
N220  X16.0;                                     (退刀)
N230  G00  Z0.0;                                 (快速点定位)
N240  X0.0;
N250  G03  X13.0  Z-11.24  R7.5;                 (精车φ15圆弧面)
N260  G02  Z-19.22  R8.0;                        (精车R8圆弧面)
N270  G01  X15.0  Z28.0;                         (精车外圆锥面)
N280  W-3.0;                                     (精车φ15外圆柱面)
N290  X15.85;                                    (车削台阶)
N300  X17.85  W-1.0;                             (倒角1×45°)
N310  Z-45.0;                                    (精车螺纹大径)
N320  X21.0;                                     (车削台阶)
N330  Z-50.0;                                    (精车φ21外圆柱面)
N340  X25.0;                                     (车削台阶)
N350  G00  X100.0  Z100.0  T0100;                (快速退回刀具起始点,取消1号刀的刀具补偿)
N360  T22;                                       (调用2号刀,刀具补偿号为2)
N370  G00  X22.0  Z-45.0;                        (快速点定位)
N380  G01  X15.0;                                (切槽)
N390  G04  X2.0;                                 (暂停2s)
N400  X22.0;                                     (退刀)
N410  G00  X100.0  Z100.0  T0200;                (快速退回刀具起始点,取消2号刀的刀具补偿)
N420  T0303  M00;                                (调用3号刀,刀具补偿号为3,主轴暂停,手动接通编码器)
N430  G00  X20.0  Z-28.0;                        (快速点定位)
N440  G92  X17.0  Z-42.0  F1.5;                  (循环车削M18×1.5的螺纹)
N450  X16.5;
N460  X16.2;
N470  X16.05;
N480  G00  X100.0  Z100.0  T0300;                (快速退回刀具起始点,取消3号刀具的刀具补偿)
N490  M05;                                       (主轴停止转动)
N500  M30;                                       (程序结束)
```

[例7-16] 加工如图7-59所示的零件，毛坯为$\phi 54$棒料（图中双点画线所示），其材料为LY12，试编制其数控车削加工程序。

1. 工艺分析

(1) 技术要求。如图7-59所示，M20螺纹为双头螺纹，其导程为2，螺距为1。

(2) 加工工艺的确定。

1) 装夹定位的确定。三爪卡盘与顶尖定位并夹紧，工件前端面距卡爪端面距离为150。

2) 加工起点、换刀点及工艺路线的确定。由于工件较小，另外为了加工路径清晰，加工起点与换刀点可以设为同一点，其位置的确定原则为此点方便拆卸工件，不发生碰撞，空

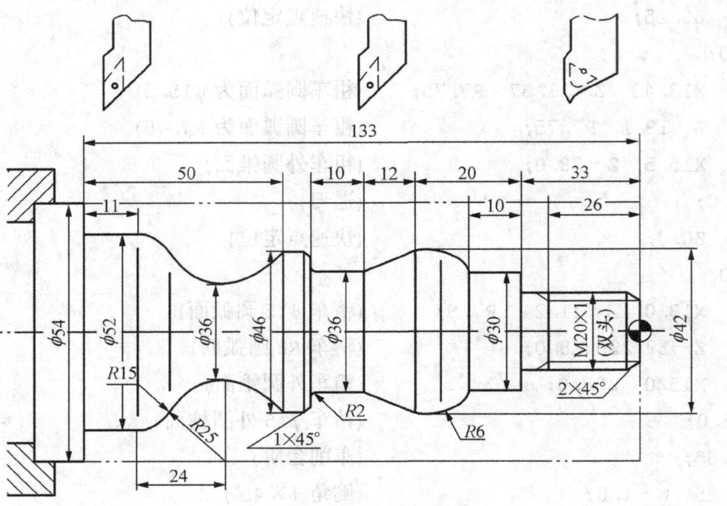

图 7-59 加工零件

行程不长等，特别注意尾座对 Z 轴位置的限制。故放在 Z 向距工件前端面 10，X 向距轴心线 120 的位置。

首先通过复合循环指令，用外圆粗加工车刀加工工件外形轮廓，并保留 0.5mm 精加工余量；再用外圆精加工车刀将外形轮廓加工到所要求的尺寸。最后用公制螺纹车刀，每头分三次加工 M24 双头螺纹的牙型。

3）加工刀具的确定。外圆端面车刀，刀具主偏角 93°，副偏角 57°；公制螺纹车刀，刀尖角 60°（最好用可转位机夹车刀）。

4）切削用量。外圆加工时，主轴转速 460r/min，粗加工进给速度 80mm/min，精加工进给速度 60mm/min；螺纹加工时，主轴转速 200r/min。螺纹分三次加工，吃刀量分别为 0.7、0.4、0.2，另加两次为光整加工。

2. 数学计算

(1) 以工件后端面与轴线的交点为程序原点，建立工件坐标系。

(2) 计算各节点位置坐标值。

3. 参考程序

```
O7402
N1  T0101;                       (换 1 号端面车刀,确定其坐标系)
N2  M03 S500;                    (主轴以 500r/min 正转)
N3  G00 X100 Z80;                (到程序起点或换刀点位置)
N4  G00 X60 Z5;                  (到简单端面循环起点位置)
N5  G94 X0 Z1.5 F100;            (简单端面循环,加工过长毛坯)
N6  G94 X0 Z0;                   (简单端面循环,加工过长毛坯)
N7  G00 X100 Z80;                (到程序起点或换刀点位置)
N8  T0202;                       (换 2 号外圆粗加工车刀)
N9  G00 X60 Z3;                  (到简单外圆循环起点位置)
N10 G90 X52.6 Z-133 F100;        (简单外圆循环,加工过大毛坯直径)
N11 G01 X54;                     (到复合循环起点位置)
```

```
N12  G71 P16 Q32 U1 W1 D0.3;        (有凹槽的外径粗切复合循环加工)
N13  G00 X100 Z80;                  (粗加工后,到换刀点位置)
N14  T0303;                         (换 3 号外圆精加工车刀)
N15  G00 G42 X70 Z3;                (到精加工起点,加入刀尖圆弧半径补偿)
N16  G01 X10 F100;                  (精加工轮廓开始,到倒角延长线处)
N17  X19.95 Z-2;                    (精加工 2×45°倒角)
N18  Z-33;                          (精加工螺纹外径)
N19  G01 X30;                       (精加工 Z=33 处端面)
N20  Z-43;                          (精加工 φ30 外圆)
N21  G03 X42 Z-49 R6;               (精加工 R6 圆弧)
N22  G01 Z-53;                      (精加工 φ42 外圆)
N23  X36 Z-65;                      (精加工下切锥面)
N24  Z-73;                          (精加工 φ36 槽径)
N25  G02 X40 Z-75 R2;               (精加工 R2 过渡圆弧)
N26  G01 X44;                       (精加工 Z=75 处端面)
N27  X46 Z-76;                      (精加工 1×45°倒角)
N28  Z-84;                          (精加工 φ46 槽径)
N29  G02 Z-113 R25;                 (精加工 R25 圆弧凹槽)
N30  G03 X52 Z-122 R15;             (精加工 R15 圆弧)
N31  G01 Z-133;                     (精加工 φ52 外圆)
N32  G01 X54;                       (退出已加工表面,精加工轮廓结束)
N33  G70 P16 Q32                    (精加工循环)
N34  G00 G40 X100 Z80;              (取消半径补偿,返回换刀点位置)
N35  M05;                           (主轴停)
N36  T0404;                         (换 4 号螺纹车刀)
N37  M03 S200;                      (主轴以 200r/min 正转)
N38  G00 X30 Z5;                    (到螺纹循环起点位置)
N39  G92 X19.3 Z-26 F2;             (加工双头螺纹,吃刀深 0.7mm)
N40  G92 X18.9 Z-26;                (加工双头螺纹,吃刀深 0.4mm)
N41  G92 X18.7 Z-26;                (加工双头螺纹,吃刀深 0.2mm)
N42  G92 X18.7 Z-26;                (光整加工螺纹)
N43  G92 X18.7 Z-26;                (光整加工螺纹)
N44  G00 X30 Z6;                    (到螺纹循环另一起点位置)
N45  G92 X19.3 Z-26 F2;             (加工双头螺纹,吃刀深 0.7mm)
N46  X18.9;                         (加工双头螺纹,吃刀深 0.4mm)
N47  X18.7;                         (加工双头螺纹,吃刀深 0.2mm)
N48  X18.7;                         (第一次光整加工螺纹)
N49  X18.7;                         (第二次光整加工螺纹)
N50  G00 X100 Z80;                  (返回程序起点位置)
N51  M30;                           (程序结束并复位)
```

思考题与习题

7-1 数控车床的编程特点有哪些?

7-2 简述数控车床原点和参考点的区别与联系。

7-3 数控车床的基本功能指令如何分类?

7-4 数控车床的补偿功能有哪些?

7-5 设定工件坐标系有哪些意义?说明基本指令 G50 与 G54~G59 的使用区别?

7-6 说明基本指令 G00、G01、G02、G03、G04、G28 的意义。

7-7 说明圆弧插补指令 G02、G03 的区别。

7-8 说明粗加工循环指令 G71 的使用格式,G70 如何使用?

7-9 说明循环指令 G71、G72、G73 的区别。

7-10 说明螺纹切削循环指令 G76 的使用格式。

7-11 车刀刀尖半径补偿的意义何在?

7-12 什么时候应用子程序调用功能?

7-13 如图 7-60 所示零件,毛坯直径为 40mm,长度 $L=130$mm,材料 45 钢,试编写程序?

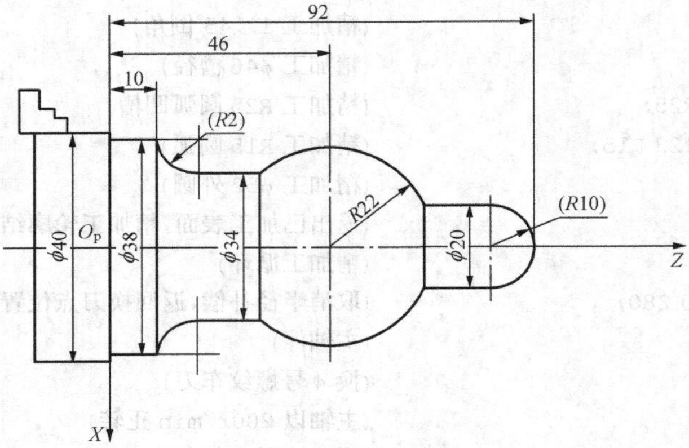

图 7-60 题 7-13 图

7-14 用固定循环指令编制如图 7-61 所示零件的加工程序。

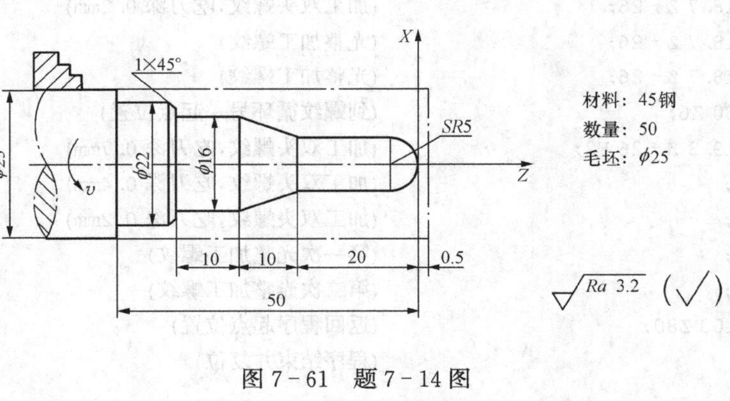

图 7-61 题 7-14 图

7-15 创新综合训练。请设计一实用零件或工艺品,要求含有端面、外圆、锥面、圆弧等切削加工,并最终切断。材料为铝合金(LY12),毛坯有 $\phi25\times90$mm、$\phi32\times90$mm、$\phi40\times100$mm、$\phi50\times100$mm 的棒料。画图,编写其加工程序并上机床操作,加工出产品。

8 数 控 铣 削 加 工 技 术

8.1 典型的数控铣床结构组成及其加工特点

在箱体、壳体类机械零件的加工中，特别是模具型腔的加工中，数控铣床的加工量占有很大的比例，因此学习掌握数控铣床的编程与加工操作十分重要。同时，它也是学习加工中心编程与加工的重要基础。铣削是机械加工中最常用的方法之一，它包括平面铣削和轮廓铣削。与加工中心相比，数控铣床除了缺少自动换刀装置及刀库外，其他方面均与加工中心类似，可以对工件进行钻、扩、铰、锪、镗孔与攻螺纹等加工，但主要还是用来对工件进行铣削加工。

8.1.1 数控铣床功能特点

不同档次数控铣床的功能有较大的差别，但都具备下列主要功能特点：

(1) 铣削加工。数控铣床一般应具有三坐标以上的联动功能，能够进行直线插补和圆弧插补，自动控制旋转的铣刀相对于工件运动进行铣削加工。坐标联动轴数越多，对工件的装夹要求就越低，定位和安装次数就越少，所以加工工艺范围就越大。

(2) 孔加工及螺纹加工。可以采用孔加工刀具进行钻、扩、铰、锪、镗削等加工，也可以采用铣刀铣削不同尺寸的孔。在数控铣床上可采用丝锥加工螺纹孔，也可采用螺纹铣刀铣削内螺纹和外螺纹，这种方法比传统丝锥的加工效率要高很多。

(3) 刀具半径自动补偿功能。使用这一功能，在编程时可以很方便地按工件的实际轮廓形状和尺寸进行编程计算，从而在加工中使刀具中心自动偏离工件轮廓一个刀具半径，最后加工出符合要求的轮廓表面。也可以利用该功能，通过改变刀具半径补偿量的方法来弥补铣刀造成的尺寸精度误差，扩大刀具直径选用范围，以及刀具返修刃磨的允许误差，还可以利用改变刀具半径补偿值的方法，用同一加工程序实现分层铣削，粗、精加工或用于提高加工精度。此外，通过改变刀具半径补偿值的正、负号，还可以用同一加工程序加工某些需要相互配合的工件（如相互配合的凹凸模等）。

(4) 刀具长度补偿功能。利用该功能可以自动改变切削平面高度，同时可以降低在制造与返修时对刀具长度尺寸的精度要求，还可以弥补轴向对刀误差。

(5) 固定循环功能。利用数控铣床对孔进行钻、扩、铰、锪和镗削加工时，加工的基本动作是刀具中心无切削快速到达孔位中心—慢速切削进给—快速退回。对于这种典型化动作，系统有相应的循环指令，也可以专门设计一段程序（子程序），在需要的时候进行调用来实现上述加工循环。特别是在加工许多相同的孔时，应用固定循环功能可以大大简化程序。利用数控铣床的连续轮廓控制功能时，也常常遇到一些典型化的动作，如铣整圆、方槽等，也可以实现循环加工。对于大小不等的同类几何形状（圆、矩形、三角形、平行四边形等），也可以用参数方式编制出加工各种几何形状的子程序，在加工中按需要调用，并对子程序中设定的参数随时赋值，就可以加工出大小不同或形状不同的工件轮廓，以及孔径、孔深不同的孔，这种程序也称为宏程序。目前，已有不少数控铣床的数控系统附带有各种已经编制好的子程序库，并可以进行多重嵌套，用户可以直接加以调用，使得编程更加方便。

（6）镜像加工功能。镜像加工也称为轴对称加工。对于一个轴对称形状的工件来说，利用这一功能，只要编出一半形状的加工程序就可完成全部加工。数控铣床一般还有缩放功能，对于完全相似的轮廓也可以通过调用子程序的方法完成加工。

（7）子程序功能。对于需要多次重复的加工动作或加工区域，可以将其编制成子程序，在主程序需要的时候调用，并且可以实现子程序的多级嵌套，以简化程序的编写。

（8）数据输入/输出及 DNC 功能。数控铣床一般通过 RS232C 接口进行数据的输入及输出，包括加工程序、机床参数等，可以在机床与机床之间、机床与计算机之间进行（一般也叫做脱线编程），以减少编程占机时间。随着数控系统不断改进，有些数控机床已经可以在加工的同时进行其他零件程序的输入。

数控铣床按照标准配置提供的程序存储空间一般都比较小，尤其是中、低档的数控铣床，大概在几十 K 至几百 K 之间。当加工程序超过存储空间时，就应当采用 DNC 加工，即外部计算机直接控制数控铣床进行加工，这在加工曲面时经常遇到，一般也称为在线加工。否则，只有将程序分成几部分分别执行，这种方法既操作烦琐，又影响生产效率。随着三维造型软件的升级，利用软件造型和后置处理，在线加工应用已经非常普遍了。

（9）自诊断功能。自诊断是数控系统在运转过程中的自我诊断，即当数控系统一旦发生故障，系统即出现报警，并有相应报警信息出现。借助系统的自诊断功能，往往可以迅速、准确地查明原因并确定故障部位。它是数控系统的一项重要功能，对数控机床的维修具有重要作用。

8.1.2 数控铣床的基本结构组成

数控铣床形式多样，不同类型的数控铣床在组成上虽有所差别，但却有许多相似之处。下面以 XK5040A 型立式升降台数控铣床为例介绍其组成情况。

图 8-1 所示为 XK5040A 型立式升降台数控铣床的外形结构图。

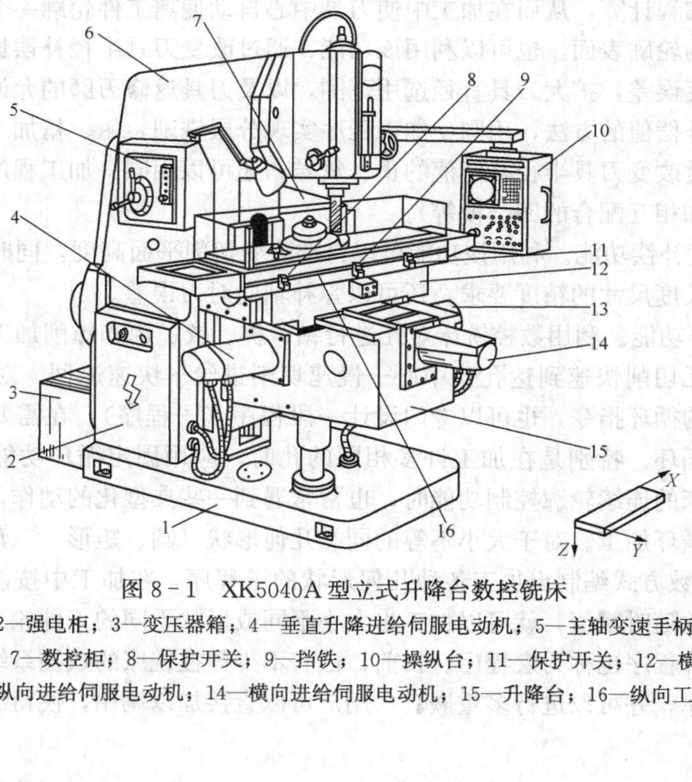

图 8-1 XK5040A 型立式升降台数控铣床

1—底座；2—强电柜；3—变压器箱；4—垂直升降进给伺服电动机；5—主轴变速手柄和按钮板；6—床身；7—数控柜；8—保护开关；9—挡铁；10—操纵台；11—保护开关；12—横向溜板；13—纵向进给伺服电动机；14—横向进给伺服电动机；15—升降台；16—纵向工作台

XK5040A型立式升降数控铣床是在普通铣床的基础上发展起来的，机床的数控系统采用国外先进的数控系统（日本FANUC 0i－MC），可实现三轴控制、三轴联动，并可加第四轴。机床具有直线插补、圆弧插补、三坐标联动空间直线插补功能，还有刀具补偿、固定循环、用户宏程序等功能；能完成90%以上的基本铣削、镗削、钻削、攻螺纹及自动工作循环等工作，可用于加工各种形状复杂的凸轮、样板及模具零件。

和传统的铣床一样，数控铣床的主要组成部件有床身、铣头、主轴、纵向工作台（X轴）、横向床鞍（Y轴）、可调升降台（手动）、液压与气动控制系统、电气控制系统等。作为数控机床的特征部件有X、Y、Z各进给轴驱动用伺服电动机，行程限位及保护开关，数控操作面板及其控制台。伺服电动机内装有脉冲编码器，位置及速度反馈信息均由此取得，构成半闭环控制系统。

X、Y、Z三个进给轴分别控制工作台移动、滑鞍移动和升降台移动。主轴套筒移动一般为手动。

(1) 机床本体的主要部件。机床本体的铣头、床身、底座、升降台、滑鞍、工作台、变速箱等大部件一般均采用高强度、低应力、耐磨铸铁材料制造，并经人工二次时效处理。机床的主要传动零件（如主轴、齿轮等）均采用合金钢制造，保证机床的精度和使用寿命。

1) 床身。机床床身内部布局合理，具有良好的刚性；底座上设有4个调节螺栓，便于机床进行水平调整；切削液储液箱设在机床座内部。

2) 铣头部分。铣头部分由有级（或无级）变速箱和铣头两个部件组成。铣头主轴支撑在高精度轴承上，保证主轴具有高回转精度和良好的刚性；主轴装有快速换刀螺母，前端锥采用7∶24锥度；主轴采用机械无级变速，其调节范围宽、传动平稳、操作方便。刹车机构能使主轴迅速制动，可节省辅助时间，刹车时通过制动手柄撑开止动环使主轴立即制动。启动主电动机时，应注意松开主轴制动手柄。铣头部件还装有伺服电动机、内齿带轮、滚珠丝杠副及主轴套筒，它们形成垂直方向（Z方向）进给传动链，使主轴做垂向直线运动。

3) 工作台。工作台与床鞍支承在升降台较宽的水平导轨上，工作台的纵向进给是由安装在工作台右端的伺服电动机驱动的。通过内齿带轮带动精密滚珠丝杠副，从而使工作台获得纵向进给。工作台左端装有手轮和刻度盘，以便进行手动操作。床鞍的纵、横向导轨均采用了贴塑导轨，从而提高了导轨的耐磨性、运动的平稳性和精度的保持性，消除了低速爬行现象。

4) 升降台（横向进路部分）。升降台前方装有交流伺服电动机，驱动床鞍做横向进给运动，其传动原理与工作台的纵向进给相同。此外，在横向滚珠丝杠前端还装有进给手轮，可实现手动进给。升降台左侧装有锁紧手柄，轴的前端装有长手柄，可带动锥齿轮及升降台丝杆旋转，从而获得升降台的升降运动。

(2) 机床的主传动系统。机床的主传动系统采用普通交流电动机驱动，通过弹性联轴器驱动主传动箱，主传动箱内有三组滑动齿轮。手动变速机构推动各滑移齿轮，组成18种转速，其转速范围为30～1500r/min，主传动箱内采用电磁制动器，达到主轴制动迅速、平稳。

(3) 机床的进给系统。机床X、Y、Z三个坐标轴的进给系统均采用交流伺服电动机驱动，半闭环控制系统。电动机通过同步齿轮带驱动滚珠丝杠，从而使部件沿导轨移动。垂直向电动机带有制动器，当断电时，垂直向刹紧。

(4) 机床的导轨。机床 X 向的导轨采用燕尾导轨，Y、Z 向导轨采用矩形导轨。为了减小机床导轨的摩擦系数，增加机床导轨的耐磨性，移动导轨表面均采用聚四氟乙烯耐磨塑料导轨板贴面处理，消除了低速爬行现象。

(5) 机床的润滑。润滑系统由手动润滑油泵、分油器、节流阀、油管等组成。机床采用周期润滑方式，用润滑油泵通过分油器对主轴套筒、纵横向导轨及三向滚珠丝杆进行润滑，以提高机床的使用寿命。机床的润滑采用自动间歇润滑站，配以递进式分油器，对机床导轨副、滚珠丝杠副、齿轮副等进行自动的定时定量润滑。

(6) 机床的冷却系统。机床的冷却系统是由冷却泵、出水管、回水管、开关、喷嘴等组成。冷却泵安装在机床底座的内腔里，冷却泵将切削液从底座内储液池打至出水管，然后经喷嘴喷出，对切削区进行冷却。冷却泵采用高扬程、大流量的冷却油泵供油（油泵电动机为125W的普通交流电动机），通过管路连接到机床的主轴处，并配有手动调整的阀门，可根据实际需要调整油量，以满足重切削时机床的冷却需要。油泵开关设在操纵站上，操作方便。

(7) 机床的数控系数及配置。机床的数控系统采用日本 FANUC 0i 型数控系统（或西门子802D型、国产的数控系统），配 8.5″彩显，具有标准 RS-232 接口，并配有手摇脉冲发生器。

机床电气柜安装在机床立柱侧面，采用 IP54 防护标准，全密封结构并配有冷热交换器。

各轴的进给速度范围是 5～2500mm/min，各轴的快进速度为 5000mm/min，当然实际移动速度还受操作面板上速度修调开关的影响。

XK5040A 型数控铣床的主要技术参数为

工作台面尺寸　　　　400mm×1600mm；
三轴行程　　　　　　900mm×375mm×400mm；
外形尺寸　　　　　　2558mm×2245mm×24mm；
立铣头最大回转角度±45°；
主轴端面至工作台面距离 50～450mm；
主轴转速 30～1500r/min；
主电动机功率 11kW；
机床重 5t。

8.1.3 数控铣床的铣削加工的主要对象

根据数控铣床的加工特点，数控铣床的主要加工对象有以下三类零件：

(1) 平面类零件。如图 8-2 所示三个零件均属平面类零件。目前，在数控铣床上加工的绝大多数零件均属于平面类零件。平面类零件的特点是各个加工单元面是平面或可以

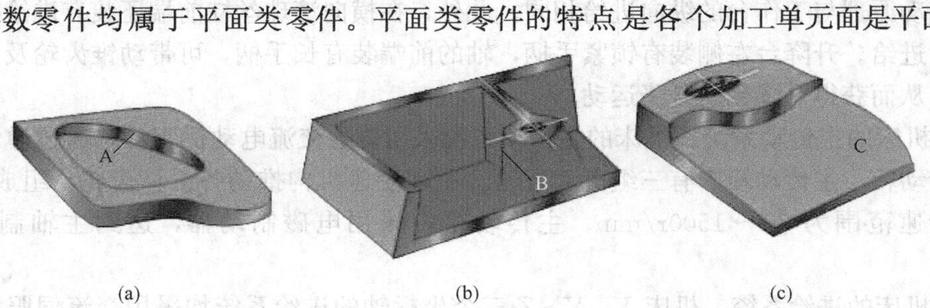

图 8-2 典型的平面类零件

(a) 轮廓面 A；(b) 轮廓面 B；(c) 轮廓面 C

展开成为平面。平面类零件是数控铣削加工对象中最简单的一类，一般只要用三坐标数控铣床的两坐标联动就可以加工出来。

有些平面类零件的某些加工单元面（或加工单元面的母线）与水平面既不垂直也不平行，而是呈一个定角，对这些斜面的加工常用如下方法。

1）如图 8-2（b）所示的正圆台和斜筋表面，一般可用专用的角度成形铣刀来加工，此时若采用五坐标铣床摆角加工反而不合算。

2）如图 8-2（c）所示的斜面，当工件尺寸不大时，可用斜垫板垫平后加工，若机床主轴可以摆角，则可以摆成适当的定角来加工；当工件尺寸很大，斜面坡度又较小时，也常用行切法加工，但会在加工面上留下叠刀时的刀峰残痕，要用钳修方法加以清除，如用三坐标数控立铣加工飞机整体壁板零件时常用此法。当然，加工斜面的最佳方法是用五坐标铣床主轴摆角后加工，可以不留残痕。

（2）变斜角零件。

1）变斜角零件的定义。加工面与水平面的夹角呈连续变化的零件称为变斜角类零件，这类零件多数为飞机的零部件，如飞机上的整体梁、框、椽条与肋等，此外还有检验夹具与装配型架等。图 8-3所示为飞机上的一种变斜角梁椽条，该零件在第②面至第⑤面的斜角 α 从 3°10′均匀变化为 2°32′，从第⑤面至第⑨面再均匀变化为 1°20′，从第⑨面到第⑫面又均匀变化至 0°。

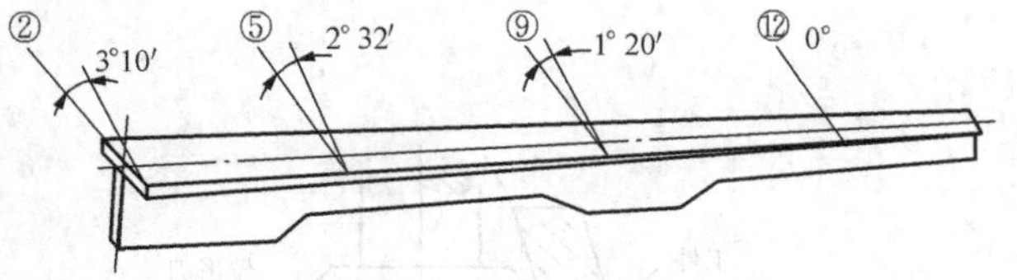

图 8-3 飞机上的变斜角梁椽条

2）变斜角类零件的特点。变斜角类零件的变斜角加工面不能展开为平面，但在加工中，加工面与铣刀圆周接触的一系列点为一条直线。

3）加工变斜角类零件的数控机床。最好采用四坐标或五坐标数控铣床摆角加工，在没有上述机床时，也可在三坐标数控铣床上进行近似加工。

4）主要加工方法。加工变斜角面的常用方法主要有下列三种：

a. 曲率变化较小的变斜角面，用 X、Y、Z 和 A 四坐标联动的数控铣床加工，所用刀具为圆柱铣刀。但当工件斜角过大，超过铣床主轴摆角范围时，可用角度成形刀加以弥补，以直线插补方式摆角加工，如图 8-4（a）所示。

b. 对曲率变化较大的变斜角加工面，用四坐标联动，直线插补加工难以满足加工要求，最好采用 X、Y、Z、A 和 B（或 C 轴）的五坐标联动数控铣床，以圆弧插补方式摆角加工，如图 8-4（b）所示。实际上图中的角 α 与 A、B 两摆角是球面三角关系，这里仅为示意图。

c. 用三坐标数控铣床进行二坐标加工。刀具为球头铣刀（又称指状铣刀，只能加工大于 90°的开斜角面）和鼓形铣刀（见图 8-5），以直线或圆弧插补方式分层铣削，所留叠刀残痕用钳修方法清除。图 8-6 所示为用鼓形刀铣削变斜角面的情形，由于鼓径可以做得较大（比球头刀的球径大）所以加工后的叠刀刀峰较小，故加工效果比球头刀好，而且能加工闭斜角（小于 90°的斜面）。

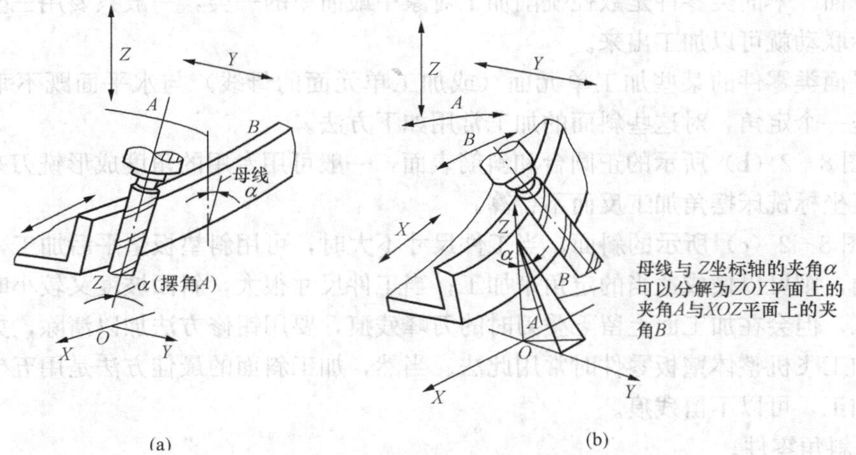

图 8-4　变斜角面加工方法

(a) 四坐标联动加工变斜面；(b) 五坐标联动加工变斜面

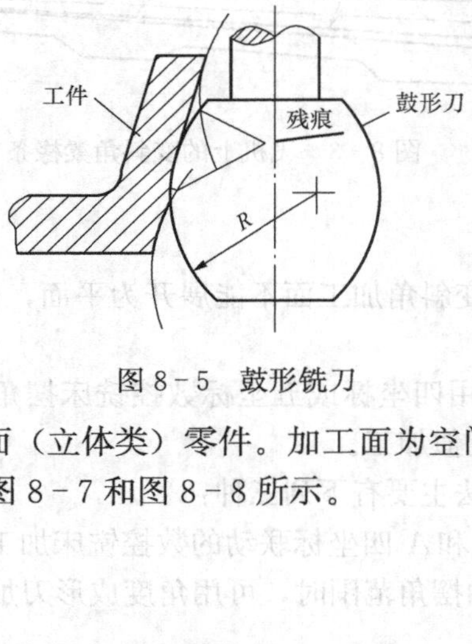

图 8-5　鼓形铣刀

图 8-6　变斜角类零件的加工

(3) 曲面（立体类）零件。加工面为空间曲面的零件称为曲面类零件，如模具的型腔、叶轮等，如图 8-7 和图 8-8 所示。

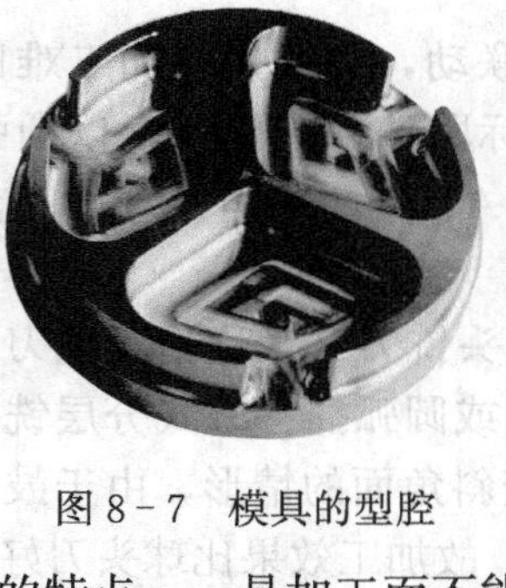

图 8-7　模具的型腔

图 8-8　叶轮

这类零件的特点：一是加工面不能展开为平面；二是加工面与铣刀始终为点接触，一般采用三坐标及以上的数控铣床进行加工。

1）曲面类零件的主要加工方法。常用曲面类零件的加工方法主要有下列两种：

a. 采用三坐标数控铣床进行二坐标联动的两轴半坐标加工，加工时只有两个坐标联动，另一个坐标按一定行距周期性进给。这种方法常用于不太复杂空间曲面的加工。图 8－9 所示为对曲面进行两轴半坐标行切加工。

b. 采用三坐标及以上的数控铣床进行三坐标或多坐标联动加工空间曲面，如图 8－10 所示。所用铣床必须具有进行 X、Y、Z 三坐标联动或多坐标联动功能，并能进行空间直线或圆弧插补。这种方法常用于发动机、模具等较复杂空间曲面的加工。

2）加工曲面类零件的刀具通常采用球头铣刀，因为使用其他形状的刀具加工曲面时更容易产生干涉而铣伤邻近表面。

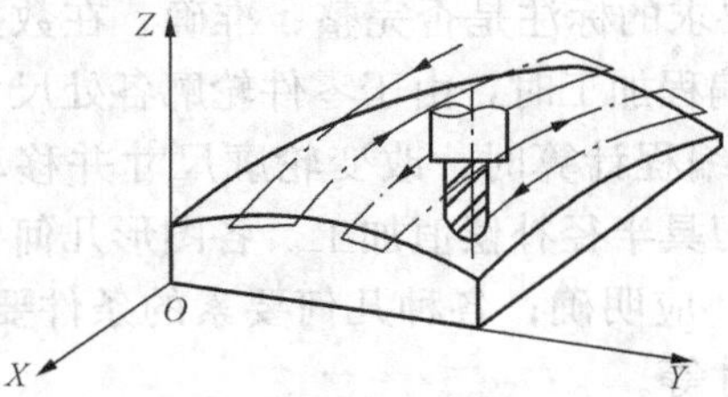

图 8－9　两轴半坐标行切加工

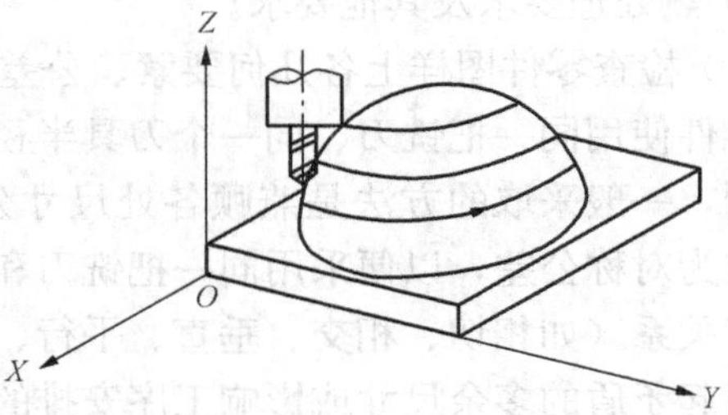

图 8－10　三坐标联动加工

8.2　数控铣削加工工艺及其工装

8.2.1　零件图的工艺性分析

1. 数控铣削中经常考虑的工艺性问题

(1) 分析零件图的尺寸标注方法是否方便编程，分析构成工件轮廓图形各种几何元素的条件是否充分，分析图中各几何元素的相互关系（如相切、相交、垂直、平行等），查看有无引起矛盾的多余尺寸或影响工序安排的封闭尺寸。

(2) 如何保证零件尺寸所要求的加工精度、尺寸公差。

(3) 分析内槽及缘板之间的内转接圆弧是否过小。

(4) 分析零件铣削面的槽底圆角，腹板与缘板相交处的圆角半径 r 是否太大。

(5) 分析零件图中各加工面的凹圆弧（R 与 r）是否过于零乱，能否可以统一。

(6) 分析零件上有无统一基准以保证两次装夹加工后其相对位置的正确性。

(7) 分析零件的形状及原材料的热处理状态，考虑其加工过程中的变形。

2. 数控铣削加工内容的选择

选择数控铣削加工内容时，应从实际需要和经济性两个方面考虑，通常选择下列加工部位为其加工内容。

(1) 零件上的曲线轮廓，特别是由数学表达式描绘的非圆曲线或列表曲线等曲线轮廓。

(2) 已给出数学模型的空间曲面。

(3) 形状复杂、尺寸繁多、划线与检测困难的部位。

(4) 用通用铣床加工难以观察、测量和控制进给的内外凹槽。

(5) 以尺寸协调的高精度孔或面。

（6）能在一次安装中顺带铣削出来的简单表面。

（7）能够集中加工的表面。

（8）镜像对称加工的表面。

3. 零件结构工艺性分析

（1）对零件图形进行技术要求分析主要考虑的问题：

1）各加工表面的尺寸精度要求。

2）各加工表面的几何形状精度要求。

3）各加工表面之间的相互位置精度要求。

4）各加工表面粗糙度要求及表面质量方面的其他要求。

5）热处理要求及其他要求。

（2）检查零件图样上各几何要素、公差和技术要求的标注是否完整、准确。在数控铣削时若零件使用同一把铣刀、同一个刀具半径补偿值编程加工时，由于零件轮廓各处尺寸公差带不同，一般采取的方法是兼顾各处尺寸公差。在编程计算时，改变轮廓尺寸并移动公差带，改为对称公差，以便采用同一把铣刀和同一个刀具半径补偿值加工。各图形几何要素间的相互关系（如相切、相交、垂直、平行、同心等）应明确；各种几何要素的条件要充分，应无引起矛盾的多余尺寸或影响工序安排的封闭尺寸等。

（3）零件图样上的尺寸标注应满足数控加工的特点。采用集中引注法，从而简化编程，保证零件的精度要求。根据实践经验，对于面积较大的薄板，当其厚度小于 3mm 时，就应在工艺上充分重视这一问题。

（4）应统一零件轮廓圆弧的有关尺寸。轮廓内圆弧半径 R 常常限制刀具直径。若工件的被加工轮廓高度低，转接圆弧半径也大，可以采用较大直径的铣刀来加工，且加工其底板面时，进给次数也相应减少，表面加工质量也会好一些。铣削平面的槽底圆角或底板与肋板相交处的圆角半径 r 越大，铣刀端刃铣削平面的能力越差，效率也越低，当 r 达到一定程度时甚至必须用球头铣刀加工。

（5）保证基准统一的原则。有些零件需要在铣完一面后再重新安装铣削另一面，由于数控铣削时不能使用通用铣床加工时常用的试切方法来接刀，往往会因为零件的重新安装而接不好刀，最好采用同一基准原则。

（6）分析零件的变形情况。

4. 零件毛坯的工艺性分析

（1）毛坯应有充分、稳定的加工余量。毛坯主要指锻件、铸件。锻件在锻造时欠压量与允许的错模量会造成余量不均匀；铸件在铸造时因砂型误差、收缩量，以及金属液体的流动性差不能充满型腔等造成余量不均匀。此外，毛坯挠曲和扭曲变形量的不同也会造成加工余量不充分、不稳定。为此，在对毛坯的设计时就加以充分考虑，即在零件图样注明的加工面处增加适当的余量。

（2）分析毛坯的装夹适应性。主要考虑毛坯在加工时定位和夹紧的可靠性与方便性，以便在一次装夹中加工出较多表面。对不便于装夹的毛坯，可考虑在毛坯上另外增加装夹余量或工艺凸台、工艺凸耳等辅助基准。

（3）分析毛坯的余量大小及均匀性。分析毛坯的余量大小及均匀性主要是考虑在加工时要不要分层切削，分几层切削；也要分析加工中与加工后的变形程度，考虑是否应采取预防性措施与补救措施。例如热轧中、厚铝板，经淬火时效后很容易在加工中与加工后变形，最好采用经预拉伸处理的淬火板坯。

8.2.2 装夹方法及工装的确定

1. 零件装夹和工装夹具的选择要求

(1) 零件的定位基准应尽量与设计基准、测量基准重合，以减小定位误差。

(2) 选择夹具时应尽量做到在一次装夹中将零件所要求的加工表面都加工出来。

(3) 为了不影响进给和切削加工，在装夹工件时一定要将加工部位敞开。

2. 选择装夹定位基准原则

(1) 应尽量减少装夹次数，一次装夹要尽可能完成较多表面的加工。

(2) 选择设计基准作为定位基准，以减小定位误差对尺寸精度的影响。

(3) 定位基准要能保证多次装夹后，零件各加工表面之间的相互位置精度。

(4) 定位基准的选择应有利于提高工件的装夹刚性，以减小切削变形。

(5) 定位基准应能保证工件定位准确、迅速、装卸方便、夹压可靠。

(6) 要全面考虑零件各工位的加工情况，保证其加工精度。

3. 选择装夹定位基准的方法

(1) 应尽量选择零件上的设计基准作为定位基准。

(2) 必须多次装夹时应遵从基准统一原则。

(3) 批量生产时，零件定位基准应尽可能与对刀基准重合。

(4) 定位基准的选择要保证完成尽可能多的加工内容。

(5) 当所选定位基准无法同时完成包括设计基准在内的全部表面的加工时，所选定位基准应尽可能保证一次装夹完成零件全部关键精度部位的加工。

确定零件的装夹方案时，要根据已选定的加工表面和定位基准来确定工件的定位夹紧方式，并选择合适的夹具。一般只要求其有简单的定位、夹紧机构，且定位准确，迅速，装卸方便、夹压可靠。

4. 对工装夹具的基本要求

(1) 夹紧机构不得影响进给，加工部位要敞开。

(2) 夹具的刚性与稳定性要好，夹具装卸工件应方便、迅速，尽量缩短辅助时间。

(3) 夹具结构应力求简单。

(4) 对小型件或工序不长的零件，可以考虑在工作台上同时装夹几件进行加工。

(5) 减小夹具在机床上的使用误差，夹具应便于与机床工作台面的定位连接。

(6) 夹具在机床上能实现定向安装。

5. 常用工装夹具种类

常用工装夹具主要有通用夹具、组合夹具、可调整夹具、多工位夹具、数控夹具 、成组夹具等。

6. 工装夹具选择原则

(1) 单件或产品研制时，应广泛采用通用夹具、组合夹具和可调整夹具。

(2) 小批量或成批生产时可考虑采用简单专用夹具。

(3) 批量较大时可考虑采用多工位夹具，以及气、液压等专用夹具。

(4) 采用成组工艺时应使用成组夹具或拼装夹具。

7. 工件的安装

加工零件在机床工作台上装夹时，应综合计算各加工表面到机床主轴端面的距离，以选择最佳的刀辅具长度，从而提高工艺系统的刚性，以保证零件的加工精度。在采用成组工艺进行加工时，应选用成组夹具或拼装夹具。

8.2.3 与起刀、进刀和退刀有关工艺问题的处理

1. 程序起始点、返回点和切入点（进刀点）、切出点（退刀点）的确定

(1) 起始（刀）点、返回点确定原则。起刀点是指程序开始时，刀尖（刀位点）的初始停留点；返回点是指一把刀的程序执行完毕后，刀尖返回后的停留点。返回点可与起始点重合。

在同一个程序中起刀点和返回点最好相同，如果一个零件的加工需要几把刀具来完成，那么这几把刀的起始点和返回点也最好完全相同，以使操作方便。Z 坐标的起始点和返回点应定义在高出被加工零件最高点 50～100mm 的某一位置上，即起始平面、退刀平面所在的位置。这主要为了数控加工的安全性，同时也考虑了数控加工的效率。

(2) 切入点（进刀点）、切出点（退刀点）的确定原则。切入点（进刀点）是指在曲面的初始切削位置上，刀具与曲面的接触点；切出点（退刀点）是指曲面切削完毕时，刀具与曲面的接触点。

1) 切入点选择的原则：即在进刀或切削曲面的过程中，要使刀具不受损坏。对于粗加工，一般选择曲面内的最高角点作为曲面的切入点（初始切削点），因为该点的切削余量较小，进刀时不易损坏刀具；对于精加工，一般选择曲面内某个曲率比较平缓的角点作为曲面的切入点，因为在该点处，刀具所受的弯矩较小，不易折断刀具。

2) 切出点选择的原则：主要考虑曲面能连续完整地加工，以及曲面与曲面加工间的非切削加工时间尽可能短，换刀方便，以提高机床的有效工作时间。若对被加工曲面为开放型曲面，选择其中一个角点作为切出点；若被加工曲面为封闭型曲面，则只有曲面的一个角点为切出点，自动编程时系统一般自动确定。

2. 进刀、退刀方式及进刀、退刀线的确定

铣削过程中的进刀方式是指加工零件前，刀具接近工件表面的运动方式；退刀方式是指零件（或零件区域）加工结束后，刀具离开工件表面的运动方式。

进刀、退刀方式有以下几种：

(1) 沿坐标轴的 Z 轴方向直接进行进刀、退刀。

(2) 沿给定的矢量方向进行进刀或退刀。

(3) 沿曲面的切矢方向以直线方式进刀或退刀。

(4) 沿曲面的法矢方向进刀或退刀。

(5) 沿圆弧段方向进刀或退刀。

(6) 沿螺旋线或斜线的进刀方式。

3. 起始平面、返回平面、安全平面和进刀平面、退刀平面的确定

(1) 起始平面与返回平面。起始平面是程序开始时刀具初始位置所在的 Z 平面。返回平面是指程序结束时，刀尖点所在的平面，一般与起始平面重合，它定义在高出被加工表面最高点 50～100mm 的某个平面上。刀具在这两个平面上常以 G00 速度行进，其所在的高度也常被称为起止高度。

(2) 安全平面。安全平面是指当零件的一个表面切削完毕后，刀具沿刀轴方向返回运动一段距离后，刀尖所在的 Z 平面，它一般被定义在高出被加工零件最高点 10～50mm 的某个平面上。

(3) 进刀平面与退刀平面。当刀具从安全平面下刀至要切到零件材料时变成以进刀速度下刀，此速度转折点的位置即为进刀平面，一般距离加工面 5～10mm。

零件加工结束后，刀具以进给速度离开工件表面一段距离（5～10mm）后可转为以 G00 速度返回安全平面，此转折位置即为退刀平面。

8.2.4 数控铣削的对刀方法

数控加工中的对刀本质是建立工件加工坐标系，并确定工件加工坐标系在机床坐标系中的位置，使刀具运动的轨迹有一个参考依据，因此有对刀点、刀位点、刀具相关点、起刀点、机床原点、机床参考点等。如图 8-11所示，对刀点、刀具相关点 C、起刀点 A、机床原点 M、工件原点 W、机床参考点 R 等。

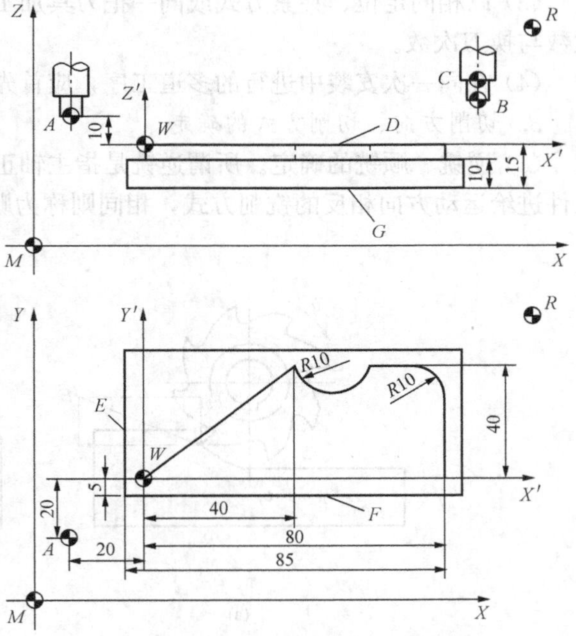

图 8-11 对刀点、刀具相关点、起刀点、机床原点、工件原点、机床参考点

对刀即工件在机床上找正夹紧后，确定工件坐标（编程坐标）原点的机床坐标。

对刀点即工件在机床上找正夹紧后，用于确定工件坐标系在机床坐标系中位置的基准点。

1. X、Y 方向对刀方法

(1) 杠杆百分表对刀（对刀点为圆柱孔）。

(2) 采用寻边器对刀（对刀点为圆柱孔）。

(3) 以定心锥轴找寻小孔中心对刀（对刀点为圆柱孔）。

(4) 采用碰刀或试切方式对刀（对刀点为两条相互垂直直线的交点）。

(5) 采用寻边器对刀（对刀点为两条相互垂直直线的交点）。

2. Z 向对刀方法

(1) 机上对刀。如图 8-12 所示，这种方法对刀效率高、精度较高、投资少，但若基准刀具磨损会影响零件的加工精度，使得对刀工艺文件编写不便，对生产组织有一定影响。

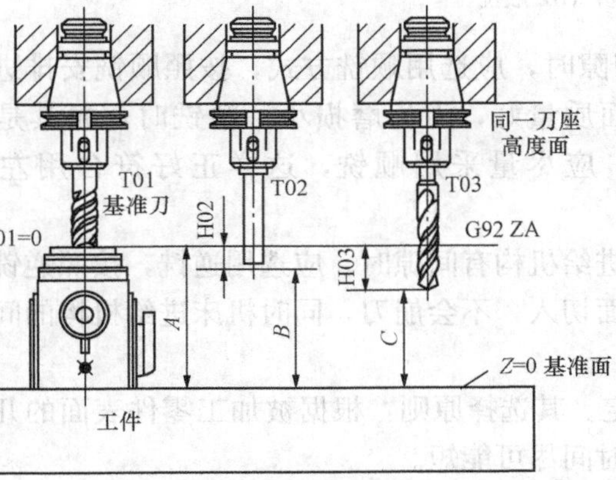

图 8-12 *Z* 向对刀

(2) 机外刀具预调＋机上对刀。此种方法对刀精度高、效率高，便于工

艺文件的编写及生产组织，但投资较大。

8.2.5 加工顺序和进给路线的确定

1. 加工顺序的安排

(1) 一般数控铣削都采用工序集中的方式，这时工步的顺序与工序分散时的相同。

(2) 通常按照从简单到复杂的原则，先加工平面、沟槽、孔，再加工内腔、外形，最后加工曲面，先加工精度要求低的表面，再加工精度要求高的部位等。

2. 安排数控铣削加工工序的顺序及应注意的问题

(1) 上道工序的加工不能影响下道工序的定位与夹紧，中间穿插有通用机床加工工序的也要综合考虑。

(2) 一般先进行内形内腔加工工序，后进行外形加工工序。

(3) 以相同定位、夹紧方式或同一把刀具加工的工序，最好连续进行，以减少重复定位次数与换刀次数。

(4) 在同一次安装中进行的多道工序，应首先安排对工件刚性破坏较小的工序。

3. 切削方向、切削方式的确定

(1) 逆铣、顺铣的确定。所谓逆铣是指主轴正转，刀具为右旋铣刀时，铣刀旋转方向和工件进给运动方向相反的铣削方式，相同则称为顺铣，如图 8-13 所示。

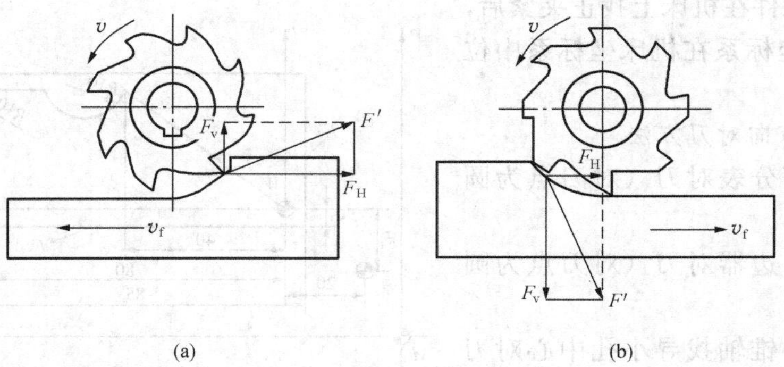

图 8-13 铣削方式

(a) 逆铣；(b) 顺铣

当工件表面无硬皮，机床进给机构无间隙时，应选用顺铣方式，按照顺铣安排进给路线。因为采用顺铣加工后，零件已加工表面质量好，刀齿磨损小。精铣时，尤其是零件材料为铝镁合金、钛合金或耐热合金时，应尽量采用顺铣，这样正好符合用左刀补(G41)。

当工件表面有硬皮，即粗加工，机床的进给机构有间隙时，应选用逆铣，按照逆铣安排进给路线。因为逆铣时，刀齿是从已加工表面切入，不会崩刀，同时机床进给机构的间隙不会引起振动和爬行。

(2) 切削（走刀）和切削方向方式的确定。其选择原则：根据被加工零件表面的几何形状，在保证加工精度的前提下，使切削加工时间尽可能短。

4. 走刀方式的选择

铣削时的走刀方式有单向走刀方式、往复走刀方式、环切走刀方式、拐角过渡方式等。

5. 进给路线的确定

确定进给路线时，要在保证被加工零件获得良好加工精度和表面质量的前提下，力求计算容易，进给路线短，空刀时间少。进给路线的确定与工件表面状况、零件表面质量、机床进给机构的间隙、刀具耐用度、零件轮廓形状等有关。确定进给路线主要考虑以下几个方面：

(1) 铣削零件表面时，要正确选用铣削方式，并考虑保证零件的加工精度和表面粗糙度的要求。

(2) 进给路线尽量短，以减少加工时间，这样既可简化程序段，又可减少刀具空行程时间，提高加工效率。

(3) 进刀、退刀位置应选在零件不太重要的部位，并且使刀具沿零件的切线方向进刀、退刀，以避免产生刀痕。在铣削内表面轮廓时，切入切出无法外延，铣刀只能沿法线方向切入和切出。此时，切入切出点应选在零件轮廓的两个几何元素的交点上。

(4) 先加工外轮廓，后加工内轮廓。

(5) 应使数值计算简单，程序段数量少，以减少编程工作量。

8.2.6 典型工件的工艺分析

如图 8-14 所示的槽形凸轮零件，在铣削加工前，该零件是一个经过加工的圆盘，圆盘直径为 $\phi280$，带有两个基准孔 $\phi35$、$\phi12$。$\phi35$ 及 $\phi12$ 两个定位孔，X 面已在前面加工完毕，本工序是在铣床上加工槽。该零件的材料为 HT200，下面分析其数控铣削加工工艺。

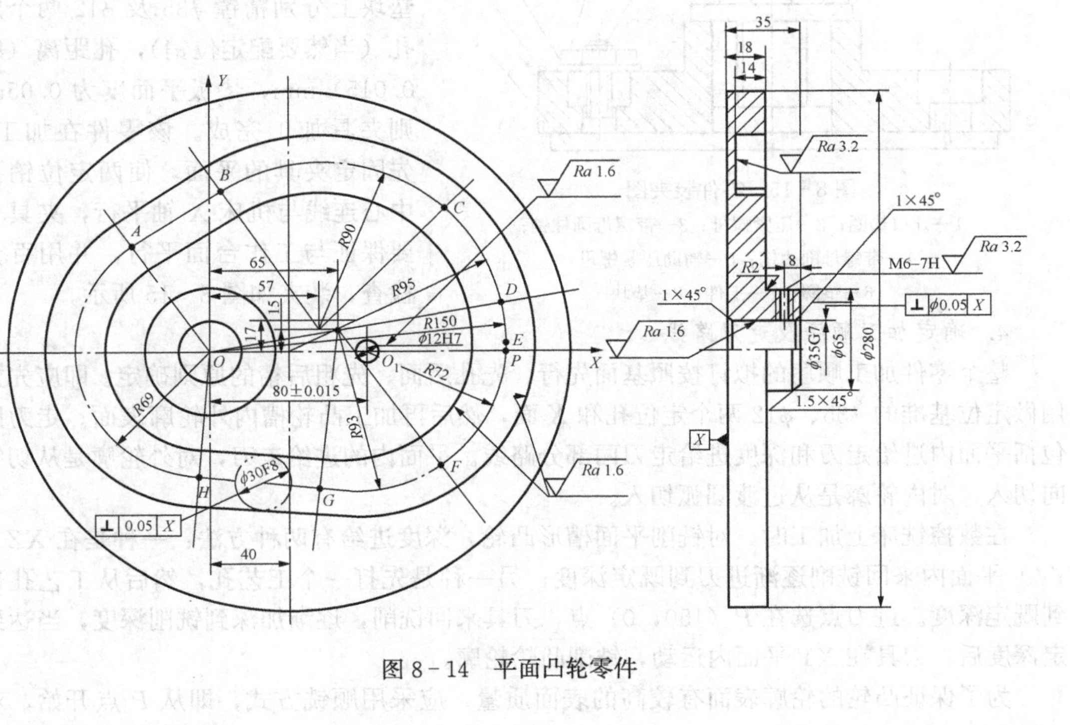

图 8-14 平面凸轮零件

1. 零件图工艺分析

零件轮廓的组成：该零件槽形凸轮轮廓由圆弧 $\overset{\frown}{HA}$、$\overset{\frown}{BC}$、$\overset{\frown}{DE}$、$\overset{\frown}{FG}$，直线 AB、HG，以及过渡圆弧 $\overset{\frown}{CD}$、$\overset{\frown}{EF}$ 所组成，还有两个定位孔。

零件公差要求：凸轮内外轮廓面对 X 面有垂直度要求。

零件材料：HT200，切削工艺性较好。

该零件在数控铣削加工前，工件是一个经过加工，含有两个基准孔，直径为 $\phi280$，厚度为 18 的圆盘。圆盘底面 X 及 $\phi35$ 和 $\phi12$ 两孔可用做定位基准，无需另做工艺孔定位。

凸轮槽组成几何元素之间关系清楚，条件充分，编程时所需基点坐标很容易求得。

凸轮槽内外轮廓面对 X 面有垂直度要求，只要提高装夹精度，使 X 面与铣刀轴线垂直，即可保证 $\phi35$ 对 X 面的垂直度要求已由前工序保证。

2. 选择设备

首先要考虑的是零件的外形尺寸和重量，使其在机床的允许范围以内；其次考虑数控机床的精度是否能满足凸轮的设计要求；最后，看凸轮的最大圆弧半径是否在数控系统允许的范围之内。根据以上三条即可确定所要使用的数控机床为两轴以上联动的数控铣床。

3. 确定零件的定位基准和装夹方式

(1) 定位基准。根据如图 8-14 所示凸轮的结构特点，采用“一面两孔”定位，设计一个“一面两削”专用夹具。采用“一面两孔”定位，即用圆盘 X 面和两个基准孔作为定位基准。

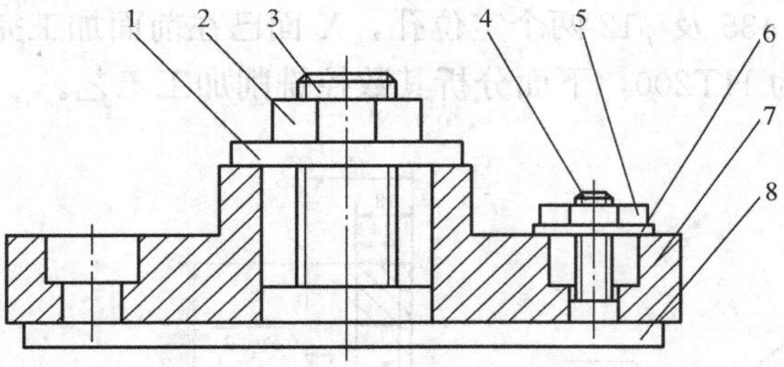

图 8-15 零件装夹图

1—开口垫圈；2—压紧螺母；3—带螺母圆柱销；4—带螺母削边销；5—辅助压紧螺母；6—垫圈；7—工件；8—垫块

(2) 根据工件特点，准备一 320mm×320mm×40mm 的垫块，在垫块上分别精镗 $\phi35$ 及 $\phi12$ 两个定位孔（当然要配定位销），孔距离（80±0.015）mm，垫板平面度为 0.05mm，则夹具加工完成。该零件在加工前，先固定夹具的平面，使两定位销孔的中心连线与机床 X 轴平行，夹具平面要保证与工作台面平行，并用百分表检查，装夹如图 8-15 所示。

4. 确定加工顺序及走刀路线

整个零件加工顺序的拟订按照基面先行、先孔后面、先粗后精的原则确定。即应先加工用做定位基准的 $\phi35$、$\phi12$ 两个定位孔和 X 面，然后再加工凸轮槽内外轮廓表面。走刀路线包括平面内进给走刀和深度进给走刀两部分路线。平面内的进给走刀，对外轮廓是从切线方向切入，对内轮廓是从过渡圆弧切入。

在数控铣床上加工时，对铣削平面槽形凸轮，深度进给有两种方法：一种是在 XZ（或 YZ）平面内来回铣削逐渐进刀到既定深度；另一种是先打一个工艺孔，然后从工艺孔进刀到既定深度。进刀点选在 P（150，0）点，刀具来回铣削，逐渐加深到铣削深度，当达到既定深度后，刀具在 XY 平面内运动，铣削凸轮轮廓。

为了保证凸轮的轮廓表面有较高的表面质量，应采用顺铣方式，即从 P 点开始，对外轮廓按顺时针方向铣削，对内轮廓按逆时针方向铣削。

5. 刀具的选择

根据零件结构特点，铣削凸轮槽内、外轮廓（即凸轮槽两侧面）时，铣刀直径受槽宽限制，同时考虑铸铁属于一般材料，加工性能较好，故选用ϕ18 硬质合金立铣刀。

6. 切削用量的选择

凸轮槽内、外轮廓精加工时留 0.2mm 铣削用量，确定主轴转速与进给速度时，先查切削用量手册，确定切削速度与每齿进给量，然后利用公式 $v_c = \pi dn/1000$ 计算主轴转速 n，利用 $v_f = nZf_z$ 计算进给速度。主轴转速取 15～235r/min，进给速度取 30～60mm/min。槽深 14mm，铣削余量分三次完成，第一次背吃刀量 8mm，第二次背吃刀量 5mm，剩下的 1mm 随同轮廓精铣一起完成。凸轮槽两侧面各留 0.5～0.7mm 精铣余量。在第二次进给完成之后，检测零件几何尺寸，依据检测结果决定进刀深度和刀具半径偏置量，分别对凸轮槽两侧面精铣一次，达到图样要求的尺寸。

8.3 数控铣床基本指令编程方法

8.3.1 数控铣削基本功能指令

1. 准备功能 G 指令

数控铣床加工中最常用的指令就是 G 指令，见表 8-1。

表 8-1 FANUC 0*i*-MC 系统的编程指令 G 功能代码

G 指令	组号	功能	G 指令	组号	功能
G00*	01	快速定位	G51.1	22	可编程镜像有效
G01		直线插补	G54～G59	14	工件坐标系选择
G02		顺时针圆弧插补	G68	16	执行坐标旋转
G03		逆时针圆弧插补	G69*		取消坐标旋转
G17*	02	*XY* 平面	G73	09	深孔钻循环
G18		*ZX* 平面	G74		左旋攻螺纹循环
G19		*YZ* 平面	G76		精镗循环
G20	06	英制尺寸	G80*		固定循环取消
G21*		米制尺寸	G81		钻孔循环
G40*	07	取消刀具半径补偿	G82		钻孔循环
G41		刀尖圆弧半径左补偿	G83		深孔钻循环
G42		刀尖圆弧半径右补偿	G90*	03	绝对值编程
G43	08	正面刀具长度补偿	G91		相对值编程
G44		负向刀具长度补偿	G98*	10	固定循环返回到初始点
G49*		取消刀具长度补偿	G99		固定循环返回到 R 点
G50.1*	22	可编程镜像取消			

* 表示接通电源时，即为该 G 指令的状态。在编程时，G 指令后面的第 1 个 0 可省略，如 G00、G01、G02、G03、G04 可简写为 G0、G1、G2、G3、G4。

2. 辅助功能 *M* 指令

在数控铣床加工过程中，利用程序控制铣床动作时，主要利用辅助功能 M 指令，见表 8-2。

表 8-2 FANUC 0i-MC 系统的编程指令 M 功能代码

M 指令	功能	备注	M 指令	功能	备注
M00	程序暂停	非模态	M07	喷雾开启	
M01	选择性程序停止	非模态	M08	切削液开启	模态
M02	程序结束	非模态	M09	喷雾关或切削液关	模态
M03	主轴正转	模态	M19	主轴定位	非模态
M04	主轴反转	模态	M30	程序结束	模态
M05	主轴停止	模态	M98	调用子程序	模态
M06	刀具交换		M99	调用子程序结束，返回主程序	模态

(1) M00 指令：程序暂停。执行 M00 后，铣床的所有动作均被切断，机床处于暂停状态，系统现场保护。按循环启动按钮，系统将继续执行后面的程序段。例如：

N10 G00 X100.0 Z100.0;

N20 M00;

N30 X50.0 Z50.0;

执行到 N20 程序段时，进入暂停状态，重新启动后将从 N30 程序段开始继续进行。如进行尺寸检验、清理切屑或插入必要的手动动作时，用此功能很方便。对于铣床来说，不像加工中心可以自动换刀，如果同一工件需要多把刀具时，需要手动换刀，这时也需要使用此指令。另外有两点需要说明：一是 M00 必须单独设一程序段；二是在 M00 状态下，按复位键，则程序将回到开始位置。

(2) M01 指令：选择停止。在机床的操作面板上有一“任选停止”开关，当该开关处于“ON”位置时，当程序中遇到 M01 代码时，其执行过程与 M00 相同；当该开关处于“OFF”位置时，数控系统对 M01 不予理睬。例如：

N10 G00 X100.0 Z200.0;

N20 M01;

N30 X50.0 Z110.0;

如“任选停止”开关处于断开位置，则当系统执行到 N20 程序段时，不影响原有的任何动作，而是接着往下执行 N30 程序段。此功能通常是用来进行尺寸检查，而且 M01 应作为一个程序段单独设定。它与 M00 比较优点在于，调试程序时可将“任选停止”开关处于开位置，正常加工时可以将“任选停止”开关处于关位置。

(3) M02 指令：程序结束。执行 M02 后，主程序结束，切断机床所有动作，并使程序复位。M02 也应单独作为一个程序段设定。

(4) M03 指令：主轴正转。此代码启动主轴正转（逆时针，对着主轴端面观察）。

(5) M04 指令：主轴反转。此代码启动主轴反转（顺时针，对着主轴端面观察）。对于铣床来说，只有攻螺纹时才主轴反转，不过此时由攻螺纹复合（攻螺纹循环）指令控制，所以一般不用 M04 主轴反转指令。

(6) M05 指令：主轴停止运转。

(7) M06 指令：换刀。它可以配合 T 指令完成自动换刀动作，加工中心常用。在铣床上有时也利用此功能实现粗、精加工转换。例如，粗加工时，把刀具的半径值按真实半径与精加工余量之和填写在半径补偿寄存器中，真实半径作为另一个刀号处理。

(8) M08 指令：切削液打开。

(9) M09 指令：切削液关闭。M00、M01 和 M02 指令也可以将切削液关掉。

3. 其他功能

系统指令 F 功能控制进给，它后面的数字表示进给量的大小；系统指令 S 功能控制主轴，它后面的数字表示主轴转速的大小；系统指令 T 功能是刀具功能，它后面的数字表示刀具号。

8.3.2 数控铣床 G 指令

1. 坐标系设定指令

(1) 设定坐标系指令 G92。

程序格式：G92 X_ Y_ Z_;

例如：G92 X200.0 Y200.0 Z200.0;

(2) 工件坐标系的原点设置选择指令 G54～G59。如图 8-16 所示，铣削凸台时用 G54 设置原点 O_1，铣槽用 G55 设置原点 O_2，编程时比较方便。在铣床上，工件可设置 G54～G59 共六个工件坐标系原点。工件原点数据值可通过对刀操作，预先输入机床的偏置寄存器中，编程时不体现。

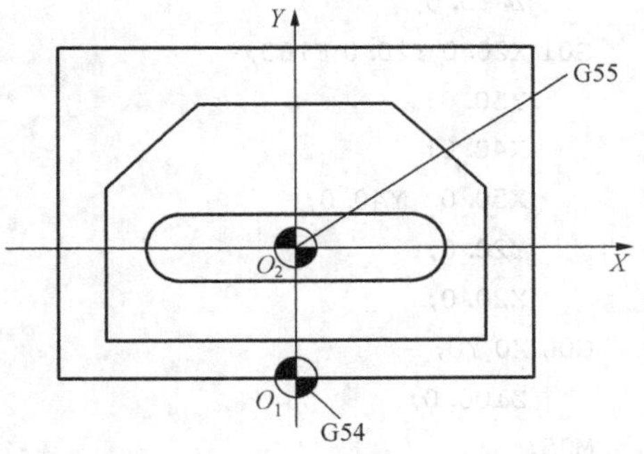

图 8-16 同一零件的两个坐标原点设定

(3) 绝对值坐标指令 G90 和增量值坐标指令 G91。对于这两个指令，需要说明以下两点：①编程时注意 G90、G91 模式间的转换；②使用 G90、G91 时无混合编程。

(4) 平面选择指令 G17、G18 和 G19。平面选择指令 G17、G18 和 G19 分别用来指定程序段中刀具的圆弧插补平面和刀具半径补偿平面。其中，G17 指定 XY 平面；G18 指定 XZ 平面；G19 指定 YZ 平面。数控铣床初始状态为 G17，见表 8-3。

表 8-3 平面选择指令

G 功能	平面（横坐标/纵坐标）	垂直坐标轴
G17	XY	Z
G18	XZ	Y
G19	YZ	X

2. 基本指令

(1) 快速点定位指令 G00 和直线插补指令 G01。

程序格式：G00 X_ Y_ Z_;

G01 X_ Y_ Z_ F_;

其中，F 指定进给速度，单位为 mm/min。

[例 8-1] 使用 G00、G01 指令，完成如图 8-17 所示路径的编程。

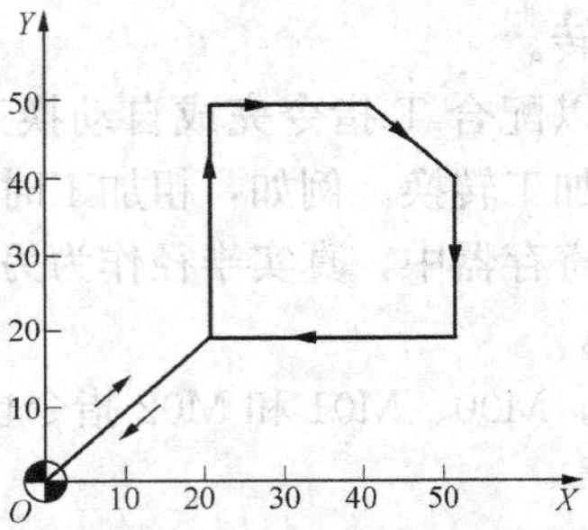

图 8－17 G00、G01 指令的使用

程序编制如下：

```
O0001;
G90 G54;
M03 S500 F200;
G00 X0.0 Y0.0;
    Z-5.0;
G01 X20.0 Y20.0 F100;
    Y50.0;
    X40.0;
    X50.0  Y40.0;
    Y20.0;
    X20.0;
G00 X0 Y0;
    Z100.0;
M05;
M30;
```

(2) 圆弧插补指令 G02、G03（见图 8－18 和图 8－19）。

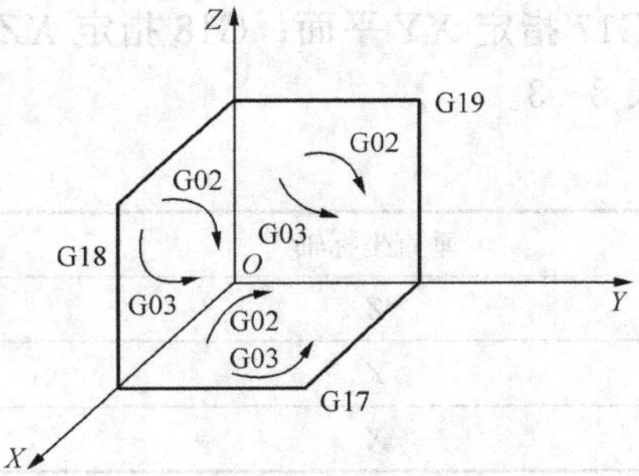

图 8－18 平面指定指令与圆弧插补指令的关系

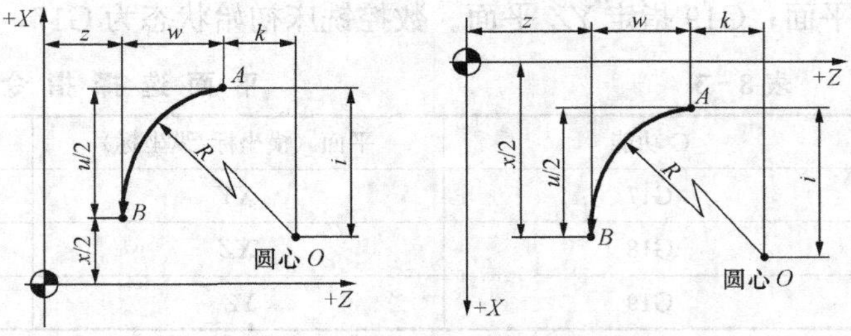

图 8－19 G02/G03 参数说明

程序格式：

G17 G02/G03 X_ Y_ I_ J_ F_/R_;

G18 G02/G03 X_ Z_ I_ K_ F_/R_;

G19 G02/G03 X_ Z_ J_ K_ F_/R_;

其中，X、Y、Z为圆弧终点坐标，相对编程时是圆弧终点相对于圆弧起点的坐标；I、J、K为圆心在 X、Y、Z 轴上相对于圆弧起点的坐标；F表示进给量；R为圆弧半径。

在现代数控系统中，采用I、J、K指令，则圆弧是唯一的；用R指令时必须规定圆弧角，当圆弧角 $\theta>180°$ 时，R 值为负（当然各系统规定有所不同）。一般圆弧角 $\theta\leqslant180°$ 的圆弧用R指令，其余用I、J、K指令。G02为顺时针方向，G03为逆时针方向。

说明：

1）G02/G03指令刀具按顺时针/逆时针进行圆弧加工。圆弧插补G02/G03的判断是在加工平面内，根据其插补时的旋转方向来区分。加工平面为观察者迎着 Y 轴的指向，所面对的平面。

2）F进给速率，可省略。

3）圆弧插补是按照切削速度进刀的。

4）圆弧插补自动过象限，过象限时自动进行反向间隙补偿。

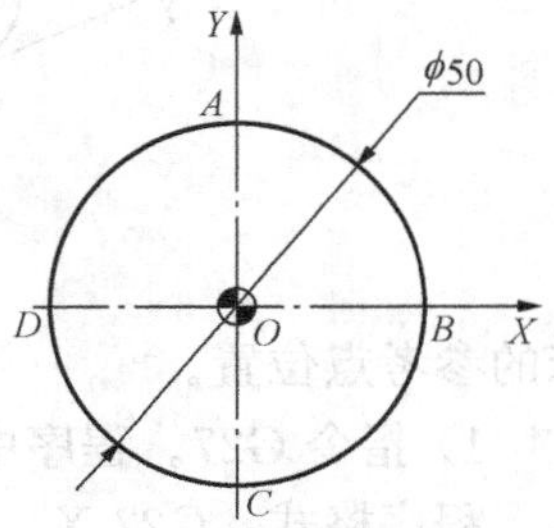

图8-20 G02、G03指令的使用

［**例8-2**］ 完成如图8-20所示加工路径的程序编制。

程序如下（刀具现位于 A 点上方，只描述轨迹运动）：

```
O0002;
G90 G54 G00 X0 Y25.0;
G02 X25.0Y0 I0 J-25.0;            (A→B点)
G02 X0 Y-25.0 I-25.0 J0;          (B→C点)
G02 X-25.0 Y0 I0 J25.0;           (C→D点)
G02 X0 Y25.0 I25.0 J0;            (D→A点)
或
G90 G54 G00 X0 Y25.0;
G02 X0 Y25.0 I0 J-25.0;           (A→A点整圆)
```

（3）螺旋线插补指令。螺旋线的形成是刀具做圆弧插补运动的同时与之同步地做轴向运动，其程序格式为

G17 G02/G03 X_ Y_ Z_ I_ J_ K_ F_/R_;

G18 G02/G03 X_ Y_ Z_ I_ J_ K_ F_/R_;

G19 G02/G03 X_ Y_ Z_ I_ J_ K_ F_/R_;

其中，G02、G03为螺旋线的旋向，其定义同圆弧；X、Y、Z为螺旋线的终点坐标；I、J为圆弧圆心在 XY 平面上 X、Y 轴上相对于螺旋线起点的坐标；R为螺旋线在 X-Y 平面上的投影半径；K为螺旋线的导程。指令中各字母的意义如图8-21（a）所示。

如图8-21（b）所示螺旋线，其程序如下：

G17 G03 X0. Y0. Z50. I15. J0. K50. F100;

或 G17 G03 X0. Y0. Z50. R15. F100;

（4）自动返回参考点指令G27、G28、G29。铣床参考点是可以任意设定的，设定的位置主要根据铣床加工或换刀的需要。设定的方法有两种：其一根据刀杆上某一点或刀具刀尖等坐标位置存入参数中，用来设定铣床参考点：其二用调整机床上各相应挡铁的位置，也可以设定机床参考点。一般将参考点选作机床坐标的原点，在使用手动返回参考点功能时，刀具即可在机床 X、Y、Z 坐标参考点定位，这时返回参考点指示灯亮，表明刀具在机

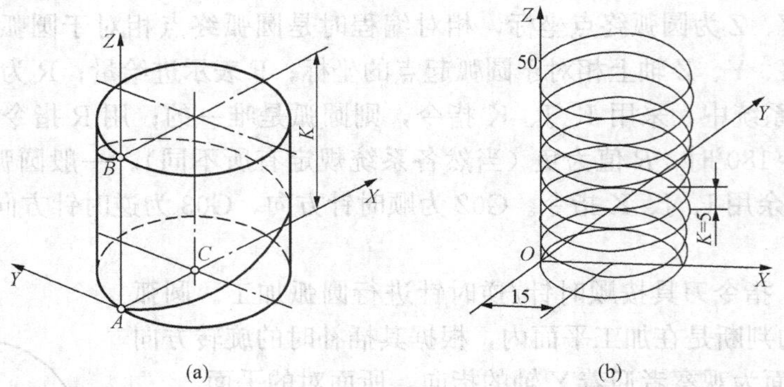

图 8-21 螺旋线插补

床的参考点位置。

1）指令 G27。程序中的这项功能，用于检查机床是否能准确返回参考点。

程序格式：G27 X _ Y _；

当执行 G27 指令后，返回各轴参考点指示灯分别点亮。当使用刀具补偿功能时，指示灯是不亮的，所以在取消刀具补偿功能后，才能使用 G27 指令。当返回参考点校验功能程序段完成，需要使机械系统停止，必须在下一个程序段后增加 M00 或 M01 等辅助功能指令或在单程序段情况下运行。

2）指令 G28。

程序格式：G91/G90 G28 X _ Y _ Z _；

其中，X、Y、Z 为中间点位置坐标，指令执行后，所有的受控轴都将快速定位到中间点，然后再从中间点到参考点。例如：

G91 G28 Z0；　　　　　　（表示刀具从 XY 平面一点返回参考点）

G91 G28 X0 Y0 Z0；　　　（表示刀具从当前点返回参考点）

G90 G28 X _ Y _ Z _；　 （表示刀具经过某一点后回参考点，避免碰撞）

G28 指令一般用于自动换刀，所以使用 G28 指令时，应取消刀具的补偿功能。

3）指令 G29。

程序格式：G29 X _ Y _；

或 G29 Z _ X _；

或 G29 Y _ Z _；

这条指令一般紧跟在 G28 指令后使用，指令中的 X、Y、Z 坐标值是执行完 G29 后，刀具应到达的坐标点。它的动作顺序是从参考点快速到达 G28 指令的中间点，再从中间点移动到 G29 指令的点来定位，其动作与 G00 动作相同。

(5) 暂停指令 G04。

程序格式：G04 X _/P _；

程序在执行到某一段后，需要暂停一段时间，进行某些人为的调整，这时采用 G04 指令使程序暂停，暂停时间一到，继续执行下一段程序。G04 的程序段里不能有其他指令，暂停时间的长短可以通过地址 X 或 P 来指定。其中 P 后面的数字为整数，单位是 ms；X（U）后面的数字为带小数点的数，单位为 s。

例如：G04 X5.0；　　　　（暂停 5s）

或 G04 P5000；　　　　　　（暂停 5s）

3. 刀具半径补偿功能

刀具补偿功能是数控铣床的主要功能之一，刀具补偿功能分为两类：刀具长度补偿和刀具半径补偿。其中，刀具半径补偿原理如图 8-22 所示。

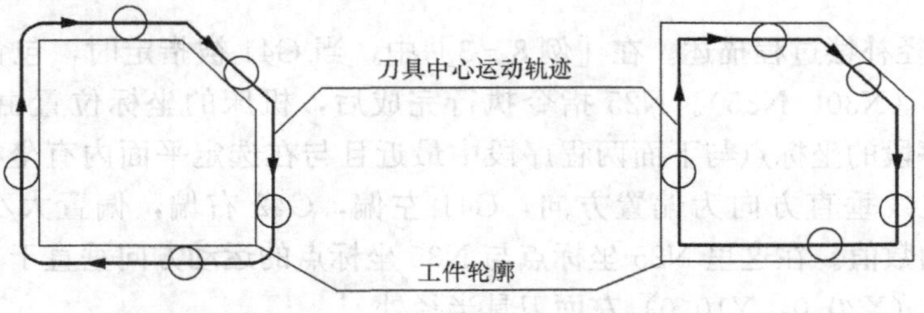

图 8-22　刀具半径补偿原理

(1) 刀具半径左补偿指令 G41、刀具半径右补偿指令 G42、取消刀具半径补偿指令 G40。由于立铣刀可以在垂直于刀具轴线的任意方向做进给运动，因此铣削方式可分为两种，即沿着刀具进给方向看，刀具在加工工件轮廓的左边称为左刀补，用 G41 指令；反之称为右刀补，用 G42 指令。如图 8-23 所示，图 8-23（a）、（b）为外轮廓加工，图 8-23（c）、（d）为内轮廓加工。无论是内轮廓加工还是外轮廓加工，顺铣用左刀补 G41，逆铣用右刀补 G42。

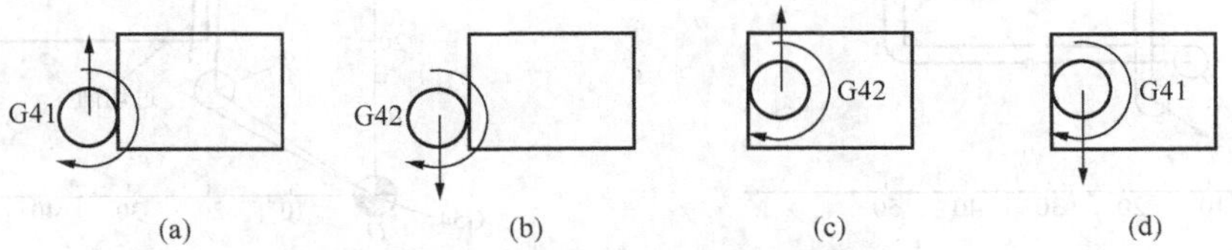

图 8-23　G41、G42 应用原理

（a）外轮廓左刀补；（b）外轮廓右刀补；（c）内轮廓右刀补；（d）内轮廓左刀补

利用球头铣刀进行行切时，需要判别左、右刀补，在其他平面内的判别方法与在 *XY* 平面内的判别方法是一样的。G40 为取消刀具半径补偿指令，它和 G41、G42 为同一组指令。调用和取消刀具补偿指令都是在刀具的移动过程中完成的。

[例 8-3]　在 G17 选择的平面（*XY* 平面）内，使用刀具半径补偿完成轮廓加工编程，如图 8-24 所示（刀具长度刀补未加）。

程序如下（刀具的半径值事先存储在系统的寄存器中）：

```
O0003
N5  T01  M06                        (调用 1 号刀——平底刀)
N10 G90 G54 G00 X0 Y0 M03 S900 F80;
N15 G00 Z50.0;                      (起始高度,仅用一把刀具,可不加刀长补偿)
N20     Z20.0;                      (安全高度)
N25 G41 X20.0 Y10.0 D01;            (刀具半径补偿,D01 为刀具半径补偿号)
N30 G01 Z-10.0;                     (落刀,切深 10mm)
N35     Y50.0;
N40     X50.0;
```

```
N45    Y20.0;
N50    X10.0;
N55 G00 Z50.0;                  (抬刀到起始高度)
N60 G40 X0 Y0 M05;              (取消补偿)
N65 M30;
```

(2) 刀具半径补偿过程描述。在［例 8-3］中，当 G41 被指定时，包含 G41 程序段的下面两句被预读（N30、N35）。N25 指令执行完成后，机床的坐标位置由以下方法确定：将含有 G41 程序段的坐标点与下面两程序段中最近且与在选定平面内有坐标移动语句的坐标点相连，其连线垂直方向为偏置方向，G41 左偏，G42 右偏，偏置大小为指定偏置号（D01）地址中的数值。在这里 N25 坐标点与 N35 坐标点的运动方向垂直于 X 轴，所以刀具中心的位置应在（X20.0，Y10.0）左面刀具半径处。

［例 8-4］ 刀具半径补偿使用不当出现过切削现象的程序实例，如图 8-25 所示，起始点在（X0，Y0），高度为 50 mm 处，使用刀具半径补偿时，由于接近工件及切削工件时要有 Z 轴的移动，这时容易出现过切削现象，切削时应避免过切削现象。

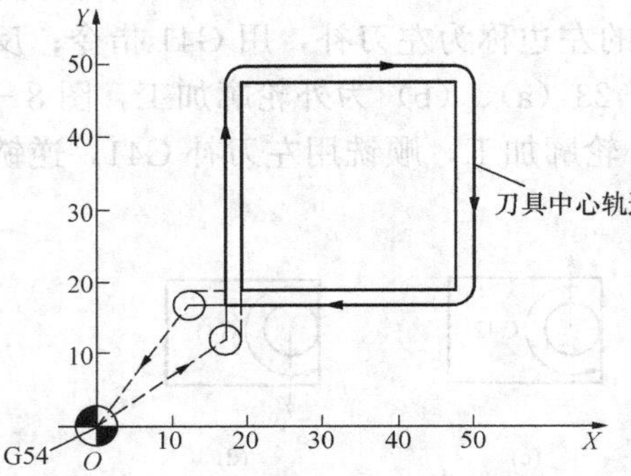

图 8-24 应用刀具半径补偿时的刀具轨迹

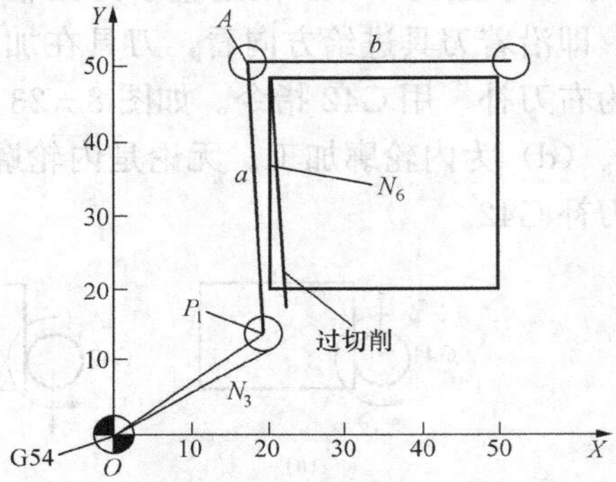

图 8-25 刀具半径补偿应用不当出现过切现象

程序如下：

```
O0004;
N5  T01 M06;                    (调用 1 号刀——平底刀)
N10 G90 G54 G00 X0 Y0 M03 S600;
N15 G00 Z40.0;                  (起始高度,仅用一把刀具,可不加刀长补偿)
N20 G41 X20.0 Y10.0 D01;        (刀具半径补偿,D01 为刀具半径补偿号)
N25   Z20.0;                    (安全高度)
N30 G01 Z-10.0 F50;             (连续两句 Z 轴移动。只能有一句与刀具半径补偿无关的
                                语句,此时会出现过切削)
N35   Y50.0;
N40   X50.0;
N45   Y20.0;
N50   X10.0;
N55 G00 Z40.0;                  (抬刀到起始高度)
N60 G40 X0 Y0 M05;              (取消补偿)
N65 M30;
```

当补偿从N20开始建立的时候，系统只能预读两个程序段，而N25、N30都为Z轴的移动，没有X、Y轴移动，系统无法判断下一步补偿的矢量方向，这时系统不会报警，补偿照常进行，只是N20的目的点发生变化。刀具中心将会运动到P_1点，其位置是N20的目的点，由目标点看原点，目标点与原点连线垂直方向左偏D01值，于是发生过切削。

(3) 使用刀具半径补偿的注意事项：

1) 使用刀具半径补偿时应避免过切削现象，这又包括以下三种情况：

a. 使用刀具半径补偿和取消刀具半径补偿时，刀具必须在所补偿的平面内移动，移动距离应大于刀具补偿值。

b. 加工半径小于刀具半径的内圆弧时，进行半径补偿将产生过切削，如图8-26所示。只有过渡圆角$R \geqslant$刀具半径$r+$精加工余量的情况下才能正常切削。

c. 被铣削工件槽底宽度小于刀具直径时将产生过切削，如图8-27所示。

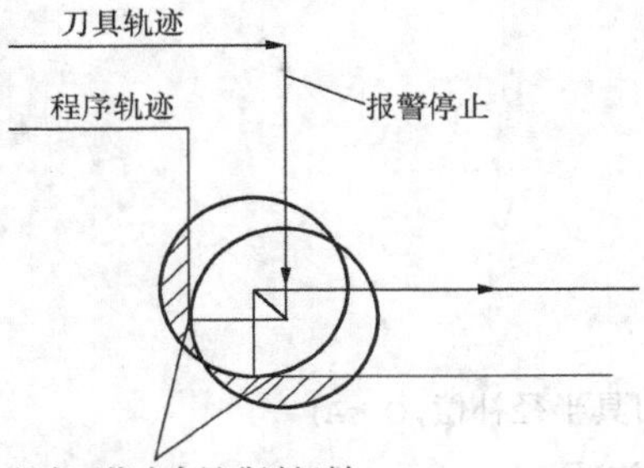

图8-26 刀具半径大于工件内凹圆弧半径

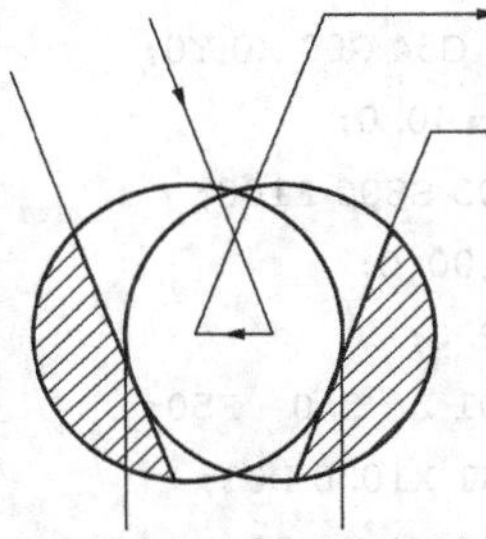

图8-27 刀具半径大于工件槽底宽度

2) G41、G42、G40必须在G00或G01模式下使用，现在有一些系统也可以在G02、G03模式下使用。

3) D00～D99为刀具补偿号，D00意味着取消刀具补偿。刀具补偿值在加工或试运行之前，须设定在刀具半径补偿存储器中。

(4) 刀具半径补偿的作用。刀具半径补偿除了方便编程外，还可以通过改变刀具半径补偿大小的方法，利用同一程序实现粗、精加工。其中：

粗加工刀具半径补偿=刀具半径+精加工余量

精加工刀具半径补偿=刀具半径+修正量

利用刀具半径补偿并用同一把刀具进行粗、精加工时，刀具半径补偿原理如图8-28所示。

如图8-28所示，刀具为$\phi 20$立铣刀，现零件粗加工后给精加工留单边余量为1.0mm，则粗加工刀具半径补偿D01的值为

$$R_{补} = R_{刀} + 1.0 = 10.0 + 1.0 = 11.0(\mathrm{mm})$$

粗加工后实测尺寸为（$L+0.08$）mm，则精加工刀具半径补偿D11的值应为

$$R_{补} = 11.0 - \frac{0.08 + \frac{0.06}{2}}{2} = 10.945(\mathrm{mm})$$

则加工后工件实际值为（$L-0.03$）mm。

[例8-5] 如图8-29所示，用$\phi 14$的平键槽铣刀，切深为5mm，完成工件外轮廓的铣削加工。不考虑加工工艺问题，编写加工程序。

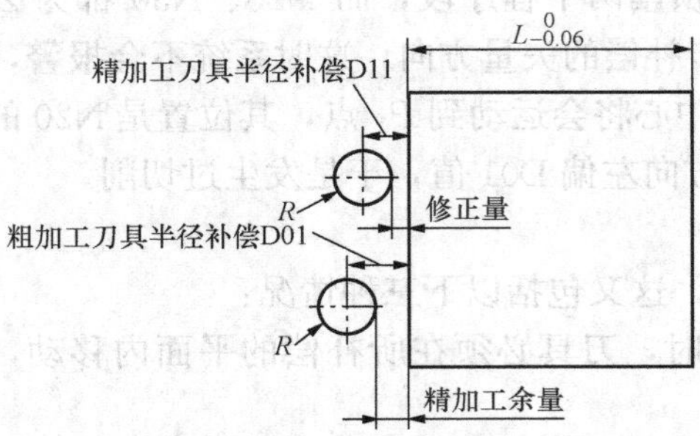

图 8－28 利用刀具半径补偿进行粗、精加工

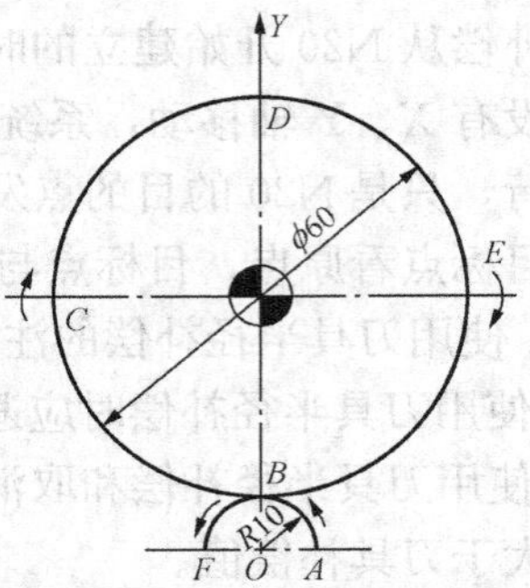

图 8－29 切向切入、切向切出的外轮廓加工

程序如下：

```
O0005;
N10 G90 G54 G00 X0 Y0;
N20  Y-40.0;
N30  M03 S800 F100;
N40  Z100.0;
N50  Z2.0;
N60  G01 Z-5.0  F50;
N70  G41 X10.0 D01;                    (调入一号刀具半径补偿,O→A)
N80  G03 X0 Y-30.0 R10.0;              (圆弧切入,A→B)
N90  G02 X0 Y-30.0 I0 J30.0;           (铣削整圆,B→C→D→E→B)
N100 G03 X-10.0 Y-40.0 R10.0;          (圆弧切出,B→F)
N110 G01 G40 X0;                       (取消刀具半径补偿,F→O)
N120 G00 Z2.0;
N130 G00 Z100.0;
N140 M05;
N150 M30;
```

4. 刀具长度补偿

数控铣床的主轴内孔为标准莫氏锥孔，刀柄为标准莫氏外圆锥。安装时，以数控铣床的锥孔作为定位基准面，把刀柄的端面与主轴轴线的交点定为刀具零点。刀头端面到刀柄端面（刀具零点）的距离称为刀具的长度，如图 8－30 和图 8－31 所示。其值可在刀具预调仪或自动测长装置上测出，并填写到数控系统的刀具长度补偿寄存器中。

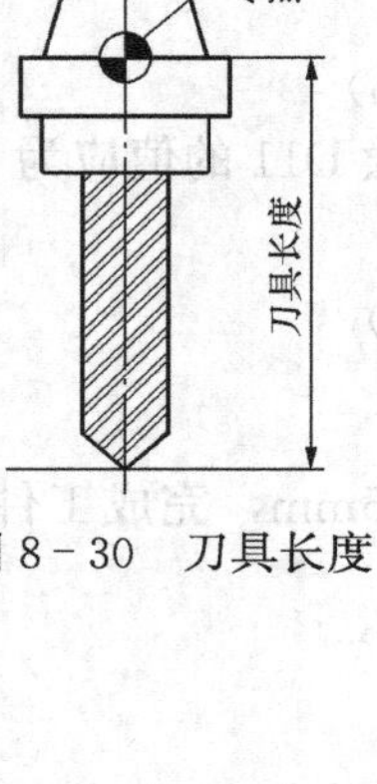

图 8－30 刀具长度

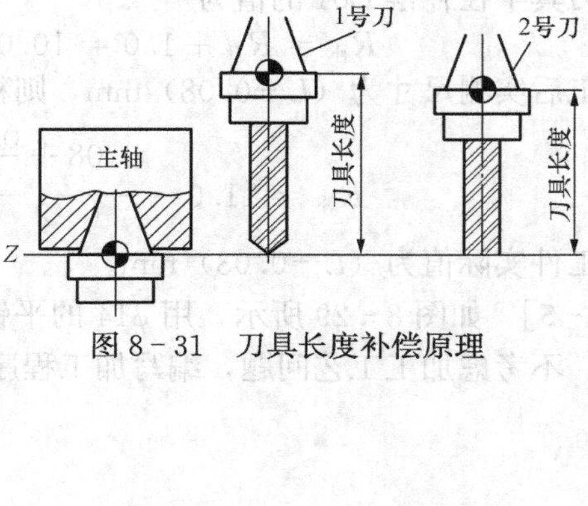

图 8－31 刀具长度补偿原理

加工同一个零件可能需要多把刀具，相同或不同的刀具安装在刀柄上其长度不可能相等，因此每一把刀具要使时都需要对刀操作。当然，也可以通过自动测长仪和基准刀，实现机外对刀。刀具的长度补偿非常重要，如果不使用，将发生严重的撞车事故。

调用和取消刀具长度补偿的指令是G43、G44和G49。G43是刀具长度正补偿，G44是刀具长度负补偿，G49是取消刀具长度补偿值的指令。因为刀具的长度补偿值大部分是正值，所以常用G43，而很少用G44。G43、G44和G49是同一组指令。

刀具长度补偿的使用格式如下：

G43/G44/G49 G00/G01 Z_ H_；

其中，Z表示刀具在Z方向上运动的距离或绝对坐标值；H表示刀具号。按照上面的格式就可以将相应刀具的长度补偿值，从系统长度补偿寄存器中调出。

使用G43、G44、G49指令时应该注意：刀具在Z方向要有直线运动G00/G01，同时要在一定的安全高度上，否则会造成事故。使用G43调用刀具长度补偿的应用，如图8-32所示。

5. 固定循环加工指令

(1) 孔加工循环的6个动作。每个孔的加工过程都基本相同：快速进给、工进钻孔、快速退出，然后在新的位置定位后重复上述动作。编程时，同样的程序段需要编写若干次，十分麻烦。使用固定循环功能，可以大大简化程序的编制。加工一个孔可以分解为6个动作。数控系统提供有相应的指令，将6个动作用一个复合循环指令即可完成，简化了程序的编写步骤。这6个动作的分解，如图8-33所示。

1) A→B为刀具快速定位到孔位坐标（X，Y）（即循环起点B），Z值进至起始高度。

2) B→R为刀具沿Z轴方向快进至安全平面（即R点平面）。

3) R→E为孔加工过程（如钻孔、镗孔、攻螺纹等），此时的进给为工作进给速度。

4) E点为孔底动作（如进给暂停、刀具偏移、主轴准停、主轴反转等）。

5) E→R为刀具快速返回R点平面。

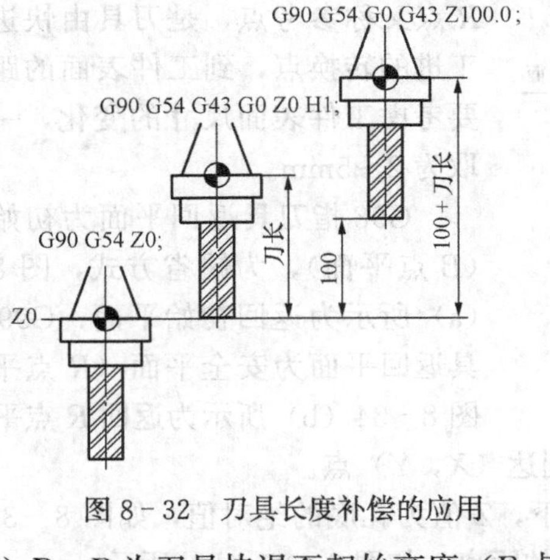

图8-32 刀具长度补偿的应用

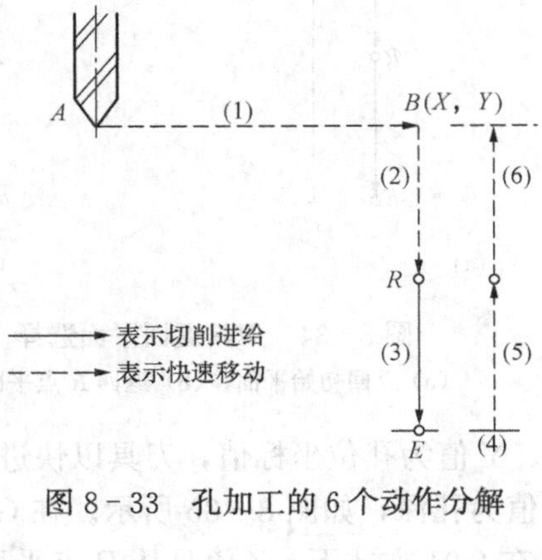

图8-33 孔加工的6个动作分解

6) R→B为刀具快退至起始高度（B点高度）。

(2) 固定循环指令。根据孔的长径比，可以把孔分为一般孔和深孔；根据孔的精度，可以把孔分为一般孔和高精度孔；还可以把孔分为光孔和螺纹孔。这些孔的加工各有自己的工艺特点。数控铣床不仅可以完成铣削加工任务，还可以进行钻孔、镗孔和攻螺纹加工。为此，数控铣床系统提供了多种适合于不同情况下，孔加工的固定循环指令，见表8-4。

表 8-4 固定循环指令见表

G代码	钻削（-Z方向）	在孔底的动作	回退（+Z方向）	应用
G73	间歇进给		快速移动	高速深孔钻循环
G74	切削进给	停刀→主轴正转	切削进给	左旋攻螺纹循环
G76	切削进给	主轴定向停止	快速移动	精镗循环
G80	—	—	—	取消固定循环
G81	切削进给	—	快速移动	钻孔循环，点钻循环
G82	切削进给	停刀	快速移动	钻孔循环，锪镗循环
G83	间歇进给	—	快速移动	深孔钻循环
G84	切削进给	停刀→主轴反转	切削进给	攻螺纹循环
G85	切削进给	—	切削进给	镗孔循环
G86	切削进给	主轴停止	快速移动	镗孔循环
G87	切削进给	主轴正转	快速移动	背镗循环
G88	切削进给	停刀→主轴停止	手动移动	镗孔循环
G89	切削进给	停刀	切削进给	镗孔循环

1）固定循环指令。程序格式：

G90/G91 G98/G99 G73～G89 X_ Y_ Z_ R_ Q_ P_ F_ L_；

说明：

G90、G91 分别为绝对值指令与增量值指令。

G98 和 G99 两个为模态指令，控制孔加工循环结束后的刀具返回平面，如图 8-34 所示。

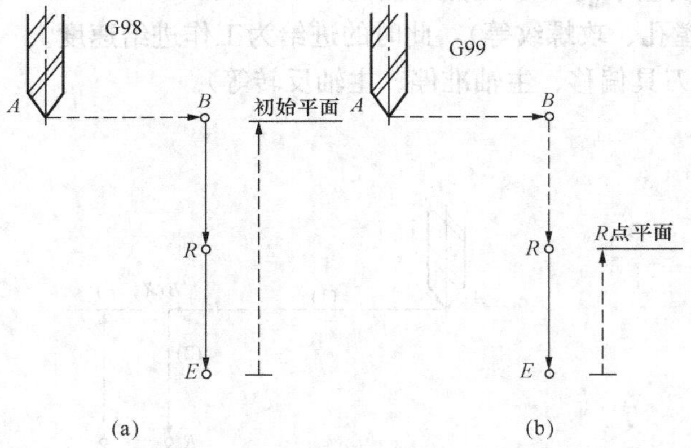

图 8-34 刀具返回平面选择

(a) 返回初始平面；(b) 返回 R 点平面

G73～G89 为孔加工方式指令，对应的固定循环功能见表 8-4。

初始点是为安全下刀而规定的点，该点到零件表面的距离可以任意设定。R 点又称参考点，是刀具由快进转为工进的转换点，到工件表面的距离主要考虑工件表面尺寸的变化，一般可取为 2～5mm。

G98 指刀具返回平面为初始平面（B 点平面），为缺省方式，图 8-34（a）所示为返回初始平面；G99 指刀具返回平面为安全平面（R 点平面），图 8-34（b）所示为返回 R 点平面。

X、Y 值为孔位坐标值，刀具以快进的方式到达（X，Y）点。

Z 值为孔深，如图 8-35 所示。在 G90 方式下，Z 值为孔底的绝对值，如图 8-35（a）所示；在 G91 方式下，Z 值是从 R 点平面到孔底的距离，如图 8-35（b）所示。

R 值用来确定安全平面（R 点平面），如图 8-35 所示。R 点平面高于工件表面。在 G90 方式下，R 值为绝对值；在 G91 方式下，R 值为从初始平面（B 点平面）到 R 点平面的增量。

Q 值在 G73 或 G83 方式下，规定分步切深，即指定每次进给的深度；在 G76 或 G87 方式中规定刀具的退让值，即指定刀具的位移量，用增量值给定。Q 值通常在孔较深时使用，

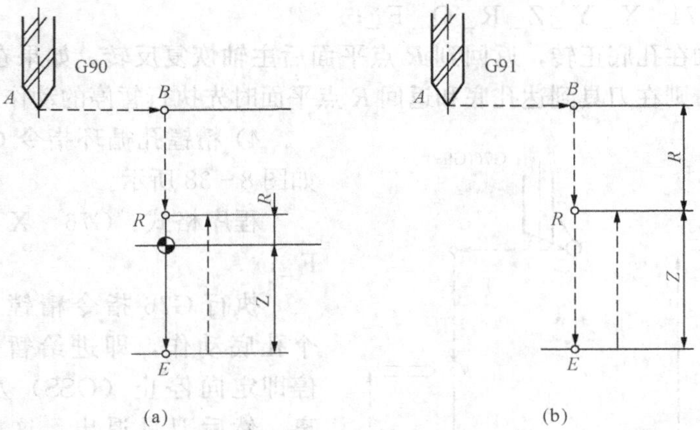

图 8-35 孔深 Z 值的确定

(a) 绝对值；(b) 增量值

以使排屑和切削液进入切削区。

P 值规定在孔底的暂停时间，单位为 ms，用整数表示。

F 值为进给速度，单位为 mm/min。

L 值为循环次数，执行一次可不写 L1；如果是 L0，则系统存储加工数据，但不执行加工。

G73～G89、Z、R、P、Q 都是模态代码。固定循环加工方式一旦被指定，在加工过程中保持不变，直到指定其他循环孔加工方式，或使用 G80 指令取消固定循环为止。若程序中使用代码 G00、G01、G02、G03 时，循环加工方式及其加工数据也全部被取消。

2）高速深孔钻削循环指令 G73。高速深孔加工如图 8-36 所示。

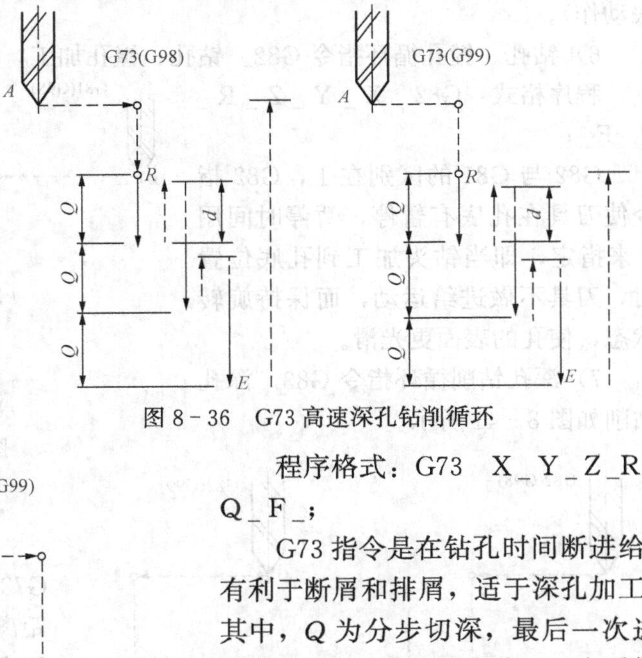

图 8-36 G73 高速深孔钻削循环

程序格式：G73 X_Y_Z_R_Q_F_；

G73 指令是在钻孔时间断进给，有利于断屑和排屑，适于深孔加工。其中，Q 为分步切深，最后一次进给深度≤Q，退刀距离为 d（由系统内部设定）。

3）左旋攻螺纹循环指令 G74。左旋攻螺纹加工如图 8-37 所示。主轴在 R 点反向切削至 E 点，正转退刀。

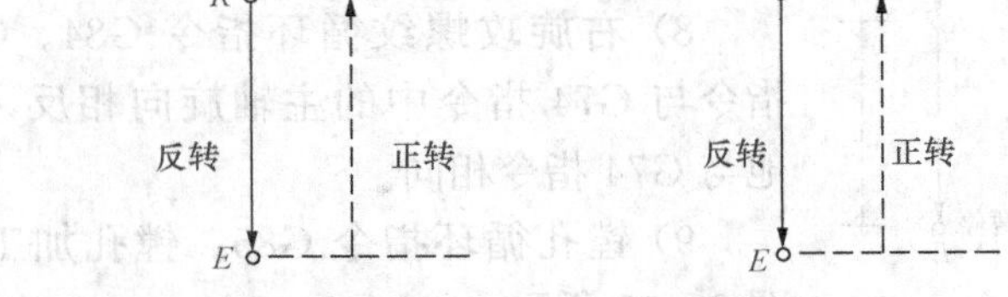

图 8-37 G74 左旋攻螺纹循环指令

程序格式：G74　X _ Y _ Z _ R _ Q _ F _；

G74 指令主轴在孔底正转，返回到 *R* 点平面后主轴恢复反转。如果在程序段中有指令进行暂停并有效，则在刀具到达孔底和返回 *R* 点平面时先执行暂停的动作。

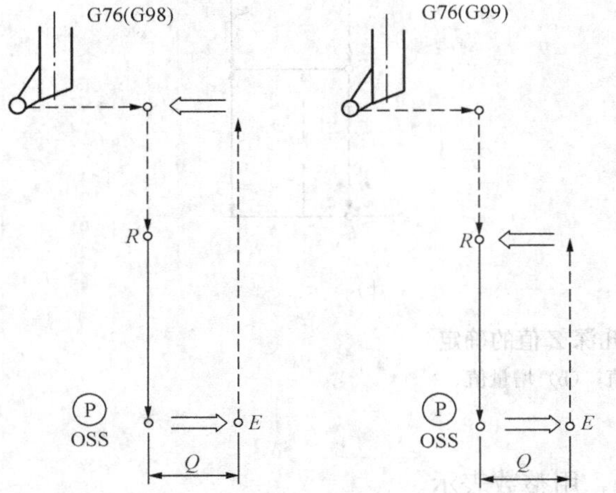

图 8－38　G76 精镗孔循环

4）精镗孔循环指令 G76。精镗孔加工如图 8－38 所示。

程序格式：G76　X _ Y _ Z _ R _ Q _ F _；

执行 G76 指令精镗至孔底后，有三个孔底动作，即进给暂停（P）、主轴准停即定向停止（OSS）及刀具偏移 *Q* 距离，然后刀具退出，这样可使刀尖不划伤精镗表面。

5）钻孔循环指令 G81。钻孔循环指令用于一般孔钻削，如图 8－39 所示。

程序格式：G81　X _ Y _ Z _ R F _；

主轴正转，刀具以进给速度向下运动钻孔，到达孔底位置后，快速退回（无孔底动作）。

6）钻孔、镗孔循环指令 G82。钻孔、镗孔加工，如图 8－40 所示。

程序格式：G82　X _ Y _ Z _ R _ P _ F _；

G82 与 G81 的区别在于，G82 指令使刀具在孔底有暂停，暂停时间用 P 来指定，即当钻头加工到孔底位置时，刀具不做进给运动，而保持旋转状态，使孔的表面更光滑。

7）深孔钻削循环指令 G83。深孔钻削如图 8－41 所示。

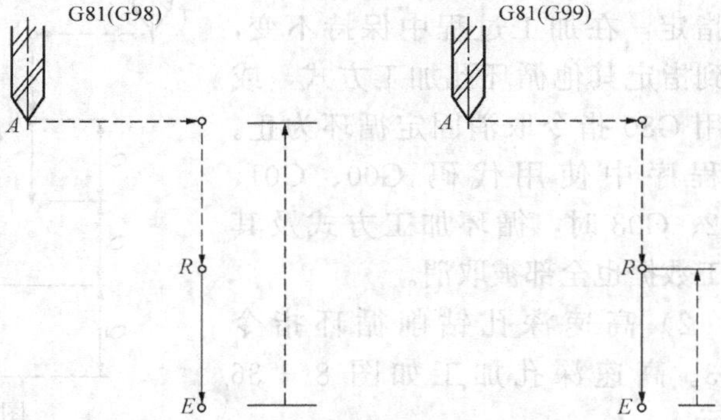

图 8－39　一般孔钻削循环

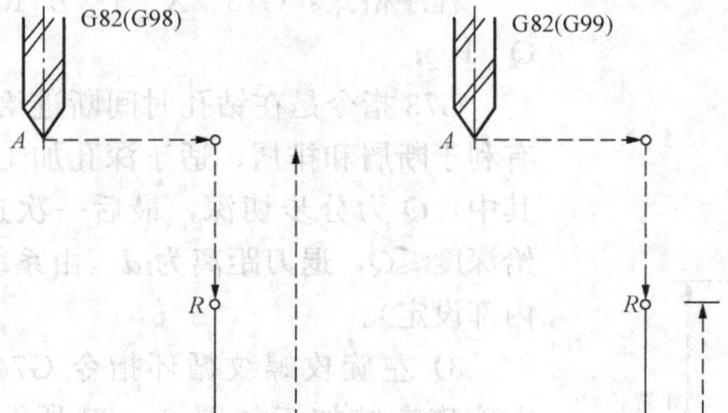

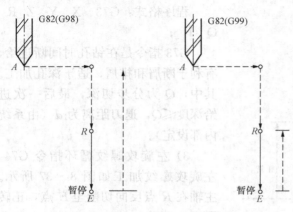

图 8－40　G82 钻孔、镗孔循环

程序格式：G83　X _ Y _ Z _ R _ Q _ F _；

其中，*Q*、*d* 与 G73 相同；G83 与 G73 的区别在于，G83 指令在每次进刀 *Q* 距离后返回 *R* 点，这样对深孔钻削时排屑有利。

8）右旋攻螺纹循环指令 G84。G84 指令与 G74 指令中的主轴旋向相反，其他与 G74 指令相同。

9）镗孔循环指令 G85。镗孔加工如图 8－42 所示。

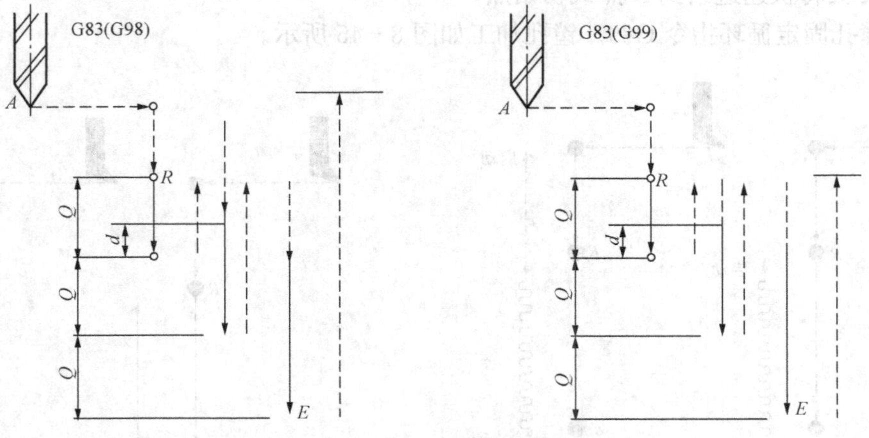

图 8-41 G83 深孔钻削循环

程序格式：G85 X_Y_Z_R_F_；

主轴正转，刀具以进给速度镗孔至孔底后，以进给速度退出（无孔底动作）。

10）镗孔循环指令 G86。G86 与 G85 的区别在于，执行 G86 指令刀具到达孔底位置后，主轴停止，并快速退回。

11）背镗孔循环指令 G87。背镗孔加工如图 8-43 所示。

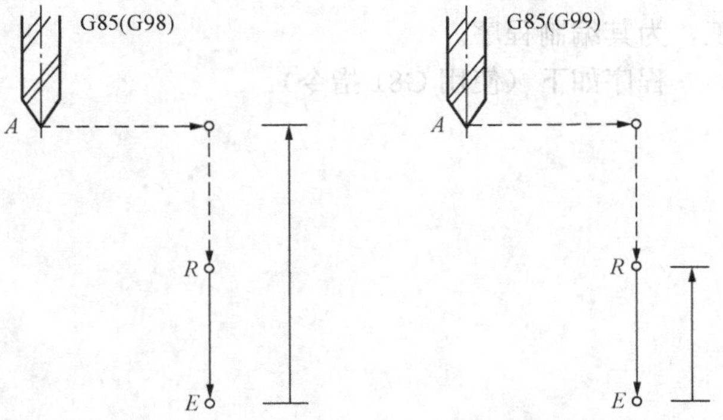

图 8-42 G85 镗孔循环

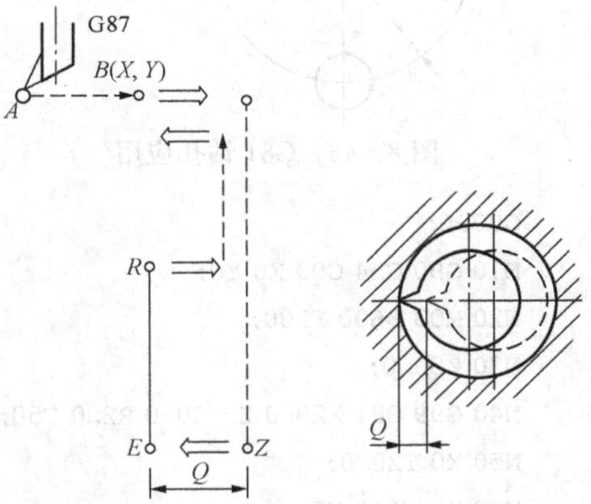

图 8-43 G87 背镗孔循环

程序格式：G87 X_Y_Z_R_Q_F_；

刀具运动到起始点 B（X，Y）后，主轴准停，刀具沿刀尖的反方向偏移 Q 值，主轴正转，然后快速运动到孔底位置，刀具沿偏移值 Q 正向返回，并向上进给运动至 R 点，再一次进行主轴准停，刀具沿刀尖的反方向偏移 Q 值并快退，接着沿刀尖正方向偏移到 B 点，主轴正转，本加工循环结束，继续执行下一段程序。

12）镗孔固定循环指令 G88。镗孔加工如图 8-44 所示。

程序格式：G88 X_Y_Z_R_P_F_；

刀具加工到孔底后，进给暂停，主轴停止，并转为进给保持状态，然后以手动方式将刀具移出孔外，再转回自动方式，使“MANUAL ABSOLUTE”开关在“ON”位置，启动自动循环，刀具将快速进给到 R 点或初始点。

13）镗孔固定循环指令 G89。镗孔加工如图 8－45 所示。

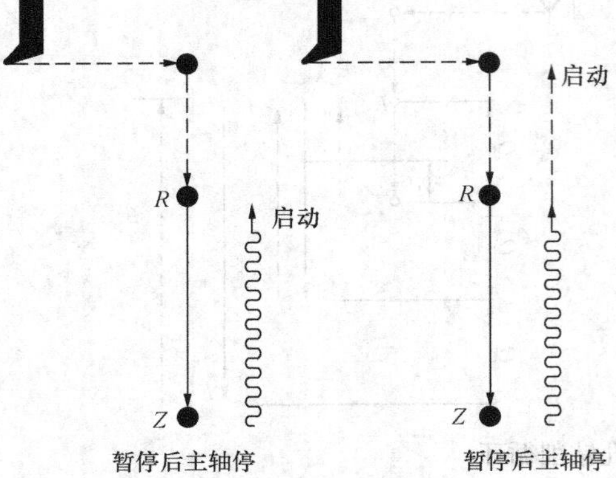

图 8－44　G88 镗孔固定循环

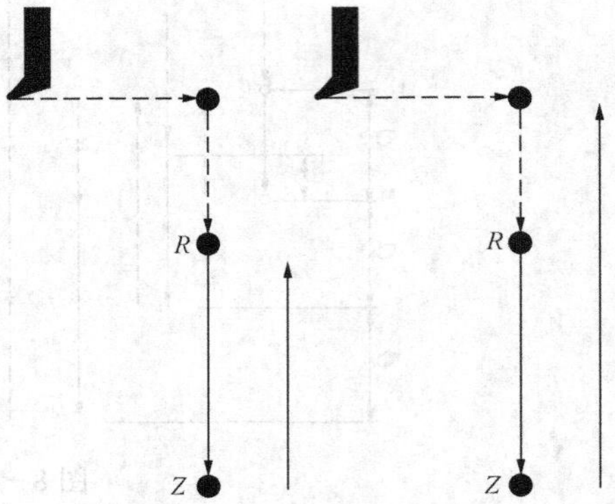

图 8－45　G89 镗孔固定循环

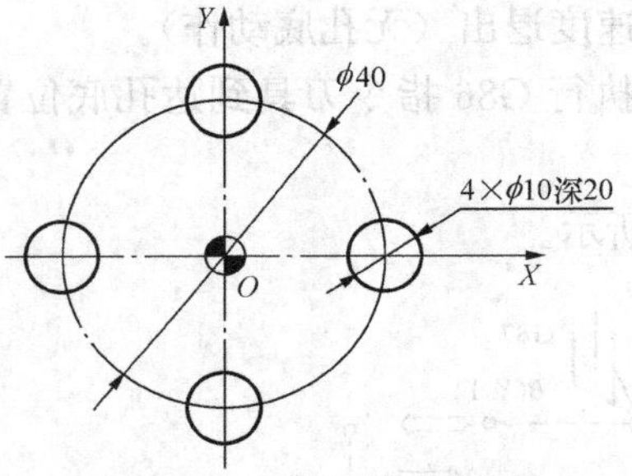

图 8－46　G81 钻孔应用

程序格式：G89 X_Y_Z_R_P_F_；

动作过程与 G85 类似，从 Z 点→R 点为切削进给，但在孔底时有暂停动作，适用于精镗孔。

（3）固定循环加工实例。

［例 8－6］　完成如图 8－46 所示零件的 4 孔加工，为其编制程序。

程序如下（使用 G81 指令）：

```
O0006;
N10 G90 G54 G00 X0 Y0;
N20 M03 S600 F100;
N30 Z50.0;
N40 G99 G81 X20.0 Z-20.0 R2.0 F50;
N50 X0 Y20.0;
N60 X-20.0 Y0;
N70 G98X0 Y-20.0;
N80 G80 X0 Y0;
N90 M05;
N100 M30;
```

［例 8－7］　使用 G73 指令，完成如图 8－47 所示孔的加工的编程。

程序如下：

```
O0007
N10 G90 G54 G00 X0 Y0;                               (建立工件坐标系)
N20 M03 S600 F100;                                   (主轴正转)
N30 G99 G73 X25.0 Y25.0 Z-30.0 R3.0 Q6.0 F50;        (加工 A 孔)
```

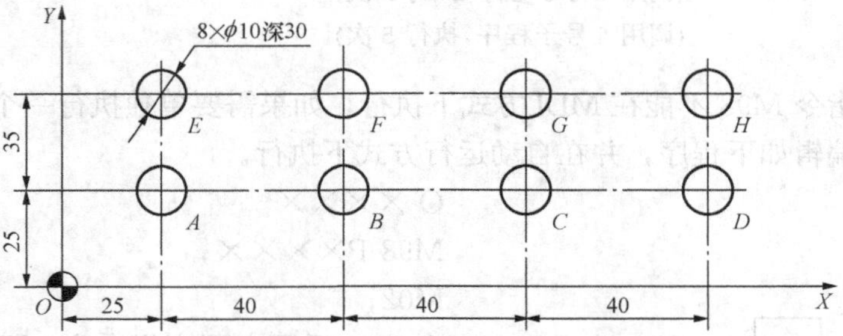

图 8-47 G73 高速钻孔循环指令应用

```
N40 G91 X40.0 L3;          (加工 B、C、D 孔)
N50 Y35.0;                 (加工 H 孔)
N60 X-40.0 L3;             (加工 G、F、E 孔)
N70 G90 G80 X0 Y0;         (取消循环)
N80 M05;                   (主轴停转)
N90 G00 Z50.0;             (提刀)
N100 M30;                  (结束程序并返回)
```

6. 子程序

在一次装夹中，要加工多个相同零件或一个零件有重复加工部分的情况下，可调用子程序，它可以缩短并简化程序。

子程序是相对主程序而言的，子程序和主程序一样都是独立的程序，都必须符合程序的一般结构。不同的是主程序可以调用子程序，子程序结束必须返回到主程序的原来位置并继续执行下一程序段。主程序的特点是包含 M98 指令，子程序的特点是以 M99 结尾。

(1) 子程序的编程格式。

O×××× (或 P××××或 %××××);

…

M99 (或 RET);

(2) 子程序的调用格式。

1) M98　P×××××××

说明：P 后面的前三位为重复调用次数，省略时为调用一次；后四位为子程序号。

2) M98　P××××　L××××

说明：P 后面的四位为子程序号；L 后面的四位为重复调用次数，省略时为调用一次。

(3) 子程序结束指令 M99。

程序格式：M99;

说明：①子程序必须在主程序结束指令后建立；②子程序的内容与一般程序编制方法相同；③子程序的作用如同一个固定循环，供主程序调用；④M99 为子程序结束，并返回主程序，该指令必须在一个子程序的最后设置。但不一定要单独用一个程序段，也可放在最后一段程序的最后。例如：

```
M98 P51002;        (调用 1002 号子程序，执行 5 次)
M98 P1002;         (调用 1002 号子程序，执行 1 次)
```

```
M98 P4;                    (调用 4 号子程序,执行 1 次)
M98 P50004;                (调用 4 号子程序,执行 5 次)
```

子程序调用指令 M98 不能在 MDI 方式下执行，如果需要单独执行一个子程序，可以在程序编辑方式下编辑如下程序，并在自动运行方式下执行。

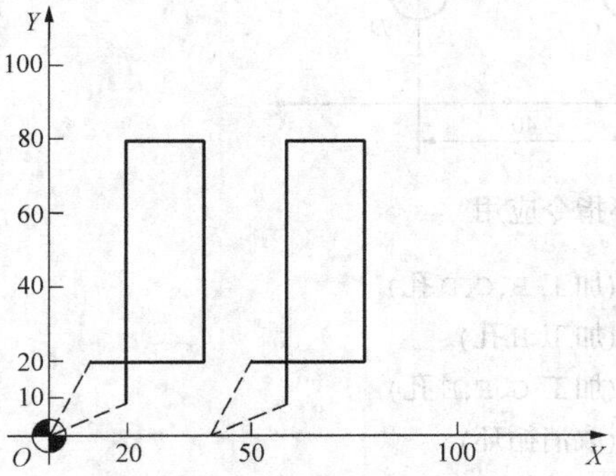

图 8-48 子程序应用举例

O ××××

M98 P××××；

M02；

在 M99 返回主程序指令中，可以用地址 P 来指定一个顺序号，当这样的一个 M99 指令在子程序中被执行时，返回主程序后并不继续执行后续的程序段，而是转向具有地址 P 指定顺序号的程序段，如下例。

[例 8-8] 如图 8-48 所示，Z 起始高度为 100mm，切削深度为 20mm，外轮廓切削，试编写加工程序。

程序如下：

```
O0008                              (主程序)
N10  G90 G54 G00 X0 Y0;
N20  M03 S500 F100;
N30  G00 Z100.0;
N40  M98 P1010 L2;                 (子程序调用,循环两次)
N50  G90 G00 X0 Y0;
N60  M05;
N70  M30;
O1010                              (子程序)
N200 G91 G00 Z-95.0;
N210 G41 X20.0 Y10.0 D01
N220 G01 Z-25.0 F50;
N230 Y70.0;
N240 X20.0;
N250 Y-60.0;
N260 X-30.0;
N270 Z120.0;
N280 G00 G40 X-10.0 Y-20.0;
N290 X40.0;
N300 M99;
```

[例 8-9] 子程序嵌套应用。

程序如下：

```
O0009                              (主程序)
N10 G90 G54 G00 X0 Y0;
```

```
N20 M03 S600 F100;
N30 G00 Z100;
N40 M98 P110 L2;
N50 G90 G00 X0 Y0;
N60 M05;
N70 M30;
O0110                                         (一级子程序)
N200 M98 P111   L2;
N210 G91 X40.0;
N220 M99;
O0111                                         (二级子程序)
N300 G91 G00 Z-95.0;
N310 G41 X20.0 Y10.0 D01;
N320 G01 Z-25.0 F50;
N330 Y70.0;
N340 X20.0;
N350 Y-60.0;
N360 X-30.0;
N370 Z120.0;
N380 G00 G40 X-10.0 Y-20.0;
N390 X40.0;
N400 M99;
```

[例 8-10] 如图 8-49 所示，加工凸台（深 10mm）时采用不同的刀具补偿，调用子程序，完成同一位置的加工，为其编程。

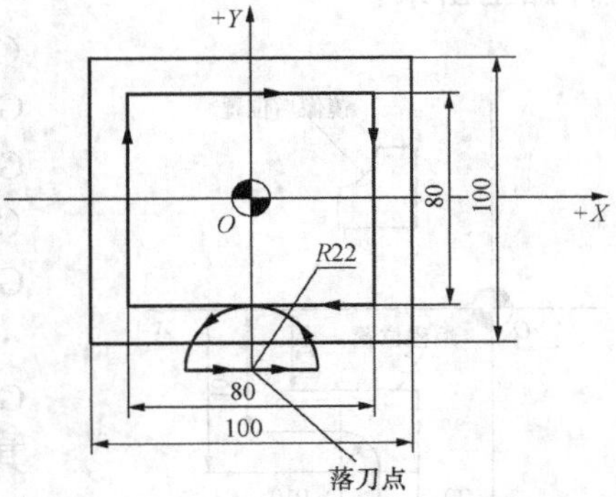

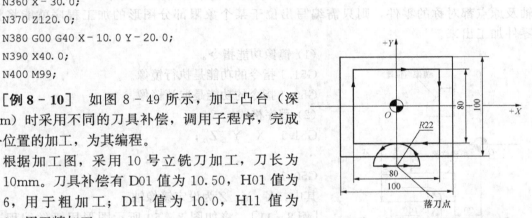

图 8-49 刀具半径补偿举例

根据加工图，采用 10 号立铣刀加工，刀长为 177.10mm。刀具补偿有 D01 值为 10.50，H01 值为 177.6，用于粗加工；D11 值为 10.0，H11 值为 177.1，用于精加工。

程序如下：

```
O0010                                         (主程序)
N10 T01 M06;
N20 G90 G54 G00 X0 Y-62.0 S500 M03;
N30 G43 Z50.0 H01;
N40 D01 M98 P400;
N50 G43 Z50.0 H11;
N60 D11 M98 P0400;
N70 G00 Z50.0;
N80 G91 G28 Z0 M05;
N90 M30;
O0400                                         (子程序)
```

```
N200 G00 Z10.0;
N210 G01 Z-10.0;
N220 G41 X22.0;
N230 G03 X0 Y-40.0 R22.0;
N240 G01 X-40.0;
N250 Y40.0;
N260 X40.0;
N270 Y-40.0;
N280 X0;
N290 G03 X-22.0 Y-62.0 R22.0;
N300 G01 G40 X0;
N310 Z20.0;
N320 M99;
```

7. 镜像加工

镜像功能又称为对称功能，利用该功能对两个形状以轴对称的零件，只需编写出其中任意一个的加工程序就能把它们都加工出来；对于任何一个与某坐标轴或原点对称的零件，只需编写出一半图形的加工程序就能将整个零件加工出来；对于一个与 X、Y 轴及原点都对称的零件，则只需编写出位于某个象限部分图形的加工程序就能将整个零件加工出来。

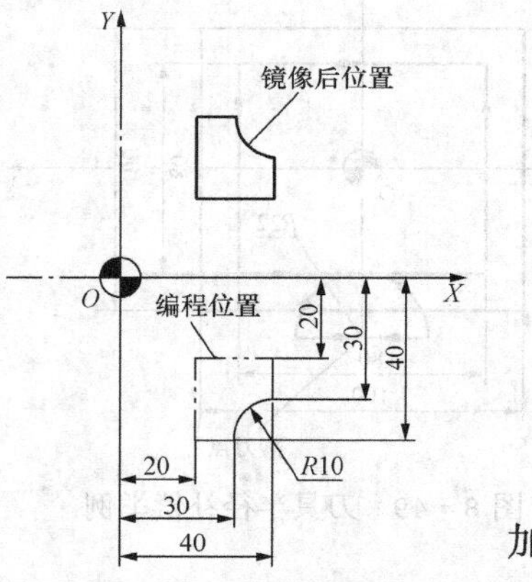

图 8-50 镜像加工

(1) 镜像功能指令。

G51.1 指令的功能是执行镜像。

G50.1 指令的功能是取消镜像。

(2) 程序格式：

G51.1 X_ Y_ Z_;

…

G50.1;

其中，X、Y、Z 为设定镜像轴。

[例 8-11] 将如图 8-50 所示图形用镜像编程进行加工。

下面以 X 轴为镜像轴进行编程。

```
O0011
N10  G54  G90  G17  G50.1  S1000  M03;
N20  G51.1  Y0;                          (设定镜像轴,以 X 轴为镜像轴)
N30  G00  X50  Y50  Z50;
N40  Z2;
N50  G01  F200  Z-2;
N60  G42  D1  X30  Y40;                  (设定刀具补偿)
N70  G02  X40  Y30  R10;
N80  G01  Y20;
N90  X20;
```

```
N100  Y40;
N110  X35;
N120  G00  Z50;
N130  G50.1  G40  X0  Y0  M05;              (取消镜像等)
N140  M30;                                  (程序结束)
```

8. 比例缩放功能

(1) 比例缩放功能。

方法一 适用于各轴比例因子相等的情况，程序格式：

G51 X_ Y_ Z_ P_;

以给定点（X，Y，Z）为缩放中心，将图形放大到原始图形的 P 倍；如省略（X，Y，Z），则以程序原点为缩放中心。例如：

G51 P2　　　　表示以程序原点为缩放中心，将图形放大一倍

G51 X15. Y15. P2　表示以给定点（15，15）为缩放中心，将图形放大一倍

比例缩放由 G50 取消，程序格式：

G50;

注意：比例缩放功能不能缩放偏置量。

方法二 适用于各轴比例因子单独指定的情况，程序格式：

G51 X_ Y_ Z_ I_ J_ K_;

（X、Y、Z）为比例缩放中心，以绝对值指定；I、J、K 为对应轴 X、Y、Z 的比例因子，指定范围为 −9.999～−0.001 倍和 0.001～9.999 倍，即 I、J、K=1 时缩放 0.001 倍，I、J、K=1000 时缩放 1 倍。

注意：比例系数 I、J、K 不能用小数点。

(2) 镜像加工。当各轴比例因子为 −1（I、J、K=−1000）时，则执行镜像加工，以比例缩放中心为镜像对称中心。

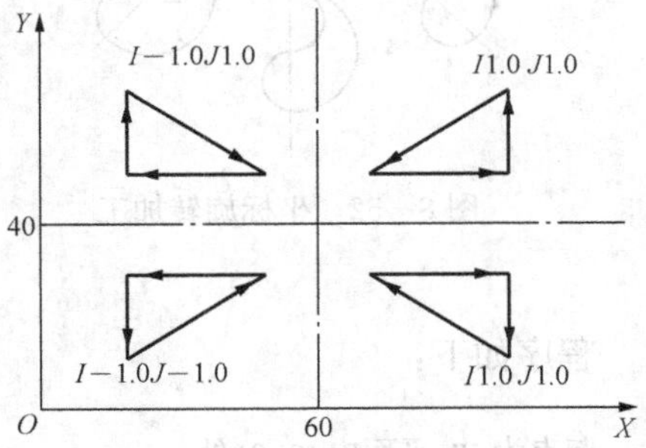

图 8-51 比例缩放加工

[例 8-12] 如图 8-51 所示走出四个三角形轨迹，利用镜像加工实现。

子程序：

```
O9000
G00 X70 Y50;
G01 X100;
Y70;
X70 Y50
G00 X60 Y40;
M99;
```

主程序：

```
O0901
G90 G54 G00 X60 Y40;
```

```
M98 P9000;                                  (加工第 1 象限图形)
G51 X60 Y40 I-1000 J1000 K1000;             (X 轴镜像)
M98 P9000;                                  (加工第 2 象限图形)
G51 X60 Y40 I-1000 J-1000 K1000;            (X、Y 轴镜像)
M98 P9000;                                  (加工第 3 象限图形)
G51 X60 Y40 I1000 J-1000 K1000;             (X 轴镜像取消,Y 轴镜像)
M98 P9000;                                  (加工第 4 象限图形)
G50;                                        (取消比例缩放)
M30;
```

9. 坐标旋转加工

坐标旋转加工指令包括 G68 和 G69。G68 为坐标旋转加工功能指令，G69 为取消坐标旋转加工功能指令。应用旋转加工指令时要指定坐标平面，系统默认值为 G17，即在 *XY* 平面上。

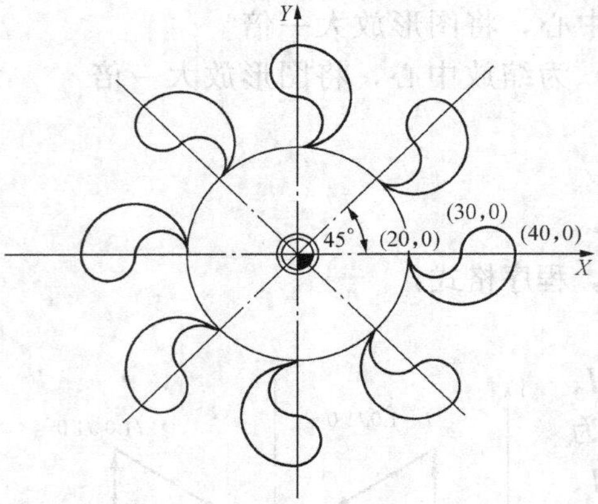

图 8-52 坐标旋转加工

程序格式：G68 X_ Y_ P_；

G69；

其中，X，Y 为 *XY* 平面内的旋转中心坐标；P 为旋转角度，单位为（°/度），其取值范围为 0≤*P*≤360.000°。其他平面内旋转变换指令的格式相同，只要把坐标轴做相应的变更就可以了。如果省略了旋转中心（*X*，*Y*），则以程序原点为旋转中心。

[例 8-13] 利用坐标旋转加工功能，完成如图 8-52 所示图形的编程。

程序如下：

```
起点为 XY 平面内(0,0)处。
O0002                                       (主程序)
N100 G90 G00 X0 Y0;
N110 G68 R45;
N120 M98 P0200;
…                                           (旋转加工八次)
N250 G68 R45;
N260 M98 P0200;
N270 G69;
N280 M30
O0200                                       (子程序)
N10 G91 G17;
N20 G01 X20 Y0 F250;
N30 G03 X20 Y0 R10;
N40 G02 X-10 Y0 R5;
```

```
N50 G02 X-10 Y0 R5;
N60 G00 X-20 Y0;
N70 M99;
```

10. 其他功能

(1) 进给功能 F。

1) 进给速度。进给速度是指保持连续切削时刀具相对工件移动的速度，单位为 mm/min。当进给速度与主轴转速有关时，单位为 mm/r，称为进给量。进给速度是用地址字母 F 和字母 F 后面的数字来表示的，数字表示进给速度或进给量的大小。

2) F 功能的设定。根据准备功能（G 功能）可把 F 功能分为以下两种：

a. 用 G94 指令的方式，F 指令表示刀架每分钟的进给量，通常用于铣削类的进给指令，它是通电后的默认值。

b. 用 G95 指令的方式，F 指令表示主轴每转的进给量。

每转进给与每分钟进给的关系为

$$f_m = f_r S$$

式中 f_m——每分钟进给量，mm/min；

f_r——每转进给量，mm/r；

S——主轴转速，r/min。

实际进给速度与操作面板倍率开关所处的位置有关，处于 100%位置时，进给速度与程序中的速度相等。

(2) 主轴转速功能 S。主轴转速功能用来指定主轴的转速，单位为 r/min，地址符使用 S，所以又称为 S 功能或 S 指令。中档以上的数控铣床，其主轴驱动已采用主轴控制单元，它们的转速可以直接由程序指令给出，即用 S 后加数字表示每分钟主轴转速。例如，若要求 1300 r/min 的转速，就在程序中编写指令 S1300。通常机床面板上设有转速倍率开关，用于不停机手动调节主轴转速。实际速度与操作面板倍率开关所处的位置有关，处于 100%位置时，主轴转速与程序给定的转速相同。也可以通过 MDI 输入主轴转速。

(3) 刀具功能 T。这是用于指令加工中所用刀具号及自动补偿编组号的地址字，地址符规定为 T。其自动补偿内容主要指刀具位置补偿、刀具长度补偿或刀具半径补偿。如 T01 指的是 1 号刀具，在数控加工中心机床上，它配合 M06 实现自动换刀功能。

8.4 数控铣床加工实例（以 FANUC 为例）

8.4.1 应用 FANUC 0*i*-MC 系统进行轮廓铣削加工编程实例

[例 8-14] 精铣削如图 8-53 所示零件（粗线为零件轮廓）的内腔廓形，再钻削 4 个孔。

1. 分析零件图纸、确定加工工艺过程

零件加工包括铣直线、圆弧，另外，还要钻 $4\times\phi 8.0$ 的孔。以中心点 O 作为工件坐标系 XY 平面的原点，以平板上表面作为工件坐标系 Z 轴的原点。

(1) 选择刀具并画出刀具布置图。根据加工要求需选用两把刀：1 号刀铣内腔，2 号刀

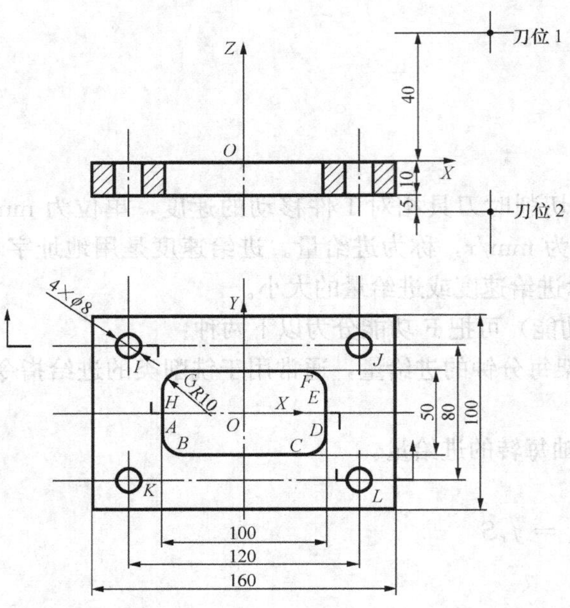

图 8－53 轮廓铣削加工编程实例

钻削 4×ϕ8.0 的孔。刀具布置图略，为不发生碰撞，换刀点、对刀点选在（0，0，40）处。

（2）工艺路线。先铣内腔，对刀点 1→下刀点 2→A→B→C→D→E→F→G→H→A→下刀点 2→对刀点 1；再钻 4×ϕ8.0 的孔：对刀点 1→I→J→L→K→下刀点 2→对刀点 1。

（3）确定切削用量。铣直线，主轴转速 S 为 300r/min，进给速度 F 为 150mm/min；铣圆弧，主轴转速 S 为 300r/min，进给速度 F 为 100mm/min；钻 4×ϕ8.0 的孔，主轴转速 S 为 600r/min，进给速度 F 为 30mm/min。

2. 数值计算

在 XY 平面内，各基点和圆心点的坐标为 A（－50.0，－15.0）；B（－35.0，－25.0）；C（35.0，－25.0）；D（50.0，－15.0）；E（50.0，15.0）；F（35.0，25.0）；G（－35.0，25.0）；H（－50.0，15.0）；I（－60.0，40.0）；J（60.0，40.0）；K（－60.0，－40.0）；L（60.0，－40.0）。

3. 编写程序

```
O8010
N0010  G92  X0.0  Y0.0  Z40.0;                       (设置工件坐标系)
N0020  G90  G00  Z-15.0  S300  T01  D01  M03;        (下刀点 2)
N0030  G41  G01  X-50.0  Y-15.0  F500  M08;          (工进到 A 点)
N0040  G03  X-35.0  Y-25.0  I10.0  J0  F100;         (加工 ⌒AB 圆弧)
N0050  G01  X35.0  Y-25.0  F150;                     (加工 BC 直线)
N0060  G03  X50.0  Y-15.0  R10.0  F100;              (加工 ⌒CD 圆弧)
N0070  G01  X50.0  Y15.0  F150;                      (加工 DE 直线)
N0080  G03  X35.0  Y25.0  I-10.0  J0  F100;          (加工 ⌒EF 圆弧)
N0090  G01  X-35.0  Y25.0  F150;                     (加工 FG 直线)
N0100  G03  X-50.0  Y15.0  I0  J-10.0  F100;         (加工 ⌒GH 圆弧)
N0110  G01  X-50.0  Y-15.0  F150  M09  M05;          (加工 HA 直线)
N0120  G00  G40  X0  Y0;                             (快退到下刀点 2)
N0130  Z40.0;                                        (回到对刀点 1)
N0140  X-60.0  Y40.0  S600  T02  M03  M08;           (快速定位到 I 点)
N0150  G44  H01;                                     (刀补)
N0160  G98  G81  Z-15.0  R3.0  F30;                  (钻孔 I)
N0170  G00  G40  X60.0  Y40.0;                       (快速定位到 J 点)
N0180  G44  H01;                                     (刀补)
```

```
N0190 G98 G81 Z-15.0 R3.0 F30;          (钻孔 J)
N0200 G00 G40 X60.0 Y-40.0;             (快速定位到 L 点)
N0210 G44 H01;                          (刀补)
N0220 G98 G81 Z-15.0 R3.0 F30;          (钻孔 L)
N0230 G00 G40 X-60.0 Y-40.0;            (快速定位到 K 点)
N0240 G44 H01;                          (刀补)
N0250 G99 G81 Z-15.0 R3.0 F30;          (钻孔 K)
N0260 G00 G40 X0 Y0 Z40.0 M02;          (回到对刀点 1)
```

8.4.2 应用 FANUC 0*i*-MC 系统进行综合铣削加工编程实例

[例 8-15] 某连杆零件如图 8-54 所示，目前已经完成粗加工，现要求对该连杆的粗加工轮廓进行精铣加工，各边加工余量均为 1mm，试编写加工程序。

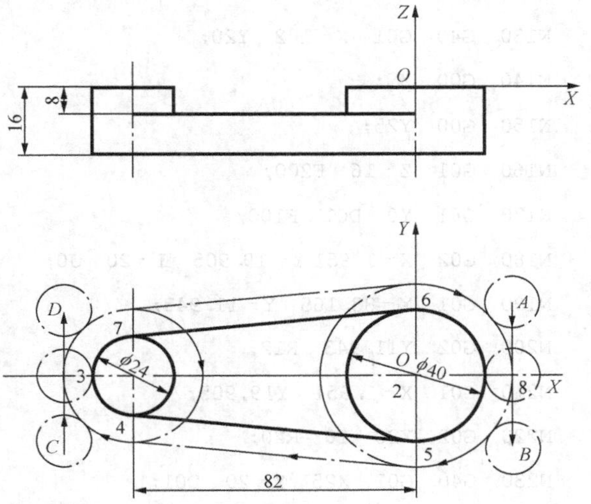

图 8-54 综合铣削加工编程实例

1. 分析零件图纸、确定加工工艺过程

零件加工包括精铣直线、圆弧轮廓，以中心点 *O* 作为工件坐标系 *XY* 平面的原点，以平板上表面作为工件坐标系 *Z* 轴的原点。

(1) 选择刀具。根据加工要求，刀具选择 $\phi16$ 的立铣刀。

(2) 工艺路线安排。采用刀具半径补偿功能，进/退刀方式为圆弧切向进/退刀，设定安全高度为 5。由 *A* 点进刀，再由 *B* 点退刀加工 $\phi40$ 的圆；然后由 *C* 点进刀，再由 *D* 点退刀加工 $\phi24$ 的圆；最后由 *A* 点进刀，再由 *B* 点退刀加工整个轮廓。

(3) 确定切削用量。铣直线，主轴转速 *S* 为 1200r/min，进给速度 *F* 为 200mm/min；铣圆弧，主轴转速 *S* 为 1200r/min，进给速度 *F* 为 100mm/min；

(4) 数值计算。连杆轮廓的基点坐标计算为点 *A*（20，25，5）；点 *B*（25，−20，−8）；点 *C*（−102，−20，5）；点 *D*（−102，20，−8）；点 1（−82，0）；点 2（0，0）；点 3（−94，0）；点 4（−83.165，−11.943）；点 5（−1.951，−19.905）；点 6（−1.951,19.905）；点 7（−83，165，11.943）；点 8（20，0）。

2. 数控加工参考程序

```
O8020
N10 G54 G90;                 (建立工件坐标系)
N20 G00 X20 Y25 Z5;          (快速移动到 A 点)
N30 S1200 M03;               (启动主轴旋转)
N35 M08;                     (打开冷却液)
N40 G01 Z-8 F200;            (刀具进给至 Z=-8mm 处)
```

```
N50  G41 X20 Y0  D01  F100;                 (建立刀具半径左补偿,切向进刀至点 8)
N60  G02  X20  Y0  I-20  J0;                (圆弧插补铣 φ40 的圆柱)
N70  G40  G01  X25  Y-20;                   (取消刀补,切向退刀至 B 点)
N80  G00  Z5;                               (Z 向退刀至安全高度)
N90       X-102  Y-20;                      (快速移动到 C 点)
N100  G01  Z-8  F200;                       (刀具进给至 Z=-8mm 处)
N110  G41  X-94  Y0  D01  F100;             (刀具半径左补偿,切向进刀至点 3)
N120  G02  X-94  Y0  I12  J0;               (圆弧插补铣 φ24 的圆)
N130  G40  G01  X-102  Y20;                 (取消刀补,切向退刀至点 D)
N140  G00  Z5;                              (Z 向退刀至安全高度)
N150  G00  Y25;                             (快速移动到 A 点)
N160  G01  Z-16  F200;                      (刀具进给至 Z=-16mm 处)
N170  G41  Y0  D01  F100;                   (建立刀具半径左补偿,切向进刀至点 8)
N180  G02  X-1.951 Y-19.905  I-20  J0;      (圆弧插补至点 5)
N190  G01  X-83.165  Y-11.943;              (直线插补至点 4)
N200  G02  Y11.943  R12;                    (圆弧插补至点 7)
N210  G01  X-1.951  Y19,905;                (直线插补至点 6)
N220  G02  X20  Y0  R20;                    (圆弧插补至点 8)
N230  G40  G01  X25  Y-20  D01;             (取消刀补,切向退刀至 B 点)
N240  G00  Z50  M5;                         (Z 向退刀至安全高度,主轴停止)
N250  M30;                                  (程序结束)
```

思考题与习题

8-1　数控铣床的加工对象和编程特点是什么?

8-2　数控铣床的基本功能指令如何分类?

8-3　主程序调用子程序的指令是什么，其格式如何? M99 为何意?

8-4　简化编程指令有哪些? 手工编程使用简化编程指令有何意义?

8-5　孔加工循环有哪些指令，如何使用? R 平面的设定有何意义?

8-6　数控铣床的补偿功能有哪些?

8-7　说明 G17、G18、G19 指令的区别，以及圆弧插补指令 G02、G03 的区别?

8-8　某工件的深度为（30±0.02）mm，由于对刀等误差，加工后实测深度为 29.88mm，原刀具补偿值为－70mm。现要求修正刀具补偿值来调整切削深度（背吃刀量），试计算修正后的刀具补偿值?

8-9　正五边形零件如图 8-55 所示，毛坯尺寸为 120mm×120mm×18mm，材料为 2A12。要求：(1) 分析零件的加工工艺；(2) 计算各基点坐标；(3) 编写数控加工程序。

8-10　如图 8-56 所示零件，毛坯尺寸为 234mm×120mm×25mm，且各平面均已加

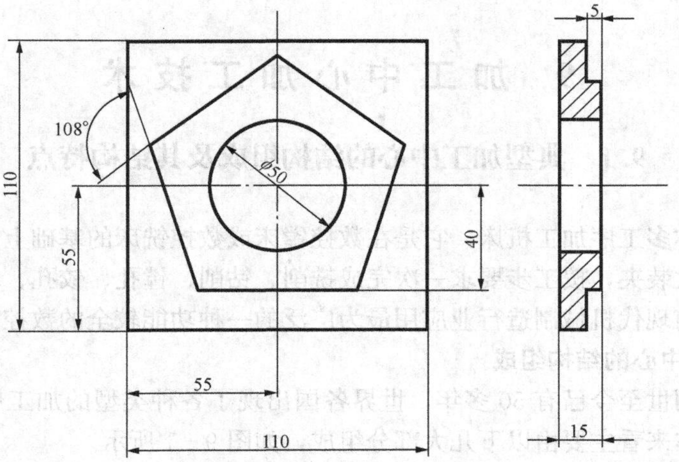

图 8-55 题 8-9 图

工，材料为 45 钢。要求：(1) 分析零件的加工工艺；(2) 计算各基点坐标；(3) 编写数控加工程序。

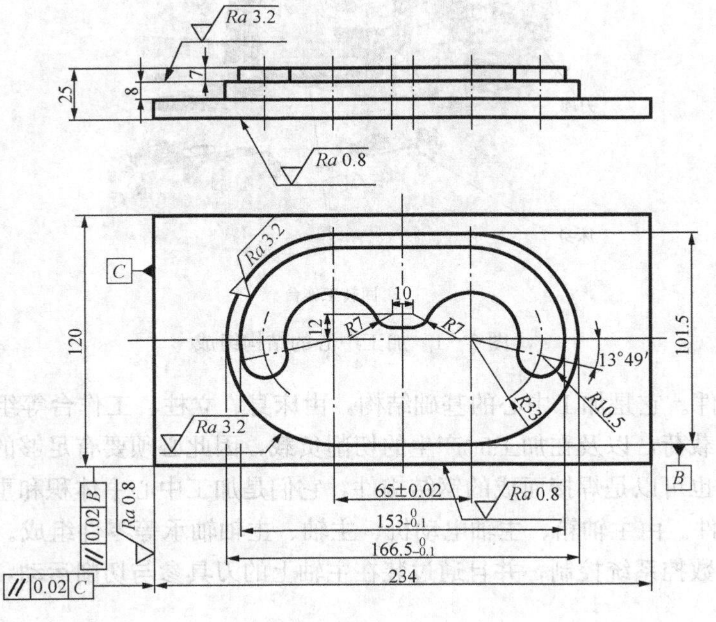

图 8-56 题 8-10 图

9 加工中心加工技术

9.1 典型加工中心的结构组成及其结构特点

加工中心又称多工序加工机床，它是在数控镗床或数控铣床的基础上，增加了自动换刀装置，可通过一次装夹，按工步要求一次完成铣削、钻削、镗孔、铰孔、攻螺纹等多工序的连续加工，是目前现代机械制造行业应用最为广泛的一种功能较全的数控加工设备。

9.1.1 加工中心的结构组成

加工中心自问世至今已有50多年，世界各国出现了各种类型的加工中心，虽然外形结构各异，但从总体来看主要由以下几大部分组成，如图9-1所示。

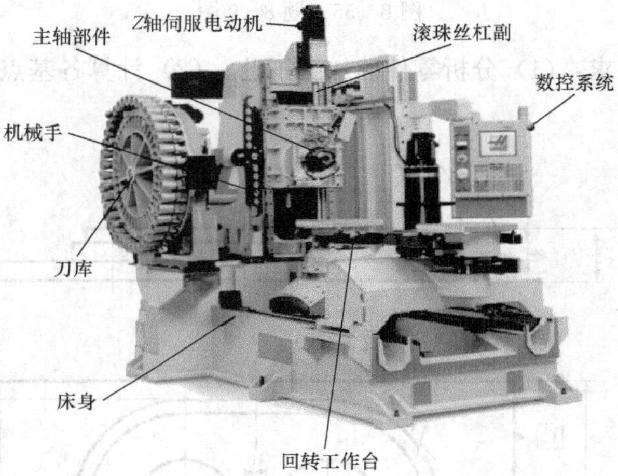

图9-1 加工中心的结构组成

(1) 基础部件。它是加工中心的基础结构，由床身、立柱、工作台等组成，它们主要承受加工中心的静载荷，以及在加工时产生的切削负载，因此必须要有足够的刚度。这些大件可以是铸铁件，也可以是焊接而成的钢结构件，它们是加工中心中体积和重量最大的部件。

(2) 主轴部件。由主轴箱、主轴电动机、主轴、主轴轴承等零件组成。主轴的启、停和变速等动作均由数控系统控制，并且通过装在主轴上的刀具参与切削运动，是切削加工的功率输出部件。

(3) 数控系统。加工中心的数控系统是由数控装置，可编程控制器，伺服驱动装置，以及操作面板等组成。它是执行顺序控制动作和完成加工过程的控制中心，是机床的“大脑”。

(4) 自动换刀系统（ATC）。由刀库、换刀机械手等部件组成。当需要换刀时，数控系统发出指令，由换刀机械手（或通过其他方式）将刀具从刀库内取出并装入主轴孔中。

(5) 辅助装置。包括润滑、冷却、排屑、防护、液压、气动、检测系统等部分。这些装置虽然不直接参与机床的切削运动，但对加工中心的加工效率、加工精度和可靠性起着保障作用，因此也是加工中心中不可缺少的部分。

9.1.2 加工中心的结构特点

(1) 机床的刚度高、抗振性好。为了满足加工中心高自动化、高速度、高精度、高可靠性的要求，加工中心的静刚度、动刚度和机械结构系统的阻尼比都高于普通机床（机床在静态力作用下所表现的刚度称为机床的静刚度；机床在动态力作用下所表现的刚度称为机床的动刚度）。

(2) 机床的传动系统结构简单，传递精度高，速度快。加工中心传动装置主要有三种形式，即滚珠丝杠副、静压蜗杆—蜗母条、预加载荷双齿轮—齿条，一般采用滚珠丝杠副传动。它们由伺服电动机直接驱动，省去齿轮传动机构，因此传递精度高、速度快。一般速度可达 15m/min，最高可达 120m/min。

(3) 主轴系统结构简单，无齿轮箱变速系统（特殊的也只保留 1～2 级齿轮传动）。加工中心主轴功率大，调速范围宽，并可无级调速。目前，95%以上的加工中心主轴传动都采用交流主轴伺服系统，速度为 10～20 000r/min 无级变速。驱动主轴的伺服电动机功率一般都很大，是普通机床的 1～2 倍。由于采用交流伺服主轴系统，主轴电动机功率虽大，但输出功率与实际消耗的功率保持同步，不存在大马拉小车那种浪费电力的情况，因此其工作效率最高，从节能角度看，加工中心又是节能型的制造设备。

(4) 加工中心的导轨都采用了耐磨损材料和新结构，精度寿命长。由于加工中心导轨一般采用钢导轨，淬火硬度高。与导轨配合面用聚四氟乙烯贴层，这样使导轨的摩擦系数小、耐磨性好、减振消声且工艺性好。因此能长期保持导轨的精度，在高速重切削下，保证运动部件不振动；低速进给时不爬行且保持运动中的高灵敏度。所以，加工中心的精度寿命比一般的机床高。

(5) 设置有刀库和换刀机构，使机床功能大为增强。加工中心与数控铣床、数控镗床的主要区别在于增加了刀库和换刀机构。加工中心的刀库容量少的有几把，多的达几百把。这些刀具通过换刀机构来自动调用和更换，也可通过控制系统对刀具寿命进行管理。因此，加工中心的功能和自动化加工能力更强。

(6) 数控系统功能较全。加工中心的数控系统不但可对刀具的自动加工进行控制，还可对刀库进行控制和管理，实现刀具自动更换。有的加工中心还具有多个工作台，工作台可自动更换，不但能对一个工件进行自动加工，而且可对一批工件进行自动加工。随着加工中心数控系统的发展，其智能化的程度越来越高，如 FANUC 0*i* 系统可实现人机对话、在线自动编程，通过彩色显示器与手动操作键盘的配合，还可实现程序的输入、编辑、修改、删除，具有前台操作、后台编辑的前后台功能。加工过程中可实现在线检测，检测出的偏差可自动修正，保证首件加工一次成功，从而可以防止废品的产生。

9.2 数控加工中心的加工工艺

制订加工中心加工工艺方案是对工件进行加工的前期准备工作，合理的加工工艺方案是编制数控加工程序的依据。加工中心设置有刀库和自动换刀装置，能自动更换刀具，连续地对工件各加工面自动完成铣（车）、镗、钻、扩、铰、攻螺纹等多工序加工，工序高度集中，工艺范围大，因此也为工艺方案的设计提供了便利。

加工中心加工工艺方案的制订内容包括零件工艺分析和工艺设计。

编程人员必须先制订出合理的加工工艺方案，然后才可以进行编程。

9.2.1 零件的工艺分析

使用加工中心加工时对零件进行工艺分析的主要内容，基本与数控铣床的相同，可参见本书第8章部分。但加工中心也有其特殊性，所以还需考虑以下加工方面。

1. 选择加工中心的加工内容

加工中心与普通铣床相比，具有加工精度高，加工零件的形状复杂，加工范围广等特点。但是加工中心价格较高，加工技术较复杂，零件的制造成本也较高。因此正确选择适合加工中心加工的内容就显得很有必要。通常选择下列部位为其加工内容：

(1) 零件有内、外复杂曲线的轮廓，特别是由数学表达式等给出其轮廓的非圆曲线或列表曲线等曲线轮廓。

(2) 零件由数学模型设计，并具有三维空间的曲面。

(3) 形状复杂、尺寸繁多、划线与检测困难的部位。

(4) 用通用铣床加工难以观察、测量和控制进给的内外凹槽。

(5) 尺寸精度、几何精度、表面粗糙度等要求较高的零件，如发动机缸体上的多组高精度孔或型面。

(6) 能在一次安装中顺带铣削出来的简单表面。

(7) 采用加工中心加工后能成倍提高生产率，大大减轻体力劳动强度的一般加工内容。

虽然数控铣床加工范围广泛，但是因受数控铣床自身特点的制约，某些零件仍不适合在数控铣床上加工。如简单的粗加工面，加工余量不太充分或不太稳定的部位，以及生产批量特别大，而精度要求又不高的零件等，这些零件都适合在加工中心上加工。

2. 零件结构工艺性分析

从机械加工的角度考虑，在加工中心上加工的零件，其结构工艺性应具备以下几点要求：

(1) 零件的切削加工量要小，以便减少加工中心的切削加工时间，降低零件的加工成本。

(2) 零件上光孔和螺纹的尺寸规格尽可能少，减少加工时钻头、铰刀及丝锥等刀具的数量，以防刀库容量不够。

(3) 零件尺寸规格尽量标准化，以便采用标准刀具。

(4) 零件加工表面应具有加工方便性和可能性。

(5) 零件结构应具有足够的刚性，以减少夹紧变形和切削变形。变形不仅影响加工质量，而且当变形较大时，将使加工不能继续进行下去。

3. 零件毛坯的工艺性分析

零件在使用加工中心进行加工时，由于加工过程的自动化，所以对于毛坯余量的大小，如何装夹等问题在设计毛坯时就要考虑好，否则加工精度将很难保证。因此，在对零件图进行工艺分析后，还应结合加工中心的特点，对零件毛坯进行工艺分析。

(1) 毛坯的加工余量。毛坯的制造精度一般都很低，特别是锻、铸件。因模锻时的欠压量与允许的错模量会造成余量的多少不均；铸造时也会因砂型误差、收缩量，以及金属液体的流动性差不能充满型腔等造成余量的不均。此外，锻造、铸造后，毛坯的烧曲与扭曲变形量的不同也会造成加工余量不充分或不均匀。毛坯加工余量的大小，是数控加工前必须认真考虑的问题。因此，除板料外，不论是锻件、铸件还是型材，只要准备采用数控加工，其加工面均应有较充分的余量。

(2) 毛坯的装夹。主要考虑毛坯在加工时定位和夹紧的可靠性与方便性，以便在一次安装中加工出较多表面。对不便于装夹的毛坯，可考虑在毛坯上另外增加装夹余量或工艺凸台、工艺凸耳等辅助基准。

(3) 毛坯的余量的均匀性。主要是考虑在加工时要不要分层切削，分几层切削，以及加工中、加工后的变形程度等因素，考虑是否应采取相应预防或补救的措施。如对于热轧中、厚铝板，经淬火时效后很容易在加工中与加工后变形，最好采用经预拉伸处理的淬火板坯。

9.2.2 加工方法的选择

加工中心加工零件的表面包括平面、平面轮廓、曲面、孔、螺纹等。所选加工方法要与零件的表面特征，所要求达到的精度，以及表面粗糙度相适应。

1. 平面、平面轮廓及曲面加工方案分析

平面、平面轮廓及曲面在镗铣类加工中心上唯一的加工方法是铣削。经粗铣的平面，尺寸精度可达 IT12～IT14 级（指两平面之间的尺寸），表面粗糙度 Ra 值可达 12.5～50μm。经粗、精铣的平面，尺寸精度可达 IT7～IT9 级，表面粗糙度 Ra 值可达1.6～3.2μm。

(1) 平面轮廓多由直线、圆弧或各种曲线构成，通常采用三坐标联动及以上的加工中心机床加工。

(2) 固定斜角平面是与水平面成一定夹角的斜面，常采用以下加工方法：

1) 当零件尺寸不大时，可用斜垫板垫平后加工；如果机床主轴可以摆角，则可以摆成适当的定角，用不同的刀具来加工。当零件尺寸很大，斜面斜度又较小时，常用行切法加工。

2) 对于正圆台和斜筋表面，一般可用专用的角度成形铣刀加工，其效果比采用五坐标联动加工中心的摆角加工好。

(3) 变斜角面加工常用的加工方案有以下两种：

1) 对曲率变化较小的变斜角面，选用 X、Y、Z 和 A 四坐标联动的加工中心机床，采用立铣刀以插补方式摆角加工。

2) 对曲率变化较大的变斜角面，用四坐标联动加工中心难以满足加工要求，最好用 X、Y、Z、A 和 B（或 C 转轴）的五坐标联动加工中心，以圆弧插补方式摆角加工。

2. 孔加工方法分析

加工中心有刀库，可以自动换刀，因此只需一个程序就可连续完成孔的钻削、扩削、铰削和镗削等加工，这是数控铣床所不具备的。但对不同直径的孔，加工中心也需要采取不同的加工方法。

(1) 大直径孔还可采用圆弧插补方式进行铣削加工。

(2) 对于直径大于 30mm 已铸出或锻出毛坯孔的孔加工，一般采用粗镗—半精镗—孔口倒角—精镗加工方案，孔径较大的可采用立铣刀粗铣—精铣加工方案。有空刀槽时可用锯片铣刀在半精镗之后、精镗之前铣削完成，也可用镗刀进行单刀镗削，但单刀镗削效率低。

(3) 对于直径小于 30mm 的无毛坯孔的孔加工，通常采用锪平端面—打中心孔—钻—扩—孔口倒角—铰加工方案。有同轴度要求的小孔，需采用锪平端面—打中心孔—钻—半精镗—孔口倒角—精镗（或铰）加工方案。为提高孔的位置精度，在钻孔工步前需安排锪平端面和打中心孔工步。孔口倒角安排在半精加工之后、精加工之前，以防孔内产生毛刺。

(4) 螺纹孔的加工根据孔径大小不同而采取不同方法。一般情况下，直径为 M6～M20 的螺纹，通常采用攻螺纹的方法加工；直径在 M6 以下的螺纹，在加工中心上完成底孔加工，通过其他手段攻螺纹，因为在加工中心上攻小螺纹，小直径丝锥容易折断；直径在

M20以上的螺纹，可采用镗刀片镗削加工。

9.2.3 加工阶段的划分

在加工中心上加工的零件，其加工阶段的划分主要根据零件是否已经过粗加工，加工质量要求的高低，毛坯质量的高低，以及零件批量的大小等因素确定。

若零件已在其他机床上经过粗加工，加工中心只是完成最后的精加工，则不必划分加工阶段。

对加工质量要求较高的零件，若其主要表面在上加工中心加工之前没有经过粗加工，则应尽量将粗、精加工分开进行。使零件粗加工后有一段自然时效过程，以消除残余应力，恢复切削力、夹紧力引起的弹性变形、切削热引起的热变形，必要时还可以安排人工时效处理，最后通过精加工消除各种变形。

对加工精度要求不高，并且毛坯质量较高，加工余量不大，生产批量很小的零件或新产品试制中的零件，利用加工中心良好的冷却系统，可把粗、精加工合并进行。但粗、精加工应划分成两道工序分别完成。粗加工用较大的夹紧力，精加工用较小的夹紧力。

9.2.4 加工顺序的安排

在加工中心上加工零件，一般都有多个工步，使用多把刀具，因此加工顺序安排的是否合理，直接影响到加工精度、加工效率、刀具数量和经济效益。在安排加工顺序时同样要遵循基面先行、先粗后精、先主后次、先面后孔的一般工艺原则。具体加工顺序的确定可以参照数控铣床加工顺序的确定方法外，此外还应考虑以下几个方面：

(1) 减少换刀次数，节省辅助时间。一般情况下，每换一把新的刀具后，应通过移动坐标，回转工作台等将应由该刀具切削的所有表面全部完成。

(2) 每道工序尽量减少刀具的空行程移动量，按最短路线安排加工表面的加工顺序。安排加工顺序时可参照采用粗铣大平面—粗镗孔、半精镗孔—立铣刀加工—加工中心孔—钻孔—攻螺纹—平面和孔精加工（精铣、铰、镗等）的加工顺序。

(3) 有较高同轴度要求的孔系，不采用刀具集中原则。刀具应该在一次定位后，通过顺序换刀，连续加工完成有较高同轴度要求的孔系，再加工其他位置的孔。

(4) 加工中心的工序集中加工方式固然有其独特的优点，但也带来了一些问题。

1）粗加工后直接进入精加工阶段，工件的温升来不及回复，冷却后尺寸会有所变动。

2）工件由毛坯直接加工为成品，一次装夹中金属切除量大，几何形状变化大，没有释放应力的过程，加工一段时间后内应力释放，将会使工件变形。

3）切削不断屑，切屑的堆积、缠绕等将影响加工的顺利进行及零件的表面质量，甚至使刀具损坏，工件报废。

4）装夹零件的夹具必须满足既能克服粗加工的大切削力，又能在精加工中准确定位的要求，而且零件夹紧变形要小。

5）由于ATC的应用，使工件尺寸、大小、高度都受到了一定的限制，钻孔深度、刀具长度、刀具直径、重量等也要予以考虑。

9.2.5 进给路线的确定

确定进给路线时，要在保证被加工零件获得良好加工精度和表面质量的前提下，力求计算容易，走刀路线短，空刀时间少。进给路线的确定与工件表面状况，零件的要求表面质量，机床进给机构的间隙，刀具耐用度，以及零件轮廓形状等有关。确定进给路线主要考虑以下几个方面：

1）铣削零件表面时，要选用正确的铣削方式。

2）进给路线尽量短，以减少加工时间。

3）进刀、退刀位置应选在零件不太重要的部位，并且使刀具沿零件的切线方向进刀、退刀，以避免产生刀痕。在铣削内表面轮廓时，切入切出无法外延，铣刀只能沿法线方向切入和切出，此时，切入切出点应选在零件轮廓两个几何元素的交点上。

4）先加工外轮廓，后加工内轮廓。

加工中心上刀具的进给路线可分为孔加工进给路线和铣削加工进给路线。

（1）孔加工时进给路线的确定。孔加工时，一般是首先将刀具在 XY 平面内快速定位运动到孔中心线的位置上，然后刀具再沿 Z 向（轴向）运动进行加工。所以孔加工进给路线的确定包括下述内容。

1）确定 XY 平面内的进给路线。孔加工时，刀具在 XY 平面内的运动属点位运动，确定进给路线时，主要考虑：①定位要迅速。也就是在刀具不与工件、夹具和机床碰撞的前提下空行程时间尽可能短；②定位要准确。安排进给路线时，要避免机械进给系统反向间隙对孔位精度的影响。

2）确定 Z 向（轴向）的进给路线。刀具在 Z 向的进给路线分为快速移动进给路线和工作进给路线。刀具先从初始平面快速运动到距工件加工表面一定距离的 R 平面（距工件加工表面一切入距离的平面）上，然后按工作进给速度运动进行加工。

（2）铣削加工时进给路线的确定。铣削加工进给路线比孔加工进给路线要复杂些，因为铣削加工的表面有平面、平面轮廓、各种槽、空间曲面等。表面形状不同，进给路线也就不一样，但总的可分为切削进给和 Z 向快速移动进给两种路线。Z 向快速移动进给路线常见的有下列几种情况：

1）铣削开口不通槽时，铣刀在 Z 向可直接快速移动到位，不需工作进给。

2）铣削封闭槽（如键槽）时，铣刀需有一切入距离，先快速移动到 R 平面，然后以工作进给速度进给至铣削深度。

3）铣削轮廓及通槽时，铣刀需有一切出距离，可直接快速移动到 R 平面。

9.2.6 典型零件的数控加工工艺设计实例

如图 9-2 所示升降台铣床的支承套，在两个互相垂直的方向上有多个孔需要加工，若在普通机床上加工，则需多次安装才能完成，且效率低，在加工中心上加工，只需一次安装即可完成，其工艺设计过程如下。

1. 分析图样并选择加工内容

支承套的材料为 45 钢，毛坯选棒料。支承套 $\phi35$ H7 孔对 $\phi100$f9 外圆、$\phi60$ 孔底平面对 $\phi35$H7 孔、2×$\phi15$H7 孔对端面 C 及端面 C 对 $\phi100$f9 外圆均有位置精度要求。为便于在加工中心上定位和夹紧，将 $\phi100$f9 外圆、$80^{+0.5}_{0}$ 尺寸两端面、$78^{0}_{-0.5}$ 尺寸上平面均安排在前面工序中由普通机床完成。其余加工表面（2×$\phi15$H7 孔、$\phi35$H7 孔、$\phi60$ 孔、2×$\phi11$ 孔、2×$\phi17$ 孔、2×M6-6H 螺孔）确定在加工中心上一次安装并完成加工。

2. 选择加工中心

因加工表面位于支承套互相垂直的两个表面（左侧面及上平面）上，需要两工位加工才能完成，故加工设备选择卧式加工中心。加工工步有钻孔、扩孔、镗孔、锪孔、铰孔及攻螺

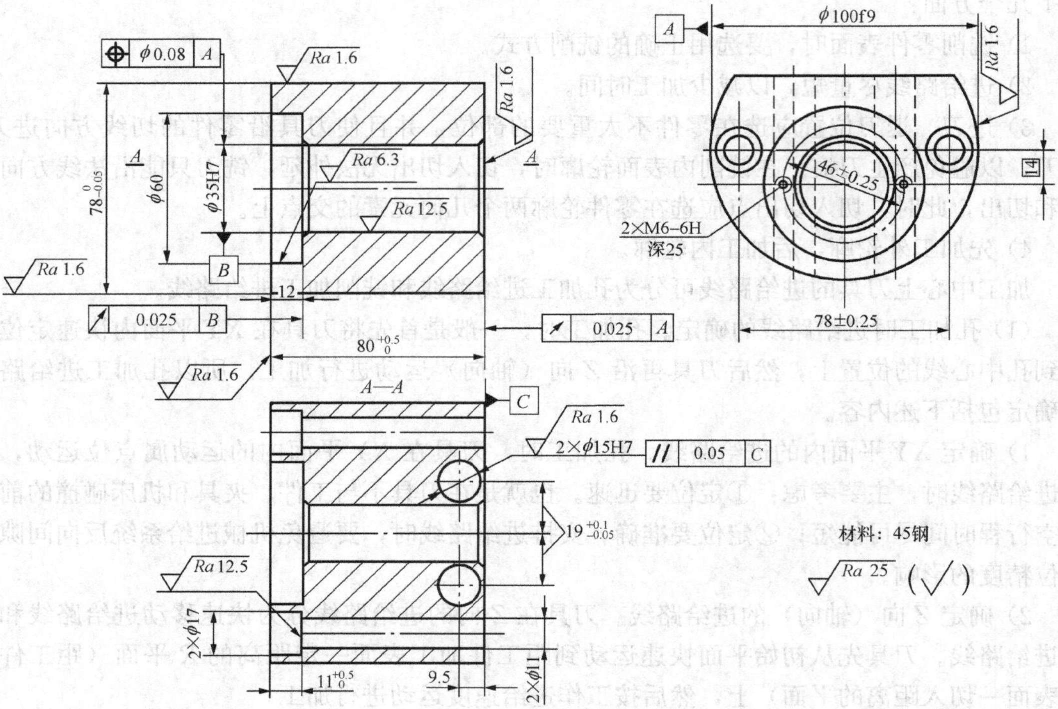

图 9-2 支承套简图

纹等，所需刀具不超过 20 把。国产 XH754 型卧式加工中心可满足上述要求，该机床工作台尺寸为 400mm×400mm，X 轴行程为 500mm，Z 轴行程为 400mm，Y 轴行程为 400mm，主轴中心线至工作台距离为 100～500mm，主轴端面至工作台中心线距离为 150～550mm，主轴锥孔为 ISO 40，定位精度和重复定位精度分别为 0.02mm 和 0.01mm，工作台分度精度和重复分度精度分别为 7″和 4″。

3. 工艺设计

(1) 选择加工方法。所有孔都是在实体上加工，为防止钻偏，均先用中心钻钻削引正孔，然后再钻孔。为保证孔 ϕ35H7 及 2×ϕ15H7 的精度，根据其尺寸，选择铰削做其最终加工方法。对 ϕ60 的孔，根据孔径精度、孔深尺寸和孔底平面要求，用铣削方法同时完成孔壁和孔底平面的加工。各加工表面选择的加工方案如下：

ϕ35H7 孔：钻中心孔—钻孔—粗镗—半精镗—铰孔。

ϕ15H7 孔：钻中心孔—钻孔—扩孔—铰孔。

ϕ60 孔：粗铣—精铣。

ϕ11 孔：钻中心孔—钻孔。

ϕ17 孔：锪孔（在 ϕ11 底孔上）。

2×M6-6H 螺孔：钻中心孔—钻底孔—孔端倒角—攻螺纹。

(2) 确定加工顺序。为减少变换工位的辅助时间和工作台分度误差的影响，各个工位的加工表面在工作台一次分度下按先粗后精的原则加工完毕。具体的加工顺序是第一工位(B0°)：钻 ϕ35H7、2×ϕ11 中心孔—钻 ϕ35H7 孔—钻 2×ϕ11 孔—锪 2×ϕ17 孔—粗镗

ϕ35H7 孔—粗铣、精铣 ϕ60×12 孔—半精镗 ϕ35H7 孔—钻 2×M6－6H 螺纹中心孔—钻 2×M6－6H 螺纹底孔—2×M6－6H 螺纹孔端倒角—攻 2×M6－6H 螺纹—铰 ϕ35H7 孔；第二工位（B90°）：钻 2×ϕ15H7 中心孔—钻 2×ϕ15H7 孔—扩 2×ϕ15H7 孔—铰 2×15H7 孔。

（3）确定装夹方案和选择夹具。ϕ35H7 孔、ϕ60 孔、2×ϕ11 孔及 2×ϕ17 孔的设计基准均为 ϕ100f9 外圆中心线，遵循基准重合原则，选择 ϕ100f9 外圆中心线为主要定位基准。因 ϕ100f9 外圆不是整圆，故用 V 形块做定位元件。在支承套长度方向，若选右端面定位，则难以保证 ϕ17 孔深尺寸 $11^{+0.5}_{0}$（因工序尺寸 80、11 无公差），故选择左端面定位。所用夹具为专用夹具，工件的装夹简图，如图 9－3 所示。在装夹时应使工件上平面在夹具中保持垂直，以消除转动自由度。

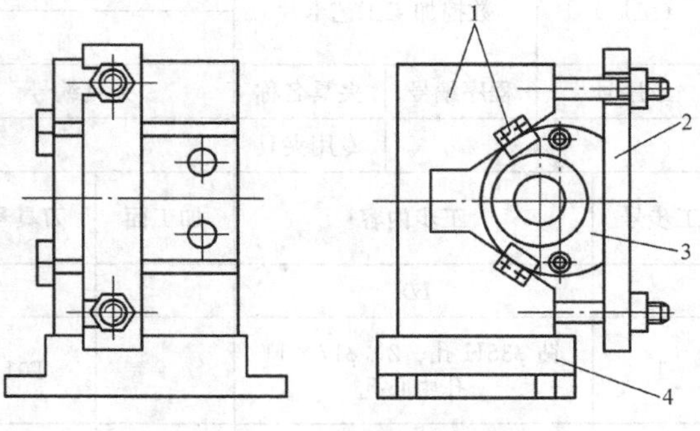

图 9－3 支承套装夹示意

1—定位元件；2—夹紧机构；3—工件；4—夹具体

（4）选择刀具。各工步的刀具直径根据加工余量和孔径确定，详见表 9－1 数控加工刀具卡片。刀具长度与工件在机床工作台上的装夹位置有关，在装夹位置确定之后，再计算刀具长度。

表 9－1 **数控加工刀具卡片**

产品名称或代号			零件名称	盖板	零件图号		程序编号	
工步号	刀具号	刀具名称	刀柄型号	刀具			补偿值（mm）	备注
				直径（mm）	长度（mm）			
1	T01	中心钻 ϕ3	JT40—Z6—45	ϕ3	280			
2	T13	锥柄麻花钻 ϕ31	JT40—M3—75	ϕ31	330			
3	T02	锥柄麻花钻 ϕ11	JT40—M1—35	ϕ11	330			
4	T03	锥柄埋头钻 ϕ17×11mm	JT40—M2—50	ϕ17	300			
5	T04	粗镗刀 ϕ34	JT40—TQC30—165	ϕ34	320			
6	T05	硬质合金立铣刀 ϕ32	JT40—MW4—85	ϕ32T	300			
7	T05							
8	T06	镗刀 ϕ34.85	JT40—TZC30—165	ϕ34.5	320			
9	T01							
10	T07	直柄麻花钻 ϕ5	JT40—Z6—45	ϕ5	300			
11	T02							
12	T08	机用丝锥 M6	JT40—G1JT3	M6	280			
13	T09	套式铰刀 ϕ35AH7	JT40—K19—140	ϕ35AH7	330			
14	T01							
15	T10	锥柄麻花钻 ϕ14	JT40—M1—30	ϕ14	320			
16	T11	扩孔钻 ϕ14.85	JT40—M2—50	ϕ14.85	320			
17	T12	铰刀 ϕ15H7	JT40—M2—50	ϕ15H7	320			
编制		审核		批准			共 1 页	第 1 页

（5）数控加工工序卡片见表 9-2。

表 9-2 **数控加工工序卡片**

（工厂）	数控加工工艺卡片	产品名称或代号		零件名称		材料	零件图号	
				支承套		45 钢		
工序号	程序编号	夹具名称	夹具编号		使用设备		车间	
		专用夹具			FV-32			
工步号	工步内容	加工面	刀具号	刀具规格（mm）	主轴转速（r/mm）	进给速度（mm/min）	背吃刀量（mm）	备注
	B0°							
1	钻 ϕ35H 孔、2×ϕ17×11 孔中心孔		T01	ϕ3	1200	40		
2	钻 ϕ35H 孔至 ϕ31		T13	ϕ31	150	30		
3	钻 ϕ11 孔		T02	ϕ11	500	70		
4	锪 2×ϕ17		T03	ϕ17	150	15		
5	粗镗 ϕ35H7 孔至 ϕ34		T04	ϕ34	400	30		
6	粗铣 ϕ60×12mm 至 ϕ59×11.5mm		T05	ϕ32T	500	70		
7	精铣 ϕ60×12mm		T05	ϕ32T	600	45		
8	半精镗 ϕ35H7 孔至 ϕ34.85		T06	ϕ34.85	450	35		
9	钻 2×$M6$-6H 螺纹中心孔		T01		1200	40		
10	钻 2×$M6$-6H 底孔至 ϕ5		T07	ϕ5	650	35		
11	2×$M6$-6H 孔端倒角		T02		500	20		
12	攻 2×$M6$-6H 螺纹		T08	M6	100	100		
13	铰 ϕ35H7 孔		T09	ϕ35H7	100	50		
	B90°							
14	钻 2×ϕ15H7 至中心孔		T01		1200	40		
15	钻 2×ϕ15H7 至 ϕ14		T10	ϕ14	450	60		
16	扩 2×ϕ15H7 至 ϕ14.85		T11	ϕ14.85	200	40		
17	铰 2×ϕ15H7 孔		T12	ϕ15 H7	100	60		
编制		审核		批准			共 1 页	第 1 页

注 B0°和 B90°表示加工中心上两个互成 90°的工位。

9.3 加工中心基本指令编程方法

加工中心的基本指令编程方法与数控铣床的基本相同，加工坐标系的设置方法也与之一样。因而，下面将主要介绍加工中心的换刀指令等几个与数控铣床不同的指令，以及 B 类宏程序应用、对刀方法等内容。当然这些指令并非所有加工中心都有，也并非只有加工中心才有。具有什么样的指令功能，主要取决于该机床采用的数控系统。

9.3.1 准备功能G代码

FANUC 0i－MC数控系统的准备功能G代码，见表9－3。

表9－3 准备功能G代码

G代码	分组	功能	G代码	分组	功能
G00*	01	点定位（快速移动）	G56	12	选用3号工件坐标系
G01*	01	直线插补（进给速度）	G57	12	选用4号工件坐标系
G02	01	顺时针圆弧插补	G58	12	选用5号工件坐标系
G03	01	逆时针圆弧插补	G59	12	选用6号工件坐标系
G04	00	暂停	G60	00	单一方向定位
G09	00	准停检验	G61	13	精确停止方式
G10	00	偏移量设定	G64*	13	切削方式
G15	18	极坐标指令取消	G68	16	坐标系旋转
G16	18	极坐标指令	G69	16	坐标系旋转取消
G17*	02	选择XY平面	G73	09	深孔钻削固定循环（断屑式）
G18	02	选择ZX平面	G74	09	反螺纹攻丝固定循环
G19	02	选择YZ平面	G76	09	精镗固定循环
G20	06	英制尺寸	G80	09	取消固定循环
G21	06	米制尺寸	G81	09	钻削固定循环
G27	00	返回参考点检验	G82	09	钻削固定循环
G28	00	返回参考点	G83	09	深孔钻削固定循环（排屑式）
G29	00	从参考点返回	G84	09	攻丝固定循环
G30	00	返回第二参考点	G85	09	镗削固定循环
G40*	07	取消刀具半径补偿	G86	09	镗削固定循环
G41	07	刀具半径左补偿	G87	09	背镗固定循环
G42	07	刀具半径右补偿	G88	09	镗削固定循环
G43	08	刀具长度正补偿	G89	09	镗削固定循环
G44	08	刀具长度负补偿	G90*	03	绝对值指令方式
G49*	08	取消刀具长度补偿	G91	03	增量值指令方式
G50	11	图形缩放取消	G92	00	设定工件坐标系
G51	11	图形缩放打开	G94*	05	每分进给
G52	00	设置局部坐标系	G95	05	每转进给
G53	00	选择机床坐标系	G98*	04	返回初始平面
G54	12	选用1号工件坐标系	G99	04	返回R平面
G55	12	选用2号工件坐标系			

*表示接通电源时即为该G指令的状态。

9.3.2 部分编程指令详解

1. 可变更加工坐标系指令G10

程序格式：G10 L2 P_ X_ Y_ Z_；

其中

$P=0$：外部工件原点偏移值。

$P=1\sim6$：工件坐标系 1～6 的工件零点偏移（即对应 G54～G59 的工件零点偏移）。

X_Y_Z_：对于绝对值指令（G90），为每个轴的工件零点偏移值；对于增量值指令（G91），为每个轴加到设定工件零点的偏移量（相加的结果为新的工件零点偏移量）。

例如，当前 G56 的设定页面为 X－200 Y－200 Z－200，当执行程序段 G90 G10 L2 P3 X－10 Y－5 Z－20 时，则 G56 的设定页面变为 X－10 Y－5 Z－20。若执行程序段 G91 G10 L2 P3 X－10 Y－5 Z－20，则 G56 的设定页面变为 X－210 Y－205 Z－220。

2. 可扩展工件坐标系指令 G54

当编程时所需工件坐标系的数目超过 6 个时，可以使用可扩展工件坐标系指令 G54，最多可扩展为 48 个坐标系。

程序格式：G54 Pn；

其中，n＝1～48。

3. 刀具长度补偿指令 G43、G44、G49

G43——刀具长度补偿正向偏置；

G44——刀具长度补偿负向偏置；

G49——取消刀具长度补偿。

程序格式：G43/G44　Z_H_；

当刀具磨损时，可在程序中使用刀具长度补偿指令补偿刀具尺寸的变化，而不必重新调整刀具和重新对刀，或者在加工中心上使用多刀加工时，可补偿刀具之间长度的差值。在 G17 情况下，刀具补偿 G43 和 G44 只能用于 Z 轴的补偿，而对 X 轴和 Y 轴无效。格式中的 Z 值是指程序中的指令值。H 为补偿功能代号，它后面的两位数字是刀具补偿寄存器的地址字，如 H01 是指在 01 号寄存器中存放刀具长度的补偿值。除 H00 必须为 0 外，其余寄存器存放刀具长度补偿值，如 H01～H32，该值的范围为米制 0～±999.99mm；英制 0～±99.999inch。

如图 9－4 所示，执行 G43 时：

$$Z_{实际值}=Z_{指令值}+E(\mathrm{H}\times\times)$$

执行 G44 时：

$$Z_{实际值}=Z_{指令值}-E(\mathrm{H}\times\times)$$

其中，E 即（H××）是指编号为××寄存器中的补偿量。

采用取消刀具长度补偿指令 G49，或用 G43 H00 和 G44 H00 可以撤销补偿指令。

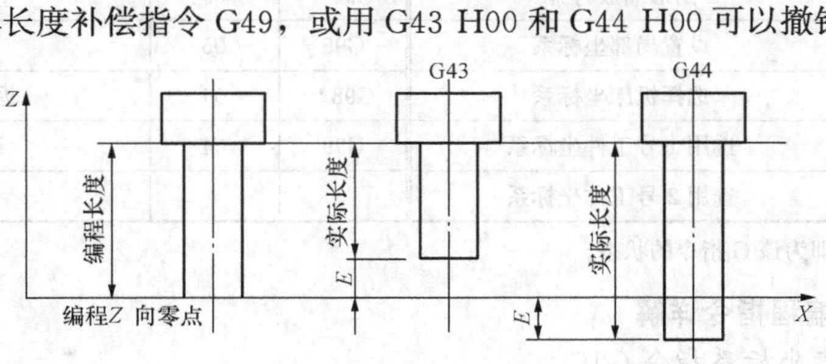

图 9－4　刀具长度补偿

［例 9－1］ 如图 9－5 所示，E（H01）＝－8mm，E（H02）＝8mm，编制程序如下：

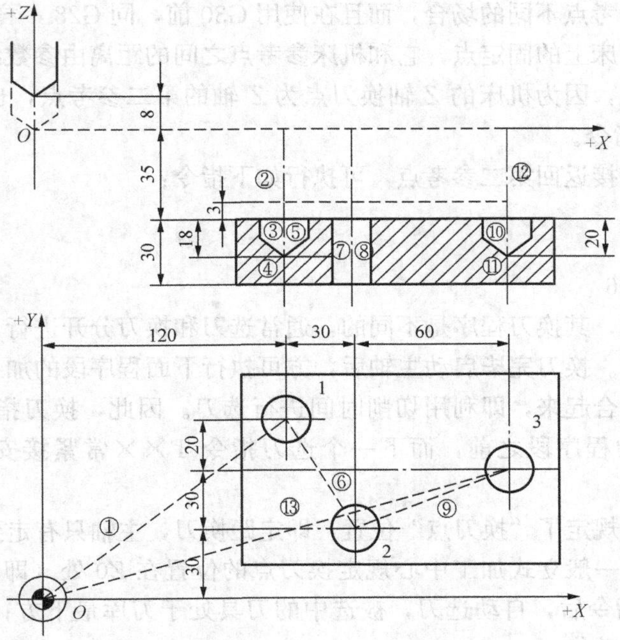

图 9－5 ［例 9－1］图

```
O9001
N1 G91 G00 X120.0 Y80.0;                    (刀具从 X、Y 向程序零点出发)
N2 G43 Z-32.0 H01(或 N2 G44 Z-32 H02);
N3 G01 Z-21.0 F120;
N4 G04 P1000;
N5 G00 Z21.0;
N6 X30.0 Y-50.0;
N7 G01 Z-41.0 F120;
N8 G00 Z41.0;
N9 X60.0Y30;
N10 G01 Z-23.0 F120;
N11 G04 P1000;
N12 G49 G00 Z55.0;
N13 X-210.0 Y-60.0;
N14 M02;
```

4. 返回第二参考点指令 G30

程序格式：G30 X＿Y＿Z＿；

说明：

该指令的使用和执行都和 G28 指令非常相似，都是经过中间点返回参考点。唯一不同的是，G30 指令返回的是第二参考点，而 G28 指令返回的是机床参考点。G30 指令必须在执行返回第一参考点后才有效。如 G30 指令后面直接跟 G29 指令，则刀具将经由 G30 指令的中间点移动到 G29 指令的返回点定位，类似于 G28 后跟 G29 指令。通常 G30 指令用于自动换刀位置与参考点不同的场合，而且在使用 G30 前，同 G28 一样应先取消刀具补偿。

第二参考点是机床上的固定点，它和机床参考点之间的距离由参数给定。第二参考点指令主要用于刀具交换，因为机床的 Z 轴换刀点为 Z 轴的第二参考点，也就是说，刀具交换前必须先执行 G30 指令。

若想从当前点直接返回第二参考点，可执行如下指令：

```
G91 G30 Z0;
```

5. 换刀指令 M06

不同的数控机床，其换刀程序是不同的，通常选刀和换刀分开进行，换刀动作必须在主轴停转的条件下进行。换刀完毕启动主轴后，方可执行下面程序段的加工动作，选刀动作可与机床的加工动作重合起来，即利用切削时间进行选刀。因此，换刀指令 M06 必须安排在用新刀具进行加工的程序段之前，而下一个选刀指令 T××常紧接安排在这次换刀指令之后。

多数加工中心都规定了“换刀点”位置，即定距换刀，主轴只有走到这个位置，机械手才能执行换刀动作。一般立式加工中心规定换刀点的位置在 $Z0$ 处（即机床 Z 轴零点）。当控制机接到选刀 T 指令后，自动选刀，被选中的刀具处于刀库最下方；接到换刀指令 M06 后，机械手执行换刀动作。

方法一

```
N010 G00 Z0 T02;
N011 M06;
```

返回 Z 轴换刀点的同时，刀库将 T02 号刀具选出，然后进行刀具交换，换到主轴上的刀具为 T02，若 Z 轴回零时间小于 T 功能执行时间（即选刀时间），则 M06 指令等刀库将 T02 号刀具转到最下方位置后才能执行。因此，这种方法所占用的机动时间较长。

方法二

```
N010 G01 Z…T02
      ⋮
N017 G00 Z0 M06
N018 G01 Z…T03
      ⋮
```

N017 程序段换上 N010 程序段选出的 T02 号刀具；在换刀后，紧接着选出下次要用的 T03 号刀具，在 N010 程序段和 N018 程序段执行选刀时，不占用机动时间，所以这种方式较好。

6. 可选切角及圆角指令

在两段直线插补之间，可以自动加入切角或圆角。

程序格式：

```
自动倒角        ,C_;
```

自动圆角　　　　　　,R_;

自动倒角功能即从两条直线距离交点为 C 的位置形成一个倒角；自动圆角功能即在两条直线之间插入一段半径为 R 并与两条直线都相切的圆弧。使用该功能时应注意地址 R 或 C 前面一定要有字符“,”。

执行以上两个功能的程序段中不应包含下列G代码：①00组的G代码（G04除外）；②G02和G03。

当两条直线之间的夹角在 $\pm 1°$ 之间时，自动切角和自动圆角被忽略。

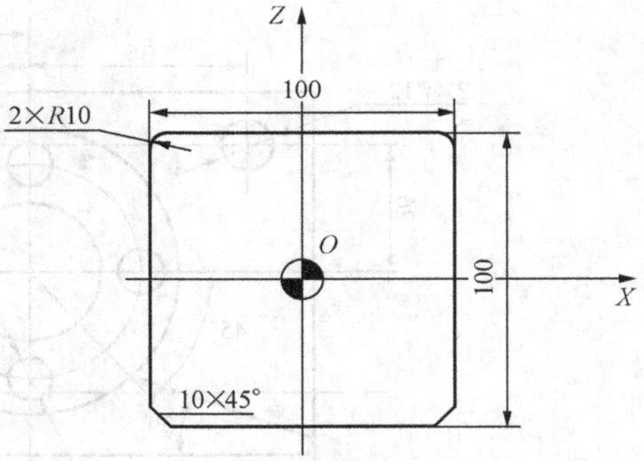

图9-6　倒角及圆角指令

[例9-2]　利用倒角及圆角指令实现如图9-6所示外形轮廓的加工。

程序如下：

```
O0009                      (程序号)
G90 G54 G00 X-70 Y-70;     (建立工件坐标系)
Z100 M03 S500;             (Z轴至起始高度,启动主轴)
Z10;                       (Z轴下降至安全高度)
G01 Z-10 F100;             (下刀)
G41 X-50 Y-55 D01;         (加上刀具半径补偿)
G01 Y50  ,R10;             (加入圆角指令)
X50  ,R10;                 (加入圆角指令)
Y-50  ,C10;                (加入倒角指令)
X-50  ,C10;                (加入倒角指令)
Y-40;                      (Y轴至-40处)
G00 Z100;                  (Z轴至起始高度)
G40 X-70 Y-70 M05;         (取消刀补,停止主轴)
M30;                       (程序结束)
```

9.4 加工中心加工实例（以FANUC为例）

[例9-3]　如图9-7所示零件，选用毛坯为100mm×80mm×27mm的方形坯料，材料为45钢，且底面和四个轮廓面均已加工好，要求在立式加工中心上加工顶面、孔及沟槽。

1. 加工部位分析

(1) 加工顶面。

(2) 加工 $\phi 32$ 孔。

(3) 加工 $\phi 60$ 沉孔及沟槽。

(4) 加工4×M8-7H螺孔。

(5) 加工 $2\times\phi 12$ 孔。

(6) 加工 $3\times\phi 6$ 孔。

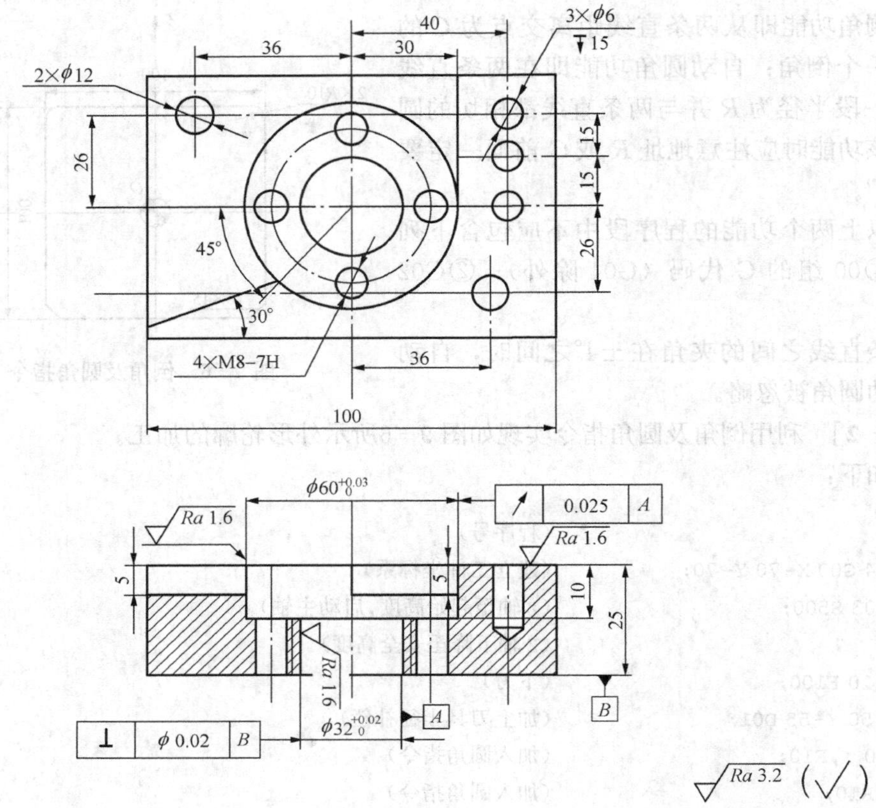

图 9-7 零件图

2. 工步设计（见表 9-4）

表 9-4 **数控加工工序卡片**

（工厂）	数控加工工序卡片		产品名称或代号		零件名称	材料		零件图号
					端盖	45		
工序号	程序编号	夹具名称	夹具编号		使用设备			车间
		专用夹具			FV-32			
工步号	工步内容		刀具号	刀具规格（mm）	主轴转速（r/min）	进给速度（mm/min）	背吃刀量（mm）	备注
1	粗铣顶面		T01（端面铣刀）	ϕ125	240	300		
2	钻 ϕ32、ϕ12 孔中心孔		T02（中心钻）	ϕ2	1000	100		
3	钻 ϕ32、ϕ12 孔至 ϕ11.5		T03（麻花钻）	ϕ11.5	550	110		
4	扩 ϕ32 孔至 ϕ30		T04（麻花钻）	ϕ30	280	85		
5	钻 3×ϕ6 孔至尺寸		T05（麻花钻）	ϕ6	1000	220		

续表

工步号	工步内容		刀具号	刀具规格（mm）	主轴转速（r/min）	进给速度（mm/min）	背吃刀量（mm）	备注
6	粗铣 ϕ60 沉孔及沟槽		T06（双刃立铣刀）	ϕ18	370	1000		
7	钻 4×M8 底孔至 ϕ6.8		T07（麻花钻）	ϕ6.8	950	140		
8	镗 ϕ32 孔至 ϕ31.7		T08（镗刀）	ϕ31.7	830	120		
9	精铣顶面		T01（端面铣刀）	ϕ125	320	280		
10	铰 ϕ12 孔至尺寸		T09（铰刀）	ϕ12	170	42		
11	精镗 ϕ32 孔至尺寸		T10（精镗刀）	ϕ32	940	75		
12	精铣 ϕ60 沉孔及沟槽至尺寸		T11（4 刃立铣刀）	ϕ18	460	1000		
13	ϕ12 孔口倒角		倒角刀	ϕ20	250	1000		
14	3×ϕ6、M8 孔口倒角		T03	ϕ11.5	450	1000		
15	攻 4×M8 螺纹		T12（丝锥）	M8	320	400		
编制		审核		批准			共 1 页	第 1 页

3. 装夹

零件装夹如图 9－8 所示。

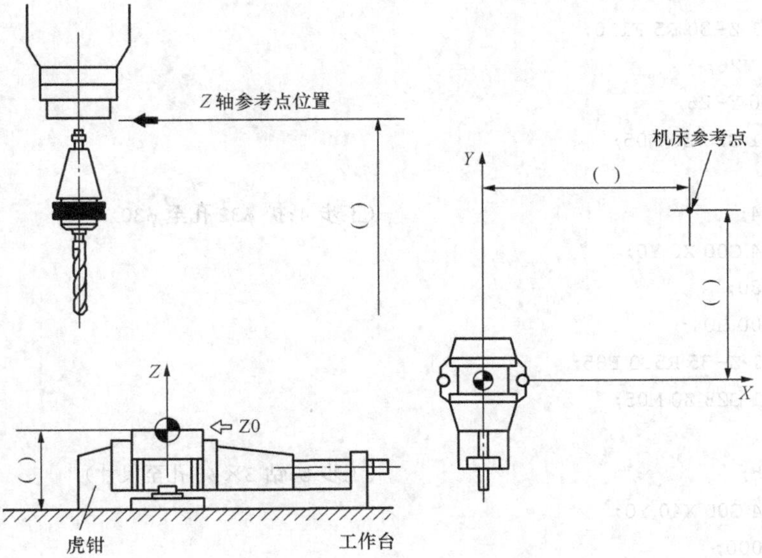

图 9－8 零件装夹

4. 走刀路线与编程（见图 9－9～图 9－11）

```
O0941
N3  G17 G90 G40 G80 G49 G21;
```

```
N4  G91 G28 Z0;
N5  T01 M06;                         (工步 1:粗铣顶面)
N8  G90 G54 G00 X120 Y0;
N9  M03 S240;
N10  G43  Z100  H01;
N11  Z0.5;
N12  G01 X-120 F300;
N13  G00 Z100  M05;
N14  G91 G28 Z0  M05;
N16 M06 T02;                         (工步 2:钻 φ32、φ12 孔中心孔)
N19 G90 G54 G00 X0  Y0;
N20 M03 S1000;
N21 G43 Z100  H02;
N22 G99 G81 Z-5 R5 F100;
N23 X-36 Y26;
N24 G98 X36  Y-26;
N25 G80 G91 G28 Z0 M05;

N27 M06 T03;                         (工步 3:钻 φ32、φ12 孔至 φ11.5)
N30 G90 G54 G00 X0  Y0;
N31 M03 S550;
N32 G43 Z100  H03;
N33 G99 G81 Z-30 R5 F110;
N34 X-36  Y26;
N35 G98 X36 Y-26;
N36 G80 G91 G28 Z0 M05;

N38 M06 T04;                         (工步 4:扩 φ32 孔至 φ30)
N41 G90 G54 G00 X0 Y0;
N42 M03 S280;
N43 G43 Z100 H04;
N44 G98 G81 Z-35 R5.0 F85;
N45 G80 G91 G28 Z0 M05;

N47 M06 T05;                         (工步 5:钻 3×φ6 孔至尺寸)
N50 G90 G54 G00 X40 Y0;
N51 M03 S1000;
N52 G43 Z100 H05;
N53 G99 G81 Z-15  R5  F220;
N54 Y15;
N55 G98 Y30;
N56 G80 G91 G28 Z0 M05;
```

```
N58 M06 T06;                              (工步 6:粗铣 φ60 沉孔及沟槽)
N61 G90 G 54 G00 X0  Y0;
N62 M03 S370;
N63 G43 Z5 H06;
N64 G01 Z-10 F1000;
N65 G41 X8 Y-15 D06 F110;
N66 G03 X23  Y0 R15;
N67 I-23;
N68 X8  Y15  R15;
G00 G40 X0 Y0;
N69 G01 G41 X15 Y-15 D06;
N70 G03 X30 Y0 R15;
N71 I-30;
N72  X15  Y15  R15;
N73 G01 X-16  Y0;
N74 Z-4.7 F1000;
N75 X-61 F110;
N76 X-56.5 Y-41.586;
N77 X-12.213 Y-16.017;
N78 X15  Y-15  F1000;
N79 G03 X30 Y0 R15  F110;
N80 G01 Y51;
N81 X0;
N82 Y16;
N83 G40 Y0 F1000;
N84 G00 Z100 M05;
N85 G91 G28 Z0;

N87 M06 T07;                              (工步 7:钻 4×M8 底孔至 φ6.8)
N88 G90 G54 G00 X23  Y0;
N91 M03 S950;
N92 G43 Z100 H07;
N93 G98 G81 Z-30 R5 F140;
N94 X0  Y23;
N95 X-23  Y0;
N96 G98 X0  Y-23;
N97 G80 G91 G28 Z0  M05;

N99 M06 T08;                              (工步 8:镗 φ32 孔至 φ31.7)
N102 G90 G54 G00 X0 Y0;
N103 M03 S830;
N100 G43 Z100 H08;
N101 G98 G76 Z-27 R5 Q0.1 F120;
```

```
N102 G80 G91 G28 Z0 M05;

N106 M06 T01;                          (工步 9:精铣顶面)
N107 G90 G54 G00 X120  Y0;
N108 M03 S320;
N109  G43  Z100  H01;
N110 Z0;
N111 G01 X-120  F280;
N112 G00 Z100 M05;
N113 G91 G28 Z0 M05;

N115 M06 T09;                          (工步 10:铰 φ12 孔至尺寸)
N118 G90 G54 G00 X-36  Y26;
N119 M03 S170;
N120 G43 Z100 H09;
N121 G99 G82 Z-30 R5  P1000 F42;
N122 G98 X36  Y-26;
N123 G80 G91 G28 Z0  M05;

N125 M06 T10;                          (工步 11:精镗 φ32 孔至尺寸)
N126 G90 G54 G00 X0 Y0;
N127 M03 S940;
N128 G43 Z100  H10;
N129 G98 G76 Z-27 R5 Q0.1 F75;
N130 G80 G91 G28 Z0 M05;

N134 M06 T11;                          (工步 12:精铣 φ60 沉孔及沟槽)
N137 G90 G54 G00 X0 Y0;
N138 M03 S460;
N139 G43 Z5 H11;
N140 G01 Z-10  F1000;
N141 G41 X8 Y-15  D11 F80;
N142 X15 ;
N143 G03 X30  Y0 R15;
N144 I-30;
N145 X15  Y-15  R15;
N146 G01 X-16  Y0 ;
N147 Z-5 F1000;
N148 X-61  F110;
N149 X-56.5 Y-41.586;
N150 X-12.213  Y-16.017;
N151 X15  Y-15 F1000;
N152 G03 X30 Y0 R15  F150;
```

```
N153 G01 Y51;
N154 X0   ;
N155 Y16 ;
N156 G40 Y0 F1000;
N157 G00 Z100 M05;
N158 G91 G28 Z0;

N185 M06 T12;                    (工步 13:攻 4×M8 螺纹)
N187 G90 G54 G00 X23  Y0;
N188 M03 S320;
N190 G43 Z100  H12;
N192 G98 G84 Z-27  R10 F400;
N193 X0  Y23;
N194 X-23  Y0 ;
N195 X0  Y-23;
N196 G80 G91 G28 Z0;
N198 G28 X0  Y0;
N200 M30;
```

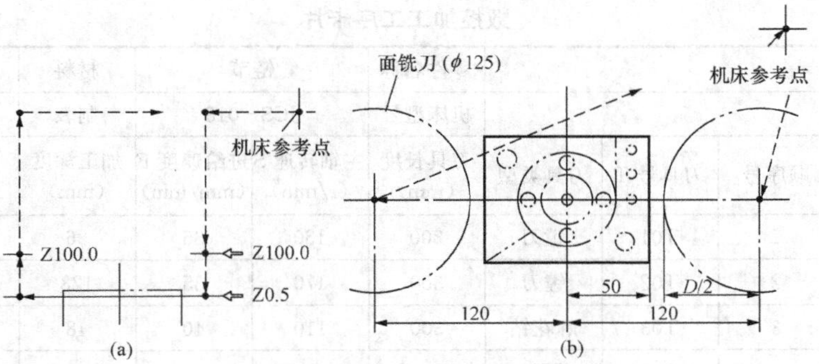

图 9-9 铣顶面走刀路线图

(a) Z 轴方向走刀路线；(b) X、Y 轴走刀路线

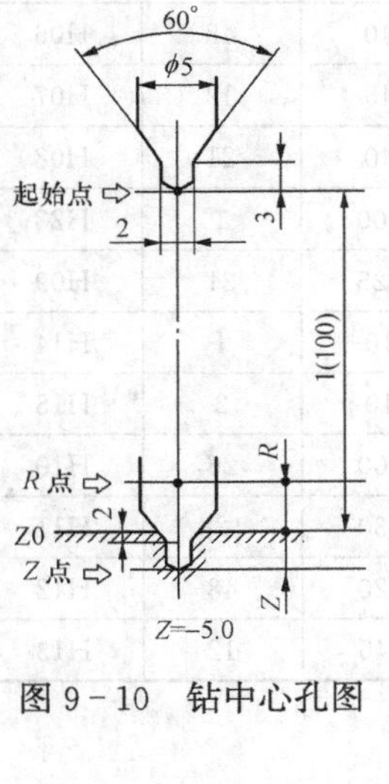

图 9-10 钻中心孔图

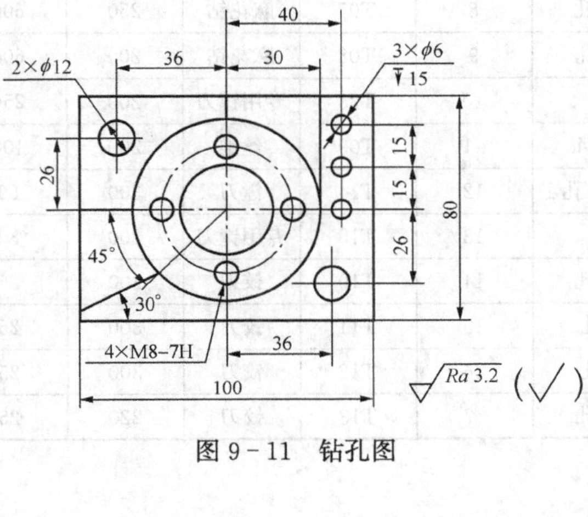

图 9-11 钻孔图

[例 9-4] 加工如图 9-12 所示的零件上的各孔，材料为 HT32-52，工件坐标系如图所示，工步设计见表 9-5。

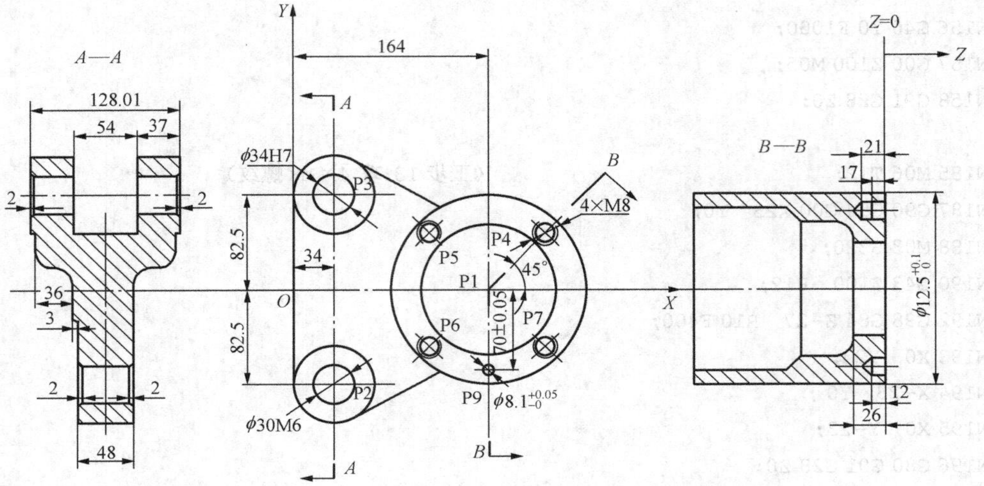

图 9-12 零件图

表 9-5 **数控加工工序卡片**

零件号				零件名称	链节		材料	HT32-52	
程序编号				机床型号	JCS-018		制表	年 月 日	
工序内容	顺序号	刀具号 T	刀具类型	刀具长度（mm）	主轴转速 S（r/min）	进给速度 F（mm/min）	加工深度（mm）	补偿量	备注
粗镗 φ125 孔	1	T01	镗刀	300	130	35	26	H01	P1 孔
粗镗 φ34 孔	2	T02	镗刀	300	170	35	128	H02	P3 孔
钻 φ30 孔	3	T03	麻花钻	300	110	40	48	H03	P2 孔
半精镗 φ125 孔	4	T04	镗刀	300	240	45	26	H05	P1 孔
半精镗 φ34 孔	5	T05	镗刀	300	200	20	128	H05	P3 孔
半精镗 φ30 孔	6	T17	镗刀	300	200	35	48	H17	P2 孔
半精镗 φ30 孔	7	T06	镗刀	300	200	40	48	H06	P2 孔
钻 φ8.1 孔	8	T07	麻花钻	250	600	45	12	H07	P9 孔
钻 4M8 孔	9	T08	麻花钻	200	600	40	21	H08	P3～P7 孔
倒角	10	T23	专用镗刀	200	250	100	1	H23	P3～P7 孔
攻螺纹 4M8	11	T09	丝锥	200	100	125	21	H09	P3～P7 孔
倒角 φ125 孔	12	T14	镗刀	300	50	10	1	H14	P1 孔
倒角	13	T15	专用镗刀	200	80	10	2	H15	P3、P2 孔
铰 φ125 孔	14	T10	铰刀	300	25	100	26	H10	P1 孔
铰 φ34 孔	15	T11	铰刀	300	25	130	128	H11	P3 孔
铰 φ30 孔	16	T12	铰刀	300	25	120	48	H12	P2 孔
铰 φ8.1 孔	17	T13	铰刀	220	25	140	12	H13	P3 孔

数控加工参考程序：

```
O0943                              (零件程序编号)
N1 T01;                            (选镗刀,粗镗φ125孔)
N2 M06;                            (换刀)
N3 G54 G90 G00 X164.0 Y0.0;        (G54工件坐标系,快速移至X164,Y0)
N4 G43 Z10.0 H01;                  (快移至Z10,并进行刀具长度补偿)
N5 S130 M03;                       (主轴正转,转速130r/min)
N6 G01 Z-35.0 F35;                 (镗削φ125孔)
N7 G00 G44 Z100.0;                 (快退至Z100,取消刀具长度补偿)
N8 M05;                            (主轴停)
N9 G53 Z0.0 T02;                   (Z轴回换刀点,同时选镗刀T02,粗镗φ34孔)
N10 M06;                           (换刀)
N11 G54 X34.0 Y82.5;               (快速进给至X34,Y82.5点)
N12 G43 Z10.0 H02;                 (Z轴快移至Z10,刀具长度补偿)
N13 S170 M03;                      (主轴正转,转速170r/min)
N14 G01 Z-42.0 F35;                (粗镗φ34孔上半部分)
N15 G00 Z-86.0;                    (快速移至Z-86)
N16 G01 Z-132.0 F35;               (继续粗镗φ34孔下半部分)
N17 G00 G44 Z100.0;                (Z轴快移至Z100,取消刀具长度补偿)
N18 M05;                           (主轴停)
N19 G53 Z0.0 T03;                  (Z轴回换刀点,选刀T03麻花钻,钻φ30孔)
N20 M06;                           (换刀)
N21 G54 X34.0 Y-82.5;              (快移至X34,Y-82.5)
N22 G43 H03 Z-31.0;                (Z轴快移至Z-31,刀具长度补偿)
N23 S110 M03;                      (主轴正转,转速110r/min)
N24 G01 Z-92.0 F40;                (钻削φ30孔)
N25 G00 G44 Z100.0;                (Z轴快移至Z100,取消刀具长度补偿)
N26 M05;                           (主轴停)
N27 G53 Z0.0 T04;                  (Z轴回换刀点,选镗刀T04,半精镗φ125孔)
N28 M06;                           (换刀)
N29 G54 X164.0 Y0.0;               (快移至X164,Y0)
N30 G43 H04 Z10.0;                 (Z轴快移至Z10,刀具长度补偿)
N31 S240 M03;                      (主轴正转,转速240r/min)
N32 G01 Z-35.0 F45;                (半精镗φ125孔)
N33 M05;                           (主轴停)
N34 G00 G44 Z100.0;                (Z轴快移至Z100,取消刀具长度补偿)
N35 G53 Z0.0 T05;                  (Z轴回换刀点,选镗刀T05,半精镗φ34孔)
N36 M06;                           (换刀)
N37 G54 X34.0 Y82.5;               (快移至X34,Y82.5)
N38 G43 H05 Z10.0;                 (Z轴快移至Z10,刀具长度补偿)
N39 S200 M03;                      (主轴正转,转速200r/min)
N40 G01 Z-42.0 F40;                (半精镗φ34孔)
N41 G00 Z-86.0;                    (Z轴快移至Z-86)
```

```
N42 G01 Z-132.0 F40;            (继续半精镗 φ34 孔)
N43 M05;                        (主轴停)
N44 G00 G44 Z100;               (Z 轴快移至 Z100,取消刀具长度补偿)
N45 G53 Z0.0 T17;               (Z 轴回换刀点,并选镗刀 T17, 半精镗 φ30 孔)
N46 M06;                        (换刀)
N47 G54 X34.0 Y-82.5;           (快进至 X34,Y82.5 点)
N48 G43 H17 Z-31.0;             (Z 轴快移至 Z-31,刀具长度补偿)
N49 S200 M03;                   (主轴正转,转速 200r/min)
M50 G01 Z-91.0 F35;             (半精镗 φ30 孔)
N51 G00 G44 Z100.0;             (Z 轴快移至 Z100, 取消刀具长度补偿)
N52 M05;                        (主轴停)
N53 G53 Z0.0 T06;               (Z 轴回换刀点,选镗刀 T06, 半精镗 φ30 孔)
N54 M06;                        (换刀)
N55 G54 X34.0 Y-82.5;           (快移至 X34,Y-82.5)
N56 G43 H06 Z-31.0;             (Z 轴快移至 Z-31,刀具长度补偿)
N57 S200 M03;                   (主轴正转,转速 200r/min)
N58 G01 Z-91.0 F40;             (半精镗 φ30 孔)
N59 M05;                        (主轴停)
N60 G00 G44 Z100.0;             (主轴快移至 Z100, 取消刀具长度补偿)
N61 G53 T07;                    (Z 轴回换刀点,选钻头 T07,钻 φ8.1 孔)
N62 M06;                        (换刀)
N63 G54 X164.0 Y-70.0;          (快移至 X164,Y-70 点)
N64 G43 H07 Z10.0;              (Z 轴快移至 Z10,刀具长度补偿)
N65 S600 M03;                   (主轴正转,转速 600r/min)
N66 G01 Z-16.5 F45;             (钻削 φ8.1 孔)
N67 G00 G44 Z100.0;             (Z 轴快移至 Z100,取消刀具长度补偿)
N68 M05;                        (主轴停)
N69 G53 Z0.0 T08;               (Z 轴回换刀点,选钻头 T08,钻 4×M8 孔)
N70 M06;                        (换刀)
N71 G43 H08 Z50.0;              (Z 轴快移至 Z50,刀具长度补偿)
N72 S600 M03 F40;               (主轴正转,转速 600r/min)
N73 G54 G00 X213.497 Y49.497;
N74 G81 G99 Z-21.R2;            (在 X213.497,Y49.497 处钻孔循环)
N75 X114.503 Y49.497;           (在 X114.503,Y49.497 处钻孔循环)
N76 X114.503 Y-49.497;          (在 X114.503,Y-49.497 处钻孔循环)
N77 X213.497 Y-49.497;          (在 X213.497,Y-49.497 处钻孔循环)
N78 G80 G44 Z100.0;             (撤销 G81 功能,主轴快移至 Z100,取消刀具长度补偿)
N79 M05;                        (主轴停)
N80 G53 Z0.0 T23 M06;           (Z 轴回换刀点,选专用镗刀 T23,换刀,倒角 4×M8 孔)
N81 G54 X213.497 Y49.497;       (快速至 X213.497,Y49.497 点)
N82 G43 H23 Z50.0;              (快移至 Z50,刀具长度补偿)
N82 F45 S250 M03;               (主轴正转,转速 250r/min)
N84 G81 G99 Z-2.R2;             [在 X213.497,Y49.497 处钻孔循环(倒角)]
```

```
N85 X114.503 Y49.497;                [在 X114.503,Y49.497 处钻孔循环(倒角)]
N87 X114.503 Y-49.497;               [在 X114.503,Y-49.497 处钻孔循环(倒角)]
N89 X213.497 Y-49.497;               [在 X213.497,Y-49.497 处钻孔循环(倒角)]
N91 G80 G44 Z50.0 M05;               (撤销 G81 功能,主轴快移至 Z50,取消刀具长度补偿)
N92 G53 Z0.0 T09 M06;                (Z 轴回换刀点,选丝锥 T09,并换刀,攻螺纹 4×M8)
N93 G43 Z50.0;                       (Z 轴快移至 Z50,刀具长度补偿)
N94 S100 M03 F125;
N95 G54 X213.497 Y49.497;
N96 G84 Z-19.0 R2 F150;              (在 X213.497,Y49.497 处攻螺纹)
M97 X114.503 Y49.497;                (在 X114.503,Y49.497 处攻螺纹)
N98 X114.503 Y-49.497;               (在 X114.503,Y-49.497 处攻螺纹)
N99 X213.497 Y-49.497;               (在 X213.497,Y-49.497 处攻螺纹)
N100 G80 G44 Z50.0 M05;              (撤销 G84,Z 轴快移至 Z50,主轴停)
N101 G53 Z0.0 T14 M06;               (换专用镗刀,倒角 φ125)
N102 G43 H14 Z10.0;
N103 S50 M03;
N104 G54 X164.0 Y0.0;
N105 G01 Z2.0 F300;
N106 Z-1.0 F10;
N107 G04 X3;                         (暂停 3s)
N108 G00 G44 Z50.0 M05;
N109 G53 Z0.0 T15 M06;               (换专用镗刀,倒角 φ30 和 φ34)
N110 G54 X34.0 Y-82.5;
N111 G43 H15 Z-35.0;
N112 S80 M03;
N113 G01 Z-42.0 F10;
N114 G04 X2.5;                       (暂停 2.5s)
N115 G00 Z60.0;
N116 X34.0 Y82.5 Z2.0;
N117 G01 Z-2 F10;
N118 G04 X2.5;                       (暂停 2.5s)
N119 G00 G44 Z50.0 M05;
N120 G53 Z0.0 T10 M06;               (换铰刀,铰削 φ125 孔)
N121 G54 X164.0 Y0.0;
N122 G43 H10 Z10.0 S25 M03;
N123 G01 Z-40.0 F100;
N124 M05;
N125 G00 G44 Z100.0;
N126 G53 Z0.0 T11 M06;               (换铰刀,铰削 φ34 孔)
N127 G54 X34.0 Y82.5;
N128 G43 H11 Z10.0 S25 M03;
N129 G01 Z-138.0 F130;               (铰削 φ34 孔)
N130 M05;
```

```
N131 G00 G44 Z50.0;
N132 G53 Z0.0 T12 M06;              (换铰刀,铰削 φ30 孔)
N133 G54 X34.0 Y-82.5;
N134 G43 H12 Z-31.0 S25 M03;
N135 G01 Z-97.0 F120;               (铰削 φ30 孔)
N136 M05;
N137 G00 G44 Z50;
N138 G53 Z0.0 T13 M06;              (Z 轴回换刀点,选铰刀 T13,铰削 φ8.1 孔)
N139 G54 X164.0 Y-70.0;
N140 G43 H13 Z10.0 S33 M03;
N141 G01 Z-13.8 F138;               (铰削 φ8.1 孔)
N142 M05;
N143 G00 Z50.0;
N144 G53 G44 Y0.0 Z0.0;             (Y、Z 轴返回零点)
N145 X0.0;                          (X 轴返回零点)
N146 M30;                           (主程序结束)
```

思考题与习题

9-1 加工中心与数控铣床相比，二者有哪些相同点和不同点？

9-2 加工中心的工艺特点及加工对象是什么？

9-3 加工中心有哪些种类？

9-4 加工中心加工时选择定位基准的要求有哪些？应遵循的原则是什么？

9-5 加工中心上孔的加工方案如何确定？进给路线应如何考虑？

9-6 质量要求高的零件在加工中心上加工时，为什么应尽量将粗精加工分两阶段进行？

9-7 加工中心与数控镗铣床用的刀具有什么异同？

9-8 加工中心常用的对刀仪器有哪些？如何使用？

9-9 在加工中心上加工箱体类零件和模具成形零件时，加工方案如何确定？进给路线应如何考虑？

9-10 编程练习，采用 FV-800 加工中心加工如图 9-13 和图 9-14 所示各平面曲线零件，加工内容：各孔，深 5mm；外轮廓表面，深 5mm。试编写加工程序。

9-11 在如图 9-15 所示零件图样中，材料为 45 钢，技术要求见图。试完成以下工作：

(1) 分析零件加工要求及工装要求；

(2) 编制工艺卡片；

(3) 编制加工程序，并请提供尽可能多的程序方案。

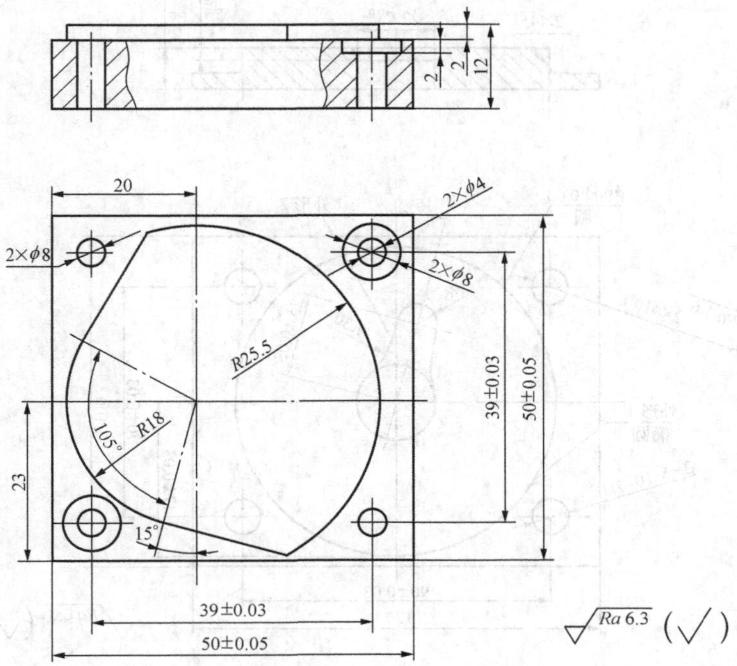

图 9-13　题 9-10 图 1

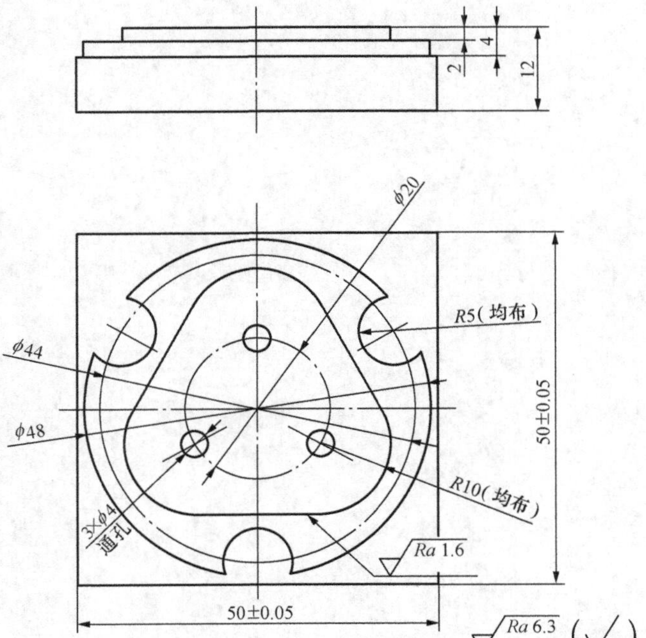

图 9-14　题 9-10 图 2

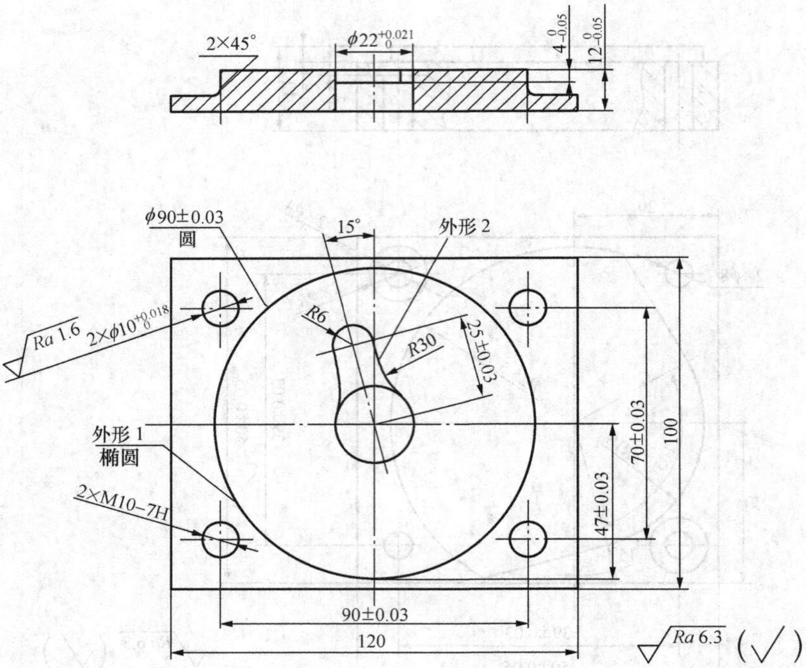
2×45°
$\phi22^{+0.021}_{0}$
$4^{0}_{-0.05}$
$12^{0}_{-0.05}$
$\phi90\pm0.03$
圆
15°
外形 2
Ra 1.6
$2\times\phi10^{+0.018}_{0}$
R6
R30
25±0.03
外形 1
椭圆
2×M10-7H
70±0.03
47±0.03
100
90±0.03
120
Ra 6.3 (√)

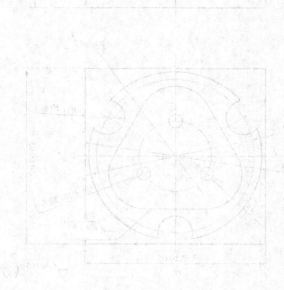

图 9-15 题 9-11 图

10 数控加工自动编程技术

10.1 自动编程基本概述

10.1.1 自动编程的发展阶段

数控机床出现不久，计算机技术就被用来解决复杂零件的数控编程问题，提高编程的效率和准确性，即产生了计算机辅助数控编程（又称自动编程）。自动编程的发展大致经历了以下几个阶段：

1. 数控语言自动编程

20 世纪 50 年代，美国麻省理工学院（MIT）设计了一种专门用于机械零件数控加工程序编制的语言，称为 APT（automatically programmed tool）。其后 APT 几经发展，形成了诸如 APTⅡ、APTⅢ（三维切削用）、APTⅣ（算法改进，增加多坐标曲面加工编程）、APT-AC（advanced contouring，增加了切削数据库管理系统）和 APTⅣ/SS（sculptured surface，增加雕刻曲面加工编程功能），以及后来发展的 APT 衍生语言（如美国的 ADAPT，德国的 EXAPT，日本的 HAPT、FAPT，英国的 IFAPT，意大利的 MODAPT 和我国的 SCK-1、SCK-2、SCK-3、HZAPT 等）。

采用 APT 语言编制数控程序具有程序简洁、走刀容易控制等优点，使数控编程从面向机床指令的汇编语言级，上升到面向几何元素的高级语言级。但 APT 仍然存在不足：采用语言难于定义和描述复杂零件的几何形状；缺少对零件形状、刀具运动轨迹的直观图形显示和刀具轨迹的验证手段；难以和 CAD 系统及 CAPP（computer aided process planning）系统进行数据传递；不易做到系统的自动化和集成化。

2. 图形自动编程系统

20 世纪 70 年代微处理机问世以后，基于图形交互的自动编程系统进入了实用阶段，这种编程系统将编程语言中的大量信息变成了显示屏幕上的直观图形，成为人机对话式的程序编制方法。早期的编程系统有 1972 年美国洛克希德加利福尼亚飞机公司开发的 CADAM 系统和 1978 年法国达索飞机公司开发的 CATIA 系统，都具备三维造型、几何分析、数控加工刀具轨迹生成的功能。

3. CAD/CAM 集成数控编程系统

20 世纪 80 年代之后，推出了各种不同的 CAD/CAM 集成数控系统，如 Euclid、UGⅡ、Cimatron、Pro/ENGINEER 和 MasterCAM 等软件系统，这些系统都有效解决了几何造型，零件几何形状的显示，交互设计、修改及自动生成刀具轨迹，走刀过程的仿真显示、验证等问题，推动了 CAD 和 CAM 一体化发展。

4. 标准化、集成化、网络化和智能化编程系统

20 世纪 90 年代后，CAD/CAM 技术已不再停留在过去单一模式、单一功能和单一领域的水平了，而是面向标准化、集成化、网络化、智能化的方向发展。为了实现系统的集成、资源的共享，以及产品生产与组织管理的高度自动化，提高产品的竞争力，就需要在企业和企业集团内的 CAD/CAM 系统之间，以及各个子系统之间进行统一的数据交换。在这种情

况下，一些发达国家和国际标准化组织都进行了数据交换接口方面的开发工作，并制订了相应的标准。同时也出现了面向对象技术、并行工程思想、人工智能，以及产品数据管理（PDM）等新的思想理念和技术，这些都对CAD/CAM技术的发展和功能的延伸起到了推动作用。

10.1.2 自动编程的发展趋势

CAD技术经历了二维绘图、三维线框、曲面和实体造型的发展阶段，一直到现在的参数化特征造型、变量化设计、基于知识的设计等。相应地CAM技术也有同步的发展。在二维绘图与三维线框阶段，数控加工主要以点、线为驱动对象，如孔、轮廓和平面区域的加工等，这种加工交互复杂，对操作人员的水平要求高。到了曲面和实体造型发展阶段，出现了基于曲面和实体模型的加工。实体加工的对象是一个实体，它由一些基本元素经集合运算（如布尔加、减、交运算操作）而得。实体加工不仅可用于零件的粗加工和半精加工，而且可用于基于特征的数控编程系统开发，是基于特征加工技术的基础。

特征加工使得数控编程人员不再局限于低层次几何信息（如点、线、面和实体）的操作，而转变为直接对特征进行数控编程，可以大大提高编程效率。从概念上讲，特征是组成零件的功能要素，符合工程技术人员的操作习惯，而实体是低层次的几何对象，是经过一系列布尔运算得到的一个几何体，不带有任何功能语言信息。显然，基于实体的加工往往是对整个零件（实体）的一次性加工，而实际上一个零件不可能仅用一把刀一次加工完成，往往要经过粗加工、半精加工、精加工等一系列工步，并且不同的零件区域一般要用不同的刀具进行加工。在此方面特征加工就显示出优势：对特定的特征可以规定某几种固定的加工方法，有利于实现从CAD、CAPP、CAM到CNC系统的全面集成，有利于信息和数据的双向流动，为并行工程（CE）奠定了良好的基础。

1. 技术上的发展趋势

从技术角度来看自动编程软件的发展趋势可以归纳如下：

（1）基于特征的数控加工编程。相似的加工部位可以有相同或相近的机械加工工艺，这种特征构成了加工同类零件的典型工艺，通过CAPP将此项技术纳入CAM系统，可以提高编程的效率和稳定性。特征编程是基于现代CAD的特征造型资源，从模型数据和设计特征中自动辨别和提取加工部位（单元）的加工特征与尺寸参数，通过CAPP调用相匹配的加工工艺，全自动地生成数控加工代码。特征加工编程的主要任务是从几何模型中抽取加工特征，由于设计特征不同于加工特征，因此加工特征的辨别和提取就成为基于特征数控编程系统的关键技术。

（2）应用模板技术。模板（template）技术是指经过加工验证，将认为是正确有效的一组过程和参数存储起来，当要实现相似或者同类加工过程时，直接或通过少量修改参数调用该模板即可得到加工程序。可见，模板技术可以建立在基于特征加工的基础上，在CAD/CAM系统与用户之间搭起桥梁，也大大提高了编程效率。

（3）实用高效的粗加工方法。高效自动去除毛坯余量一直是数控加工系统中粗加工编程的主攻方向，为了适应对毛坯的直接数控加工，粗加工编程技术有了较大的发展，出现了等高线切削、等余量切削、S形进刀、螺旋进刀、环切、行切、螺旋状铣削、插铣等一系列粗加工方法。在现代CAM软件中，型腔、岛屿已经拓展为广义上的型腔与岛屿，甚至不必考虑被加工对象的凹凸状态，也不必考虑零件几何形状的复杂性，而将加工对象看成一个整体进行粗加工编程。实际操作时只需要在图形中选中加工对象，定义毛坯后，则加工编程均由

CAM 系统自动处理。

（4）智能化的自动补充加工。在刀轨的拐角处，型面的交接处，曲面的凹陷处，狭窄的沟槽间等部位，会因刀具直径较大而无法切削，形成未加工的残留区域，对这些区域的加工称为补充加工（也称残料清理加工）。补充加工需要解决的主要问题如下：

1）需要判断并自动定义补充加工区域。在 CAD 系统中采用实体与曲面造型计算，将被加工对象作为三维几何模型，可以精确地计算出未加工区域。系统内部对这些区域进行自动定义、存储并做出标记，以供补充加工编程辨别和调用。

2）合理设置自动补充加工编程参数。补充加工的切削与粗铣、精铣的有明显不同，残留余料往往区域面积小、周边复杂、厚度不均匀，补充加工通常采用直径较小的刀具，因此进行自动补充加工时，合理设置适应残留区域加工的走刀方式和切削用量非常重要。

3）提供强大的自动清根功能。有两种情况需要使用清根编程功能：一是在使用大直径刀具后更换小直径刀具以前，为了给小直径刀具加工一个好的环境，避免小直径刀具在型腔拐角处的切削量过大而进给不能保持恒定速度，此时要先清根（小直径刀具采用等高线加工可除外）；二是用于精加工前后，也是为了切削速度恒定应加工出符合要求的圆角。

现代 CAM 系统对零件精确模型具有极强的数控编程能力，应提供多种高效、有效和自动的编程手段，辅以加工预处理、粗加工自动编程、加工后处理、自动补充加工与自动清根，构成零件全过程数控加工的编程方案，这种方案采用了贯穿全过程的编程手段，能大大提高加工效率与加工精度。

2. 系统集成上的发展趋势

从系统集成的角度来看，数控自动编程软件的发展趋势可以归纳如下：

（1）自动化。数控编程自动化的基本任务是要把人机交互工作减到最少，人的作用将在解决工艺问题、工艺过程设计、数控编程的综合中，如知识库、刀具库、切削数据库的建立，专家系统的完善，人机交互将由智能设计中的条件约束和转化来实现。

（2）智能化。数控编程系统的智能化是 20 世纪 80 年代后期形成的新概念，将人的知识加入集成化的 CAD/CAM/CNC 系统中，并将人的判断及决策交给计算机来完成。因此，在每一个环节上都必须采用人工智能的方法来建立各类知识库和专家系统，把人的决策作用变为各种问题的求解过程，更高效和精确地实现数控自动编程。

（3）可视化。可视化技术是 20 世纪 80 年代末期提出并发展起来的一门新技术，它将科学计算过程及计算结果的数据和结论转换为图像信息（或几何信息、动画），在计算机的图形显示器上予以显示，并可进行人机交互。利用可视化技术，将自动编程过程中的各种数据实施计算到表达结果用图形或图像来完成或表现，最后结果还可以用具有真实感的动态图形来描述。

10.1.3 自动编程的发展趋势

数控自动编程的核心是刀具轨迹生成的算法。下面介绍具有代表性的刀轨算法及其主要思想。

1. APT 法

APT 算法是最早提出并开始使用的方法，该方法将被加工表面定义为零件面。沿刀具运动的纵向做一与被加工表面相贯的平面或曲面（称为导动面），在纵向走刀的终点位置处，做一与导动面相贯的平面或者曲面（称为检查面），采用逐行走刀方式，让刀具接触到零件面上，刀具的回转中心线沿着或平行于导动面移动，与此同时刀具的底端沿着刀触点滑动至刀具外母线，接触到检查面，并计算出刀具在每一接触点上的刀位点即完成一行切削的数控编程，然后采用相同的方式，完成下一行切削的数控编程，如此反复直至完成整张曲面的数控编程为止。

2. 离散曲面法

Duncan 等人在其研制的 Polyhedral NC 复杂曲面加工系统中，首先将复杂的曲面模型离散成简单的由三角面片构成的多面体，然后用曲面的离散形式代替原曲面进行刀位计算。在此基础上，Hwang 等人对 Duncan 的算法进行了改进，主要体现在刀位规划和干涉检查上，为了提高干涉计算的效率，Hwang 充分利用了在实际加工曲面的过程中，相邻两刀位的距离不会超过两倍刀具半径的事实，缩小干涉计算的搜索区域，利用球头刀的刀心点到三角面片集中当前相关三角面的距离进行判断。之后，Hwang 等人又进一步将上述方法成功地应用于平底到和圆角刀的加工编程。Li 等人将该方法推广到五轴联动加工编程上。

这种算法的优点是无论原始曲面如何复杂，都可以用相同的算法生成无干涉刀轨，并且计算过程可靠、稳定。

3. 等距面法

等距面法适于球头刀具加工的情况，用球头刀具加工曲面时，球头刀具和曲面是点接触，而刀心始终在曲面的等距面上移动。

在被加工曲面上构造一法向距离等于刀具半径的曲面，在该等距面上规划刀具路径、确定步长、计算步距点，这些步距点的有序集成就构成了球头刀具的刀位轨迹，主要被加工曲面的曲率半径大于球头刀的半径，则一把球头刀可以加工出整张曲面而不发生过切干涉现象，该算法原理清晰、易于实现，广泛用于球头刀具的数控编程。

4. 等参数线法

等参数线法是刀触点始终沿着曲面的 U 等参线或 V 等参线。由于组合曲面的每张子曲面的等参线可能不协调，难于使整张组合曲面的刀具轨迹协调一致，因此该方法一般仅适用于单张参数曲面的数控编程。另外，对参数坐标与实空间坐标均匀性相差较大的曲面，在等参数空间分布均匀的轨迹线，在实空间可能极不均匀，将导致生成的刀具轨迹疏密不均匀。

5. 截平面法

截平面法可分为两种：一种是刀具轨迹为截平面与待加工曲面等距面的交线，这样得出的刀具轨迹是两轴联动的，适合球头刀具的数控编程；另外一种是由截平面与待加工曲面求交得到刀触点，再由刀触点算出刀心点轨迹，这样得出的刀具轨迹是三轴联动的。该方法适于加工参数不均匀的曲面和多曲面，尤其是引入实体造型后，保证了组成实体的各张面之间无搭接、无裂缝，使算法处理起来简单、可靠。

截平面法在很大程度上取决于曲面求交算法的速度及稳定性，另外截平面法产生的轨迹线在实空间是均匀的，但由于曲面各处的曲率半径不同，因此加工后在曲面上留下的残留高度不均匀。

6. 投影法

投影法是适合多曲面加工的一种有效方法，在物理意义上与传统的靠模加工十分相似，是最基本的曲面精加工方法。

被投影的可以是一批点、曲线、曲面或已生成的刀具轨迹（称为驱动体），刀具沿驱动体运动，将这些驱动点沿一个投影方向投影到加工曲面上，生成刀具轨迹。驱动体为曲面时，主要是为了限制被加工曲面要加工的范围，所以常用封闭的曲线环，一个外环内嵌套若干个内环来限制加工区域；驱动体为曲线时，主要用于曲面上重要轮廓的精确成型。

10.2 图形交互自动编程的工作原理和基本流程

10.2.1 图形交互自动编程的工作原理和组成

1. 图形交互自动编程的工作原理

图形交互自动编程是通过专用的计算机软件来实现的，如机械三维 CAD 软件。利用 CAD 软件的图形编辑功能，通过鼠标、键盘、数字化仪等将零件的几何图形绘制到计算机上，形成零件的图形文件，然后调用数控编程模块，采用人机交互的实时对话方式，在计算机屏幕上指定被加工的部位，再输入相应的加工参数，计算机便可自动调用相应的算法，进行必要的数学处理并生成刀具刀位轨迹，同时在计算机屏幕上动态显示出加工轨迹和加工仿真过程，最后通过后置处理程序将刀位轨迹转换成可以被数控机床所接受的加工程序。很显然，这种编程方法相比 APT 方法，具有速度快、精度高、直观性好、使用简便、便于检查等优点。

在人机交互过程中，根据所设置的“菜单”命令和屏幕上的“提示”能引导编程人员有条不紊地工作。菜单一般包括主菜单和各级分菜单，它们相当于语言系统中几何、运动、后处理等阶段，以及它们所包含的语句等内容，只是表现形式和处理方式不同。

交互图形编程系统的硬件配置与语言系统相比，增加了图形输入器件，如鼠标、键盘、数字化仪等输入设备，这些设备与计算机辅助设计系统是一致的，因此交互图形编程系统不仅可用已有的零件图样进行编程，更多的是适用于CAD/CAM系统中零件的自动设计和NC程序编制，这是因为CAD系统已将零件的设计数据予以存储，可用直接调用这些设计数据进行数控程序的编制。

2. 图形交互自动编程系统的组成

图形交互自动编程系统一般由几何造型、刀具轨迹生成、刀具轨迹编辑、刀具轨迹仿真和验证、后置处理（相对独立）、计算机图形显示、数据库管理、运行控制、用户界面等部分组成，如图 10－1 所示。

在图形交互自动编程系统中，数据库是整个模块的基础；几何造型完成零件几何图形的构建，并在计算机内自动形成零件图形的数据文件；刀具轨迹生成模块是根据所选用的刀具及加工方式进行刀位计算，生成数控加工刀位轨迹；刀具轨迹编辑是根据加工单元的约束条件对刀具轨迹进行裁剪、编辑和修改；刀轨验证用于检验刀具轨迹的正确性，也用于检验刀具是否与加工单元的约束面发生干涉、碰撞，检验刀具是否啃切加工表面；图形显示贯穿整个编程过程；用户界面提供用户一个良好的运行环境；运行控制模块是支持用户界面所有的输入方

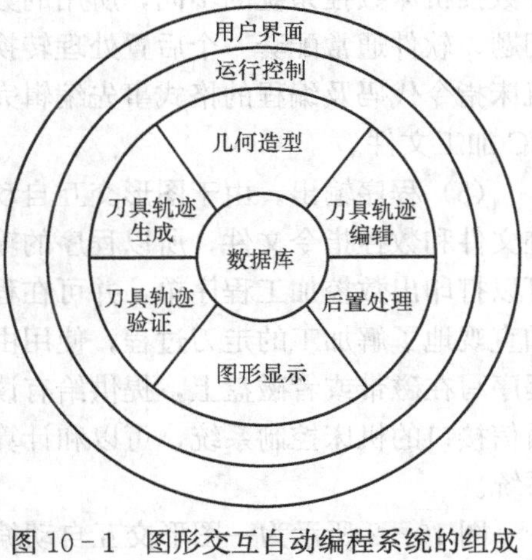

图 10－1 图形交互自动编程系统的组成

式到各功能模块之间的接口。

10.2.2 图形交互自动编程的流程和特点

1. 图形交互自动编程的基本流程

目前，国内外图形交互自动编程软件的种类很多，如日本富士通的 FAPT、荷兰的 MI-TURN 等系统都是交互式的数控自动编程系统。这些软件的功能、面向用户的接口方式有所区别，所有编程的具体过程及编程过程中所使用的指令也不尽相同。但从总体上讲，其编程的基本原理及操作流程大体一致，归纳起来分为如下五大步骤：

（1）零件图样及加工工艺分析。这是数控自动编程的基础，目前该项工作主要靠人工进行。分析零件的加工部位和型面区域，确定有关工件的装夹位置、工件坐标系、刀具尺寸、加工路线、加工工艺参数等。

（2）几何造型。利用图形交互自动编程软件的图形构建、编辑修改、曲线曲面造型等有关指令将零件被加工部位的几何图形准确地绘制在计算机屏幕上。与此同时，在计算机内自动形成零件图形的数据文件。这就相当于 APT 语言编程中，用几何定义语句来定义零件几何图形的过程，不同点在于它不是用语言而是用绘图的方式将零件的图形数据输入到计算机中，这些图形数据是下一步刀具轨迹计算的依据。自动编程过程中，软件将根据加工要求提取这些数据，进行分析判断和必要的数学处理，以形成加工的刀具位置数据，经过这个阶段系统自动产生 APT 几何图形定义语句。

如果零件的几何信息在设计阶段就已被建立，图形编程软件可直接从图形库中读取该零件的图形信息文件，所以从设计到编程信息流是连续的，这也是计算机辅助设计和制作集成的雏形。

（3）刀位轨迹计算及生成。刀位轨迹的生成是面向屏幕上的图形交互进行。首先在刀位轨迹生成的菜单中选择所需的菜单项，然后根据屏幕提示，用光标选择相应的图形目标，点取相应的坐标点，输入所需的各种工艺参数，软件自动从图形文件中提取编程所需的信息，进行分析判断，计算节点数据，并将其转换为刀具位置数据，存入指定的刀位文件中或直接进行后置处理，生成数控加工程序，同时在屏幕上显示出刀具轨迹图形，生成了 APT 刀具运动语句（常称为刀位源文件）。

（4）后置处理。后置处理的目的是将 APT 刀具运动语句转换为数控加工程序。由于各种数控机床数控系统的不同，所用的数控加工程序指令代码及格式也有所不同。为解决这个问题，软件通常配套一个后置处理转换程序，在进行后置处理前，编程人员应根据具体数控机床指令代码及编程的格式事先编辑完成这个文件，这样才能输出符合数控加工格式要求的 NC 加工文件。

（5）程序输出。由于图形交互自动编程软件在编程过程中可在计算机内自动生成刀位轨迹文件和数控指令文件，所以程序的输出可以通过计算机的各种外部设备进行。使用打印机可以打印出数控加工程序单，并可在程序单上用绘图机绘制出刀位轨迹图，使机床操作者更加直观地了解加工的走刀过程；使用由计算机直接驱动的磁带机、磁盘驱动器等，可将加工程序写在磁带或者磁盘上，提供给有读写装置或者磁盘驱动器的机床控制系统；对于有标准通信接口的机床控制系统，可以和计算机直接联机，由计算机将加工程序直接送给机床控制系统。

图 10-2 所示为一图形交互自动编程流程图。在该例中，零件几何信息是从设计阶段图

形数据文件中读取的，对此文件进行一定的转换产生所要加工零件的图形，并在屏幕上显示，工艺信息由编程员以交互方式通过用户界面输入。

从上述可知，采用图形交互自动编程的用户不需要编写任何源文件程序，当然也就省去了调试源程序的烦琐工作。若零件图形是设计员负责设计完成，则这种编程方法有利于计算机辅助设计和制造的集成。刀具路径所见即所得，直观、形象地模拟了刀具路径与被加工零件之间的相对运动关系，易发现错误并改正，因而可靠性大为提高，试切次数减少，对于不太复杂的零件，往往一次加工合格。据统计，其编程时间平均比 APT 语言编程节省了 2/3 左右，图形交互编程的优点促使了 20 世纪 80 年代的 CAD/CAM 集成系统纷纷采用这种技术，并沿用至今。

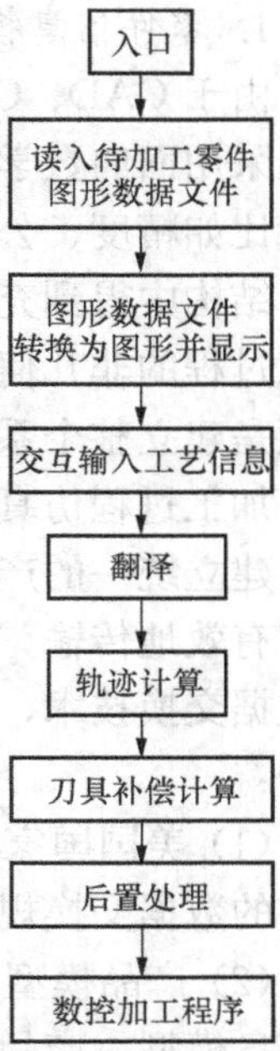

图 10－2　图形交互自动编程流程图

2. 图形交互自动编程的主要特点

图形交互自动编程与 APT 语言编程比较，主要有以下几个特点：

(1) 图形交互编程将加工零件的几何造型、刀位计算、图形显示、后置处理等结合在一起，有效地解决了编程数据库、几何显示、走刀模拟、交互修改等问题，弥补了单一利用数控编程语言进行编程的不足。

(2) 不需要编制零件加工的源程序，用户界面友好，使用简便、直观、准确、便于检查。因为编程过程是在计算机上直接面向零件的几何图形，以光标指点、菜单选择，以及交互对话的方式进行，其编程的结果也以图形的方式显示在计算机上。

(3) 编程方法简单易学，使用方便。整个编程过程是交互进行的，有多级功能菜单引导和帮助用户进行交互操作。

(4) 有利于实现与其他功能的结合。可以把产品设计与零件编程结合起来，也可以与工艺过程设计、刀具设计等过程结合起来。

10.3　CAD/CAM 集成编程及其常见商业软件

10.3.1　CAD/CAM 集成编程概述

图形交互自动编程技术推动了 CAD/CAM 向集成化发展的进程，应用 CAD/CAM 系统进行数控编程已成为数控加工编程的主流。

CAD/CAM 集成技术中的重要内容之一就是数控自动编程系统与 CAD、CAPP 的集成，其基本任务就是要实现 CAD、CAPP 和数控自动编程之间信息的顺畅传递、交换和共享。数控编程与 CAD 的集成，可以直接从产品的数字定义中提取零件的设计信息，包括零件的几何信息、特征信息和拓扑信息；与 CAPP 的集成，可以直接提取零件工艺设计的结果信息；最后，CAM 系统帮助产品制造工艺师完成被加工零件的型面定义、刀具选择、加工参数设定、刀具轨迹计算、数控加工程序自动生成、加工过程仿真等数控编程的整个过程。

将 CAD/CAM 集成化计算应用于数控自动编程，无论是在工作站上，还是在计算机所开发的 CAD/CAM 集成化软件上，都应该解决以下问题：

1. 零件信息模型及其交换标准

由于CAD、CAPP、CAM系统是独立发展起来的，它们的数据模型彼此不相容。CAD系统采用面向数学和几何学的数学模型，虽然可完整地描述零件的几何信息，但对非几何信息，比如精度、公差、表面粗糙度和热处理等只能附加在零件图样上，无法在计算机内部的逻辑结构中得到充分表达。CAD/CAM集成除要求集成几何信息外，更重要的是集成面向加工过程的非几何信息。因此，CAD、CAPP、CAM系统间出现了信息的中断。解决的方法就是建立整个系统之间相对统一，基于产品特征的产品定义模型，以支持CAPP、NC编程，加工过程仿真等。

建立统一的产品信息模型是实现集成的第一步，要保证这些信息在各个系统间完整、可靠和有效地传输，还必须建立统一的产品数据交换标准。以统一的产品模型为基础，应用产品数据交换技术，才能有效地实现系统间的信息集成。产品数据交换标准中最典型的有以下两种：

(1) 美国国家标准局主持开发的初始图形交换规范IGES，它是最早的，也是目前应用最广的数据交换规范，但它本身只能完成几何数据的交换。

(2) 产品模型数据交换标准STEP标准，是国际标准化组织研究开发的，基于集成的产品信息模型。产品数据在这里指的是全面定义一个零部件或者构件的几何、拓扑、公差、关系、性能和属性等数据。STEP作为标准仍在发展中，其中某些部分已很成熟并基本定型，有些部分尚在形成中。尽管如此，它目前已在CAD/CAM系统的信息集成化方面得到广泛应用。

2. 工艺设计的自动化

工艺设计的自动化其目的就是根据CAD的设计结果，用CAPP系统软件自动进行工艺规划。

CAPP系统直接从CAD系统的图形数据库中提取用于工艺规划的零件几何和拓扑信息，进行有关的工艺设计，主要包括零件加工工艺过程设计及工序内容设计，必要时CAPP还可向CAD系统反馈有关工艺评价的结果。工艺设计结果及评价结果也以统一的模型存放在数据库中，供上下游系统调用。

建立统一的零件信息模型和工艺设计自动化问题的解决，将使数控系统编程实现完全的自动化。

3. 数控加工程序的生成

数控加工程序的生成是以CAPP的工艺设计结果和CAD的零件信息为依据，自动生成具有标准格式的APT程序，即刀位文件。经过适当的后置处理，将APT程序转换成NC加工程序，该NC程序可针对不同的数控机床和不同的数控系统。目前，有许多商用的后置处理软件包，用户只需要开发相应的接口软件来实现从刀位文件自动生成NC加工程序。生成的NC加工程序可由人工通过键盘或磁盘读写输入数控系统，或采用串行通信线路传输到数控系统。

4. CAD/CAM集成数控编程系统设计

图10-3所示为在并行工程（CE）环境下集成化数控编程系统的应用实例。从图中可以看出，在集成化数控编程系统中，数控编程系统可直接读入CAD系统提供的零件图形信息，工艺要求及CAPP系统的工艺设计结果，进行加工程序的自动编制。同时CAM系统与

CAD、dFM（design for manufacture）、CAPP、CAFD（computer aided fixture design）及MPS（manufacturing process simulation）系统的关系极为密切，各子系统之间不但要实现信息集成，更重要的是要实现功能上的集成，主要说明如下：

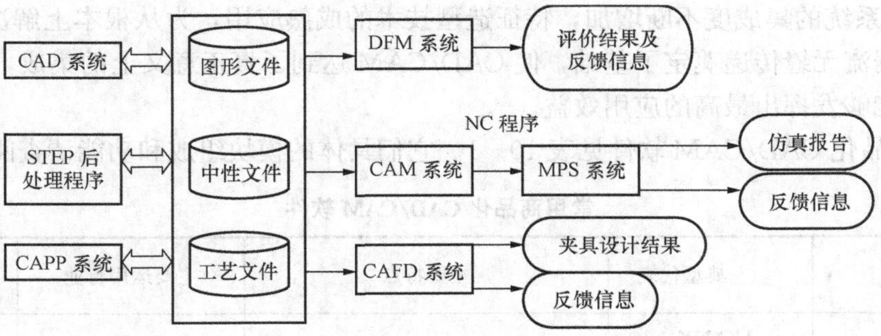

图 10－3　CE 环境下数控自动编程系统框图

(1) DFM 根据 CAD 信息对产品的结构工艺性做出评价，并将结果反馈至 CAD。

(2) DFM 根据 CAD 的几何信息和 CAPP 的工艺信息对制造资源能力和加工经济性做较为定量的分析，并将结果反馈至 CAPP。

(3) CAPP 可读取 STEP 格式文件，生成加工工艺。

(4) CAPP 完成定位装夹方案后向 CAFD 提供定位装夹方案信息。

(5) CAFD 进行定位装夹后向 CAPP 反馈结果。

(6) CAPP 完成工序内容设计后向 CAFD 提供切削用量等详细的工艺信息。

(7) CAFD 进行夹紧力和夹紧变形（影响加工精度）计算后向 CAPP 反馈结果。

(8) MPS 根据 NC 代码、夹具设计、机床、刀具等进行加工过程仿真，并向 CAPP 反馈结果。

(9) CAM 根据 CAPP 提供的工艺信息，自动生成自动编程系统工作所需各种原始数据、参数文件，利用机床模型、刀具模型、工序参数、工步参数，生成刀位文件，并进行刀位轨迹仿真，经过后置处理生成特定数控系统的 NC 代码，并向 CAPP 反馈有关信息。

一个典型、成熟的 CAD/CAM 集成数控自动编程系统，其数控加工编程模块应具备以下功能。

(1) 编程功能，包括点位加工编程、二轴联动轮廓加工编程、平面区域加工编程、平面和三维型腔加工编程、曲面区域加工编程、多曲面加工编程、曲面交线加工编程、若干曲面特征的自动编程和约束面控制加工编程。

(2) 刀具轨迹算法，包括参数线法、截平面法和投影法。

(3) 刀具轨迹编辑功能，包括刀具轨迹的快速图形显示，刀具轨迹文本显示与修改，刀具轨迹的删除、拷贝、粘贴、插入、恢复、移动、延伸、修剪、转置、反向、几何变换，以及刀具轨迹上刀位点的均化，刀具轨迹的加载和存储等。

(4) 刀具轨迹验证功能，包括刀具轨迹可控播放、截面法验证、动态图形显示验证等。

10.3.2 常见CAD/CAM集成软件简介

20世纪80年代，出现了一大批工程化、商品化的CAD/CAM集成软件系统，相互之间不断的借鉴和发展，其中较著名的有UG NX、Pro/ENGINEER、CATIA、MasterCAM等，它们应用于机械、车辆、航空航天、造船和模具等领域。进入20世纪90年代以来，CAD/CAM系统的集成度不断增加，特征造型技术的成熟应用，为从根本上解决由CAD到CAM的数据流无缝传递奠定了基础，使CAD/CAM达到了真正意义上的集成，使得CAD/CAM系统能够发挥出最高的应用效益。

常用商品化CAD/CAM软件见表10-1。它们具体的模块组成和功能请查阅相关资料。

表10-1 常用商品化CAD/CAM软件

软件分类	典型代表	主要特点	主要运用行业	CAD/CAM的集成度
高端CAD/CAM软件	UG NX、Pro/ENGINEER、CATIA	参数化设计、变量化设计、复杂曲面造型、允许二次开发	航空、汽车、船舶	高
中档CAD/CAM软件	Cimatron、SoildWorks	实用性、针对性好，良好的数据接口	中型企业	较高
相对独立的CAM软件	MasterCAM、Surfcam	接入CAD数据通用性好，交互操作方便	模具业、特殊制造业	一般
国产CAD/CAM软件	CAXA、金银花系统	中文界面，国标、规范化好	中小制造业、职业教学	一般

10.4 UG NX CAD/CAM集成编程的应用

10.4.1 UG NX CAM概述和操作流程

1. UG NX概述

UG NX是由SIEMENS PLM Software推出的当今世界上最先进的CAD/CAE/CAM/CAID集成软件，功能非常强大，所包含的模块非常多，涉及工业设计、分析和制造的各个层面，目前是机械行业内最好的设计软件之一。UG NX提供了参数化建模、特征建模和复合建模模块，以及功能强大的自由曲面造型、渲染处理、动画和快速的原型工具等设计手段，还提供了装配、工程图、标准件库开发，以及大量的专业模块，包括有限元分析、机构分析、注塑模分析、钣金开发专用模块、注塑模具向导、冲压模具向导等。

其中，UG NX CAM与CAD模块紧密地集成在一起，属于最好的高效、优质数控自动编程工具之一，可以实现对极其复杂零件和特殊零件的加工，对工程技术人员而言，UG NX CAM又是一个易于使用进行数控编程的重要工具之一。因此，UG NX CAM应当是制造企业工艺师和编程师的首选。

UG NX CAM可以为数控铣床、数控车床、数控电火花线切割机床、高速加工机床等进行自动数控编程，它提供了一整套从钻孔、线切割到五轴铣削的单一加工解决方案。在加工过程中的制造几何模型、加工工艺、优化和刀具管理上，都可以与设计的主模型相关联，始终保持最高的生产效率。

UG NX CAM 系统由五个子系统模块组成，即交互工艺参数输入模块、刀具轨迹生成模块、刀具轨迹编辑模块、三维（包含 3D 和 2D）加工动态仿真模块和后置处理模块。

(1) 交互工艺参数输入模块。通过人机交互的方式，用对话框和过程向导的形式输入刀具（包括刀具规格参数、刀补号、刀号等）、夹具、编程原点、毛坯、零件等工艺参数。

(2) 刀具轨迹生成模块。UG NX CAM 最具特点的是其功能强大的刀具轨迹生成方法，包括钻削、车削、铣削、线切割等完善的加工方法。其中，铣削主要有以下功能：

point to point：点位加工，完成各种孔类的钻、镗、扩和铰削加工。

planar milling：平面铣削，包括单向行切、双向行切、环切及轮廓加工等。

cavity milling：型腔铣削加工，特别适用于凸模和凹模型面的粗加工。

fixed contour：固定轴曲面轮廓加工，用投影方法控制刀具在单张曲面上或多张曲面上的移动，控制刀具移动的可以是已生成的刀具轨迹、一系列点或一组曲线。

variable contour：可变轴曲面轮廓铣削加工，适合复杂零件的四轴、五轴联动加工。

每个加工模块中还有许多子模块加工功能，每种加工方法都有它的特点和适用场合，因而基于 UG NX 自动编程的工作重点就是选用合理、具体的加工方式和设置相对应的加工工艺操作参数。

(3) 刀具轨迹编辑模块。刀具轨迹编辑器可用于观察刀具的运动轨迹，并提供延伸、缩短或修改刀具轨迹的功能。同时，能够通过控制图形和文本的信息去编辑刀具轨迹。因此，当要求对生成的刀具轨迹进行修改，或当要求显示刀具轨迹和使用动画功能显示时，都需要刀具轨迹编辑器。利用可视化和动画功能，可选择显示刀具轨迹的特定段或整个刀具轨迹。附加的特征能够用图形方式修剪局部刀具轨迹，以避免刀具与夹具、辅具等发生干涉，并检查过切情况。

(4) 三维加工动态仿真模块。三维加工动态仿真模块可以交互地仿真检验和显示 NC 刀具轨迹，无需利用机床数控系统就可以高效地测试自动编程和后处理后的 NC 程序。它使用 CAM 定义的 BLANK 作为初始的毛坯形状，显示 NC 刀具轨迹的材料移去过程，包括检验刀具和零件、夹具是否碰撞，刀具是否过切，最后在显示屏幕上的建立一个完成零件（或者半成品，而半成品也称之为中间毛坯）的着色模型，用户可以把仿真切削后的零件与 CAD 的零件模型比较，因而可以方便地观察到诸多信息，如干涉和过切的区域、残留余料的形貌。

(5) 后置处理模块。UG NX 后置处理模块包括一个通用的后置处理器（GPM），使用户能够方便地建立用户定制的后置处理程序。通过使用加工数据刀位文件生成器（MDFG）和一系列交互选项提示用户选择定义，指定机床和控制系统的特性参数，包括控制器和机床的特征，线性和圆弧插补，标准循环，具体数控机床类型等，这些易于使用的对话框允许为各种数控钻床、多轴铣床、车床、电火花线切割机床等生成后置处理器。

目前常采用 UG NX Builder 程序，针对数控机床和数控系统的特点，生成一个用户后处理程序，将自动编程产生的刀位源文件转换成被该数控机床所接受的 NC 程序。

2. UG NX CAM 和 CAD 之间的关系

UG NX CAM 与 CAD 紧密地集成，所以 UG NX CAM 直接利用 CAD 创建的模型进行编程加工。把 CAD 中创建的几何模型称为主模型，CAM 生成的数据与主模型有关，若主模型被修改，CAM 数据可以自动更新，以适应主模型的变化，免除了重新编程的烦琐工作，大大提高了工作效率。

UG NX CAM 不仅可以直接利用产品主模型编程，更重要的是还可以利用装配模型进行自动编程的操作。首先，在产品主模型建立以后，可以实现 UG NX 的并行工作方式，使编程工作与工程图、有限元分析、优化设计等工作由不同的专业人员分别同时进行，互不干扰，其优势是极其显著的，其次，利用装配模型编程可以将夹具考虑进去，避免刀具与夹具之间的干涉，还可以将装配件的几个组件一起进行加工。

3. UG NX CAM 操作流程

UG NX CAM 中车削、铣削和线切割自动编程的具体操作步骤有所区别，但在总体的加工工艺规划、编程操作思路、工艺参数的设置，以及对产生刀具轨迹的检查和可视化加工轨迹仿真方面，有很多的共同点。UG NX CAM 从零件设计图开始，到最终数控加工程序的产生，可以用如图 10－4 所示的流程图描述。

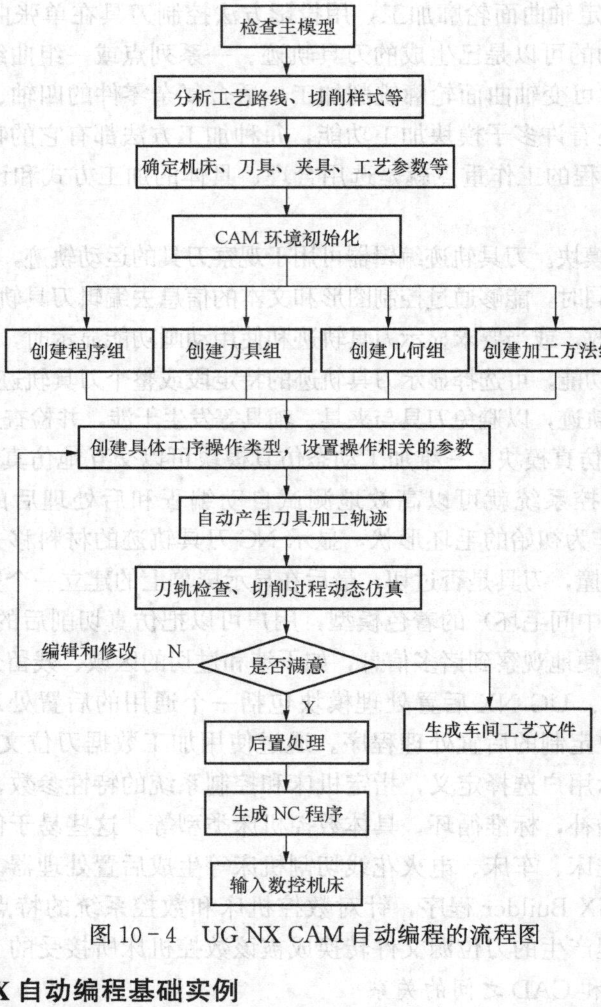

图 10－4　UG NX CAM 自动编程的流程图

10.4.2　UG NX 自动编程基础实例

按照如图 10－4 所示的 UG NX CAM 操作流程，通过一个单工序平面铣削自动编程的实例来了解自动编程的工艺规划、操作步骤、要点和方法（本实例采用 UG NX 7.0 版本，但操作思路也适用于其他 UG NX 版本）。

1. 主模型及其加工型面

如图 10－5 所示的加工零件的形状和主要尺寸，材料为铝合金，毛坯为长方体（长

150mm×宽 100mm×高 25mm），其中型腔内包含岛屿 1、岛屿 2 和岛屿 3，要求生成各个岛屿成形加工的刀具轨迹，并输出数控加工程序。

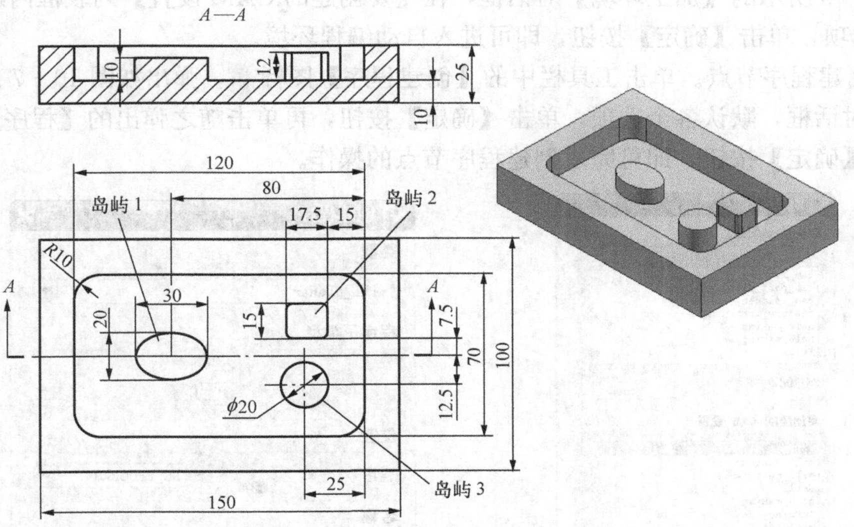

图 10-5 加工零件形状和主要尺寸

2. 加工工艺和操作参数分析

(1) 将零件的侧面定位夹紧在平口钳上，设置零件上表面中心为加工坐标系的原点，长度 150mm 方向为 X 方向，宽度 100mm 方向为 Y 方向。

(2) 零件既有内凹腔体，还有 3 个岛屿，并且它们的四周侧面均为直壁面，结合 UG NX CAM 提供的功能，可以利用平面铣削操作完成刀具轨迹。

(3) 通过 UG NX 提供的测量功能，分析得到岛屿 2 和岛屿 3 之间的最短距离为 10mm，因此选用直径为 $\phi 8$ 的圆柱立铣刀为佳，切削宽度为刀具直径的 35%左右。

(4) 采用边界线来界定各个加工区域，采用【跟随周边】的切削模式（刀路分布形式的设置）保证刀路简洁，又能加工到各个角落和侧壁。

(5) 各个岛屿凸出的高度不一致，采用自定义每层切削深度的方法，以保证能够铣削到各个岛屿顶面。

结合 UG NX CAM 操作流程和要求，操作过程中创建的主要内容、节点名称和设置参数见表 10-2。

表 10-2　创建内容及其主要参数

创建内容		节点名称	设置参数
程序组		Program_1	
刀具组		D8R0	直径为 8mm；刀号为 1
几何组	加工坐标系	MCS_MILL	MCS 原点设置成对刀点
	部件几何体	WORKPIECE	指定整个模型为部件几何体
	毛坯几何体		毛坯体自动设置
加工方法组		MILL_FINISH	精加工余量为 0

3. 自动编程操作步骤

(1) CAM 环境初始化。打开源文件模型，依次单击工具栏图标【开始】和【加工】，弹出如图 10－6 所示的【加工环境】对话框，在【要创建的 CAM 设置】列表框内默认【mill_planar】选项，单击【确定】按钮，即可进入自动编程环境。

(2) 创建程序节点。单击工具栏中的【创建程序】图标，弹出如图 10－7 所示的【创建程序】对话框，默认各个选项，单击【确定】按钮，再单击随之弹出的【程序】提示对话框，单击【确定】按钮，即可完成创建程序节点的操作。

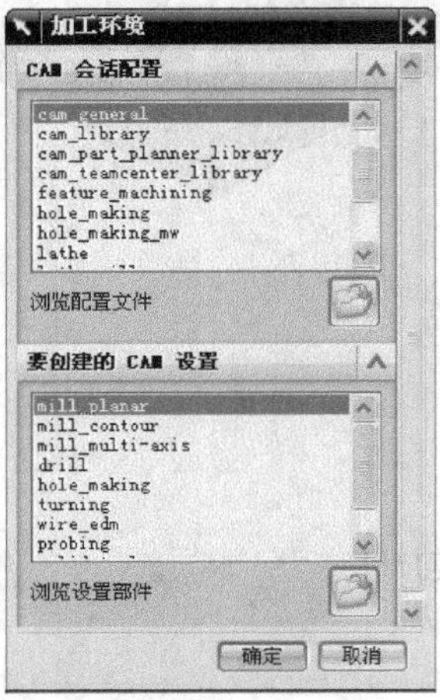

图 10－6　加工环境对话框

图 10－7　创建程序对话框

(3) 创建刀具节点。单击工具栏中的【创建刀具】图标，弹出如图 10－8 所示的【创建刀具】对话框，在【名称】选项中将【MILL】修改为【D8R0】，默认其他选项内容，单击【确定】按钮，随之弹出如图 10－9 所示的【铣刀-5 参数】对话框，在【尺寸】子项【直径】中输入 8，在【长度】中输入 30，在【刀刃长度】中输入 25，在【数字】的子项【刀具号】、【长度调整】和【刀具补偿】中输入 1，单击【确定】按钮即可完成创建刀具节点的操作。

图 10－8　创建刀具对话框

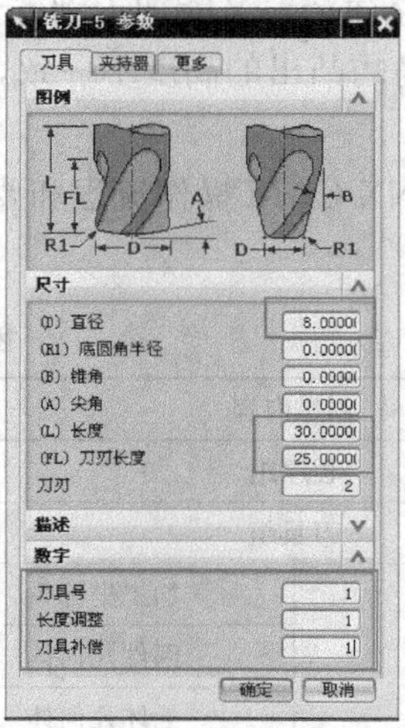

图 10－9　设置刀具参数对话框

(4) 创建几何节点包括以下四个方面的设置。

1) 设置加工(编程)坐标系。单击资源条上的【操作导航器】图标，再单击工具栏中的【几何视图】图标，出现的导航器窗口如图 10-10 所示；双击【MCS_MILL】图标节点，弹出如图 10-11 所示的【Mill Orient(加工定位)】对话框。此时可观察到图形窗口中出现的加工坐标系原点和工作坐标系的原点已经重合，如图 10-12 所示，该原点也是实际操作中的对刀点。最后，单击【确定】按钮即可完成加工坐标系的设置。

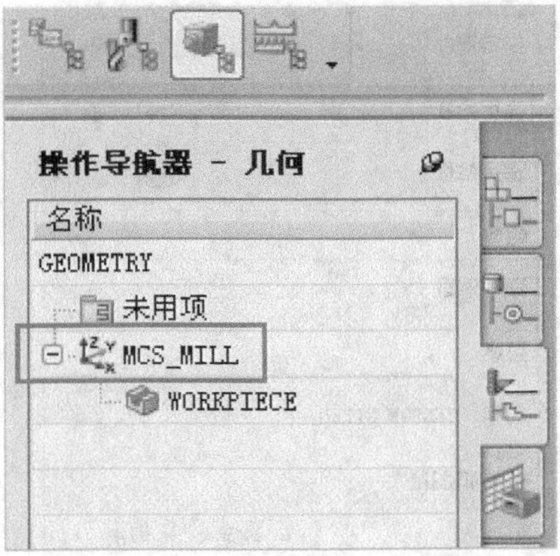

图 10-10 几何导航器窗口

图 10-11 加工坐标系对话框

2) 设置安全平面。展开如图 10-11 所示对话框中【间隙】子项【安全设置选项】右侧的列表框，选中其中的【平面】，如图 10-13 所示；单击【指定平面】右侧的【指定安全平面】图标，弹出如图 10-14 所示的【平面构造器】对话框；在【偏置】参数框中输入 5，单击【确定】按钮返回到【Mill Orient】对话框，单击【确定】按钮，完成安全平面的设置操作，在图形窗口会出现一个小三角平面，指示该安全平面的位置。

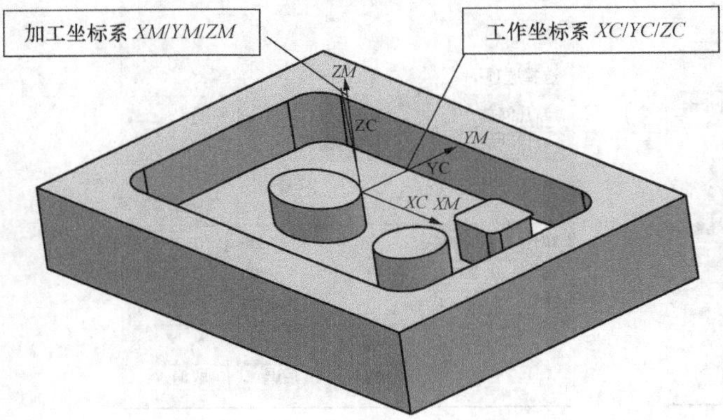

图 10-12 加工坐标系和工作坐标系

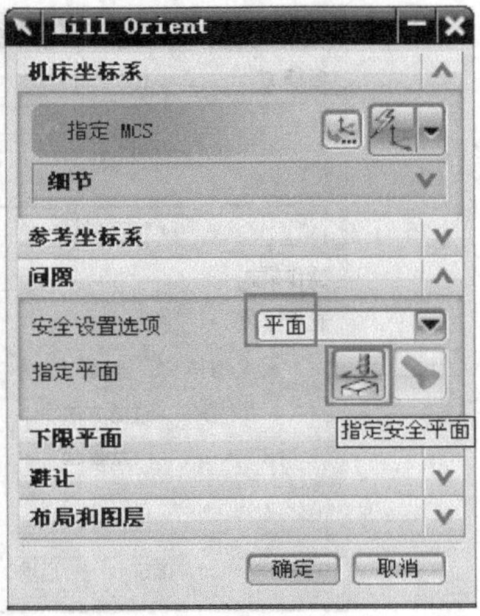

图 10-13 指定安全平面操作

3）设置加工部件。双击如图 10－10 所示导航器窗口中的【WORKPIECE】节点，弹出如图 10－15 所示的【铣削几何体】对话框，单击【几何体】子项【指定部件】右侧的【选择部件几何体】图标，弹出如图 10－16 所示的【部件几何体】对话框，在图形窗口中单击模型，单击【确定】按钮返回到【铣削几何体】对话框。注意到【选择部件几何体】图标右侧的【显示】图标显亮，单击该图标，则图形窗口中模型显亮，便于检查。

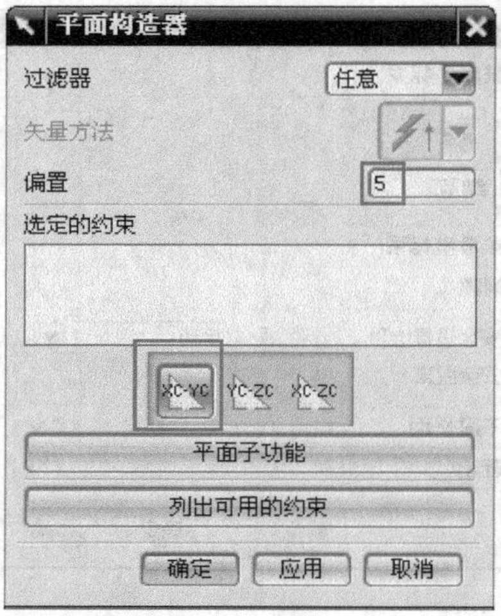

图 10－14 平面构造器对话框

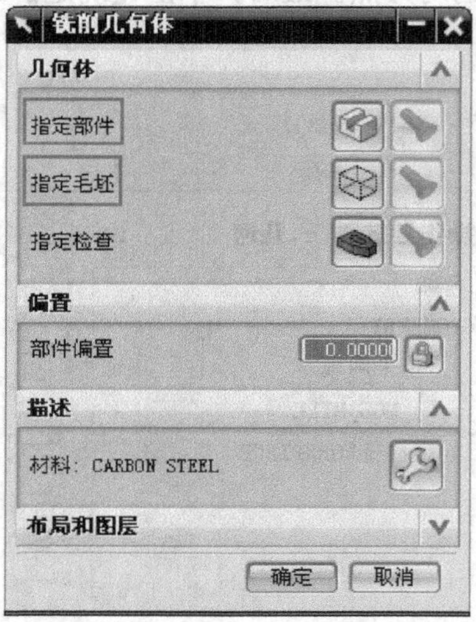

图 10－15 铣削几何体对话框

4）设置毛坯几何体。单击【铣削几何体】子项【指定毛坯】右侧的【选择毛坯几何体】图标，弹出如图 10－17 所示的【毛坯几何体】对话框，在【选择选项】中单击【自动块】，并默认各个坐标参数，单击【确定】按钮返回到【铣削几何体】对话框，单击【确定】按钮即可完成部件几何体和毛坯几何体的设置操作。

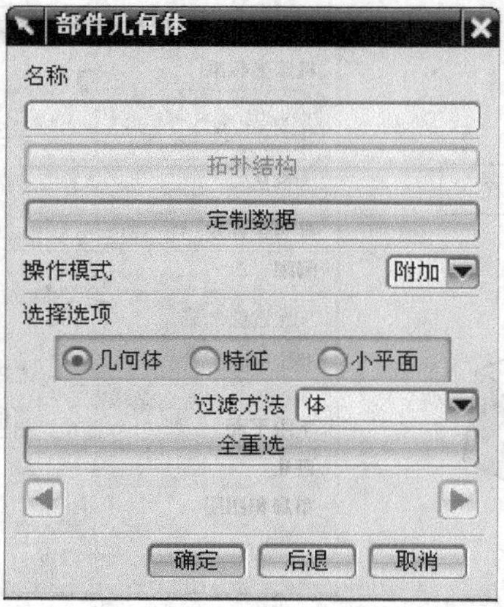

图 10－16 部件几何体对话框

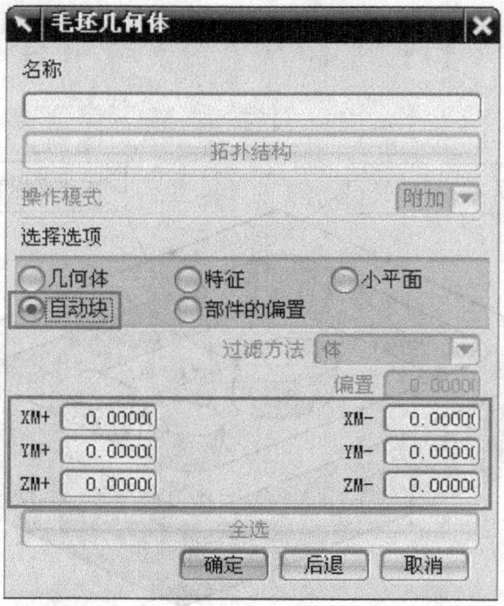

图 10－17 毛坯几何体对话框

(5) 创建加工方法节点。在【操作导航器】窗口单击【加工方法视图】图标，窗口变化为如图 10-18 所示；可以看到系统已经创建了四个节点，双击其中的【MILL_FINISH】节点，弹出【铣削方法】对话框，如图 10-19 所示，可以默认【余量】和【公差】选项的参数设置值；单击【确定】按钮即可完成本次加工方法的操作设置。

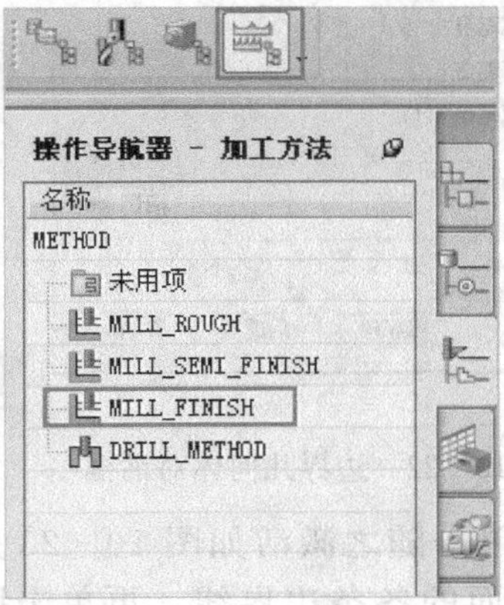

图 10-18　加工方法窗口

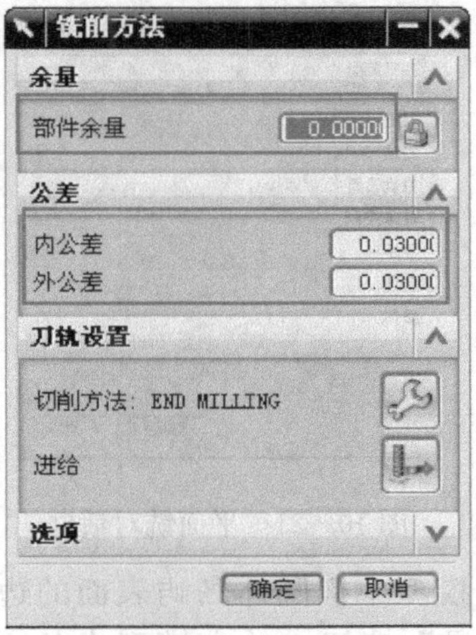

图 10-19　铣削方法对话框

(6) 创建平面铣操作。

1) 单击工具栏中【创建操作】图标，弹出【创建操作】对话框，如图 10-20 所示。在【操作子类型】中单击【PLANAR_MILL（平面铣）】图标，再依次选择【位置】各个子项节点，在【程序】列表框中切换为【PROGRAM_1】，在【刀具】列表框中切换为【D8R0】，在【几何体】列表框中切换为【WORKPIECE】，在【方法】列表框中切换为【MILL_FINISH】，默认【名称】节点为【PLANNAR_MILL】，单击【确定】按钮即可完成创建平面铣操作。

图 10-20　创建平面铣操作对话框

2) 弹出【平面铣】对话框，如图 10-21 所示。单击【几何体】子项【指定部件边界】右侧的图标，弹出【边界几何体】对话框，如图 10-22 所示。在【模式】列表框中切换为【曲线/边】，弹出如图 10-23 所示【创建边界】对话框。

3) 在【创建边界】对话框中，默认【类型】的选项为【封闭的】，切换【材料侧】的选项为【外部】，在图形窗口按照逆时针方向，依次单击模型中腔体的各条边界线（必须封闭），再单击随之激活如图 10-23 所示的【创建下一个边界】按钮，同时切换【材料侧】的选项为【内部】。

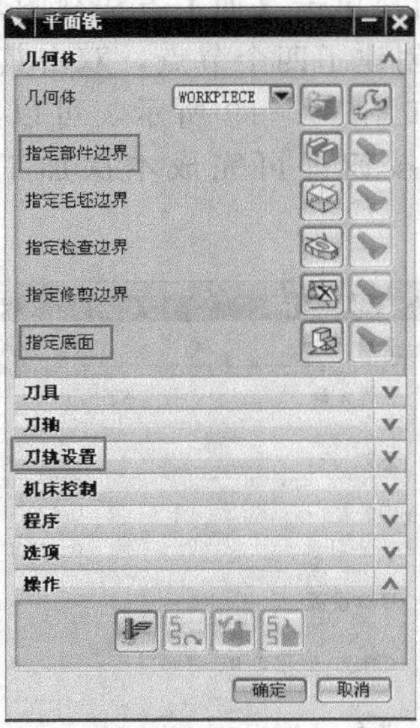

图 10－21　平面铣对话框

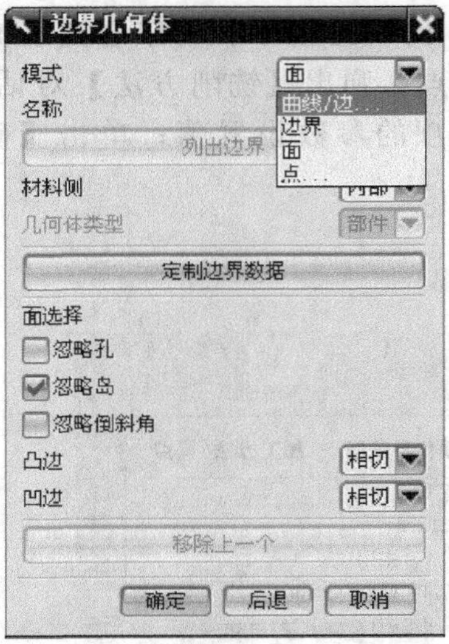

图 10－22　边界几何体对话框

4）单击模型中椭圆体岛屿表面的边界线，再单击随之激活如图 10－23 所示的【创建下一个边界】按钮；单击模型中长方形岛屿表面的各条边界线，再单击随之激活如图 10－23 所示的【创建下一个边界】按钮；单击模型中圆柱体岛屿表面的边界线，单击【确定】按钮返回到如图 10－22 所示的【边界几何体】对话框。其中选中的边界线（粉红色显亮）情况如图 10－24 所示，单击【确定】按钮返回到如图 10－21 所示的【平面铣】对话框。

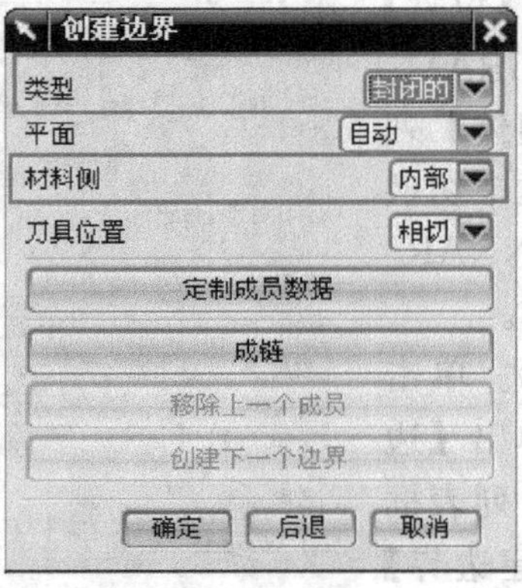

图 10－23　创建边界对话框

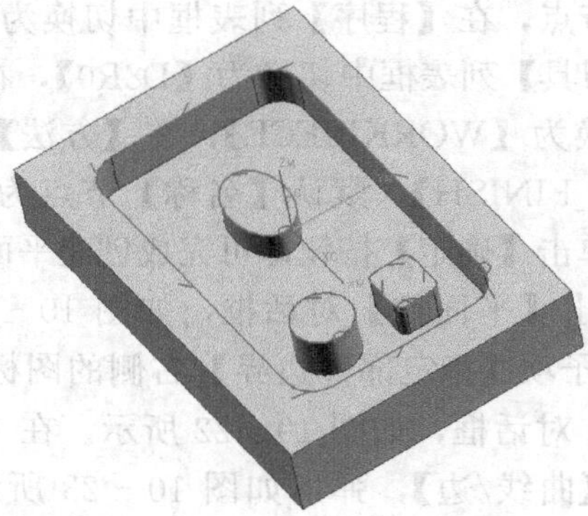

图 10－24　创建的各条边界线

5）单击【平面铣】对话框中【指定底面】右侧的图标，随之弹出【平面构造器】对话框，单击模型中腔体的底面，单击【确定】按钮返回到【平面铣】对话框。

6）在【平面铣】对话框中单击【几何体】右侧的图标，合拢【几何体】选项；单击【刀轨设置】右侧的图标，展开各个选项，将【切削模式】选项切换为【跟随周边】（也可以采用默认的【跟随部件】），将【直径百分比】修改为【30】，如图 10－25 所示。

7）单击【切削层】右侧的图标，弹出【切削深度参数】对话框，如图 10－26 所示，将【类型】切换为【用户定义】，分别设置【最大值】、【最小值】、【初始】和【最终】的数值，单击【确定】按钮返回到【平面铣】对话框。

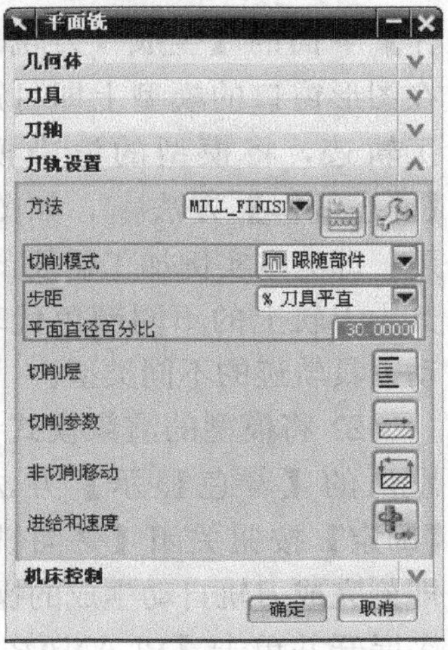

图10－25　平面铣部分参数设置

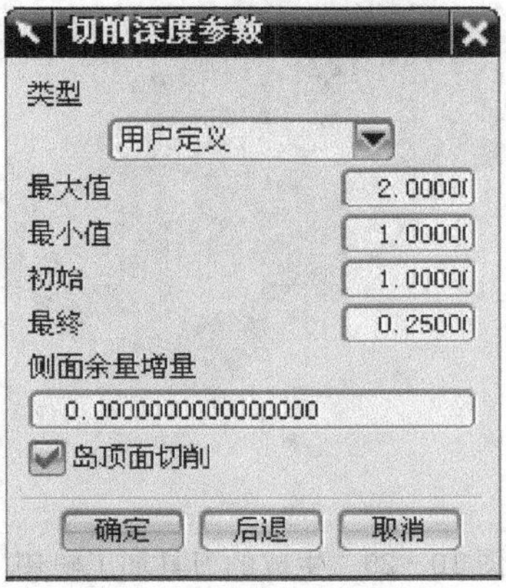

图 10－26　切削深度参数

(7) 输入切削用量参数。单击如图 10－25 所示【进给和速度】项右侧的图标，弹出【进给和速度】对话框，如图 10－27 所示；在【主轴速度】复选框内打勾，并在右侧的参数框中输入 1500，将【进给率】子项【剪切】的参数修改为 200，并按照图 10－27 所示修改【更多】中各个子项内的参数，单击【确定】按钮返回到【平面铣】对话框。

另外，通过单击【刀轨设置】中【非切削移动】右侧的图标，如图 10－28 所示，可以发现系统默认设置了螺旋线进刀类型，它的参数设置也符合加工要求。

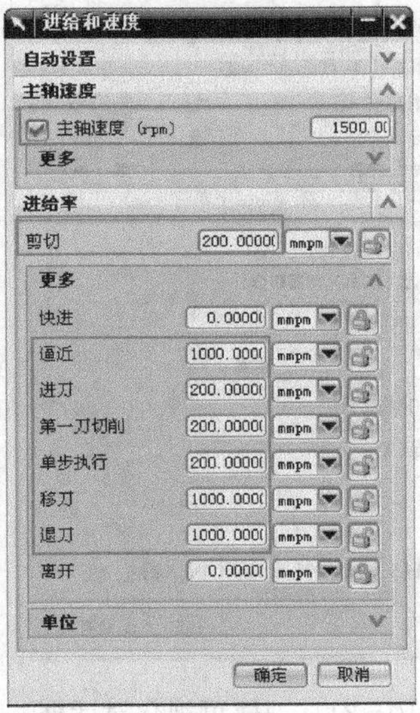

图 10－27　进给和速度对话

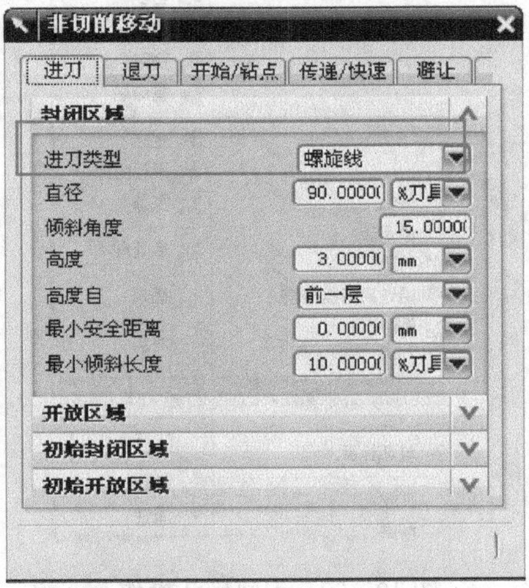

图 10－28　非切削移动对话框

至此针对本实例加工的各项要求和参数已经设置完毕，下面就可以由系统自动生成刀具加工轨迹，并对加工轨迹进行动态仿真操作。

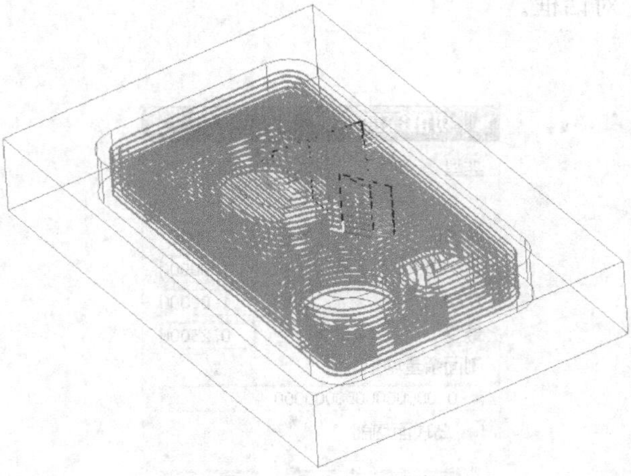

图 10－29　生成的刀具加工轨迹

（8）生成刀具加工轨迹。

1）单击【平面铣】对话框中【操作】下面的【生成（刀轨）】图标，在图形窗口的模型上即可产生刀具加工轨迹，将模型的渲染模式切换为【静态线框】方法，如图 10－29 所示，即为本实例加工需要的刀具轨迹，其中刀轨上的不同颜色代表了相对运动刀具轨迹的不同类型。

2）将模型的渲染模式切换为系统默认的【着色显示】方法，单击【确定】按钮关闭【平面铣】对话框，即刻完成刀轨自动生成的操作。

（9）切削过程仿真。在【操作导航器】窗口，依次展开并单击【PLANAR_MILL】节点下面的【刀轨】和【确定】按钮，如图 10－30 所示，弹出【刀轨可视化】对话框，单击【3D 动态】选项，如图 10－31 所示，单击【播放】按钮，即刻在图形窗口观看到刀具切削的仿真过程，单击【确定】按钮完成操作。

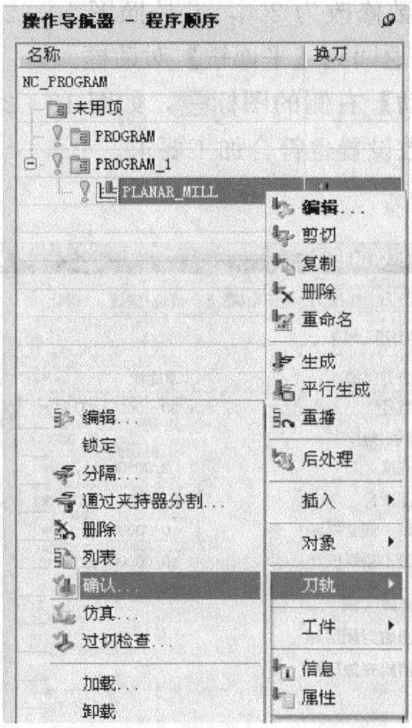

图 10－30　刀轨确认操作

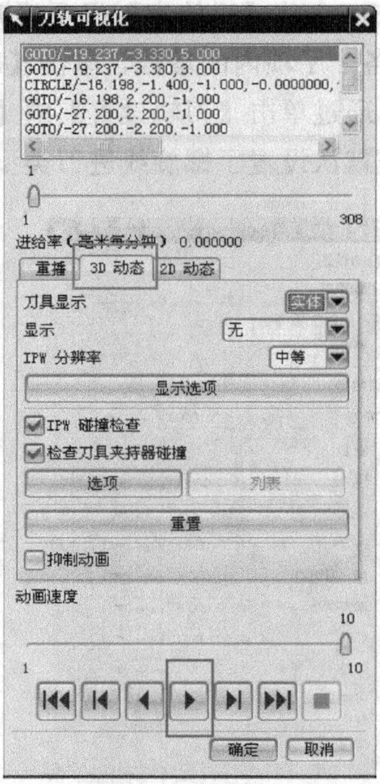

图 10－31　刀轨可视化对话框

（10）生成数控加工程序。

1）在【操作导航器】窗口，展开并单击【PLANAR_MILL】节点下面的【后处理】按钮，弹出【后处理】对话框，如图 10－32 所示，在【后处理器】列表框内切换为【MILL_3_AXIS】，可以单击【输出文件】下面的【浏览】按钮，更改输出文件的保存位置，在【单位】列表框中切换为【公制/部件】，单击【确定】按钮。

2）弹出【后处理】提示对话框，单击【确定】按钮。

3）弹出【信息】对话框，其内容即为输出数控程序的文本格式，浏览后关闭。

4）找到输出文件所在的位置，采用记事本格式打开该文件，如图 10－33 所示，即为自动编程生成的数控加工程序，一般情况下根据数控系统编程格式的要求，对该程序的头部和尾部内容修改后进行保存，通过传输线或者磁盘将该程序输入到数控机床内。

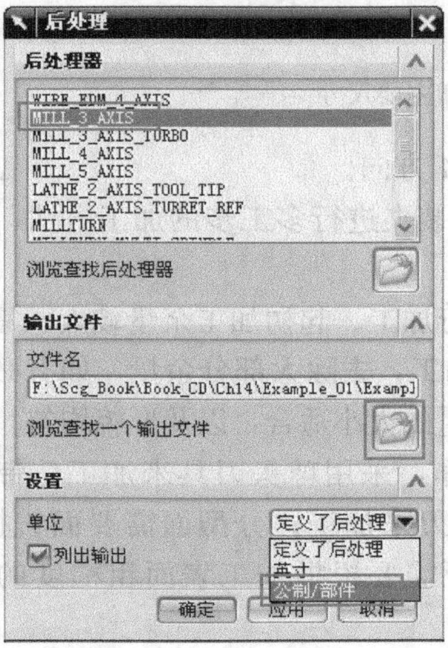

图 10－32 后处理对话框

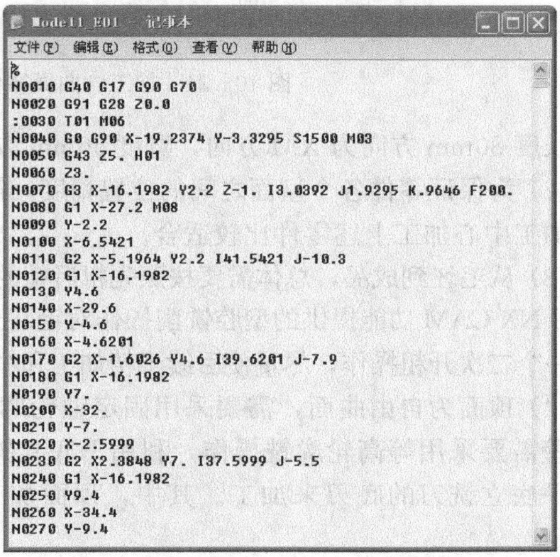

图 10－33 生成的数控加工程序

另外，UG NX 的 CAD 和 CAM 界面随时可以进行切换，如果 CAD 主模型发生了更改，进入 CAM 编程环境对相应的操作节点进行【(刀轨) 生成】更新操作，即可完成和新模型对应的刀具轨迹，整个过程具有关联性，操作方便和效率极高。

10.4.3 UG NX 自动编程综合实例

下面再通过运用 UG NX 自动编程功能对一个模具型芯零件（教学试样）进行模拟加工，可以体现出自动编程相比传统手工编程具有明显的优势。当然，对应复杂零件的自动编程，更加需要对加工顺序的安排，加工区域的划分，设备和刀具的选用，工序操作类型的选择，操作参数的设置和工件合理的装夹等方面进行全面的考虑。

1. 主模型及其加工型面

图 10－34 所示为所加工复杂零件的形状和主要尺寸，材料指定为铝合金，毛坯为长方体（长 80mm×宽 50mm×高 32mm），其中加工的型面主要包括自由曲面的顶面、四周带拔模的侧壁和分型面。由于型面的类型完全不一样，需要采用不同的刀具、切削方法和切削用量，进行分步编程和加工。

2. 加工工艺和操作参数分析

(1) 将零件下部的侧面定位夹紧在平口钳上，设置毛坯上表面中心为加工坐标系的原

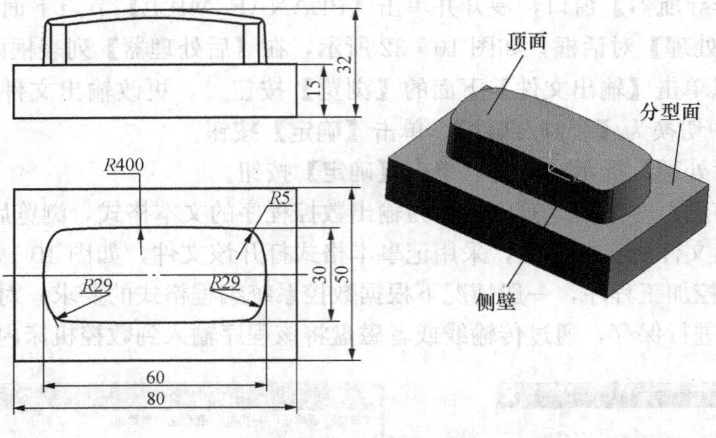

图 10－34 加工含曲面零件的形状和主要尺寸

点，长度 80mm 方向为 *XM* 方向，宽度 50mm 方向为 *YM* 方向。

（2）为保证零件各个型面之间的位置精度，需要一次装夹进行多工步的加工方法，因此采用加工中心加工上述零件比较适合。

（3）从毛坯到成品，总体需要按照先粗后精的原则进行加工。起初加工余量较大，需要采用 UG NX CAM 功能提供的型腔铣削操作对毛坯进行粗加工，去除大部分余量，如有必要再增加一个二次开粗操作，尽量使后续半精加工和精加工余量的大小适合，以及形貌均匀。

（4）顶面为自由曲面，需要采用固定轴轮廓铣削操作，采用球头刀具来加工；带拔模的侧壁需要采用等高轮廓铣操作，利用平底立铣刀的侧刃来加工；分型面需要面铣操作，利用平底立铣刀的底刃来加工。其中，顶面加工的步距需要根据加工表面粗糙度的要求来设定。

按照 UG NX CAM 操作流程，结合 CAM 提供的操作类型，零件材料和尺寸，设备和刀具的性能，制订数控编程工序卡（见表 10－3）作为自动编程操作和工艺参数设置的依据。

说明：各个参数设置需要在首件加工后根据加工效果和测量结果进行调整。

表 10－3　　　　数控编程工序卡

工步	加工内容	选用操作类型	切削模式	刀具名称（刀号）	切削用量		
					转速（r/min）	进给量（mm/min）	每层切深（mm）
1	粗加工毛坯外形	型腔铣	跟随部件	D10R0/T1	2000	200	2
2	半精加工顶面	固定轴轮廓铣	平行往复	D10R5/T2	2000	200	0.75
3	精加工分型面	表面区域铣	跟随部件	D10R0/T1	2000	200	0.25
4	精加工侧壁	等高轮廓铣	跟随部件	D10R0/T1	2000	200	0.05
5	精加工顶面	固定轴轮廓铣	平行往复	D4R2/T3	5000	500	0.25

3. 自动编程操作步骤

限于篇幅，本实例编程操作过程中有些步骤不再详细介绍，具体操作可以参考上节单工序实例的编程操作，下面介绍本实例自动编程的操作步骤。

(1) 工步 1 编程操作：粗加工毛坯外形。

1) CAM 环境初始化：打开源文件模型，依次单击工具栏图标【开始】和【加工】，弹出【加工环境】对话框，在【要创建的 CAM 设置】列表框内，单击【mill_contour】选项，单击【确定】按钮，即可进入了自动编程环境。

2) 创建程序节点：单击工具栏中的【创建程序】图标，弹出【创建程序】对话框，默认【名称】选项为【PROGRAM_1】，单击【确定】按钮，再单击随之弹出的【程序】提示对话框，单击【确定】按钮即可完成创建程序节点的操作。

3) 创建刀具节点，要进行以下四个方面的设置：

a. 单击工具栏中的【创建刀具】图标，弹出【创建刀具】对话框，在【名称】选项中将【MILL】修改为【D10R0】，默认其他选项内容，单击【应用】按钮，随之弹出【铣刀-5 参数】对话框，在【尺寸】子项【直径】中输入 10，在【长度】中输入 30，在【刀刃长度】中输入 25，在【数字】的子项【刀具号】、【长度调整】和【刀具补偿】中输入 1，单击【确定】按钮即可完成 1 号刀具节点的操作。

b. 返回到【创建刀具】对话框，在【名称】中输入【D10R5】，单击【应用】按钮，随之弹出【铣刀-5 参数】对话框，在【尺寸】子项【直径】中输入 10，在【底圆角半径】中输入 5，在【长度】中输入 30，在【刀刃长度】中输入 25，在【数字】的子项【刀具号】、【长度调整】和【刀具补偿】中输入 2，单击【确定】按钮即可完成 2 号刀具节点的操作。

c. 按照同样的方法再创建 3 号刀具（D4R2）节点的操作，具体步骤不再赘述。

d. 单击资源条上的【操作导航器】图标，再单击工具栏中的【机床（工具）视图】图标，出现的导航器窗口如图 10-35 所示，如果刀具参数需要修改或者刀具节点需要进行删除、复制操作，只需要单击选中相应的刀具节点，右键单击后会弹出一个快捷菜单，再单击相应的命令即可。

4) 创建几何节点，要进行以下四个方面的设置：

a. 设置加工（编程）坐标系。从图形窗口观察如图 10-36 所示的模型，其加工坐标系的原点不在毛坯顶面中间位置，同时加工坐标系 *XM*/*YM*/*ZM* 和工作坐标系 *XC*/*YC*/*ZC* 方向上不一致，因此必须进行调整。

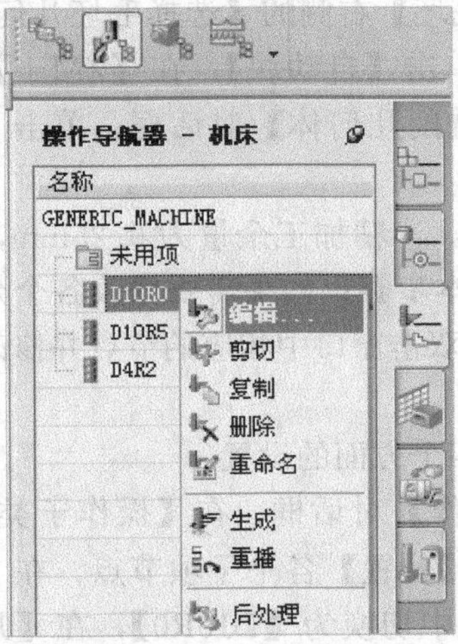

图 10-35　机床（工具）视图窗口

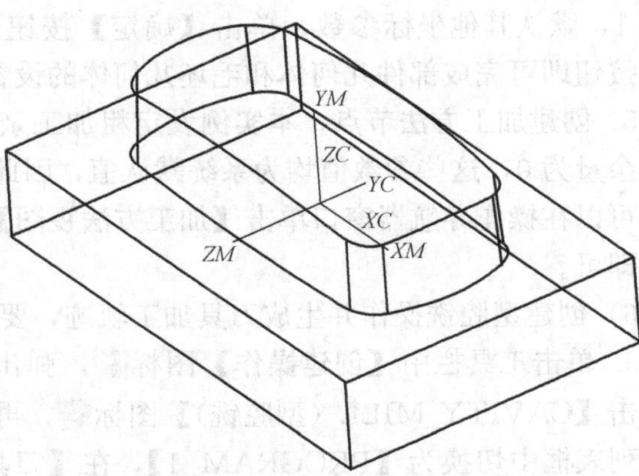

图 10-36　未调整前的加工坐标系

单击工具栏中的【几何视图】图标，在视图窗口中双击【MCS_MILL】图标节点，弹出【Mill Orient】对话框，单击【机床坐标系】子项【指定 MCS】右侧的【CSYS】图标，弹出【CSYS】对话框，利用动态坐标系调整方法，首先将加工坐标系的原点移动到毛坯顶面的中心，再将 *ZM* 坐标轴调整到和顶面（或者分型面）的法向一致，如图 10 - 37 所示，单击【确定】按钮返回到【Mill Orient】对话框。

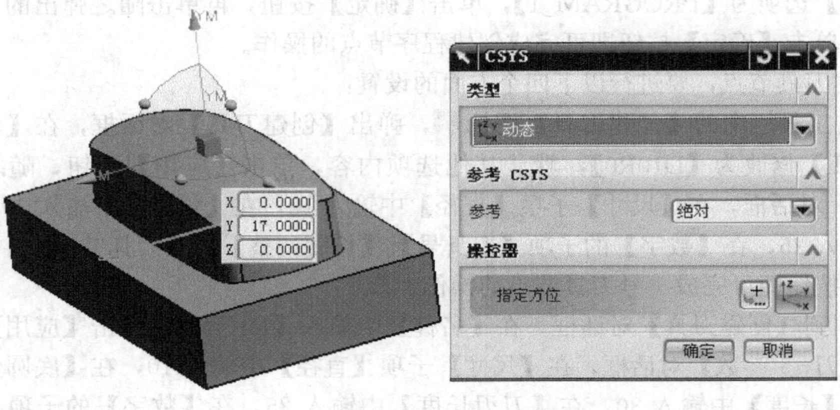

图 10 - 37　加工坐标系的调整

b. 设置安全平面。展开如图 10 - 11 所示对话框中【间隙】子项【安全设置选项】右侧的列表框，选中【平面】，单击【指定平面】右侧的【指定安全平面】图标，弹出【平面构造器】对话框，在【偏置】参数框中输入 22，单击【确定】按钮返回到【Mill Orient】对话框，单击【确定】按钮完成了安全平面的设置操作，在图形窗口会出现一个小三角平面指示该安全平面的位置。

c. 设置加工部件。双击如图 10 - 10 所示导航器窗口中的【WORKPIECE】节点，弹出【铣削几何体】对话框，单击【几何体】子项【指定部件】右侧的【选择部件几何体】图标，弹出【部件几何体】对话框，在图形窗口中单击模型，单击【确定】按钮返回到【铣削几何体】对话框。

d. 设置毛坯几何体。单击【铣削几何体】子项【指定毛坯】右侧的【选择毛坯几何体】图标，弹出【毛坯几何体】对话框，在【选择选项】中单击【自动块】，在【ZM+】中输入 1，默认其他坐标参数，单击【确定】按钮返回到【铣削几何体】对话框，单击【确定】按钮即可完成部件几何体和毛坯几何体的设置操作。

5）创建加工方法节点。本实例设定粗加工余量为 1mm，半精加工余量为 0.25mm，精加工余量为 0，这些参数值均为系统默认值，因此可以省略本步骤；如果需要修改各个余量值，可以在操作导航器窗口单击【加工方法视图】图标，双击窗口中相应的节点并修改相应值即可。

6）创建型腔铣操作并生成刀具加工轨迹，要进行以下四个方面的设置：

a. 单击工具栏中【创建操作】图标，弹出【创建操作】对话框，在【操作子类型】中单击【CAVITY_MILL（型腔铣）】图标，再依次选择【位置】各个子项节点，在【程序】列表框中切换为【PROGRAM_1】，在【刀具】列表框中切换为【D10R0】，在【几何体】列表框中切换为【WORKPIECE】，在【方法】列表框中切换为【MILL_ROUGH】，默认【名称】节点为【CAVITY_MILL】，如图 10－38 所示，单击【确定】按钮。

b. 随之弹出【型腔铣】对话框，默认【刀轨设置】中【方法】、【切削模式】和【步距】的设置，在【全局每刀深度】中输入 2，如图 10－39 所示。

图 10－38 型腔铣操作对话框

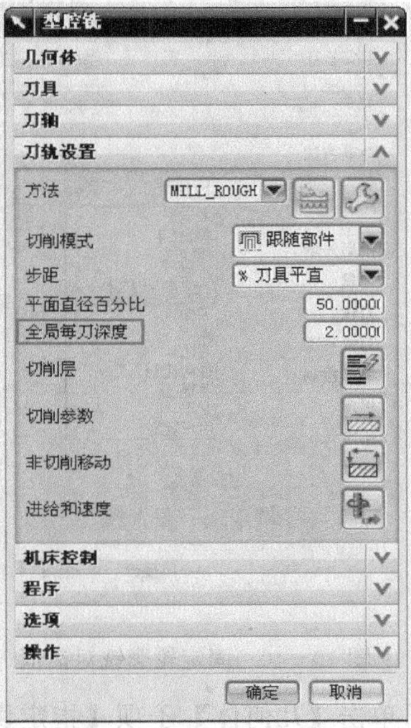

图 10－39 型腔铣对话框

c. 单击【进给和速度】右侧的图标，弹出【进给和速度】对话框，在【主轴速度】复选框内打勾，并在右侧的参数框中输入 2000，将【进给率】子项【剪切】的参数修改为 200，并合理设置【更多】中各个子项内的参数，单击【确定】按钮返回到【型腔铣】对话框。

d. 单击【型腔铣】对话框中【操作】下面的【生成】图标，在图形窗口的模型上即可产生刀具加工轨迹，单击【确定】按钮即可完成型腔铣削的操作步骤。

(2) 工步 2 编程操作：半精加工顶面。

1) 单击工具栏中【创建操作】图标，弹出【创建操作】对话框，在【操作子类型】中单击【FIXED_CONTOUR（固定轴轮廓铣）】图标，再依次选择【位置】的各个子项节点，在【程序】列表框中切换为【PROGRAM_1】，在【刀具】列表框中切换为【D10R5】，在【几何体】列表框中切换为【WORKPIECE】，在【方法】列表框中切换为【MILL_SEMI_FINISH】，默认【名称】节点为【FIXED_CONTOUR】，单击【确定】按钮。

2) 随之弹出【固定轮廓铣】对话框，切换【驱动方法】中子项【方法】为【区域铣削】，如图 10－40 所示，弹出【驱动方法】提示框，单击【确定】按钮。

3) 随之弹出【区域铣削驱动方法】对话框，将【步距】切换为【恒定】，在【距离】中输入 2，如图 10－41 所示，其他选项均为默认，单击【确定】按钮返回到【固定轮廓铣】对话框。

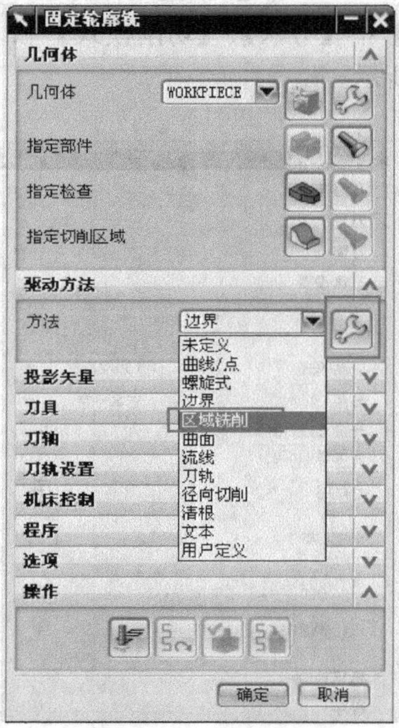

图 10－40　固定轮廓铣对话框

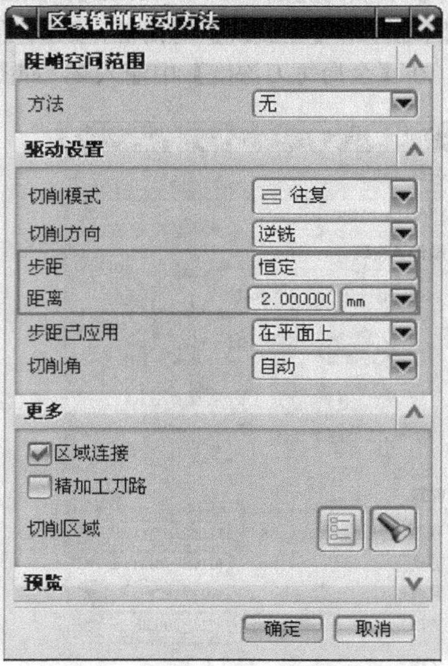

图 10－41　区域铣削驱动方法对话框

4）单击【几何体】子项【指定切削区域】右侧的图标，弹出【切削区域】对话框，在图形窗口中单击模型的顶面，单击【确定】按钮返回到【固定轮廓铣】对话框。

5）单击【进给和速度】右侧的图标，弹出【进给和速度】对话框，在【主轴速度】复选框内打勾，并在右侧的参数框中输入 2000，将【进给率】子项【剪切】的参数修改为 200，并合理设置【更多】中各个子项内的参数，单击【确定】按钮返回到【固定轮廓铣】对话框。

6）单击【固定轮廓铣】对话框中【操作】下面的【生成】图标，在图形窗口的模型上即可产生刀具加工轨迹，单击【确定】按钮即可完成半精加工顶面的操作步骤。

（3）工步 3 编程操作：精加工分型面。

1）单击工具栏中【创建操作】图标，弹出【创建操作】对话框，在【类型】中切换为【mill_planar】，在【操作子类型】中默认【FACE_MILLING_AREA（表面区域铣）】图标，在【程序】列表框中切换为【PROGRAM_1】，在【刀具】列表框中切换为【D10R0】，在【几何体】列表框中切换为【WORKPIECE】，在【方法】列表框中切换为【MILL_FINISH】，默认【名称】节点为【FACE_MILLING_AREA】，单击【确定】按钮。

2）随之弹出【面铣削区域】对话框，单击【几何体】子项【指定切削区域】右侧的图标，弹出【切削区域】对话框，在图形窗口中单击模型的分型面，单击【确定】按钮返回到【面铣削区域】对话框。

3）在【刀轨设置】的子项中，默认【切削模式】为【跟随部件】，注意不能采用【跟随周边】，否则加工区域不完整。

4）将【步距】切换为【恒定】，在【距离】中输入 2，如图 10－42 所示。

5）单击【进给和速度】右侧的图标，弹出【进给和速度】对话框，在【主轴速度】复选框内打勾，并在右侧的参数框中输入 2000，将【进给率】子项【剪切】的参数修改为 200，并合理设置【更多】中各个子项内的参数，单击【确定】按钮返回到【面铣削区域】对话框。

6）单击【面铣削区域】对话框中【操作】下面的【生成】图标，在图形窗口的模型上即可产生刀具加工轨迹，单击【确定】按钮即可完成精加工分型面的操作步骤。

（4）工步 4 编程操作：精加工侧壁。

1）单击工具栏中【创建操作】图标，弹出【创建操作】对话框，在【类型】中切换为【mill_contour】，在【操作子类型】中单击【ZLEVEL_PROFILE（等高轮廓铣）】图标，再依次选择【位置】的各个子项节点，在【程序】列表框中切换为【PROGRAM_1】，在【刀具】列表框中切换为【D10R0】，在【几何体】列表框中切换为【WORKPIECE】，在【方法】列表框中切换为【MILL_FINISH】，默认【名称】节点为【ZLEVEL_PROFILE】，单击【确定】按钮。

2）随之弹出【深度加工轮廓（等高轮廓铣）】对话框，单击【几何体】子项【指定切削区域】右侧的图标，弹出【切削区域】对话框，在图形窗口中依次单击模型侧壁的 6 个面，单击【确定】按钮返回到【深度加工轮廓】对话框。

3）在【刀轨设置】子项的【全局每刀深度】中输入 0.5，如图 10－43 所示。

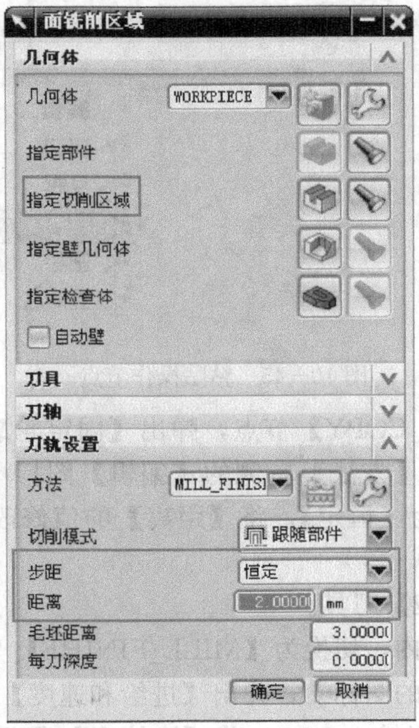

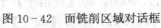

图 10－42　面铣削区域对话框

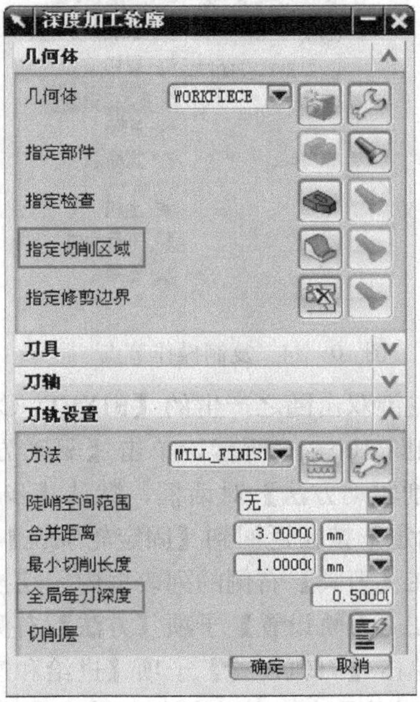

图 10－43　等高轮廓铣对话框

4）单击【进给和速度】右侧的图标，弹出【进给和速度】对话框，在【主轴速度】复选框内打勾，并在右侧的参数框中输入 2000，将【进给率】子项【剪切】的参数修改为 200，并合理设置【更多】中各个子项内的参数，单击【确定】按钮返回到【深度加工轮廓】

对话框。

5）单击【深度加工轮廓】对话框中【操作】下面的【生成】图标，在图形窗口的模型上即可产生刀具加工轨迹，单击【确定】按钮即可完成精加工侧壁的操作步骤。

（5）工步 5 编程操作：精加工顶面。

精加工顶面的操作和半精加工顶面相类似，但还有另外一种方法：对半精加工的顶面节点进行复制并修改相应的参数，操作方法如下：

1）在【程序视图】的操作导航器窗口，选中【FIXED_CONTOUR】节点，右键单击弹出快捷菜单，如图 10－44 所示，单击【复制】命令。

2）再单击【ZLEVEL_PROFILE】节点，右键单击弹出快捷菜单，如图 10－45 所示，单击【粘贴】命令。

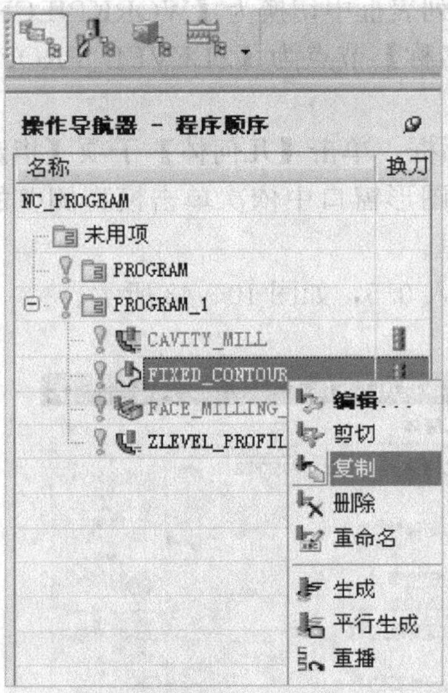

图 10－44　复制操作节点

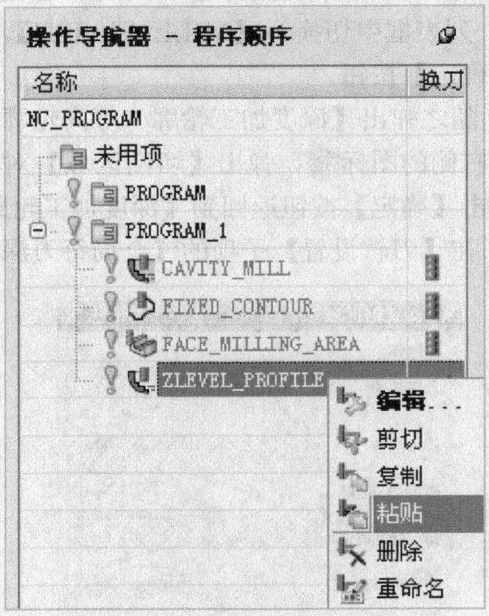

图 10－45　粘贴操作节点

3）左键双击随之产生的【FIXED_CONTOUR_COPY】节点，弹出【固定轮廓铣】对话框，如图 10－46 所示，单击【驱动方法】子项【方法】右侧的【编辑】图标，弹出【区域铣削驱动方法】对话框，默认【步距】模式为【恒定】，将【距离】的值修改为 0.3，单击【确定】按钮返回到【固定轮廓铣】对话框。

4）在【刀具】右侧的列表框内，切换为【D4R2】刀具。

5）在【刀轨设置】子项【方法】右侧的列表框内，切换为【MILL_FINIHS】。

6）单击【刀轨设置】子项【进给和速度】右侧的图标，弹出【进给和速度】对话框，在【主轴速度】复选框内打勾，并在右侧的参数框中输入 5000，将【进给率】子项【剪切】的参数修改为 500，并合理设置【更多】中各个子项内的参数，单击【确定】按钮返回到【固定轮廓铣】对话框。

7）单击【固定轮廓铣】对话框中【操作】下面的【生成】图标，在图形窗口的模型上即可产生刀具加工轨迹，单击【确定】按钮即可完成精加工顶面的操作步骤。

(6) 操作过程联合仿真。

1) 在操作导航器窗口，依次单击选中 5 个操作节点，右键单击弹出快捷菜单，依次单击【刀轨】和【确定】，如图 10-47 所示。

图 10-46 固定轮廓铣修改参数

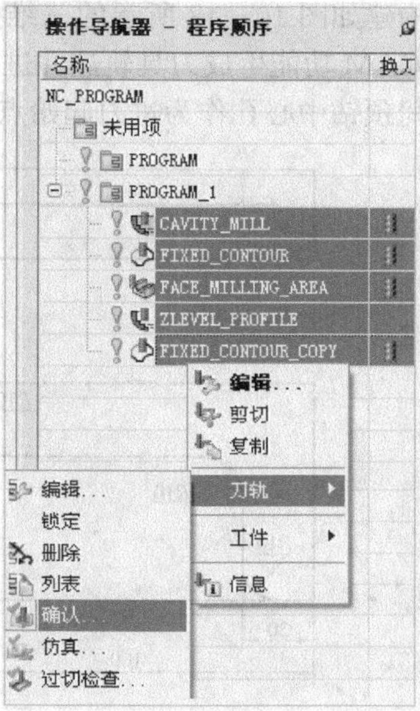

图 10-47 刀轨仿真操作

2) 弹出【刀轨可视化】对话框，单击【2D 动态】选项，单击【播放】按钮，即可在图形窗口观看到多个工步联合切削仿真过程，单击【确定】按钮完成操作。

(7) 所有工步操作进行后处理，生成数控加工程序。

1) 在操作导航器窗口，依次单击选中 5 个操作节点，右键单击弹出快捷菜单，单击其中的【后处理】命令。

2) 弹出【后处理】对话框，在【后处理器】列表框内切换为【MILL_3_AXIS】，可以单击【输出文件】下面的【浏览】按钮，更改输出文件的位置，在【单位】列表框中切换为【公制/部件】，单击【确定】按钮。

3) 弹出【多重选择警告】提示对话框，单击【确定】按钮，弹出【后处理】提示对话框，单击【确定】按钮。

4) 弹出【信息】对话框，其内容即为输出数控程序的文本格式，浏览后关闭。

5) 找到输出文件所在的位置，采用记事本格式打开该文件，即为本实例自动编程生成的数控加工程序，对该程序进行检查、修改后进行保存，通过传输线或者磁盘将该程序输入到数控机床内。

思考题与习题

10-1 简述自动编程 CAM 软件主要需要解决的问题及其发展方向。

10-2　简述数控自动编程主要刀轨算法的思想及其应用场合。

10-3　简述图形交互自动编程的工作原理及其应用特点。

10-4　简述 CAD/CAM 集成软件应具备哪些数控编程的基本功能。

10-5　采用 UG NX（版本为 NX3.0 及以上版本）中的草绘图和设计特征建模两种方法，分别构建如图 10-48 所示的三维模型，其中毛坯为长方体，利用三维建模功能造型，最终利用 CAM 功能生成刀具轨迹并进行加工过程的仿真，切削参数请参考本章实例，在毛坯顶面中间预钻中心孔作为进刀起始点。

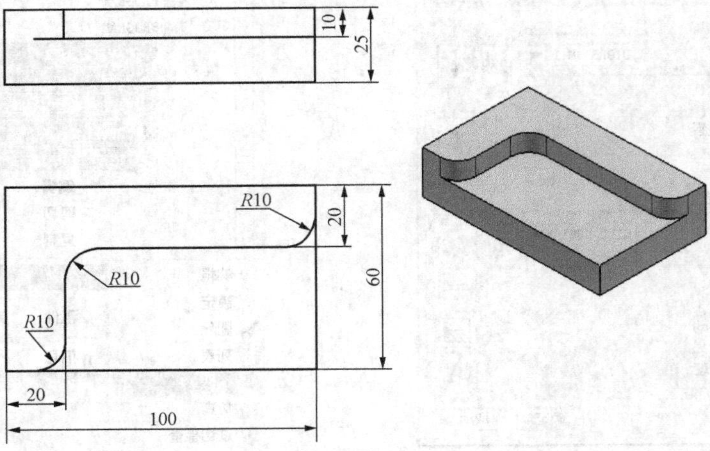

图 10-48　题 10-5 图

10-6　采用 UG NX 三维建模方法构建如图 10-49 所示的三维实体模型，其中构建毛坯的操作要利用三维建模功能，最终生成数控 NC 代码，切削参数请参考本章实例。

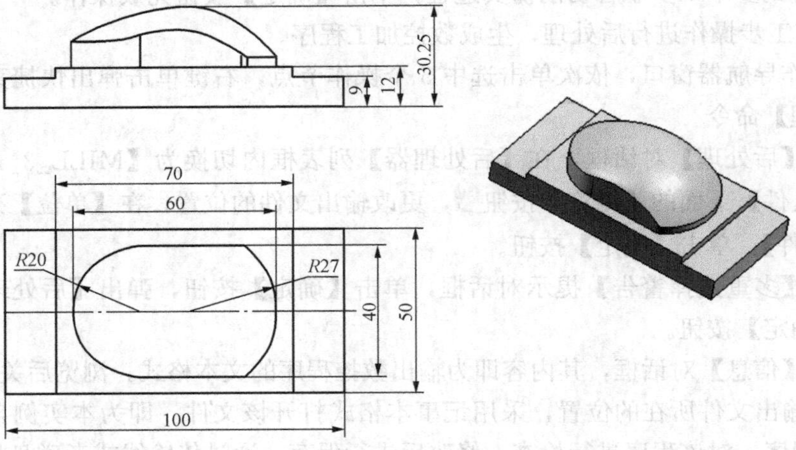

图 10-49　题 10-6 图

11 数控机床的科学选用和管理技术

11.1 数控机床的科学选用

近年来，随着现代制造业的迅速发展，数控机床的品种不断增多，功能也日趋完善，但其价格仍然较为昂贵。对于数控机床的使用者来讲，如何正确、合理地选用数控机床是用户较为关心的问题。

选用数控机床时，首先应根据生产对象或新建企业的投产规划，来确定设备的种类和数量。若生产对象、对环境没有特殊要求，只要选用一般的数控机床就够了，如数控车床、数控铣床、加工中心等；如果生产对象极为复杂，对环境也有特殊的要求，就需要考虑选用一些特种数控机床或自动化程度较高的数控机床。

11.1.1 数控机床类型选用

虽然数控机床的功能越来越全面，尤其是数控加工中心，能够满足多种加工方法，但每种机床的性能都有一定的适用范围，只有符合数控机床的最佳使用条件，加工一定的工件才能达到最佳的效果，因此选用数控机床必须确定用户所要加工的典型零件。

每一种数控机床都有其最适合加工的典型零件，如卧式加工中心适用于箱体类零件，即箱体、泵体、阀体、壳体等；立式加工中心适用于加工板类零件，即箱盖、盖板、壳体、平面凸轮等加工零件。若将卧式加工中心的典型零件在立式加工中心上进行加工，零件的多面加工则需要工件重新装夹改变工艺基准，这就会降低生产效率和加工精度；若将立式加工中心的典型零件在卧式加工中心上进行加工，则需要增加弯板夹具，这会降低工艺系统的刚性和工效。同类规格的机床，一般卧式机床的价格比立式机床的高 80%～100%，所需加工费用也高，所以这样的加工不经济；然而，卧式加工中心的工艺性比较广泛，根据国外资料介绍，在工厂车间设备配置中，卧式机床占 60%～70%，而立式机床只占 30%～40%。

确定典型零件加工的顺序：先根据工厂或车间的要求，确定哪些零件的哪些工序准备在数控机床上完成；然后将零件进行归类。当然，这时会遇到零件规格相差很多的问题，因此，要进一步选用、确定比较满意的典型加工工件，再来挑选适合工件加工的数控机床。

11.1.2 数控机床规格的选用

数控机床的规格应根据所确定的典型加工工件进行。数控机床最主要的规格就是坐标方向的加工行程和主轴电动机功率。

机床的三个基本坐标（X，Y，Z）行程直接反映机床允许的加工空间。一般情况下，加工件的轮廓尺寸应在机床的加工空间范围之内，如典型零件是 450mm×450mm×450mm 的箱体，那么应选工作台面尺寸为 500mm×500mm 的加工中心，选取用工作台面比零件稍大一些是考虑到安装夹具所需的空间。加工中心的工作台面尺寸和一个基本坐标行程都有一定的比例关系，如上述工作台为 500mm×500mm 的机床，X 轴行程一般为 700～800mm，Y 轴为 550～700mm，Z 轴为 500～600mm。因此，工作台的大小基本上确定了加工空间的大小。个别情况下，也允许工作尺寸大于机床加工行程，这时必须工艺工件的加工区处在机床的行程范围之内，而且要考虑机床工作台的承载能力，以及工件是否与机床换刀空间干涉及其在工作台上回转时是否干涉等问题。

主轴电动机功率反映了数控机床的切削能力，这里是指切削效率和刚性。加工中心一般都配置功率较大的直流或交流调速电动机，可用于高速切削，但在低速切削时由于电动机输出功率下降，转矩受到限制，因此当需要加工大直径和余量很大的工件时，必须对低速转矩进行校核。

对少量特殊工件加工需另外增加回转坐标（A，B，C）或附加坐标（U，V，W）的，则应向机床制造厂特殊订货，但机床价格会相应增加。

11.1.3 数控机床精度的选用

选用机床的精度等级，应根据典型加工工件关键部位加工精度的要求来确定，如国产加工中心精度可分为普及型和精密型两种。加工中心的精度项目很多，关键项目见表 11－1。

表 11－1 加工中心（MC）机床精度主要项目

精度项目	普通型	精密型
单轴定位精度（mm）	0.02/300 或全长	0.005/全长
单轴重复定位精度（mm）	±0.006	±0.003
铣圆精度（mm）	0.03～0.04	0.02

数控机床的其他精度与表中所列的数据都有一定的对应关系。单轴定位精度和单轴重复定位精度综合反映了该轴各运动部件的综合精度，尤其是重复定位精度，它反映了该控制轴在行程内任意定位点的定位稳定性，是衡量该控制轴能否稳定可靠工作的基本指标。目前的数控系统软件的功能比较丰富，一般都有控制轴的螺距误差补偿功能和反向间隙补偿功能，能对进给传动链上各环节的系统误差进行稳定补偿，如丝杠的螺距误差和螺距累积误差可以用螺距补偿功能来补偿；进给传动链和反向死区可用反向间隙补偿进行消除。但这是一种理想的做法，实际造成反向运动量损失的原因是存在驱动元部件的反向死区、传动链各环节的间隙、弹性变形、接触刚度变化等因素。

铣圆精度是综合评价数控机床有关数控坐标轴的伺服随动特性，以及数控系统插补功能的指标。测定每台机床铣圆精度的方法是铣削一个标准圆柱试件，中小型机床圆柱试件的直径一般为 200～300mm。将标准圆柱试件放在圆度仪上，测出加工圆柱的轮廓线，取其最大包络圆和最小包络圆，两者间的半径差即为铣圆精度。

总之，力求提高每个数控坐标轴的重复定位精度和铣圆精度是机床制造厂和用户的共同愿望。但要想获得合格的加工零件，除了必须选用精度适用的机床设备外，还必须采取好的工艺方案，切不可一味依赖机床的精度。

11.1.4 数控系统的选用

数控系统与所需机床要相匹配，一般来说，需要考虑以下几点：

(1) 要有针对性的根据数控机床类型选用相应的数控系统，一般机床制造厂提供的原配数控系统均能满足要求。

(2) 要根据数控机床的设计性能选用数控系统，此时要考虑机床整机的机械、电气性能，不能片面追求高水平、新系统，以免造成系统资源浪费，而应该对性能、价格等做一个综合分析，选用匹配的系统。

(3) 要合理选用数控系统功能，一个数控系统具有基本功能和选用功能两部分，前者价格便宜，后者只有当用户选用后才能提供并且价格较贵，用户应根据实际需要来选用。

(4) 订购系统时要考虑周全，订购时把需要的系统功能一次定制齐全，以免造成损失和留下遗憾。另外，在选用数控系统时，应尽量考虑企业内已有数控机床及相同型号的数控系统，这将给今后的操作、编程、维修带来较大的方便。

11.1.5　选择功能及附件的选用

在选用数控机床时，除了认真考虑它应具备的基本功能和基本条件外，还应选用一些选择件、选择功能及附件。选用的基本原则是全面配套，综合考虑。对一些价格增加不多，但会给使用带来很多方便的附件，应尽可能配置齐全，保证机床到厂能立即投入使用。切忌将几十万元购来的一台机床，因缺少一个几十元或几百元附件而长期弃用。当然也可以多台机床共用附件，这样可以减少投资。一些功能的选用应进行综合比较，以经济、实用为目的。例如，数控系统的动态图形显示、随机程序编制、人机对话程序编制等功能，可根据费用情况决定是否选用。近年来，在质量保证措施上也发展了许多附件，如自动测量装置，接触式测头，对刀仪，刀具磨损、破损检测附件等。这些附件的选用原则是要求保证其性能可靠，不追求新颖。此外，要选用与生产能力相适应的冷却、润滑及排屑装置。

11.1.6　技术服务

数控机床要得到合理使用，并发挥经济效益，仅有一台好的机床是不够的，还必须有良好的技术服务。对一些新用户来说，最缺乏的是技术上的支持。当前，机床制造厂普遍重视产品的售前、售后服务，协助用户对典型工件做工艺分析，进行加工可行性试验，以及承担成套技术服务，包括工艺装备设计、程序编制、安装调试、试切工件，直到全面投入生产。最普遍的做法是为用户举办技术培训班，对维修、编程、操作人员进行培训，帮助用户掌握设备的使用方法。对于一些生产任务比较重的企业，还要考虑就近有没有机床生产企业的维修中心，不能由于一个故障，因企业不能及时派维修人员进行修理，而对企业造成严重损失。总之，只有重视技术队伍的建设，重视职工素质的提高，数控机床才能得到合理的使用。

11.2　数控机床的安装与调试

11.2.1　机床的初就位和组装工作

机床的初就位和组装工作主要包括以下三个方面：

(1) 按照机床厂对机床基础的具体要求，做好机床安装的基础，并在基础上留出地脚螺栓孔，以便机床到厂后及时就位安装。

(2) 组织有关技术人员阅读和消化有关机床安装方面的资料，然后进行机床安装。机床组装前把导轨、各滑动面、接触面上的防锈涂料清洗干净，把机床各部件，如数控柜、电气柜、立柱、刀库、机械手等组装成整机。组装时必须要使用原配的定位销、定位块等定位元件，以保证下一步精度调整的顺利进行。

(3) 部件组装完成后就进行电缆、油管和气管的连接。机床说明书中附有电气接线图和气液压管路图，应根据这些图样资料将有关电缆和管道按图示标记一一对位接好。连接时要特别注意清洁工作，可靠的接触及密封，接头一定要拧紧，否则试机时漏油漏水，给试机带来麻烦。油管、气管连接中要特别防止异物从接口进入管路，造成整个液压、气压系统故障。电缆和管路连接完毕后，要做好整个管线的就位固定，安装好防护罩壳，保证整齐的外观。

11.2.2 数控系统的连接和调整

1. 外部电缆的连接

数控系统外部电缆的连接，指将数控装置与 MDI/CRT 单元，强电柜，机床操作面板，进给伺服电动机、主轴电动机动力线，反馈信号等的连接，这些连接必须符合随机提供连接手册的规定。最后还要进行地线连接。数控机床地线的连接十分重要，良好的接地不仅对设备和人身的安全十分重要，同时能减少电气干扰，保证机床的正常运行。地线一般都采用辐射式接地法，即数控柜中的信号地、强电地、机床地等连接到公共接地点上，公共接地点再与大地相连。数控柜与强电柜之间的接地电缆要足够粗，截面积要在 5.5mm² 以上。地线必须与大地接触良好，接地电阻一般要求小于 4～7Ω。

2. 电源线的连接

数控系统电缆线的连接，指数控柜电源变压器输入电缆的连接和伺服变压器绕组抽头的连接。对于进口的数控系统或数控机床更要注意，由于各个国家供电制式不尽一致，国外机床生产厂家为了适应各国不同的供电情况，无论数控系统的电源变压器，还是伺服变压器都有多个抽头，必须根据我国供电的具体情况，正确地连接。

3. 输入电源电压、频率及相序的确认

(1) 输入电源电压和频率的确认。我国供电制式是交流 380V，三相；交流 220V，单相频率 50Hz。有些国家的供电制式与我国不一样，不仅电压幅值不一样，频率也不一样，如日本，交流三相的线电压是 200V，单相是 100V，频率是 60Hz。他们出口的设备为了满足各国不同的供电情况，一般都配有电源变压器。变压器上设有多个抽头供用户选择使用，电路板上设有 50/60Hz 频率转换开关。所以，对于进口的数控机床或数控系统一定要先看懂随机说明书，按说明书规定的方法进行连接。通电前一定要仔细检查输入电源电压是否正确，频率转换开关是否以置于“50Hz”位置。

(2) 电源电压波动范围的确认。检查用户的电源电压波动范围是否在数控系统允许的范围之内。一般控制系统允许电压波动范围为额定值的 85%～110%，而欧美的一些系统要求则更高一些。由于我国供电质量不太好，电压波动大，电气干扰比较严重。如果电源电压波动范围超过数控系统的要求，需要配备交流稳压器。实践证明，采取了稳压措施后会明显地减少故障，提高数控机床的稳定性。

(3) 输入电源电压相序的确认。目前，数控机床的进给控制单元和主轴控制单元的供电源，大都采用晶闸管控制元件，如果相序不对，接通电源，可能使进给控制单元的输入熔丝烧断。

检查相序的方法很简单，一种是用相序表测量，如图 11-1 (a) 所示，当相序接法正确时相序表按顺时针方向旋转，否则就是相序错误，这时可将 R、S、T 中任意两条线对调一下就行；另一种是用双线示波器来观察两相之间的波形，如图 11-1 (b) 所示，两相在相位上相差 120°。

(4) 确认直流电源输出端是否对地短路。各种数控系统内部都有直流稳压电源单元，为系统提供所需的+5V、±15V、±24V 等直流电压。因此，在系统通电前应当用万用表检查其输出端是否有对地短路现象。如有短路必须查清短路的原因，排除之后方可通电，否则

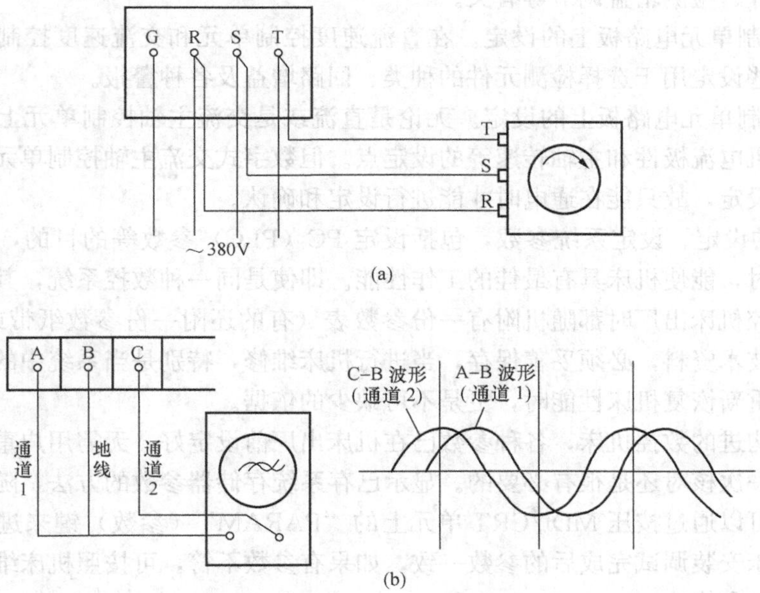

图 11-1　相序测量
(a) 相序表法；(b) 示波器法

会烧坏直流稳压单元。

(5) 接通数控柜电源，检查各输出电压。在接通电源之前，为了确保安全，可以先将电动机动力线断开，这样在系统工作时不会引起机床运动。但是，应根据维修说明书的介绍对速度控制单元做一些必要性的设定，不致因断开电动机动力线而造成报警。接通数控柜电源后，首先检查数控柜中各风扇是否旋转，这也是判断电源是否接通最简单的办法。随后检查整个印制电路板上的电压是否正常，各种直流电压是否在允许的波动范围之内。一般来说，±24V 的误差不超过±10%，±15V 的误差不超过±10%，对+5V 电源要求较高，误差不能超过±5%，因为+5V 是供给逻辑电路用的，波动太大会影响系统的工作的稳定性。

(6) 检查各熔断器。熔断器是设备的“卫士”，时时刻刻保护着设备的安全。除供电主线路上有熔断器外，几乎每一块电路板或电路单元都有装有熔断器，每当过负荷、外电压过高或负载端发生意外短路时，熔断器可马上被熔断而切断电源，起到保护作用，所以一定要检查熔断器的质量和规格是否符合要求。

4. 参数的设定和确认

(1) 短路棒的设定。数控系统内的印制电路板上有许多短路棒针对短路的设定点，需要对其适当的设定以适应各种型号机床的不同要求。一般来说，用户购入的整台数控机床，这项设定已由机床厂完成，用户只需确认一下即可。但对于单体购入的数控装置，用户则必须根据需要自行设定。因为数控装置出厂时是按照标准方式设定的，不一定适合具体用户的要求。不同的数控系统设定的内容不一样，应根据随机的维修说明书进行设定和确认，主要设定内容有以下三个部分：

1) 控制部分印制电路板上的设定，包括主板、ROM 板、连接单位、附加轴控制板、光栅尺、旋转变压器或感应同步器在控制板上的设定。这些设定与机床回参考点的方法、速度反馈用检测元件、检测增益调节等有关。

2）速度控制单元电路板上的设定。在直流速度控制单元和交流速度控制单元上都有许多设定点，这些设定用于选择检测元件的种类、回路增益及各种警报。

3）主轴控制单元电路板上的设定。无论是直流或是交流主轴控制单元上，均有些用于选择主轴电动机电流极性和主轴转速等的设定点。但数字式交流主轴控制单元上已用数字设定代替短路棒设定，故只能在通电时才能进行设定和确认。

（2）参数的设定。设定系统参数，包括设定 PC（PLC）参数等的目的，是当数控装置与机床相连接时，能使机床具有最佳的工作性能。即使是同一种数控系统，其参数设定也随机床而异。数控机床出厂时都随机附有一份参数表（有的还附一份参数纸带或磁带），它是一份很重要的技术资料，必须妥善保存，当进行机床维修，特别是当系统中的参数丢失或发生错乱，需要重新恢复机床性能时，更是不可缺少的依据。

对于整机购进的数控机床，各种参数已在机床出厂前设定好，无需用户重新设定，但对照参数表进行一次核对还是很有必要的。显示已存系统存储器参数的方法，随各类数控系统而异，大多数可以通过按压 MDI/CRT 单元上的“PARAM”（参数）键来进行，显示的参数内容应与机床安装调试完成后的参数一致，如果有参数不符，可按照机床维修说明书提供的方法进行议定和修改。

如果所用的进给和主轴控制单元是数字式的，那么它的设定也都是用数字设定参数，而不用短路棒。此时，必须根据随机所带的说明书一一予以确认。

（3）纸带阅读机的调整。从世界数控技术的发展趋势看，纸带阅读机将逐渐被淘汰，取而代之的是磁带、软磁盘或微机编程系统直接进行数据传输等方式。但是，20 世纪 90 年代前进口的数控机床绝大部分都配有内藏式纸带阅读机。另外，由于操作习惯关系，现在仍有一些用户选择纸带阅读机。通常纸带阅读机在出厂前已经调整好，用户不必重新调整，但一旦发现读带信息出错，则需对光电放大器的输出波形进行调整。目前能见到的纸带阅读机品种很多，其调整方法也稍有差异，一般可按下述步骤进行：

1）制作一条测试纸带，即一条有孔和无孔交错排列的黑色纸带，并将纸带首尾相接，呈环形。

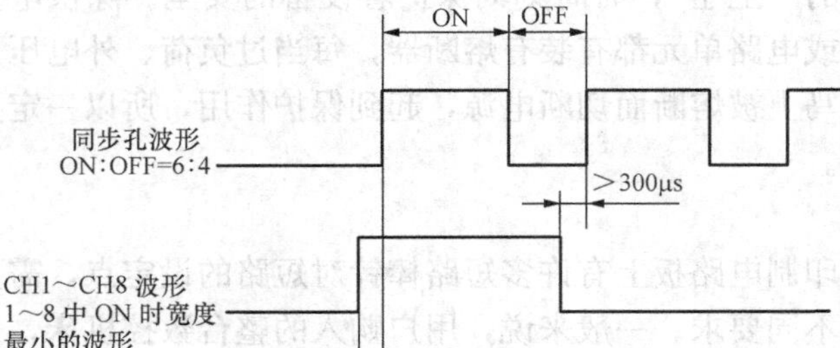

图 11-2 纸带阅读机波形

2）把环形测试纸带装入纸带阅读机，将开关设置为“手动”方式，使其连续走带。

3）用示波器测量光电放大器电路板上的同步孔（纸带中间的一排连续小孔）信号，以检查端子 S 和 OV（地）之间的同步信号波形，调整电位器 SP（RV_1），使波形 ON 和 OFF 时间之比值为6：4，如图 11-2 所示。

5. 确认数控系统与机床间的接口

现代化的数控系统一般都具有自诊断的功能，在 CRT 画面上可以显示出数控系统与机床接口，以及数控系统内部的状态。在带有可编程控制器（PLC）时，可以反映出从 NC 到

PLC，从PLC到MT（机床），以及从MT到PLC，从PLC到NC的各种信号状态。至于各个信号的含义及相互逻辑关系，随每个PLC的梯形图（即顺序程序）而异，用户可根据机床厂提供的梯形图说明书（又称诊断地址表），通过自诊断画面确认数控系统机床之间的接口信号状态是否正确。

完成上述步骤，可以认为数控系统已经调整完毕，具备了机床联机通电试车的条件。此时，可切断数控系统的电源，连接电动机的动力线，恢复报警设定，准备通电试车。

11.2.3　通电试车

通电试车先要做好通电前的准备工作：首先是按照机床说明书的要求，给机床的润滑点灌注规定的油液或树脂油，清洗液压油箱及过滤器，灌足规定标号的液压油，接通气源等；再调整机床的水平，粗调机床的主要几何精度。若是大中型设备，在已经完成初就位和初步组装的基础上，要重新调整各主要运动部件与主轴的相对位置，如机械手、刀库及主轴换刀位置的校正，自动托盘交换装置（APC）与工作台交换位置的找正等。

机床通电操作可以是一次同时接通各部分电源全面供电，也可以是各部分分别供电，然后再做总供电试验。对于大型设备，为了更加安全，应采取各部分分别供电。通电后首先观察各部分有无异常，有无报警故障，然后用手动方式陆续启动各部件。检查安全装置是否起作用，能否正常工作，能否达到额定的工作指标。启动液压系统时先判断液压泵电动机的转动方向是否正确，液压泵工作后液压管路中是否形成油压，各液压元件是否正常工作，有无异常噪声，各接头有无渗漏，液压系统与冷却装置能否正常工作等。总之，根据机床说明书资料粗略检查机床主要部件，功能是否正常、齐全，使机床各环节都能操作运动起来。

在数控系统与机床联机通电试车时，虽然数控系统已经确认，工作正常无任何报警，但为了预防万一，应在接通电源的同时，做好按压急停按钮的准备，以便随时能够切断电源。例如，伺服电动机的反馈信号线接反或断线，均会出现机床“飞车”现象，适时就需要立即切断电源，检查接线是否正确。在正常情况下，电动机首次通电的瞬时，可能会有微小的转动，但系统的自动漂移补偿功能会使电动机轴立即返回。此后，即使电源再次断开、接通，电动机轴也不会转动。可以通过多次通、断电源或按急停按钮的操作，观察电动机是否转动，从而也确认系统是否具有自动漂移补偿功能。

通电正常后，应用手动方式检查各基本运动功能，如各轴的转动、主轴的正转和反转、手摇脉冲发生器等。在检查机床各轴的运转情况时，应用手动连续进给移动各轴，通过CRT或DPL（数字显示器）的显示值检查判断移动方向是否正确。若方向相反，则应将电动机动力线及检测信号线反接才行；然后检查各轴移动距离是否与移动指令相符，若不符，应检查有关指令、反馈参数，以及位置控制环增益等参数的设定是否正确；随后再用手动进给，以低速移动各轴，并使它们碰到超程限位开关，用以检查超程限位是否有效，数控系统是否在超程时发出报警；最后还应进行一次返回基准点动作，看用手动回基准点是否正确。机床的基准点是机床进行加工和程序编制的基准位置，因此必须检查有无基准点功能，以及每次返回基准点的位置是否完全一致。总之，凡是手动功能都可以验证一下。当这些试验都正确以后再进行下一步的工作，否则要先查明异常的原因并加以排除。

如果以上试验没有发现什么问题，说明设备基本正常，就可以进行机床几何精度的精调和试运行。

11.2.4 机床精度和功能的调试

对于小型数控机床，整体刚性好，对地基要求也不高．机床到位安装后就可接通电源。调整机床床身水平，随后就可通电试运行，进行检查验收。为了机床工作稳定可靠，对大中型设备或加工中心，不仅需要调水平，还需对一些部件进行精确的调整。调整内容主要有以下几项。

（1）在已经固化的地基上用地脚螺栓和垫铁精调机床床身的水平，找正水平后移动床身上的各运动部件（立柱、溜板和工作台等），观察各坐标全行程内机床的水平变化情况，并相应调整机床几何精度使之在允许范围之内。在调整时，主要以调整垫铁为主，必要时可稍微改变导轨上的镶条和预紧滚轮等。一般来说，只要机床质量稳定，通过上述调整即可将机床调整到出厂精度。

（2）调整机械手与主轴、刀库的相对位置。首先使机床自动运行到换刀位置，再用手动方式分步进行刀具交换动作，检查抓刀、装刀、拔刀等动作是否准确恰当。在调整中采用检验棒一一校对进行检测，有误差时可调整机械手的行程、移动机械手支座、刀库位置等，必要时也可以改变换刀基准点坐标值的设定（改变数控系统内的参数设定）。调整好以后要拧紧各调整螺钉，然后再进行多次换刀动作，最好用几把接近允许最大重量的刀柄，进行反复换刀试验，达到动作准确无误、无撞击、不掉刀。

（3）带 APC 交换工作台的机床要把工作台运动到交换位置，调整托盘站与交换台面的相对位置，使工作台自动交换时达到动作平稳、可靠、正确。然后在工作台面上装上70％～80％的允许负载，再进行多次自动交换动作，达到正确无误后紧固各有关螺钉。

（4）仔细检查数控系统和 PLC 装置中的参数设定值是否符合随机资料中规定的数据，然后试验各主要操作功能、安全措施、常用指令执行情况等。例如，各种运动方式（手动、点动、自动方式等），主轴换挡指令各级转速指令等是否正确无误。

（5）检查辅助功能及附件的正常工作，如机床的照明灯、冷却防护罩和各种护板是否完整；往冷却液箱中加满冷却液，试验喷管是否能正常喷出冷却液；在使用冷却防护罩条件下冷却液是否外漏；排屑器能否正确工作；机床主轴箱的恒温油箱能否起作用等。

11.2.5 机床试运行

为了全面地检查机床功能及工作可靠性，数控机床在安装调试后，应在一定负载或空载下进行较长一段时间的自动运行试验。自动运行试验的时间，应符合 GB/T 9061—2006《金属切削机床　通用技术条件》中规定，数控车床为 16h，加工中心为 32h，都要求连续运转。在自动运行期间，不应发生除操作失误以外的任何故障。如故障排除时间超过了规定时间，则应重新调整后再次从头进行运转试验。这项试验，国内外生产厂家都不太愿意进行，但从用户角度理应坚持。

11.3 数控机床的验收

在生产实际中，数控机床的验收和安装、调试工作同步进行，如机床开箱检验和外观检查合格后才能进行安装；机床的试运行就是机床性能及数控功能检验的过程。由于验收工作是数控机床未交付使用前的重要环节，因此有必要专门进行介绍。

一台数控机床全部检测验收是一项复杂的工作，对试验的检测手段、技术也要求很高，它需要使用各种高精度仪器，对机床的机、电、液、气各部分及整机进行综合性能、单项性能检测，包括运行刚度、热变形等一系列试验，最后得出对该机床的综合评价。目前，这项工作在国内还必须由国家指定的几个机床检测中心进行，才能得出权威性的结论意见。因此，这一类验收工作只适合于新型机床样机和行业产品的评比检验。对一般数控机床用户，其验收工作主要根据机床出厂检验合格证上规定的验收条件，以及实际能提供的检测手段，来部分或全部地测定机床合格证上各项技术指标。检测的结果作为该机床的原始资料存入技术档案中，作为今后维修时的技术指标依据。

数控机床精度的验收同普通机床精度的差不多，验收的内容、方法及使用的检测仪器也基本上相同，只是要求更严、精度更高，使用检测仪器的精度也相应地要求更高些。与普通机床相比，数控机床多了数控功能，也就是数控系统按程序指令而实现的一些自动控制功能，包括各种补偿功能等，这是普通机床没有的。数控功能的检验，除了用手动操作或自动运行来检验这些功能的有无以外，更重要的是检验其稳定性和可靠性。对一些重要的功能必须进行较长时间的连续空运转试验，证明确实安全可靠后才能正式交付使用。如果控制系统的稳定性、可靠件很差，影响正常使用，或精度检测中有重要项目的技术指标不合格而影响使用，应及时向机床生产厂交涉，要求修理或重新调试，甚至可以索取经济赔偿。

11.3.1　开箱检验和外观检查

数控机床到厂后，设备管理部门要及时组织有关人员开箱检验。参加检验的人员应包括设备管理人员、设备安装人员、设备采购员等。如果是进口设备，还必须有进口商务代理、海关商检人员等。检验的主要内容有以下几项：

（1）装箱单。

（2）核对应有的随机操作、维修说明书、图样资料、合格证等技术文件。

（3）按合同规定，对照装箱单清点附件、备件、工具的数量、规格及完好状况。

（4）检查主机、数控柜、操作台等有无明显的磕碰损伤、变形、受潮、锈蚀等，并逐项如实填写设备开箱验收登记卡并存档。

开箱验收如果发现有缺件、型号不符，以及设备已遭受撞碰损伤、变形、受潮、锈蚀等严重影响设备质量的情况，应及时向有关部门反映、查询、取证或索赔。

开箱检验虽然是一项清点工作，但也很重要，不能忽视。

机床外观检查是指不用仪器只用肉眼可以进行的各种检查。机床外观要求一般可按照通用机床有关标准，但数控机床是价格昂贵的高技术设备，对外观的要求就更高。对各防护罩、油漆质量、机床照明、切屑处理、电缆电线，以及油、气管路的走线和固定等都有进一步的要求。

11.3.2　机床性能与数控功能的检验

1. 机床性能的检验

机床性能主要包括主轴系统、进给系统、自动换刀系统、电气装置、安全装置、润滑装置、气液装置及各附属装置等的性能。

机床性能的检验内容一般都有十多项，不同类型机床的检验项目有所不同。有的机床有气压、液压装置，有的机床没有这些装置；有的还有自动排屑装置、自动上料装置、主轴润滑装置、接触式测头装置等。对于加工中心，还有刀库、自动换刀装置、工作台自动交换装置，以及其他的附属装置，这些装置的工作是否正常可靠都要进行检验。

数控机床性能的检验与普通机床基本一样，主要是通过“耳闻目睹”和试运转，检查各运动部件及辅助装置在启动、停止和运行中有无异常现象及噪声、振动等，以及润滑系统、油液冷却系统、各风扇等工作是否正常。现以一台立式加工中心为例说明一些主要的检验项目。

(1) 主轴系统性能。

1) 用手动方式选择高、中、低三档主轴转速，连续进行 5 次正转、反转的启动和停止动作，检验主轴动作的灵活性和可靠性。

2) 用数据输入方式，主轴从最低一级转速开始运转，逐渐提高到允许的最高转速，实测各级转速数，允差为设定值的±10%，同时观察机床的振动。主轴在长时间高速运转后(一般为 2h) 允许温升 15℃。

3) 主轴准停装置连续操作 5 次，检验动作的可靠性和灵活性。

(2) 进给系统性能。

1) 分别对各坐标进行手动操作，检验正、反方向的低、中、高速进给和快速移动的启动、停正、点动等动作的平稳性和可靠性。

2) 用数据输入方式或者 MDI 方式测定 G00 和 G01 下的各种进给速度，允差为±5%。

(3) 自动换刀（ATC）系统。

1) 检盘自动换刀的可靠性和灵活性，包括手动操作及自动运行时刀库满负载条件下(装满各种刀柄) 运动平稳性，刀库内刀号选择的准确性等。

2) 测定自动交换刀具的时间。

(4) 机床噪声。机床空运转时的总噪声不得超过标准（80dB)。数控机床由于大量采用电调速装置，主轴箱的齿轮往往不是最大噪声源，而主轴电动机的冷却风扇和液压系统液压泵的噪声等可能成为最大噪声源。

(5) 电气装置。在运转试验前后分别做一次绝缘检查，检查接地线质量，确认绝缘的可靠性。

(6) 数控装置。检查数控柜的各种指示灯，检查纸带阅读机、操作面板、电柜冷却风扇和密封性等动作及功能是否正常可靠。

(7) 安全装置。检查对操作者的安全性和机床保护功能的可靠性。例如，各种安全防护罩，机床各运动坐标行程极限保护自动停止功能，各种电流电压过载保护，以及主轴电动机过热过负荷时紧急停止功能等。

(8) 润滑装置。检查定时定量润滑装置的可靠性，检查润滑油路有无渗漏，到各润滑点的油量分配等功能的可靠性。

(9) 气、液装置。检查压缩空气和液压油路的密封、调压功能，液压油箱的正常工作情况。

(10) 附属装置检查。检查机床各附属装置的工作可靠性。例如，冷却液装置能否正常工作，排屑器的工作质量，冷却防护罩有无泄漏，APC 变换工作台工作是否正常，试验带重负载的工作台面自动交换，配置接触式测头的测量装置能否正常工作，以及有无相应测量程序等。

2. 数控功能的检验

数控系统的功能随所配机床类型有所不同，同型号的数控系统所具有的标准功能是一样的，但是一台较先进的数控系统所具有的控制功能是很全的。对于一般用户来说并不是所有的功能都需要，有些功能可以由用户根据本单位生产上的实际需要和经济情况来选择，这部分功能叫选择功能。当然，选择功能越多价格越高。数控功能的检测验收要按照机床配备的数控系统说明书和订货合同的规定，用手动方式或用程序的方式检测该机床应该具备的主要功能。

数控功能检验主要内容包括以下几个方面：

(1) 运动指令功能。检验快速移动指令和直线插补、圆弧插补指令的正确性。

(2) 准备指令功能。检验坐标系选择、平面选择、暂停、刀具长度补偿、刀具半径补偿、螺距误差补偿、反向间隙补偿，镜像功能、极坐标功能、自动加减速、固定循环及用户宏程序等指令的准确性。

(3) 操作功能。检验回原点、单程序段、程序段跳读、主轴和进给倍率调整、进给保持，紧急停止、主轴和冷却液的启动和停止等功能的准确性。

(4) CRT 显示功能。检验位置显示、程序显示、各菜单显示及编辑修改等功能的准确性。

数控功能检验的最好办法是自己编制数控程序，让机床在空载下连续自动运行 16h 或 32h。这个数控程序应包括：

1) 主轴转动要包括标称的最低、中间和最高转速在内五种以上速度的正转、反转及停止等运行。

2) 各坐标运动要包括标称的最低、中间和最高进给速度及快速移动，进给移动范围应接近全行程，快速移动距离应在各坐标轴全行程的 1/2 以上。

3) 一般自动加工所用的一些功能和代码要尽量用到。

4) 自动换刀应至少交换刀库中 2/3 以上的刀号，而且都要装上重量在中等以上的刀柄进行实际交换。

5) 必须使用的特殊功能，如测量功能、APC 交换和用户宏程序等。

用上述程序连续运行，检查机床各项运动、动作的平稳性和可靠性，并要强调在规定时间内不允许出故障，否则要在修理后重新开始规定时间的考核，不允许分段进行累积到规定运行时间。

11.3.3　机床精度的检验

机床精度的检验工作，必须在机床安装地基水泥已完全凝固，并按照 GB/T 17421.1—1998《机床检验通则　第 1 部分：在无负荷或精加工条件下机床的几何精度》规定安装调试好机床以后进行。检验内容主要包括几何精度、定位精度和切削精度的检验。

1. 机床几何精度的检验

数控机床的几何精度是综合反映该机床各关键零部件及其组装后的几何形状误差。其检测内容和方法与普通机床相似，只是检测要求更高。普通立式加工中心主要检测以下几项：

(1) 工作台面的平面度。

(2) 各坐标方向移动的相互垂直度。

(3) X、Y 坐标方向移动时工作台面的平行度。

(4) X 坐标方向移动时工作台面 T 形槽侧面的平行度。

(5) 主轴的轴向窜动。

(6) 主轴孔的径向跳动。

(7) 主轴箱沿 Z 坐标方向移动时主轴轴心线的平行度。

(8) 主轴回转轴心线对工作台面的垂直度。

(9) 主轴箱在 Z 坐标方向移动的直线度。

目前，国内检测机床几何精度的常用检测工具有精密水平仪、精密方箱、直角尺、平尺、平行光管、千分表、测微仪、高精度检验棒等。检测工具的精度必须比被检测对象的几何精度高一个等级，否则测量的结果将是不可信的。每项几何精度的具体检测方法可照GB/T 17421.1—1998《机床检验通则　第1部分：在无负荷或精加工条件下机床的几何精度》、GB/T 16462—1996《数控卧式车床　精度检验》等有关标准的要求进行，也可按机床出厂时的几何精度检测项目要求进行。

机床几何精度的检测必须在机床精调后一次完成，不允许调整一项检测一项，因为几何精度的有些项目是相互联系、相互影响的，同时还要注意检测工具和测量方法造成的误差，如表架的刚性，测微仪的重力，检验棒自身的振摆和弯曲等影响造成的误差。

2. 机床定位精度的检验

数控机床定位精度，是指机床各坐标轴在数控装置控制下运动，所能达到的位置精度，它又可以理解为机床的运动精度。普通机床由手动进给，定位精度主要取决于读数误差，而数控机床的移动是靠数字程序指令实现的，故定位精度取决于数控系统和机床传动误差。机床各运动部件的运动是在数控装置的控制下完成，各运动部件在程序指令控制下所能达到的精度直接反映了加工零件所能达到的精度。所以，定位精度是一项很重要的检测内容。定位精度主要检测以下内容：①各直线运动轴的定位精度和重复定位精度；②各直线运动轴机械原点的复位精度；③各直线运动轴的反向误差；④回转运动（回转工作台）的定位精度和重复定位精度；⑤回转运动的反向误差；⑥回转轴原点的复位精度。

测量直线运动的检测工具有测微仪、成组块规、标准刻度尺、光学读数显微镜、双频激光干涉仪等。回转运动检测工具有360齿精确分度的标准转台或角度多面体、高精度圆光栅、平行光管等。

(1) 直线运动的定位精度检测。直线运动定位精度一般都在机床和工作台空载的条件下进行，按国家标准和国际标准化组织的规定（ISO标准），对数控机床的检测，应以激光测量为准，如图11-3（a）所示。在没有激光干涉仪的情况下，对于一般用户来说也可以用标准刻度尺，配以光学读数显微镜进行比较测量，如图11-3（b）所示。但是，测量仪器的精度必须比被测对象的要高1～2个等级。

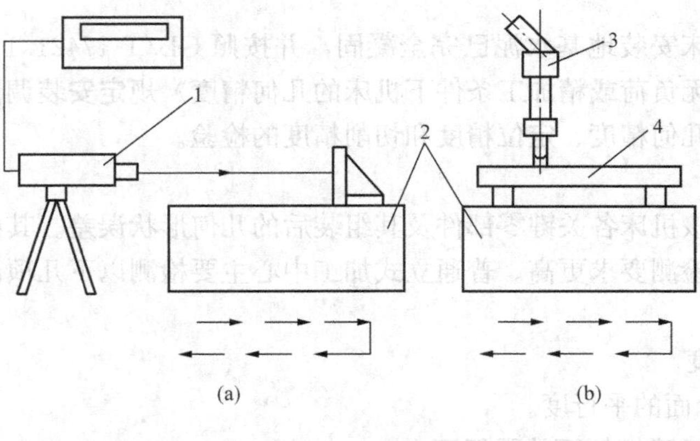

图11-3　直线运动定位精度检测方法

(a) 激光测量；(b) 标准尺测量

1—激光测距仪；2—工作台；3—光学读数显微镜；4—标准刻度尺

为了反映出多次定位中的全部误差，ISO标准规定每一个定位点按5次测量数据计算平均值和散差±3σ，这时的定位精度曲线，是一个由各定位平均值连贯起来的一条曲线加上±3σ散差带构成的定位点散差带，如图 11-4 所示。

(2) 直线运动的重复定位精度检测。检测用的仪器与检测定位精度所用的相同。一般检测方法是在靠近各坐标行程中点及两端的任意三个位置进行测量，每个位置用快速移动定位在相同条件下重复做 7 次定位，测出停止位置数值并求出读数最大差值。以三个位置中最大一个差值的 1/2，附上正负符号，作为该坐标的重复定位精度，它是反映轴运动精度稳定性的最基本的指标。

(3) 直线运动的原点返回精度检测。原点返回精度，实质上是该坐标轴上一个特殊点的重复定位精度，因此它的检测方法完全与重复定位精度相同。

(4) 直线运动的反向误差检测。直线运动的反向误差也称为失动量，它包括该坐标轴进给传动链上驱动部件（如伺服电动机、步进电动机等）的反向死区，是各机械运动传动副的反向间隙和弹性变形等误差的综合反映。误差越大，则定位精度和重复定位精度也越差。

反向误差的检测方法是在所测坐标轴的行程内，预先向正向或反向移动一个距离并以此停止位置为基准，再在同一方向给予一定移动指令值，使之移动一段距离，最后再往相反方向移动相同的距离，测量停止位置与基准位置之差，如图 11-5 所示。在靠近行程的中点及两端的三个位置分别进行多次测定（一般为 7 次），求出各个位置上的平均值，以所得平均值中的最大值为反向误差值。

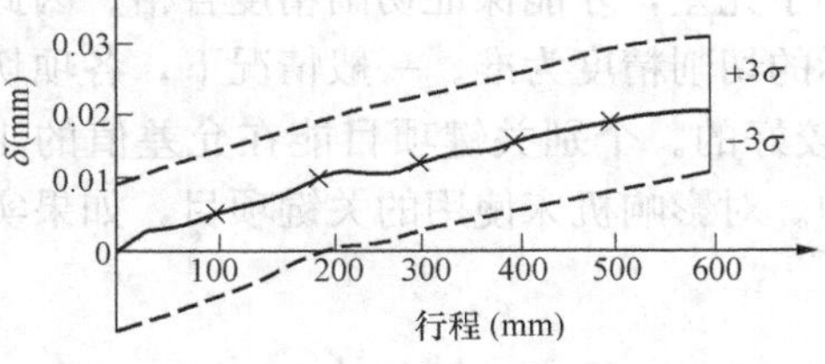

图 11-4 定位精度曲线

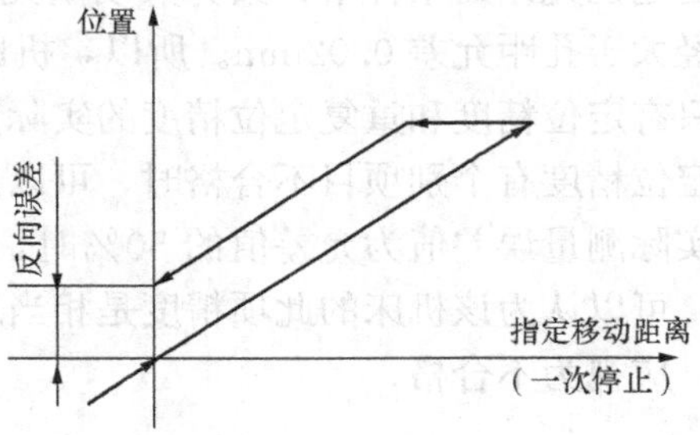

图 11-5 反向误差测定

(5) 回转工作台的定位精度检测。测量工具有标准转台、角度多面体、圆光栅及平行光管（准直仪）等，可根据具体情况选用。测量方法是使工作台正向（或反向）转一个角度并停止、锁紧、定位，以此位置作为基准，然后向同方向快速转动工作台，每隔 30°锁紧定位一次，进行测量。正向和反向各测量一周，各定位位置的实际转角与理论值（指令值）之差的最大值为分度误差。如果是数控回转工作台，应以每 30°为一个目标位置，对于每个目标位置从正、反两个方向进行快速定位 7 次，实际达到位置与目标位置之差即位置偏差，按 GB/T 17421.2—2000《机床检验通则 第 2 部分：数控轴线的定位精度和重复定位精度的确定》规定的方法计算出平均位置偏差和标准偏差，其最大值的和最小值的差值，就是数控回转工作台的定位精度误差。

考虑到实际使用要求，一般对 0°、90°、180°、270°这几个直角等分点做重点测量，要求这些点的精度较其他角度位置提高一个等级。

(6) 回转工作台的重复分度精度检测。测量方法是在回转工作台的一周内任选三个位置重复定位三次，分别在正、反方向的转动下进行检测，所有读数值中与相应位置理论值之差的最大值为重复分度精度。如果是数控回转工作台，要以每 30°取一个测量点作为目标位置，分别对各目标位置从正、反两个方向进行5次快速定位，测出实际到达的位置与目标位置之差值，即位置偏差，再按GB/T 17421.2—2000规定的方法计算出标准偏差，取各测量点的标准偏差中最大值的6倍，就是数控回转工作台的重复分度精度。

(7) 回转工作台的原点复位精度检测。测量方法是从7个任意位置分别进行一次原点复位，测定其停止位置，以读出最大差值作为原点复位精度。

3. 机床切削精度的检验

机床切削精度是一项综合精度，它不仅反映了机床的几何精度和定位精度，同时还包括了试件的材料、环境温度、刀具性能及切削条件等各种因素造成的误差和计量误差。为了反映机床的真实精度，要尽量排除其他因素的影响。切削试件时可参照GB/T 17421.1—1998规定有关条文的要求进行，或按机床厂规定的条件，如试件材料、刀具技术要求、主轴转速、背吃刀量、进给速度、环境温度，以及切削前的机床空运转时间等。切削精度检验可分为单项加工精度检验和加工一个标准的综合性试件精度检验两种。

要保证切削精度，就必须要求机床几何精度和定位精度的实际误差要比允差小，如某台加工中心的直线运动定位允差为±0.01/300mm，重复定位允差为±0.007mm，矢动量允差0.015mm，但镗孔的孔距精度要求为0.02/200mm，不考虑加工误差，在该坐标定位时，若在满足定位允差的条件下，只算矢动量允差加重复定位允差0.015＋0.014＝0.029（mm），即已经大于孔距允差0.02mm。所以，机床的几何精度和定位精度合格，切削精度不一定合格。只有定位精度和重复定位精度的实际误差小于允差，才能保证切削精度合格。因此，当单项定位精度有个别项目不合格时，可以以实际的切削精度为准。一般情况下，各项切削精度的实际测量误差值为允差值的50%时，是比较好的。个别关键项目能在允差值的1/3左右时，可以认为该机床的此项精度是相当理想的。对影响机床使用的关键项目，如果实测值超差，应视为不合格。

11.4 数控机床的使用和管理

11.4.1 数控机床的合理使用

数控机床的合理使用是一项具有一定规划意义的应用技术工程，它涉及人才、设备、管理诸方面因素，必须科学使用才能较好地发挥其经济、技术综合效益。

1. 对数控工作人员基本素质的要求

数控工作人员的合理配置是保证数控机床正常生产，以及创造良好经济效益的必要条件。目前，国内一些数控机床存在实际开动率不高，效益不理想的问题，究其原因无不与使用人员的素质有关。这里所说的使用人员不单指机床操作工，还包括企业决策者、管理人员、编程员及维修人员。

企业关键工序的典型零件生产，从编制工艺、预备毛坯、选用刀具、确定夹具、编制程序等技术准备工作，到调整刀具、首件试切成功的全过程需要管理、技术和操作人员齐力配合，这本是一个共同协作的群体，既互相支持又互相制约才能完成任务。每试切成功一种零件，还应总结修改有关工艺文件及程序单，做好工艺、程序等技术资料的积累，不断总结和提高。编程者要掌握操作技术，操作工要熟悉编程，这一点相当重要，因为数控机床应用的技术密集、复杂，不懂操作的编程者编不出最佳的程序，不懂编程的操作工加工不出理想的零件，甚至无法加工。至少，操作工要能看懂程序，在加工准备过程中检查程序的正确性，同时要清楚地知道每一程序段所要完成的加工内容和加工方式，对于使用人员的素质要求如下：

（1）管理人员。管理人员要充分了解数控机床生产的特点，并掌握各配合环节的节拍，绝不能用管理普通机床的方法来管理数控机床。向数控机床下达生产任务时，应先下达到有关技术工艺准备部门，给予技术准备周期的时间，只有当工艺文件、刀具、夹具、程序等都准备齐全时，才能将其与加工零件毛坯一起送到数控机床，这样操作者在事先熟悉加工程序后，很快通过试切投入成批生产。同时要注意，在上数控机床前零件要进行预加工，在数控机床加工完成后有的还要进行终加工，要协调各生产环节的相互关系，平衡生产，充分发挥数控机床高效能的优点。

（2）（编程）技术人员。数控机床加工的自动化决定了它需要准备的工作量较大、技术性较强，因此，数控技术人员需有较宽的知识面。

1）熟悉设备，能根据零件尺寸、加工精度和结构，选用合适型号和规格的数控机床。

2）熟悉机械制造工艺，能制订合理的工艺规程。

3）懂夹具知识，能够根据工件和机床的性能规格，正确地提出组合夹具任务书或专用工装、夹具设计任务书。

4）懂刀具知识，能根据加工零件的材质、硬度等级和精度要求，正确地选用刀具材料和种类，选用合理的刀具几何参数，选用高效、合适的切削用量。

5）熟悉各种编程语言，能编制出充分发挥机床功能和高效生产的加工程序。

6）会使用计算机，运用典型 CAD/CAM 软件编程，熟悉并使用 CAPP 应用软件。

7）有一定的生产实践经验和理论知识，能处理加工过程中出现的各种技术问题。

（3）操作工。数控机床操作工要有良好的思想素质和业务素质，具体要求如下：

1）必须有中、高职以上文化程度，头脑清晰、思维敏捷、爱学习、肯钻研、事业心强，并经过正规的训练，通过考核，而且具备一定的英语基础。

2）了解机械加工所必需的工艺技术知识，有一定的加工实践经验。

3）必须了解所操作机床的性能、特点，并熟练掌握操作方法和操作技能。

4）熟悉所操作机床数控系统的编程方法，并能快速理解程序，检查程序的正确与否。

5）能分析影响加工精度的各种因素，并采取相应对策。

6）有一定的现场判断能力，能分析处理简单的机床故障。

7）掌握所操作机床的安全防护措施，维护保养好所用的机床，处理突发的不安全事件。

8）熟练掌握数控机床辅助设备的使用方法，如对刀仪、磁盘录放机、微型计算机等。

操作工要具备上述能力，需要经过一段时间的培养和实践，才能逐步成熟起来。

（4）刀具工。数控机床数量较多的企业，要对数控车间配置专职的刀具工，各种刀具应在刀具库集中管理，由刀具工集中准备、修磨，这样才能更好地发挥数控机床高效的优势。每加工一批零件前，应将刀具调整卡提前一个周期送到刀具库，刀具工就可以按刀具调整卡夹修磨、调整、安装好所需各种的刀具，并测出刀具直径、刀长，记录在刀具调整卡上，贴上相应的刀号标签，装到刀具输送车上。操作工在领用刀具时，所领用的不是一把刀具，而是由刀具工调整安装好的由刀具、辅具、拉钉配套而成，加工一种零件所需的一组刀具。

刀具工必须具备比较丰富的实践经验，有较深的刀具理论知识，懂得一定的切削原理，熟悉各种刀柄，熟悉各种牌号的刃具，会使用对刀仪，了解各种辅具的性能、规格及安装使用方法，能够根据刀具调整卡配置刀具，修磨各种角度的刃具，调整刀具尺寸，能提前完成准备生产加工所需刀具的工作。

(5) 维修人员。数控机床是综合的高技术设备，要求维修人员素质较高，知识面广。维修人员除具有丰富的实践经验外，还应进行系统的专业培训。这种培训必须是跨专业、多专业的。机修人员要学习一些电气维修知识，电修人员要了解机械结构及机床调试等技能，使他们有比较宽的机、电、液专业知识及机电一体化知识，以便综合分析，判断故障根源。有条件的企业可选派机、电维修人员到机床制造厂家，熟悉整个机床安装、调试过程，以便积累更多的经验。对数控维修人员的具体要求如下：

1) 全面掌握和了解数控系统，并且掌握数控编程。虽然编程不是维修人员的工作职责，但不懂编程的维修人员不能成为合格的维修人员。大量的现场经验表明，很多故障都是操作人员对机床功能没吃透，操作方法不正确，以及编程有问题造成的。维修人员没有对数控系统的全面的知识，就无法处理软故障，或绕很大的弯子。

2) 维修人员要有敏锐的观察力，善于从现象看到本质。作为现场服务的数控工作人员，要面对各种纷繁复杂的机床故障，不同的故障原因可能表现为相同的故障现象，或相同的报警信息；而相同的故障可能产生不同的现象，或不同的报警信息。一个成熟的数控服务工作人员，必须经过现场磨炼，逐步积累经验，要有非常敏锐的观察力和判断力，善于从故障现象中找到故障点，不被各种表面现象所蒙蔽。

一名合格的数控维修人员，不仅要具有敏锐的观察力，还要有清晰的头脑和思路，要善于从各种复杂的现象中剖析出故障的脉络和本质。不要只停留在表面现象轻易下结论，甚至误判，造成扩大故障和不必要的损失。不做分析的更换备件，非但找不到故障，还要浪费很大的人力和物力。

3) 应具有良好的职业道德和责任心以及对故障追根寻源的精神。作为一名现场服务的数控工作人员，手中掌握着价值几十万，甚至上百万美元的数控设备，这些设备都处于所在企业的关键生产环节，能够维护好数控机床，对整个企业的正常生产有着重要的影响。因此维修人员责任重大，不仅要有精湛的技术水准，全面的专业素质，还要具备良好的职业道德和责任心，要有对设备、对工作、对企业负责的精神，才能做好工作。

4) 数控维修人员要不断学习新知识、新技术，才能跟上数控技术的发展步伐。当今数控技术的发展日新月异，特别是随着计算机技术的进步及网络技术的发展，新的系统、新的数控技术不断涌现。作为在一线现场服务的维修工作人员，必须不断地学习，更新知识结构，了解当今世界数控技术的动态。数控技术正随着计算机的发展，由工业控制机向以通用计算机为平台的数控系统过渡。因此，维修人员必须熟练地掌握计算机技能，才能跟上技术发展的步伐。要清醒地知道，数控工作人员是必须终生学习的职业，靠吃老本是不行的。随着网络、直线电动机、全数字伺服技术、新传感器等技术的不断成熟，要有紧迫感、学习压力，要充分利用培养、自学和岗位培训的机会，才能不被淘汰，才能成为一名符合时代要求、合格的数控工程师。

2. 数控机床的使用要求

(1) 技术培训。为了正确合理地使用数控机床，操作工在独立工作前，必须经过应有、必要的基本知识和技术理论及操作技能的培训，并且在熟练技师指导下，进行实际上机训练，达到一定的熟练程度。同时要参加国家职业资格的考核鉴定，经过鉴定合格并取得资格证后，方能独立操作所使用数控机床。严禁无证上岗操作。

技术培训、考核的内容包括：数控机床结构性能、数控机床工作原理、传动装置、数控系统技术特性、数控机床编程与操作、金属加工技术规范、操作规程、安全操作要领、维护保养事项、安全防护措施、故障处理原则等。

(2) 操作工使用数控机床的基本功和操作纪律。

1) 数控机床操作工“四会”基本功：

a. 会使用。操作工应先学习数控机床操作规程，熟悉机床结构性能、传动装置，懂得加工工艺和工装工具在数控机床上的正确使用。

b. 会维护。能正确执行数控机床维护和润滑的规定，按时清扫，保持机床清洁完好。

c. 会检查。了解机床易损零件的部位，知道检查的项目、标准和方法，并能按规定进行日常检查。

d. 会排除故障。熟悉机床特点，能鉴别机床正常与异常现象，懂得其零部件拆装的注意事项，会做一般故障调整或协同维修人员进行排除。

2) 维护使用数控机床的“四项要求”：

a. 整齐。工具、工件、附件摆放要整齐；机床零部件及安全防护装置要齐全；线路管道要完整。

b. 清洁 设备内外要清洁，无“黄袍”；各滑动面、丝杠、齿条、齿轮无油污，无损伤；各部位不漏油、漏水、漏气，铁屑应清扫干净。

c. 润滑。按时加油、换油，油质符合要求；油枪、油壶、油杯、油嘴齐全；油毡、油线清洁，油窗明亮，油路畅通。

d. 安全。实行定人定机制度，遵守操作维护规程，合理使用，注意观察运行情况，不出安全事故。

3) 数控机床操作工的“五项纪律”：

a. 凭操作证使用设备，遵守安全操作维护规程。

b. 经常保持机床整洁，按规定加油，保证合理润滑。

c. 遵守交接班制度。

d. 管好工具、附件，不得遗失。

e. 发现异常立即通知有关人员检查处理。

(3) 实行定人定机持证操作。数控机床必须由经考核合格，持职业资格证书的操作工担任操作，并严格实行定人定机和岗位责任制，以确保正确使用数控机床和落实日常维护工作；多人操作的数控机床应实行机长负责制，由机长对使用和维护工作负责；公用数控机床应由企业管理者指定专人负责维护保管。数控机床定人定机名单由使用部门提出，报设备管理部门审批，签发操作证。精、大、稀、关键设备的定人定机名单，由设备部门审核报企业管理者批准后签发。定人定机名单批准后，不得随意变动。对技术熟练能掌握多种数控机床操作技术的工人，经考试合格可签发操作多种数控机床的操作证。

(4) 建立使用数控机床的岗位责任制。

1) 数控机床操作工必须严格按“数控机床操作维护规程”、“四项要求”、“五项纪律”

的规定正确使用与精心维护设备。

2）实行日常点检，认真记录做到班前正确润滑设备；班中注意运转情况；班后清扫擦拭设备，保持清洁，涂油防锈。

3）在做到“三好”要求下，练好“四会”基本功，搞好日常维护和定期维护工作；配合维修工人检查修理自己操作的设备；保管好设备附件和工具，并参加数控机床维修后验收工作。

4）认真执行交接班制度和填写好交接班运行记录。

5）发生设备事故时立即切断电源，保持现场，操作工及时向生产班长和车间维修员（师）报告，听候处理。分析事故时应如实说明经过。对违反操作规程等造成的事故应负直接责任。

（5）建立好交接班制度。连续生产和多班制生产的机床必须实行交接班制度。交班人除完成设备日常维护作业外，必须把机床运行情况和发现的问题详细记录在交接班簿上，并主动向接班人介绍清楚，双方当面检查，在交接班簿上签字。接班人如发现异常或情况不明，记录不清时，可拒绝接班。如交接记录不清楚，机床在接班后发生问题，则由接班人负责。

企业对在用设备均需设“交接班簿”，不准涂改撕毁。区域维修部（站）和维修员（师）应及时收集分析，掌握交接班执行情况和数控机床技术状态信息，为数控机床状态管理提供资料。

11.4.2 数控机床的管理

一个企业为了提高生产能力就要拥有先进的技术装备，同时对装备也要合理地使用、维护、保养和及时地检修。只有保持其良好的技术状态，才能达到充分发挥效率、增加生产量的目的。数控机床在使用中随着时间的推移，电子器件的老化和机械部件的疲劳也要随之加重，设备故障就可能接踵而来，因而导致数控机床的修理工作量随之加大，机床维修的费用在生产支出项中就要增加。随着先进技术的发展，各种数控机床的结构将更为复杂，操作与维修的难度也随之提高，维修的技术要求、工作量、费用都会随着增加。因此，要不断改进数控机床的管理工作，合理配置、正确使用、精心保养和及时修理，才能延长有效使用时间，减少停机，以获得良好的经济效益，体现先进设备的经济意义。

1. 数控机床管理的任务及内容

数控机床的管理要规范化、系统化并具有可操作性。数控机床管理工作的任务概括为“三好”，即管好、用好、修好。

（1）管好数控机床。企业经营者必须管好本企业所拥有的数控机床，即掌握数控机床的数量、质量及其变动情况，合理配置数控机床。严格执行关于设备的移装、调拨、借用、出租、封存、报废、改装及更新的有关管理制度，保证财产的完整齐全，保持其完好和价值。操作工必须管好自己使用的机床，未经上级批准不准他人使用，杜绝无证操作现象。

（2）用好数控机床。企业管理者应教育本企业员工正确使用和精心维护数控机床，生产应依据机床的能力合理安排，不得有超性能使用和拼设备之类的短期化行为。操作工必须严格遵守操作维护规程，不超负荷使用及采取不文明的操作方法，要认真进行日常保养和定期维护，使数控机床保持整齐、清洁、润滑、安全的标准。

（3）修好数控机床。车间安排生产时应考虑和预留计划维修时间，防止机床带病运行。操作工要配合维修工维修设备，及时排除故障。要贯彻“预防为主，养为基础”的原则，实行计划预防修理制度，广泛采用新技术、新工艺，保证修理质量，缩短停机时间，降低修理费用，提高数控机床的各项技术经济指标。

数控机床管理工作的主要内容简要归纳起来就是正确使用，计划预修，搞好日常管理。

2. 数控机床使用的初期管理

(1) 使用初期管理的含义。数控机床使用初期管理是指数控机床在安装试运转后从投产到稳定生产这一时期（一般约半年左右）对机床的调整、保养、维护、状态监测、故障诊断，以及操作、维修人员的培训教育，维修技术信息的收集、处理等全部管理工作。其目的如下：

1) 使安装投产的数控机床能尽早达到正常稳定的良好技术状态，满足生产产品质量和效率的要求。

2) 通过生产验证及时发现数控机床从规划、选型、安装、调试至使用初期出现的各种问题，尤其是对数控机床本身的设计、制造中的缺陷、问题进行反馈，以促进数控机床设计、制造质量的提高和改进数控机床选型、购置的工作，并为今后的数控机床规划决策提供可靠依据。

(2) 使用初期管理的主要内容。

1) 做好初期使用的调试，以达到原设计的预期功能。

2) 对操作、维修工人进行使用技术培训。

3) 观察机床使用初期运行状态的变化，做好记录与分析。

4) 查看机床结构、传动装置、操纵控制系统的稳定性和可靠性。

5) 跟踪加工质量、机床性能是否能达到设计规范和工艺要求。

6) 考核机床对生产的适用性和生产效率情况。

7) 考核机床的安全防护装置及能耗情况。

8) 对初期发生故障的部位、次数、原因及故障间隔期进行记录分析。

9) 要求使用部门做好实际开动台数、使用条件、零部件损伤和失效记录。对典型故障和零部件的失效进行分析，提出对策。

10) 对发现机床原设计或制造的缺陷，提出改善、维修意见和措施。

11) 对使用初期的费用、效果进行技术经济分析和评价。

12) 将使用初期所收集信息的分析结果向有关部门反馈。

数控机床使用部门及其维修单位对新投产的机床要做好使用初期运行情况记录，填写使用初期信息反馈记录表并送交设备管理部门，由设备管理部门根据信息反馈和现场核查情况做出设备使用初期的技术状态鉴定表，按照设计、制造、选型、购置、安装调试等方面分别向有关部门反馈，以改进今后的工作。

11.5 数控机床的日常维护和保养

数控机床的使用精度和寿命，很大程度上取决于它的正确使用，以及日常的维护或保养。对数控机床进行维护或保养能防止非正常磨损，使数控机床保持良好的技术状态，并延长数控机床的使用寿命，降低数控机床的维修费用。

日本现代企业一贯推行的5S现场管理标准，即整理、整顿、清扫、清洁、素养，目的是通过员工对现场和设备的自觉维护、管理，创造和保持整洁明亮的环境，形成良好的生产、工作氛围，以提高产品质量和生产效率。

改革开放后，中国许多现代企业借鉴5S作为重要的管理方法，使企业克服了传统管理的弊端，一跃成为设备高效运行，生产井然有序，物品摆放整齐，环境清洁干净，员工心情舒畅、精神饱满的局面，普遍取得较好效果，尤其在数控机床维护管理工作中，推行5S有重要意义。

11.5.1 制订数控机床操作维护规程

数控机床操作维护规程是指导操作、维护人员正确使用和维护设备的技术性规范，每个操作、维护人员必须严格遵守，以保证数控机床能正常运行，减少故障，防止事故发生。

1. 数控机床操作维护规程制订原则

(1) 一般应按数控机床操作顺序，以及班前、中、后的注意事项分列，力求内容精炼、简明、适用，属于"三好"、"四会"的项目，不再列入。

(2) 按照数控机床类别将结构特点、加工范围、操作注意事项、维护要求等分别列出，便于操作工掌握要点，贯彻执行。

(3) 各类数控机床具有共性的内容，可编制统一标准通用规程。

(4) 重点、高精度、大重型及稀有、关键的数控机床，必须单独编制操作维修规程，并用醒目的标志牌和标志板张贴显示在机床附近，要求操作工特别注意，严格遵守。

2. 操作维护规程的基本内容

(1) 班前清理工作场地，按日常检查卡规定的项目，检查各操作手柄、控制装置是否处于停机位置，安全防护装置是否完整牢靠，查看电源是否正常，并做好点检记录。

(2) 查看润滑油、液压装置的油质、油器；按润滑图的规定加油，保持油液清洁，油路畅通，润滑良好。

(3) 确认各部分正常无误后，方可空车起动设备。先空车低速运转3～5min，确定各部分运转正常，润滑良好，方可进行工作。不得超负荷、超规范使用。

(4) 工件必须装夹牢固，禁止在机床上敲击夹紧工件。

(5) 合理调整各轴行程的撞块，定位正确紧固。

(6) 操纵变速装置必须切实转换到固定位置，使其啮合正常，并要停机处理，不得用反车制动变速。

(7) 数控机床运转中要经常注意各部位情况，若有异常，应立即停机处理。

(8) 测量工件、更换工装、拆卸工件都必须停机进行，离开机床时必须切断电源。

(9) 数控机床的基准面、导轨、滑动面要注意保护，保持清洁，防止损伤。

(10) 经常保持润滑及液压系统清洁，盖好箱盖，不允许有水、尘、铁屑等污垢进入油箱及电器装置。

(11) 工作完毕和下班前应清扫机床设备，保持清洁，将操作手柄、按钮等置于非工作位置，切断电源，办好交接班手续。

各类数控机床在制订操作维护规程时，除上述基本内容外，还应针对各机床的本身特点、操作方法遵照要求、特殊注意事项等列出具体要求，便于操作工遵照执行，同时还应要求操作工熟悉。

11.5.2 数控机床的维护

数控机床的维护是操作工为保持设备正常技术状态，延长使用寿命所必须进行的日常工作，是操作工的主要职责之一。数控机床维护必须达到"四项要求"的规定。

设备维护分日常维护和定期维护两种。

1. 数控机床的日常维护

数控机床日常维护包括每班维护和周末维护，由操作工负责。

(1) 每班维护。班前要对设备进行检点，查看有无异状，查看油箱及润滑装置的油质、油量，并按润滑图规定加油，以及观察安全装置及电源等是否良好。确认无误后，先空车运转待润滑情况及各部正常后方可工作。设备运行中要严格遵守操作规程，注意观察运转情况，发现异常立即停机处理，对不能自己排除的故障应填写“设备故障请修单”交维修部检修，修理完毕由操作工验收签字，修理工在请修单上记录检修及换件情况，交车间机械员统计分析，掌握故障动态，上班前用约 15min 的时间清扫擦拭设备，切断电源在设备滑动导轨部位涂油，清理工作场地，保持设备清洁。

(2) 周末维护。在每周末和节假日前，用 1～2h 较彻底地清洗设备，清除油污，达到维护的“四项要求”，并由维修员（师）组织维修组检查、评分进行考核，公布评分结果。

加工中心日常维护的部位和要求见表 11－2。

表 11－2　　加工中心日常维护的部位和要求

序号	检查周期	检查部位	检查要求
1	每天	导轨润滑油箱	检查油表、油量，及时添加润滑油
2	每天	X、Y、Z 轴导轨面	清除切屑、脏物，润滑导轨面
3	每天	压缩空气源压力	检查气动控制系统压力，应在正常范围
4	每天	气源自动分水滤水器，自动空气干燥器	及时清理分水器中滤出的水分，保证自动空气干燥器正常工作
5	每天	气液转化器和增压器油面	油量不足时，及时补足
6	每天	主轴润滑恒温油箱	工作是否正常，油量是否充足，调节温度范围
7	每天	机床液压系统	油箱、液压泵无异常噪音，压力表指示及各接头是否正常，工作油面高度正常
8	每天	CNC 的输入输出单元	光电阅读器清洁等
9	每天	各种电器柜散热通风装置	冷却风扇正常工作，风道过滤网无堵塞
10	每天	各种防护装置	无松动、漏水
11	每周	各电器柜过滤网	清洗尘土
12	不定期	导轨镶条、压紧滚轮	按机床说明书调整
13	不定期	废油池	及时清理以免溢出
14	不定期	冷却水箱	检查液面高度，太脏时清理、更换过滤器
15	不定期	排屑器	经常清理切屑，检查有无卡住现象
16	不定期	主轴驱动带	按机床说明书调整

2. 数控机床定期维护

数控机床的定期维护是在维修人员的辅导配合下，由操作工进行的定期维修作业，按设备管理部门的计划执行。在维护作业中发现的故障隐患，一般由操作工自行调整，不能自行调整的则以维修工为主，操作工配合，并按规定做好记录报送维修员（师）登记转设备管理部门存档。设备定期维护后要由维修员（师）组织维修组逐台验收，设备部门抽查，作为对车间执行计划的考核。

数控机床定期维护的主要内容包括下列内容：

(1) 每月维护。

1) 真空清扫控制柜内部。

2) 检查、清洗或更换通风系统的空气过滤器。

3) 检查全部按钮和指示灯是否正常。

4) 检查全部电磁铁和限位开关是否正常。

5) 检查并紧固全部电缆接头，并查看有无腐蚀、破损。

6) 全面查看安全防护设施是否完整牢固。

(2) 每两月维护。

1) 检查和并紧固液压管路接头。

2) 查看电源电压是否正常，有无缺相和接地不良现象。

3) 检查全部电动机，并按要求更换电刷。

4) 液压马达是否渗漏，并按要求更换油封。

5) 开动液压系统，打开放气阀，排出液压缸和管路中空气。

6) 检查联轴器、带轮和带是否松动和磨损。

7) 清洗或更换滑块和导轨的防护毡垫。

(3) 每季维护。

1) 清理切削液箱，更换切削液。

2) 清洗或更换液压系统的过滤器，以及伺服控制系统的过滤器。

3) 清洗主轴箱、齿轮箱，重新注入新润滑油。

4) 检查连锁装置、定时器和开关是否正常运行。

5) 检查继电器的接触压力是否合适，并根据需要清洗和调整触点。

6) 检查齿轮箱和传动部件的工作间隙是否合适。

(4) 每半年维护。

1) 抽取液压油液进行化验，根据化验结果，对液压油箱进行清洗换油，疏通油路，清洗或更换过滤器。

2) 检查机床工作台是否水平，全部锁紧螺钉及调整垫片是否锁紧，并按要求调整水平。

3) 检查镶条，滑块的调整机构、调整间隙。

4) 检查并调整全部传动丝杠的负荷，清洗滚珠丝杠并涂新油。

5) 拆卸、清扫电动机，加注润滑油脂，检查电动机轴承，酌情予以更换。

6) 检查、清洗并重新装好机械式联轴节。

7) 检查、清洗和调整平衡系统，酌情更换钢条或链条。

8) 清扫电气柜、数控柜及电路板，更换维持 RAM 内的失效电池。

另外，还要经常维护机床各导轨及滑动面的清洁，防止拉伤和研伤，经常检查换刀机械手及刀库的运行情况、定位情况。

思考题与习题

11-1　选择数控机床时应考虑哪些问题？

11-2　数控机床安装与调试的工作步骤有哪些？

11-3　如何对新数控机床进行验收？

11-4　在数控机床的使用过程中，如何进行维护和保养？

11-5　数控机床常用的故障检测仪器有哪些？

11-6　数控机床常用的故障检查方法有哪些？

11-7　主轴部件常见的故障诊断与排除方法有哪些？

11-8　数控装置常见的故障诊断与排除方法有哪些？

11-9　主轴驱动系统常见的故障诊断与排除方法有哪些？

11-10　进给伺服系统常见的故障诊断与排除方法有哪些？

参 考 文 献

[1] 聂秋根，陈光明．数控加工技术．北京：高等教育出版社，2012.
[2] 聂秋根，陈光明．数控加工实用技术．北京：电子工业出版社，2007.
[3] 李家杰．数控机床编程与操作实用教程．南京：东南大学出版社，2005.
[4] 顾京．数控加工编程及操作．北京：高等教育出版社，2003.
[5] 李斌，李曦．数控技术．武汉：华中科技大学出版社，2010.
[6] 陈蔚芳，王宏涛．机床数控技术及应用．北京：科学出版社，2008.
[7] 张洪江，侯书林．数控机床与编程．北京：北京大学出版社，2009.
[8] 吴祖育，秦鹏飞．数控机床．3版．上海：上海科学技术出版社，2009.
[9] 董玉红．数控技术．北京：高等教育出版社，2004.
[10] 大连理工大学，杨有君．数控技术．2版．北京：机械工业出版社，2011.
[11] 王爱玲，张吉堂等．现代数控原理及控制系统．2版．北京：国防工业出版社，2005.
[12] Mikell P. Groover. Automation，Production Systems，and Computer - Integrated Manufacturing. NJ，USA：Prentice Hall Press Upper Saddle River，2007.
[13] 王永华．现代电气控制及PLC应用技术．2版．北京：北京航空航天大学出版社，2008.
[14] 李恩林．数控系统插补原理通论．北京：国防工业出版社，2008.
[15] 薛彦成．数控原理与编程．北京：机械工业出版社，2002.
[16] 徐科军．传感器与检测技术．3版．北京：电子工业出版社，2011.
[17] 王兴松．精密机械运动控制系统．北京：科学出版社，2009.
[18] 钱平．伺服系统．2版．北京：机械工业出版社，2011.
[19] 上海大学，阮毅，陈伯时．电力拖动自动控制系统——运动控制系统．4版．北京：机械工业出版社，2010.
[20] 颜嘉男．伺服电机应用技术．北京：科学出版社，2010.
[21] 张建民等．机电一体化系统设计．修订版．北京：北京理工大学出版社，2008.
[22] 郑堤，唐可洪．机电一体化设计基础．北京：机械工业出版社，2011.
[23] 赵松年，李恩光，裴仁清．机电一体化机械系统设计．北京：机械工业出版社，2004.
[24] 张君安．机电一体化系统设计．北京：兵器工业出版社，1997.
[25] 刘雄伟．数控机床操作与编程培训教程．北京：机械工业出版社，2005.
[26] 邵俊鹏，董玉红．机床数控技术．3版．哈尔滨：哈尔滨工业大学出版社，2008.
[27] 李一民．数控机床．南京：东南大学出版社，2005
[28] 东南大学，易红．数控技术．北京：机械工业出版社，2005.
[29] 刘永久．数控机床故障诊断与维修技术（FANUC系统）．2版．北京：机械工业出版社，2009.
[30] 周虹．数控加工工艺与编程．北京：人民邮电出版社，2004.
[31] 胡占齐，杨莉．机床数控技术．2版．北京：机械工业出版社，2007.
[32] 严爱珍．数控机床原理与系统．北京：机械工业出版社，2004.
[33] 李银海，戴素江．机械零件数控车削加工．北京：科学出版社，2008.
[34] 杨琳．数控车床加工工艺与编程．2版．北京：中国劳动社会保障出版社，2009.
[35] 熊军，陈红江．数控机床原理与结构．北京：人民邮电出版社，2007.
[36] 张建钢，胡大泽．数控技术．武汉：华中科技大学出版社，2000.

[37] 曹智军，肖龙．数控 PMC 编程与调试．北京：清华大学出版社，2010.
[38] 黄建明．电加工编程与操作．北京：机械工业出版社，2008.
[39] 谢晓红．数控机床编程与加工技术．北京：中国劳动社会保障出版社，2008.
[40] 沈建峰，虞俊．数控车工（高级）．北京：机械工业出版社，2007.
[41] 韩鸿鸾．数控铣工加工中心操作工（中级）．北京：机械工业出版社，2007.
[42] 韩鸿鸾．数控铣削工艺与编程一体化教程．北京：高等教育出版社，2009.
[43] 张明建，杨世成．数控加工工艺规划．北京：清华大学出版社，2009.
[44] 赵正文．数控铣床/加工中心加工工艺与编程．北京：中国劳动社会保障出版社，2006.
[45] 戴裕崴，娄锐．数控机床．大连：大连理工大学出版社，2006.
[46] 张平亮．数控机床原理、结构与维修．北京：机械工业出版社，2010.
[47] 周保牛．数控铣削与加工中心技术．北京：高等教育出版社，2007.
[48] 肖龙，赵军华．数控铣削（加工中心）加工技术．北京：机械工业出版社，2010.
[49] 张宁菊．数控铣削编程与加工．北京：机械工业出版社，2010.
[50] 郭勋德，李莉芳．数控编程与加工实训教程．北京：清华大学出版社，2009.
[51] 宁汝新，赵汝嘉．CAD/CAM 技术．2 版．北京：机械工业出版社，2011.
[52] 孟富森，蒋忠理．数控技术与 CAM 应用．重庆：重庆大学出版社，2003.
[53] 黄翔，李迎光．数控编程理论、技术与应用．北京：清华大学出版社，2006.
[54] 沈春根，江洪，朱长顺．UG NX 5.0 CAM 实例解析．北京：机械工业出版社，2007.
[55] 余仲裕．数控机床维修．北京：机械工业出版社，2011.
[56] 郭士义．数控机床故障诊断与维修．北京：机械工业出版社，2011.
[57] 薛胜雄．高压水射流技术工程．合肥：合肥工业大学出版社，2006.
[58] 晏初宏．数控加工工艺与编程．2 版．北京：化学工业出版社，2010.
[59] 覃岭．数控加工工艺基础．重庆：重庆大学出版社，2004.
[60] 戴向国，于复生，刘雪梅．MasterCAM 9.0 数控加工基础教程．北京：人民邮电出版社，2004.